国家开发银行
China Development Bank 资助

中国五大淡水湖保护与发展

高俊峰 蒋志刚 等 编著

科学出版社
北京

内 容 简 介

本书系统回顾了中国五大淡水湖的水环境、生态系统、资源利用的变化，对水环境、资源开发与利用、江湖关系、流域人类活动影响、投融资进行分析，针对目前各湖所面临的热点和焦点问题展开评述，提出战略性和前瞻性对策建议，促进有关管理机构与利益相关方的互动。全书共分为三篇十一章：第一篇为现状与回顾，追溯五大淡水湖的形成、演变、保护与发展历程，评估五大淡水湖生态健康状态；第二篇为热点与焦点，针对洞庭湖、鄱阳湖、巢湖、太湖、洪泽湖的热点和焦点问题进行分析诊断，提出建议；第三篇为战略与对策，对国内外湖泊保护与发展进行总结，提出了五大淡水湖保护的策略和优先行动计划，就五大淡水湖保护与发展的投融资进行了分析。

本书可供从事区域发展、资源、生态、环境、湖泊、生物、水利、水文等学科的科研技术人员、大专院校师生，及政府部门有关人员和广大有兴趣的社会公众阅读参考。

图书在版编目(CIP)数据

中国五大淡水湖保护与发展/高俊峰等编著．—北京：科学出版社，2012

ISBN 978-7-03-032858-8

Ⅰ.①中…　Ⅱ.①高…　Ⅲ.①淡水湖-生态环境-环境保护-研究-中国
Ⅳ.①X321.2

中国版本图书馆 CIP 数据核字（2011）第 240835 号

责任编辑：杨帅英　朱海燕　李　静 / 责任校对：张怡君
责任印制：钱玉芬 / 封面设计：耕者设计工作室

科学出版社 出版
北京东黄城根北街 16 号
邮政编码：100717
http://www.sciencep.com

北京通州皇家印刷厂 印刷
科学出版社发行　各地新华书店经销
*
2012 年 2 月第　一　版　开本：787×1092 1/16
2012 年 2 月第一次印刷　印张：23 3/4　插页：4
字数：550 000

定价：88.00 元

Conservation and Development of China's Five Largest Freshwater Lakes

Gao Junfeng, Jiang Zhigang et al.

Science Press
Beijing, China

序

中国五大淡水湖流域是我国人口密度较大、经济发展快速的地区，环境承载压力较大，人与自然的矛盾突出，可持续发展面临严峻挑战，生态环境保护与治理的需求极为迫切。如何在保护中平衡发展，是五大淡水湖及其流域面临的巨大难题和考验。

国家开发银行（以下简称“开行”）作为服务国家战略的中长期投融资机构，以“增强国力、改善民生”为宗旨，以服务国家战略、承担社会责任为己任，在推动经济社会与生态环境保护协调发展中发挥了积极作用。开行立足中国国情，遵循城市化必须与工业化水平相适应、相协调、相匹配的规律，将基础建设、基础产业、支柱产业作为重点支持领域，把新增贷款的70%以上投向煤电油运、农林水、邮电通信和城市基础设施建设，促进城市化与工业化良性互动，为中国经济平稳快速发展提供动力。与此同时，开行积极支持各类重点流域水源保护和污染综合治理项目300多个，累计发放贷款1300多亿元，努力把建设资源节约型、环境友好型社会作为促进发展方式转变的重要着力点。为服务国家“十二五”发展，我们开展了多项流域保护方面的研究，并全面加强与各级政府、有关部委和企业、科研院校的规划合作，支持国家和地方重大区域规划编制、实施。

2008年开行与本书组织编写机构——中国科学院南京地理与湖泊研究所建立联系，经过多次交流，各方在推动五大淡水湖及其流域的保护与可持续发展方面达成诸多共识，认为有必要由科研院所、金融机构、政府部门、国际环境保护组织等多方合作，共同推进湖泊保护与发展的理念，以取得更加积极的影响力。湖泊及其流域的治理、保护、发展是公共基础设施建设领域，投资额度大，周期长，仅依靠政府财力满足不了巨额资金需求。因此，开行积极参与并支持《中国五大淡水湖保护与发展》有关编写工作。本书对社会各界了解五大淡水湖及其流域基本情况和一些热点、焦点问题颇有帮助，其中有关五大淡水湖保护与发展工程及经济社会效益的分析，也为引导金融机构及社会资金投向提供了借鉴和参考。依托本书的研究基础，开行将加大对五大淡水湖保护和发展项目实施的支持力度，并将继续支持相关研究，以期与社会各界共同推进中国五大淡水湖的保护与发展。

目前，开行已加入“中国湖泊论坛”发起单位的行列，为进一步加强中国湖泊保护工作提供一个强有力的平台。我们希望与社会各界紧密合作，按照科学发展观的要求，奋发进取，开拓创新，扎实工作，实现湖泊及其流域的健康发展。

国家开发银行　董事长

陈元

前　言

中国五大淡水湖（洞庭湖、鄱阳湖、巢湖、太湖、洪泽湖，下简称五大淡水湖）地处长江和淮河中下游，湖泊面积共计 10 349.5km^2，流域面积共计 633 406km^2，占全国国土面积的 6.55%。五大淡水湖流域是我国人口密度较大、经济发展快速、污染危害明显、治理障碍突出、社会转型激变的地区。

五大淡水湖流域保护与发展不仅生态环境效益显著，而且直接关系到湖区 1 亿人民的切身利益。在维系区域生态平衡，提供淡水资源，提供水生、湿生物质，调蓄洪水，保障人民生命财产安全，促进区域社会经济发展等方面起着十分重要的作用。五大淡水湖在国家生态安全、水安全方面具有重要战略地位。

对五大淡水湖健康状况的诊断与对其热点和焦点问题的分析评估，将有助于满足湖区保护与治理的迫切需求，探索保护与发展平衡的道路。

远在唐、宋时期，江南地区就已是“天下粮仓”，从“苏湖熟，天下足”到“湖广熟，天下足”，以五大淡水湖流域为主体的江南地区的经济在全国已占有重要地位，数百年来社会经济的发展在全国一直保持领先水平。但随着人口数量的增多，地少人多的现实迫使江南由以粮食生产为主向重视粮食生产、发展多种经济和服务业的转变，19 世纪以上海为中心的中国现代化在江南展开成为必然。20 世纪以来，五大淡水湖流域的经济结构不断优化，工业化进程加快，城市化快速推进，城乡居民收入水平稳步提升，五大淡水湖流域均纳入国家区域发展战略规划中，在全国经济发展中的地位日益重要。

但社会经济的快速发展也带来一系列的生态环境问题。主要表现在水环境污染、生态系统退化、资源过度开发和不合理利用、水土流失、土地退化、自然灾害频发等。转变经济发展模式，保护五大淡水湖流域的生态环境已成为迫切需要解决的问题。

目前，国际组织、科学界、政府部门和公众均已认识到湖泊保护的重要性，达成对湖泊及其所在流域进行综合管理的共识，探索解决社会经济发展与生态环境保护矛盾的途径。国家水体污染控制与治理重大专项中把太湖、巢湖列为重点治理对象，相关部委也在行业专项中将五大淡水湖列入研究和整治对象。五大淡水湖所在的省份也纷纷出台保护湖泊与进行流域产业结构调整的法规和政策。五大淡水湖及其流域幅员辽阔，自然地理特征明显，社会经济发展程度不同。各大流域间既有共同的特征，也有明显的个性差异。针对五大淡水湖流域各层面决策的需求，系统总结五大淡水湖保护与发展的相关研究成果和实践工作，客观、真实、适时分析五大淡水湖发展与保护的进展和走向，针对保护与发展的关键问题进行专题评述，促进科学界、决策者以及公众的互动与交流，共同探讨协调五大淡水湖保护与开发的模式与策略，实现五大淡水湖流域的可持续发展，具有重要的现实意义和深远的历史意义。

针对五大淡水湖流域保护和发展面临的问题，本书在系统回顾五大淡水湖的水环境、生态系统、资源利用动态变化的基础上，对水环境、资源开发与利用、江湖关系、流域人类活动影响、投融资等进行了系统分析，并针对目前各湖所面临的热点和焦点问题展开评述，提出战略性和前瞻性对策建议，以促进相关管理机构、利益相关方的互动。

全书分为三篇：

第一篇为现状与回顾。追溯五大淡水湖的形成、演变、保护与发展历程，评估五大淡水湖生态健康状态。在对五大淡水湖位置、自然地理、形成与演变、面临问题与挑战进行系统回顾的基础上，采用定量化的指标，客观评价了五大淡水湖流域社会经济发展态势、资源利用与生态环境状况和可持续发展水平。从水量、水环境和水生态三方面选择指标，评价了五大淡水湖的生态健康状况，对影响五大淡水湖生态健康的主要因素进行了客观分析。

第二篇为热点与焦点。针对洞庭湖、鄱阳湖、巢湖、太湖、洪泽湖的热点和焦点问题进行分析诊断，提出战略性和前瞻性对策建议。从目前社会各界普遍关注的五大淡水湖热点问题和保护与发展的焦点出发，剖析问题和现象的特征、形成原因，有针对性地提出解决或缓减问题的对策建议。热点与焦点问题的选择主要考虑到三方面的因素，一是迫切需要解决的重大问题，二是在新形势下出现的新问题，三是影响重大的战略性、全局性问题。热点与焦点问题的选择主要采取征求专业研究人员、政府官员意见，以及大众媒体的关注对象等。问题涵盖资源利用、生态环境保护、区域发展等各个层面。最终确定对洞庭湖的江湖关系、湿地与生态环境保护，鄱阳湖的江湖关系与演变、湿地与生物多样性保护、生态经济区建设与水环境保护，巢湖的水土流失与湖体富营养化、环湖带开发与环境治理、流域发展与污染控制，太湖的水质与水体富营养化、水资源利用与水环境保护、洪涝灾害，洪泽湖的入湖河道污染和上游污水、水资源保护与南水北调工程、生态农业与湖泊渔业等问题开展专题评述。

第三篇为战略与对策。在扼述国内外湖泊保护与发展的基础上，提出了五大淡水湖保护策略和优先行动计划，就五大淡水湖保护与发展的投融资进行了分析。选择了七个国外湖泊与流域治理与保护的成功案例，从其问题发生背景、保护与治理主要内容、管理和治理效果，以及对我国湖泊与流域保护与治理的启示等方面，系统梳理出湖泊与流域治理与保护可借鉴的经验。在此基础上提出五大淡水湖保护与发展战略，从流域产业结构调整、水污染控制、水土资源合理利用、生态保护等方面，提出保护的优先行动计划。针对五大淡水湖治理投资大、持续时间长、回报慢、工程复杂的特点，最后在五大淡水湖重点治理领域与主要领域投资预测的基础上，提出治理的资金来源和融资模式，评价投资项目的绩效，提出控制风险方式和治理投融资战略。

全书涉及的中国五大淡水湖自然属性描述方面是按照五大淡水湖流域的集水区进行统计，社会经济方面除个别地方因为资料原因外也按照流域边界统计。考虑篇幅比较大，为使各章相对完整，个别内容有所重复。

本书编写由中国科学院南京地理与湖泊研究所组织国内10余位在五大淡水湖保护与发展研究方面有丰富经验的科研和管理专家组成。全书由高俊峰负责全面协调。提纲由高俊峰、杨桂山构思，经过多次集体讨论拟定。

各部分撰写人员如下：前言由高俊峰撰写；第一章由高俊峰、窦鸿身、张琛撰写；第二章第一节由窦鸿身、苏守德撰写，第二、三、四节由段学军、于露撰写；第三章第一节由窦鸿身、苏守德撰写，第二、三节由刘聚涛、高俊峰撰写；第四章由姜加虎、卢金友、黄群撰写；第五章第一节由窦鸿身、苏守德、鄢帮有撰写，第二、三节由鄢帮有、姜鲁光、周杨明、李鹏撰写；第六章第一节由范成新撰写，第二节由曹有挥撰写，第三节由孙庆业撰写；第七章第一节由高俊峰、赵家虎、吴庆龙撰写，第二、三节由高俊峰撰写；第八章由谷孝鸿、曾庆飞、刘茂松、黄成、刘伟龙、王欣、张胜宇、马向东、李爱民共同撰写；第九章由崔大树、金通、高令梅、王利芳、孙杨撰写；第十章由高俊峰、许妍撰写；第十一章由崔大树、金通、曲宪硕、江忠兰、高令梅、王利芳、孙杨撰写。附图由刘晓玫、沈春迎、黄琪制作。全书由高俊峰、窦鸿身、苏守德等统稿、定稿，高永年、陈炯峰、刘晓玫、黄琪、赵家虎、许妍、董川永等参与了部分修改和制图工作。

本书的出版感谢国家开发银行、国家水体污染控制与治理科技重大专项（2008ZX07526－002，007）和世界自然基金会（WWF）长沙办公室的资助。感谢国家开发银行陈元董事长在百忙之中为本书作序。感谢专家组杨桂山、虞孝感、孔繁翔、陈荷生、雷光春、于秀波、张琛、刘凌、叶春、吴吉春等的悉心指导和提出的宝贵意见。撰写过程中还得到水利部太湖流域管理局、江苏省水利厅、江苏省环境科学研究院、中国环境科学研究院、湖南省环境科学研究院、安徽省环境科学研究院、浙江省环境科学研究院、江西省环境科学研究院等单位的帮助，在此一并致谢。

本书虽力求组织五大淡水湖保护与发展相关领域的专家编写，但由于是首次比较全面涉及五大淡水湖及其流域的保护与发展问题，加之资料限制、问题复杂、研究积累不够，以及编著者水平所限，书中不妥之处在所难免，恳请广大读者批评指正，以便在今后的工作中加以修正和改进。

作　者

2011 年 10 月

目　　录

第二篇 热点与焦点

第三篇　战略与对策

Contents

Part III Strategies and countermeasures

第一篇　现状与回顾

第一章　五大淡水湖的形成与自然地理特征*

第一节　位置与形态

地处长江中下游的洞庭湖、鄱阳湖、巢湖和太湖，以及地处淮河中游段的洪泽湖，是中国淡水湖泊中面积最大的五个湖泊，合称中国五大淡水湖，简称为五大淡水湖。五大淡水湖的形成与演变、资源开发利用、治理、保护与管理等，无不与长江和淮河紧密交织在一起。

长江古称江，又名大江，六朝以后始称长江。干流全长约 6300km，为亚洲和中国第一大河，世界第三大河（第一为亚马孙河，第二为尼罗河），流域总面积 180 万 km^2，接近中国总面积的 1/5。长江下游大通控制站多年平均入海径流量达 9192 亿 m^3，居世界第四位。干流在宜昌以上为上游江段，宜昌至鄱阳湖湖口为中游江段，湖口以下为下游江段（水利部长江水利委员会，1999）。长江流域与黄河流域并誉为中华民族的发祥地，称为中华民族的母亲河。

长江经由“世界屋脊”青藏高原腹地穿崇山，越峻岭，奔流而下，浩浩荡荡，一泻千里。江流出三峡后，摆脱了两岸山体的约束，江面展宽，比降骤然减小，水流迂回曲折，进入广袤而坦荡的中下游平原。该平原西起宜昌，东至入海口，南抵江南丘陵，北界大别山南麓，呈东西向展布的不规则长条带形，总面积约 16.0 万 km^2，占流域总面积的 8.4%，是中国著名的三大平原之一。

与长江紧相毗邻的淮河（古称淮水）亦是中国的大河之一。古时淮河是独流入海的，与长江、黄河和济水齐名，并称为“四渎”。《尔雅・释水》称：“江、河、淮、济为四渎。四渎者，发源注海者也”。淮河发源于河南省桐柏县桐柏山太白顶西北侧山谷，于江苏省扬州市三江营注入长江，干流全长约 1000km，流域总面积约为 26 万 km^2；以废黄河为界，又进而区分为淮河和沂沭泗河两大水系，流域面积分别为 19.0 万 km^2 和 8.0 万 km^2。淮河干流由源头至洪河口为上游河段，洪河口至中渡（洪泽湖出水口三河闸下方）为中游河段，中渡至入江口三江营为下游河段。淮河中下游是一望无垠的大平原。这一平原的地表组成物质主要是公元 12 世纪之后黄河南泛所挟带的泥沙沉积物，故通称之为黄淮平原，是华北平原（黄淮海平原）的重要组成部分（中国科学院南京地理与湖泊研究所，1999）。

长江和淮河中下游平原以地势平坦、河湖众多、水系发达为主要特点，素有“水乡泽国”之称，是我国淡水湖泊数量最多且分布最为密集的地区，在中国湖泊地理分区中属于

*本章由高俊峰（中国科学院南京地理与湖泊研究所）、窦鸿身（中国科学院南京地理与湖泊研究所）、张琛（中国科学院亚热带农业生态研究所）撰写，由高俊峰、窦鸿身统一定稿。

东部平原区之核心部位，面积在 1.0km² 以上的大小湖泊共有 696 个，合计面积达 21 171km²，分别占相同级别中国湖泊总数量的 23.3%、总面积的 22.5%。其中五大淡水湖合计面积 10 349.5km²，占江淮中下游湖泊总面积的 50%以上，占全国淡水湖泊总面积的 37.3%（王苏民和窦鸿身，1998）。

五大淡水湖资源丰富，资源类型多样，开发历史悠久，湖区是我国农业、工业、交通、金融和文化等社会经济的发达区，堪称物华天宝、人文荟萃，素有“鱼米之乡”的美誉。我国一些重要的城市，如上海、合肥、南昌、长沙、郑州、苏州、无锡、常州、镇江、九江等均分布在五大淡水湖流域。因此，五大淡水湖的保护与持续开发利用，不仅事关本区的社会经济繁荣和广大群众的民生大计，而且在全国的国民经济和社会发展中，亦占有举足轻重的地位。

一、地理位置与政区隶属

五大淡水湖的区域分布范围在 28°24′～33°40′N、115°53′～120°36′E；南北纬度地跨 5°16′，东西经度地跨 4°43′。其中，洞庭湖和鄱阳湖位于长江中游段的南侧，巢湖和太湖分别位居长江下游段的北、南两侧，洪泽湖地处淮河中游段的末端（图 1-1）。

图 1-1　五大淡水湖流域位置图

1. 洞庭湖

洞庭湖为中国第二大淡水湖，地跨湖南省之石门、澧县、津市、安乡、常德、桃源、临澧、南县、华容、汉寿、沅江、益阳、湘阴、汨罗、岳阳、平江、临湘和湖北省之五峰、松滋、荆州、公安、石首和监利等，共 2 省 25 县（市）。其中大部分湖面在湖南省汉寿、沅江、湘阴和岳阳等县（市）境内。

2. 鄱阳湖

鄱阳湖水域辽阔，为中国最大淡水湖，地处江西省北部，分别隶属于沿湖 11 个县（区）；东为湖口、都昌和鄱阳 3 县，南为余干、进贤、南昌和新建 4 县，西为修水、德安和星子 3 县，西北为九江市庐山区。

3. 巢湖

在五大淡水湖中，巢湖面积最小，地处安徽省之中部，为该省第一大湖。湖区跨合肥市包河区、肥西县、肥东县和巢湖市居巢区和庐江县；东达巢湖市主城区，西至下派河；北岸与塘西—长临河—中庙—花塘一线为邻；南岸以散兵—槐林—庙嘴子一线为界。湖面作鸟巢状。

4. 太湖

太湖在五大淡水湖中面积为第四大湖泊，位居长江三角洲南翼。1949 年中华人民共和国成立前，太湖湖面分属江苏、浙江两省管辖。新中国成立后，湖面全部划归为江苏省拥有，分属苏州、无锡两市。根据 2001 年 6 月《江苏省人民政府与浙江省人民政府联合勘定的行政区域界线协议书》，在太湖南部与浙江省接壤部分，从父子岭起，沿浙江省段环湖大堤迎水坡脚向湖内延伸 70m 到胡溇止，由浙江省管理，从父子岭直线经大雷山北侧、小雷山北侧至胡溇，接两省太湖段行政区域线限所构成的水域范围内，浙江省享有开发利用的权益并承担相应的责任。

5. 洪泽湖

洪泽湖位于江苏省之北部，湖面分属淮安市的洪泽、淮阴、盱眙与宿迁市的宿豫、泗洪、泗阳共 2 市 6 区县管辖。

二、形态特征

湖泊形态包括湖泊长度、宽度、面积、水深、容积、湖泊岸线长度、岸线发展系数、岛屿率和湖盆坡降等。湖泊形态是湖泊在地质、地貌、水文、土壤和植被等各种内外营力相互作用下的结果，随着湖泊的演变过程、水位的消长、泥沙的冲淤等自然营力的作用而呈现动态变化，人类活动则可对湖泊形态特征施以巨大影响。因此，对湖泊形态度量特征现状和变化过程的分析，不仅具有理论意义，而且也是探讨湖泊开发与保护以及湖泊规范化管理必须掌握的一项基础性资料，具有重要的实践意义。

洞庭湖是湖泊演变及形态变化的典型实例之一。北魏郦道元在《水经注》中载：洞庭湖“湖水广圆五百余里”，远不及目前之规模。嗣后，因江湖关系转变，荆江渐趋南侵，湖面逐渐扩展，到了唐宋时期已有“八百里洞庭”之说。至明、清时期，江湖关系巨变，洞庭湖迅速扩张，清雍正九年（公元 1731 年），在关于修建“舵杆洲石台”的谕旨中云：

"洞庭一湖，绵亘八百余里，自岳州出湖，以君山为标准，一望杳渺，横无际涯。而舵杆洲居西湖之中，去湖之四岸或百余里，或二百余里，舟行至此，徜风涛陡作，无地停泊，亦无从拯救，多有倾覆之患……洞庭湖为域内第一大湖，风浪叵测，出其途者，莫不恐惧"。清道光年间（公元 1821～1850 年）是洞庭湖自先秦以来扩展至鼎盛的时期，《洞庭湖志》载其范围是："东北属巴陵，西北跨华容、石首、安乡，西连武陵、龙阳、沅江，南带益阳而寰湘阴，凡四府一州，界分九邑，横亘八九百里，日月若出没其中"。洪水时期，洞庭湖的水域面积逾 6000km^2，为名副其实的中国第一大淡水湖。继之，由于荆江的松滋、太平、藕池和调弦四口分流格局的形成，随着长江水大量入湖的同时，江水携带的大量泥沙淤积于湖内，湖泊又转入萎缩的演变过程，湖泊的面积、容积随之而发生相应的变化。迄至 1949 年，洞庭湖的面积已萎缩为 4350km^2，容积为 293.0 亿 m^3。洞庭湖在清末虽经历了迅速萎缩的演变过程，但在彼时仍是中国第一大淡水湖，这与其目前形态相比差异很大。

不仅湖泊的不同发展阶段具有相应形态度量指标值，就是在一年之内随着水位涨落，其各项参数值也有所差异。尤其是年内水位涨落幅度大的湖泊，差异更为显著。在五大淡水湖中，鄱阳湖和洞庭湖是水位变幅最大的两个湖泊，洪水季节湖面烟波浩渺，枯水季节水束如带，显示出"高水湖相，低水河相"的季节性水情特点，洪、枯季节湖泊形态相差悬殊。例如，鄱阳湖，1983 年 7 月 13 日，湖口站实测年最高水位 21.71m（吴淞基面）时，相应水域面积 3950km^2，相应容积 299.0 亿 m^3；1963 年 2 月 6 日，湖口站实测年最低水位 5.90m 时，水域面积仅 146km^2，相应容积 4.5 亿 m^3；洪、枯季节对比，面积悬差 27 倍，容积悬差 66 倍。通过洪、枯季节形态度量值的比较，不仅湖泊的时令性特征一目了然，而且也彰显出对湖泊的开发与保护应当因湖、因时而异。

在湖泊自然演变背景下，强烈的人类活动，如闸坝和堤防建设、围湖垦殖、水系改造和清淤疏浚等，对湖泊形态的改变也是不可忽视的。太湖、巢湖、洞庭湖等均有着悠久的开发利用史，所以在历史时期人类活动对湖泊形态的影响就已十分显著。如太湖东部，在唐代元和年间（公元 806～820 年）之前，苏州至松陵镇（今吴江市）尚是一片水乡，为太湖水域的组成部分，非但不通陆路，船只往来亦无纤道。据清同治《苏州府志》载：唐元和五年（公元 810 年），苏州刺史王仲舒"堤松江为路……建宝带桥，时松陵镇南、北、西俱水乡，抵郡（苏州）无路，至是始通"。吴江塘路以及江南运河的逐渐形成过程，亦即是太湖东南岸界线的形成过程。由于水利工程的兴建，使得太湖东南部的这一部分水域完全由塘路和运河隔开，太湖湖面因之缩小，湖泊形态参数亦随之发生相应地改变（郑肇经，1987；太湖水利史稿编写组，1993）。再如洞庭湖，因明、清时期江水逐渐南侵，泥沙淤积渐盛，在明代的 276 年间共修筑堤防 33 处，建堤垸 134 座；清代筑堤建垸更是恶性膨胀，建垸总数达 1006 座，其中同治以前 456 座，同治以后 550 座。洞庭湖在泥沙淤积和建垸的双重作用下，发生迅速演变，由盛而衰，面积急剧萎缩（王苏民和窦鸿身，1998）。

新中国建立以来，对五大淡水湖的开发和治理强度是任何历史时期所无可比拟的，因此也是湖泊演变最剧烈的时期。仅以围湖垦殖而言，在短短的几十年间，就导致鄱阳湖损失面积 1400 余 km^2，容积 80 亿 m^3；洞庭湖损失面积 1659 km^2，容积 119 亿 m^3；巢湖、太湖和洪泽湖也同样发生了不同程度的类似变化。围湖垦殖、水利建设等湖泊资源的开发及治理，均导致五大淡水湖泊形态指标发生巨大改变。

五大淡水湖形态参数见表 1-1。

表 1-1 五大淡水湖形态参数

湖名	面积/km^2	湖长/km	平均宽/km	水深/m		容积/亿 m^3	流域面积/km^2
				平均	最大		
洞庭湖	2625	143.0	17.01	6.39	23.5	167.0	262 800
鄱阳湖	2933	170.0	17.3	5.1	29.19	149.6	162 225
巢湖	769.5	61.7	12.47	2.69	3.77	20.7	13 486
太湖	2425	68.0	35.7	2.12	3.30	51.4	36 895
洪泽湖	1597	65.0	24.6	1.90	4.50	30.4	158 000
合计	10 349.5	—	—	—	—	419.1	633 406

注：①计算时水位按洞庭湖岳阳水位 33.50m，鄱阳湖湖口水位 21.69m，巢湖水位 8.37m，太湖水位 3.14m，洪泽湖水位 12.50m；②1998 年大水之后，洞庭湖、鄱阳湖等因实施“退田还湖”措施，湖面有所变化；③流域面积引自《中国河湖大典·长江卷（上、下册）》和《中国河湖大典·淮河卷》。

就面积而言，五大淡水湖中以鄱阳湖最大，洞庭湖次之，再次为太湖和洪泽湖，巢湖面积最小。五大淡水湖由于地处江、淮中下游冲积平原区，长期的泥沙淤积致使各湖均呈现出浅水特征，水深一般只有 2～3m。洪泽湖的平均水深尚不及 2m，洞庭湖和鄱阳湖虽湖水相对较深，但平均水深也只有 5～6m，最大水深不足 30m。所以，五大淡水湖虽湖面浩渺，但无论与国内高原山区的一些著名湖泊如抚仙湖、青海湖、纳木错等比较，或与世界上一些著名的大湖如贝加尔湖、坦噶尼喀湖、苏必利尔湖等比较，其浅水湖泊（不存在稳定温度跃层的湖泊）的特性显而易见。各湖的面积（km^2）与容积（亿 m^3）之比，洞庭湖、鄱阳湖分别为 15.7∶1、19.6∶1；相比之下，贝加尔湖、坦噶尼喀湖则分别为 1∶7.3、1∶5.2，形成极大反差（高俊峰，2008）。

此外，五大淡水湖的湖岸结构与物质组成在历经漫长的人为改造下，如今天然湖岸已较为鲜见，取而代之的是以人工为主的湖岸，为缩短防洪岸线长度和提高防洪标准，湖岸线多顺直或呈折线的几何形态，湖岸结构也变得单调，多为浆砌块石护坡岸或水泥板块护坡岸。显然，这是湖泊生态系统和生物多样性发展的不利因素之一。

第二节 流域地貌

一、基本轮廓

我国地形的总体态势是西高东低，地势自西向东逐级下降，形成一个由三大地形阶梯构成的大陆斜面，其中最低一级的地形阶梯是位于我国东部宽阔的平原与丘陵。洞庭湖、鄱阳湖等五大淡水湖区亦处于最低一级阶梯部位。

五大淡水湖均系吞吐型的外流湖，各有其独自的流域，并发育有完整的水系。由于湖泊规模大、流域范围广，5个湖泊总计流域面积达633 406km^2，涉及贵州、重庆、广西、广东、湖南、湖北、福建、安徽、河南、江苏、江西、浙江和上海等13个省（区、市）。其中，以湖南、江西、安徽和江苏4省居流域的主体部分。在5个湖泊中，洞庭湖、鄱阳湖、巢湖和太湖合计流域面积471 073km^2，占长江流域总面积26.1%；洪泽湖流域面积158 000km^2，占淮河水系流域总面积的83.1%。各流域虽所处的相对位置或地貌发育过程有所不同，但地貌的基本类型按其形态，均可区分为山地、丘陵、盆地和平原四大类型，从而形成了诸流域之间的共性特征（附图1～5）。

专栏1-1　与湖泊有关的主要名词解释

外流湖：湖水能通过河流汇入大海的湖泊。

内流湖：湖水不能通过河流汇入大海的湖泊。

吞吐湖：既有河水注入，又有河水流出的湖泊。

闭口湖：只有河水注入，没有河水流出的湖泊。

潟湖：海湾口处由于泥沙沉积而将海湾与海洋分隔开而成的湖泊。

河成湖：由于河道迁徙后，遗迹形成洼地，积水而成的湖泊。

补给系数：湖泊流域面积与湖水面积之比。

温跃层：湖水温度垂线方向上变化，在上层和下层缓慢下降或上升，而在中层发生急剧变化的现象，此突变层称为温跃层。

湖流：湖泊中保持其物理化学特征的、大致沿某一方向运动的水流。

山地位于流域之最上部或边缘，多为河流的河源区，往往构成与其他流域之分界。例如，洞庭湖流域，南以南岭山系为屏障，是与珠江水系之分界；西有武陵山脉、雪峰山脉逶迤，是为与乌江、清江水系之分水岭；东有罗霄山、九岭山和幕阜山等大致作南北向绵亘，构成与鄱阳湖水系之界岭。注入洞庭湖之湘江、资水、沅江和澧水四大河流均是源于流域上游之山地区。五大淡水湖流域山地海拔一般在1000m上下，高者在1500m左右，只有极少数山峰逾2000m，如武夷山主峰黄岗山2157.7m，罗霄山脉主峰南风面2120m，伏牛山之石人山2153m。山地在地质构造运动和流水切割等内外营力相互作用下，往往岫峰峥嵘，峰峦叠翠，深谷峭壁，气势磅礴，且山区植被发育良好，森林茂密，自然风光巍峨壮丽，多孕有丰富的旅游资源。

由流域上游自山区而下，与之紧密相连的则是起伏和缓的低山丘陵，以及由低山丘陵所环绕的河谷盆地。这种地貌类型组合，实则表明该部位是处于山地与平原之间的过渡带。洞庭湖和鄱阳湖因流域幅员广阔，低山丘陵与河谷盆地呈交错分布的地貌组合特征。如洞庭湖流域内的衡阳盆地、株洲盆地、湘潭盆地、长浏盆地、茶陵盆地和攸县盆地，鄱阳湖流域内的吉泰盆地、赣州盆地、信丰盆地、兴国盆地、瑞金盆地、南丰盆地和弋阳盆地等，均是其中较为著名的盆地。盆地内因多有红色岩系分布，故又有红岩盆地之称。红岩盆地受构造控制，其展布的方向多与入湖河流的走向一致。由于红岩盆地及其周围地表的抬升，红色岩系经湿热气候风化和河流的切割冲蚀，常形成奇形异状之丘陵或残丘，状若“盆景”。红岩丘陵之相对高度一般不超过100m。在相邻的红岩盆地之间，多为破碎的丘陵和山地，丘陵海拔500～600m。在红岩盆地内之沿河两岸，因有狭带状之小规模冲积平原发育，水、土资源条件优越，是重要的农业区和中小城镇分布区，社会经济发展水平普遍较高。

巢湖、太湖流域与洞庭湖和鄱阳流域相类似，仍然发育了低山丘陵与盆地地貌类型，但与其相异者则是流域内盆地规模狭小，如太湖流域之煤山镇盆地（长兴县境内）。

在诸流域低山丘陵下部，便是各入湖河流的尾闾及滨湖区。该区是在河流冲积和湖泊淤积共同作用下形成的，水网平原为其显著地貌特征。在平原的上缘可见有阶地、岗阜和残丘星散分布。有的岗阜残丘断续延伸至湖滨而成为湖岬，兀立于湖中则成为岛屿。五大淡水湖中，洞庭湖、鄱阳湖、巢湖和太湖中均有数量不等的石质岛屿分布。其中以太湖的岛屿数量最多，达51座，岛屿率亦最大，达3.8%；鄱阳湖次之，大小岛屿计41座，岛屿率达3.5%。除散布的岗阜残丘之外，广大的水网平原腹地则是地势坦荡，一望无垠。第四纪以来，尤其是全新世以来，湖区处于以缓慢沉降为主的地质过程，河流冲积和湖泊沉积交替发生。来自流域上部经久不断的泥沙输入，为水网平原的发育提供了雄厚的物质基础，以致平原地貌广为发育。洞庭湖平原、鄱阳湖平原、太湖平原以及洪泽湖平原（黄淮平原之一部），均是我国东部平原中几个规模较大的著名平原。平原坡降十分平缓，一般在0.3‰～0.5‰，除具有从各湖的上游向下游、从湖泊四周向湖心倾斜的共同特征外，还与长江、淮河的自然坡降相一致，呈现出由中游向下游逐渐递降的总趋势。如洞庭湖平原的地面高程一般在30～50m，鄱阳湖平原在20～30m，及至太湖地区，平原的地面高程已降到4～8m，太湖下游河网地区地势更低，海拔一般在1～2m。

人类活动对于五大淡水湖区地面之演变和塑造，影响巨大，历史悠久。湖区平原土层深厚，土质肥沃，水土资源优越，是良好的垦殖对象。以筑堤围垦为主要开发利用方式的农业开发史，可以追溯到数千年前（郑肇经，1987；高俊峰和毛锐，1993）。历经漫长的筑堤围垦、开发经营等人类活动，尤其是新中国建立以来大规模围垦及水利建设，使湖区圩（垸）堤鳞次栉比，状如蜂窝，极大地改变了湖区一望无垠的原始平原地貌形态。在自然营力所形成的广阔平原基础之上，由于兴建堤防等人为作用的塑造，使坦荡平原被分割得支离破碎，呈现出波状起伏的微地貌形态（高俊峰和韩昌来，1999），使五大淡水湖区原本比较单调的坦荡平原地表形态变得复杂、多变，并且对水系的变迁、植被的演替、土壤的物理化学性质等也都产生了深刻的影响。这是生活在湖区平原的劳动人民长期利用自然、顺应自然，同时也深刻地改造着湖区平原地表形态的重要标志之一。

综上所述，五大淡水湖流域地貌发育过程完整，基本形态类型多样，空间分布格局清晰。流域内由上游山地而下，经丘陵、平原、湖滨及至湖体，形成逐级而降、层次鲜明、结构有序的空间分布特点，有利于流域内水系发育和径流汇聚。而地处湖泊下游的尾闾段，地面则平衍，水流缓慢，客观上造成湖泊“易吞难吐”之势，洪水来势迅猛，而退水却十分缓慢。因此，五大淡水湖区洪涝渍灾害之所以频发，除所在地区季风气候特点外，流域内地貌结构和其空间分布特征，也是重要的原因。

二、地 貌 特 征

（一） 洞庭湖流域

洞庭湖流域地跨广东、广西、重庆、贵州、湖南、湖北和江西等 7 省（区、市），流域面积 262 800km²（不计长江分流入湖的“四口”（松滋、太平、藕池、调弦）的面积），占长江流域总面积的 14.6%。其中湖南省境内流域面积 204 843km²，占总流域面积的 78%。流域地貌特征大致是外缘东、西、南三面为山地环绕。幕阜山、罗霄山等湘赣界山绵亘于东，为与鄱阳湖水系的分界，山地海拔一般为 500～1000m，少数山峰在 1500m 以上，如幕阜山为 1596m，武功山白鹤峰为 1918m；南岭（古代称五岭，即大庾岭、骑田岭、萌渚岭、都庞岭、越城岭）山系屏障于南，与珠江水系为分水岭，山地海拔在 1000m 上下，高峰可达 1600～2200m；武陵、雪峰山脉逶迤于西，与乌江、清水江水系为分水岭，山体海拔一般不超过 1000m，高峰可达 1500m 以上，如苏宝顶为 1934m、白马山为 1781m。流域的北缘则濒临长江（荆江段）。在流域内，自上游的山区而下，及至中下游为起伏和缓的低山、丘陵与相间的河谷盆地。在较大的河流谷地中，普遍发育有多级阶地及冲积平原。冲积平原沿河谷呈带状展布，其中湘江在株洲以下，沅江在桃源以下，资水在桃江以下，冲积平原均已相当广阔（图 1-2）。

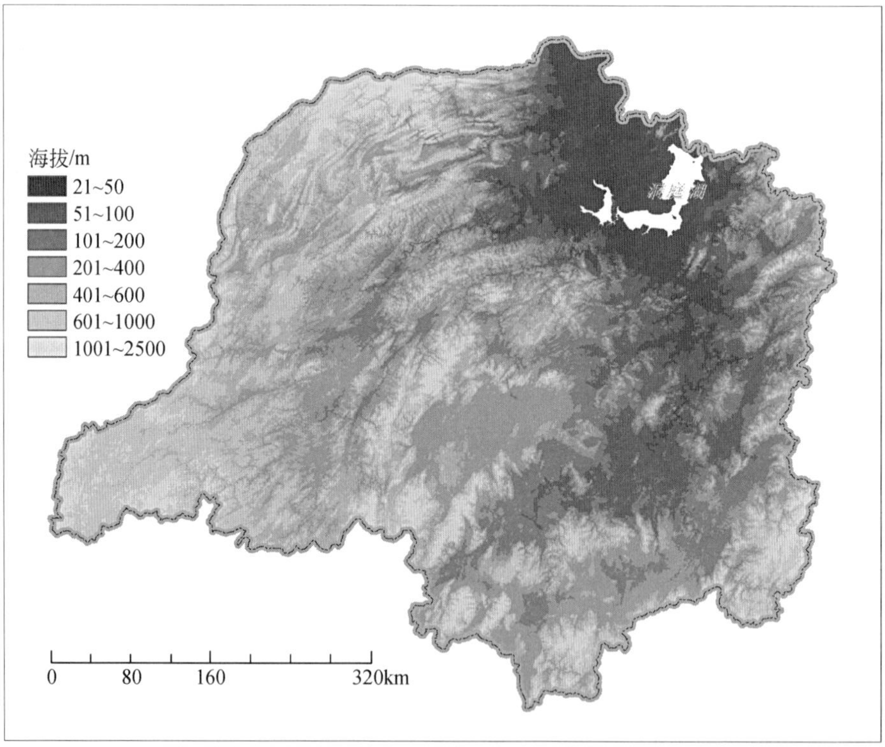

图 1-2　洞庭湖流域地形

在湘江、沅江等诸河入湖下游的尾区间则是以复合三角洲地貌为基本特征的冲积、湖积平原水网区。平原地势坦荡，一望无垠，地面高程一般为30～50m。平原的上部，均已开垦为良田；下部则洲滩广布，河流曲折交织，湖荡星罗点缀，堤垸纵横，呈现一派水乡泽国的地貌景观。目前，洞庭湖周围建有大小堤垸200余座，均是当地群众长期开发洲滩以及与洪涝进行不懈斗争的产物。堤垸建成后，由于是封闭式的开发利用，隔断了与垸外河湖的直接联系，垸内沉积中断，而垸外洲滩则继续不断淤高，久而久之形成“垸老田低”的现象，现垸内地面高程已普遍较垸外洲滩低1～2m，防洪形势严峻。在平原湖区的外缘可见有四级阶地发育，各级阶地相对高差为10～20m。阶地经长期侵蚀切割已形成岗、垄相间的地表形态，在岗地外侧尚有零散分布的丘陵，海拔多为150～200m。在平原上也有星散岗丘散布，如赤山、君山、层上等。洞庭湖则位于这一河网切割平原区内地势最为低下的部位。

由上述可见，洞庭湖流域呈东、南、西三面高起，顺势向北倾斜，作敞口的马蹄形复式盆地结构。在流域内这一地貌格局控制下，洞庭湖的水系呈扇形展布，从而形成以该湖为中心的向心状水系。

（二）鄱阳湖流域

鄱阳湖流域面积162 225km^2，占长江流域面积的9%；其中156 743 km^2位于江西省境内，占流域面积的96.6%，占江西省国土面积的94%，其余5482km^2分属闽、浙、皖、湘和粤等省份，合占流域面积的3.4%（图1-3）。

鄱阳湖流域地貌北部以平原（鄱阳湖平原）为主，南部以山区（赣南山区）为主，中部为过渡区，属赣中低山丘陵区，西部近南北向的罗霄山及向北延伸的九岭山和幕阜山，东部近南北向的武夷山及向北延伸的怀玉山、天目山、黄山余脉，与分布于两大山系间的鄱阳湖平原及以吉泰盆地为代表的众多河谷盆地形成了流域内东西向三大地貌带。流域内主要河流均发源于东、南、西三面边缘山地，顺势流入鄱阳湖。流域地貌类型以丘陵山地为主，占总面积的78%（其中山地占36%，高丘42%），平原岗地占12.1%，水面占9.9%。

1. 山地与丘陵

主要山脉多分布于流域边界，构成江西省与邻省的分界线和流域的分水岭。除南部山地走向较为零乱外，山脊线多呈北东—南西或北北东—南南西向。山体多由变质岩和花岗岩组成，一般海拔高度为1000m左右，少数山峰海拔在2000m以上。

怀玉山蜿蜒于流域东北边缘，呈北东东—南西西走向，主峰玉京峰海拔1817m。怀玉山是信江水系、饶河水系与浙江钱塘江水系的分水岭。

武夷山脉沿流域东陲，赣闽两省界延伸，长达500km，呈北北东—南南西走向，山势雄伟，山峰海拔多为1000～1500m，主峰黄岗山2157.7m，是流域最高峰。武夷山脉是江西省鄱阳湖水系与福建闽江水系、广东韩江水系的分水岭。

大庾岭和九连山属南岭山脉的分支，盘亘于流域南端，赣粤边界间，大体呈北东东—南西西走向，九连山主峰黄牛石海拔1430m。大庾岭中的梅关古道是旧时中原至岭南的官

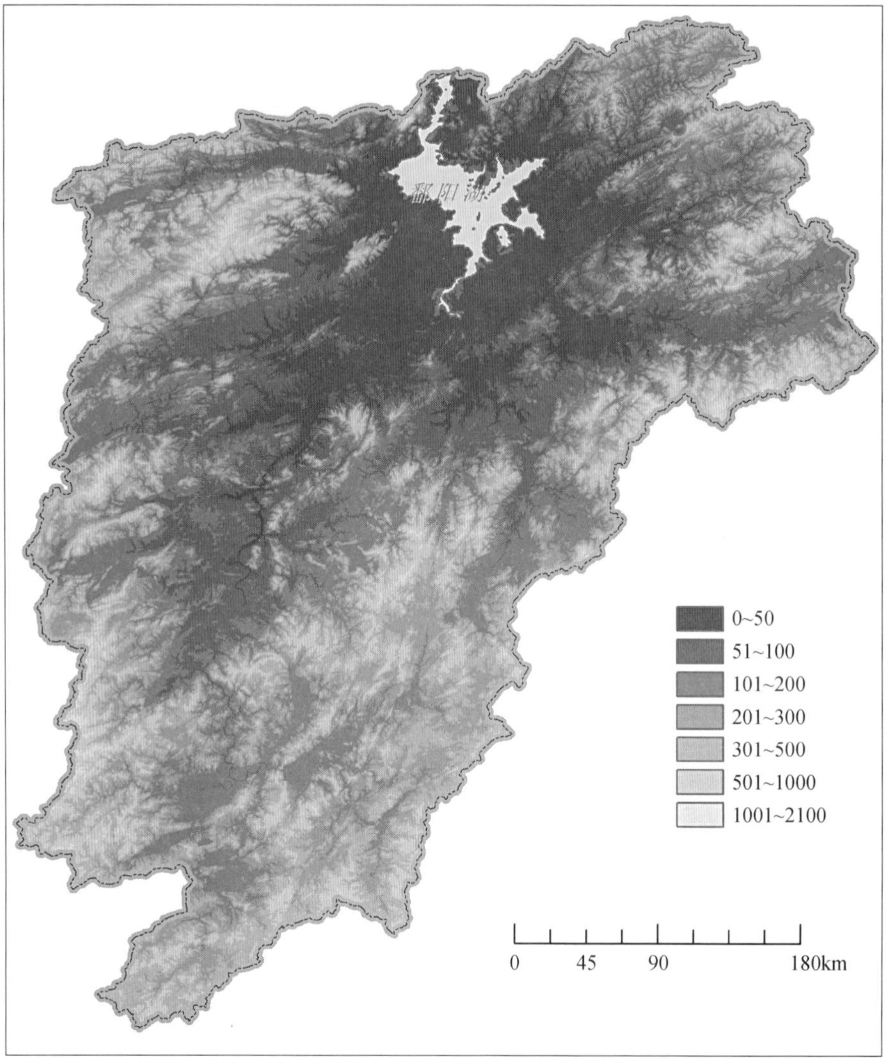

图 1-3　鄱阳湖流域地形

驿道。大庾岭和九连山是赣江水系与北江水系、东江水系的分水岭。

罗霄山脉为万洋山、诸广山、武功山脉的总称，耸峙于流域西部赣、湘边境，山体呈北北东—南南西走向，海拔多在 1000m 以上，主峰南风面海拔 2120m，武功山主峰白鹤峰海拔 1918m，罗霄山脉中段的井冈山是著名的革命圣地。罗霄山脉是赣江水系和湘江水系的分水岭。

九岭山脉与幕阜山脉绵延于赣西北，呈北东东—南西西走向。九岭山居南，是流域内修水和赣江支流锦江的分水岭，主峰九岭尖海拔 1794m。幕阜山列北，是江西省与湖北省的分界山脉，向西蜿蜒入湘，而东延余脉，则是平地拔起、风景旖旎、名扬中外的风景旅游胜地——庐山。

丘陵多分布于山地的内侧或鄱阳湖平原的外缘，海拔 200～500m。由于构成丘陵的岩层多为中、新生代红色岩系，山体褚红，故有“红色丘陵”之称。而岩层岩性软硬有别，松软岩层抗蚀力弱，往往形成浑圆低丘，坚硬岩层抗蚀力强，成为峰峦突起的山岭，致使丘陵山区地形复杂，高丘低丘波状起伏，连绵不断。山丘之间往往分布一些断陷盆地。这些盆地形状各异，大小不一，地势低平，水道交错，是流域重要的粮、油、林、果生产地及居民分布相对集中的地区。

2. 平原岗地

平原集中分布在流域北部五河下游和鄱阳湖滨，故称赣北平原或鄱阳湖平原，是长江中下游五大平原之一。该平原为赣江、抚河、信江、饶河、修水等河流和鄱阳湖所共同塑造而形成的，地表广泛分布着红色风化物、第四系红土和近代河湖冲积淤积物，其范围北起长江南岸，南抵樟树、临川，东达乐平、万年，西至安义、高安，地跨 25 个县、市，面积约 4 万 km^2。平原内侧为滨湖圩区，地势低平，海拔多在 20m 左右，港汊纵横，草洲滩地广袤，池沼水田相连，土地肥沃，宜于农耕、放牧和水产养殖；平原外侧为平地和岗地，海拔在 50～100m，现多以梯级方式开垦，辟为旱地和水田，亦有部分为森林。

3. 水域

流域水系发达，有大小河流 3000 多条，以赣江、抚河、信江、饶河和修水五大河流为主，其中赣江为第一大河，自南向北纵贯江西全省。流域北部湖泊星罗棋布，水面大于 1km^2 的湖泊有 80 余个。水库 9268 座（2003 年），其中大型水库 25 座，中型水库 224 座，较小型水库 1329 座，小型水库 7690 座。水库总库容 280 亿 m^3，其中兴利库容 158 亿 m^3。

（三）巢湖流域

巢湖水系涉及安徽省合肥、巢湖、六安以及安庆 4 市 16 区县，总面积 13 486km^2，其中巢湖闸以上流域面积 9153km^2，巢湖闸以下流域面积 4333km^2，是安徽省经济和社会发展水平较高的区域。巢湖流域地处江淮丘陵地带，在五大淡水湖中流域面积最小。流域内主要地貌类型有河湖低洼平原、低山残丘和丘陵岗地三种，丘陵岗地为最大的地貌单元（图 1-4）。

巢湖流域总体地势是西高东低，中部低洼平坦，整体向长江倾斜，巢湖则居于流域中心，流域内之水系呈辐辏状，入湖河流由四周向湖内汇聚。低山丘陵主要位于流域上中部，占流域总面积的 71%，地势起伏均较和缓。低山海拔一般为 200～300m，丘陵岗阜相对高差一般在 100m 上下。河湖低洼平原约占流域总面积的 23%，主要分布于沿湖及南淝河、派河、丰乐河和杭埠河等河流下游两岸，地面高程 7～15m，是河流与湖泊的冲积、淤积等共同塑造而形成的，地势坦荡，土质肥沃，圩田阡陌，物产丰饶。湖泊坐落于巢湖盆地之最低洼部位，水域面积约占流域总面积的 8.41%，是流域内诸河径流汇聚之地，具调蓄滞洪、供水、水产、保持生物多样性等多种功能，对流域内之生态安全发挥着重要作用。

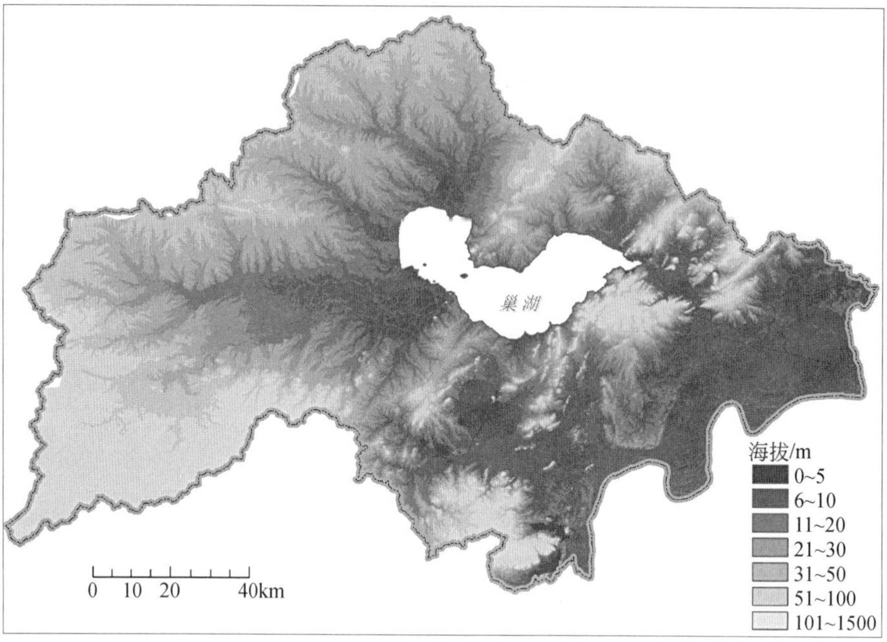

图 1-4　巢湖流域地形

（四）太湖流域

太湖流域位于长江下游南侧，总面积 36 895km²。西南部以天目山与钱塘江分水，西部以苏皖界岭山地与水阳江分水，以茅山与秦淮河分水，北部濒临长江，东南临钱塘江和杭州湾。长江、钱塘江和杭州湾沿岸均建有江堤和海塘保护（图 1-5）。

太湖流域沿长江、钱塘江形成三角洲平原，以太湖为中心地势低洼，排水不畅，湖荡众多，河网密布因而形成大面积的湖荡平原和水网平原，西部山丘前缘则形成地势较高的高亢平原与山前平原。

三角洲平原由近代长江和钱塘江的泥沙在河口堆积而成，物质以粉砂质为主，越近江（海）沙性越重，质地越轻。大部分地面海拔为 2～3m（采用黄海高程，下同）。其中江阴一带江洲地高程为 4m 左右。而杭州湾沿岸的高爽平原地势较高，海拔达 5～7m。

湖荡平原范围最大，位于太湖和阳澄湖群、淀泖湖群、菱湖湖群、洮滆湖群和芙蓉圩等湖荡周围，地势低洼，湖荡集中，是太湖流域的洪水走廊。大部分地面海拔在 2m 以下，最低处可至 0m 左右，均低于当地洪水位，需筑堤围圩以挡洪水。地面土质以湖相淤泥质为主，质地黏重，地下水位较高。

水网平原分布在太湖南北两片，北片在常州、无锡一带，南片在金山、平湖、桐乡一带。地势平坦，河网密布，大部分地面海拔在 2～4m。地面主要由河流相或河湖相物质组成。

高亢平原位于太湖平原西北部，是流域内最高的平原，大部分地面海拔为 5～8m。地势高亢略有起伏，河网相对稀疏。金坛、武进、江阴和张家港一带地面土质较黏，由河流冲积物组成。而丹阳一带地面主要由长江冲积物组成，地势高，沙性重。

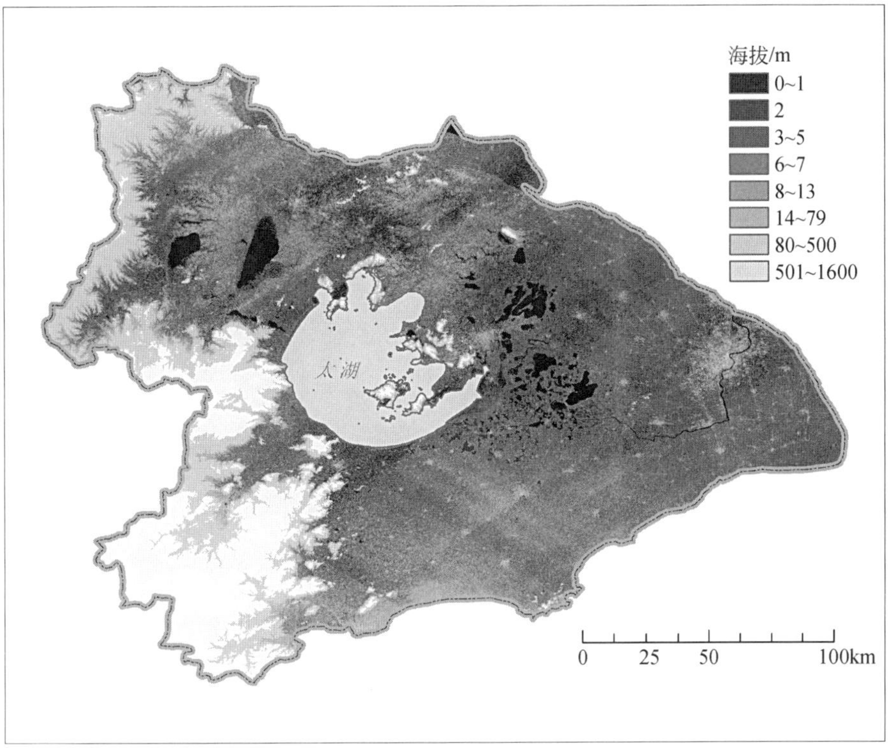

图 1-5　太湖流域地形

山前平原主要分布在茅山东侧、宜溧山地北侧和东苕溪西侧。是由丘陵或岗地向平原的过渡地带，海拔 5～10m，地面倾斜，因易受山洪影响，沿河两侧地面尚需筑堤围圩。

西部山地地貌包括中山、低山、丘陵与孤丘和黄土岗地，中山仅分布在天目山主峰周围，山峰海拔均超过 1000m，山势高耸陡峻，坡度较大，侵蚀强烈，河谷深切，植被茂密，是太湖流域最著名的自然保护区。低山主要分布在天目山地主峰外围的莫干山、天竺山以及宜溧山地和茅山山地。山体海拔大多在 200～700m，主要分布在流域的分水岭地带，范围较广，植被保存较好。丘陵与孤丘主要分布于山地外围，散布在太湖平原之上，大部分海拔在 50～300m，与湖水相映，改变了平原上单调的自然景观，而成为我国著名的风景旅游胜地。黄土岗地主要分布在茅山东侧与宁镇山地南侧，地面由黏性黄土所构成。岗冲相间，由岗顶、岗坡和冲谷三部分组成，地面海拔大多为 10～40m，相对高程在 10m 左右。

（五）洪泽湖流域

洪泽湖是淮河流域最大的湖泊，上承淮河上中游 15 800km^2 之来水。全流域地貌总态势是西高东低，南北高中间低。西部、南部及北部一隅为山地和丘陵，其余为广阔的大平原。山地和丘陵约占流域总面积的 1/3，平原占 2/3（图 1-6）。

洪泽湖流域地貌类型多样，层次分明。在空间分布上，山地位于流域边缘。西有伏牛山（秦岭山脉之余脉）构成本流域与黄河和长江水系之分界；西南为桐柏山，向东蜿蜒与

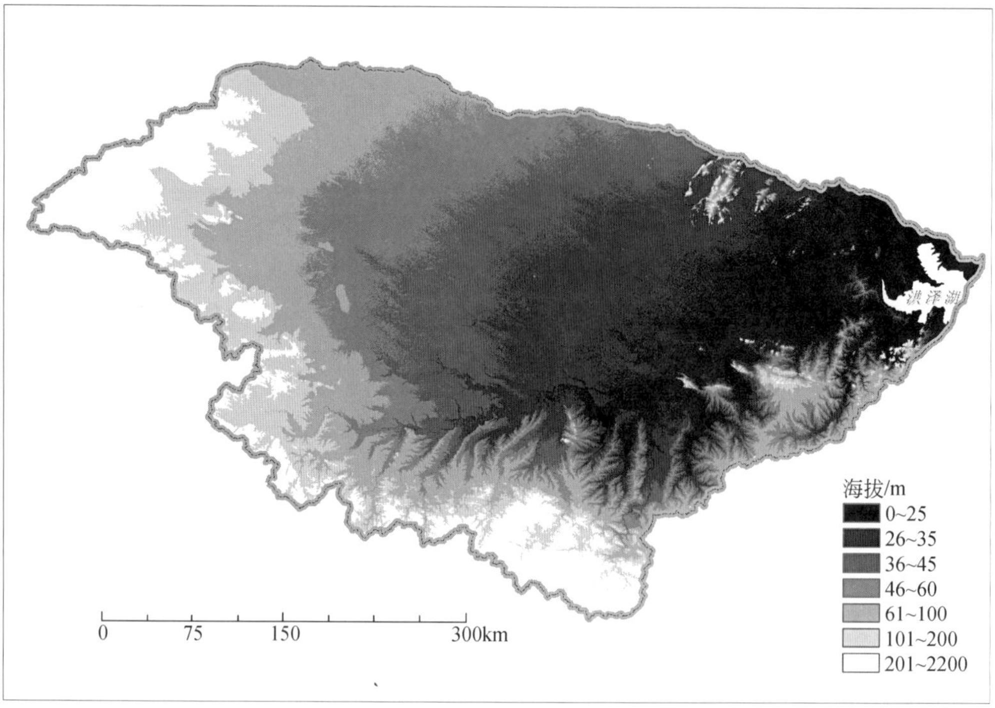

图 1-6　洪泽湖流域地形

大别山相连，是为淮河的河源区以及淮河水系与长江水系之分野。山势雄厚，山峰高耸，海拔一般为 1000～1500m，最高海拔逾 2000m。例如，伏牛山最高峰石人山海拔 2153m，是全流域最高山峰；山地东北邻近中岳嵩山，被誉为“中天砥柱”，峰峦叠翠，气势磅礴，山峰海拔 1440m。桐柏山为鄂豫两省之界山，最高山峰太白顶海拔 1140m。大别山屏列于西南部，海拔在 1000m 以上的山峰就有 6 座，其中最高山峰白马尖海拔 1774m，山地连绵起伏，奇峰异石，千姿百态，森林茂密，景色秀丽，为著名的旅游胜地。

流域内之丘陵系上游山区与下部平原之过渡带，多以低缓连绵之岗阜或孤丘、低山地貌形态分布，其中流域上游段之丘陵区海拔 100～500m，主要分布在新密、新郑、平顶山、驻马店和信阳一带；淮河干流以南是淮南丘陵区，为江淮丘陵区之构成部分，分布广，发育较为典型，海拔为 50～500m，主要分布在商城、六安、淮南、蚌埠、凤阳、定远、滁州和盱眙等地；流域中部及北部的丘陵区，海拔为 50～500m，主要分布在淮北、宿县、徐州及宿迁等地。

平原是本流域最主要的地貌类型，分布广袤连片，发育典型。由黄河、淮河所挟带泥沙之泛淤以及地表缓慢下降等内外营力共同塑造形成的冲积平原，连同淮河下游广大平原区，通常称之为黄淮平原；又因平原的主体在淮河以北，故也称之为淮北平原。平原地势低平，地表全由疏松的沉积物所覆盖，是华北平原（黄淮海平原）的重要组成部分。

淮河上游平原区主要位于京广铁路以东，洪汝河、沙颍河中、上游地区，地势由西北向东南倾斜，地面高程一般为 30～100m，平均地面坡降为 1/7500，面积约 3.0 万 km^2。该区北部为黄泛区，地势略显波状起伏。周口和上蔡以东地势低洼，河道坡降平缓，排水不畅，若遇暴雨或上游来洪，极易酿成洪涝灾害。淮河中游平原区包括颍河以东、黄河故道以南和沿淮的广大地区，总体地势由西北向东南倾斜，地面高程一般为10～30m，平均地面坡降1/8000～1/10 000，面积逾6.0万km^2。这一地区在公元12世纪之后，长期遭受黄河洪水泛滥和泥沙之不均衡淤积，河道排水系统受到严重干扰破坏，行水不畅，属于平原易洪易涝的多发区。

洪泽湖坐落于广袤平原之最下部，是发育在冲积平原上之浅水型湖泊。湖盆呈浅碟形，湖底十分平坦，西部高程一般在11.0m以上，东部一般为10.0～11.0m，南部一般为7.5～9.0m，整个湖盆由西北向东南倾斜，与流域地势总体态势相一致。滨湖西北至西南部环湖为岗垄与洼地相间的岗波状平原，并行排列着由西北向东南方向延伸的四道低冈和三道浅洼，俗称“四冈三洼”；南为岗阜与孤丘，海拔一般为30.0～50.0m；北为淮北大平原，地势坦荡；东为人工大堤。大堤北起淮阴的码头镇，逶迤西南，止于盱眙的老堆头，全长67.25km，堤顶高约20.0m，宽50.0m，系明、清以来历经不断修筑而建成的洪泽湖蓄水防洪之关键性水利工程。大堤以东，为坦荡的里下河平原。近堤段，平原高程一般为8.0～9.0m，向东逐渐降低，至里下河腹地，地面高程已在4.0m以下。因此，洪泽湖成了一个高悬于其东部平原之上的“悬湖”，湖水全赖东岸大堤作为屏障。

第三节　流 域 气 候

五大淡水湖流域地处欧亚大陆东部，东濒海洋，其纬度位置正处于副热带高压带的控制范围内，属于典型的东亚季风气候，具有温暖湿润、降水丰沛、水热同期和四季分明的气候特征。五大淡水湖流域的水、热等资源较丰富，气候条件有利于农事活动和社会经济的持续发展。

洞庭湖、鄱阳湖和太湖等长江中下游广大地区，年均日照时数为1400～2200h，日照百分率超过40%；年平均气温达15℃以上，年≥0℃积温在5800℃左右，年无霜期日230～240天；年降水量均逾1000mm。洪泽湖地区虽然所处纬度相对略高，然而水热资源仍较丰富，年平均日照时数为2296.7h，日照百分率高达52%，全年平均气温16.3℃，年≥10℃的活动积温4807.2℃，无霜期为211（泗洪）～240（洪泽）天，年平均降水量近1000mm（洪泽925.5mm）。五大淡水湖流域，夏季盛行偏南风，冬季盛行偏北风，春秋两季风向转换不定，年平均风速为2.5～4.5m/s。

五大淡水湖流域南北纬度的跨度较大，热量、水分等气象要素均显示出地带性差异。秦岭—淮河一线是中国自然地理区划的重要分界线，同时也是气候区划的重要分界线。《晏子春秋》中所记，“橘生淮南则为橘，生于淮北则为枳”，就是淮河南北气候差异的生动记述。据中国科学院自然区划工作委员会（1959），淮河—苏北灌溉总渠一线之北属暖温带（南温带）气候，淮河—苏北灌溉总渠以南，杭州—长沙一线之北的地区属北亚热带气候，而杭州—长沙一线之南到南岭地区则属中亚热带气候。由此可见，五大淡水湖流域地跨三个气候带，即中亚热带、北亚热带及暖温带气候带，而以北亚热带的范围最为广阔。

一、气温特征

五大淡水湖流域年内气候特征可概括为春寒、夏热、秋燥和冬冷，年内四季气候分明。春、夏、秋、冬各季持续时间在年内的分配，大致是春、秋两季较短，约 4 个月；夏、冬两季较长，约 8 个月。

（一）春季乍暖乍寒，潮湿多变

春季是由冬入夏的过渡季节，随着阳光照向地面入射角的不断提高，冷空气强度减弱北退，低纬度之暖湿空气随之北进，地面和空气层之温度逐渐回升。洞庭湖、鄱阳湖、巢湖和太湖各湖区 3～4 月的平均气温为 11～17℃，洪泽湖区同期平均气温为 9.7～12.9℃。并且随时间变化气温快速回升。例如，洞庭湖区 3 月上旬气温达 8.0～9.0℃，中旬达 10.0～11.0℃，下旬升至 12.0℃以上；4 月上旬气温达 14.0℃，及至下旬气温已超过 18.0℃。但是，由于中高纬度地区的蒙古高压气团、阿留申低压气团、副热带地区的太平洋高压气团以及印度低压气团四个东亚大气活动中心都参与这一地区的大气环流活动，使得本区锋面及气旋活动频繁，受冷暖空气交替控制的影响，气温时升时降，乍暖乍寒，天气多变，晴、阴、雨不定，降水明显增多，日照则相应减少。降水带首先出现在南岭地区，逐渐向北推移，常形成阴雨连绵的天气，剧烈的气旋活动甚至出现锋面雷雨天气（中国科学院《中国自然地理》编辑委员会，1984）。洞庭湖和鄱阳湖流域由于上游降水增多，均有明显的春汛（桃花汛）出现，湖水位开始起涨。巢湖、太湖流域范围相对偏小，洪泽湖流域所处纬度偏高，因春季降水增多而形成的春汛均不甚明显。

（二）夏季高温炎热，“梅雨”为本区所独有的一种天气现象

由于太阳高度角逐渐增大，太平洋副热带高压势力增强，夏季是一年中太阳辐射量最多的季节，各湖区及其流域普遍出现高温，如洞庭湖区日均气温在 6 月中旬已达 25℃以上。各湖区的 6 月份全月平均气温都超过 25℃，如鄱阳湖区为 25.5℃，洪泽湖区为 26.2℃。夏季也是因海陆温差而产生季风的鼎盛时期，强劲的亚洲季风带来了大量的暖湿空气。在副热带高压增强北上的同时，高纬度的上空还经常有小股冷空气南下，冷暖气流交汇形成的准静止锋（极锋）带滞留在江淮中下游地区，使本区在初夏（6 月中旬前后）出现大范围持续阴雨天气，降水多连续性，阴雨日多，历时长，降水量大，常伴有大雨到大暴雨出现。初夏正值江南梅子成熟季节，故这一时期的连续降水过程常称之为“梅雨”。又因这一时期的空气相对湿度大，日照时间短，地面风力较小，气温较高，衣物易发生霉变，亦称“霉雨”。梅雨期一般为 15～20 天。

梅雨是江淮中下游降水的主要组成部分，约占年降水总量的 1/5～1/4。由于梅雨期间降水集中，易酿成湖区的洪涝渍灾害。1931 年、1954 年、1969 年、1991 年和 1998 年是比较突出的实例，这些年份梅雨期长，梅雨期降水总量约相当于常年降水总量的 2/3（水利部长江水利委员会，2001；2002）。然而，少数年份，梅雨锋在长江中下游仅停留 3～4 天，梅雨期短，雨量特少，称之为“少梅”或“空梅”，如 1934 年、1958 年、1965 年、

1973年和1978年等即是“空梅”最典型的年份。梅雨期之长短及降水量之多寡，直接影响着本区夏收、夏种等各项农事活动以及水利建设。

梅雨期过后（7月上旬），副热带高压北移，脊线多出现在26°～30°N附近，雨带中心北移至华北地区。江淮中下游在副热带高压脊控制下，进入干燥晴热的盛夏期。天气晴朗，光照强烈，日照时数增多，气温骤然升高，干燥少雨，天气酷热。年最高气温大于或等于30℃的日数，在各大湖区都在60天以上。如洞庭湖的岳阳、沅江多年平均分别达80.1天、76.2天，鄱阳湖的棠荫为79.3天，滨湖陆地高达93.3天。极端最高气温，在湖泊外围的陆地均超过40℃以上。在五大淡水湖泊的水域，虽然得益于广大湖泊水体对气温的调节效应，但一般也接近或超过40℃。如洞庭湖区的极端最高气温，陆地（益阳）为43.6℃（1961年7月20日），水域为39.4℃（沅江，1969年8月2日）及39.3℃（岳阳，1971年7月21日）；鄱阳湖区的陆地（瑞昌）为41.2℃（1966年8月2日），水域（棠荫）为40.2℃；洪泽湖区的陆地（泗阳）为44.4℃（1934年7月15日），水域（洪泽）为39.8℃。由于盛夏酷热少雨，且持续时间较长（7月中旬～9月中旬），滨湖丘陵地区农田往往有伏旱现象发生。

（三）秋季天高气爽，风和日丽

秋季是由夏入冬的过渡季节，副热带高压势力减弱南移，夏季风随之南撤。同时，北方蒙古高压开始逐步形成，高压楔南伸。由于近地面空气层的温度随太阳入射角之降低而逐渐下降，使大气环流的形势处于由夏季环流型向冬季环流型的过渡时期，低空开始出现偏北气流，而此时的中高层却仍受太平洋高压所控制，高、低空高压重合。因大气层结构下冷上暖，大气稳定，天气晴好，风和日丽，降水较少，使江淮中下游广大地区出现了秋高气爽天气。洞庭湖、鄱阳湖和洪泽湖等各大型湖区均在这一类型的天气系统控制之下（中国科学院《中国自然地理》编辑委员会，1984）。由于秋季天气晴好，日照百分率相对较高，如鄱阳湖区8～10月平均日照百分率51.7%，高于3～5月平均日照百分率20.8%。故本区的秋温要高于春温。但由于北方冷空气南下有时较快，以致秋季降温速度也快，如洞庭湖滨湖沅江、安乡各县从7月下旬～9月中旬平均降温幅度达1.1℃，至衡阳、邵阳、郴州等地区为0.8～0.9℃。当冷空气南下入境时，也可因锋面受阻产生降水，形成短暂的降水过程，出现秋雨。只有少数年份因冷空气入侵的影响，出现阴雨绵绵的现象，湖区俗称之为“烂秋”。也有少数年份因冷空气南侵较早，湖区会出现“寒露风”天气，影响秋熟作物之成熟收割。

（四）冬季寒冷多大风

冬季，五大淡水湖区处于寒潮及冷空气南下扩散的区域范围之内，往往引起剧烈降温和大风。特别是当强烈的寒潮南侵时，均会出现全区域性迅速降温，并伴有大风和冰冻现象发生。日平均过程性降温（即逐日下降度数总计）可达24℃以上。在雪后的寒潮过程之后，温度可降得更低（中国科学院《中国自然地理》编辑委员会，1984），如洪泽湖流域的固始和寿县，1955年1月的一次寒潮，曾分别降至－20.9℃和－24.1℃。最冷月的1月份，洞庭湖、鄱阳湖、巢湖和太湖等长江中下游地区，平均气温1.7～4.8℃，若遇强寒潮南袭，湖区会有薄冰出现；洪泽湖区更冷，1月平均气温－1.0～3.3℃，湖区冬季常年有冰冻现象发生。与本区大致处于相同纬度的亚、非、欧三洲及其他地区（新德里、巴格达、塞得港等），最冷的1月平均气温都在10℃以上，本区与之相比，冬季则更显寒冷，成为世界同纬度地区气温的低值区。

洞庭湖平原地势开阔，地貌结构呈向北开敞的马蹄形，使洞庭湖区在冬季成为冷空气南下，寒潮入侵的“咽喉”，“狭管效应”显著，因而冬季尤为寒冷，成为湖南省1月份气温之低值区，相比于同纬度的西部桑植、永顺、大庸和东部的南昌等，普遍低0.6～1.3℃。湖区之常德、沅江、岳阳三站，最冷的1月平均气温3.8～4.5℃，极端最低气温，沅江、岳阳均在－12℃以下，滨洞庭湖的其他地区大都在－13℃以下。当寒潮到达流域上部，即南岭北坡和贵州高原后，若发生停滞，可形成南岭准静止锋，产生冻雨和冰雪灾害天气，给农业、交通、电力和通信等社会经济活动和居民正常生活带来严重影响。2008年和2011年，湘、桂、黔三省（区）所发生的异常冰冻灾害天气给当地社会经济造成的巨大损失，均是典型的实例。

鄱阳湖坐落于鄱阳盆地最下部，其北部湖体为狭长的入江水道，两侧受山地夹峙，流域的地形结构与洞庭湖流域相类似，因而也是冬季冷空气长驱直入的“咽喉”地段，“狭管效应”亦较显著，滨湖成为流域内气温之低值区。1月份平均气温为3.6～5.6℃，最低平均气温为1.3～1.8℃，寒潮过后的极端最低气温达－18.9℃（彭泽，1969年2月6日）。

太湖地区的苏州、无锡和吴江三地区，1月平均最低气温分别为－0.1℃、－0.8℃和－0.3℃，出现寒潮天气时的极端最低气温分别达－9.8℃（1958年1月）、－12.5℃（1969年2月）和－10.6℃（1977年1月）；硕放、宜兴和长兴的极端最低气温分别达－14.3℃（1971年1月）、－13.1℃（1977年1月31日）和－13.9℃（1977年1月31日），成为湖区已有观测资料之最低值。

洪泽湖地区冬季更为严寒，极端最低气温－22.9℃（泗洪县，1969年2月5日），成为江淮中下游五大淡水湖区出现的最低气温值。

二、降水特征

江淮中下游地区就总体而言，降水是比较丰富的，但时空分配却十分不均。降水在年内的季节分配是夏半年多，冬半年少。这是季风气候控制下降水的重要特征，也是季风气候的优点所在，即雨、热同季。这对于各种农作物和湖泊水生生物的生长繁衍是十分有利的。同时，丰富的夏季降水，还导致了湖泊水文、水动力以及地球化学过程产生显著的季节性差异。

不同地区，降水的年内季节分配也有差异。长江中下游地区大致是春、夏两季降水量各占全年的35%左右。沿淮河中下游地区，夏季降水量可占全年降水量的50%以上，春季降水量占全年的20%～25%。秋季降水量均占全年的15%～20%。冬季各地因受干冷的冬季风控制，均是全年降水量最少的季节，占全年降水量的10%上下。

五大淡水湖区降水量的年际变化也普遍较大。洞庭湖地区年均降水量为1200mm左右，其中丰水年降水量达 2000～2300 mm，枯水年降水只有 800 mm 左右。澧县、常德、沅江和岳阳等地年变率分别达 20.2%、25.5%、19.2%和 23.2%。洪泽湖丰水年最大年降达水量 1240.9 mm，枯水年最小年降水量只有 532.9 mm，年际极差达 708.0 mm。鄱阳湖、巢湖和太湖等湖区降水量在年际变化也都呈现出与洞庭湖等相类似的特征（图1-7）。

五大淡水湖流域内地貌结构导致降水量不仅在年内各季节及年际间的变率较大，而且在流域内的空间分布上也是不均衡的，降水的“地形效应”显著。流域的外围或边缘山区，降水量普遍高于平原湖区。如洞庭湖流域，湘西南雪峰山脉北端（以安化为中心）、湘东南罗霄山脉南端（以桂东为中心）以及东幕阜山、九岭山区（以浏阳为中心）是流域内的三个多雨区，降水量为 1500～1700mm，高于洞庭湖区降水量 25%～40%以上。太湖上游天目山主峰区年降水量超过 1900mm，以西的皖南黄山光明顶年降水量高达 2394.5mm，超过太湖湖区年降水量的 70%以上。流域上游丘陵山区丰沛的降水，为各入湖径流和水资源的开发利用提供了雄厚的物质基础。

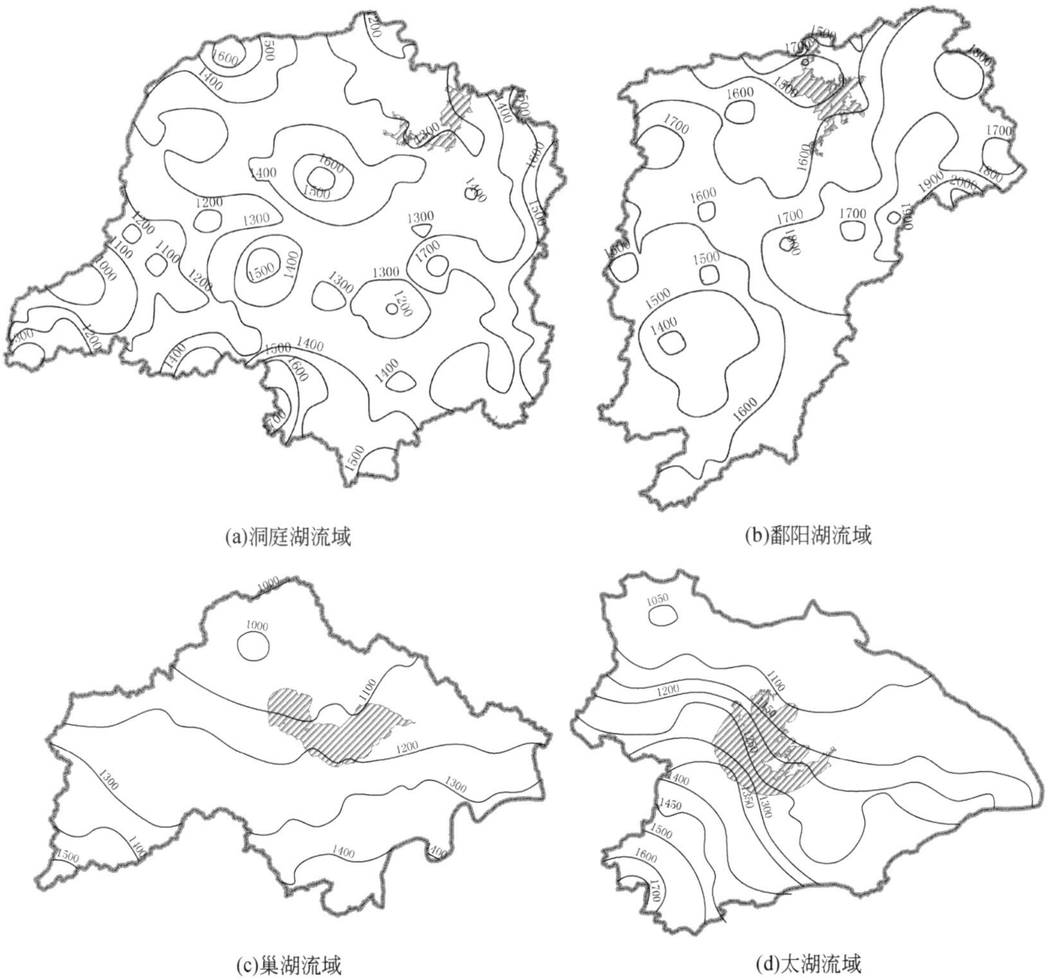

(a)洞庭湖流域　　(b)鄱阳湖流域

(c)巢湖流域　　(d)太湖流域

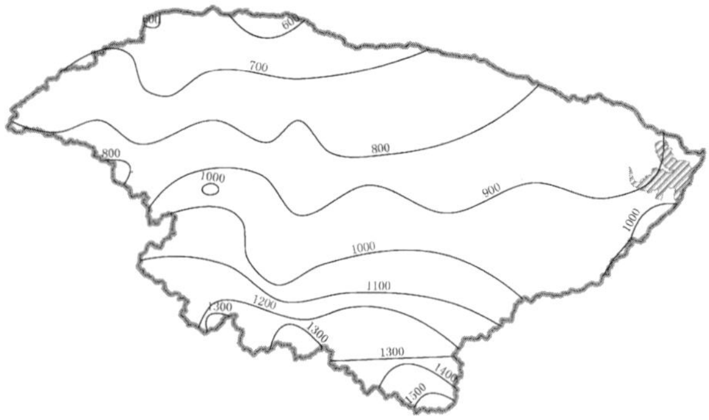

(e)洪泽湖流域

图 1-7　五大淡水湖流域多年平均降水量（mm）等值线图

第四节　流 域 水 系

一、总 体 特 征

五大淡水湖区降水丰沛，径流丰富，在中国径流地带的区划中属于“多水带”（中国科学院《中国自然地理》编辑委员会，1985），水系十分发达，入湖干支流河道众多，河网密度普遍较高，形成了以各湖泊为中心的湖泊水网系统，素享“水乡泽国”之誉。河网密度一般在 0.5km/km^2 以上（赵济，1995）。洞庭湖、鄱阳湖、洪泽湖等各大型湖泊，在入湖的各大河流下游，如湘江、沅江、赣江、信江等，均发育有规模不等的河口三角洲，在三角洲冲积平原上，岔流纷繁交织，河道蜿蜒曲折，河网密度一般都为 4～5km/km^2（窦鸿身和姜加虎，2003；《鄱阳湖研究》编委会，1988）。地处长江三角洲南侧的太湖，位于碟形洼地中心，河港溪渎等水系更是密如蛛网，河网密度都为 6.4～6.7km/km^2，其中杭嘉湖平原更是高达 12.7km/km^2，成为中国河网密度最大的地区（孙顺才和黄漪平，1993；黄宣伟，2000）。

淮河中下游大部分地区年径流深为 150mm 以上，流域上部的丘陵山区年径流深逾 300mm，在中国径流地带的区划中是介于“多水带”与“少水带”之间的“过渡带”，水系发育仍然较好，河网密度较大，仅在淮河干流上流域面积超过 2000km^2 的一级支流就多达 16 条，淮北平原的河网密度逾 1.0km/km^2，在滨洪泽湖周围更是形成了稠密的河系网（朱松泉和窦鸿身，1993）。

二、水 系 特 征

（一）洞庭湖流域水系

洞庭湖区河网交错，水系纵横，水流流向繁杂紊乱，相互干扰顶托，形成一个复杂的水网区。洞庭湖区北有松滋河、虎渡河、藕池河和华容河分别从松滋口、太平口、藕池口和调弦口（1958年已控制）四口分泄长江洪水入湖，即四口水系，其中松滋河上段有东、西两支，下段有东、中、西三支；藕池河有东、中、西三支及沱江，鲇鱼须河、陈家岭河等共6支；南、西有湘、资、沅、澧四水入汇，即四水水系。另外环湖还有汨罗江、新墙河等河流入汇。洞庭湖分为四部分，即七里湖、目平湖、南洞庭湖和东洞庭湖四个湖区（附图1）。

洞庭湖流域河流众多，湘、资、沅、澧四水连接大小支流，流域面积占湖南省面积的96.7%。洞庭湖流域主要河流多源于东、南、西的山地，湘江、资水两大水系是由南向北，沅江自西南向东北，澧水自西向东，新墙河与汨罗江由东向西分别注入洞庭湖。长江三口分流，自北向南泄入洞庭湖。洞庭湖接纳“四水”、“三口”来水，于岳阳城陵矶汇入长江，形成以洞庭湖为中心的辐辏状水系。

湘江是长江七大支流之一，也是洞庭湖水系中最大的河流。它源于广西临桂县，纵贯于南岭山地向洞庭湖平原过渡的山丘盆地之间，沿途接纳各支流后，流经永州、衡阳、株洲、湘潭和长沙等市，在湘阴县濠河口分两支注入洞庭湖，全长856km，流域面积94 660km^2（湖南省内85 383km^2），河流平均坡降为0.134%。湘江流域水系发育，支流众多，但左右两岸不对称。右岸支流发育，流域面积在5000km^2左右的支流有潇水、舂陵水、耒水、洣水、渌水和浏阳河等，河流较长，集水面积大，水量较丰富；左岸支流均发源于衡邵丘陵区，流域面积均不大，仅涟水流域面积在5000km^2以上，其余河长均短，水量也不及右岸支流丰富。湘江在湖南境内5km以上的支流共2157条。

资水又名资江，古称益水，是洞庭湖水系中第三大河流，源于雪峰山区，在邵阳的双江口以上分左右两支，以左支为正源。右支夫夷水流域面积4554km^2，河长248km。左支赧水流域面积7149km^2，河长188km。两支汇合后，流经邵阳和新邵、冷水江、新化、安化、桃江等地，于益阳甘溪港注入洞庭湖。资水河长653km，流域面积28 142km^2（湖南省内面积26 738km^2）。资水穿行于山地和丘陵之间，由于受局部地形影响，支流大多短小，且成不对称羽状水系，大于2000km^2的仅有平溪河、夫夷水和邵水等3条。

沅江又名沅水，也是长江七大支流之一，有南北两源。南源龙头江发源于贵州省匀县的云雾山，北源重安江发源于贵州省麻江县平月间的大山，两源汇合后称清水江，至峦山入湖南省芷江县，东流至黔阳县与渠水汇合后始称沅江。沿途接纳众多支流，于常德德山注入洞庭湖。河流全长1033km，流域面积89 163km^2。流域四周高原山地环绕，河网发育，支流众多，流域面积大于5000km^2的有舞水、辰水、酉水和渠水等4条。沅江干流及其主要支流（酉水等）源于多雨区，多年平均流量达671亿m^3，水能蕴藏量丰富。

澧水为洞庭湖水系第四大河流，因其上游有“渌水六十里，水呈靛澧色”而得名。干流有南、中、北三源，北源为主干，出自桑植县杉木界，与中、南二源汇合于南岔，途经张家界、常德两市，于津市小渡口注入洞庭湖，全长388km，流域面积18 496km^2。支流较少，流域面积大于3000km^2的仅有溇水和渫水两条。澧水流域山势陡峻，雨量丰沛，为湖南省暴雨区，常发生洪水灾害。

入洞庭湖的其他河流尚有汨罗江和新墙河等。汨罗江发源于江西省修水县，在平江县进入湖南省，至屈原农场垒石处注入洞庭湖；河长233km，流域面积5548km^2。新墙河发源平江县宝贝岭，至岳阳筻口与油港河汇合，在荣家湾入洞庭湖，河长108km，流域面积 2370km²。

（二）鄱阳湖水系

鄱阳湖水系流域面积大于 10km² 的河流 3771 余条，流域面积大于 1000km² 的河流 426 条，流域面积 10 000km² 以上的主要河流为赣江、抚河、信江、饶河和修水，并形成各自独立的水系和流域（附图 2）。

抚河为鄱阳湖水系五大河流之一。位于江西省东部，干流全长 348km，流域面积 16 493km²。全流域内有黎滩河、芦河、临水和东乡水 4 条一级支流，其流域面积均在 500km² 以上。抚河发源于广昌、石城、宁都三县交界处灵华峰东侧里木庄，自南向北流，汇集 5 条小支流后抵广昌，过广昌、南丰接纳 9 条长 30km 以上支流抵南城。抚河在南城以上又称盱江，为抚河上游段，河段长 158km。出南城境以下始称抚河。抚河自南城至抚州市河长 77km，为抚河中游段。过抚州市约 7km 处接纳临水，临水由崇仁水与宜黄水在西廨渡汇合，为抚河最大支流，流域面积 5151km²。抚河过临川后为下游河段，河宽增大，最宽达 900m，于进贤县三阳入鄱阳湖，下游河段长约 114km。

信江古称余水，又称信河，因流经江西省古信州府治而得名。位于江西省东北部，自河源至余干县瑞洪干流全长 359km，流域面积为 17 599km²。流域内有河长大于 30km 的支流 36 条。信江发源于浙赣边界仙霞岭西侧、怀玉山玉京峰的东侧。由源头至上饶市信州区主城区为上游段，河段长 115km；由信州区主城区至鹰潭市月湖区城区为中游段，河段长 144km；月湖区城区至河口为下游段，河段长 100km。干流过锦江镇后进入冲积平原圩区，于貊皮岭分为东西二支，东支东大河与万年河会合会同饶河入鄱阳湖，西支西大河于瑞洪入鄱阳湖。多年平均径流量 209.1 亿 m³。丰溪河、铅山河和白塔河为较大支流。

饶河古称鄱江，是乐安河与昌江在波阳县境姚公渡会合后的总称。位于江西省东北部，主河长 299km，流域面积为 15 300km²。饶河发源于皖赣边界玉龙山西侧婺源县境五龙山，流经婺源、德兴、乐平和万年等县，在波阳县双港镇尧山注入鄱阳湖。饶河水系发育较好，有流域面积大于 500km² 的支流 9 条，其中一级支流 8 条。较大的一级支流有昌江、建节水和安殷水。

修水古称建昌江、于延水，又称修河，得名于修远悠长之意。位于江西省西北部。修水有三源，即源于幕阜山鄂赣交界黄龙山寨下洞的渣津水、源于赣湘边界修水县石牛洞的大桥水和源于修水县七弯路的东港水，以渣津水为主源。三源在渣津会合后称修水。修水河长 419km，流域面积 14 797km²。修水从源头至吴城镇入湖，有河长大于 30km 的支流 28 条，其中流域面积 500～1000km² 的一级支流 3 条（渣津水、安溪水、巾口水）、1000～3000km² 的一级支流 1 条（武宁水），3000km² 以上的支流 1 条（潦河）。

赣江是鄱阳湖流域 5 河之首，是长江八大支流之一，由章水和贡水汇合而成，故名赣江。由南至北纵贯江西全境。赣江上游称贡水，发源于石城县石寮岽，主河道（干流）至吴城镇入湖口全长 823km，流域面积 82 890km²，约占鄱阳湖流域面积的 51.5%。赣江水系支流众多，河网密布，流域面积大于 10 km² 的河流有 2072 条，其中流域面积为 100～300km² 的河流 159 条，流域面积为 300～1000km² 的河流 50 条，流域面积为 1000～3000km² 的河流 11 条，流域面积为 3000～10 000km² 的河流 10 条。主要一级支流有湘水、濂水、梅江、平江、桃江、章江、遂川江、蜀水、孤江、禾水、乌江、表水、肖江和锦江等。《江西省水利志》把赣江分为上、中、下游三段，赣州以上为上游，以贡水为干流；赣州至新干县城为中游；新干县城以下为下游（江西省水利厅，2010）。

赣江上游水系在会昌县城以上称为绵江，在会昌城与湘水（又名雁门水，流域面积 $2029km^2$）会合后始称贡水，贡水过会昌城在洛口圩接纳濂水（又称梅林江，流域面积 $2339km^2$），至于都县城附近有梅江（流域面积 $7177km^2$）汇入，梅江有一大支流为琴江，流域面积 $2124km^2$。贡水继续西行过峡山圩，下至赣县江口接纳平江（流域面积 $2851km^2$），过江口于左岸龙舌村接纳桃江（流域面积 $7864km^2$）。章江为赣江上游第一大支流，发源于大余、崇义两县交界处，主流河长 23km，流域面积 $3053km^2$。章江在南康县湖头圩三江口与上犹江（流域面积 $4647km^2$）会合，东行至赣州市汇入贡水，始称为赣江。

赣江干流下行经过水急滩险、石礁等众多的所谓十八滩至万安县，过县城于左岸接纳遂川江（又称龙泉江，流域面积 $2882km^2$），至泰和县城上首，左岸蜀口洲接纳蜀水（又称衙前水，流域面积 $1301km^2$），过江背北流抵吉水县界张家渡，右岸接纳孤江（又称泷江，流域面积 $3086km^2$），过张家渡北流，在吉安市郊神岗山下左岸接纳禾水（流域面积 $9103km^2$，其主要支流牛吼江流域面积 $1054km^2$，泸水流域面积 $3381km^2$）。赣江纳入禾水后水量大增，流过吉安市后至吉水县城右岸接纳乌江（流域面积 $3883km^2$），乌江为赣江中游汇入的最后一条大支流。

新干以下进入赣江下游区。干流过樟树、丰城、南昌等市（县）有袁水、锦江两大支流汇入。袁水（古称南水）发源于武功山白鹤峰北麓（萍乡市境内），流域面积 $6262km^2$，主河长 273km，流经萍乡市芦溪、宜春、分宜、新余、新干及樟树诸县、市，于樟树镇附近流入赣江。锦江（古称蜀江、瑞河）发源于宜春西北慈化乡坪子岭，流域面积 $7886km^2$，主河长 305km，流经万载、上高、高安，至新建县龙王庙入赣江。赣江经南昌、新建两县达南昌市，在扬子洲分为左右两股汊道，左股又分西支、北支，右股又分中支、南支，四支又各有汊道分支，均流入鄱阳湖，其中以西支为主支，北流于吴城镇入湖。

（三）巢湖水系

巢湖水系位于长江下游左岸，安徽省中部。流域西北以江淮分水岭为界，东濒长江，南与菜子湖、白荡湖、陈瑶湖以皖河流域毗邻。流域呈东西长、南北窄状分布，总面积 $13\,486km^2$（附图 3）。其中，巢湖闸以上流域面积 $9153km^2$。该水系主要支流发源于大别山区，自西向东流注，经巢湖，由裕溪河（及裕溪河支流牛屯河）进入长江。以巢湖为中心，四周河流呈辐辏状注入。较大支流有杭埠河、丰乐河、派河、南淝河、柘皋河、白石天河和兆河等。巢湖闸以下为裕溪河，主要支流有清溪河、牛屯河以及联通裕溪河和黄陂湖之间的西河（安徽省水利志编辑室，2010）。

白石天河又名白山大河，系巢湖南岸支流，位于庐江县境内，河长 35.5km，流域面积 $577km^2$。该河以罗埠河口为界，以上称为上游段。以马槽河为主源，发源于庐江县汤池镇牛王寨。

杭埠河为巢湖的主要入湖河流之一，又名巴洋河，古称龙舒水。因干流流经杭埠镇，1949 年舒城县人民政府定其名为杭埠河。河长 145.5km，流域面积 1415km^2。有流域面积在 100km^2 以上的一级支流 6 条。其中左岸有滑石河、丰乐河；右岸有龙河、龙潭河、孔家河、清水河。

派河因流经肥西县城上派镇而得名。源于肥西县紫蓬山西北麓周公山，河长 60km，流域面积 584.6km^2，为巢湖西北部主要入湖河流之一。

南淝河古称金斗河和施水，是巢湖北岸的主要入湖河流，与淮河水系的东淝河并称淝水。该河源于大潜山余脉，肥西县长岗乡邓店村西侧，河长 70km，流域面积 1464km^2。其中，由河源至合肥市亳州路桥为上游，长 38km；亳州路桥至屯溪路桥为中游，长 5.5km；屯溪路桥至施口为下游，长 26.5km。主要一级支流有 7 条，左岸有四里河、板桥河、史家河、二十埠河、店埠河和长乐河等 6 条支流；右岸仅有二里河 1 条支流。董铺水库位于合肥市城区西北，是南淝河正源上游的多年调节大型水库，也是合肥市水源区。

柘皋河为巢湖东北部的主要入湖河流，原名石梁河，后因干流流经柘皋镇，遂改此名。河道长 35.3m，流域面积 518.2km^2。

裕溪河古称濡须水，为长江左岸支流，系巢湖流域洪水入江的主要通道，亦是巢湖引江灌溉的主要通道。地处无为、含山、和县三县交界处。在巢湖闸以下流域面积 4333km^2，河道全长 61.7km。主要支流为西河，位于右岸，系巢湖流域主要排洪河道之一，流域面积 2305km^2。

（四）太湖水系

太湖流域面积 36 895km^2，流域内河道总长约 12 万 km，河道密度达 3.25 km/km^2，河流纵横交错，湖泊星罗棋布，是全国河道密度最大的地区，也是我国著名的水网地区（高俊峰和韩昌来，1999）。流域内河道水系以太湖为中心，分上游水系和下游水系两个部分。上游主要为西部山丘区独立水系，有苕溪水系、南河水系及洮滆水系等；下游主要为平原河网水系，主要有以黄浦江为主干的东部黄浦江水系（包括吴淞江）、北部沿江水系和南部沿长江口、杭州湾水系。京杭运河的江南运河段穿越流域腹地及下游诸水系，全长 312km，起着水量调节和承转作用，也是流域的重要航道（附图 4）。

苕溪水系分为东、西两支，分别发源于天目山南麓和北麓，两支在湖州汇合，东苕溪流域面积为 2306km^2，西苕溪流域面积为 2273km^2，东、西苕溪河长分别为 150km 和 143km。苕溪水系是太湖上游最大水系，地处流域内的暴雨区，入湖水量约占上游总来水量的 50%（高俊峰和毛锐，1993）。

南河水系发源于茅山山区，沿途纳宜溧山区诸溪，串联东氿、西氿和团氿 3 个小型湖泊，于宜兴大浦港、城东港、洪巷港入太湖，干流长 50km，下游北与洮滆水系相连。南河水系入湖水量约占太湖上游来水总量的 25%。

洮滆水系是由山区河道和平原河道组成的河网。以洮湖、滆湖为中心，纳西部茅山诸溪，后经东西向的漕桥河、太滆运河、殷村港和烧香港等多条河道入太湖；同时又以越渎河、丹金溧漕河、扁担河和武宜运河等多条南北向河道与沿江水系相通，形成东西逢源、南北交汇的网络状水系。洮滆水系入湖水量约占太湖上游来水总量的 20%左右。

黄浦江水系是太湖下游的主要水系，北起京杭运河和沪宁铁路线，与沿江水系交错，东南与沿杭州湾水系相连，西通太湖，面积约 14 000km^2；非汛期沿江沿海关闸或引水期间，汇水面积可达 23 000km^2。黄浦江水系是太湖流域最具代表性的平原河网水系，湖荡星罗棋布，河网纵横。地面高程 2.5～5.0m（黄海高程），是流域内的“盆底”。河道水流流程长、比降小、流速慢，汛期流速仅 0.3～0.5 m/s；水系内包罗了流域内大部分湖泊，主要有太湖、淀山湖、澄湖、元荡和独墅湖等大中型湖泊，湖泊水面约 2600km^2，占流域内湖泊总面积的 82%；受东海潮汐影响，黄浦江水系下段为往复流。本水系以黄浦江为主干，其上游分为北支斜塘、中支园泄泾和南支大泖港，并于黄浦江上游竖潦泾汇合，以下称黄浦江。黄浦江自竖潦泾至吴淞口长约 80km，水深河宽，上中段水深 7～10m；下段水深达 12m，河宽 400～500m。黄浦江是流域重要的排水通道，也是全流域目前唯一敞口的入江河流。

沿江水系主要由流域北部沿长江河道组成，大都呈南北向，主要河道有九曲河、新孟河、德胜河、澡港、新沟河、夏港、锡澄运河、白屈港、十一圩港、张家港、望虞河、常浒河、杨林塘、七浦塘、白茆塘和浏河等，为流域沿江引排通道，入江口门现已全部建闸控制。

沿长江口、杭州湾水系包括浦东沿长江口和杭嘉湖平原南部的入杭州湾河道，自北向南有浦东的川杨河、大治河和金汇港等河道，以及杭嘉湖平原的长山河、海盐塘、盐官下河和上塘河等河道。杭嘉湖平原入杭州湾河道为流域洪水南排主要通道。

（五）洪泽湖水系

洪泽湖属过水性湖泊，承纳淮河上中游来水，另有位于湖西的多条支流直接汇入。主要支流有怀洪新河、新汴河、濉河、徐洪河、民便河、高松河、黄码河、赵公河和维桥河 9 条，总计流域面积 15.8 万 km^2（附图 5）。湖区多年平均入湖径流量 328 亿 m^3，其中淮河入湖径流量占 70%以上。淮河入江水道、入江水道为淮河、洪泽湖的主要泄洪道，湖水 60%～70%由三河闸下泄，经入江水道流入长江。另有淮沭新河和苏北灌溉总渠，分别经由二河闸和高良涧进水闸承泄湖水。

淮河流域面积为 2000～7000km^2 的支流有白露河、史灌河、淠河、东淝河和池河；北岸支流主要有洪汝河、沙颍河、西淝河、涡河、从浚河、新汴河和奎濉河，其中除洪汝河和沙颍河上游有部分山丘区以外，其余都是平原排水河道，流域面积最大的沙颍河，近 4 万 km^2。

淮河干流发源于桐柏山太白顶（又称大复峰），自西向东，流经河南、安徽，到江苏注入洪泽湖，出洪泽湖后转而向南，最后在江都的三江营注入长江。干流全长 1000km。从淮河的源头到河南、安徽交界处的洪河口是上游段，长 382km。上游的支流，大都从南岸以接近平行的流向自西南向东北汇入干流。洪河口到江苏洪泽湖出口处的中渡是淮河的中游段，洪河、颍河、西淝河、涡河、北淝河、濉河等北岸支流沿南北倾斜面流向淮河。洪河发源于河南方城县东南，全长 298km。颍河是淮河最大的支流，源远流长，上游支流众多，长 557km，如果从沙河的源头算起，则长 619km。西淝河上游清水河发源于河南鹿邑县西北，长 265km。涡河发源于河南开封西面与中牟之间，全长 382km，河床比较宽广顺直，在淮北各支流中，是水流比较畅通的一条。北淝河发源于涡阳县的北部，向东南流至五河县西南边境的沫河口注入淮河。濉河是由一系列发源于砀山黄河故道南堤的小河汇合而成的，在魏嘴注入洪泽湖，长 290km。除洪河和颍河的上源之一北汝河发源于伏牛山外，其余大都发源于黄河南堤下，呈西北—东南向平行注入淮河。

淮河南侧的支流，主要有史灌河、淠河、东淝河、池河等。史灌河由两条河流汇合而成，西面的一支叫灌河，东面的一支叫史河。灌河发源于河南省东南部的大别山北坡长竹园附近，向北流汇入史河。史河发源于安徽省境内大别山献旗岭西北，向北汇灌河后流向东北，在三河尖注入淮河。史灌河流域大部在山地丘陵区，大雨时，山洪暴发，水势凶猛，对淮河中游洪水有很大影响。淠河发源于安徽岳西县大别山东段北麓，逶迤向北，流经霍山、六安，再向北成为霍邱与寿阳的界河，在寿县的正阳关入淮河，长 248km。东淝河发源于肥西县大潜山北麓，中下游河道淤塞，水流不畅，扩大为瓦埠湖，经寿县城北，向西经八公山入淮河。池河发源于定远县北部山地南坡的蔡桥河、桑涧河等一系列小河及发源于肥东县西北部的一些小河汇流而成的，向东北流至嘉山县，下游扩展为女山湖，转向南流，汇七里湖，经嘉山旧县，再汇涧溪湖，在马岗嘴与关营之间入淮河，全长 182km。

淮河南侧支流的长度比北侧支流要短，形成一个不对称的羽状水系，这是淮河中游的一个重要特点，对淮河中游的水文特征有着重大的影响；另一个重要特点是各支流注入干流的汇流点附近往往有湖泊存在，支流下游河湖不分，如南岸东淝河下游的瓦埠湖，池河下游的女山湖等；北岸沱河下游的沱湖，石梁河下游的天井湖等。在淮河干流北侧，当有支流注入时，一些低洼地也潴水成湖，如颍上的丘家湖、唐垛湖、八里湖及凤台县的焦岗湖等。这些湖泊大都是过去黄河洪水泛滥侵入淮河时，带来了大量泥沙，使淮河干流河床淤高，加上洪水的顶托作用，各支流下游排水困难，因而淹没成湖。

下游出湖的主要河道有淮河入江水道，全长 156km，上起洪泽湖三河闸，经高邮湖、邵伯湖至扬州市三江营入长江；苏北灌溉总渠，全长 168km，西起洪泽湖高良涧进水闸，流经淮安（今楚州）城南与里运河平交，至射阳县六垛扁担港入黄海；淮沭新河，全长 196km，南起洪泽湖二河闸，经淮阴、沭阳进入新沂河入黄海；淮河入海水道，与苏北灌溉总渠平行，全长 163.5 km，西起洪泽湖二河闸，经清浦、淮安、阜宁和滨海 4 县（区），至扁担港入黄海。

第五节　形成与演变

一、洞　庭　湖

洞庭湖所处的洞庭盆地形成于晚中生代至新生代，在早更新世中期和中更新世的中后期，洞庭盆地内曾有两次旺盛的成湖期。此时古湖泊的范围广阔，但湖水不深，属浅水型平原湖泊。在两次成湖期之间，湖区又曾多次出露成陆地并接受河流的侵蚀与切割。早更新世晚期，赤山断块隆起，使古洞庭湖逐步分成东西两个湖区。晚更新世再度发生断块差异运动并带有普遍的抬升特征，古湖泊基本消失，盆地内呈现出一派水网切割平原的地貌景观，并一直延续至全新世早期。

全新世中期，由于海平面上升，长江口后退，从而抬高了长江及其支流的侵蚀基面，河床比降也变缓并发生了向源堆积，加上此时期长江流域的气候温暖，降水充沛，水量大增。在长江中游与其支流汇合处积水成湖，如云梦泽、彭蠡泽等，洞庭湖也在其中。

在全新世中后期以后，全球气候曾一度转凉，海平面下降，河流下切作用增强，洞庭湖湖水的泄出量增大，水域面积不断缩小。随着湘、资、沅、澧诸水三角洲的发育和不断向湖中生长，洞庭湖水域在不断缩小的过程中又被逐渐淤浅和分解，湖泊边缘和地势较高的滩地开始出露。到了战国时期，古洞庭湖大湖景观已被河湖纵横的交错平原沼泽所取代。尽管如此，到战国末期，洞庭湖仍为一大型湖泊，如《战国策》云："秦与楚战，大破之，取洞庭五渚也。湖水广圆五百余里，日月若出没其中。"广圆五百余里约合现今1300km^2，虽然面积比先前的7000～8000 km^2 小了许多，但仍比现今第五大淡水湖——巢湖大了约500km^2，仍然还是一个大型湖泊。

自晋初以后，盆地内水域面积不断扩大，原有的沼泽湿地又开始积水成湖，小湖扩展或合并成较大的湖泊，洞庭湖主体则变得更加广阔。澧水下游出现了赤沙湖，湘水下游出现了青草湖。盆地中还有大湖、翁湖、决湖、微湖和糜湖等小湖。洞庭湖主体部分也进一步扩大并汇聚了湘、资、沅、澧四水，而成为一巨浸。在汉代《水经》成书时代，湘、资、沅、澧四水是在流出洞庭盆地后分别注入长江（当时为涌水），可是在北魏郦道元的《水经注》中则成为"凡此诸水（即上述湘、资、沅、澧四水）皆注于洞庭之陂"，这是湘、资、沅、澧四水同注洞庭湖最早的文献记载。其主要原因是晋初大将军杜预开凿杨口，荆江主泓道涌水河道南移至今荆江河道并在巴陵（今岳阳）附近袭夺了沅江、湘水（古澧水）的下游河段，江水在岳阳附近堵住了"四水"的出口，"四水"的泄水因受阻遂在其尾闾处聚集成湖，并逐步向上游扩张水域；荆江在油口下游右岸决出景口和沦口，景水又汇入沦水，于是长江的部分水沙就通过沦水注入洞庭湖盆地，盆地的来水量大增，致使盆地内的低洼沼泽地又重新积水成湖，原有的小湖则不断地扩张和合并成较大的湖泊，进而形成汇注"四水"的洞庭湖。

唐初—北宋时期，我国又步入了一个气候温暖期，气候温暖，降水充沛，发源于南岭山地和湘西山地的众多河流和溪流将大量的水沙携入洞庭湖区；沦水亦将荆江的部分水沙带入洞庭湖区；荆江又在岳阳附近不仅堵住"四水"的下泄，还将荆江的水沙倒灌入洞庭湖。在此三个因素的共同作用下，洞庭湖进一步扩张成"周极八百里"的泱泱巨浸。这是洞庭湖自全新世以来的第二次大水面时期。

到了北宋初期，洞庭湖内河流纵横交错，相互干扰、顶托，造成湖水流向变幻不定，致泥沙大量淤积，湖泊被淤浅，水面萎缩。自北宋末年起，我国又进入了一个低温期，降水量减少，长江和"四水"的水量也随之减少，"八百里洞庭"泱泱大湖景象就难以显现。随着湖水位下降，西洞庭湖区私人圩垸比比皆是，地主豪绅侵占湖沼淤地。到了南宋时期，湖水位又进一步下降，大面积滩地出露，围湖建垸的规模亦扩大，滥围滥垦的现象更为严重。大规模围垦使湖泊面积进一步缩小，湖水变浅。

明代中叶以后，荆江南岸大堤频繁溃决，荆江的大量水沙直接进入洞庭湖，使湖泊在淤浅的同时水域也在扩张。到了元代，荆江南岸更是频繁溃决。明清二代政府都采取“舍南救北”的治水方针，江北岸的穴口尽堵，南岸留有太平和调弦二口与洞庭湖相通，故荆江南岸大堤溃决的情况日趋严重，使洞庭湖总面积有了显著的扩大，此时洞庭湖（洪水期）面积约 6000km^2，为现在湖泊面积的两倍以上。

清代中期以来，洞庭湖盛极转衰。造成洞庭湖盛极转衰的主要原因，一是清政府继续采取“舍南救北”的治水方针，导致了咸丰年间藕池和松滋二口相继溃决，随后又冲成藕池河和松滋河，形成了荆江四口分流入洞庭湖的局面，形成洞庭湖“承纳四水、四口，吞吐长江”，成为蓄纳荆江水沙的主要场所，入湖泥沙成倍的增长；二是建垸垦殖，随着荆江来沙量的成倍增长和湖滩地的迅速扩大与增高，洞庭湖区再度兴起了筑堤建垸的高潮。到清朝末期，洞庭湖区总共建有堤垸 1094 座，其中仅有 88 座是在明代以前兴建的。到了民国时期，筑堤建垸有增无减，湖盆以惊人速度急剧萎缩（图 1-8、图 1-9）。到了 20 世纪 40 年代中期，洞庭湖已不再是浩渺无垠，“日月出没其中”的大湖景观，而变成洲滩广袤，港汊交织，湖体支离破碎的景象。滩地发育系数高达 0.7 左右，表明洞庭湖已步入衰老阶段。湖泊面积也急剧缩小，由 1825 年的 6000km^2 左右，缩至 1896 年的 5400km^2，到 20 世纪 30 年代缩减为 4700km^2，到 1949 年又缩为 4350km^2，到 1971 年再缩为 2820km^2，到 1996 年只剩下 2635km^2（高俊峰和李虎，2001）。洞庭湖从此也就失去了中国第一大淡水湖的地位，而屈居第二位。

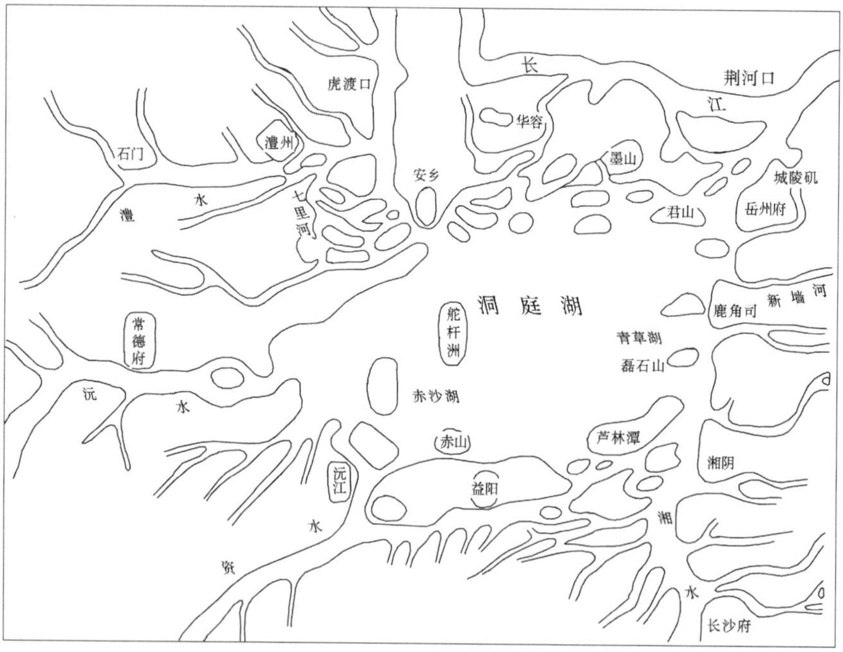

图 1-8　清道光时期之洞庭湖（据道光五年《洞庭湖》卷舆图）

二、鄱 阳 湖

鄱阳湖盆地是中生代形成的构造盆地，自形成以后的漫长时间内并未积水成湖，而仅

图 1-9　20 世纪初期之洞庭湖（据《湖南省志·地理志》）

是一个流水的盆地，盆地内虽然汇聚了“五河”（即修水、抚河、赣江、信江和饶河）等河流的来水，但并没有形成大湖面，仅仅在湖口地堑内存在一个小水域。

在汉、晋以前，由于长江主泓道远在现长江北岸以北地区，对在湖口处的“五河”出流不存在顶托和湖水倒灌的现象，故没有形成浩渺的鄱阳湖。现在鄱阳湖的广大水域在汉代则是一个河流纵横的赣江下游平原，不存在大面积的水体。因赣江在汉代称为湖汉水，汇集了鄱水、余水、修水、盱水、潦水诸多大小河流，以及由诸河冲积而形成的湖汉平原（图 1-10）。大约在公元 400 年前后，长江主泓道南移至湖口一带，滔滔江水奔腾而下，在湖口处与赣江交汇，两水辗转相搏，强劲的江水犹如一道水墙，不仅阻碍了赣江水系的泄水，而且还倒灌入湖，使湖水迅速向南扩张；由江、湖作用所形成的梅家洲也在不断的伸长，犹如一道拦水坝，使赣江的泄水断面也在不断缩小，以致阻碍了赣江水的泄出，从而加剧了湖泊向南扩张（朱海虹和张本，2003）。到（刘）宋永初二年（公元 421 年），鄡阳县因被水淹而撤销；隋炀帝时，因湖水与鄱阳山（今长山）相接而得名鄱阳湖。到唐初，鄱阳湖已扩展到南昌附近，遂有“渔舟唱晚响穷彭蠡之滨”的佳句。至此，鄱阳湖成为一巨浸。所以，鄱阳湖形成的主导因素和直接原因是长江主泓道的南徙和梅家洲的形成和伸长（图 1-11）。

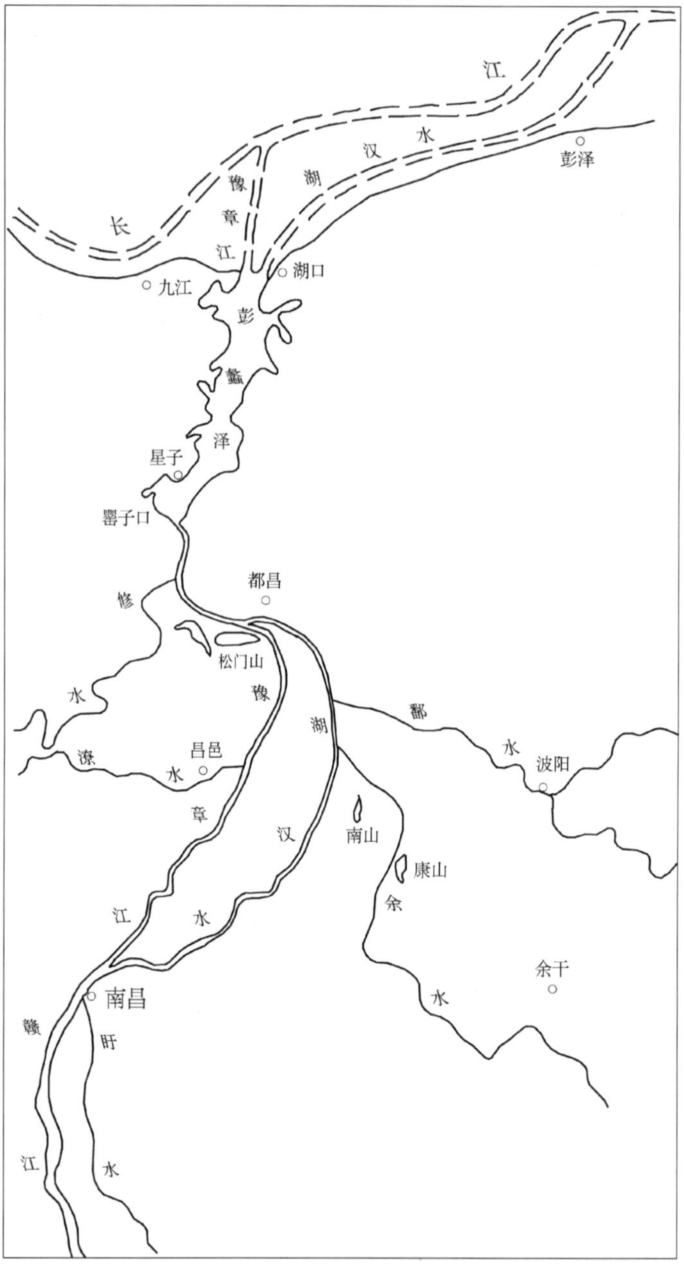

图 1-10　汉代河、湖纵横的赣江下游平原

六朝—唐朝早期是鄱阳湖迅速扩张时期，起主导作用的是长江主泓道的向南迁徙至湖口附近，导致赣江诸水泄水受阻，湖口地堑内的水域扩大，遂有彭蠡湖之称，此时湖口已开始成为军事要地。到北魏郦道元注《水经》时，彭蠡湖已扩展到罂子口以南，都昌县西

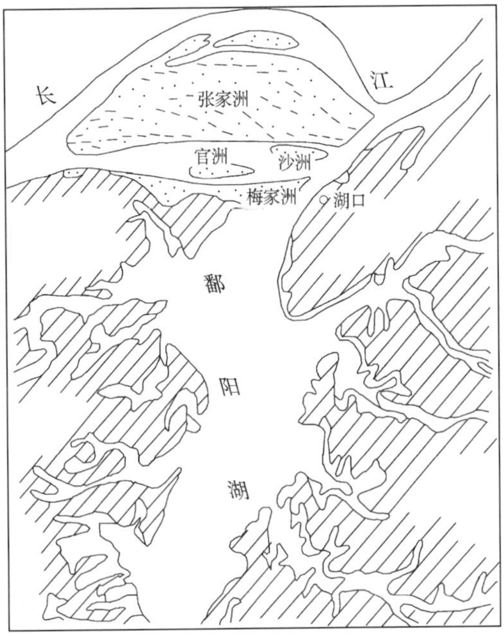

图 1-11　张家洲和梅家洲的位置图

北一带，形成较开阔的水域。与此同时，在今矶山、南山一带又形成了担石湖。此时期，我国又进入一个温暖期，气候温暖，降水丰沛，长江和“五河”水量剧增，鄱阳湖向南扩张与担石湖合并而成为一茫茫巨浸。至此，鄱阳湖也就发展到了鼎盛时期，东西宽约 50 余千米，南北长约 150 余千米，面积达 6000km^2。

鄱阳湖水位的周期变化，主要取决于湖口处长江水位的变化，而湖口处长江水位的高低又取决于长江主泓道与湖口间的距离大小，表现为长江主干与汊道的相互转化。唐末宋初，张家洲形成使长江主泓道移至洲北，远离湖口，从而减轻了江水对赣江水系的顶托和倒灌，河水外泄较为通畅，于是湖泊水位下降；同时各河流入湖三角洲迅速向湖中伸展，其中赣江三角洲的规模和伸展速度为最大，二者的作用使鄱阳湖水域缩小并被压缩到东部湖区。到了宋代，赣江和修水三角洲的前缘北抵松门山，东连南山。矶山与康山隔江相望；鄱江三角洲已推进到棠荫一带；抚河三角洲推进到康山南面与赣江三角洲汇合；信江三角洲与鄱江三角洲相连；修水和潦水三角洲也与赣江三角洲连成一片。由于鄱阳湖水位下降，大片洲滩出露，永修县的三角湖和大湖池一带在南宋时就有移民前来垦殖。由于各入湖河流三角洲不断向湖中推进，鄱阳湖水域面积明显的缩小。此时的湖泊范围大致如下：罂子口以北、湖口地堑内的水域与前期相近；西北面的南湖与鄱阳湖分离；西和西南面水域退至松门山—康山一线；南面退至康山南面；东和东北面退至棠荫—莲荷山一线。

到了元末、明初，张家洲北侧的长江左汊道衰退，张家洲南侧的长江右汊道扩展且水量渐增（中国科学院地理研究所，1985），加上梅家洲的伸长，致使鄱阳湖出水的阻力又增大，湖泊水位再度大幅度上升，水域面积扩大。“五河”三角洲的填充致使湖泊容积缩小也是湖泊水位上升和水面扩大的另一主要原因。因此，先前已经出露的三角洲部分再度被水淹没。入湖河流的河口和滨湖的丘陵沟壑形成溺谷型湖湾或小湖泊。湖口至都昌一带形成一系列的溺谷型湖湾，松门山、吉山、南山和矶山再度沦为湖中的孤岛。明弘治年间（1488～1505 年）湖水曾逼近南昌城。赣江三角洲前缘自吉山至天字庙一带的农田、住宅和坟茔也被水淹，永修县东北南湖六汊地更是濒临水淹。鄱阳湖的东南缘又处于新构造运动的下沉区，水侵情况更为严重，不仅形成溺谷型湖湾，而且形成了新的湖泊，如进贤县北境的军山湖和西北境的青岚湖。信江和鄱江三角洲也遭水淹，鄱江的入湖口退至莲荷山北面，棠荫和长山等地又沦为鄱阳湖中的岛屿。如果没有堤坝的拦阻，此时期的鄱阳湖很可能达到唐初的最大水域范围（图 1-12）。

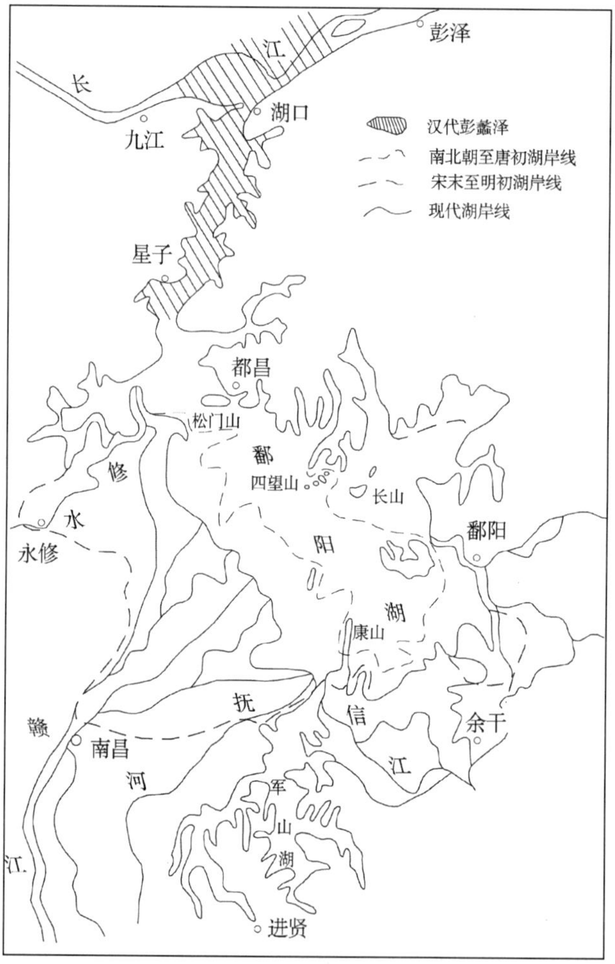

图 1-12　鄱阳湖历史演变图

鄱阳湖围垦起步较晚，约在宋代才逐渐兴起，及至明清时代，湖区筑堤建圩活动迅速扩大。到 1950 前，鄱阳湖环湖共建有大小圩子 363 座，圩区总面积达 $1580km^2$（窦鸿身和姜加虎，2003）。自 1950 年以来鄱阳湖区共兴建千亩①以上的大小圩子 251 座，围控湖泊总面积 1466.9km²，因围垦损失湖泊面积 1400 余平方千米，损失湖泊容积达 80 亿 m³ 以上，相当于目前湖泊容积（149.6 亿 m³）的 53%（王苏民和窦鸿身，1998）。由于围垦使湖泊面积缩小，从而导致鄱阳湖水情不断恶化，洪峰水位抬高，高水位持续时间延长，尽管湖区堤防逐年加高，电排站连年扩建，而洪涝灾害却未能得到有效的控制，外洪内涝的威胁依然严峻。

三、巢　湖

全新世早期，巢湖盆地仍是一个河流切割的流水盆地，盆地内水系排水状态良好，河水可以顺着盆地自西向东倾斜的总体地势顺畅地流入长江，故未潴水成湖。到全新世中期，全球处于冰后期，气候温暖，降水丰沛，海面上升，长江口退至扬州、镇江一线，潮区界亦相应上移至九江以上。而距扬州（当时长江口所在地）仅 100km 左右的裕溪口（濡须水的入江口）正处在潮区范围内，江水和潮水的顶托和倒灌阻挡了巢湖盆地水系唯一外泄通道——濡须水的下泄，并经常将江水倒灌入地盆。根据现代长江每年倒灌入裕溪河（又名运漕河，古名濡须水）的天数达半月之久，倒灌水量约 13.8 亿 m³，占巢湖总容积的 78%的水情来看（张琛和孙顺才，1991；窦鸿身和姜加虎，2003），在全新世中期高海平面时，江水和潮水倒灌的时间和倒灌的水量较现在长得多和大得多。同时，巢湖盆地内共接纳了大小 31 条河流和溪流的来水，而且仅有濡须水一条出水道。一旦濡须水下泄受阻，加上江水倒灌入盆地，古巢湖也随之形成。根据湖区地貌特征分析，古巢湖极盛期的水域范围可达到 2000 余平方千米，其西达六安市的双河镇，北抵合肥市，南与白湖相连。《水经注》中所载的窦湖、白湖和杭埠河、南淝河和柘皋河等河下游的广大圩田区均在当时古巢湖的水域范围内。所以将先期形成的湖泊称之为古巢湖，后期形成的湖泊称为巢湖（图 1-13）。

全新世中期以后，气候趋向干凉，海面下降，长江口向前推移，潮区界亦相应下移。由于长江水顶托和倒灌作用的减弱，古巢湖水系排泄通畅，水位下降，水域缩小，大片滩地出露，再度显现出流水盆地的自然景观，此时盆地内不存在大面积的水体。所以先秦典籍中均没有巢湖的踪影，却有诸侯们在该地区争战的记载。西汉时期，在巢湖地区置庐江郡，但当时的史书上也均未提及巢湖。

巢湖之名最早出现在《后汉书》上。随着巢湖泄水通道和泄水口门的淤垫，泄水受阻，加上众多河流的注入，湖泊水域逐步扩大，湖泊的蓄水灌溉功能也日益显现。到了三国时期，湖区农业经济得到了较快的发展，粮食丰足，巢湖地区又成为曹魏和孙吴之间争夺的对象。此时巢湖水域的扩张乃是季节性的，即每年洪水季节，巢湖水系因泄水受阻和长江倒灌致使巢湖水位升高和水域扩大。到枯水季节，巢湖又成了一个流水盆地，而且入湖河流大多干涸，灌溉用水匮乏，对农业生产影响较大。为了维护巢湖地区这个粮仓，孙权在迁都建业后的次年（公元 230 年），就“筑东兴堤遏湖水”。（孙）吴大将军“诸葛恪

---

① 1 亩=666.7m²

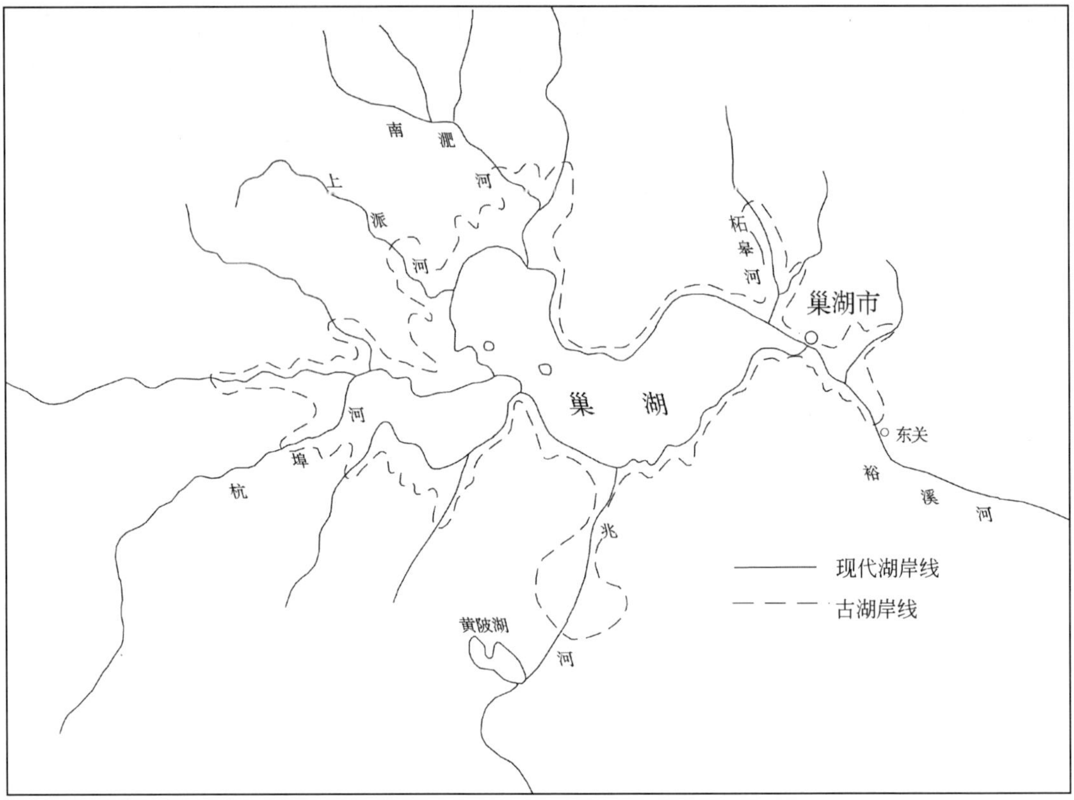

图 1-13　巢湖变迁图

以建兴元年（公元 252 年）十月会众于东兴，更作大堤，左右结山侠筑两城，各留千人，使全端、留略守之”。曹魏不甘心，“命大将胡遵、诸葛诞等率众七万，欲攻围两坞，图坏堤遏。（诸葛）恪兴军四万，晨夜赴救”①。后魏军战败，大堤得以保存下来，遏制了巢湖水的东泄，使巢湖水位得于保持稳定和水域的进一步扩展，成了“周四五百里，港汊大小三百六十一”的大湖。

公元 500 年前后，我国又步入了一次温暖湿润期，气温升高，降水量增加，巢湖水域也相应扩大，当时巢湖水域达 1000km² 以上，是现代巢湖面积最大的时期。

到了唐代后期，巢湖开始萎缩，不仅栅水（即濡须水）与巢湖分离，而且还从中分离出白湖和窦湖。其后，巢湖地区开始修筑湖堤，垦殖湖滩，使围垦加剧。到宋代，“合肥濒湖，有圩田四十里，岁可得谷数十万”。明嘉靖三十一年，庐江县大旱，民众将湖滩围成新丰、新兴两圩。在清朝的 200 多年间，沿湖围垦面积就有 400 余平方千米。由于大规模的围垦，巢湖蓄水容积锐减，造成洪涝和干旱灾害的交替发生。1957 年兴建了巢湖闸，之后又开挖了兆河，修建了凤凰颈排灌工程和裕溪闸，使巢湖地区的防洪、抗洪能力有所增强，但巢湖却由一个天然湖泊而演变成人工控制的湖泊。

① 陈寿，《三国志·吴书》。

四、太　湖

中全新世晚期，大规模的海侵结束，海面下降，海水后退，广袤的太湖平原出现了水网平原景观。随着长江南岸沙嘴和钱塘江、中江北岸沙嘴的不断伸长和合围，加上太湖西和西南又为丘陵、山地所环抱，整个太湖平原地区除了中江（后演化为东江）等几个入海通道外，已成为四周高、中间低的大型浅平盆地。盆地不仅本身低洼，又要接纳百渎七十二溇的来水和来自长江的洪水，还要受海水高潮倒灌的影响，水文情势十分严峻。盆地又地处亚热带，气候湿润、降水充沛、雨量集中，为太湖的形成与扩张奠定了地质基础和水量等物质基础（陈吉余等，1959；孙顺才和黄漪平，1993）。

太湖的成因正如孙顺才和黄漪平（1993）所主张的，是由洪涝灾害、河流排泄不畅、涝水内积，以及河道和一些小湖沼逐步扩张而形成的。太湖成湖因素较多，但主要因素有两个方面：第一个主要因素是气候变暖和洪涝灾害。根据对孢粉、古生物 $\delta^{18}O$、$\delta^{13}O$ 以及历史气候资料的分析，太湖地区全新世以来曾多次经历了温暖湿润期，其中第三、四次温暖湿润期对太湖的形成与扩张的影响最大。第三次温暖湿润期发生在 2.0～2.5kaBP 前后，即春秋战国时期。推测当时的气温较现在高 1～2℃，年降水量较现在多 200～300mm。当时太湖平原地区发生了特大的洪水，使许多沼泽洼地积水成湖，河道漫溢扩张成湖，亦使许多古文化遗址被淹没而沉沦水下。第二个主要因素是太湖盆地新构造运动不断下沉和太湖平原地区入海通道的淤浅和淤塞而造成盆地内的涝水排泄不畅。在上述气候和地质背景下，太湖就此逐步扩展成一个“周三万六千顷”（1680km^2）的大湖。

太湖自形成以后，就一直处于不断地扩张中。太湖平原地区也一直是洪涝灾害频发地区。到了南北朝时期，太湖地区已成了“万流所凑，涛湖泛决，触地成川，枝津交渠，世家分伙，故川旧渎，难以取悉”，“有相当大水域的卑湿之地”①。此时，不仅太湖有所扩张，而且在太湖周围还形成了众多大小不一的湖泊。到了唐宋之交，太湖地区又正值第四次温暖湿润期，丰沛的降水使太湖地区洪水泛滥，整个太湖平原地区呈现出一片水乡泽国的景象，到北宋时期，太湖的面积扩张到约 3000km^2。

太湖扩张达到鼎盛之后，在自然营力和人类活动的综合影响下，渐渐步入了萎缩期，泥沙淤积，洲滩发育，湖面缩小，湖泊沼泽化也日益凸显。由于太湖盆地的缓慢下沉和长江三角洲的向前伸展，造成入海河道的比降减小，流速减缓，加上海水倒灌等因素，使入海河流的河口“遇潮则海内细沙随泛以入，潮退则沙泥沉坠，渐至淤塞”。河口排泄不畅造成泥沙在河道和湖泊中沉淀、淤积。太湖下游原有的三条主要的泄水河道中的两条，即娄江和东江早在公元 11 世纪前就已湮废，唯一的一条是吴淞江（窦鸿身和姜加虎，2003），也因淤积经两次截弯取直后，方能“直宣震泽之水，东注于海，略无遏滞”。元初，淀山湖以东的泄水去处，泥淤滩涨达数十里之广。唐元和五年（公元 810 年）筑了吴江塘路之后，到北宋末年，其下游河道水流趋缓，泥沙停积，以致“江岸之东……沙涨成一村。昔为湍流奔涌之地，今为民居、民田、桑枣场圃。岸东江尾与海相接之处，茭芦丛

① 郦道元，《水经注》。

生，泥沙淤塞”（窦鸿身和姜加虎，2003）。吴江塘路以西的东太湖地区因湖水下泄受阻，亦是泥淤滩涨，东山岛与胥口之间的大缺口也逐渐淤积束狭成一条小河浜，大约在 100 多年前，东山岛终于与胥口相连而成为半岛（图 1-14）。

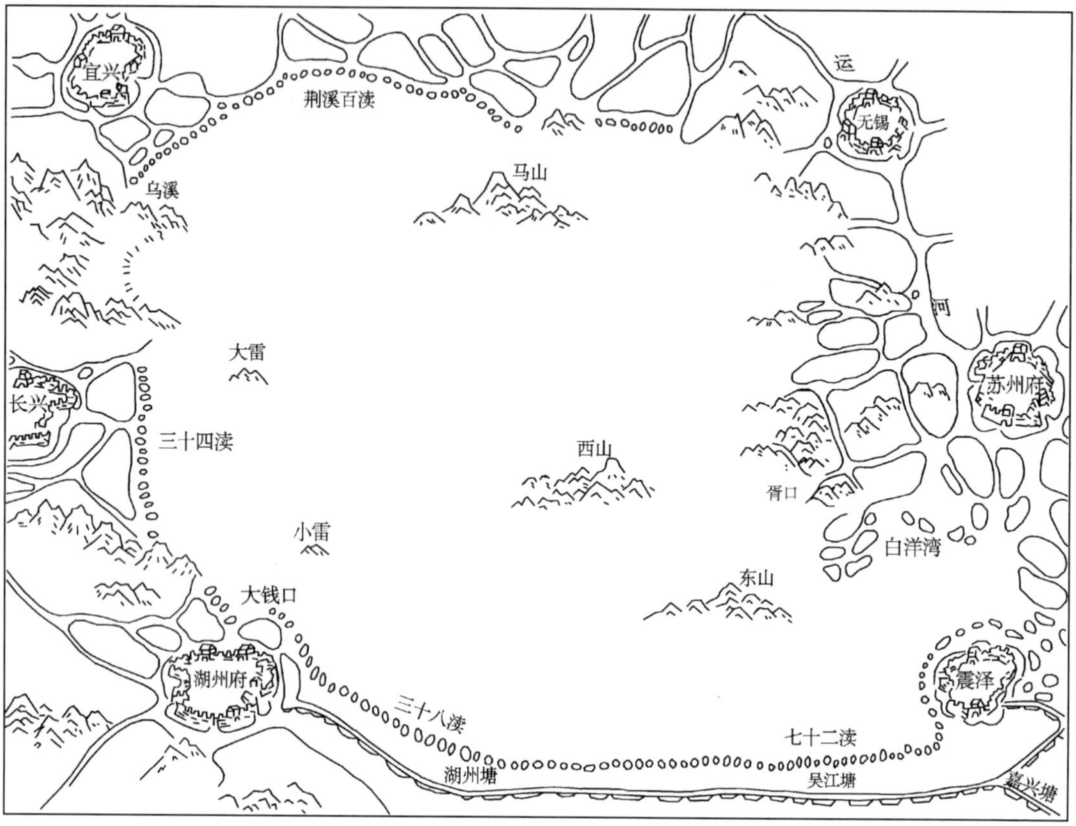

图 1-14　清乾隆年间的太湖全图

北宋末年由于社会动荡，大批民众逃到太湖平原和两湖平原，人口剧增带来对田地的巨大需求，造成了围湖垦田现象愈演愈烈（窦鸿身和姜加虎，2003）。太湖地区围湖造田更是一浪高过一浪，以致“昔日曰江曰湖曰草滩者，今皆田也”。浙西地区亦是“围田相望，皆千百亩，陂塘溇渎，悉为田畴”。大规模的围湖造田，使太湖地区的经济社会达到了空前的繁荣，“苏湖熟，天下足”，“上有天堂，下有苏杭”和“富甲天下”的美誉传承了数百年而不衰。由于大规模的围湖造田，大大的缩小了湖泊的容积，加剧了太湖地区的洪涝灾害，使本区的农业经济蒙受了巨大的损失。鉴于太湖盆地四周高，中间低，四周水流汇集盆地中心。历代水利的重点都是围绕疏通太湖的入江、入海通道来进行的，不论唐、五代的“塘、浦、圩田系统”，还是现代治理太湖的十大工程都是如此。兴修水利仅仅是为了减轻和解决因“围湖造田”而加剧的洪涝灾害，所以在客观上却是巩固了“围湖造田”的成果。

早在西汉和六朝时期，吴兴等地沿太湖南岸和西岸，已构筑有湖堤。唐元和五年（公元 810 年），在吴江又修建了一条南起松陵、北达苏州的堤塘，即后世所称的“吴江塘路”，至此，太湖的环湖大堤基本上连成一体。以后，历代治水多是根据当时的水情来加高和加厚湖堤，以确保圩田的收成。修筑环湖大堤虽然保障了圩田的收获，但却促进了泥沙在湖中的淤积，而且还限制了太湖向外扩张。洪水期不能向堤外扩张水域，枯水期又要从湖中抽取大量的水用于工农业生产，从而导致湖水位下降、泥沙淤积、滩地出露、杂草丛生和沼泽化。

从以上所述可以看出，在泥沙淤积、滩地扩张、围湖垦殖和兴建环湖大堤等自然和人为因素的双重作用下，太湖由兴盛逐步转为衰老和萎缩，到 1949 年，湖面缩小到 2500 余平方千米，从 1949～1985 年，太湖地区共建圩 498 座，面积为 528.55km^2，因围湖而消失或基本消失的湖荡有 168 个，面积达 163.31km^2（王洪道等，1987；窦鸿身等，1988）。

在这里需要强调一下，我们现在看到的太湖是水域在缩小、湖水变浅（南部水深尚不足 1 米）、沼泽化和严重的富营养化等现象。但是，太湖是在环湖大堤包围下的太湖，而不是在自然状态下的太湖。1954 年太湖洪灾，受灾面积为 52 万 hm^2；1991 年洪灾面积为 34.07 万 hm^2；1999 年洪灾，太湖流域洪水淹没面积为 30.4 万 hm^2。1999 年受灾面积较 1954 年少了近 22.0 万 hm^2，可是，1999 年太湖调蓄水量高达 47.1 亿 m^3，较 1954 年的 37.0 亿 m^3 多了 10 亿 m^3。若不是调蓄能力的增加，1999 年的受灾面积可能比 1954 年还要大（高俊峰和姜彤，1998；高俊峰和李虎，2001；高俊峰，2002）。

五、洪　泽　湖

洪泽湖地区在地质构造上属于中生代断裂形成的洪泽凹陷。洪泽凹陷自形成之后，直到第四纪以来，一直处于缓慢的沉降过程中，沉积了近 2000m 的第三、四纪的河湖相碎屑物，但未形成大型湖泊，而是一派广袤的冲积——淤积平原的景观，主要入湖河流为淮河。在公元 12 世纪以前，淮河是具有深广的河槽、含沙量低、灌溉便利，以及航运畅通的一条独立入海的利河。但自公元 12 世纪始，由于黄河大规模南泛并长期夺淮，不仅给淮河带来了大量的洪水和泥沙，而且抬高了淮河下游的河床，在淮河中游地区形成了大面积的积水洼地，并为洪泽湖的形成奠定了基础（朱松泉和窦鸿身，1993；洪泽湖志编纂委员会，2003）。

洪泽湖地区虽长期处于缓慢的下沉过程中，未形成大型湖泊的原因是洪泽凹陷是个北、西和南三面地势高起，东南低且敞开的，一个未完全封闭的盆地。由于洼地内有一定的地形起伏，在相对低洼处可能形成一些小型湖泊和沼泽，但整个凹陷内仍是一派广袤的冲积-淤积平原景观。在地势相对高亢处被辟为农田，有的为当地民众耕种，有的作为军屯。东汉建安五年（公元 200 年）广陵太守陈登为防止洪水泛滥侵害农田，修筑了高家堰（又名捍淮堰）等一系列水利工程。捍淮堰修成后，洪泽湖盆地初步形成。每当洪水季节，淮河泛滥，并在两岸形成大小不一的湖塘。见于历史记载的有破釜塘、白水塘、富陵湖、泥墩湖和万家湖等，各湖之间有水道相通。曹魏时，邓艾修白水塘。到了隋大业年间（公元 605～617 年），破釜塘（涧）已经残破，塘水向北流入淮河，白水塘因之大部干涸。

及至西晋、南北朝、隋、唐，洪泽湖地区的屯田事业一直很兴旺。由于长时期的屯田和治理，洪泽盆地内诸湖荡自东汉建安年间（公元 196～220 年）至南宋建炎二年（公元

1128年）黄河大规模南泛之前的近1000间，基本上处于相对稳定的状态，并无明显的扩展和变化。洪泽盆地内诸湖荡中以洪泽为最大，故以洪泽作为屯名和地名（图1-15）。

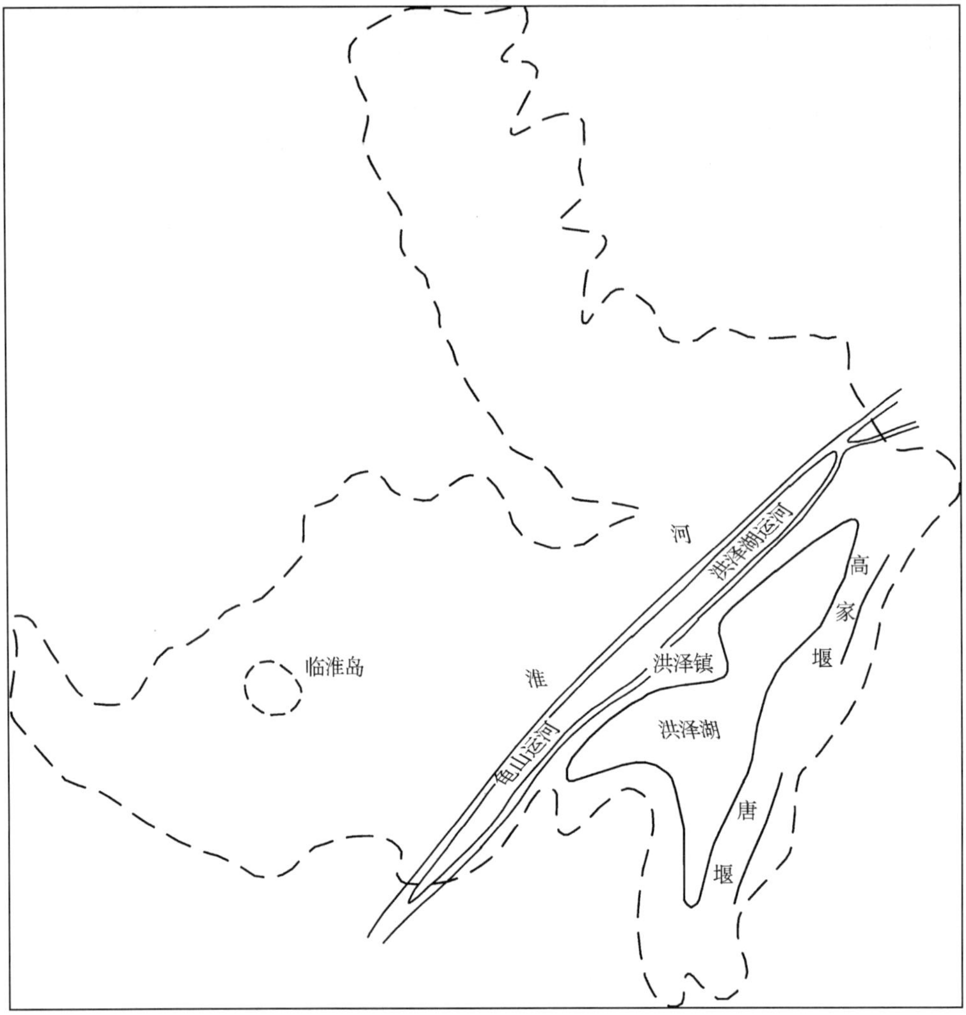

图1-15　宋元时期的洪泽湖（据武同举《淮系年表》）

南宋建炎二年（公元1128年），东京留守杜充决黄河以阻金兵，导致黄河长期夺淮，黄、淮两河合一，汇流处以上河段的水位抬高，大量泥沙淤积，河床日高，行洪不畅，遂导致淮河中游的洪泽盆地内水量剧增，水域扩大，并使富陵、万家、泥墩诸湖荡和洪泽连成一片，汇聚成一个较大的湖泊，这就是早期的洪泽湖。

明永乐十三年（公元1415年）陈瑄加高、加固捍淮堰（高家堰），并把高家堰向南延伸至蒋坝，使高家堰和唐堰相连，从而加快了洪泽盆地内小湖荡的扩展和合并。明永乐二十年（公元1422年）完成了洪泽湖东边大堤后，淮河的泛滥洪水都被拦蓄在大堤以西的洪泽湖内，并使洪泽湖与淮河连为一体，洪泽湖也成为淮河中游的一个吞吐型湖泊。随着洪泽湖蓄水量的增加，湖泊水位升高和湖面的扩张，导致洪水季节大堤经常溃决，殃及大堤以东的大片地区。先是明弘治七年（公元1494年），刘大夏主持治河时，为了确保通往京都的漕运畅通，将黄河北岸分注渤海的诸出口堵塞，形成全黄河之水均南下淮河，夺取了淮河的下游河道。黄河带来的大量泥沙在入淮处淤积，造成淮河和黄河的水流均不能顺畅的下泄，而且黄淮还合流倒灌清口。结果一方面是大量的黄淮之水倒灌入湖；另一方面是洪泽湖水因大堤拦阻也不能东排，于是洪泽湖就迅速向上游扩张，湖底也被泥沙逐渐淤高。明万历三年（公元1575年）三月，高家堰决口，高、宝、兴、盐为巨浸。为了防止洪泽湖东泄，明万历六年（公元1578年），潘季驯开始筑高堰堤（土堤），北起武家墩，经大小涧、阜陵湖、周桥和翟坝，长八十里，使淮水不得东注。因土堤经常决口，殃及湖东大片地区，于是，自明万历八年（公元1580年）起，将洪泽湖大堤分段由土堤改为石堤，直到清乾隆十六年（公元1751年）才全部完成。大堤北起武家墩南，南至蒋坝，长达"一万七千五百丈"。大堤上的滚水坝也由三座增至五座，称为仁、义、礼、智、信五坝。大堤完成后，洪泽湖水不得东去，就向西北扩展到安河洼、溧河洼和成子洼一带。至此，奠定了今日洪泽湖之框架。据清光绪三十一年（公元1905年）实测，洪泽湖面积为3668km^2，库容为95亿m^3。由此可见，洪泽湖的形成和扩张是与洪泽湖大堤的兴建密不可分。所以，也可以说，洪泽湖是一个由人为因素为主导作用而形成的水库型湖泊（图1-16、图1-17）。

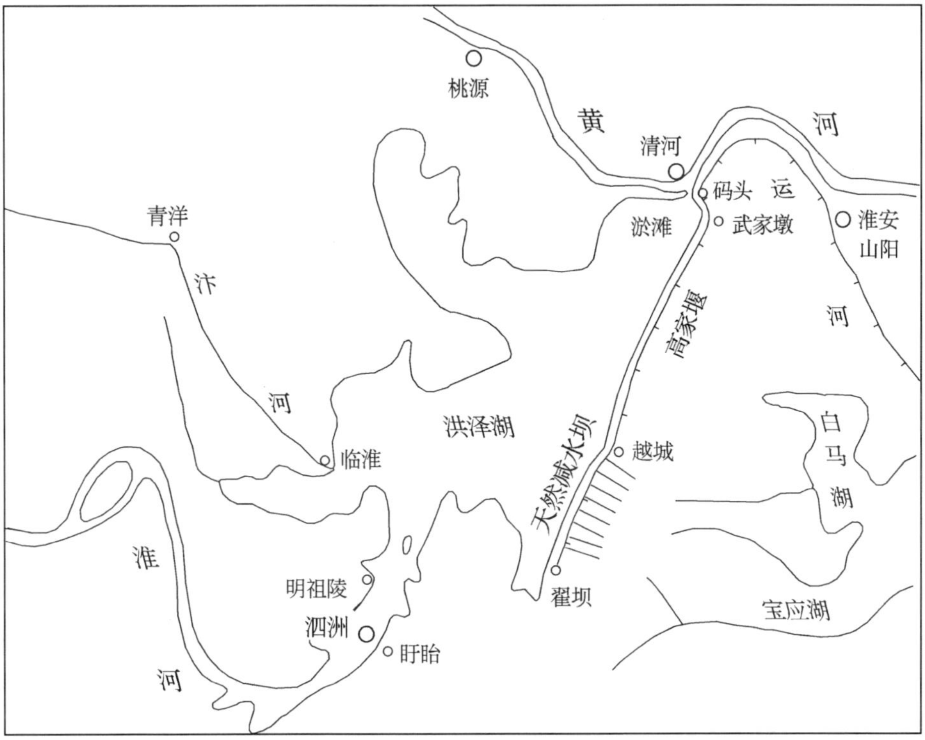

图1-16　明万历七年洪泽湖示意图

洪泽湖的形成与扩展的主导因素，一是黄河泥沙淤积而导致的黄河水倒灌；二是洪泽湖大堤的修筑。前者将大量泥沙带入湖中，后者使泥沙不能外排而沉积湖中。唐宋时期，洪泽湖地区还受潮水的影响，地面海拔5m左右，而现今湖底海拔已增至10.5m左右，高

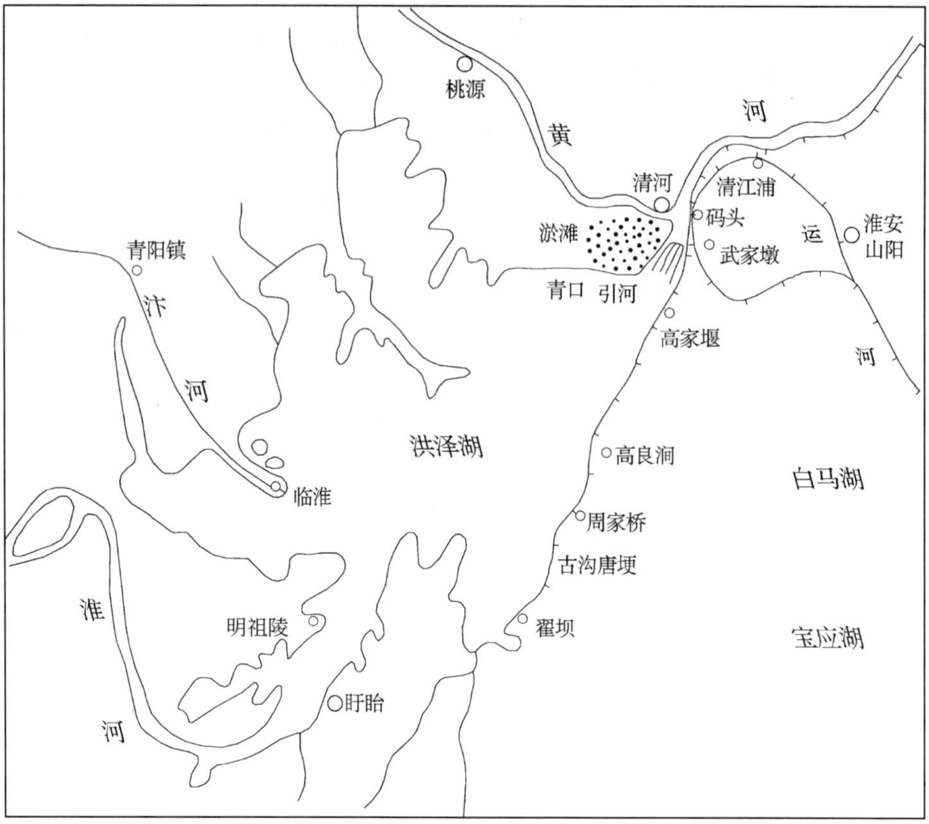

图 1-17　清康熙年间的洪泽湖

出大堤东面里下河地区约 6～8m，成为名副其实的“悬湖”。万顷湖水全赖大堤作为屏障，一旦堤防溃决，则整个堤东地区将荡然无存。就全湖而言，泥沙淤积由西北向东南推进，滩地也首先沿湖泊的北部和西部向湖中推进，迫使湖体和淮河南移。湖盆垂直淤积厚度平均在 3.0m 以上（窦鸿身和姜加虎，2003）。大量的泥沙淤积加速了洪泽湖沼泽化的过程。洪泽湖最近一次大规模淤积发生在 20 世纪 30～40 年代。当时黄河从赵口和花园口决出，向东南泛滥于贾鲁河、颍水和涡河之间，浸注于正阳关至怀远一段淮河，黄淮合流注入洪泽湖、高邮湖和宝应湖诸湖。经过这次“黄泛”，洪泽湖原有洲滩淤高 1.0～1.2m，还生成一批新洲滩，其中湖中央的一块大淤滩面积就达 $200km^2$，全湖平均淤高了 0.6m，泥沙淤积量达 3.6 亿 m^3。此时洪泽湖内已是洲滩广布，其面积占了全湖面积的一半，大小淤滩上芦苇密布，沼泽化进一步发展（窦鸿身和姜加虎，2003）。1949 年以后，经过大规模的治理，洪泽湖的蓄泄功能已大为改善。最近兴建的淮河入海水道，西起洪泽湖二河闸，东至滨海县扁担港入黄海，全长 163.5km。待第二期入海水道工程竣工后，洪泽湖的防洪标准将从目前的 50 年一遇提高到 300 年一遇，设计排洪流量达 $7000m^3/s$。

参考文献

安徽省水利志编辑室．2010. 安徽河湖概览．武汉：长江出版社

陈吉余，虞志英，恽才兴．1959．长江三角洲的地貌发育．地理学报，25（3）：201-220
丁文江，王胡桢．1936．太湖之构造与退化．水利月刊，11（6）：10-15
窦鸿身，姜加虎．2003．中国五大淡水湖．合肥：中国科学技术大学出版社
窦鸿身，马武华，张圣照等．1988．太湖流域围湖利用的动态变化及其对环境的影响．环境科学学报，8（1）：2-6
高俊峰，韩昌来．1999．太湖地区的圩及其对洪涝的影响．湖泊科学，11（2）：105-109
高俊峰，姜彤．1998．苏南地区洪涝危险区的划定及其治理对策．自然灾害学报，6（3）：56-62
高俊峰，李虎．2001．长江流域生态环境问题对洪涝的影响评价．自然灾害学报，10（4）：30-35
高俊峰，毛锐．1993．太湖地区圩区分类及圩区洪涝分析——以湖西区为例．湖泊科学，5（4）：307-314
高俊峰，张琛，姜加虎，等．2001．洞庭湖的冲淤变化和空间分布．地理学报，56（3）：269-277
高俊峰．2002．太湖流域土地利用变化及洪涝灾害响应．自然资源学报，17（2）：150-156
高俊峰．2008．湖泊览胜．北京：中国发展出版社
洪泽湖志编纂委员会．2003．洪泽湖志．北京：方志出版社
黄宣伟．2000．太湖流域规划与综合治理．北京：中国水利水电出版社
江西省水利厅．2010．江西河湖大典．武汉：长江出版社
姜加虎，窦鸿身，苏守德．2009．长江中下游淡水湖群．武汉：长江出版社
景存义．1989．太湖的形成与演变．地理科学，9（4）：379，384
毛振培．1990．范仲淹治理太湖．湖泊科学，2（2）：66
《鄱阳湖研究》编委会．1988．鄱阳湖研究．上海：上海科学技术出版社
水利部长江水利委员会．1999．长江流域地图集．北京：中国地图出版社
水利部长江水利委员会．2001．长江防洪地图集．北京：科学出版社
水利部长江水利委员会．2002．长江流域水旱灾害．北京：中国水利水电出版社
苏守德．1992．鄱阳湖成因与演变的历史论证．湖泊科学，4（1）：44-45
孙顺才，黄漪平．1993．太湖．北京：海洋出版社
太湖水利史稿编写组．1993．太湖水利史稿．南京：河海大学出版社
王洪道等．1987．中国湖泊水资源．北京：农业出版社
王苏民，窦鸿身．1998．中国湖泊志．北京：科学出版社
张琛，孙顺才．1991．巢湖形成演变与现代沉积作用．湖泊科学，3（1）：16-17
赵济．1995．中国自然地理．北京：高等教育出版社
郑肇经．1987．太湖水利科技史．北京：农业出版社
中国科学院《中国自然地理》编辑委员会．1984．中国自然地理·气候．北京：科学出版社
中国科学院《中国自然地理》编辑委员会．1985．中国自然地理·地表水．北京：科学出版社
中国科学院地理研究所．1985．长江中下游河道特性及其演变．北京：科学出版社
中国科学院南京地理与湖泊研究所．1999．淮河流域地图集．北京：科学出版社
中国科学院自然区划工作委员会．1959．中国气候区划（初稿）．北京：科学出版社
中华书局辞海编辑所．1961．辞海（试行本）第九分册．上海：中华书局
朱海虹，张本．2003．鄱阳湖．合肥：中国科学技术大学出版社
朱松泉，窦鸿身．1993．洪泽湖．合肥：中国科学技术大学出版社

第二章　五大淡水湖流域的发展*

进入 21 世纪以来，五大淡水湖流域社会经济总体发展态势良好，经济总量迅速增加，产业结构进一步优化，城市化水平不断提升，但不同湖泊在发展水平、增长速度、产业结构和居民收入水平等方面仍存在较大差距。通过综合考察经济总量增长和经济结构变化，对各流域的发展阶段进行判别，结果显示太湖流域已进入工业化高级阶段，下一步发展的重点在于优化产业结构，促进流域经济发展由第二产业拉动转变为由第二、三产业协调推动；而其他流域尚处于工业化初级阶段，应继续坚持工业主导地位，深入推进工业化进程。目前五大淡水湖流域面临机遇与挑战并存的局面，新一轮区域发展战略部署，产业结构调整和产业布局优化等经济发展新趋势，以及区域创新能力的快速提升，为流域发展提供了宝贵机遇；而五大淡水湖流域在转变经济增长方式、缓解结构性矛盾、抵御经济全球化风险、缩小地区差距、缓解资源环境压力和实现可持续发展等方面面临的挑战也必须引起足够重视。

长江流域在全国生产力布局和产业发展中具有举足轻重的战略地位。五大淡水湖流域地理位置优良，交通便捷，是长江经济带的重要组成部分，也是我国经济最具活力的地区之一，流域经济增长速度高于长江流域平均水平。据 1998 年统计，五大淡水湖区国内生产总值（GDP）10 646.83 亿元，占了全国的 13.4%；进入“十一五”以来，五大淡水湖的经济更是以持续快速的方式向前发展。其中，太湖地区经济与科技实力较强，投资环境优越，交通、通信、公用设施、商业、服务业、金融业等条件良好，自然风光和历史古迹等旅游资源丰富，发展前景更是十分诱人（表 2-1）。

表 2-1　五大淡水湖重要性

湖泊	社会经济重要性	生物多样性国际关注度	历史文化	水资源	防洪减灾
洞庭湖	地方省级经济区	高国际关注度物种及生态区	全国知名	占长江流域地表水资源的 21%	长江中下游最大洪水调蓄区
鄱阳湖	国家批准的环湖经济区	高国际关注度物种及生态区	全国知名	占长江流域年均径流量的 16.3%	长江中下游第二大洪水调蓄区
巢湖	地方经济区	低	较知名		地区洪水调蓄区
太湖	国家级经济发展重点区	低	全国知名，旅游资源极为丰富		长江下游重要洪水调蓄区
洪泽湖	地方经济区	少量国际关注物种	较知名		淮河流域重要洪水调蓄区

* 本章第一节由窦鸿身、苏守德（中国科学院南京地理与湖泊研究所）撰写；第二、三、四节由段学军（中国科学院南京地理与湖泊研究所）、于露（中国科学院南京地理与湖泊研究所）撰写，由高俊峰统一定稿。

第一节　流域发展历史

长江和黄河同是中华民族的母亲河。长江及淮河中下游五大淡水湖流域地处亚热带，气候温暖，降水丰沛，阳光充足，土壤肥沃。勤劳智慧的先民们早在距今8000年以前，就在这片肥沃的土地上，将野生稻驯化并培育成栽培稻，开创了华夏乃至世界稻作农业的先河，本区也成了长江文明的肇始地。在以后的数千年间，五大淡水湖区经济迅速发展，最终取代中原地区而成为我国经济的重心。每当中原地区华夏文化和民众遭遇危难之际，五大淡水湖区又成为中原民众的避难所和华夏文化的传承地，承担了救亡图存的历史重任。

一、稻作农业的最早发源地

稻又称为水稻，是由野生稻经过人工长期驯化和培育而成。野生稻适宜于水生开阳的生态环境，喜温暖湿润的气候，多生长于南方沼泽、草塘或溪渎沿岸。五大淡水湖流域温暖、湿润的气候和地势平坦、土壤肥沃的自然环境很适合野生稻的生长和繁衍。众多的考古资料表明，我国古代先民们经过长期的选择和驯育，终于将野生稻驯化成栽培水稻。目前已发掘出土的新石器时代的稻作文化遗存大约有90余处之多。它们遍布长江两岸大小湖区，其中以浙江省余姚河姆渡文化遗址和湖南澧县彭头山遗址最引世人瞩目。1973年冬，在河姆渡遗址中发现稻谷、稻草和稻谷壳的堆积，堆积厚度一般为0.2～0.5m，最厚处超过1.0m。据推算，其在沉积前的厚度应在1.0m以上，如仅以1.0m计算，折成稻谷应当超过120t（李根蟠，1987），据^{14}C测年，距今约6900～6700年前。20世纪80年代初，在湖南澧县彭头山遗址中发现的炭化稻谷遗存，经^{14}C测年，距今约9000～8000年。根据孢粉分析，该稻谷花粉的颗粒直径约为35～40μm，其萌发孔连边缘的厚度为10～11μm，与现代水稻的生物学性状已十分接近。也就是说，彭头山出土的水稻已属人工栽培水稻（冯天瑜，1979）。

栽培水稻的驯育成功，是我国尤其是本区先民们对人类文明发展作出的一次巨大和杰出的贡献，其意义重大，影响极为深远。它不仅是我国成为世界农耕文化起源地的中心之一的重要标志，而且还奠定了我国自成体系的农耕文化的基础。河姆渡、彭头山和城头山等水稻文化遗址的相继发现，从根本上修正了水稻起源于印度的说法，从而雄辩地证明了我国栽培水稻的历史不但比印度早，而且也是世界最早（汤涛和黄辛，2007）。因此，五大淡水湖流域是中国和世界栽培稻最早的地区。

二、湖区历代为我国主要粮食供给地

晋末“永嘉之乱”后，北方大批民众和士族纷纷南迁至长江中下游地区，尤其是太湖平原和两湖平原，从而促进该地区经济的崛起和稻作农业的快速发展。

经过近300年的发展，到陈朝末年（公元583～589年），长江中下游地区，特别是太

湖流域和洞庭湖流域的稻作农业出现了空前的繁荣局面。太湖流域是全国著名的产粮区，已达到“一岁或稔，则数郡忘饥”，“岁获丰穰，则旁及他路”[①] 的地步。鄱阳湖和洞庭湖流域也成为我国新的粮仓，并有大批粮食外运，“从江以南，千斛为货”[②]。巢湖流域在三国时期就是稻谷重要产地。东吴都督周瑜请求鲁肃资粮，鲁肃一次就资粮“三千斛”[③]。曹操因“皖田肥美”，“遣朱光为庐江太守屯皖，大开稻田”[④]。由上述可见，到南北朝晚期，长江中下游的太湖流域、巢湖流域、赣江流域（即以后的鄱阳湖流域）和洞庭湖流域及江汉平原已成为我国稻谷的主要产区和商品稻米集散地。稻谷生产在全国粮食生产中的地位迅速上升，并有跃居全国粮食产量首位之势。

唐代的“安史之乱”和北宋末年的“靖康之难”之后，广大的中原地区再次陷入长期的战乱中。“胡寇又大至，民南渡者转多”[⑤]，又有大批士族和民众逃难至长江中下游湖区。迫于人口大幅度增加对土地需求的压力，太湖流域和两湖平原又先后掀起了两次大规模的“围湖造田”的高潮。随着水稻种植面积的扩大，水利事业的蓬勃发展和耕作技术的改进，如太湖平原地区的“塘、浦、圩田系统”，长江中下游大湖地区的粮食生产又得到进一步发展。到了南宋时期，水稻产量已取代旱田作物——粟而跃居全国粮食产量之首位，稻作农业亦成为中国农业的主体。《吴郡图经续记》云，太湖流域是“地沃而物硕，稼则割麦种禾，一岁再熟，稻有早晚”，尤其是“湖、苏、秀三州号为产米去处，丰年大抵舟车四出”[⑥]。洞庭湖和鄱阳湖两流域亦是重要的商品稻谷基地。两湖地区是“江湖相连，地无不通，一舟出门，万里惟意，靡有碍隔。民计每岁种食之外，余米尽以贸易。大商则聚小家之所有，小舟亦附大舰而同营，展转贩粜以窥厚利。父子相袭，老于风波，习为常谷”[⑦]。北宋时，澧州因“承平日久，户口滋蕃，岁输米以斛计者十五万”[⑧]，而“湖北米船填街塞巷”[⑨]。到了南宋时期，“自湖南至于鼎、澧，苟非歉岁，则商贾兴贩，舻舳如云。水溢则必由华容，水落则必出巴陵，官苟置场收籴，则千硕之米，可谈笑而得也”[⑩]。

南宋时期，江南水稻产量约占全国水稻总产量的70%（吴存浩，1996）。于是，“苏湖熟，天下足”，或“苏常熟，天下足”的谚语也就广泛的流传开来。此时，水稻产量在各种农作物中占有绝对的优势，并成为我国粮食作物的主体。据宋应星在《天工开物》中估计，“天下育民者稻居什七，黍、稷什三”。稻谷遂成为我国民众的主要食粮。

到了明清时期，湖广地区的垸田进入了大发展时期，大面积的湖泊洲滩被围垦成农田；同时，湖广地区的水利事业亦进入兴盛时期，于是两湖地区的农业，尤其是稻作农业得到了迅速的发展，粮食产量亦快速增长。《清圣祖实录》、《清世宗实录》和《清高宗实

① 《双溪集》卷11。
② 《宋书·周良传》。
③ 《三国志·吴书·周瑜、鲁肃、吕蒙传第九》。
④ 《三国志·吴书·周瑜、鲁肃、吕蒙传第九》。
⑤ 《晋书·地理志》。
⑥ 《双溪集》卷11。
⑦ 《水心文集》卷1，《上宁宗皇帝札子》。
⑧ 宋·楼钥，《攻媿集》卷54《澧阳楼记》。
⑨ 宋·朱熹，《与漕司画一札子》。
⑩ 宋·王炎《双溪类稿》卷20，《上章岳州书》。

录》等文献中就载有“湖广、江西北方粮米素丰，江南、浙江或赖此二省之米”、“查有漕各省，惟江西。湖广产米最广”、“湖广为产米之乡，谷石最宜多贮”。此外，还有“湖广为天下第一出米之区”，“湖广为产米之乡，向来米平价时，每石不过七、八钱”等。从以上文献记载，可以看出湖广、江西两省产米之多。该区不仅产米多，而且还有大量的稻米外运。

明朝末期，随着商品性经济作物的生产和家庭手工业的发展，粮食的商品生产和销售活动也迅速地发展起来。到了清初，粮食贸易更是出现了空前的繁荣。粮食的交易活动从农村市场（如墟、圩、场、集和庙会）走向城镇（如市镇、县城、交通口岸等交通便利之处）市场，进而在水陆交通发达的粮食产地和销售地形成庞大的粮食交易市场，俗称“米市”。清初在长江中下游的洞庭湖、洪湖、鄱阳湖、龙感湖、巢湖、丹阳湖和太湖等湖区附近的港埠形成了诸多全国闻名的稻米集散地，其中以无锡、芜湖、九江和沙市最为著名，称为全国的“四大米市”，其他较大的“米市”还有苏州、汉口和长沙等。其中主要销售来自巢湖和丹阳湖地区稻米的芜湖“米市”，从1898～1940年，每年销售米最多时达500余万石①，最少时也有300～400万石。1918年以后年最高销售量曾达到800万石，为我国“四大米市之首”。

三、五大淡水湖流域成为全国经济重心

三国时代晚期，江南平原地区经济进一步繁荣，“其田野则畛裰无数，膏腴兼倍，……国税再熟之稻，乡贡八蚕之绵”②。本区豪族庄园经济也形成一定的规模，“势力倾于邦君，储集富于公室”，“牛羊掩原隰，田池布千里”③。西晋末年，北方少数民族入主中原，政权频繁更迭，战祸连年不断，百业凋零，史称“五胡乱华”。于是，大批民众纷纷南逃，“洛京倾覆，中州士女避乱江左者什六七”④。据统计，仅东晋一朝，北方流入江南的人口约18万户，97万人⑤。晋永宁元年（公元301年），“流人在荆州十余万户”，“自江陵至建康（今南京）三千余里，流人万计，布在江州”⑥，形成了我国历史上第一次人口大规模南迁的高潮。北方民众的大量流入，虽然给南方带来了大量劳力，农业技术和财富，但也加剧了南方地区的人地矛盾，于是，出现了我国历史上第一次对湖泊滩地的大规模围垦。耕地的大量增加，加速了南方经济的发展。到（刘）宋时，江南地区已是“江南之为国盛矣。地广野丰，民勤本业，一岁或稔，则数郡忘饥。会土带海傍湖，良畴亦数十万顷，膏腴土地，亩直一金，鄠、杜之间不能比也”⑦。“荆城跨南楚之富，扬郡有全吴之沃，鱼盐杞梓之利，充仞八方，丝绵布帛之饶，复衣天下”⑧。就农业而言，最发达地区当

① 1石＝60kg，下同。
② 左思，《吴都赋》。
③ 葛洪，《抱朴子·吴失篇》。
④ 《晋书·王导传》。
⑤ 韩国磐，《魏晋南北朝史纲》。
⑥ 《晋书·刘胤传》。
⑦ 《宋书·孔季恭传》。
⑧ 《宋书·孔季恭传》。

数荆、扬二州，二州之中又数扬州，扬州之境则数会稽、吴郡、吴兴。此外，治于长沙的湘州，“民丰土闲”；治于襄阳的雍州，“田土肥良，桑梓野泽，处处而有”①。从（刘）宋时代起，江南粮食产量已有压到北方的趋势，即所谓“自淮以北，万匹为市，从江以南，千斛为货”②。至南朝为端，中国古代农业经济的重心已开始南移（吴存浩，1996）。

入唐以后，五大淡水湖流域的经济又有了长足的发展，接近了北方农业经济的水平，已具有问鼎全国经济重心的实力。而“安史之乱”的发生使长江中下游地区成为全国经济重心的目标成为现实。江淮之富以扬州地区及苏州、常州、润州、湖州和越州最为突出。扬州地区“兼水陆漕挽之利，有泽鱼山伐之饶”③，是“百货所集之地，舟车辐凑之乡”，农业经济略低于江南太湖流域。常州“为江左大郡，兵食之所资，财赋之所出，公家之所给，岁以万计”④。湖州是“物土所产，雄于楚越，虽临淄之富不若也”⑤。润州是“厌饫江淮，膏润数州”⑥。苏、常、湖、润四州是当时江南农业经济最富庶的地区。浙东越州亦相当繁荣，“机杼耕稼，提封九州，其间蚕税鱼盐衣食半天下”⑦。

荆湘和江西一带，在唐代中后期亦是长江中下游地区另一个重要的粮食产区。庐陵“土沃多稼，散粒荆、扬”⑧，“饶阳因富得州名，不独农桑别有营”⑨，“潭、桂、衡阳必多积谷”⑩。可见该地区的农业生产与江南相差不多。

“上有天堂，下有苏杭”，这是民间对太湖平原地区富庶、繁荣的褒称。靖康元年（公元1126年），金兵攻陷北宋都城汴京，史称“靖康之难”。宋高宗继位并迁都杭州，史称南宋。随着宋王朝中心的南迁，北方民众纷纷南逃，形成了我国历史上又一次人口大规模南迁高潮。大批人口的南迁，使长江中下游地区人口愈加稠密。迫于人口剧增对田地需求旺盛的巨大压力和圩田良好的生产性能，促使围湖造田运动一浪高过一浪。从而形成我国历史上又一次大规模围湖造田的高潮。到“隆兴、乾道（公元1163～1174年）之后，豪族大姓相继迭出，广包强占无岁无之，陂湖之利日朘月削，……，三十年间，昔之曰江曰湖曰草荡者，今皆田也”⑪。尽管围湖造田给湖区生态环境造成了一定程度的破坏，但由于耕地面积的大量增加和水利的兴建，农业生产还是得到较大的发展，从而带动了整个社会经济空前的繁荣。太湖周围的苏州、湖州和润州已是“国用半在焉”⑫。南宋诗人范成大在《吴郡志》中，第一次使用了“天上天堂，地下苏杭”的赞语。随之，这句赞语不胫而走，广为流传，并演化为“上有天堂，下有苏杭”。至此，江南一带遂有“上有天堂，下有苏杭”和“富甲天下”之美誉。

---

① 《宋书·州郡志》。
② 《宋书·周郎传》。
③ 《陆宣公集》卷9，《杜亚淮南节度使制》。
④ 《全唐文》卷522，梁肃：《独孤公行状》。
⑤ 《唐文粹》顺况：《湖州刺史厅壁记》。
⑥ 《全唐文》卷314，李华：《润州丹阳县复练湖颂》。
⑦ 《全唐文》卷784，杜牧：《授李纳浙东观察史兼御史大夫制》。
⑧ 《皇甫持正文集》卷五，《吉州庐陵县令厅壁记》。
⑨ 《全唐文》卷19，章孝标：《医张使君赴饶州》。
⑩ 《新唐书·刘晏传》。
⑪ 卫泾，《后乐集》卷七，《论围田札子》。
⑫ 杜牧，《崔公行状》。

四、中原民众的避难所和文化传承地

汉晋以后，随着中原经济的衰退和南方经济的快速发展，长江中下游的大湖区承担了救亡图存的历史使命，成了中原华夏文化的避难所和传承地，使华夏文化得以薪火相传。

黄河中下游平原，又称黄淮平原，俗称中原大地。广阔的中原大地是我国古代历代王朝的政治和经济中心。正因为如此，中原大地也就成为历代农民大起义的争战之地和军阀们争夺的目标，史称“逐鹿中原”。军阀们深知，谁取得了中原大地的统治权，谁就最有希望成为全中国的统治者。居住在北方的少数民族的当权者为了掠夺中原地区的财富，也企图问鼎中原。所以，每当一代王朝行将灭亡之际，也就是军阀们“逐鹿中原”之时。西晋永嘉五年（公元311年），匈奴族刘聪派兵攻入洛阳，俘虏了晋怀帝；公元313年，刘聪又派兵攻占长安，俘虏了晋愍帝，西晋灭亡，史称“永嘉之乱”。西晋灭亡后，北方的匈奴、鲜卑、羯、氐和羌等少数民族的统治者互相争夺地盘，扩张势力，在100多年间，先后建立了许多政权，史称“五胡乱华”。中原地区的经济严重衰退。入主中原的少数民族都是游牧民族，不善农耕，遂把大量的无主田地变成了牧场。魏孝文帝迁都洛阳后，即将洛阳附近广大地区辟为马场。高祖即位后，“复以河阳为牧场，……，自河西徙牧于并州，以渐南转，欲其习水土而无死伤也”①。于是，包括农耕文化在内的华夏文化遭到空前的摧残。

“永嘉之乱”之后，北方士族、民众大量逃往江南，“洛京倾覆，中州士女避乱江左者十之六七”。南逃的民众和士族大多在太湖流域、洞庭湖流域和赣江下游平原落脚以图生存和发展。皇族琅琊王司马睿在北方和南方士族的共同拥戴下即皇帝位，建立了东晋王朝。至此，南方的局势逐步趋向稳定。

自北方逃难到南方的士族和民众，不仅为南方增添了大量的劳动力，而且还带来了先进的农业生产技术和华夏文化的精华。先进的华夏文化与江南勤劳、朴实的民风相融合，不仅促进了江南地区经济的快速发展，而且也使江南地区的文化达到了空前的繁荣，华夏传统文化也得到传承并被发扬光大。中原地区先进的农耕文化改造了江南地区“火耕、水耨”的落后状态，使南方的稻作文化得到了空前的发展。除水稻田外，还开始种麦，并采用精耕细作等农业技术。水利事业也有了很大的发展，如东晋时在曲阿（今江苏丹阳）修建了新丰塘，“溉田八百余顷”②；在乌程（今浙江湖州）修建了荻塘，“溉田千顷”③；梁朝时，在苍陵（今安徽寿县）立堰，“溉田千余顷，岁收谷百余万石”④。到（刘）宋时代，江南地区已是“江南之为国盛矣，……，地广野丰，民勤本业，一岁或稔，则数郡忘饥。会土（会稽）带海傍湖，良畴亦数十万顷，膏腴上地，亩直一金，鄠（今陕西鄠县）、杜（今陕西西安南）之间不能比也”。

此外，江南地区的科学技术和文化艺术也达到空前的繁荣。例如，著名算学家祖冲之

---

① 《魏书·食货志》。

② 《晋书·张华传》。

③ 《太平寰宇记》吴兴记。

④ 《梁书》卷28《夏侯亶传附弟夔传》。

求得圆周率为 3.141 592 6～3.141 592 7，是世界上最早求得圆周率精密数值的人。祖冲之还在公元 463 年创“大明历”。“大明历”测定一年的日数为 365.242 814 81 日，与近代科学家测定的日数只相差 50s。南朝梁人陶弘景撰著的《本草经集解》、东汉袁宏编纂的《后汉记》、刘宋时人范晔的《后汉书》、梁人沈约的《宋书》、梁人萧子显的《南齐书》和宋人裴松的《三国志注》等都是历史上的名著。方志以东晋常璩所著的《华阳国志》最为有名，并流传至今。

东晋、南朝的著名诗人有陶渊明、谢灵运、谢惠连、谢眺和庾信等。梁朝昭明太子萧统编选了从战国到梁朝七八百年间的各种文体的作品，成《昭明文选》三十七卷，是一部很重要的文学作品选集。它把战国至梁朝七八百年间中原地区的文化精华直接传承到江南地区，隋文帝统一中国后，它又反哺到中原地区，为隋唐文化的繁荣昌盛奠定了坚实基础。梁武帝萧衍命周兴嗣编写了儿童启蒙读物《千字文》。《千字文》里讲了天文、地理、农业、气象、矿产、特产、历史和修养等方面的知识。全书用了一千个不重复的字，四字一句，句句成文，前后连贯，押韵合辙，有相当的知识价值和艺术价值，是中华文化的宝贵遗产。该书自南朝问世以后，领了数百年乃至上千年的风骚，流传至今已有 1500 多年了。历代大书法家如元代赵孟頫等用多种字体书写过《千字文》，成为传世之名帖。

隋文帝杨坚统一中国后，北方的政局趋于稳定，经济上由于长期战乱还未能恢复，王朝的开支还得依赖南方供给。所以，隋文帝登基后的第四年就开始开凿广通渠，西起大兴城（今西安市），东讫潼关，引渭水灌之长三百余里，便利漕运。隋炀帝大规模发展漕运，先后征发百万民工，开凿了通济渠（从洛阳到淮安）、山阳渎（从淮安到扬州入江）、永济渠（从河阴引黄河水入沁水，北达涿郡）、江南河（从镇江到杭州）四大首尾相接的水渠，即历史上有名的大运河。大运河的开凿沟通了南北交通，使南方的漕粮可以源源不断和安全、快捷地运到都城洛阳。

唐高祖和唐太宗建立了唐王朝，由于采取了一系列的“休养生息”和鼓励农业生产的政策，使农业生产得到恢复和发展。到了唐玄宗开元、天宝（公元 713～756 年）年间，已呈现出“耕者益力，四海之内，高山绝壑，耒耜亦满。人家粮储，皆及数岁，太仓（朝廷粮仓）委积，陈腐不可较量”[①] 的繁盛局面。诗人杜甫描述唐玄宗开元年间的情况时写到：“忆昔开元全盛日，小邑犹藏万家室。稻米流脂粟米白，公私仓廪俱丰实。”但这种繁盛局面并没有维持多久，到天宝十四年（公元 755 年），暴发了“安史之乱”。“安史之乱”使黄河流域的经济遭到了重大的破坏，造成了野兽出没、“人烟断绝、千里萧条”的局面。大批民众又走上了南逃之路，即“胡寇又至，民南渡者转多”。“安史之乱”虽然平息了，但北方经济一时也难以恢复，国家的大部分财赋收入和军国费用还得靠江南一带供给。唐代第五琦指出“方今之急在兵，兵之强弱在赋，赋之所出，江淮居多”[②]。同时代的萧颖士说“兵食所资在东南”[③]，唐权德舆也说，“江淮田一善熟，则旁资数道，故天下大计仰于

① 《元次山集》卷七《问进士第三》。
② 《资治通鉴》卷 218。
③ 《新唐书·萧颖士传》。

东南"[1]，韩愈则明确说，"赋出天下，而江南什九"[2]。甚至连唐宪宗也承认"天宝以后，……，军国费用取资江淮"[3]。后来的杜牧说的更确切，"今天下以江淮为命"。以上可见，当时唐王朝已处于"辇越而衣，漕吴而食"[4] 的境地。

自唐代始，漕运就成为历代王朝的经济、政治命脉，关系到王朝的兴衰、存亡。故历代王朝对漕运都非常重视。宋太祖建隆二年（公元 961 年），便开始修建济运水柜。淳化二年（公元 991 年）六月，汴水决浚仪县，宋太宗亲自去察看，并说："东京养甲兵数十万，居人百万家，天下转漕仰给在此一渠水，朕安得不顾。"导洛通汴后，更是大规模的在汴渠上修建济运水柜。历代帝王关心漕运的动机就是要源源不断从南方获得供王室生存和享乐的粮食和财富。

宋钦宗靖康元年（公元 1126 年），金兵攻陷汴京，徽、钦二帝被俘，北宋灭亡。大批民众又向南方迁徙，"中原士民，扶携南渡，不知其几千万人"，"淮北之民，襁负而至"。宋高宗继位后，迁都临安（今杭州）。江南一带再次成为北方民族的避难所和华夏文化的传承地。逃到南方的难民无田可种，于是就"开荒垦洼"，使围湖造田现象更为严重。"三十年间，昔之曰江曰湖曰草荡者，今皆田也"。"耕无废圩（墟），刈无遗垄"，精耕细作，"一年两熟，上田一亩能收五六担"，农业生产力大为提高。农业生产的大发展，带动了整个社会经济的繁荣，南宋都城临安更是繁华无比，为当时全国最大和最繁华的都市。苏州不仅风景秀丽、经济繁荣，特别是纺织业发展迅速，成为全国丝织业中心，是著名的宋锦产地。当时每年产宋锦和贡锦有近百万匹，远销海外。经济繁荣之沃土必将会培育出光彩夺目的文化艺术花朵。南宋著名的词（诗）人有柳永、辛弃疾和陆游等人，后二人还是抗金的民族英雄。抗金名将岳飞虽不是文人，但他的《满江红》却流传千古，激励一代又一代人驰骋疆场，浴血奋战。南宋初郑樵编《通志》，南宋末马端临编《文献通考》，都是关于历代典章制度的历史著作，与唐代杜佑的《通典》，合称《三通》。宋代的理学家颇多，如周敦颐、程颢和程颐，南宋朱熹继承了周和二程的学说，把理学发展到成熟阶段。

五、全国的商品粮基地，率先进入小康社会

农业是国民经济的基础，而粮食则是基础的基础。像我国这样拥有十多亿人口，耕地又有限，地区差异巨大的国家，如何自力更生的解决吃饭问题，不论过去、现在或将来都是农业发展的一个极其重要的战略任务。为了保证大城市、工矿区和经济作物集中产区的粮食供应，以及国家必要的调剂和储备，20 世纪 70 年代前后，中央政府做出了建立商品粮基地的决定。全国商品粮基地共有九大片，即太湖平原、洞庭湖平原、成都平原、珠江三角洲、江汉平原、江淮地区、鄱阳湖平原、松嫩平原和三江平原。五大淡水湖流域尽在其中。其中，苏南地区、杭嘉湖平原、鄱阳湖平原和两湖平原属于全国性的商品粮基地。

① 《新唐书·权德舆传》。
② 《韩昌黎集》卷 19《送陆歙州诗序》。
③ 《全唐文》卷 63《宪宗元和十四年七月二十三日上尊号赦》。
④ 《全唐文》卷 630，吕温《故太子少保赠尚书左仆射京兆韦府君神道碑》。

苏南地区的吴江、昆山、吴县和武进四县（市、区），粮食单产在 7500kg/hm^2 以上，人均提供商品粮 300～450kg，常年提供商品粮 1.5～2.0 亿 kg，商品率高达 40%～50%。两湖平原粮食商品率在 22%上下，鄱阳湖平原粮食商品率为 21.3%。太湖地区 1957 年向国家提供净征购粮 14.8 亿 kg，占全国净征购粮总数的 43.7%，1965 年占全国总数的 50%左右，1984 年占全国总数的 31%。鄱阳湖地区自 1953～1984 年，平均每年提供商品粮 3.8 亿 kg。近半个世纪以来，五大淡水湖流域生产的商品粮在保障人民的粮食需求、社会安定和促进社会经济繁荣方面作出了巨大的贡献。

改革开放以来，长江中下游地区经济迅猛发展，尤其是太湖流域已成为我国经济最发达的地区之一。

第二节　流域发展现状

五大淡水湖流域江河湖海相通，自然条件优越。本节重点研究五大湖流域的社会经济发展状况，考虑到数据统计的局限性及行政管理的需求，本节所指的五大淡水湖流域并非严格的自然地理中的流域概念，而是在综合考虑湖泊流域自然要素及行政区划等社会经济要素的基础上确定的研究范围（表 2-2）。

表 2-2　五大淡水湖流域行政范围及基本概况（2010 年）

流域	行政范围	区域面积/km^2	人口/万人	GDP/亿元
洞庭湖流域	湖南省	211 829	6 568	15 902
鄱阳湖流域	江西省	166 900	4 457	9 435
巢湖流域	合肥市、巢湖市、六安市	34 371	1 660	4 004
太湖流域	上海市、苏州市、无锡市、常州市、嘉兴市、湖州市	33 700	3 476	38 205
洪泽湖流域	淮安市、宿迁市	17 303	1 081	2 360

一、总体发展态势

（一）经济发展态势良好，在全国经济发展中的地位日益重要

从经济发展的时空轨迹看，五大淡水湖流域经济增长态势良好，GDP 总量、人均 GDP 呈全面上升趋势，近年来 GDP 增速始终保持在两位数。2006～2010 年五大淡水湖流域的 GDP 总量由 37 156.08 亿元增加至 69 906 亿元，人均 GDP 由 20 961 元增加至 38 628元。五大淡水湖流域以占全国 12.96%的人口、5.07%的土地面积，创造了全国 17.56%的地区生产总值。2006～2010 年流域 GDP 年均增长 13.52%，高于同期全国 2.62 百分点；人均 GDP 年均增长 15.18%，高于同期全国 1.86 百分点（图 2-1～图 2-3）。

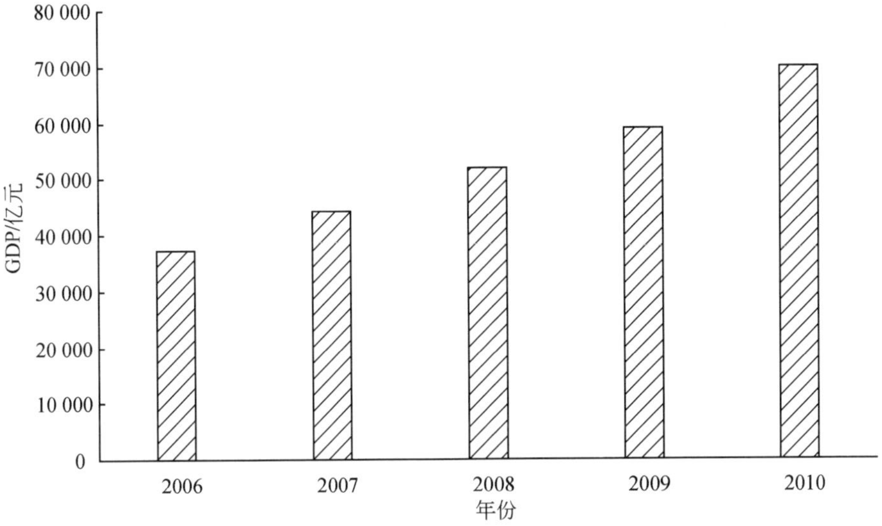

图 2-1　2006～2010 年五大淡水湖流域 GDP

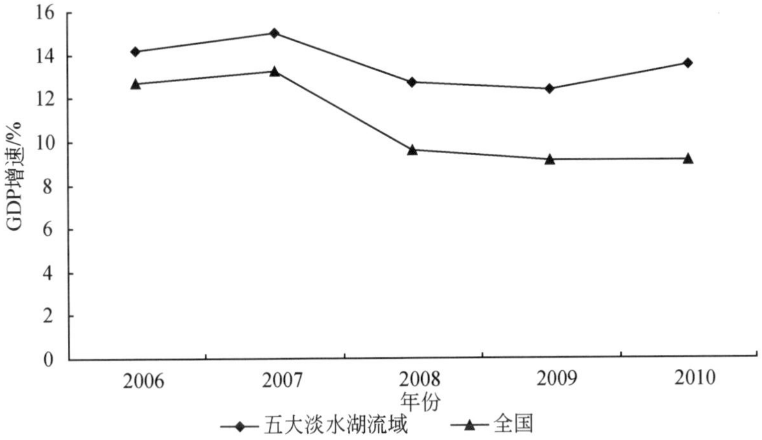

图 2-2　2006～2010 年五大淡水湖流域与全国 GDP 增速比较

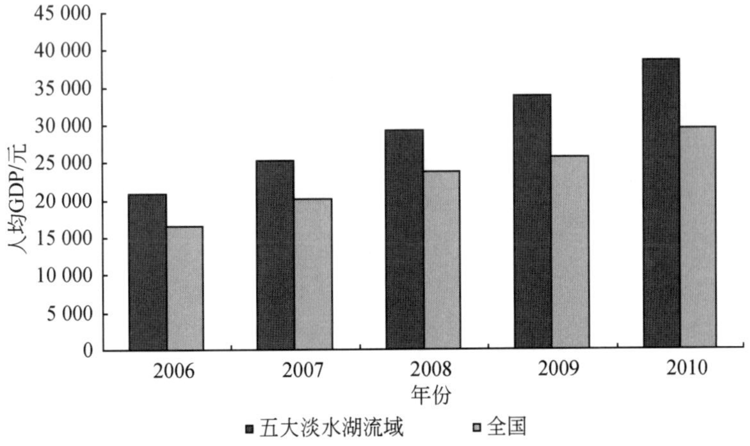

图 2-3　2006～2010 年五大淡水湖流域与全国人均 GDP 比较

（二）经济结构不断优化，工业化进程加快

在经济总量快速增长的同时，五大淡水湖流域经济结构也不断优化，三大产业结构比从2006年的8.17∶51.29∶40.54转变为2010年的7.19∶49.79∶43.02，总体上产业结构呈“二、三、一”的模式（表2-3）。“十一五”期间五大淡水湖流域工业化进程明显加快，尽管第二产业增加值比重有所降低，但工业依然是推动五大淡水湖流域国民经济增长的主导力量，2010年流域完成二产增加值34 808.28亿元，占全国的18.67%；第三产业增长较为迅速，五年增加了2.48百分点，高于全国平均水平0.5百分点，流域完成三产增加值30 072.1亿元，占全国的17.59%；第一产业比重虽然下降速度较快，但农业基础地位仍然稳固，2010年五大淡水湖流域完成农业增加值5025.4亿元，占全国的12.41%。

表2-3　五大淡水湖流域总体三大产业增加值及产业结构

年份	GDP/亿元	一产增加值/亿元	二产增加值/亿元	三产增加值/亿元	三大产业比
2006	37 156.08	3 036.74	19 057.95	15 061.88	8.17∶51.29∶40.54
2007	44 202.28	3 519.87	22 487.01	18 197.00	7.96∶50.87∶41.17
2008	51 757.31	4 222.73	26 269.38	21 264.32	8.16∶50.75∶41.09
2009	59 002.15	4 390.94	28 606.49	26 006.65	7.44∶48.48∶44.08
2010	69 905.68	5 025.40	34 808.28	30 072.10	7.19∶49.79∶43.02

资料来源：《江西统计年鉴》、《湖南统计年鉴》、《安徽统计年鉴》、《上海统计年鉴》、《江苏统计年鉴》和《浙江统计年鉴》，下同。

（三）城市化快速推进，城乡居民收入水平稳步提升

“十一五”期间，随着经济增长和产业结构的调整，五大淡水湖流域的城市化进程快速推进。2006～2010年五大淡水湖流域城市化率由36.95%上升到49.15%，年均增长率达到了1.9%。从发展过程来看，五大淡水湖流域正处在城市化加速发展阶段，可以预见在“十二五”期间，城市化水平将进一步提升。

五大淡水湖流域城乡居民收入水平稳步提升。2006～2010年，流域城镇居民人均可支配收入由13 651.42元上升到21 656.08元，年均增长率达到了14.66%；农村居民人均纯收入增长更为迅速，由5993.6元上升到9703.62元，年均增长率达到了15.47%（图2-4）。

二、各流域发展比较

（一）经济水平差异较大，太湖流域居于领先地位

以GDP总量和人均GDP两大指标衡量流域间的经济差距。2010年，GDP总量和人均GDP最高的为太湖流域（38 204.68亿元、109 891元），最低的为洪泽湖流域（2360亿元、21 829元），经济发展水平的区域差异十分明显。从相对差距看，用相对差距系数衡量（两地区某经济指标的绝对差距与其中较大值的比值，在0～1变动，如果该系数越

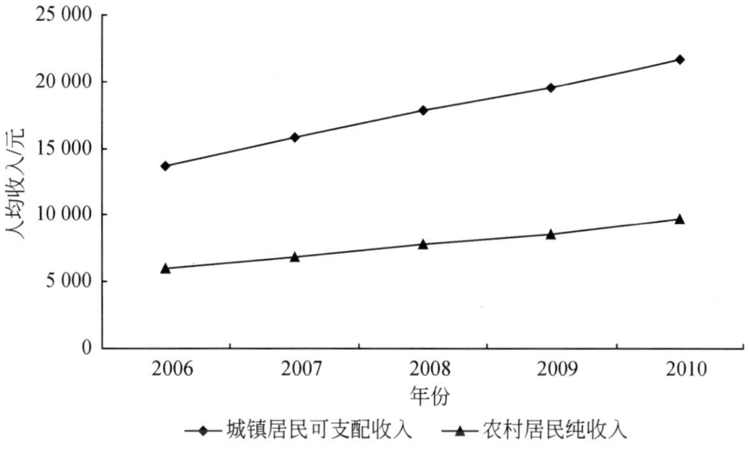

图 2-4　2006～2010 年五大淡水湖流域城乡居民人均收入水平

接近 0，表示地区差距越小；如果该系数越接近 1，表示地区差距越大），2010 年太湖流域与洪泽湖流域的 GDP 总量相对差距系数为 0.98，人均 GDP 相对差距系数为 0.84。无论以绝对差距还是相对差距来衡量，二者的经济水平差距均十分悬殊。比较太湖流域与 GDP 总量排名第二的洞庭湖流域，二者 GDP 总量绝对差距仍高达 22 303 亿元，相对差距系数为 0.70；比较太湖流域与人均 GDP 排名第二的巢湖流域，二者人均 GDP 绝对差距为 85 776 元，相对差距系数为 0.75，可见太湖流域在五大淡水湖流域中经济水平占据着绝对领先地位。而鄱阳湖流域和洞庭湖流域的经济水平较接近，二者的 GDP 总量相对差距系数为 0.40，人均 GDP 相对差距系数为 0.13（图 2-5）。

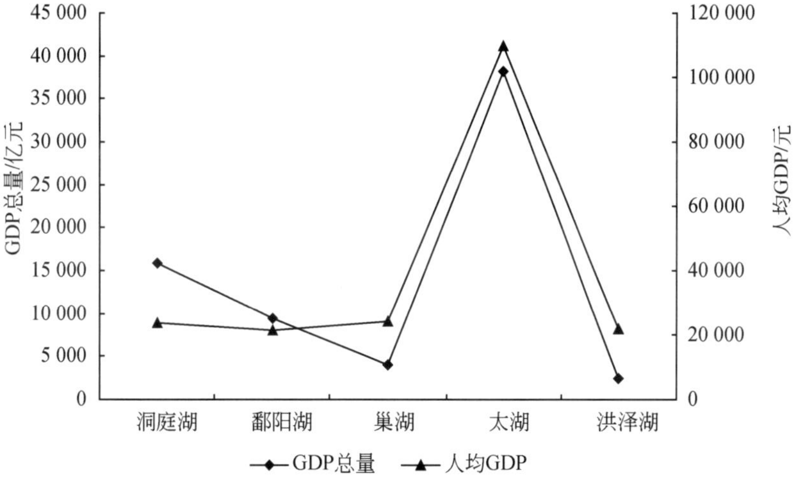

图 2-5　2010 年各流域 GDP 总量和人均 GDP

（二）经济增长速度存在较大差异，部分经济水平相对较低的流域上升态势明显

总体来看，各流域经济增长态势良好，GDP 总量、人均 GDP 均呈快速上升趋势，

“十一五”期间这两项指标的增速一直保持在两位数。由图 2-6 可见，巢湖、洞庭湖的 GDP 增速较快，均超过 14%；由图 2-7 可见，巢湖、鄱阳湖、洪泽湖的人均 GDP 增速较快，均超过 20%；太湖流域经济增长速度趋于平缓，GDP 总量和人均 GDP 增速低于其他四个流域，分别为 12.48%和 14.06%。

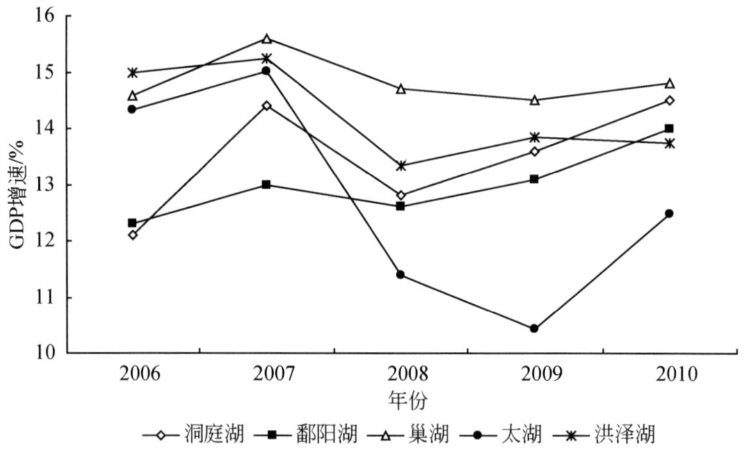

图 2-6　2006～2010 年各流域 GDP 增速

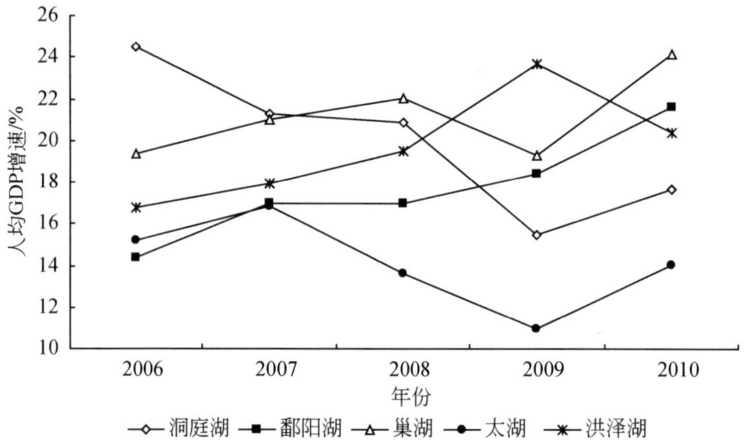

图 2-7　2006～2010 年各流域人均 GDP 增速

虽然五大淡水湖流域经济增长速度较快，但除太湖流域以外，其他流域仍处于经济规模较小、人均 GDP 较低的发展阶段。2010 年，洞庭湖流域、鄱阳湖流域、巢湖流域和洪泽湖流域的人均 GDP 分别比全国平均水平低 5950 元、8464 元、5633 元和 7919 元。

（三）产业结构总体上呈“二、三、一”结构，但存在较大差异

由表 2-4 可以看出，各流域产业结构均呈现“二、三、一”结构。太湖流域的产业结构层次最高，三次产业结构比重分别为 1.8∶50.1∶48.1，第一产业比重远远低于其他流域，第二产业比重表现出显著的下降趋势，第三产业在所有的流域中比重最高。洪泽湖流

域和洞庭湖流域产业结构较落后，三次产业比重分别为 15.7∶47.7∶36.5 和 14.7∶46.0∶39.3，其第一产业比重偏高，超过全国平均水平的 1.5 倍左右，第二产业和第三产业比重偏低，低于全国的平均水平。鄱阳湖流域第一产业和第二产业比重也较高，高于全国平均水平，但第三产业发展落后。五大流域中，巢湖流域三大产业结构与全国平均水平最为接近，其一、三产业比重略低于全国平均水平，第二产业比重略高于全国平均水平。

表 2-4　近年五大湖流域三大产业结构所占比例　　（单位：%）

	2006 年			2008 年			2010 年		
	一产	二产	三产	一产	二产	三产	一产	二产	三产
洞庭湖流域	17.8	41.7	40.5	18.0	44.2	37.8	14.7	46.0	39.3
鄱阳湖流域	17.0	50.2	32.8	16.4	52.7	30.9	12.8	55.1	32.2
巢湖流域	13.2	43.2	43.6	12.5	46.7	40.8	10.2	51.2	38.6
太湖流域	2.0	55.7	42.3	1.8	53.3	44.9	1.8	50.1	48.1
洪泽湖流域	20.9	46.0	33.1	17.5	48.3	34.2	15.7	47.7	36.5
全国	11.1	47.9	40.9	10.7	47.4	41.8	10.2	46.8	43.0

（四）城市化水平及推进速度差距较大，城镇体系完善程度参差不齐

“十一五”时期是五大湖流域城市化水平发展较快时期，但五大淡水湖流域城市化水平及其推进速度存在较大差距。太湖流域城市化水平最高，2010 年达到 67.27%，比 2006 年增长 9.47 百分点。鄱阳湖流域和巢湖流域城市化水平低于太湖流域，但城市化推进速度较快，2010 年鄱阳湖流域城市化率达 44.06%，比 2006 年增长 17.31 百分点，巢湖流域城市化率达 48%，比 2006 年增长 8.4 百分点。洪泽湖流域和洞庭湖流域城市化推进速度较其他流域相比都较为滞后，二者城市化水平分别提高了 6.6%和 5.7%（图2-8）。

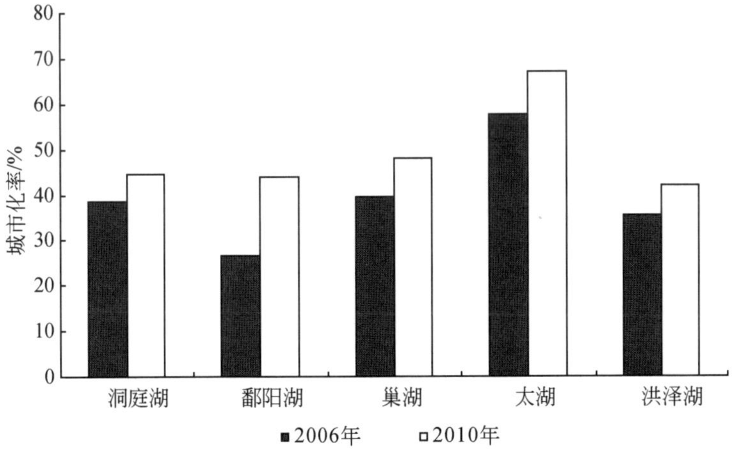

图 2-8　2006 年、2010 年五大淡水湖流域城市化率

不过各流域城镇体系结构的完善程度也存在较大差距。太湖流域城镇发展最快，城镇体系较完善，目前已构成包括特大城市 4 座（上海、杭州、无锡和苏州），大城市 2 座（常州和镇江），中等城市 10 座（江阴、张家港等），小城市 8 座在内的城镇体系结构，形成以上海为中心，沿沪宁、沪杭铁路和大运河分布的巨型城市带。相比之下，鄱阳湖流域拥有特大城市 1 座（南昌），大城市 2 座（九江、赣州），中等城市 5 座（新余、萍乡等），小城市 3 座（吉安等）。洞庭湖流域拥有特大城市 1 座（长沙），大城市 3 座（株洲、湘潭、衡阳），中小城市 9 座（岳阳、郴州等）。巢湖流域有特大城市 1 座（合肥），中等城市 1 座（巢湖），建制镇 100 多个。这三个流域均存在大城市和特大城市偏少，尤其缺乏规模介于特大城市和各地方小城市之间的区域次中心城市；存在特大城市和大城市的辐射带动功能有待提高，中小城镇总体实力偏弱等问题。

（五）居民收入水平存在差距，流域内部城乡居民收入水平差异显著

“十一五”期间，五大湖流域城乡居民收入水平已有大幅的提高，但各流域城乡居民收入水平仍存在较大差距。比较城镇居民人均可支配收入水平可发现：太湖流域城镇居民收入水平最高，2010 年达 28 048.67 元，鄱阳湖流域最低，为 15 481 元，太湖流域城镇居民收入是鄱阳湖流域的 1.81 倍；洞庭湖流域、巢湖流域和洪泽湖流域三者的城镇居民收入水平接近，分别为 16 566 元、16 575 元和 15 732 元。比较农村居民人均纯收入可发现：太湖流域农村居民纯收入排名第一，2010 年达 13 750 元；洪泽湖流域排名第二，为 7104 元；洞庭湖流域农村居民纯收入最低，为 5622 元；鄱阳湖流域和巢湖流域二者的农村居民人均纯收入较接近，分别为 5789 元和 6010 元（图 2-9、图 2-10）。

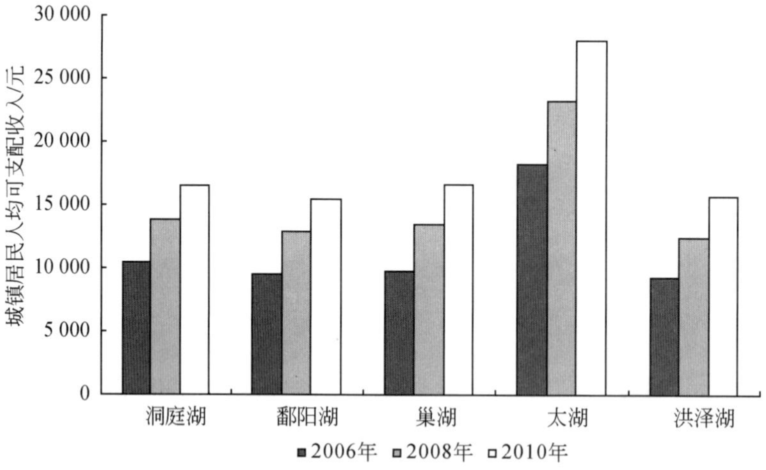

图 2-9　2006～2010 年各流域城镇居民人均可支配收入

不仅各流域之间城乡居民收入水平存在一定差距，由于现有国民收入分配格局等因素影响，各流域内部的城市居民和农村居民收入水平也存在较大差距。从绝对差距看，2010 年洞庭湖流域、鄱阳湖流域、巢湖流域、太湖流域和洪泽湖流域的城镇居民人均可支配收入和农村居民人均纯收入的差幅分别为 10 944 元、9692 元、10 565 元、14 299 元和 8628

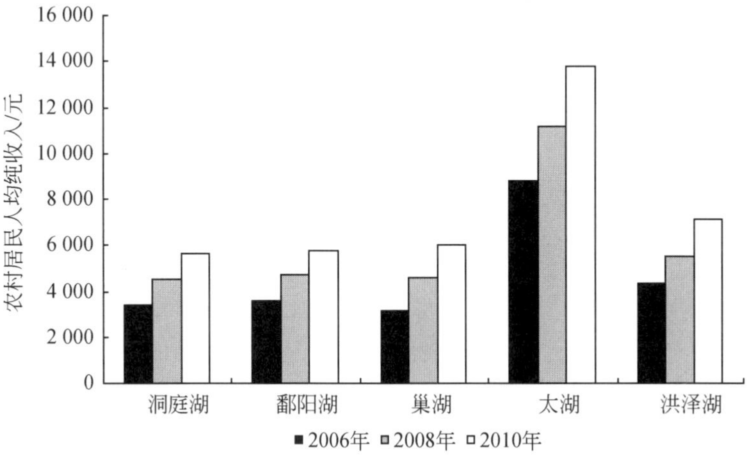

图 2-10　2006～2010 年各流域农村居民人均纯收入

元；但各流域农村居民收入增速明显快于城市居民收入增速，促使城乡居民收入水平差距逐步缩小。例如，巢湖流域城乡居民收入比（城镇居民人均可支配收入/农村居民人均纯收入）由 2006 年的 3.09 降低至 2010 年的 2.75，太湖流域由 2006 年的 2.08 降低至 2010 年的 2.04（图 2-11）。

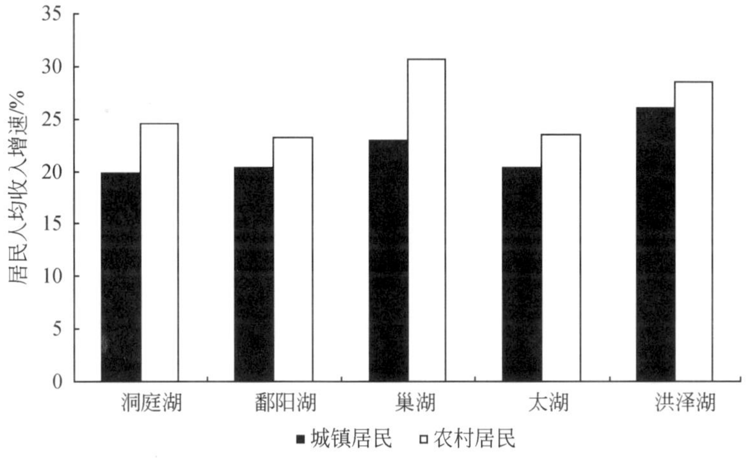

图 2-11　2010 年五大湖流域城乡居民人均收入增速

（六）综合发展水平评价与比较

在以上对五大淡水湖流域进行分项指标比较的基础上，选取经济总量、人均 GDP、发展速度、经济结构、城市化水平和居民收入水平几项指标对五大淡水湖流域做综合评价。评价方法是首先针对各指标对五大淡水湖流域进行排名，在此基础上计算得出五大淡水湖流域的综合排名，结果见表 2-5。

表 2-5　五大淡水湖流域各项指标排名

	经济总量	人均 GDP	发展速度	经济结构	城市化水平	居民收入水平	综合排名
洞庭湖流域	2	3	2	4	2	3	3
鄱阳湖流域	3	4	3	3	3	4	4
巢湖流域	4	2	1	2	4	2	2
太湖流域	1	1	4	1	1	1	1
洪泽湖流域	5	5	5	5	5	5	5

太湖流域综合排名第一，在经济总量、人均 GDP、经济结构、城市化水平和城乡居民收入等方面均占有绝对优势，但由于其已进入后工业化时期，基数较大，因此发展渐趋稳定，经济增长速度低于正处于工业化加速发展时期的巢湖流域、洞庭湖流域和鄱阳湖流域。巢湖流域综合排名第二。巢湖流域的发展速度是五大淡水湖流域中最快的，但其经济规模较小，城市化水平较滞后。洞庭湖流域综合排名第三，其人均 GDP 和城乡居民收入水平均落后于太湖流域和巢湖流域，但发展速度较快，城市化水平较高。鄱阳湖流域综合排名第四，在经济总量扩大、人均 GDP 提高、城乡居民收入增多等方面有待进一步发展。洪泽湖流域综合排名列最后，目前洪泽湖流域面临经济规模小、人均 GDP 少、发展速度缓慢、经济结构欠合理、城市化水平落后和城乡居民收入水平低等诸多问题。

第三节　流域发展阶段与特点

一、流域发展阶段

科学判断五大淡水湖流域所处的发展阶段，有利于更加清楚地掌握五大淡水湖流域的发展现状与发展水平，为进一步明确流域发展方向和战略决策提供科学依据。关于经济发展阶段的划分，国际上有多种标准，其中应用最广泛的是美国经济学家 H·钱纳里等的划分标准（表 2-6）。钱纳里等对西方发达国家的经济结构变迁分析表明，随着人均地区生产总值水平的提高和经济发展阶段的提升，国内最终需求结构、增加值构成和就业结构等都将发生变化。同时必须指出的是，经济发展是经济总量增长与经济结构变化的综合过程，考察经济结构变迁对准确判断发展阶段具有重要影响。因此，本节以钱纳里经济发展阶段划分标准作为依据，并结合三大产业结构，综合考察五大淡水湖流域的经济发展阶段。

表 2-6　H·钱纳里经济发展阶段衡量标准（李善同和侯永志，2000）

阶段	初级产品生产阶段	工业化阶段			发达经济阶段	
		初期	中期	后期	初级阶段	高级阶段
人均 GDP/美元	530～1 200	1 200～2 400	2 400～4 800	4 800～9 000	9 000～16 600	16 600～25 000

（一）洞庭湖流域

洞庭湖流域 2005 年人均 GDP 突破 1200 美元（按 1998 年汇率折算，下同）；考察三大产业结构可以发现，由于工业整体实力较弱，第二产业比重偏低，洞庭湖流域 2002 年以前产业结构维持在“三二一”的排序，2002 年产业结构发生转变，第二产业比重略微超过第三产业，表明流域坚持工业主导地位的发展战略取得初步成效，但仍未扭转产业结构层次低、第一产业比重偏高、第二产业总量小和人均偏低的局面。综合经济发展水平和产业结构两方面因素，可以判断目前洞庭湖流域处于工业化初级阶段，工业经济发展的动力将获得进一步释放，今后较长时期内应坚持工业主导地位，以工业制造业为龙头，加快工业化步伐，推进产业结构升级（图 2-12）。

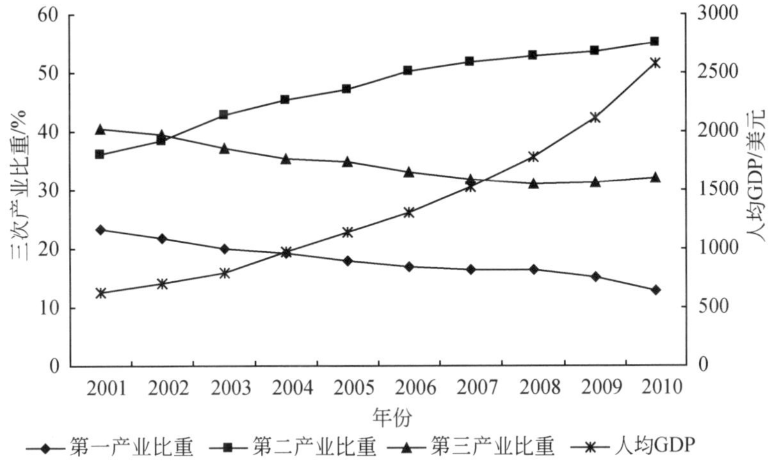

图 2-12　2001～2010 年洞庭湖流域人均 GDP 及产业结构变化

（二）鄱阳湖流域

由图 2-13 可知，鄱阳湖流域 2006 年人均 GDP 突破 1200 美元，参照钱纳里经济发展阶段划分标准，进入工业化初级阶段。2000～2002 年鄱阳湖流域三大产业结构呈“三二一”的排序，但在经济水平尚不高、人均 GDP 较低的情况下就出现“三二一”的产业结

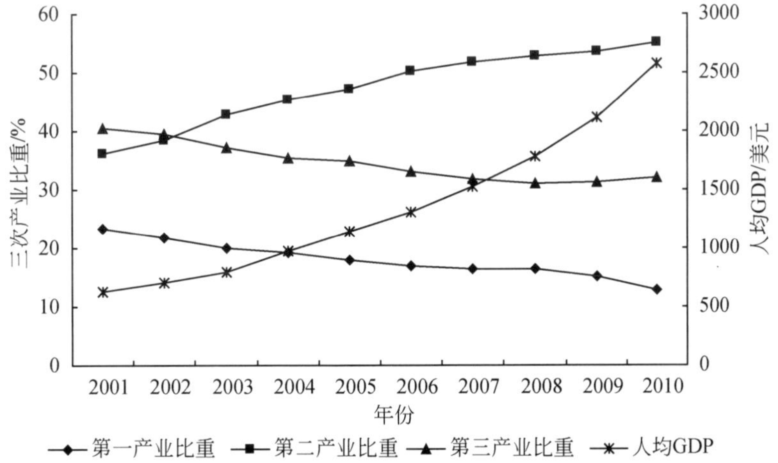

图 2-13　2001～2010 年鄱阳湖流域人均 GDP 及产业结构变化

构排序，并不代表鄱阳湖流域已具有较高级的产业结构，相反这是一种表面化虚高现象，是由于流域的工业发展十分落后，在工业化水平偏低的情况下，第三产业比重显示出相对性的高。近年来，鄱阳湖流域坚持“以工业化为核心”的发展战略，积极发展工业，产业结构逐步实现理性回归。2003年流域产业结构发生重大转折，演变为“二三一”的结构。但目前流域产业结构层次仍然不高，第一产业比重偏高，而第二、三产业比重偏低。综合经济总量和结构变化两方面因素，可判断，鄱阳湖流域目前处于工业化初级向中级过渡阶段，未来较长时期内工业经济快速发展的趋势不会改变，下一阶段鄱阳湖流域应继续深入实施以新型工业化为核心的发展战略，增强工业主导发展地位。

（三）巢湖流域

巢湖流域2005年人均GDP突破1200美元，参照钱纳里经济发展阶段划分标准，进入工业化初级阶段。巢湖流域第一产业比重较高，且2001～2010年下降幅度较小，第二、三产业比重接近，二者之间差距不明显，表明流域工业经济整体实力较弱，在拉动地区经济方面并未显示出充分的主导性优势。综合经济总量和经济结构两方面因素，可以判断巢湖流域目前正处于工业化初级向中级过渡的阶段，未来一段时期内工业经济仍将保持快速发展的势头，巢湖流域应坚持工业的主导地位，集中优势资源，培育产业集群，积极推进工业化进程，实现工业经济发展的大突破（图2-14）。

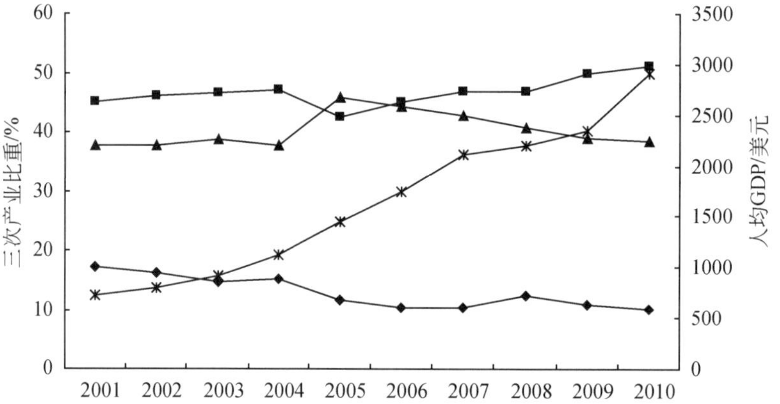

图2-14　2001～2010年巢湖流域人均GDP及产业结构变化

（四）太湖流域

太湖流域2004年人均GDP达5616美元，参照钱纳里经济发展阶段划分标准，流域已进入工业化高级阶段。太湖流域经济结构层次较高，第一产业比重低于2%，低于全国平均水平约10百分点，第二产业和第三产业比重接近50%，综合人均GDP和三大产业结构，可以判断太湖流域已进入工业化后期发展阶段。但不容忽视的是，长期以来太湖流域三产比重增长缓慢，目前仍低于50%，这说明太湖流域的经济增长仍主要依靠工业拉动，服务业发展相对滞后。太湖流域的第三产业比重落后于发达国家，作为我国经济最发达、最具国际竞争力的地区之一，下一阶段的发展重点在于加快服务业发展步伐，提高第三产业对经济增长的贡献率，使流域经济发展由第二产业拉动转变为由第二、三产业协调推动（图 2-15）。

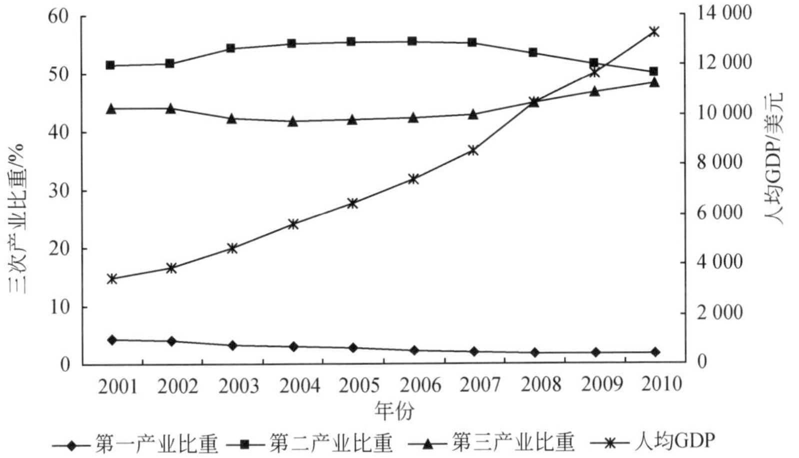

图 2-15　2001～2010 年太湖流域人均 GDP 及产业结构变化

（五）洪泽湖流域

洪泽湖流域是五大淡水湖流域中经济发展较落后的地区，2006 年人均 GDP 超过 1200 美元，参照钱纳里经济发展阶段划分标准，已进入工业化初级阶段。洪泽湖流域工业基础较为薄弱，2001 年流域三大产业结构呈现“一二三”的排序，第二产业比重低于第一产业 2.4 百分点，产业结构层次较低。近年来随着流域经济快速发展，产业结构变化显著，第一产业比重大幅下降，第二产业比重迅速上升，第三产业比重略有上升，2010 年洪泽湖流域三产比重为 15.7∶47.7∶36.5。目前洪泽湖流域处于工业化起步发展阶段，在未来较长时期内工业经济是支撑流域经济发展的主导力量（图 2-16）。

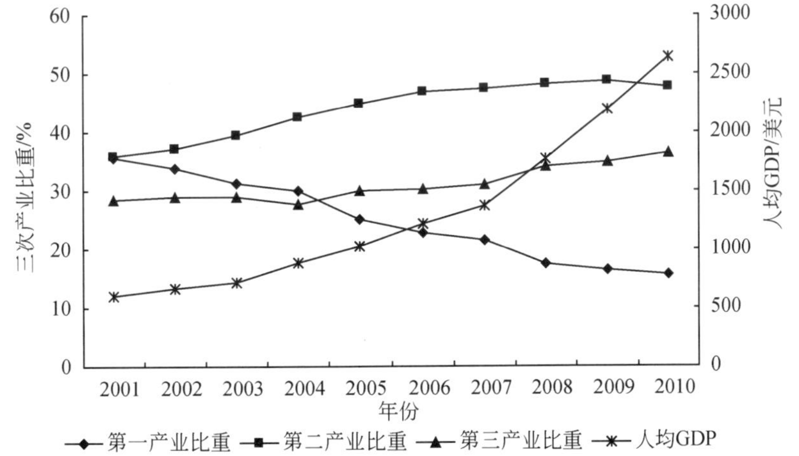

图 2-16　2001～2010 年洪泽湖流域人均 GDP 及产业结构变化

二、流域发展特点

（一）洞庭湖流域

洞庭湖流域是全国重要的农业生产区和保障农产品基本供给的骨干区，拥有众多优势农产品和特色农产品，已逐步形成稻米、棉花、油菜、柑橘、绿茶、苎麻、生猪和水产等十大优势产业带和粮油棉麻、肉奶和水产等五大产业链。2009年流域第一产业比重为14.7%，比全国平均水平高出9%，实现农业增加值1970亿元，同比增长5%。

洞庭湖流域2009年实现工业增加值5687亿元，同比增长18.9%，其中规模以上工业增加值4655.97亿元，同比增长24.3%。洞庭湖流域机械制造工业具有较强竞争力，目前流域已形成以长沙为中心的现代工程机械产业圈，以株洲、湘潭为中心的现代电力机车、轻轨地铁产业群，以长沙为基地的数字仪表产业群和以衡阳为基地的高压、超高压输变电成套设备制造产业群。洞庭湖流域拥有丰富的矿产资源和能源资源，是著名的“有色金属之乡”，在有色金属采选冶炼及压延工业、烟草加工、电力、化工、石油和农副产品加工等领域具有比较优势。2009年，工业增加值同比增长两位数的前几位行业分别是：烟草制品业（370.17亿元）、有色金属冶炼及压延加工业（304.13亿元）、黑色金属冶炼及压延加工业（260.75亿元）和化学原料及化学制品制造业（329.98亿元），这四大行业增加值总和占流域工业增加值的37.42%。此外，洞庭湖流域高新技术产业也具有较强优势，尤其在软件、生物医药和先进电池材料等领域独具特色，拥有中部地区唯一的国家级软件产业基地和专业生物医药园区，以及长沙高新技术区、株洲高新技术区和湘潭高新技术区等国家级高新技术产业区。

根据“十二五”发展规划，洞庭湖流域未来将制造业发展作为主攻方向，培育壮大装备制造、钢铁有色、卷烟制造三大支柱产业，大力扶持电子信息、新材料和生物医药三大新兴产业，提升食品加工、石油化工、建筑材料和造纸工业四大传统产业，特别是把机械装备制造业、卷烟制造业、电子信息及通信设备制造业作为重中之重。

（二）鄱阳湖流域

鄱阳湖流域的农业比重较大，农业生产在国民经济中占有基础地位。2009年鄱阳湖流域农业比重为14.4%，比全国平均水平高出4百分点，是全国重要的粮棉生产区，2009年流域粮食产量2002.56万t，棉花产量12.51万t，分别占全国总产量的4.2%、1.5%。鄱阳湖流域特色农产品丰富，是全国最大的山茶油、脐橙和淡水鱼的生产基地，有四个特色农业产业区列入《优势农产品区域布局规划》，即长江中下游出口河蟹优势产区、赣南湘南桂北柑橘带、“双低”油菜长江中下游产区和长江流域优势棉区。鄱阳湖流域在绿色农业生产方面优势显著，拥有25个绿色食品原料标准化生产基地，是全国主要的绿色大米生产基地。

鄱阳湖流域矿产资源丰富，矿业是流域重要的经济支柱。在全国已探明储量的220多种矿产中，鄱阳湖流域有9类101种，其中铜、钨、钽、铌、银和铀等11种储量居全国第一位。鄱阳湖流域的有色金属、贵重金属和稀土金属矿产在全国占有突出优势，每平方千米可开发潜在价值分别为全国平均值的 6.6 倍、9.5 倍和 17 倍，居全国第一位。流域对矿产资源的开发利用起步早，规模优势显著，已建成亚洲最大的铜矿和全国最大的铜冶炼基地。鄱阳湖流域采矿业及其相关延伸的冶炼与加工企业达 2576 个，实现工业产值 3227.61 亿元，占流域工业总产值的 52.1%。此外，矿产资源开发还带动了萍乡、新余、乐平和鹰潭等一批以工业为主的新型城镇的崛起。

除矿产资源开发利用等资源型基础产业外，鄱阳湖流域根据发展基础和条件，提出重点培育精细化工及新型建材业、食品工业、电子信息和现代家电业、中成药和生物制药业、特色金属和金属制品、汽车和航空及精密制造业等六大支柱产业的产业发展战略，目前流域已初步形成以这六大产业为主要支撑的工业体系。2009 年六大支柱产业完成增加值 1345 亿元，同比增长 20.7%，占流域规模以上工业的近 60%。

（三）巢湖流域

2009 年巢湖流域三大产业结构比为 10.3∶46.8∶42.9，为“二三一”的产业结构模式，与全国平均水平较为接近。近年来巢湖流域利用区位优势，积极对接长三角，实施“东向发展”的发展战略，工业化进程明显加快。流域三市（合肥、巢湖和六安）发挥自身优势，形成特色鲜明、统筹发展的工业体系。

合肥市是巢湖流域的核心城市，已进入工业化中期的中间阶段，是全国首个科技创新试点市，科技资源集聚度和高新技术产值比重均高于全国省会城市的平均水平。从产业结构看，汽车、专用设备、家用电器、化工及橡胶等资本密集、技术密集型产业成为主导产业，并已初步形成主导产业—配套产业—基础产业齐备的现代制造业基地。根据发展规划，未来合肥市围绕全国重要的先进制造业基地和高新技术产业基地，重点发展汽车产业、装备制造业、家用电器制造业、化工及橡胶轮胎制造业、新材料产业、电子信息及软件加工业等八大产业。

巢湖、六安现处于工业化初级阶段，支柱产业仍然体现为农副产品加工、皮革羽绒、化纤、建材和纺织等劳动密集和资源密集型产业。“十一五”期间，巢湖重点建设四个优势产业基地：面向长三角的重化工基地、建材和新型建材基地、农副产品深加工基地和机械及船舶制造基地；培育六个产业集群：电线电缆产业集群、化工产业集群、渔具产业集群、铸造产业集群、磁性材料产业集群和钢构产业集群。六安市围绕建设加工制造业、能源、冶金三大基地，重点实施钢铁、汽车零部件、纺织服装、食品饮料、电力和医药化工等六大工程。

（四）太湖流域

太湖流域整体经济水平已步入工业化后期，工业基础坚实，制造业发达，在全球经济一体化及国际资本和产业转移进程中，充分发挥区位、资源禀赋等比较优势，形成了集聚效应和规模效应显著的“制造业基地”。2009 年太湖流域实现制造业增加值 12 402.6 亿元，占工业增加值的 72.8%。从行业结构看，一方面，进入 20 世纪 90 年代太湖流域着力培育机械、电子、石油化工和汽车制造等优势产业，使电子及通信设备制造业、交通运输设备制造业、电器机械及器材制造业、化学原料及制品制造业的比重迅速上升，成为太湖流域主要的支柱产业；另一方面，纺织业、食品制造业和机械制造业等传统制造业仍然在太湖流域占据一定比重份额。从发展趋势看，以高新技术为主要特征的新型行业成长迅速，发展潜力巨大，进一步提高创新能力，培养具有自主知识产权的核心技术和品牌是太湖流域未来的制造业发展重点。

优先发展服务业，积极推进产业结构优化升级是太湖流域“十一五”期间经济发展的重要特点，尤其是流域的核心城市——上海市，积极贯彻“三二一”产业发展方针，大力推进现代服务业发展。《上海产业发展重点支持目录》中，明确规划将金融服务业、航运服务业、信息服务业、生产性服务业、现代物流业、现代商贸业、专业服务业、文化服务业、会展旅游业、教育培训和医疗服务及其他服务业等作为重点行业进行发展。上海服务业保持了高位运行的态势，服务业增加值达 6223.8 亿元，占生产总值的比重达到 51.9%，同比增加 1.3 百分点；对经济增长的贡献率达到 57.7%，同比增加 9.4 百分点；服务业增长速度自 2001 年以来首次超过第二产业，创 10 年来最高。金融业、商业、房地产业和信息服务业等服务业持续高速增长，服务业发展的良好态势为加快形成以服务经济为主的产业结构，实现二、三产业协调发展奠定了坚实基础。

但是，太湖流域整体上服务业发展相对滞后。多年来，太湖流域的服务业比重一直徘徊于 42%～44%，2007 年与 2000 年相比甚至下降了 0.6 百分点。流域的经济增长仍主要依靠工业拉动，服务业尤其是现代服务业的作用有待提升。2005 年世界第三产业占“三产”的平均比重为 68.5%，其中发达国家为 72.2%，太湖流域的第三产业比重水平明显落后于发达国家，产业结构调整的重点在于提高第三产业对经济增长的贡献率，使流域经济发展由第二产业拉动转变为二、三产业协调推动。

（五）洪泽湖流域

洪泽湖流域经济总量小，人均 GDP 少，总体上属经济欠发达地区。2009 年洪泽湖流域三大产业结构比为 17.3∶47.3∶35.4，产业结构较落后，第一产业比重偏高，第二产业和第三产业发展滞后。

洪泽湖流域农业生产条件良好，农耕历史悠久，农业机械化、现代化水平较高，形成了粮食、棉花等优质农产品生产基地，但仍存在以下不足：第一，农业内部结构不甚合理，仍以粮食生产为主，种植业发展较为欠缺；第二，市场建设、信息网络等基础建设较滞后，缺乏专项投入；第三，农产品精深加工欠缺，农产品附加值较低。

洪泽湖流域总体上已进入工业化初期向中期过渡的阶段，近年来洪泽湖流域积极响应国家和省产业振兴规划扶持，积极发展工业经济，目前流域工业以化工、机械、纺织、冶金、烟草和食品加工等传统行业为主体。2001～2010 年，一方面，洪泽湖流域第二产业比重上升 13.4 百分点，在五大淡水湖流域中增长幅度最为显著。但另一方面，洪泽湖流域的第二产业仍面临着总量少、规模小、产业链短和技术含量低等突出问题。“十一五”期间，洪泽湖流域以加快工业发展步伐、促进重点产业结构调整和优化升级为目标，制定了一系列产业发展政策。例如，淮安市制定出台了《淮安市关于振兴九大产业的意见》，具体包括加快发展特种钢材、电子信息和盐化工新材料三大主导产业，改造提升机械、纺织、烟草食品和建材四大传统支柱产业，培育新医药、新能源两大高新技术产业。宿迁市以构建和延伸产业链、扩大产业规模和提高集聚效应为着眼点，编制了轻工食品、纺织服装、木材加工、电子电器、冶金、船舶、新能源、软件与服务外包产业等八个产业规划纲要。培育产业集群和推进新型工业化是洪泽湖流域当前和未来较长时期内经济发展的重点。

第四节 流域发展机遇、压力与挑战

五大淡水湖流域发展对长江流域乃至全国发展具有重要意义，目前流域经济社会总体态势良好，为下一步发展奠定了坚实基础。与此同时，由于国际、国内经济环境出现一些新特点和新趋势，故五大淡水湖流域在新一轮的发展阶段正面临着机遇与挑战并存的局面。

一、流域发展机遇

（一）国家新一轮的区域发展战略部署，为五大淡水湖流域崛起提供了宝贵机遇

新时期新阶段，以科学发展观为指导，以加强区域全面协调可持续发展为核心，我国宏观区域发展战略发生重大转变，从国家层面到各地方政府部署了一系列重要的战略发展区，这些区域在引领地方经济发展和参与全国乃至全球竞争中发挥着越来越重要的作用，也为五大淡水湖流域崛起提供了宝贵机遇。

太湖流域地处东部地区，是长三角城市群的重要组成部分，是我国实施率先发展战略的区域，在引领国家经济发展方面具有重要的战略地位和带动作用。根据新一轮区域发展战略部署，太湖地区未来发展以结构优化为主线，更加重视经济发展的质量和效益，加快产业结构优化升级。鄱阳湖流域和洞庭湖流域位于中部地区，2003 年国家提出中部崛起战略，从资金、政策和重大建设布局等方面对中部地区进行支持，并于 2007 年批准成立武汉都市圈和长株潭城市群的“资源集约型和环境友好型社会”综合配套改革试验区，确定其发展方向为：加快转变经济发展方式，促进经济社会发展与人口、资源和环境相协调，走有别于传统模式的工业化、城市化发展新路。建立“两型社会”将有力推动洞庭湖流域可持续发展。江西省提出建设鄱阳湖生态经济圈，主要目标是把“环鄱阳湖生态经济区”建设成为江西省“生态文明示范区、新型产业集聚区、改革开放前沿区和江西崛起带动区”。鄱阳湖生态经济区是江西省第一个上升为国家战略的区域性发展规划，必将成为江西中部崛起的新引擎。安徽省于 2008 年明确提出建设“以合肥为中心，六安、巢湖为两翼的省会经济圈”，其主要目标是“努力把省会经济圈建设成为国内优势明显的先进制造业基地、科技创新及高新技术产业化基地、生态型旅游度假基地和现代农业基地；融入长三角，成为新欧亚大陆桥和长江黄金水道的重要节点；成为联动沿江、沿淮城市群，引领安徽乃至中部崛起的战略增长极。”巢湖流域构成了省会经济圈的主体部分，根据规划，巢湖流域是安徽经济发展的增长极，也是安徽省承接长三角产业转移和参与泛长三角分工

的排头兵。

（二）产业结构调整和产业布局优化等经济发展新趋势，有力地推动着五大淡水湖流域经济发展

随着经济总量的迅速扩张和工业化进程的推进，新兴产业不断形成，传统产业改造日益深化，我国总体上已进入结构调整与产业升级的新阶段。2009 年国家出台十大产业振兴规划，以控制总量、淘汰落后、联合重组、技术改造和优化布局为重点，制定一系列重大产业振兴政策，为各流域根据自身产业基础和发展特点，调整产业结构提供了宝贵机遇。太湖流域以建设“现代服务业和国际先进制造业基地”为目标，积极发展以金融、航运、信息和物流等现代服务业为主体的产业体系。其余各流域则应更加注重转变依靠资源能源等生产要素的高投入以及高污染、低效益的产业换取经济增长的途径，积极推进新型工业化进程。

新一轮产业政策的贯彻落实同时带动了产业空间布局的调整。根据“梯度发展理论”，处于经济发展不同阶段的地区应采取相应的发展战略与产业政策，位于高梯度地区的经济发展主要在于通过创新等手段保持领先地位，积极创造新的行业、企业以预防经济结构老化，生产要素以扩散、向外溢出为主；位于低梯度的地区首先应重点发展初级产业和劳动密集型产业，发挥比较优势承接从高梯度地区外溢出的产业。五大淡水湖流域应基于自身发展的基础与特点，抓紧这一轮产业空间布局调整的机遇，使产业布局进一步趋于合理化。太湖流域经过 20 多年的高速发展，许多产业趋于成熟，为缓解土地成本、劳动力成本和环境成本等迅速上升等方面的压力，资本及产业向欠发达地区转移的速度明显加快。而其他各流域资源丰富、生产成本较低，有一定产业基础，是理想的产业承接地。产业转移为这些流域发挥自身比较优势吸纳转出产业以及提升产业竞争力创造了有利条件。以巢湖流域为例，随着中部崛起战略的实施和参与泛长三角区域合作的展开，巢湖流域作为承接泛长三角产业转移中心城市的优势逐步凸显。胡锦涛总书记在巢湖流域的核心城市——合肥视察工作时指出，安徽要充分发挥区位优势、自然资源优势和劳动力优势，积极参与泛长三角区域发展分工，主动承接沿海地区产业转移。鄱阳湖流域在“对接长珠闽”战略指导下，利用投资和生产成本较低、交通便利、靠近市场等优势，积极承接东部地区产业转移。洞庭湖流域毗邻广东，地缘优势显著，珠三角产业升级和结构调整为洞庭湖流域接受珠三角辐射、全面推动与珠三角经济对接、扩大与港澳台地区交流提供了宝贵机遇。

（三）国家科技进步与创新能力的快速提升，为五大淡水湖流域经济的快速发展注入了新的动力

建设国家创新体系，是中央在科学技术迅猛发展和世界经济全球化趋势日趋明显的大背景下，为增强国家原始创新能力，提升综合国力和国际竞争力而作出的一项重大战略决策。国家创新体系的构建，有利于吸纳更广泛的主体参与创新活动；有利于加强产学研结合和促进科技创新成果更好服务于市场需求；有利于增强区域创新能力和国际竞争力。

以太湖流域为例，太湖流域经济发展态势良好，区域创新活跃，是我国创新能力最强的区域之一。目前太湖流域正处于由投资驱动向创新驱动演进的转型期，突出表现为经济

增长的动力逐渐由要素的大规模投入与消耗转变为产业技术的进步和创新成果的产业化。一方面，太湖流域是全国创新资源投入的密集区，“政府科技投入”、“创新基金地方匹配”、“大中型企业的研发人数”、“技改投入”、“科技活动获得金融机构贷款额”等指标在全国名列前茅；另一方面，太湖流域也是创新成果的高产区，“大中型工业企业新产品产值”、发明专利的申请受理量和授权量在全国占有很大比重。创新投入与产出的良性循环，为太湖流域经济快速发展注入了新活力，极大推动产业升级，使传统加工贸易型制造业向产业链的高端延伸，经济增长由数量规模向质量效益转变，同时有利于应对跨国公司技术外溢的不确定性，使流域获得持续经济增长动力和整体竞争优势。再如巢湖流域，合肥市是我国第一个国家科技创新试点市，是我国重要的科教和人才培养基地，智力资源丰富，创新能力较强。为贯彻落实建设创新型国家战略，巢湖流域积极探索走建设科技创新型城市的道路，设立“合肥国家科技创新型试点市示范区”，创新体制与机制，充分发挥企业创新主体的积极性，使“示范区”成为带动巢湖流域乃至整个安徽省发展的“核心发动机”，并为促进流域经济社会又好又快的发展和辐射带动区域创新网络建设奠定了坚实基础。

二、流域发展压力

五大淡水湖区是改革开放以来经济发展最为活跃的区域之一，也是受人类活动影响最强烈的区域之一。随着经济快速发展，人口急剧增长，五大淡水湖面临着前所未有的压力。其压力来源于以下不同的方面：已有和新制定的地区经济发展规划，不完善的资源、环境和发展方针与法规，不完善的管理机制和体制，无序和过度的工农业发展体系及其造成的水环境污染，在建和规划中的水利工程项目，地方利益驱动下的不合理的资源与土地利用（包括湖区过度的渔业、水和湿地资源的过度利用、围垦养殖、种植杨树、芦苇和过度采砂等），以及洪涝灾害等。

（一）洞庭湖地区

尽管洞庭湖生态系统和生物多样性具有重要的战略地位，然而在经济上却一直是我国中部欠发达地区之一。长期以来一直在探寻发展之路，包括计划中的环洞庭湖经济圈和经国务院批准的长株潭“两型社会”改革试验区。由于跨行政区域的原因，迄今为止，洞庭湖区一直缺乏完善的相关资源、环境和发展的方针与法规，工农业无序发展，地方保护和利益驱动下产生出极为不合理的土地利用和过度湿地资源的开发，如无序种植杨树、芦苇，以及围垦养殖等。由于调蓄长江洪水和洪涝灾害频发等原因，更使相关的水利工程和控湖工程方案层出不穷。

1. 环洞庭湖经济圈与长株潭城市群区域规划

环洞庭湖经济圈从20世纪90年代提出概念，到“十一五”前形成较完备的区域经济发展战略理论，其主要内容为：对接国家长江经济带战略，加速两湖平原（湖南和湖北）经济大发展，环湖地区转变经济发展方式，率先实现中部跨省合作的均衡发展，实现国家中部崛起战略目标。

长株潭城市群区域规划到 2020 年，长株潭区域城镇化水平达到 60%～62%，4500km^2 的核心地区人口规模为 700 万～750 万人，人均 GDP 达到 8 万元以上，发展成为在华中经济圈中具有举足轻重地位，同时也是在国内具有很强竞争力的组群式的特大型城市化地域之一。根据规划，"十一五"期间，长株潭城市群目标包括了经济、环保生态及基础建设等相关内容。经济总量方面，GDP 年平均增长高出全省 2 百分点以上，力争达到 13%，经济总量占全省的 42%；结构进一步提升，工业为主体的第二产业占到 GDP 的 50%；城市化水平达到 57%以上。环保和生态方面，重点污染源得到有效治理，空气质量稳定在三级以上，工业废水排放达标率 95%，人均公共绿地 9m^2。

规划已具体划定了禁止开发区和限制开发区的范围，规范了城乡的开发行为，防止对生态敏感区的破坏。同时采用生态园区建设的方案保护生物多样性。但具体规划和实施方案中则缺乏对生物多样性的科学认识和行动方案，而更多的则是关注水环境和水污染控制，以及以工程手段和大量资金投入为目的的工程设计和实施。规划中几乎没有定量的有关生物多样性保护与恢复的具体指标。洞庭湖水系的湘江为我国重要的"四大家鱼"产卵场，同时也是全球濒临灭绝的淡水豚类——江豚的重要栖息地，自然湿地生态系统对维护关键物种的保存至关重要，而不是青山和绿水所能解决的问题。

2. 工农业发展和水利工程

洞庭湖沿岸工业、城镇十分密集，随着国民经济发展，工矿企业与日俱增，工业污染范围广、速度快、危害大，据统计每年约有 8 亿 t 未经处理的废水直接排入江中。工业废水排入，污染了渔业水域环境。影响洞庭湖水质的污染源主要是总氮（TN）、总磷（TP）和总铜，众多因素严重破坏了洞庭湖水质，使得大量浮游生物、底栖生物、鱼卵和幼鱼大量死亡。由于水质污染湘江"四大家鱼"产卵场，已由过去的 97km 长的江段缩短至目前的 25km，一些鱼类濒临绝迹。由于洪水的问题，目前建议的水利工程包括城陵矶出口水利枢纽工程、四口河系整治工程和松滋口建闸工程等，其主要目的是人为控制洞庭湖与长江的水利联系，控制洪水和旱季洞庭湖水资源的外泄量。同时也将割断长江仅剩的两个自由通江湖泊之一的洞庭湖与长江的自然水利联系。

3. 土地和湿地资源的过度利用

除上述问题和压力外，地方保护和利益驱动下的不合理的土地利用，湿地资源的过度利用，围垦和围网养鱼种植杨树、芦苇等均对洞庭湖未来自然生态系统的保护和恢复带来巨大的压力。

据初步统计，近年来东洞庭湖内遭破坏和侵占的湿地面积共达 20 多万亩（13 300hm^2），主要以筑矮堤围垸捕鱼、洲滩开垦（种植杨树、芦苇）、围网养殖等侵占湿地和电捕鱼、迷魂阵等破坏湿地资源的行为为主。

洞庭湖区洲滩和水域总面积 405 万亩，低于 25m 的洲滩和水域占总面积的 80%。2002 年，湖南省林业厅曾对杨树已有面积进行过一次调查，洞庭湖区共有杨树 105 万亩（包括"四旁"树折算的面积）。洞庭湖地区的淡水产品在湖南及全国占有一定比重，1963

年洞庭湖“四大家鱼”、鲴鱼等江湖半洄游性鱼类占捕捞量的32%，其中“四大家鱼”占21%，刀鲚等咸淡水洄游性鱼类占5%；1981年依次下降为占27.1%、14.1%、8.7%；到1999年分别下降为占10%、9.3%、0.01%；2006年“四大家鱼”的捕获量已降至6.61%，10年间年平均下降速度为0.52%，可见“四大家鱼”等半洄游性、洄游性鱼类资源已严重衰退。洞庭湖渔业无论是从捕捞产量，还是从种群组成来看，总趋势是：“四大家鱼”等半洄游性、洄游性鱼类资源产量持续下降，经济鱼类比重减少，渔获个体低龄化、小型化和低质化，渔业资源衰退严重。衡阳湘江上游的大源渡截流水利工程、三峡截流等水利工程严重阻止了洄游鱼类的产卵，是导致洞庭湖鱼类种类和数量减少的一个重要原因，同时常年的过度捕捞、炸鱼、电捕等许多人为因素也是许多鱼类面临灭绝的重要因素。

根据湖南省东洞庭湖和西洞庭湖保护区2010年初调查结果显示，由于受利益的驱使和管理体制存在的严重弊端，洞庭湖湿地目前正在遭受围垦、围栏养殖等不同程度的破坏。据初步统计，圈湖和围垦面积在80万亩以上，其中东洞庭湖和南洞庭湖各在30万亩以上，西洞庭湖和汨罗的横岭湖总共约20万亩，情况还有继续发展和蔓延的趋势。

4. 挖沙

近年来，由于无序采砂，目前，东洞庭湖已经是“千疮百孔，面目全非”。据保守估计，砂石采挖，日吞吐量不下15万t。砂石资源开采的无序、无控，造成资源废弃，江湖淤阻，航船安全隐患增加。

（二）鄱阳湖地区

鄱阳湖，无论自然生态系统和水面积均为五湖之首，拥有国际重要物种白鹤、江豚等以及我国第一个湿地保护区（朱再昱等，2009）。在近期及未来发展过程中鄱阳湖仍面临着来自国家级鄱阳湖生态经济区以及地方资源利用两方面的巨大挑战。

1. 鄱阳湖生态经济区规划与鄱阳湖水利枢纽工程规划

2009年12月12日国务院正式批复江西鄱阳湖生态经济区规划。鄱阳湖生态经济区规划期为2009～2015年，远期展望到2020年，其战略目标是：到2015年，区域生态环境质量继续位居全国前列，率先在欠发达地区构建生态产业体系，生态文明建设处于全国领先水平；到2020年，构建保障有力的生态安全体系，形成先进高效的生态产业集群，建设生态宜居的新型城市群，为到21世纪中叶基本实现现代化打下良好基础。规划设定了13个定量指标，主要有：鄱阳湖天然湿地面积稳定在3100km^2，鄱阳湖水质稳定在Ⅲ类以上，单位地区生产总值能源消耗2015年比2008年下降20%，2020年比2015年下降15%，人均地区生产总值2015年达到45 000元，2020年达到8万元，城乡居民收入年均增长8%，城镇化率2015年达到50%，2020年达到60%。

根据规划，鄱阳湖生态经济区包括南昌、景德镇和鹰潭3市，以及九江、新余、抚州、宜春、上饶和吉安的部分县（市、区），共38个县（市、区），国土面积5.12万km^2。

根据自然生态系统的不同特征和经济地域的内在联系，将鄱阳湖生态经济区划分为三个区域，从内到外依次是：湖体核心保护区，范围为鄱阳湖水体和湿地，面积 5181km^2。区域功能是强化生态功能，禁止开发建设；滨湖控制开发带，核定面积 3746km^2，区域功能是构建生态屏障，严格控制开发；高效集约发展区，范围为区域其他地区，面积 4.22 万 km^2，区域功能是：集聚经济和人口，高效集约开发，致力于加快形成并壮大产业集聚区和特色块状经济；全面推进对外开放，积极承接国际、国内产业、技术、资金和人力资源的转移，大力提高参与国际、国内分工与合作的能力和水平。

与规划配套申请的鄱阳湖水利枢纽工程是一项称为综合开发利用湖区水资源、保护湖区人民生命健康安全、保护鄱阳湖生态环境等为主要开发任务的大型水利枢纽工程。其目的为：

（1）保证鄱阳湖枯水期维持一定的水面及水体（控制水位 16m 时，相应湖面面积约 3000km^2，水体约 80 亿 m^3），以达到保持鄱阳湖一湖清水、保护和改善鄱阳湖水生态环境的规划目标；

（2）综合开发利用湖区水资源，满足灌溉、供水、航运、旅游、发电和水产等综合利用要求，以适应鄱阳湖生态经济区经济社会发展和粮食增产、农民增收的需要。

（3）对鄱阳湖（吴城）和南矶山两座国家级自然保护区进行保护，其保护范围、工程措施及保护区运行方式均满足自然保护区湿地保护和候鸟栖息觅食的要求；

（4）满足鄱阳湖血防灭螺的需要，保证枯水期控制水位以下的钉螺杀灭；并在某一时间，进行血防灭螺特殊调度，同时辅以其他措施，基本消灭鄱阳湖血吸虫病，以保障湖区人民生命安全。

鄱阳湖生态经济区规划的城市化速度远大于普通发展地区，发展必然导致对土地、水资源等自然资源的急速需求。经济发展与人口快速增长，增加了对资源和环境的压力，而规划的本身如果仅考虑水环境与水资源量的可持续，而忽视或没有考虑自然生态系统的需求必将限制对自然环境和生态系统保护的认识水平。

从鄱阳湖生态经济区规划的三个重要功能区域来看，基本囊括了鄱阳湖发展与保护的重要区域。从生态系统保护的观点来看，与其配套的鄱阳湖水利枢纽工程则是期望极力保障经济区资源可持续利用和水环境的良性发展。然而从湿地生态系统角度考虑，鄱阳湖水利枢纽工程有可能影响到了原有诸生态系统彼此间的有机联系以及对整个湿地生态系统可能产生的巨大影响。

全球几乎所有的白鹤和东方白鹳都依赖于鄱阳湖湿地，而白额雁、鸿雁（50%）、大天鹅、白枕鹤（60%）的大部分种群也依赖鄱阳湖越冬。2003 年和 2005 年长江中下游越冬水鸟调查结果显示，鄱阳湖有 12～15 种水鸟种群数量超过区域性种群的 1%。在这两年的调查中，鄱阳湖是调查区域内越冬水鸟最重要的湿地。只要水位保持在不低于 12m，大多数年份该湖能为冬候鸟提供充足的栖息地，而且许多目前在鄱阳湖越冬的水鸟除了鄱阳湖之外，几乎没有其他的越冬栖息地。

根据长江中下游其他已建控湖工程的湖泊现今状况，如太湖和巢湖，自然湿地生态系统水文状况的改变已经能为鄱阳湖生态系统提供有效的对比。其中最重要的变化是浅水湖泊修坝拦截径流和对季节性水位变动进行人为抑制。尽管鄱阳湖有其独特的生态系统，但其他湖泊生态系统的变化已清楚说明如果鄱阳湖建坝控湖将会有什么情况发生。水鸟觅食栖息地丧失，生态效益被打折，推动人类社会发展的开发项目所带来的效益与应对系统变化而采取的补救措施所耗费的成本两者相比较，有可能会入不敷出。挽回这些变动的副作用可能耗资数倍于发展所获得的资金，且湿地的恢复也未必能完全成功，或永不复存。

2. 采沙

在现今经济高速发展的驱使下，挖沙活动已严重影响到了鄱阳湖区的生态系统和物种栖息地。2005～2006 年每年近 2.36 亿 m^3 的沙运出鄱阳湖，相当于全国年总用沙量的 9%。采沙船主要集中在鄱阳湖湖口—吴城一带的砂山周边。每天都有上千条大大小小的采沙船遍布于鄱阳湖水域从事采沙，三层楼高的采沙船可一次性采沙 5000～6000t，且采沙船都是 24h 轮班作业。

江西省政府明文规定鄱阳湖区每年 3～6 月为禁渔期，该期间为保证鱼类正常的产卵、繁殖，不允许水上作业，但在每年的禁渔期，采砂船仍活跃在鄱阳湖水面，严重地影响了鱼类的繁殖，给渔民也造成巨大经济损失。

湖口—吴城一带是长江与鄱阳湖的交汇点，大面积的草洲为鱼类提供了天然的产卵和摄食场所。采沙船在这一地区的集中生产活动，严重堵塞了“三场一通道”（鱼类繁殖场、育肥场、产卵场和洄游通道），使得湖泊内鱼类不能进入长江越冬和繁殖，长江中的幼鱼也不能进入湖泊摄食育肥。特别是禁渔期的采沙，对鱼类的影响则更为明显，严重影响到鱼类资源的繁殖。

（三）巢湖地区

巢湖面临的最大问题为水环境污染。自 20 世纪 70 年代末开始出现污染以来，经历了漫长的治理历程：1984～1985 年世界银行启动巢湖治理资金；1997 年政府成立巢湖流域水污染防治领导小组，拨出 1500 万元支持工业企业的达标排放；1996 年，加入国家“九五”期间的“三河”、“三湖”水污染重点污染防治计划。仅 2008 年，水环境治理投资就达 13.28 亿元（张文林，2005）。

20 世纪 50 年代前，巢湖曾是水质良好，生物多样性丰富的大型天然湖泊；60 年代初巢湖建闸，湖泊与长江水体交换能力大大减弱，吞吐功能丧失并最终演变成人工调节的半封闭水体。由于水利工程建设改变了原湖泊生态环境，加上汇水区经济社会的快速发展，致使湖泊水质日趋恶化；到 80 年代，巢湖的水质已超出国家地面水环境Ⅲ类标准；时至 90 年代，湖泊富营养化进一步加剧，甚至出现全湖水质超Ⅴ类的严重状况。

2010 年 1 月 12 日，国务院正式批复《皖江城市带承接产业转移示范区规划》（以下简称《规划》），安徽沿江城市带承接产业转移示范区建设纳入国家发展战略。这是迄今全国唯一以产业转移为主题的区域发展规划。《规划》为安徽提出了新的发展目标，但同时由于水环境污染的叠加效应，巢湖面临着更加严峻的压力。

根据 2010 年安徽省环保厅列出的巢湖流域水污染防治规划项目实施进度和目标实施情况来看，湖区富营养化等问题已成为困扰巢湖水质改善及治污工作的难题。

“十一五”期间，流域内共有 20 个项目获国家资金支持，项目总投资 25.5 亿元，其中 71.2%的项目资金需自筹。

巢湖流域的工业以机械、电子和化工等为主，其中黑色金属冶炼、化工原料及制品业的化学需氧量和氨氮排放量分别占全流域工业污染负荷的 78.1%和 83.7%，难以治理。

巢湖流域面源污染占巢湖污染总负荷的近 1/2。流域建成的污水处理厂基本为二级生化处理，没有针对巢湖污染特征的强化除磷脱氮工艺，且污水处理负荷率不高。

1962 年建成的巢湖闸和裕溪闸使巢湖与长江的水体交换量由建闸前的 13.6 亿 m^3 减少为目前的 1.7 亿 m^3 左右，减少约 88%，巢湖自净能力显著下降。

（四）太湖地区

太湖曾经是各类水生动物和水鸟的栖息地，然而流域内由于经济发展和历史开发等原因，成为我国污染最严重的“三湖”之一。太湖自然湿地生态系统的衰退已对生物多样性造成了威胁，流域内仅有的两个湿地自然保护区都远离太湖湖区，湿地生态系统保护存在着巨大的空缺。

环太湖地区人口密集，1997 年流域工农业总产值达 14 691 亿元，人均 GDP20 800 元；财政收入 1356 亿元，约占全国 15.7%。2010 年流域内 GDP 达到 1.7 万亿元，2020 年将达到 3.1 万亿元（1997 年可比价），分别为 1997 年的 2.3 倍和 4 倍；人口分别达到 3853 万人和 4023 万人，人均国内生产总值将达到 45 000 元和 77 000 元；城市化水平分别达到 62%和 71%。工业总产值占工农总产值的比例将达到 97%左右，步入中等发达国家的中上水平。同时，由于经济发展迅速，基本上已不存在自然生态系统。

按照现今规划的发展模式，环太湖区将发展成为全国和全球范围的带状制造业的重要基地。但由于环太湖地区有限的环境容量限制了这种发展。太湖一直是国家重点治理的三湖三河之一，从目前水环境问题和生态环境问题来看，“环太湖”区域的发展缺少了可持续发展的基本原则和理论基础，而且所谓的太湖生态区已不复存在。目前太湖发展的趋势仍然是破坏快于保护的掠夺性的开发过程。

在现行管理体制下，以太湖流域为单元的管理机制并没有实际建立，没有以流域为单元的管理体系，基本上是“行政割据”，初级协调的行政区域管理，缺乏整体性管理（万荣荣和杨桂山，2009）。正因为如此，环太湖地区巨大人口压力形成的面源污染使太湖水体富营养化状态进一步升级，苏浙交界地带由于水污染问题一再暴发冲突，太湖蓝藻也一再暴发，太湖流域生态文明建设面临巨大的挑战与压力。

（五）洪泽湖地区

洪泽湖每年入湖污染物的总量已大大超过了湖泊的自净能力。在分洪季节，水质呈现为劣Ⅴ类，主要接纳的污水以外来污染源为主（占 95%），由于淮河干流入湖水量占洪泽湖周边河流总汇入水量的 70%以上，淮河水污染占总污染源的 50.83%。面源污染及内部沉积物释放的污染分别占输入污染物的 43.86%和 5.31%。因此，洪泽湖的水质基本上取决于淮河入湖径流的污染状况。

随着社会经济的发展，人类活动的各种影响迅速渗透到洪泽湖湿地生态系统领域的每一个部分。人类活动的影响主要包括滩涂开发、围湖垦殖、湖区网箱养殖、化肥和农药的使用等，当然也包括各种水质污染。

为了抵御洪涝的侵害，修筑了洪泽湖大堤，并在不断加高，如果一旦发生较大洪涝灾害，其危害更大。由于洪泽湖属于岗、洼相间的缓坡状地形，使其具有易开发的自然条件。20世纪50年代以后，由于滩涂开发和围垦，尤其是近年来在湖中采用网箱养殖鱼类、贝类、蟹类和虾类等，洪泽湖内的水域形态发生了明显的改变，范围日益缩小。自1950～2003年，湖区共发生程度和范围不等的水灾19次，其中最严重的是1954年、1991年和2003年，洪涝造成经济损失日趋增加。

1984年以后，湖区围网养殖的密度过大，使水体中氮、磷等营养盐的含量增高，加快了湖泊富营养化的进程，促进部分藻类的生长繁殖；围湖造田改变了底栖动物、浮游动植物和植被的生长条件，导致物种减少，湿地生态环境失衡；乱捕滥捞导致渔业资源枯竭和水生动物的栖息地被破坏；农田灌溉充分利用了湖泊水资源，但也降低了湖区的环境容量，出现了水产养殖与农田灌溉的用水矛盾。

三、流域发展挑战

改革开放以来，五大淡水湖流域的社会经济取得了长足的发展，总体态势良好，为下一步的发展奠定了坚实基础。但与此同时，流域内的经济环境也出现了一些新特点和新趋势，五大淡水湖流域在新阶段的发展面临着机遇与挑战并存的局面。这些挑战主要体现在如下几个方面：

（一）经济结构性矛盾突出、经济增长方式粗放，应加快推进结构调整和转变经济发展方式

深入贯彻落实科学发展观，推动经济发展方式转变和经济结构调整是当前经济工作的重要指导方针，也是有效应对国际金融危机冲击，实现全面建设小康社会目标和可持续发展的战略举措。目前，五大湖流域长期积累的结构性矛盾尚未解决，国际金融危机使经济结构不合理问题进一步凸显。从经济增长结构看，消费、投资和出口是拉动经济增长的“三驾马车”，当前五大湖流域经济增长主要依赖于投资和出口，消费的拉动作用明显不足，而出口的不稳定性直接导致经济增长的不可持续。在2008年金融危机中外贸出口的大幅下降是拖累国民经济增长的主因；投资增长速度持续明显超过消费增长速度，表明投资和消费的比例不协调。从三大产业结构看，五大湖流域经济增长长期过多地依赖第二产业，特别是工业，服务业欠发达。从工业内部结构看，五大湖流域的工业内部结构也存在问题，一些流域在外需收缩的冲击下，钢铁等传统行业产能过剩和光伏等新兴行业盲目扩张的趋势已然显现。从企业组织结构看，五大湖流域具有国际竞争力的大企业还不够多、不够强，中小企业面临着更多的困难。此外，五大湖流域粗放型经济增长的格局仍没有根本改变，经济增长主要依靠物资消耗，资源能源利用效率较低。当前，五大湖流域正处于全面提升工业化、信息化、城市化、市场化和国际化水平的关键时期，解决当前发展所面临的各种矛盾和问题，保持经济又好又快发展，必须加快推进结构调整，促进经济发展方式的转变，这是五大湖流域面临的主要挑战之一。

（二）在参与经济全球化进程中易受全球市场波动的影响，提高应对危机能力，增强整体竞争力

随着经济全球化与对外开放的日益深入，五大湖流域的经济发展尤其是对外贸易已经深深嵌入国际经济体系之中，全球市场环境的波动性使经济发展中的不确定因素增加，直接影响到流域发展环境的稳定程度。以最近一次全球性金融危机为例，2008年由美国次贷危机引发的全球性金融危机通过贸易、投资和金融等传导机制对五大湖流域造成冲击，使经济增长速度放慢。一方面，位于东部沿海地区的太湖流域由于开放程度和外贸依存度高，对金融危机反应最为强烈，外贸进出口总额大幅下降，众多出口导向型企业盈利空间大大缩减；另一方面，位于中部地区的鄱阳湖流域、洞庭湖流域和巢湖流域因劳务输出规模较大，受金融危机影响造成了大量人员失业，对流域的经济发展和社会稳定也造成一定负面影响。并且，五大湖流域经济增长长期过多依赖工业，有研究表明，在国际金融危机中受到冲击最大、降幅最深的是工业；且流域的工业结构以资源密集型和劳动密集型为主，这部分传统产业相对高技术产业受金融危机的负面影响更为显著。由此可见，面对全球化进程中外部市场的波动性，五大湖流域抵御风险和应对危机的能力有待加强。当前许多国家都在积极探索和培育新的经济增长点，为后危机时代的经济发展做准备。为在激烈竞争中保持平稳较快发展，五大湖流域应加快改变依靠低水平扩张维持一时的高速增长的现状，积极培育新兴经济增长点，提升经济结构，改进发展模式，以提升整体竞争实力，这是五大湖流域面临的主要挑战之二。

（三）资源环境矛盾突出，缓解资源环境压力、实现可持续发展

改革开放以来，五大湖流域经济发展取得很大成就，但是经济发展粗放型的方式并没有得到根本改变，资源矛盾突出，环境压力加大，资源环境对经济发展的制约构成五大湖流域面临的主要挑战之一。一方面，随着人口增长和经济快速发展，资源供应短缺成为制约流域可持续发展的主要因素。以经济要素和人口要素高度集聚的太湖流域为例，经过十几年的高速发展，太湖流域所面临的水质型缺水、水污染严重、土地资源稀缺、土地开发强度过高、耕地流失过快等问题日益突出，水土资源的供求矛盾严重影响流域经济的健康发展。另一方面，五大湖流域的环境问题同样值得引起高度关注。进入20世纪90年代以来，伴随着经济增长和工业化进程加快，环境污染和生态恶化呈现加剧发展的趋势，特别是洞庭湖鼠灾、太湖蓝藻、鄱阳湖旱灾等一系列严重的生态安全事件的发生，敲响了流域生态环境恶化的警钟。日益突出的资源环境矛盾严重制约了五大湖流域的健康持续发展，缓解资源矛盾与环境压力，促进流域可持续发展，是五大湖流域面临的挑战之三。

（四）区域发展水平差距明显，缩小地区经济水平差距、实现区域协调发展和共同富裕

促进区域协调发展，逐步缩小区域发展差距，是深入贯彻落实科学发展观、全面建设小康社会的重大战略任务。2009年中央经济工作会议明确提出，要实施区域发展的总体战略，推进基本公共服务均等化和引导产业有序转移，逐步形成东、中、西良性互动，公

共服务和人民生活水平差距趋向缩小的区域协调发展格局。近年来，五大湖流域的经济发展水平均有所提高，但由于发展基础、区位条件和政策支持等原因，流域之间经济社会水平差距较大的状况并未得到根本改变。太湖流域属于国家实施率先发展战略的地区，经济总量、产业层次、投资规模和居民收入已达到较高水平，在长三角乃至全国具有重要的影响力和辐射作用；巢湖流域、鄱阳湖流域和洞庭湖流域在中部崛起战略的贯彻落实下，经济增长迅速，但经济总量和产业层次仍与太湖流域有较大差距。而洪泽湖流域经济总量小，产业基础薄弱，居民收入水平较低，尚属经济欠发达地区。值得注意的是，五大湖流域的不平衡发展有进一步扩大的态势。“十一五”期间太湖流域 GDP 总量占五大湖流域 GDP 总量由 62.88% 增加至 64.34%，提高了 1.46%；巢湖流域略有上升，提高了 0.59%；而鄱阳湖流域、洞庭湖流域和洪泽湖流域的 GDP 总量占五大湖流域 GDP 总量的比重都呈下降趋势，且资源要素继续向发展水平较高的地区集聚的格局短期内不会发生重大变化。因此，缩小五大湖流域地区经济水平差距，完善区域合作机制，推进以市场为基础的合作交流更加全面深入展开，实现区域协调发展与共同富裕，是五大湖地区面临的又一重要挑战。

参考文献

窦鸿身，姜加虎 . 2003. 中国五大淡水湖 . 合肥：中国科学技术大学出版社

冯天瑜 . 1979. 中华文化史 . 上海：上海人民出版社

傅春 . 2009. 中外湖区开发利用模式研究——兼论鄱阳湖开发战略 . 北京：社会科学文献出版社

靳晓莉，高俊峰，赵广举 . 2006. 太湖流域近 20 年社会经济发展对水环境影响及发展趋势 . 长江流域资源与环境，15（3）：298-302

李根蟠 . 1987. 中国原始社会经济研究 . 北京：中国社会科学出版社

李善同，侯永志 . 2000. 我国经济发展阶段特征与“十五”时期产业发展的主要任务 . http：//www.people. com. cn/GB/channell/10/20000927/252060. html. 2011-10-7

刘宝勤，钟玉秀，杨柠 . 2008. 国家区域发展战略与流域综合规划修编 . 水利发展研究，（6）：12-15

秦伯强，吴庆农，高俊峰 . 2002. 太湖地区的水资源与水环境——问题、原因与管理 . 自然资源学报，17（2）：221-228

任海军 . 2011. 美研究说亚洲栽培稻起源于中国 . 科学时报，2011-5-5

汤涛，黄辛 . 2007. 中国东部水稻栽培始于 7700 年前 . http：//www. sciencenet. cn/sbhtmlnews/2007101123155156191335. html. 2011-10-7

万荣荣，杨桂山 . 2005. 太湖流域土地利用变化及其空间分异特征研究 . 长江流域资源与环境，14（3）：298-303

吴存浩 . 1996. 中国农业史 . 北京：警官教育出版社

张文林 . 2005. 巢湖流域水环境问题与可持续发展战略 . 水利科技与经济，11（9）：516-518

朱再昱，陈美球，曹建华 . 2009. 鄱阳湖生态经济区主导产业空间布局的构想 . 江西科学，27（2）：205-210

第三章　五大淡水湖生态健康状态*

中国五大淡水湖是我国淡水资源的重要赋存区，在社会经济发展中发挥着重要的作用。近年来，受自然条件以及人类活动的影响，五大淡水湖健康状态逐渐下降。认清湖泊生态健康状态的变化对区域社会经济可持续发展至关重要。

第一节　五大淡水湖的服务功能

湖泊中可供人类直接利用或将要被利用的产物称之为资源，具有物质属性。组成湖泊的诸要素在与其周围自然环境相互作用的过程中产生有利于人类生产和生活的效能称之为湖泊功能。湖泊的主要功能有改善湖区气候、调节河川径流、繁衍水生生物、净化水质和维持生物多样性等。湖泊水体既是最主要的资源，同时又是湖泊中的溶解质、有机质和水生生物得以存在的介质和载体，因而亦是湖泊诸多功能的缔造者。湖泊的诸多资源和功能共寓于同一的湖泊自然综合体中，它们有着密切的有机联系，相互依存又相互作用着（窦鸿身和姜加虎，2003；姜加虎等，2009）。

一、调节气温功能

湖泊对气候调节功能之大小与湖泊的面积和蓄水量之多寡成正相关，湖泊水域面积越大，湖水越深，则其对气候的调节功能也就越大，对湖区周围气候的影响范围也就更加广阔。五大淡水湖均属大型湖泊，湖面浩瀚，储水量巨大，湖泊的气候效应尤为显著，可以提高湖区年平均气温，使气温变化幅度减小，年积温增加，无霜期延长。

（一）提高湖区年平均气温

大型湖泊，水域辽阔，湖水相对较深，湖泊水体对大气的加热和调节作用也就愈加明显。

表 3-1、表 3-2 分别是鄱阳湖、洪泽湖区不同测站平均气温年过程的对照比较。可以看出，这两个湖泊不仅提高了平均气温的年过程，缩小了气温的变化幅度，而且还反映出湖泊水体的温度调节效应以湖面最强，自湖面向外围的滨湖区以至远湖区陆地，逐渐减弱的规律，对鄱阳湖的研究显示其影响的范围是在距湖岸线约 40km 之内的地区。

* 本章第一节由窦鸿身、苏守德撰写，第二、三、四节由刘聚涛（江西省水利科学研究院）、高俊峰撰写，高俊峰统一定稿。

表 3-1　鄱阳湖区湖面、沿岸、陆地月平均气温及温差（朱海虹和张本，1997）　　（单位：℃）

月份	湖面	沿岸	近陆	远陆	湖面－远陆温差	沿岸－远陆温差	近陆－远陆温差
1	5.0	4.8	4.6	4.6	0.4	0.2	0.0
2	6.4	6.1	6.0	6.0	0.4	0.1	0.0
3	11.2	10.9	10.7	10.8	0.4	0.1	−0.1
4	17.1	16.9	16.9	16.9	0.2	0.0	0.0
5	22.2	22.0	21.9	21.9	0.3	0.1	0.0
6	25.6	25.4	25.3	25.3	0.3	0.1	0.0
7	29.7	29.4	29.3	29.1	0.6	0.3	0.2
8	29.7	29.3	29.0	29.0	0.7	0.3	0.0
9	25.3	24.9	24.6	24.5	0.8	0.4	0.1
10	19.6	19.1	18.9	18.9	0.7	0.2	0.0
11	13.2	12.9	12.7	12.6	0.6	0.3	0.1
12	7.4	7.1	7.0	6.9	0.5	0.2	0.1
年均	17.7	17.4	17.2	17.2	0.5	0.2	0.0

表 3-2　1959～1980 年洪泽湖及滨湖各县气温比较（朱松泉和窦鸿身，1993）　　（单位：℃）

月份	洪泽湖区	淮安	宝应	金湖
1	2.5	0.4	0.7	0.8
2	4.2	2.1	2.5	2.5
3	9.7	7.1	7.5	7.7
4	12.9	13.5	13.8	14.2
5	21.6	18.9	19.1	19.6
6	26.2	23.8	24.0	24.2
7	28.8	26.9	27.2	27.3
8	28.7	26.7	27.0	27.2
9	23.6	21.7	22.0	22.2
10	18.2	15.9	16.3	16.5
11	11.4	9.2	9.6	9.7
12	4.8	2.7	3.1	3.2
年均	16.3	14.1	14.4	14.6

（二）使气温变化幅度减小

湖泊水体对周围地区最高气温的调低作用明显。以鄱阳湖区为例，在盛夏的 7 月，湖体的存在能够使湖面的最高气温调低 1.4℃，使滨湖最高气温调低 1.1℃（表 3-3）。湖泊水体对最高气温的调低效应自湖体向四周陆地逐渐减弱。

表 3-3　鄱阳湖湖面、沿岸与陆地月平均最高气温及温差（朱海虹和张本，1997）　（单位：℃）

月份	湖面	沿湖	近陆	远陆	湖面－远陆温差	沿湖－远陆温差	近湖－远陆温差
1	8.9	8.9	9.1	9.4	－0.5	－0.5	－0.3
2	10.1	10.1	10.3	10.6	－0.5	－0.5	－0.3
3	14.8	14.9	15.1	15.4	－0.6	－0.5	－0.3
4	20.5	20.7	21.2	21.8	－1.3	－0.9	－0.6
5	25.4	25.6	25.9	26.2	－0.8	－0.6	－0.3
6	28.6	28.9	29.3	29.5	－0.9	－0.4	－0.2
7	32.6	32.9	33.7	34.0	－1.4	－1.1	－0.3
8	33.1	33.2	33.7	33.9	－0.8	－0.7	－0.2
9	29.0	28.9	29.3	29.5	－0.5	－0.6	－0.2
10	23.2	23.4	23.7	24.0	－0.8	－0.6	－0.3
11	17.1	17.2	17.5	17.8	－0.7	－0.6	－0.3
12	11.3	11.3	11.6	11.9	－0.6	－0.6	－0.3
年均	21.2	21.4	21.7	21.9	－0.7	－0.5	－0.2

湖泊水体对周围地区最低气温的调高作用也相当显著。鄱阳湖区的资料统计结果显示，7～11 月可使月平均最低气温调高 1.4～2.0℃，2～3 月调高的幅度虽然较小，但也在 0.5℃以上（表 3-4）。

表 3-4　鄱阳湖湖面、沿湖与陆地月平均最低气温及温差（朱海虹和张本，1997）　（单位：℃）

月份	湖面	沿岸	近陆	远陆	湖面－远陆温差	沿岸－远陆温差	近湖－远陆温差
1	2.1	1.6	1.5	1.3	0.8	0.3	0.2
2	3.5	3.1	3.1	3.0	0.5	0.1	0.1
3	8.2	7.7	7.6	7.5	0.7	0.2	0.1
4	14.3	13.7	13.5	13.5	0.8	0.2	0.0
5	19.7	19.1	18.9	18.8	0.9	0.3	0.1
6	23.2	22.7	22.3	22.2	1.0	0.5	0.1
7	27.2	26.3	25.6	25.4	1.8	0.9	0.2
8	27.0	26.1	25.4	25.1	1.9	1.0	0.3
9	22.6	21.6	21.3	20.9	1.7	0.7	0.4
10	16.8	15.8	15.4	14.8	2.0	1.0	0.6
11	10.2	9.5	9.4	8.8	1.4	0.7	0.6
12	4.4	3.8	3.7	3.4	1.0	0.4	0.3
年均	14.9	14.2	13.9	13.8	0.9	0.4	0.1

由于湖泊水体对最高气温有明显的调低功效，而对最低气温有显著的调高功效，故湖泊水体的存在能使周围地区气温的日较差明显减小。表 3-5 是 1983 年太湖地区平均气温日变幅统计分析结果。该表显示，以西山湖面上的气温日振幅为最小，其年平均值比滨湖岸地区约小 1.1～1.3℃。

表 3-5　1983 年太湖湖区平均气温日变幅（孙顺才和黄漪平，1993）　（单位:℃）

月份	西山湖面	西山陆面	惠甲里	后和	新塘	庙港
1	3.5	4.6	5.6	3.9	4.3	4.4
4	4.0	5.0	5.4	4.1	5.2	5.4
7	3.6	4.1	3.0	3.2	5.4	5.7
10	2.5	3.4	4.6	3.4	3.2	2.9
平均气温	3.4	4.3	4.7	3.7	4.5	4.6

（三）使年积温增加、无霜期延长

湖泊水体对气温的调节功效还体现在使湖区的积温增加，无霜期延长。如洪泽湖地区，≥0℃、≥10℃的积温，洪泽比远离湖体的泗洪分别多 150.9℃、101.4℃，无霜期增加 29 天（表 3-6）。在湖泊水体的加热及调温的共同作用下，鄱阳湖的湖面和滨湖陆地与远湖区的陆地相比，≥0℃的活动积温偏多 80～200℃，≥10℃的作物生长活跃期积温偏多 50～120℃，霜冻和冰冻日数减少，无霜期增加 8～12 天（表 3-7）。

表 3-6　洪泽湖区的积温（朱松泉和窦鸿身，1993）　（单位:℃）

地区	≥0℃积温	≥10℃积温
洪泽	5416.2	4807.2
泗洪	5265.3	4705.8
盱眙	5369.6	4784.7

表 3-7　鄱阳湖湖面、沿湖与陆地霜冻日数差异（朱海虹和张本，1997）（单位：天）

区域	湖面	沿湖	陆地	湖面－沿湖	湖面－陆地	沿湖－陆地
霜冻日数/天	22.1	23.3	32.2	－1.2	－10.1	－8.9
冰冻日数/天	21.2	22.6	29.1	－1.4	－7.9	－6.5

综上所述，由于水体的热容量大于陆地，以及水体的流动混合作用，导致湖泊对气温具有显著的调节效应，使湖泊水域较之周围陆地气温的年平均过程提高，气温日变化和年变化趋于和缓，年积温增加，冰冻日减少，无霜期相应延长。

二、调节河川径流功能

湖泊调节河川径流的功能主要体现在汛期，当河川的洪峰入湖之后，湖泊将暂存于其中的洪峰流量缓慢泄出，使湖泊下游河川洪峰出现的时间滞后，洪峰水位降低，水位、流量在年内变化趋于平缓，从而减轻了入湖水系对湖区及其下游地区的洪水威胁，改善了水环境和水生态，有利于建立更为安全的防洪减灾体系和水资源的开发利用。建有闸坝控制的湖泊，同样也具有调节河川径流的功能，只不过这种调节功能是“受制于人”，而非“受制于天”。

湖泊对河川径流的调节作用之大小，取决于湖泊的面积、水位变幅和河川年径流总量之多寡等。因湖区自然条件、河湖水系密集程度、水量交换关系以及河湖相对位置等的差异，不同的湖泊对河川径流调节功能大小是不同的。湖泊调蓄功能之大小与湖泊的面积和水位变幅成正比。湖泊的面积和水位变幅越大，则湖泊的调蓄功能就越强。

（一）鄱阳湖的径流调节功能

入鄱阳湖之五河最大日平均入湖流量为10 100～54 300m^3/s，多年平均为27 400m^3/s；湖口历年最大日平均出湖流量为10 400～28 000m^3/s，多年平均为16 800m^3/s，故鄱阳湖多年平均可削减泄入长江的洪峰流量在10 000m^3/s以上。另据1953年、1954年、1955年、1962年、1964年、1968年、1969年、1970年和1973年9次入湖五河及区间入湖之较大洪水的日平均洪峰流量统计分析，最小为32 700m^3/s，最大为64 600m^3/s；湖口出流日平均洪峰流量，最小为14 800m^3/s，最大为28 600m^3/s，削减湖口出流日平均洪峰流量最小为10 500m^3/s，最大为36 000m^3/s，占总入流的32%～60%，一般可削减50%的入湖洪峰。在1954年长江流域特大洪水期间，6月17日赣江等五河最大入湖洪峰流量为39 700m^3/s，6月20日湖口最大泄流量为22 300m^3/s，削减洪峰流量达17 400m^3/s，占最大洪水来量的43.8%，滞后洪峰约3天；1974年水情属中水年，7月17日最大入湖流量为19 300m^3/s，7月21日湖口最大泄流量为12 540m^3/s，削减洪峰流量达6760m^3/s，占最大洪水流量的35%，滞后洪峰约4天。鄱阳湖入湖洪水的一次洪量在255亿～552亿m^3，湖泊的调蓄水量可达80亿～149亿m^3，占入湖洪量的16%～50%，每次洪水的湖泊调蓄量多在100亿m^3左右。枯水季节，鄱阳湖还可提供约200亿m^3之水量调节长江下游，在长江汛后退水的9～10月，一般可增加流量1500～2000m^3/s；在长江最枯水的1～2月，也能补充流量400～500m^3/s，这对维持长江的生态系统以及下游的航运等都是十分有利的。每年2～6月为鄱阳湖的蓄水期，湖体调蓄为正值，调蓄水量逐月增大，6月达最高峰；7月至翌年1月为排水期，湖体调蓄为负值。2～6月鄱阳湖总调蓄水量为178.35亿m^3，削减了此时段内进入长江的水量，这对于降低大汛前的长江底水位，减轻长江下游的洪水压力起着重要作用。鄱阳湖对赣江等五河入湖洪水的年最大调蓄量之多年平均值为138.9亿m^3，占入湖洪量的40.4%；其中以1969年为最大，达269.1亿m^3。由鄱阳湖的多年平均水位与进出水量的年变过程可见，鄱阳湖的调蓄作用不仅反映汛期削减和滞后了赣江等五河注入长江的洪峰，而且还使其水位和流量在年内之变化趋于均化。

此外，鄱阳湖除对赣江等五河入湖径流显示出巨大的调节功能外，对长江的径流也具有一定的调节功能。但调节作用发生的时间，仅在长江的江流倒灌入鄱阳湖期间。根据鄱阳湖湖口水文站1950～1991年长系列流量资料的分析表明，江流倒灌常发生在赣江等五河汛期基本结束，长江水位迅速上涨时，并高于7～10月的湖水位，个别年份的6月和11月也有发生，平均倒灌天数为16.14天，年平均倒灌水量为30.2亿m^3，最大倒灌量达113.9亿m^3（1991年）。年平均倒灌水量只占江流倒灌前的汉口站年平均径流量的0.4%，汛枯期径流比，在江流倒灌调节前的汉口站为5.4，至调节后的大通站减少为5.0，比调节前的汛枯期径流比只减少了7.4%（姜加虎等，2009）。这说明鄱阳湖对赣江等五河具有显著的调节效应，而对于长江的调节效应则十分有限。

（二）洞庭湖的径流调节功能

洞庭湖是江、淮中下游地区湖泊中对河川径流具有天然调节效应十分显著的一个大湖。它北承松滋、太平、藕池和调弦（1958年堵闭）四口的长江（荆江）分流来水，南纳湘、资、沅和澧四水等25万km^2以上的流域来水，经调节后于东北隅的城陵矶排入长江。通常年份，四水之洪水早发于长江，一般在5～7月，而长江洪水多发生在7～8月；四水与四口之洪峰彼此错开，互不同步，因而“江涨湖蓄”，湖泊得以发挥较大的调节功能，从而减轻了湖区、荆江及其以下长江段的防洪压力。由于洞庭湖的调蓄容量巨大，即使出现“江湖并涨”之特大洪水，其调蓄功效仍十分显著。1996年的特大洪水就是典型实例。从该年7月1日至8月10日，洞庭湖出现了四水、三口组合的连续性重叠复峰。7月1～4日，长江上游及洞庭湖区沅、澧两水上游普降大到暴雨；7月8～11日，暴雨中心又移至湘、资两水的上游；7月11～12日四水、三口出现第一次洪峰，入湖组合洪峰流量34 000m^3/s，出湖洪峰流量28 000m^3/s，洞庭湖调蓄洪峰流量6000m^3/s；7月13～14日，长江和资、沅两水及洞庭湖区又连续普降大到暴雨，三口洪峰及资、沅两水的洪峰遭遇，洞庭湖出现了第二次组合洪峰流量；7月18日入、出湖洪峰流量分别为51 000m^3/s和42 000m^3/s，削减洪峰流量约17.6%；7月19～20日，长江及洞庭湖资、沅、澧三水流域及湖区再次发生暴雨、大暴雨和特大暴雨之交替反复降雨过程，使洞庭湖出现了第三次大洪峰；7月22日8时七里山洪水位高达35.31m，超过1954年历史最高洪水位0.76m；7月1～20日，洞庭湖总入湖径流量625.2亿m^3，总出湖径流量375.5亿m^3，湖泊滞留水量高达252.7亿m^3，大大缓解了湖区及其下游长江段洪水之压力。又据1951～1983年统计资料，洞庭湖对洪水的最大调蓄效应是在1954年，7月30日四水、四口的入湖洪峰量为69 000m^3/s，8月2日城陵矶的最大出湖流量41 600m^3/s，削减洪峰流量27 400m^3/s，占入湖洪峰流量的40%，滞后洪峰约3天。最小调蓄效应是统计时段内的1983年，其入湖洪峰为34 834m^3/s，出湖洪峰为34 000m^3/s，削减洪峰流量只有834m^3/s，仅占入湖洪峰流量的2.4%。洞庭湖多年平均削减洪峰值呈现明显的动态变化，一方面洞庭湖对入湖之江河洪水具有巨大的调节效应，大约可占入湖洪峰流量的15%～30%；另一方面，洞庭湖对入湖江河的调节效应是逐渐减小的，这一动态变化说明其洪水情势是在不断恶化（表3-8）。因此，对其进行以防洪减灾、提高调蓄功能为中心的水利建设不仅十分必要，而且也越发迫切。

表3-8　洞庭湖多年平均削减洪峰值统计

年份	多年平均削峰值/（m^3/s）	削峰值/入湖洪峰/%
1951～1960	13 246	31.3
1961～1970	13 039	29.3
1971～1980	10 182	27.7
1981～1983	5 660	15.6

洞庭湖不仅对湘、资、沅、澧四水入湖之径流具有巨大的调节功能，同时对荆江的入湖径流也显示出巨大的调节功能；这是沿江其他诸湖无可比拟的一大特点。1958 年前，荆江是通过松滋、太平、藕池、调弦四口向洞庭湖分泄其径流量的。1958 年调弦口被堵闭之后，荆江则是通过松滋、太平、藕池三口计 5 条分洪道向洞庭湖分泄径流。据流量资料统计分析，三口年平均径流量、汛期径流量和枯水期径流量依次为 1119 亿 m^3、1034.7 亿 m^3、20.4 亿 m^3。三口分流洪道汛期与枯水期径流量相比，相差极为悬殊，平均汛枯期径流比达 50.7。三口洪道的径流特性同分流前的荆江（枝江站）与分流后的上荆江（新厂站）、下荆江（监利站）相比较，汛期径流量占年平均径流量的百分比分别增大了 13.9%、16.9%、20.2%；枯水期径流量占年平均径流量的百分比却分别减少了 83.2%、85.5%、87.9%；平均汛、枯期径流比分别是分流前之荆江的 6.9 倍，上荆江的 8.2 倍，下荆江的 9.8 倍。三口分流洪道之径流量在汛期显著增大，而在枯水期明显减少，汛、枯期径流比值极大，说明三口分流水道属于典型的洪道性质，洞庭湖就是通过这三口洪道对荆江的径流进行调节的，从而成为洞庭湖对荆江径流调节的一大特点。

（三）洪泽湖的径流调节功能

洪泽湖是我国最大的平原水库型湖泊，对河川径流的调节效应尤为显著。在三河闸控制工程建成后的次年（1954 年），出现了百年一遇的特大洪水，最大 30 天入湖洪量达 300 亿 m^3，汛期总量为 648 亿 m^3，入湖洪峰量高达 15 100m^3/s，出湖洪峰量为 10 700m^3/s，通过水利工程的调控，削减洪峰量达 4400m^3/s，占入湖洪峰量的 29.1%。该年淮河洪水虽然在面雨量、暴雨分布面积、暴雨强度和集中程度等方面，都较 1931 年严重，但由于彼时洪泽湖水利控制工程已初步建成，淮河干支流也已得到了一定的治理，故水灾所造成的损失远较 1931 年轻。1991 年是继 1954 年后淮河流域发生的又一次大水年，在 5 月 21 日～7 月 15 日的 56 天中，降雨量达 746～908mm，接近了这一地区的多年平均降雨量，暴雨中心的盱眙在 7 月 6～8 日三天中的暴雨量达 314mm，淮河干流水位迅涨，入洪泽湖的最大流量达 9849m^3/s，三河闸最大泄洪量 8900m^3/s，7 月 17 日洪泽湖出现最高平均水位 14.21m，同日蒋坝水位涨至 14.06m。通过水利工程的调控调度，至 7 月 31 日经入江水道、苏北灌溉总渠和淮沭河共排洪 337.5 亿 m^3，使这次大水所造成的洪涝损失大为减少。

三、净化污染物质功能

湖泊具有依靠自身的能力净化污染物的功能。当污染物被排入湖泊后，通过与湖泊水环境中的某些物质发生的一系列物理、化学和生物作用，致使污染物的浓度逐渐降低，受污水体得到逐步净化，恢复到污染前的状态。湖泊对污染物的这种自净功能，大致又可分为物理净化功能、化学（含物理化学）净化功能和生物（含生物化学）净化功能 3 种类型，它们在湖泊综合体内同时发生，又彼此相互交织地影响着。一般来说，物理净化和生物净化过程在湖泊水体的自净过程中居于主要地位。

对湖州市小梅港流入太湖污水中的氨氮的稀释变化观测分析结果表明（舒金华，

1984），通过湖水的稀释作用，氨氮由排污口至湖心其沿程的浓度是逐步减少的（表 3-9）。

表 3-9　氨氮浓度从排污口至太湖湖心方向的沿程变化（舒金华，1984）　　（单位：mg/L）

测定时间	距离/m				
	排污口	200	400	800	1600
5 月 21 日	0.04	0.034	0.025	0.019	0.010
5 月 29 日	0.10	0.090	0.040	0.020	0.010
10 月 29 日	0.18	0.142	0.108	0.033	0.010
11 月 2 日	0.60	0.500	0.250	0.190	0.020
11 月 9 日	0.25	0.196	0.183	0.148	0.085
11 月 10 日	0.26	0.227	0.191	0.170	0.117
11 月 11 日	0.43	0.340	0.310	0.270	0.190

湖流、风浪等湖水动力作用使入湖污水除了从排污口向湖心方向产生扩散流动外，还使入湖污水产生横向和垂向的扩散流动，从而增强了污水稀释混合的强度，使污水中氨氮浓度得到更快的稀释。

目前尚未受闸坝控制的洞庭湖、鄱阳湖等，因入湖径流丰富，换水周期短，湖水更新快，其物理净化功能更显著。如据 1996 年调查和水质监测断面资料，洞庭湖水质的年内变化呈现出丰水期（9 月）相对较好，平水期（5 月）次之，枯水期（1 月）较差的特点。洞庭湖水质之所以在总体上能得以保持良好及其在年内所呈现的动态变化过程，显然是与该湖具有较强的物理净化功能及其入湖径流在年内的显著变化过程直接相关。首先，洞庭湖的年入湖径流量十分丰富，换水周期仅有 20.2 天，是我国目前已知换水周期最短的湖泊，十分有利于对入湖污染物质的稀释混合，不利于其在湖中的滞留。再者，该湖于每年的 4、5 月便进入丰水期，入湖径流迅速增加，直至 9 月湖泊仍是处于汛期，径流量占了全年的 74.6%；10 月之后，入湖径流迅速锐减，至翌年的 1、2 月湖泊处于最枯水位时期。入湖径流之年内变化过程与水质之年内变化过程相应，也同样显示出该湖具有良好的物理净化功能。

湖泊中生长的水生维管束植物不仅能大量吸收水体中的各种营养盐和重金属离子，还能降解酚等有机化合物，对污染物质的净化同样可起着重要作用。据研究，凤眼莲（*Eichhornia crassipes*）每生产 100kg 鲜重生物量，可分别吸收氮 158g、磷 25.8g、钾 25.5g、硫 19.8g。依据 1992 年、1993 年在太湖大水面实验所得净生产力推算，每放养 1hm^2 凤眼莲，在 7～8 月间每天约可增重 5～7t，相应可分别提取水体中的氮约 8～11kg、磷 1.3～1.8kg、钾 1.28～1.78kg、硫 1.0～1.4kg（舒金华，1984）。除凤眼莲等飘浮植物外，挺水、浮叶和沉水等各种生态类型的植物净化功效也是十分显著的，如在浓度较低的汞、砷、镉、锌水体中长期生长的芦苇，其花期的茎叶含汞量可达 2.863mg/kg（干重）；金鱼藻全株的砷、镉含量分别达 0.720mg/kg（干重）和 0.594mg/kg（干重）；而酸模叶蓼（*Polygonum lapathifolium*）在花期的茎叶含锌量可高达 50.7mg/kg（干重）。

20 世纪 80 年代以来，湖泊网围养鱼在江淮中下游地区得到了迅猛发展。在养鱼过程中，由于残饵及鱼类的排泄物等大量进入湖泊水体，使水体遭受污染，加速了湖泊富营养化的进程。如何既保持一定的网围养鱼规模，同时又最大限度地保护湖泊水体不受污染，成了一个亟待解决的问题。在太湖地区选择具有良好饲料价值的伊乐藻（*Elodea nattalii*）和轮叶黑藻（*Hydrilla verticillata*）为对象，就其对养鱼污水的净化效果进行了实验研究（高光，1996）（表 3-10）。研究表明，伊乐藻和轮叶黑藻对养鱼污水均具有良好的净化效果，其中尤以伊乐藻的净化效果为更甚。在 96h 的实验时段内，对 TN、TP 的平均净化率分别为 60.7%、53.6%及 74.4%、59.2%；对 PO_4^{3-}—P、NH_4^+—N、NO_3^-—N 的平均净化率分别为 75.1%、63.2%，61.8%、54.2%，85.3%、81.8%；对 COD（化学需氧量）的平均净化率分别为 31.4%、33.5%。

表 3-10　伊乐藻、轮叶黑藻净化养鱼污水效果（高光，1996）　　（单位:%）

项目		TN		TP		PO_4^{3-}—P		NH_4^+—N		NO_3^-—N		COD_{Mn}	
起始浓度		4.014		1.029		0.44		3.082		0.384		14.84	
水草种类		(1)	(2)	(1)	(2)	(1)	(2)	(1)	(2)	(1)	(2)	(1)	(2)
培养时间	12h	10.3	9.6	6.0	6.3	12.1	10.2	6.3	4.3	35.5	24.7	11.9	7.0
	24h	23.2	22.3	16.1	13.9	20.0	14.3	11.4	14.5	47.4	30.3	17.3	13.8
	36h	29.1	26.2	21.9	18.8	27.7	21.5	23.6	21.9	71.7	55.8	21.7	17.7
	48h	38.9	35.9	30.4	33.3	42.1	38.5	39.4	29.5	76.6	66.6	23.6	20.7
	72h	45.4	40.6	48.2	46.1	59.4	45.8	46.3	36.3	82.3	71.7	21.7	25.6
	96h	60.7	53.6	74.4	59.2	75.1	63.2	61.8	54.2	85.3	81.8	31.4	33.5

注：表中数据是平行样的平均数；(1) 为伊乐藻；(2) 为轮叶黑藻。

不仅是水生植物，其他如原生动物、浮游动物、底栖动物和鱼类等，通过吸收、降解以转化污染物质，或经由食物链网络的联系抑制他种生物种类的过量繁衍（如水体富营养化引起的蓝藻污染），这在客观上也起到了净化水体的功能。

五大淡水湖对污染物质的净化功能，使广大湖区获得了巨大的生态效益、社会效益和经济效益。

四、生物多样性维护功能

湖泊水生生物通常指由浮游藻类（浮游植物）、浮游动物、底栖动物、水生植物（水生维管束植物）和鱼类五大部分所组成。五大湖地区属亚热带气候，只有淮河以北属暖温带气候，充裕的水、热条件和发达的水系等自然环境，孕育了五大淡水湖泊丰富的生物资源和多样化的生态系统。五大淡水湖泊以物种丰富、资源赋存量大、特有性高、经济物种多和生态习性多样等展现其生物多样性特征。除上述五大生物类别之外，广大湖区还有鸟类、兽类以及爬行类动物，这亦应当属湖泊生物多样性之范畴。现仅以浮游生物（浮游藻类、浮游动物）、水生植物和鱼类为例分述之（姜加虎等，2009）。

专栏 3-1　生物多样性

1992 年 5 月 22 日，《生物多样性公约》于内罗毕讨论通过。继之，有 150 多个国家在巴西里约热内卢召开的联合国环境与发展大会上签署了这份具有里程碑式的重要文件。从此之后，生物多样性开始更加受到全球普遍的关注，并被赋予了更为广泛的含义。生物多样性指生物及其生存环境所形成的生态复合体以及与此相关的各种生态过程之总和，不仅包括所有动物、植物、微生物的各个物种和它们所拥有的遗传基因，还包括与它们生存的诸环境因子之间所形成的复杂的生态系统以及生态过程。生物多样性涵盖了从生物物种的基因水平到生态系统水平，从生物个体到群体的全部。生物多样性是生命系统的基本特征。而生命系统则是一个等级的系统，包括各个层次的或者水平的：基因、细胞、组织、器官、物种、种群、生态系统和景观。每一个层次都具有丰富多彩的变化，即都存在着多样性。但在理论与实践上重要而又研究较多者，首先是生物物种的多样性，因为物种是分类学的基本单位，生物进化链条中的基本环节；其次是遗传的多样性和生态系统的多样性。

（一）浮游生物

浮游生物包括浮游藻类和浮游动物两大类。

1. 浮游藻类

繁衍于湖泊中的浮游藻类，与水生高等植物共同组成了湖泊的初级生产者，是水体生物生产力的基础，是食物链的第一个环节，不仅自身是湖泊生物多样性的重要组成部分，同时也是湖泊中的浮游动物、微生物和一些鱼类的食物来源。湖泊浮游藻类，在分类学上系指包括蓝藻门、隐藻门、甲藻门、金藻门、黄藻门、硅藻门、裸藻门和绿藻门中的一些种类。20 世纪 80 年代之前，五大淡水湖泊浮游藻类总属数在 100 个左右，如鄱阳湖 154 属、太湖 134 属、洪泽湖 128 属、巢湖 62 属，蓝藻门和绿藻门是优势种。随着科研工作之不断深入，更多的浮游藻类被发现，如太湖已鉴定出的种类达 228 种、洪泽湖亦有 165 种。而与之相比的西北、东北以及云南地区的广大湖泊中生栖的藻类，不仅门类组成单调且数量也明显偏少，如镜泊湖为 40 余种、博斯腾湖 53 种、乌伦古湖 75 种、洱海 103 种、抚仙湖 42 种。

2. 浮游动物

五大淡水湖泊中的浮游动物，以广温性的种类最为常见，但一些嗜暖性和嗜寒性的种类也能生存。原生动物和轮虫各有上百种，枝角类和桡足类也都超过 40 种。如 20 世纪 50 年代，太湖的五里湖有原生动物 91 种，轮虫 51 种，枝角类 30 种，桡足类 21 种；60 年代仅在江苏省的太湖、洪泽湖、骆马湖、高邮湖、滆湖等湖泊中分布的枝角类就有 77 种之多，约占全国淡水枝角类总数的一半以上，居全国诸湖泊之首。又据 20 世纪 70～80 年代在鄱阳湖的调查，已记录到轮虫类有 12 科 59 种；枝角类 7 科 40 种，桡足类 5 科 13 种。

其中出现频率较高的种类有前节晶囊轮虫、螺形龟甲轮虫、针簇多肢轮虫、独角聚花轮虫、花箧臂尾轮虫、月形单趾轮虫、断尾秀体溞、微型裸腹溞、象鼻蚤、汤匙华哲水蚤等。

（二）水生植物

水生植物种类之多寡和植被发育程度是湖泊生物多样性的一个重要体现，也是湖泊生态系统的重要组成部分，其存在与否对于湖泊生态系统的结构、功能和演替都产生巨大影响。

五大淡水湖水生植物种类在总体上有100种之多，是全国各湖泊地理分布区中种类最多、区系组成最为复杂的地区。各湖水生植物种类数量之多寡存在着很大的差异，鄱阳湖、洞庭湖分别有101种、168种，洪泽湖有81种；太湖（东太湖）在1960年、1980年和1996年进行了三次采样调查，其种类分别为66种、6种及74种；巢湖为54种。

五大淡水湖泊中的水生植物涵盖了蕨类植物、双子叶植物和单子叶植物三大门类。湖泊中的蕨类植物种类甚少，常见者是分属于蘋科、槐叶蘋科和满江红科中的蘋（*Marsilea quadrifolia*）、槐叶蘋（*Salvinia natans*）和满江红（*Azolla imbricate*）3种。双子叶植物主要由蓼科、睡莲科、金鱼藻科、毛茛科、菱科、小二仙草科、龙胆科、狸藻科等约20余科所组成，其中以蓼科的种类最多，一般约占各湖泊植物种类总数的8%～12%。常见种类有水蓼（*Polygonum hydriopiper*）、酸模叶蓼（*Polygonum lapathifolium*）、荭蓼（*Polygonum orientale*）、莲（*Nelumbo nucifera*）、芡实（*Euryale ferox*）、金鱼藻（*Ceratophyllum demersum*）、菱（*Trapa bispinosa*）、穗状狐尾藻（*Myriophyllum spicatum*）、狐尾藻（*Myriophyllum verticillatum*）、荇菜（*Nymphoides peltatum*）、金银莲花（*Nymphoides indica*）、狸藻（*Utricularia vulgaris*）等30余种。单子叶植物主要由香蒲科、眼子菜科、茨藻科、泽泻科、水鳖科、禾本科、莎草科、浮萍科和雨久花科等近20科所组成，其中以莎草科的种类最多，约占各湖植物种类总数的14%～16%；次为禾本科，占10%～12%；再次为眼子菜科，约占6%～8%；其他各科种类均甚少。习见种类有水烛（*Typha angustifolia*）、菹草（*Potamogeton crispus*）、微齿眼子菜（*Potamogeton maackianus*）、竹叶眼子菜（*Potamogeton malaianus*）、茨藻（*Najas* spp.）、黑藻（*Hydrilla verticillata*）、苦草（*Vallisneria natans*）、菰（*Zizania latifolia*）、芦苇（*Phragmiles communis*）、薹草（*Carex* spp.）、浮萍（*Lemma minor*）等30余种。

五大淡水湖水生植物按其生态习性可分为挺水植物、浮叶植物、漂浮植物和沉水植物四种类型。

挺水植物的根或地下茎着生于湖泊底泥中，茎挺立于水中，部分茎和叶伸出水面。五大淡水湖挺水植物有芦苇、菰、蒲草、莲、水葱、荭草、荆三棱、白菖蒲等。芦苇、菰、蒲草和莲是挺水植物中最主要的种类，其植株高大，生产力高，生物量大，在洞庭湖和洪泽湖等均有较为广泛的分布。浮叶植物的根也着生于湖泊底泥中，茎比较柔软，叶片浮于水面。这类植物的形态特征通常具有适应于浮水的特殊组织，如有的叶柄中部膨大形成气囊，有的有异叶现象，即有浮水和沉水两种叶以利于漂浮。

漂浮植物的根不着生在湖泊底泥中，整个株体漂浮于水面，其在湖泊中的分布有较大的随意性，主要见于屏蔽性较好的小型湖湾、港汊以及挺水或浮叶植物丛间的间隙中。五大淡水湖中常见的浮叶植物有菱、芡、金银莲花、荇菜等。沉水植物的根也着生于湖泊底泥中，茎和叶片全浸没于水中。这类型植物的器官都具有典型的沉水特性，如叶片的构造无栅状组织和海绵组织，细胞间隙大，无气孔，全部细胞能进行光合作用，叶片的形状大多呈条带状、丝状或线状，这些特征都利于植物在水中生栖。金鱼藻、聚草、菹草、微齿眼子菜、马来眼子菜、黑藻、苦草、大茨藻等是湖泊中分布广、产量大的种类。

湿生植物因其生长于湖泊滩地部位，当湖水上涨而将滩地淹没时，其株体的茎、叶浸没于水中，一旦湖水退落，只要滩地保持潮湿状态，株体都可生存。由于湿生植物在湖泊中的分布范围和生态习性与挺水植物近似，且多互为混生。五大淡水湖中常见的湿生植物种类甚多，主要者有薹草（*Carex* spp.）、水蓼、石龙芮、牛鞭草、水车前、牛毛毡、鸭舌草、李氏禾、喜旱莲子草等。薹草属莎草科植物，是最具代表性的湿生植物，无性繁殖，刈割后再生能力极强，每年有两个生长旺盛期：初春，由地下匍匐茎（根状茎）先端或节间萌生植株，4～5 月为生长旺盛期，并普遍抽穗现花，株高一般为 35～45cm，高者逾 70cm；夏季，湖水位上涨，薹草逐渐被湖水淹没而停止生长，转入休眠状态，地上株体逐渐腐烂枯死；汛期过后，随着湖水退落，洲滩显露，薹草藉地下匍匐茎再次萌生新的株体，9～10 月进入下半年之生长旺盛期，11 月份可再次抽穗现花，至严冬地上株体枯萎，进入冬眠期。由此可见，薹草的生态学特征是对湖泊季节性水位涨落水情条件下的一种生态环境适应。水位和气候（热量）的季节变化则是薹草生长发育的控制因素。鄱阳湖、洞庭湖等水位涨落变化幅度大、滩地发育良好，均因有广袤连片的薹草生长而成为江南罕见的优质天然草场。薹草不仅是重要的饲草资源植物，而且又因其是鲤、鲫等产黏性卵鱼类的卵粒主要附着基质，在维护湖泊生物多样性方面也发挥着重要的作用。

（三）鱼类

鱼类是五大淡水湖中最重要的水生动物，以其种类丰富、区系组成复杂、栖居和洄游习性多样而成为生物多样性的一大特点。五大淡水湖鱼类有 100 余种，约占长江水系鱼类种数的 1/3，其中鄱阳湖有鱼类 122 种，洞庭湖 103 种，太湖、洪泽湖、巢湖分别有 106、66 和 72 种。一个地区鱼类区系的形成是经由地质历史时期长期生态环境自然演变的结果。长江和淮河水系是我国最重要的淡水鱼类种质资源库，有丰富的淡水鱼类栖息其中，而五大淡水湖又为江淮水系鱼类营造了多样的栖息环境，从而大大丰富了长江和淮河的淡水鱼类区系组成。五大淡水湖鱼类区系组成的主要成分是以鲤科鱼类为主，一般占各湖鱼类总种数的 50%以上；其次为鮠科和鳅科鱼类，合占 15%～20%；鮨科、鲱科、银鱼科、塘鳢科和鲇科等约合占 30%～35%。

五大淡水湖区水系发达，河网密集，江河湖海各类自然水体相互通连，良好的生态环境造就了湖泊中栖息的鱼类不仅以种类丰富见长，且生态习性也十分复杂，从而成为鱼类生物多样性的又一显著特征。

按鱼类的栖居和生态习性，湖泊中的鱼类可分为四种类型。

(1) 定居性鱼类：鱼类的生长、发育、越冬和繁殖过程都在湖泊中进行，不在江河湖海之间做有规律性的洄游活动，如鲤、鲫、鳊、鲌、鲂、鲇、鳜、黄鳝鱼、乌鳢和太湖短吻银鱼等，湖泊中的大多数经济鱼类都属于这一类型。

（2）游性鱼类：在鱼类的一生中，于湖泊、江河、海洋之间作有规律性的洄游活动，即有的种类是在湖泊或江河中繁殖，到海洋中发育成长；或者是在海洋中繁殖，尔后到湖泊、江河中发育成长，这种鱼类称之为洄游性鱼类。如鲥鱼（*Macrura reevesii*）在本区江湖中曾是并不鲜见的种类，在鄱阳湖上游的赣江和信江急流险滩段有较大规模的产卵场，每年端午节前后性成熟亲鱼洄游进入产卵场繁殖孵化，幼鱼入鄱阳湖索铒育肥，立秋前后出湖沿长江降河而下，到海洋中成长发育，待性成熟之后，产卵之前，又从海洋返回长江，溯河而上，经鄱阳湖进入其上游之产卵场地行产卵繁殖。如此周而复始，有规律性地在江河、湖泊和海洋之间进行洄游活动。长颌鲚（*Coilia ectenes*）又名刀鲚，也属于洄游性种类，其在鄱阳湖中的产卵场位于南部的程家池、草湾湖和东湖一带水域，产卵期在每年的立夏至小满期间，产卵后的亲鱼和在湖中索饵成长的幼鱼于立秋前后则作降河入海洄游，在海洋中发育成长，至翌年再次上溯产卵。鳗鲡（*Anguilla japonica*）的生殖洄游方式则与鲥鱼、长颌鲚相反。亲鳗是在海洋中产卵，幼鳗溯江而上，在湖泊中育肥成长。属于洄游性鱼类者还有弓斑东方鲀、暗色东方鲀、窄体舌鳎、半滑三线舌鳎以及松江鲈、鲈和鲻鱼等。洄游性鱼类中，鲟科的中华鲟（*Acipenser sinensis*）和白鲟（*Psephurus gladius*）两种大型海淡水洄游种类，不仅具有很高的经济价值，且以其原始古老和在鱼类进化史上占有特殊的地位而具有很高的科学研究价值。这两种鲟类在洞庭湖、鄱阳湖均曾发现过。为了保护珍贵的物种资源，1983 年，中华鲟和白鲟均被列为国家一级珍稀保护动物。

（3）半洄游性鱼类：青鱼、草鱼、鲢鱼、鳙鱼是典型的半洄游性鱼类，也是我国所特产的大型经济鱼类，因其具有生长快、食性广、抗病力强、肉质鲜美、生态互补性强及综合效应好等优点而成为水产养殖的传统“当家鱼种”，俗称“四大家鱼”，同时也是世界性的重要养殖鱼类。这种鱼类是在通江河的湖泊中生长发育，但性成熟的亲鱼必须到江河流水中产卵繁殖，进行江河与湖泊之间的生殖洄游活动，因为这种洄游路线比较简单，洄游路程也较短，故称之为半洄游性鱼类。“四大家鱼”在五大淡水湖中不仅均有生栖，而且还是重要的捕捞对象。

（4）河溪性鱼类：五大淡水湖中出现的典型代表种类有鳠、胡子鲇、中华纹胸鮡和月鳢等。它们原本生活于湖泊水系的上游溪流中，因水流作用而降河入湖。

五大淡水湖充裕的水热条件和丰富的饵料基础，为各种鱼类的栖息繁衍创造了得天独厚的生态环境。这不仅孕育了鱼类物种的多样性，而且也赋存了大量的鱼类资源，历来就是我国淡水渔业的主产区。20 世纪 80 年代前，五大淡水湖的年天然捕捞产量约有 20 万余吨，占全国淡水捕捞年总产量的 60%～70%；年养殖产量约 47.0 万 t，占全国年养殖产量的 62%。湖泊网围养殖、网箱养殖、大水面放养等各种方式的水产养殖在湖区异军突起，生产经营由以往的粗放养殖向集约化精养转化，由自给半自给经济向商品经济转化，渔业生产获得了空前发展。其中五大淡水湖区已发展成了全国的淡水渔业生产基地。如太湖之滨的杭嘉湖和无锡市郊区均是全国闻名遐迩的淡水渔业稳产高产区。1998 年，五大淡水湖区当年水产品（鱼、虾、蟹）产量合计为 320.57 万 t，占全国淡水渔业总产量的

8.21%；其中鄱阳湖、洞庭湖区产量分别为49.07万t、57.16万t，分别占江西省、湖南省总产量的41.46%及48.95%；太湖区产量166.53万t，占苏、浙、沪三省（市）总产量的22.76%；洪泽湖区产量33.65万t，占江苏省总产量的11.93%；巢湖区产量14.16万t，占安徽省总产量的0.97%。

第二节 五大淡水湖的生态健康问题

一、湖泊营养水平高、范围大

湖泊藻类异常增殖、藻华暴发和水质污染，不仅是湖泊生态系统严重退化的具体表现，同时也是湖泊净化功能显著衰退的具体征兆。

进入21世纪，五大淡水湖流域工农业生产、城镇建设和社会经济都得到了迅速的发展。湖泊受人类经济活动的干扰破坏也日益增强，而对湖泊生态环境的治理和保护则相对滞后。20世纪60年代之前原本山青水秀、居民乐于淘米洗菜和垂钓的五大淡水湖泊，在20世纪80年代以来水体富营养化和水质恶化问题日益突出，湖泊净化功能进一步衰退，水质性缺水已在巢湖、太湖地区成为制约社会经济可持续发展的瓶颈。

20世纪80年代以来，鄱阳湖、洞庭湖、太湖、洪泽湖和巢湖等五大淡水湖的氮、磷营养盐含量均有了不同程度的提高。巢湖从20世纪50～60年代开始向富营养化发展，70～80年代富营养化发展加速，90年代已达严重富营养程度。洪泽湖20世纪80年代与60年代比较，氮、磷含量也同样有逐渐升高的现象。太湖的磷在1987～1997年上升了79%，平均每年上升7.9%，1995年平均含量达0.54mg/L以上。现将鄱阳湖等五大淡水湖1987～1988年的有关营养指标列于表3-11中，其相应的营养水平计分评价结果列于表3-12。鄱阳湖平均属中营养水平；洞庭湖以中营养水平为主，中富营养水域约占全湖的1/5；太湖总体呈中富营养水平；洪泽湖的中营养、中富营养和富营养水域，分别占全湖的1/10、1/2和2/5；巢湖在五大淡水湖泊中的营养程度最高，全湖均在富营养及其以上水平，重富营养水域已占全湖近40%，异常营养水域在20世纪80年代末已达10多平方千米。

表3-11 五大淡水湖有关营养指标（1987～1988年）（姜加虎等，2009）

湖名	Chla/（mg/m^3）	透明度/m	TP/（mg/m^3）	TN/（mg/L）	COD_{Mn}/（mg/L）	藻类优势种
鄱阳湖	2.10	0.8	76	0.684	1.54	硅、蓝藻
洞庭湖	1.26	0.40	30	1.018	2.26	硅、蓝藻
太湖	7.76	0.41	97	2.25	3.17	蓝藻
洪泽湖	3.40	0.45	200	1.39	2.85	蓝、硅藻
巢湖	14.56	0.26	278	3.03	5.20	蓝藻

表 3-12　五大淡水湖营养程度评价结果（姜加虎等，2009）

湖名	单项评分值						评分指数	营养类型
	Chla	透明度	TP	TN	COD_{Mn}	藻类优势种		
鄱阳湖	42.0	59.4	64.3	50.6	36.9	60	52.2	中营养
洞庭湖	36.4	70	52.6	56.7	45.5	60	53.5	中营养
太湖	56.2	69.7	67.8	69.5	47.6	70	63.5	中富营养
洪泽湖	47.2	68.5	76.4	61.7	45.3	65	60.7	中富营养
巢湖	62.8	77.8	81.2	73.2	54.6	70	69.9	富营养

湖泊水体的营养程度不仅随入湖营养盐负荷之多寡而变化，而且还因水情动态、生物节律等季节性更替显示出明显的季节性差异。以同为夏季的水质监测资料（6～8 月的平均值）为依据，太湖由 20 世纪 80 年代中期至 90 年代中期的营养水平年际动态变化是：1987～1988 年以中营养水体为主，占全湖水域面积的 85.9%，而贫中营养和中富营养的水域面积合计占全湖面积尚不足 15%；进入 1991 年，贫中营养和中营养水域面积明显下降，而中富营养水域面积则扩大了 4 倍，局部呈富营养状态；及至 1992 年，全湖已演变为以中富营养类型为主，中营养类型水域面积仅占全湖的 1.5%，富营养型水域面积则占了全湖的 12.0%；1992～1995 年，虽然中营养型、富营养型的水域面积所占比例略有变化，但湖泊营养水平在总体上仍以中富营养类型为主；至 1995 年，湖泊贫营养类型之水域面积全部消失，重富营养类型水域在局部湖区开始出现（表 3-13）。2000 年太湖已是以富营养化为主的湖泊，全年平均达富营养及其以上水平的水域面积占全湖面积的 71%，中富营养水平水域面积仅占全湖的 29%。由以上所述可见，太湖的营养程度是在逐年提高的，其年际变化过程显著。伴随着营养水平的逐年提高和氮、磷营养盐之不断积累，必然因营养盐过剩而引发营养性物质污染，水质相应下降。按地表水环境质量标准（GB3838—88）进行水质评价，20 世纪 60 年代该湖属Ⅰ～Ⅱ类水体；70 年代发展至Ⅱ类；80 年代初平均为Ⅱ～Ⅲ类；80 年代末则全湖进入Ⅲ类，局部Ⅳ和Ⅴ类；90 年代中期平均已达Ⅳ类，1/3 湖区为Ⅴ类，表现为平均每 10 年左右水质下降一个级别，近 10 多年水质下降速度明显加快（秦伯强等，2002）。这种变化在 20 世纪 80 年代以前表现为以总氮和 COD_{Mn} 的增加为主，显示出水质的变化是与彼时的区域农业生产发展密切相关，80～90 年代是以 P 和叶绿素的显著增加为特征，表明水质变化受流域内城市化发展和居民生活水平提高的影响显著（表 3-14）。

表 3-13　太湖各营养类型所占面积比例变化（姜加虎等，2009）

	营养类型	1987～1988 年	1991 年	1992 年	1993 年	1994 年	1995 年
夏季	贫中营养	9.7	4.5	4.0	4.8	4.4	—
	中营养	85.9	74.8	1.5	8.0	22.0	14.0
	中富营养	4.4	16.7	82.5	84.2	59.6	74.9
	富营养	—	4.0	12.0	3.0	14.0	9.46
	重富营养	—	—	—	—	—	1.6

续表

	营养类型	1987～1988年	1991年	1992年	1993年	1994年	1995年
全年	贫中营养	3.8	1.2	1.1	4.6	1.1	0.3
	中营养	70.7	23.7	10.1	28.1	11.4	12.8
	中富营养	25.5	69.9	84.2	66.0	78.5	78.6
	富营养	—	5.2	4.6	1.3	9.0	7.9
	重富营养	—	—	—	—	—	0.4

表 3-14　太湖水体主要环境指标变化　（单位：mg/L）

年份	TIN	TN	PO_4^{3-}—P	TP	COD
1960	0.05	—	0.02	—	1.90
1981	0.894	0.90	0.014	—	2.83
1988	1.115	1.84	0.012	0.032	3.30
1992	—	2.87	—	0.08	3.7
1993	—	2.62	—	0.09	4.3
1994	1.135	2.05	0.010	0.086	5.77
1995	1.157	3.14	0.011	0.111	5.53
1998	1.582	2.34	0.007	0.085	5.03
1999	1.79	2.57	0.004	0.105	4.99
2000	—	2.54	—	0.10	5.28

二、湖泊水质持续恶化

目前太湖、巢湖、洪泽湖、洞庭湖和鄱阳湖水质恶化趋势并未得到有效遏制，除鄱阳湖水质为Ⅳ类外，其余湖泊均为Ⅴ类或者劣Ⅴ类。2008年，太湖水质总体为劣Ⅴ类，湖体21个国控监测点位中，Ⅳ类、Ⅴ类和劣Ⅴ类水质的点位比例分别为14.3％、23.8％和61.9％，与上年相比，水质恶化状况仍无明显变化，主要污染指标为总氮和总磷；巢湖水质总体为Ⅴ类，水质亦无明显变化，主要污染指标为总磷、总氮和石油类；洪泽湖为劣Ⅴ类，洞庭湖为Ⅴ类，鄱阳湖为Ⅳ类，与上年相比，洞庭湖水质进一步恶化，各湖主要污染指标是总氮和总磷。2008年太湖湖体处于中度富营养状态；巢湖西半湖处于中度富营养状态，东半湖处于轻度富营养状态；洪泽湖为轻度富营养状态；洞庭湖和鄱阳湖为中营养状态。

洞庭湖内湖湖水COD含量为4.4～13.2mg/L，BOD_5含量为2.1～14.2mg/L，TP含量为0.13～0.71mg/L；TN含量为0.58～1.56mg/L。对照GB3838—2002 Ⅲ级标准，大通湖、注澜湖、东湖的COD含量超过Ⅲ级标准，太白湖超标5倍，注澜湖BOD_5含量超标1.6倍；大通湖、东湖TN含量超标，TP含量五大内湖均超标，超标倍数为1.4～13.2，其中又以太白湖、东湖为重。而重金属含量、pH均未超标。说明内湖主要污染物是 TP、COD、BOD_5 和 TN，普遍存在有机物、N、P 的污染（欧伏平等，2003）。依据中国环境监测总站颁布的湖泊（水库）评价方法与标准①，对洞庭湖区五大内湖富营养化状况进行评价，结果表明，五大内湖水体均已富营养化，尤以太白湖为甚，东湖略轻（欧伏平等，2003）。根据国家地表水环境质量标准，2001 年对洞庭湖 55 个监测点的调查资料进行评价分析，全湖有 31 个点的水质符合Ⅱ类标准，占监测点总数的 56.4%；有 13 个点的水质符合Ⅲ类水质标准，占测点总数的 23.6%，有 6 个点的水质符合Ⅳ类水标准，占测点总数的 10.9%；有 5 个点的水质符合Ⅴ类标准，占测点总数的 9.1%。又据 2005 年湖南省环保局公布的环境质量月报，洞庭湖总体水质为中营养，主要污染指标均为 TN 和 TP。2005 年 3 月，洞庭湖总体水质呈现重度污染，10 个断面全部超过Ⅲ类标准，Ⅳ类、Ⅴ类和劣Ⅴ类分布占 10%、30%、60%（湖南省环境保护局，2006）。前后对比表明，近期洞庭湖水质进一步恶化，水体富营养化水平显著提高。

随着鄱阳湖地区经济的发展，人口的增多，大量的工业污水、粉尘、废渣和生活污水等进入赣、抚、信、饶、修五大河流，而后进入鄱阳湖内。“八五”期间，整个湖区水质均能达到Ⅱ类水标准，仅有个别项目在不同的水情期出现过超标现象。“九五”期间，全湖平均有 64.2% 的断面为Ⅱ类水，30.5%的断面为Ⅲ类水质，超标断面为 5.3%。2000 年鄱阳湖流域中的 85 个水质监测断面，达到和优于Ⅲ类水质的断面数仅占 50%（黄金国和郭志永，2007）。2001 年，鄱阳湖水质优于Ⅲ类的占八成，属于Ⅲ类的占两成。但到了 2006 年，鄱阳湖水全年优于Ⅲ类的不到六成，属于Ⅲ类的有两成多，劣于Ⅲ类的则逼近两成（江宜航，2008；张俊，2008）。

从 20 世纪 80 年代初开始，巢湖水体富营养化程度日趋严重。监测表明，1994 年，巢湖水体中总氮和总磷平均浓度分别高达 4.62mg/L 和 0.41mg/L，比 1984 年分别增加 1.75 倍和 2.28 倍，超标 3.08 倍和 8.34 倍。1995 年，TN、TP 年平均浓度分别为 4.62mg/L 和 0.47 mg/L，超标 3.08 倍和 8.34 倍；1997 年，TN、TP 年平均浓度分别为 4.14mg/L 和 0.310mg/L，超标 2.76 倍和 5.2 倍，为劣Ⅴ类水质（金高洁和高超，2008；王晓铃和巩劼，2000）。在全国调查的 11 个湖泊中，巢湖的氮、磷污染最为严重，单位容积中接纳污水量在全国五大淡水湖中最大，1997 年巢湖水污染程度仅次于云南滇池。每年滞留于湖中的氮 14 961t、磷 219.8t，在湖内生态系统中转化，导致水生动植物减少，藻类疯长，“水华”频繁发生，水质下降，对沿湖地区工农业生产和人民生活造成严重危害（王国刚，2001）。2006 年，巢湖湖区整体水质为Ⅴ类，西半湖水质为劣Ⅴ类；全湖呈中度富营养状态，西半湖富营养水平更高，主要超标项目为总氮、总磷（樊明怀和周云峰，2008）。

太湖 1981 年仍属于中营养湖泊，自 20 世纪 80 年代起水质迅速恶化（刘雪芬，1987），1988 年 COD_{Mn} 为 4.18 mg/L，TN 为 1.60 mg/L，TP 为 0.052 mg/L（姚东明等，1998）。从 1988～1998 年，总磷与 COD_{Mn} 都有显著增加，相比较而言，1998 年 TP 和 COD_{Mn} 分别较 1988 年上升了 2.7 倍和 1.5 倍（秦伯强和罗潋葱，2004）。自 1998 年后，太湖实施“零点行动”，对太湖入湖污染物进行控制，使太湖水环境有所改善。从 2001 年以后，COD、TP 和 Chla 呈下降趋势（王晓龙，2007）。但是，2000 年的监测结果显示，太湖的湖

① 中国环境监测总站 . 2001. 湖泊（水库）富营养化评价方法及分级技术规定。

心区域已经出现严重的蓝藻水华（秦伯强等，2002）。通过遥感影像分析，2000 年以来，蓝藻水华的持续时间有所增加，几乎全年都有蓝藻水华发生，北部是蓝藻水华暴发的重灾区，每年都有发生。2001 年以来，南部沿岸也几乎每年都有发生，且集聚面积逐年扩大，持续时间越来越长。2003 年以来，蓝藻水华开始向湖心扩散，严重时几乎覆盖整个太湖的非水生植被区；值得注意的是，2005 年以来，以前很少有蓝藻水华发生的贡湖湾，也开始有大面积蓝藻水华覆盖，2007 年发生的频率显著增加（马荣华等，2008）。

洪泽湖水质现为Ⅴ类，主要是总氮、总磷超标。洪泽湖接纳的污水以外来污染源为主（占 95%），其中淮河水污染占总污染源的 50.83%。面源污染及内部沉积物释放的污染亦不容忽视，分别占输入污染物总量的 43.86%、5.31%（郝达平，2005）。近几年，污染有所缓和，但 TN 有恶化的趋势（葛绪广和郭志永，2007）。又据 2006～2008 年的水质监测结果，全湖 TN、TP 在各监测点均出现超标，其中严重超标点集中分布在淮河入湖口、成子湖和汴河入湖口。

三、生物多样性减少，种群结构趋向简单化

20 世纪 70 年代之前，洞庭湖天然捕捞产量中，“四大家鱼”青、草、鲢、鳙占捕捞产量的 32%，而鲤、鲫、鲶等湖泊定居性鱼类的产量占 63%，刀鲚等鱼类产量约占 5%。1990～2001 年，捕捞产量已演变为以鲤、鲫、鲶等湖泊定居性鱼类为主，占捕捞总产量最高达 86%，且以 1～2 龄鱼为主。“四大家鱼”在渔获物中所占比例不足 10%。原在湖中生栖的白鲟、中华鲟、胭脂鱼、鲥鱼以及水生哺乳动物白鳍豚等国家保护的珍稀种类已基本绝迹。

近几十年来，鄱阳湖等其他湖泊的生物多样性也发生了显著的变化。1988～2003 年，鄱阳湖底栖动物减少了 26 种，鱼类减少了 29 种，鸟类减少了 48 种，其中属国家重点保护的Ⅱ类鸟类减少了 14 种（葛绪广和王国祥，2007）。20 世纪 60 年代中期之前，鲥鱼为鄱阳湖中常见的经济鱼类，且有捕捞产量，特别是鲥鱼的幼鱼种群数量在各大湖湾区分布密度甚高；暗色东方鲀（*Fugu obscurus*）、弓斑东方鲀（*Fugu ocellatus*）十分常见，且种群数量庞大。嗣后，因赣江、信江上游水利工程的兴建，鲥鱼产卵场消失，鄱阳湖中鲥鱼绝迹。暗色东方鲀、弓斑东方鲀和江豚的种群数量也大为减少。鄱阳湖渔获物种群结构出现低龄化和小型化的现象。以鲤鱼为例，在 1963 年的渔获物中，0～1 龄的个体未予捕获，但到 1974 年，0～1 龄的捕获个体已占 15.7%，到 1984 年，0～1 龄的个体在渔获物中已跃升至 62.9%。另据 2008 年渔获物统计，在调查水域的主要经济鱼类约有 12 种，渔获物中鲤、鲫、黄颡鱼、鲶等定居性鱼类为主要渔获对象，占捕捞量的 71.3%～77.26%；渔获物年龄组成以 1～2 龄鱼为主，占渔获物的 76%。20 世纪 60 年代鄱阳湖原有以薹草为鲤、鲫鱼卵粒附着基质的产卵场达 33 处，之后因围垦被彻底破坏 5 处，受损严重的有 13 处。仅 1961～1984 年的 23 年间，鄱阳湖较好的鲤鱼、鲫鱼产卵场面积从 520 km^2 减少到 260 km^2，即减少了 50%。据估算，每减少 10 km^2 的鲤鱼产卵场，每年损失鲤鱼后备资源 250t，由此推算，因鲤鱼产卵场缩小而造成鲤鱼后备资源的损失达 6500t。可见由于生态环境恶化而对湖泊渔业资源及鱼类生物多样性所造成的危害是十分严重的。

巢湖、洪泽湖也都存在着生物多样性减少、种群结构趋向单一化的普遍现象。湖内水生维管束植物分布面积缩小，分布区出现斑块化。鱼类不仅种群数量减少，且个体小型化，食性单一化。1993 年与 1997 年相比，巢湖内鲚鱼（毛刀鱼）增加 234%、虾增加 184%、银鱼增加 93%，而大型鱼类则下降 18%。调查资料显示，巢湖内的浮游植物有 70 种，其中 55 种为偶见种，占总种数的 78.6%，说明巢湖浮游植物的种类组成十分单一。湖内的原生动物数量变动在 9900～67 500 个/L，原生动物的优势种主要是纤毛虫中的膜袋虫、旋回侠盗虫、小筒壳虫，尤其是作为耐污的指示种，类膜袋虫、旋回侠盗虫（*Strobilidium gyrans*）占绝对优势，成为该湖生态环境恶化的一个重要标志。

由于太湖水体富营养化和水质污染的不断发展，其浮游植物总的趋势是种群数量不断减少，而个体数量则增加。1960 年太湖藻类平均数量为 1.9 万个/L，以蓝藻为主，达 1.7 万个/L，占藻类总数量的 89.33%。20 世纪 80 年代以来，蓝藻仍为太湖的优势种类，在全湖分布最广，并在局部湖区呈暴发性增长，漂浮于湖面形成水华。2010 年，太湖蓝藻数量达到 1390 万个/L。1990 年 7 月梅梁湾发生水华暴发，局部水域藻类个数达 13.2 亿个/L，生物量达 180mg/L，为国内外湖泊所罕见。几十年来，太湖的浮游动物也有了明显的变化，主要体现在耐污种类的数量呈逐渐增加的趋势。1960 年，太湖中几乎未见耐污性的浮游动物；1980 年在五里湖和一些进出港口已发现巨腕轮虫（*Pedalia* sp.）、异尾轮虫（*Trichocerca* sp.）等指示水体污染的一些种类；1987 年又发现耐污种类萼花臂尾轮虫（*Brachionus calyciflorus*）、水轮虫（*Epophanes* sp.）；1992～1993 年，在污水中常见的针形虫（*Vorticella*）在太湖大量出现，萼花臂尾轮虫和角突臂尾轮虫（*B* · *angularis*）在湖中大量繁殖。轮虫区系组成的演变说明太湖水污染在逐年加重，营养程度在逐年上升。

底栖动物是湖泊水生物群落的一个重要组成部分。底栖无脊椎动物对水体的污染较为敏感，且能较为迅速地反映在其种类组成及数量变动上。20 世纪 60 年代，太湖底栖动物是以河蚬（*Corbicula fluminea*）、湖螺（*Viviparus quadratus*）为主要种类；20 世纪 80 年代除河蚬和湖螺外，又增加了光滑狭口螺（*Stenothyra glabra*），且耐污的苏氏尾腮蚓（*Branchiura sowerbyi*）开始在局部湖区出现；20 世纪 90 年代之后，除太湖湖心区仍以河蚬和光滑狭口螺为主外，西太湖沿岸和梅梁湾开始出现较多的齿吻沙蚕（*Nephthys* sp.），五里湖和梁溪河入湖区底栖动物区系组成已演变为耐污的摇蚊幼虫和寡毛类。

水生植物作为湖泊生态系统中的初级生产者，不仅为水体中的部分鱼类、底栖动物、浮游动物等提供饵料和栖息、繁殖场所，并能影响水域中部分理化因子及净化水质，是湖泊演化和湖泊生态平稳的重要调控者，在维护湖泊生态健康中发挥着不可替代的作用。几十年来，太湖水生植被变化极为明显，其中突出的表现是芦苇群落的退化或基本消失。以东太湖为例，1960 年芦苇群落分布面积达 77km^2，至 1996 年减少到仅有 8.4km^2，减少了 89.1%；1960 年东太湖的竹叶眼子菜—黑藻＋苦草群落分布面积达 160.0km^2，至 1996 年缩减到 7.4 km^2，减少了 95.4%。

太湖中的鱼类，综合 20 世纪 60 年代之前的调查研究成果，湖中有鱼类 106 种，至 1981 年再次调查时仅采集到鱼类标本 72 种，1993 年 2 月至 1995 年 1 月在湖中投网 169 次，共捕获鱼类和虾类 40 种。原在 20 世纪 60 年代之前《太湖鱼类名录》中所记载之中华鲟、鲥鱼、鲻鱼、梭鱼、松江鲈（*Trachidermus fasciatu*）、窄体舌鳎（*Cynoglossus gracilis*）、三线舌鳎（*C. trigrammus*）、紫斑舌鳎（*C. purpureomaculatus*）等均已在湖中绝迹。及至2002年，经对东、西太湖交界处的鱼簖和太湖湖泊生态系统研究站所收集到的标本进行鉴定，只有鱼类47种。由此推估，目前在太湖中栖息的鱼类，也不过在50种上下。不仅湖中栖息的洄游性鱼类已几乎绝迹，且种群结构也趋于单一，梅鲚、银鱼和虾类在太湖地区统称为“三小”，现已成为太湖天然捕捞的主要渔获物，约占总捕捞产量的60%～70%。

第三节　五大淡水湖生态健康特征与评估

一、湖泊生态健康表征指标

通过对五大淡水湖分析，各湖泊都普遍存在水质恶化、水体富营养化和生物多样性降低等生态问题，只是问题的程度不同而已，现分别选取水量交换指数、水体富营养化指数和生物多样性指数作为生态健康特征指标，对五大淡水湖进行生态健康分析。

（一）水量交换指数

湖泊水量是维系湖泊生态健康状态的根本，水量的多少和进出湖水的交换程度表明湖泊的动力状况和活力。现采用入湖水量与湖泊多年平均水位下的容积之比来表征湖泊的活力。

（二）水体富营养化指数

湖泊水质状况可以揭示人类活动对湖泊水体的影响程度。由于五大淡水湖区社会经济的发展，人口的增加，对湖泊资源的开发与利用的强度亦相对增加，大量的污水排放进入湖泊，导致水质恶化，水体富营养化甚至蓝藻水华的暴发。现采用湖泊综合富营养化指数表征湖泊的营养状态。

专栏3-2　湖泊富营养化

湖泊富营养化系指湖泊水体在自然因素和（或）人类活动的影响下，逐步由生产力水平较低的贫营养状态向生产力水平较高的富营养化状态变化的一种现象。

湖泊富营养化现象的发生，主要是湖水中的N、P等营养元素的增加，致使湖水中自养型生物（主要是藻类）大量繁殖，湖水透明度下降，耗氧量增加，下层水的溶氧消耗过程加剧。目前国内外在富营养化的评价工作中，大多选择与上述富营养化过程关系密切的因子作为评价参数。富营养化评价多参用TN、TP、Chla、SD和COD_{Mn}等5项作为评价参数。

专栏 3-3 湖泊富营养化评价方法

富营养化综合指数计算公式为：

$$TLI(\sum) = \sum_{j=1}^{m} W_j \cdot TLI(j)$$

式中，TLI（$\sum$）为富营养化综合指数；W_j 为第 j 种参数的营养状态指数的相关权重；TLI（j）为第 j 种参数的营养状态指数。

以 Chla 作为基准参数，则第 j 种参数的归一化的相关权重计算公式为：

$$W_j = \frac{r_{ij}^2}{\sum_{j=1}^{m} r_{ij}^2}$$

式中，r_{ij} 为第 j 种参数与基准参数 Chla 的相关系数；m 为评价参数的个数。

中国湖泊（水库）的 Chla 与其他参数之间的相关关系的 r_{ij} 及 r_{ij}^2 参数值如下：

参数	Chla	TP	TN	SD	COD_{Mn}
r_{ij}	1	0.84	0.82	−0.83	0.83
r_{ij}^2	1	0.7056	0.6742	0.6889	0.6889

数据来源：金相灿等，1995

营养状态指数计算公式为：

(1) TLI（Chla）=10（2.5+1.086lnChla）

(2) TLI（TP）=10（9.436+1.624lnTP）

(3) TLI（TN）=10（5.453+1.694lnTN）

(4) TLI（SD）=10（5.118−1.94lnSD）

(5) TLI（COD_{Mn}）=10（0.109+2.661lnCOD）

式中，叶绿素（Chla）单位为 mg/m^3；透明度 SD 单位为 m；其他指标单位均为 mg/L。

（三）生物多样性指数

对于淡水湖泊来说，选择什么样的指标来表征生物状况存在很大争议。物种多样性是生物群落的主要特征。采用浮游植物和底栖动物的 Shannon-Wiener 多样性指数来反映生物多样性状况。

$$H = -\sum_{i=1}^{n} p_i \ln p_i \tag{3-1}$$

$$p_i = \frac{n_i}{N} \tag{3-2}$$

式中，H 为生物多样性指数；p_i 为第 i 种物种数量所占百分比；n_i 为样方第 i 种物种数量；N 为样方内物种总数量。

（四）生态健康综合表征

专栏 3-4 全国重点湖库生态安全评估

由环境保护部牵头，会同地方政府、国家发改委、水利部共同组成领导小组，选择全国优势单位组成项目实施单位，针对太湖、巢湖、滇池、洞庭湖、鄱阳湖和洪泽湖和三峡水库、丹江口水库和小浪底等全国 9 大湖泊水库进行生态安全评估，即对湖泊水生态健康、湖泊生态系统服务功能、流域发展压力、湖泊生态突变，以及湖泊生态系统综合状况进行生态安全评估，简称“4＋1 评估”。

在湖泊生态安全综合评估中，把湖泊的生态安全状态分为五个级别，即“很安全、安全、一般、不安全、很不安全”。评估结果表明，太湖、巢湖生态安全综合状况处于不安全状态，鄱阳湖处于安全状态，洞庭湖、洪泽湖处于一般安全状态。

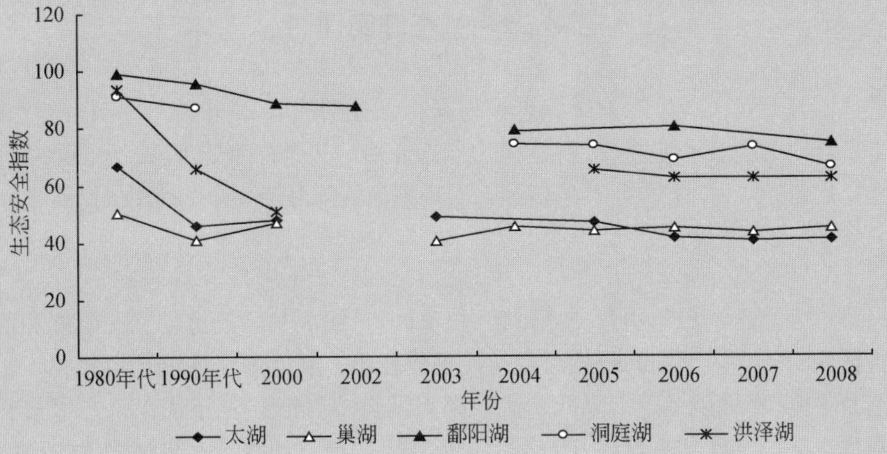

1. 数据标准化

由于评价指标类型多样、复杂，且具有不同的量纲，各指标的量化值所在的区间不完全相同，直接利用这些指标进行综合计算并无实际意义，需要对各指标进行标准化处理，去除各指标的量纲。为减小误差，便于进行综合计算，拟采用以下方法对各评价指标特征值进行规范化（归一化）处理。

水量交换指数和生物多样性指数采用与标准值相比的方式进行标准化：

$$A_i = x_i / x$$

由于富营养化指数对评价结果具有消极意义的指标，按公式 3-3 进行计算：

$$A_i = (x_{max} - x_i) / (x_{max} - x_{min}) \tag{3-3}$$

规范化后的指标特征值具有相同的取值趋势（值越大，生态健康状态越好）和取值范围（0～1），使得指标值的优劣具有可比性，保证了评价结果的一致性。

2. 指标权重

采用专家打分法，对评价指标进行权重赋值，见表 3-15。

表 3-15　生态健康评价指标权重

指标	权重
I（水量交换指数）	0.3
E（富营养化指数）	0.4
H（生物多样性指数）	0.3

3. 生态健康指数

$$L = a \cdot I + b \cdot E + c \cdot H \tag{3-4}$$

式中，I 为水量交换指数；E 为富营养化指数；H 为生物多样性指数；a、b、c 为对应的权重。

二、湖泊生态健康评估

通过选取五大淡水湖生态健康状态评估指标，分别选取 20 世纪 80 年代的代表年以及 2000～2007 年对五大淡水湖进行的生态健康状态评估，从而有助于认识五大淡水湖生态健康状态及其变化趋势，为保护湖泊生态健康，实现湖泊资源可持续开发利用提供科学依据。

（一）水量交换特征评估

通过对五大淡水湖历年水量交换指数进行分析（图 3-1），洞庭湖、鄱阳湖和洪泽湖水量交换指数相对较大，太湖和巢湖水量交换指数较小。洞庭湖水体流动性较强，水体流动较大，但自 2002 年之后呈逐渐降低趋势；鄱阳湖自 20 世纪 80 年代以来，水量交换指数呈逐渐降低趋势；洪泽湖水量输入的年际变化较大，呈波动状态；巢湖和太湖湖水流动性较差，多年入湖水量变化较小，并且处于一个相对稳定状态。

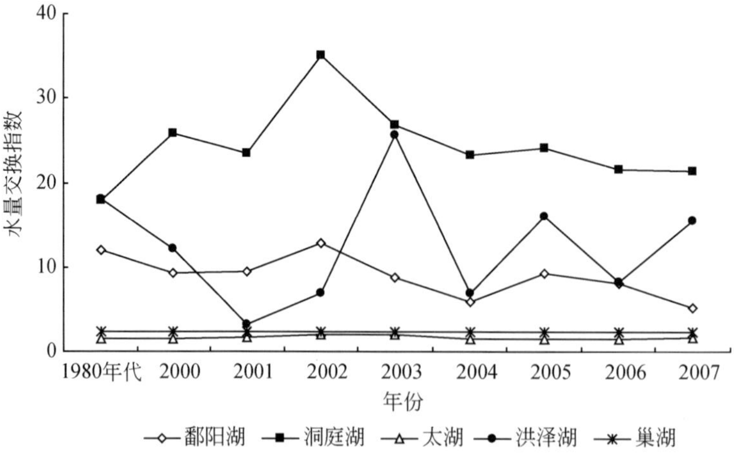

图 3-1　五大淡水湖水量交换指数

随着湖泊流域社会经济的发展，地表水资源被过分的开发和利用，在湖泊上游入湖河流建闸修坝，导致入湖水量有不同程度的减少。

（二）富营养化特征评估

根据湖泊富营养化评价指标和评价方法，分别对五大淡水湖 20 世纪 80 年代和 2000～2007 年的调查数据进行计算，结果如图 3-2 所示。在 20 世纪 80 年代，五大淡水湖水体富营养化程度较低，尤其是鄱阳湖，富营养指数小于 5；洪泽湖为 23，上述三湖泊均属贫营养型湖泊；太湖和巢湖富营养化指数分别为 39.88 和 44.73，属中营养型湖泊。自 20 世纪 80 年代起，随着社会经济的快速发展，大量的污染物排放入湖，各湖泊水体富营养化程度不断上升，尤其是处于经济发展较快区域的太湖和巢湖，水体富营养化程度日益显著。至 2000 年，太湖和巢湖已发展成为中富营养湖泊；洪泽湖地区经济和人口增加压力较小，并且洪泽湖水量交换周期相对较短，水体发展为轻富营养水平；鄱阳湖和洞庭湖流域面积大，入湖污染物浓度相对较低，但至 2000 年已发展为轻富营养化。

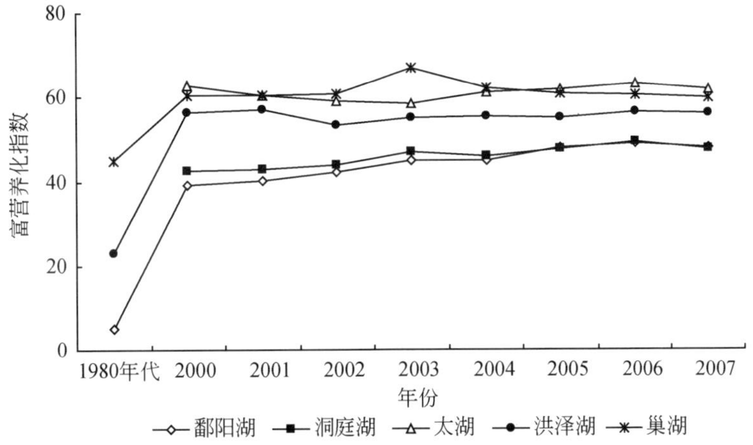

图 3-2　五大淡水湖富营养化指数

2000～2007 年，五大淡水湖流域尽管人口快速增加，经济快速发展，但由于公众保护湖泊环境、促进湖泊资源可持续发展的意识不断提高，对湖泊流域采取了减排、限排等措施，减少了入湖污染物，同时还采取一定的措施，如建造湖泊湿地、引水工程和生态清淤等措施来改善湖泊生态环境，因此各湖泊水体富营养化程度基本保持稳定。

（三）生物多样性特征评估

通过对五大淡水湖生物多样性特征分析，自 20 世纪 80 年代至 2000 年间，湖泊生物多样性呈现不同程度的降低，尤其是生物多样性相对丰富的鄱阳湖和洞庭湖下降幅度较大；洪泽湖生物多样性下降较少；而太湖和巢湖由于在 20 世纪 80 年代生物多样性背景值较小，下降程度较小。

自 2000 年以来，太湖、巢湖和洪泽湖生物多样性基本上保持一个稳定状态，变化幅度较小，与湖泊水体营养化程度基本上保持一致；洞庭湖则略有下降，鄱阳湖生物多样性下降较大。这可能是由于近年来入湖水量减少，湖泊与长江水量交换较小，且鄱阳湖近几年来水位呈现一定程度下降，湖泊湿地萎缩，从而导致湖泊生物多样性降低（图 3-3）。

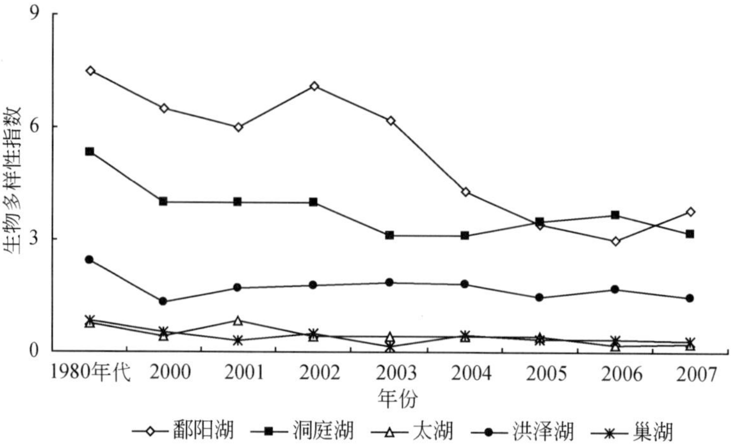

图 3-3　五大淡水湖生物多样性指数

（四）湖泊生态健康综合评估

通过对五大湖生态健康特征指标水量、富营养程度和生物多样性的评估分析，在综合评估方法的基础上对五大淡水湖生态健康特征进行综合评估，结果如图 3-4 所示。

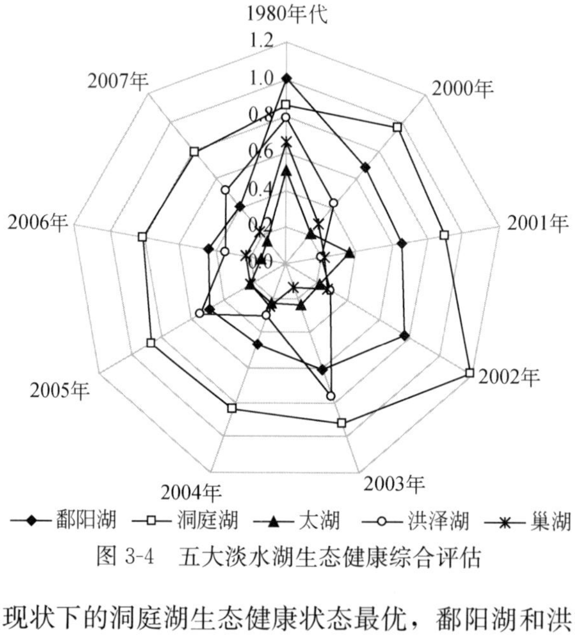

图 3-4　五大淡水湖生态健康综合评估

评估结果表明：现状下的洞庭湖生态健康状态最优，鄱阳湖和洪泽湖次之，巢湖和太湖最差；就各湖发展过程的比较而言，洞庭湖生态健康状态略有下降，洪泽湖处于波动状态，巢湖和太湖处于相对较差并呈稳定状态，鄱阳湖则一直处于下降趋势。近几年来，人们在经济快速发展后意识到保护湖泊生态健康的必要性，采取了积极措施对太湖和巢湖进行保护并合理开发，从而使两大湖的生态健康程度得到保持；洞庭湖和洪泽湖由于入水量丰沛，经济发展居中，生态健康状况无明显的变化；鄱阳湖由于气候变化导致入湖水量减少，湖水与长江水量交换程度下降，湖泊湿地萎缩，湖区人类活动频繁，从而导致了湖泊生态健康程度降低。

第四节　影响五大淡水湖生态健康的主要因素

一、社会经济快速发展，水污染治理相对滞后

改革开放以来，在社会经济快速发展的同时，江淮中下游地区的工业化和城市化有了长足的发展，废污水排放量不断增加，而废污水的治理能力却严重不足和滞后，这是造成五大淡水湖众多湖泊水体富营养化和水污染最直接、最重要的原因之一；也是危害五大淡水湖生态健康的重要因素。

社会经济迅速发展和人口增长过快，导致土地不合理开发利用、超负载生产、水土流失严重、自然灾害和污染加剧，给农业生态环境良性循环增加了新的阻力。太湖和巢湖流域由于经济相对发达，人口增加较快，洪泽湖、洞庭湖和鄱阳湖流域人口也有不同程度的增长，给生态环境带来了更大的压力。

洞庭湖在20世纪90年代计有工业排污口82个，其中位于沿湖周边的排污口27个，日排污水总量达1 291 716m^3，BOD_5、COD_{Cr}的日排量分别为27 980kg、49 005kg；入湖水系的排污口55个，经由入湖河道进入洞庭湖的日排污水量203 383m^3，其中日排放BOD_5、COD_{Cr}分别为10 365kg、174 768kg。以上合计，洞庭湖区主要工业排污口日排废污水总量达1 495 099m^3，其中日排BOD_5、COD_{Cr}总量分别为38 345kg、223 773kg。排污口相对集中地分布在东、南洞庭湖及其入湖水系，日排废污水量最大的是岳阳市，其次是湘阴县和沅江市，日排废污水量分别为116 002m^3、87 265m^{3}和55 303m^3，分别占洞庭湖区日排废污水总量的77.6%、5.8%和3.6%。

根据洞庭湖流域人口、GDP（图3-5），洞庭湖、鄱阳湖流域第一产业、第二产业和第三产业产值对比，第一产业产值比重相对较小，第二产业和第三产业产值比重较大（图3-

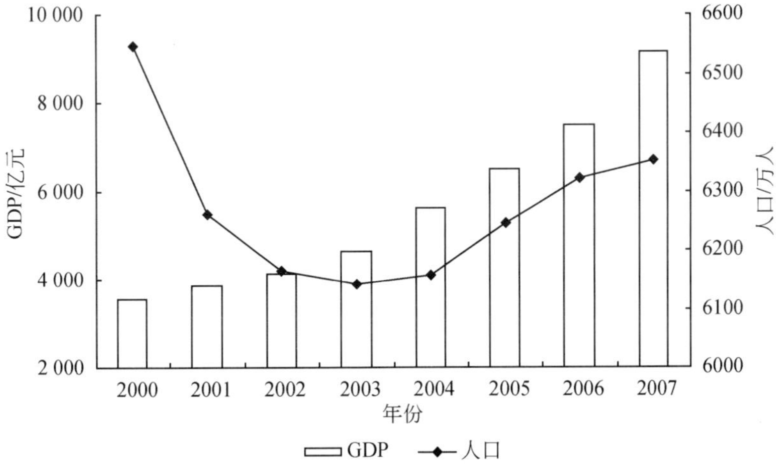

图3-5　洞庭湖流域GDP与人口历年变化

6、图 3-7）。随着年份的增长，各产业产值都有不同程度的增长，第二产业和第三产业产值增加相对较多，但第二产业产值仍然占主导地位，第二产业中，科技含量较低，传统产业占主导地位，污水排放量较大，严重制约了环境的发展。

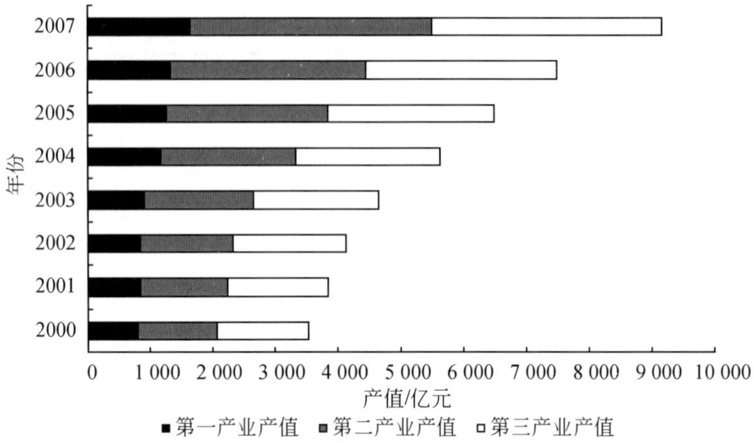

图 3-6　洞庭湖流域各产业产值

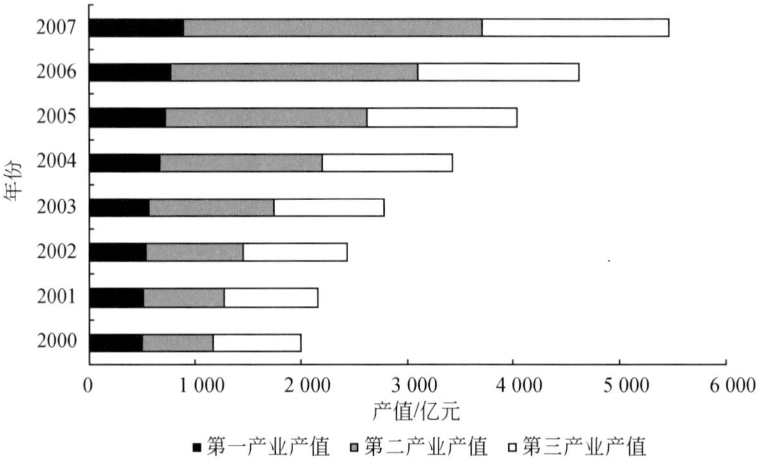

图 3-7　鄱阳湖流域各产业产值

鄱阳湖流域占江西省 97.2%的面积范围。1980 年江西省总人口为 3270.20 万人，至 2007 年末，总人口为 4368.61 万人，历年人口变化如图 3-8 所示。随着人口不断增加，随之带来的对环境的压力逐渐增加，需水量增多，而且，近年来，恰逢鄱阳湖枯水期，水量减少、水质变差，环境压力尤为明显。

1981 年，入鄱阳湖的废污水量 12.34 亿 m^3，废渣、粉尘 3600 万 t；1987 年、1988 年，TN、TP 的点源输入分别占总入湖量的 66.8%和 76.6%，其中仅通过赣江径流输送入湖的 TN、TP 就分别占到总入湖量的 34.6%和 40.7%（表 3-16）。

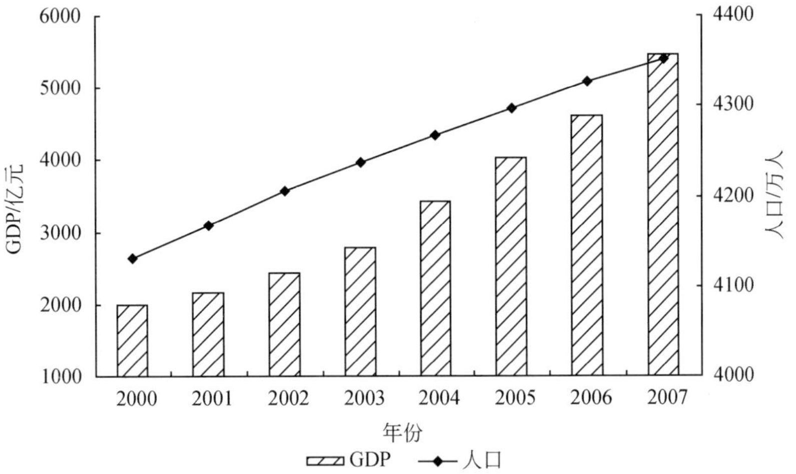

图 3-8　鄱阳湖流域 GDP 与人口历年变化

表 3-16　鄱阳湖主要污染源氮、磷输入量（1987～1988 年）

污染源途径	TN		TP	
	入湖量/（t/a）	占总量/%	入湖量/（t/a）	占总量/%
点源输入量	665 584.06	66.8	10 576.49	76.6
其中：昌江	4 065.6	4.1	451.12	3.3
乐安江	3 215.70	3.3	481.40	3.5
信江	8 507.70	8.7	1 824.25	13.2
赣江	34 003.02	34.6	5 617.36	40.7
抚河	10 531.00	10.7	1 179.29	8.5
修水	5 261.04	5.4	1 022.99	7.4
面源输入量	32 658.71	33.2	3 232.14	23.4
其中：降雨	2 462.00	2.5	74.38	0.54
降尘	3.68	0.004	63.28	0.46
地表径流	27 769.99	28.23	2 887.42	20.90
城镇径流	17.13	0.017	2.17	0.02
底泥释放	2 249.91	2.29	180.89	1.31
候鸟产出	156.00	0.159	24.0	0.17
合计	98 242.77	100.0	13 808.63	100.0

巢湖流域人口不断增加，1998～2007年，人口增加了72万人，GDP增加了3倍，人均GDP也相应增加（图3-9），产业结构以第二产业为主（图3-10）。

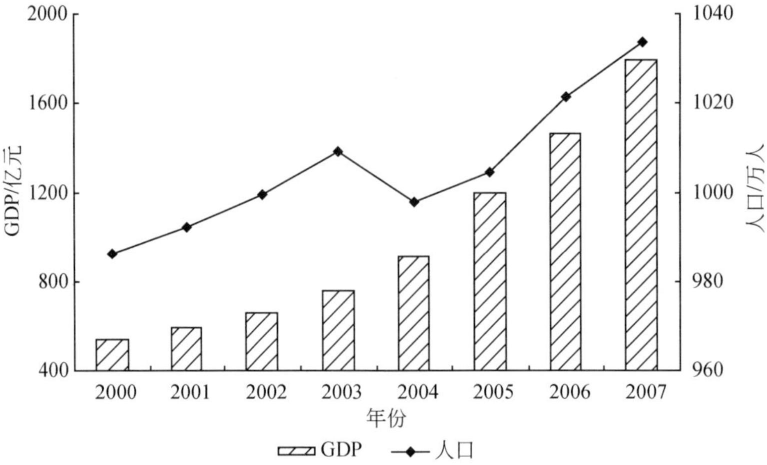

图3-9　巢湖流域GDP与人口历年变化

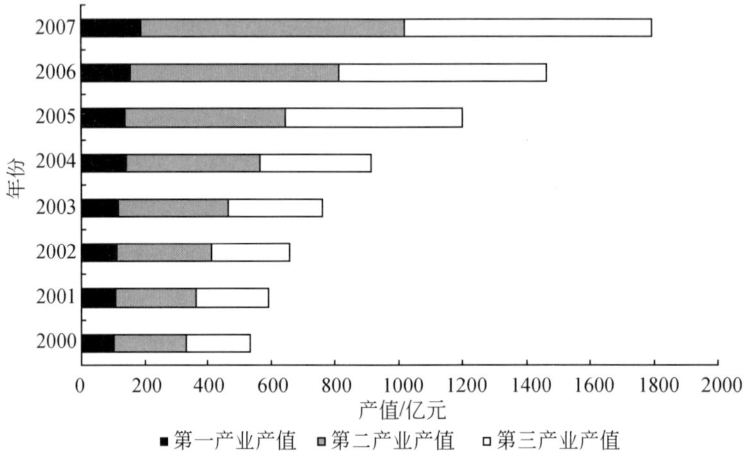

图3-10　巢湖流域各产业产值

巢湖流域农业人口700万，根据村落污染物量计算出流域村落年COD、TN和TP排放量分别高达58 977.40t、5660.56t和3049.99t，合计67 687.95t。达标排放量分别为2948.87 m^3、5660.56 m^3 和15 249.93 m^3，污染率指数分别为12.36%，23.72%和63.91%。流域内的COD、TN和TP的排放浓度分别为8.20mg/L，0.79 mg/L和0.42 mg/L，磷严重超标，是村落面源污染主要防治指标。

巢湖也是受流域内工矿企业废水和城镇生活污水排放影响严重的湖泊之一。流域内年排放各类废水1.4亿t，沿湖100多万城镇人口排放的生活污水0.4亿t，合计巢湖日纳废污水近 50×10^4t，湖泊废污水负荷达0.25L/（d・m^3），居五大淡水湖之首。废污水挟带的N、P入湖量分别为6869t/a和367t/a。入湖河道是巢湖营养物质的主要来源，TP占全湖入湖总量的 68.5%，TN 占 76.9%。南肥河是一条纳合肥市污水的最主要河流，汇集了合肥市 80%和肥东县 20%的废污水，每天约有 36.5 万 t 废污水经由南肥河入湖，年入湖的 N、P 量分别占总入湖量的 36.4%和 26.9%。据 2001～2006 年巢湖流域重点调查，工业企业用水总量呈逐年缓慢增加趋势，由 2001 年的 115 689.86 万 t 增加到 2006 年的 146 017.87 万 t，增加 26.21%。

20 世纪 80 年代以来，太湖流域的城市化发展甚为迅速，到 1999 年太湖流域的城市化水平已达 51%，远高于全国平均 31%的水平。1979 年全流域仅有大、中、小城市 7 座，1987 年发展至 11 座，非农业人口 1116.02 万人；2000 年，全流域大、中、小城市进一步发展到 24 座，城市非农业人口达 1851.75 万人，城市数量和城市非农业人口分别是 1987 年的 2.18 倍、1.66 倍（图 3-11）。1980 年太湖流域用水量 226.6 亿 m^3，而 1999 年的用水量上升到 285 亿 m^3，相应工业、生活废污水量从 1987 年的 36 亿 t 增加到 1999 年的 49 亿 t，相当于流域多年平均水资源量的 1/3。城市化的快速发展和居民生活水平之提高是用水量迅增的重要原因。

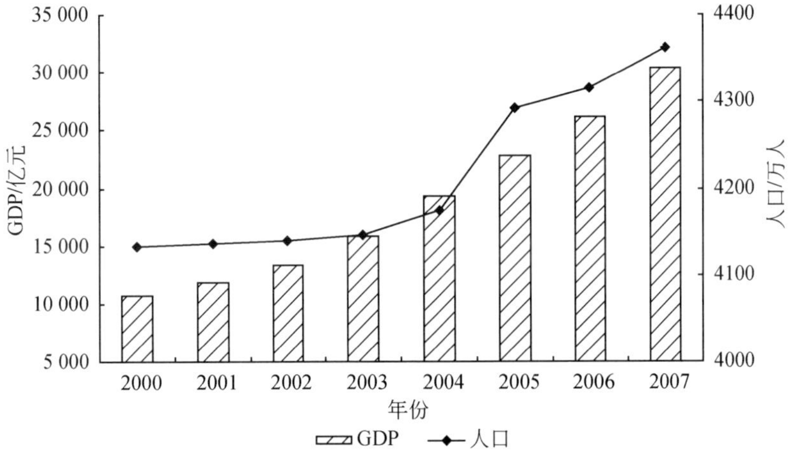

图 3-11　太湖流域 GDP 与人口历年变化

太湖流域是我国工业发达、城镇最为密集的地区之一。工业废水和城市生活污水的大量排放，是造成太湖及其周围湖荡营养盐含量急剧增加的主要原因。1983 年，太湖流域的工农业总产值仅为 1350 亿元，到 1999 年已跃升至 31 000 亿元，16 年间增长了 20 余倍。工业之快速发展（图 3-12），其生产用水需求量必相应增加。1994 年，太湖地区废污水排放总量高达 31.87 亿 t，其 TN 为 79 552t/a，TP 为 5660t/a，COD_{Cr} 为 282 400t/a，在废污水排放的总量中，只有大约 10%是直接排入太湖湖内的（表 3-17）。位于太湖北部的直湖港和梁溪河一直是太湖最严重的污染源，1988 年两河入湖的 TP 分别占环湖河道入湖总量的 18.81%和 4.0%；及至 1994 年，两河 TP 入湖量仍位居环湖河道之前 3 位，其带入无锡市水源区（自来水厂取水口）的 N、P 量平均占进入该湖区总量的 90%以上，使水源区仅因河道入湖所造成的 N、P 负荷就分别高达 1.04g/（m^2·a）和 28.4g/（m^2·a）。若以 1980 年由环湖河道入湖的污染负荷为基数，1980～1994 年，太湖由环湖河道入湖的 N、P 等污染物增加了约两倍。

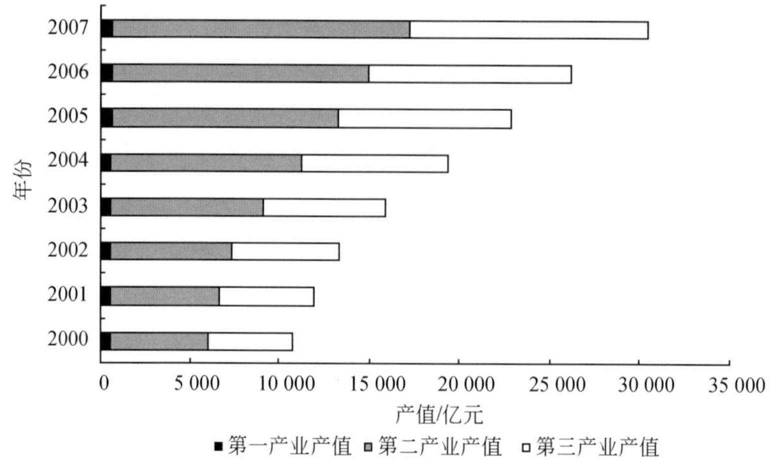

图 3-12　太湖流域各产业产值

表 3-17　太湖流域工业废水排放量　（单位：万 t/a）

年份	浙江	江苏
2000	40 381.542 7	74 508.28
2001	43 791.480 5	122 874.1
2002	46 651.584 7	130 223
2003	50 413.375 2	125 500.4
2004	46 428.707 5	141 961.4
2005	44 472.935 2	172 637.9
2006	47 054.676 1	—
2007	46 103.464 8	—

数据来源：江苏统计年鉴和浙江统计年鉴（2001～2008 年）。

近 20 年来，洪泽湖流域经济和社会发展呈快速增长势头，经济实力大幅提高。洪泽湖流域从 2000～2007 年，总人口缓慢增加（图 3-13），产业结构以第二产业为主（图 3-14）。

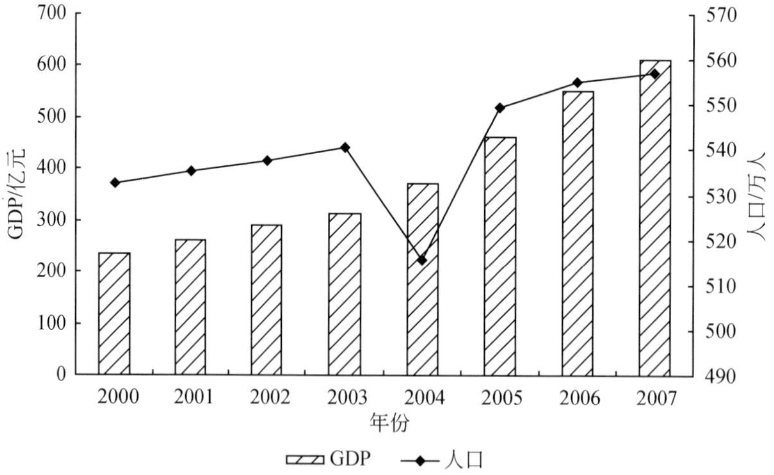

图 3-13　洪泽湖流域 GDP 与人口历年变化图

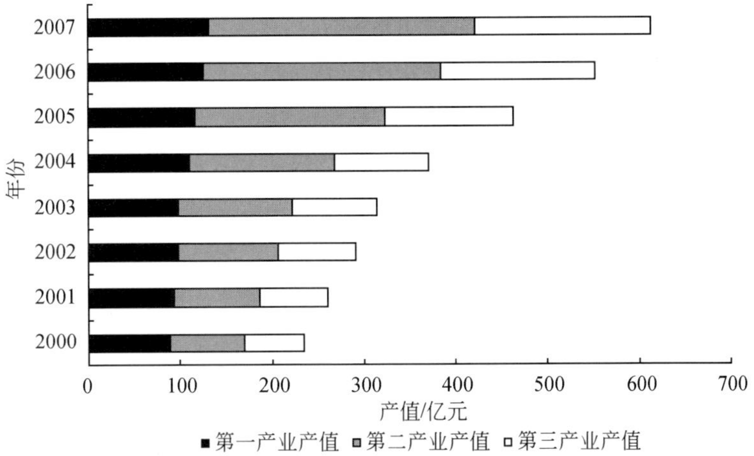

图 3-14　洪泽湖流域各产业产值

1997～2007 年，洪泽湖周边地区 COD 排放量的年度变化较大，氮、磷排放量在一定的范围内波动。2007 年，整个流域工业废水排放量为 7655 万 t，COD、氨氮和磷的排放量分别为 7277.6t、974.72t 和 103.5t。洪泽湖流域传统生产方式还是主要的产业依靠形式，这就给环境带来了严重的承载压力（表 3-18）

表 3-18　洪泽湖周边地区工业污染排放量

年份	工业用水量/万 t	工业废水排放量/万 t	氨氮/t	磷/t	COD 排放量/t
1997	11 256.3	6 020.08	679.1	57.8	15 854.05
2000	11 774.6	5 300.3	862	97.7	12 325.6
2005	17 042.26	7 583.99	553.9	80.4	7 288.37
2006	16 181.2	7 611	1 184.33	95.62	9 527
2007	15 983.5	7 655	974.72	103.5	7 277.6

数据来源：江苏统计年鉴（1998 年、2001 年、2006～2008 年）。

二、以肥料流失为主的面源污染严重

以肥料流失为主的面源污染是影响湖泊生态健康的又一重要原因，水土流失，尤其是氮、磷养分的流失，是认识面源污染与湖泊富营养化成因关系的重要基础，也是危害湖泊生态健康的重要因素。

在相当长的历史时期内，五大淡水湖流域上游的丘陵山区，由于过度拓荒垦殖，天然植被遭受破坏，水土流失已相当严重（表 3-19）。土壤中的氮、磷等营养物质随着水土的流失而进入江河湖泊。1998 年夏季长江流域发生特大洪水之后，虽采取了退耕还林、恢复植被等措施，但要有效遏制水土和养分的流失并非一时之功。

表 3-19　太湖、巢湖等流域水土流失及土地利用情况

流域	垦殖率/%	水土流失率/%	水田与耕地面积比/%	森林覆盖率/%
太湖	62.40	28.10	88.0	9.86
滇池	30.07	36.83	84.17	22.76
巢湖	57.52	67.86	93.99	6.77
全国	10.42	—	26.0	—

进入 20 世纪 80 年代以来，五大淡水湖流域工农业生产获得了迅速发展，特别是乡镇工业异军突起和土地利用结构的巨大变化。一方面造成农村大量劳动力转向第二、三产业，在农业生产过程中以往一些行之有效的传统生产方式如合理轮作、干耕晒垡、增施农家有机肥、罱河（湖）泥沤肥等已不复存在；另一方面导致土壤肥力下降，养分的消耗与回归得不到平衡。在农业用地大量转化为工业用地、城镇规模急剧扩展，以及人地矛盾进一步恶化的总体形势下，为了提高土地的产出率，保证粮食在总产量上的相对稳定和提高，除依靠科技进步之外，不得不借助大量施用化肥、农药和除草剂等措施。据太湖地区的调查，其有机肥的使用量逐年减少，化肥的使用量则逐年增加，有机肥与化肥的使用比例已由 20 世纪 80 年代中期的 3∶7 转化为 90 年代中期的 1∶9，进入 21 世纪之初，每年每公顷使用化肥总量（N、P、K 有效成分）已由 20 世纪 80 年代中后期的 25kg 增加到 45kg，其中氮素多达 30kg，占 70%以上。巢湖地区，农耕地面积约占流域总面积的 62%，由于长期推行“水稻—油菜—水稻”的轮作模式，特别是对于高投入才能高产出的水稻，其化肥使用量呈逐年上升趋势更为明显。平均单位耕地面积化肥施用量 1981 年时就已达 725.25kg/hm^2，1987 年提高到 900～1200kg/hm^2，1995 年再提高到 1350～1500kg/hm^2，在水土流失严重的地区甚至高达 1995kg/hm^2。在现行条件下，化肥的实际利用率普遍偏低，养分的流失相当严重，其中有相当一部分是随农田径流进入水体的。

以氮素为例，能为作物吸收利用的当季化肥利用率仅有 25%左右。1996 年，无锡市农业局与无锡市环科所对水稻生产过程中的秧田、大田、沟渠水的养分含量分别进行了测定（表 3-20），33 个样品的平均总含氮量 8.26mg/L，比河外水体总氮含量高出 69%。据此推算，稻田每年因径流损失氮素 40.5～51.0kg/hm^2，约占施氮肥量的 12%～17%。无锡市有稻田 13.34 万 hm^2，每年将有约 5400～6800t 的氮素进入水体。

表 3-20　无锡市农田径流养分含量　（单位：mg/L）

作物类别		总氮	总磷	钾
油菜		15.44	0.045	—
小麦		17.83	0.065	—
水稻	秧田水	10.96	0.416	5.66
	沟渠水	9.43	0.184	5.61
	大田丰产方	5.66	0.208	4.46
	农户田	12.98	0.08	4.14
	总平均	8.26	0.199	4.98
小麦（渗漏）		1.37	0.08	0.48
油菜（渗漏）		2.18	0.09	2.78

随着社会经济的发展，面源污染和工业、生活和城镇等点源污水排放量都在逐渐增加。以太湖为例，流域面源污染负荷占总污染负荷的比重也呈现增加趋势。其中面源 TP 污染负荷比重由 20 世纪 80 年代约 78％上升到目前的 87％左右；面源 TN 污染负荷比重由 20 世纪 80 年代的 63％上升到目前的 78％左右；面源 COD 污染负荷比重由 20 世纪 80 年代的 50％上升到目前的 63％左右。

三、养殖业的迅速发展

江淮中下游地区的大小湖泊均是发育在冲积平原地区，水系发达，湖泊水浅、底平和湖水更新能力强为其共性特征。拥有丰富的天然饵料资源，为发展渔业生产提供了得天独厚的条件。所以，自古以来本区的湖泊就以盛产各种淡水鱼、虾、蟹、贝而享誉中外。20 世纪 80 年代初期，湖泊大水面网围养殖异军突起，并迅速成为太湖、洪泽湖、巢湖等五大淡水湖区发展渔业生产的主要领域之一。

由于网围养殖一般是采取高密度放养并投放大量的外源性饵料（精饲料、水草、旱草等），在生产过程中必然会有大量的鱼类排泄物和残饵产生。这种生产方式不仅直接加速了湖泊水体的富营养化和湖泊的沼泽化，而且对湖水的悬移质、透明度等物理性质，水生生物的种类组成及群落结构、湖泊底质的物质组成和化学性质等水环境，都会带来一系列的负面影响，并直接危害到湖泊的生态健康和资源的可持续利用。

四、围垦和建闸控制

（一）围垦

随着湖区人口的迅速增长和对土地的迫切要求，继历史时期持续不断地围湖垦殖之后，20 世纪 50 年代以来在长江、淮河中下游地区又再次兴起了大规模的围湖垦殖活动，使湖泊面积急剧减少约 13 000km^2，这一数字约相当于目前鄱阳湖等五大淡水湖面积总和的 1.3 倍；因围垦而减少的湖泊容积达 500 亿 m^3 以上，这一数字约相当于五大淡水湖现蓄水总容积的 1.2 倍、淮河年径流量的 1.1 倍。因围垦而消亡或基本消亡的大小湖泊有上千个。

五大淡水湖流域中洞庭湖流域的围垦规模最大，仅以 20 世纪 50 年代以来所建大通湖、钱粮湖、屈原等 18 座大型堤垸统计，新增围垦面积就达 1659.0km^2，若连同巴垸民圩，洞庭湖合计围垦面积在 1700km^2 以上。洞庭湖在新中国成立初期面积为 4350km^2，而目前只有 2625km^2，其面积萎缩如此之快，基本上是由于泥淤滩涨和伴之而进行的大规模围垦所直接造成的。

鄱阳湖的围垦规模仅次于洞庭湖。自新中国成立以来，该湖共围垦湖泊面积达 1466.9km^2，因围垦而相应损失的湖泊容积约 80 亿 m^3。其中，位于湖区东南部的康山圩是 1966 年动员 10 万名群众所建造，圩区面积 343.4km^2，圩堤长 34km，圩内有 8 个乡镇和 1 个国营综合垦殖场，不仅是鄱阳湖，也是全国湖泊中所兴建的最大一座圩子。

其他如太湖、洪泽湖、巢湖等也都是围垦强度比较大的湖泊。围垦所造成的湖泊急剧萎缩是目前江、淮中下游地区湖泊所面临的最为严峻之生态和水环境问题。它不仅由此而导致湖泊调蓄滞洪功能削减，使湖泊迅速向沼泽化发展，同时也使得湖泊环境容量缩小，生态系统严重退化，生物多样性和生物量下降，湖泊的物理净化、化学净化和生物净化等各种净化功能严重衰退，有利于水体营养水平之提高，加速了湖泊富营养化之演变进程。所以，湖泊围垦是危害湖泊生态健康的直接杀手。

（二）建闸控制

建闸筑坝等水利工程建设使江（河）湖之间水体的自然连续性和水量交换被隔断，既是湖泊所面临的又一重大生态环境问题，也是湖泊营养水平的日益提高以及污染事故不断发生的一个重要原因。湖泊水位随江河水位之消涨而呈现相应之变化，江（河）湖水量交换频繁，十分有利于湖水的更新、净化和生物多样性之发展。新中国成立后，国家先后投入 4000 多亿元资金，用于淮河的水利建设。迄至目前，淮河流域已建有大、中、小型水库 5300 多座，平均每 50 多平方千米建有水库 1 座，每条支流建有水库近 10 座，还建有大小水闸 4364 座，在淮河的大小支流上平均每 20km 就建有一座拦蓄闸。在淮河的最大支流颍河上就建有 18 座拦蓄闸。三河闸、二河闸、高良涧进水闸、蚌埠闸等就是众多闸坝中著名的水利工程。淮河水系众多闸坝之兴建所带来的负面后果，一方面是使中下游地区的湖泊原与淮河之间的自然联系已完全被一系列的闸工所控制，湖泊由自然状态转变为人工控制状态，由天然型转变为水库型，造成河、湖水体之间的自然联系被一系列闸坝所隔断，湖泊的蓄泄和河湖水体之间的水量交换受制于闸门的启闭；另一方面，闸坝使淮河干支流也被人为地分割成了若干河段。湖泊和河流均因闸坝建筑而改变了其自然水文特性和水量的时空分布。就淮河水系而言，河流被分割成若干河段之后，极大地削弱了河流的自我调节和净化功能，加剧了水体的污染。闸坝在拦蓄水源的同时，闸内还往往成了纳污藏垢之所，既蓄存有未经处理的工业废水，也有未经处理的城市生活污水。淮河流域水资源短缺的矛盾本较突出，而流域内的降水分配又十分不均，年降水量的 60%～70%是集中在每年汛期的 6～9 月。一旦汛期来临，闸内蓄存已久的废污水集中排放流入下游的湖泊，对沿河和湖泊的水质安全形成强大的冲击，湖泊水体的营养水平会因之骤然上升，并常由此而引起污染事故突然发生。1979 年春旱，蚌埠闸以上 20km 的河道内蓄积了溶解氧接近于“零”，而耗氧量大于 100mg/L 的高浓度污水达 3000 万 t，至 5 月汛期启闸放水，淮河口入洪泽湖的污水量平均达 53.4 万 t/d，占入洪泽湖总污水量的 57.4%。由于此次排污量大，浓度高，洪泽湖区因此发生死鱼、死鸭的突发性污染事故。2004 年 7 月中旬，淮河上游突降暴雨，暴雨径流在淮河中上游形成洪水，淮河最大支流沙颍河以及河南周口和安徽阜阳等地相继启闸泄水，在洪水推动下，闸内蓄存的总量超过 5 亿 t 的黑色污水形成长达 133km 的污水带。污染水体下泄过程中，所到之处水质均遭受严重污染，尤其是氨氮和溶解氧指标全部超过 V 类水质标准。这是有史以来淮河发生的最大一次污染事故，造成淮河与洪泽湖交汇处水域之鱼、虾、蟹全部死亡，其中仅盱眙县死亡螃蟹 8 万 kg，鱼、虾、蟹等水产品经济损失总量超过 3 亿元。新中国成立后，在长江水系也兴建了大量的水利工程，其中有大中小型水库（包括塘、堰、坝）4600 多座，涵闸 7000 多座。在长江中下游地区，各大中型湖泊之上下游，一般均建有为数不一的闸坝，目前除洞庭湖、鄱阳湖和石臼湖尚保持着与长江干流河道直接畅通外，其他众多通江湖泊的尾闾均已被闸工所控制。建闸筑坝不利于江湖水量交换和湖水更新，使湖泊的生态环境和生态系统更加脆弱这已是不争的事实，同时也是造成湖泊净化功能衰退、加速湖泊水体富营养化和削弱湖泊生命活力的又一重要原因。

新中国成立以来，江淮流域水利建设所取得之巨大成就毋庸置疑。经建闸筑坝、营造堤防等工程建设，使众多湖泊得到控制，极大地提高了其调蓄和供水功能，发挥着显著的防洪效益。但与此同时，通过以上列举可见，过多的闸坝等水工建筑给江河和湖泊生态环境和净化功能所带来的负面影响也是客观存在的，不容忽视。因此，在谋求人类利益的同时，如何尊重、保护本区的江河湖泊和回馈江河湖泊，以实现人与江河湖泊的和谐统一以及资源的持续利用，是当前亟待研究和解决的问题。

参考文献

安徽省旅游局 . 1985. 安徽旅游 . 合肥：黄山书社

窦鸿身，姜加虎 . 2003. 中国五大淡水湖 . 合肥：中国科学技术大学出版社

樊明怀，周云峰 . 2008. 巢湖流域水环境综合治理对策 . 安徽农业科学，36（16）：6911-6912

方伟华 . 1997. 江南三大名楼 . 天津：天津古籍出版社

高光 . 1996. 伊乐藻、轮叶黑藻净化养鱼污水效果试验 . 湖泊科学，8（2）：184-188

高俊峰，李昌峰 . 2002. 太湖流域水资源开发现状分析 . 水资源保护，（3）：51-52

葛绪广，王国祥 . 2007. 洪泽湖生态环境调查与改善对策研究 . 安徽农业科学，35（18）：5537-5539

郝达平 . 2005. 洪泽湖水环境现状评价及水污染分析 . 江苏水利，（11）：32-34

湖南省环境保护局 . 2006. 2005 年湖南省环境状况公报 . http：//www. hbj. hunan. gov. cn/zljp/hjtj/content _ 9671. html. 2011-10-7

黄金国，郭志永 . 2007. 鄱阳湖湿地生物多样性及其保护对策 . 水土保持研究，14（1）：305-309

江宜航 . 2008. 鄱阳湖生态经济区生态保护先行 . 中国经济时报，2008-08-02

姜加虎，窦鸿身，苏守德 . 2009. 江淮中下游淡水湖群 . 武汉：长江出版社

金高洁，高超 . 2008. 巢湖生态环境问题及治理措施研究 . 人民长江，39（6）：80-82，105

金相灿 . 1995. 中国湖泊环境 . 北京：海洋出版社

靳晓莉，高俊峰，赵广举 . 2006. 太湖流域近 20 年社会经济发展对水环境的影响及未来发展趋势 . 长江流域资源与环境，15（3）：298-302

李素华 . 2001. 江西鄱阳湖自然保护区现状分析与保护的思考 . 南昌职业技术师范学院学报，（5）：59-64

刘雪芬 . 1987. 五大淡水湖水质状况的初步分析 . 海洋湖沼通报，（1）：22-23

马荣华，孔繁翔，段洪涛 . 2008. 基于卫星遥感的太湖蓝藻水华时空分布规律认识 . 湖泊科学，（06）：687-694

欧伏平，黄艳芳，田琪，等 . 2003. 洞庭湖区内湖生态环境现状及修复对策 . 内陆水产学报，28（12）：36-38

钱松年，徐伦虎，曹玲泉 . 1986. 中国旅游地理 . 北京：测绘出版社

秦伯强，罗潋葱 . 2004. 太湖生态环境演化及其原因分析 . 第四纪研究，24（5）：561-568

秦伯强，吴庆龙，高俊峰，等 . 2002. 太湖地区的水资源与水环境——问题、原因与管理 . 自然资源学报，17（2）：221-228

舒金华 . 1984. 入太湖污水中 NH_4-N 稀释自净规律的实验 . 见：中国科学院南京地理与湖泊研究所集刊编辑部 . 中国科学院南京地理与湖泊研究所集刊（2）. 北京：科学出版社

孙顺才，黄漪平 . 1993. 太湖 . 北京：海洋出版社
王国刚 . 2001. 巢湖富营养化防治对策 . 巢湖师专学报，3（3）：5-17
王苏民，窦鸿身 . 1998. 中国湖泊志 . 北京：科学出版社
王晓铃，巩劼 . 2000. 巢湖流域生态保护与建设初步研究 . 安徽师范大学学报（自然科学版），23（3）：273-275
王晓龙 . 2007. 太湖流域水质时空动态与水污染防治绩效研究 . 北京：中国科学院生态环境研究中心 . 博士论文
姚东明，过维钧，徐宁 . 1998. 太湖水环境质量及污染防治 . 江苏环境科技，2：38-39
张俊 . 2008. 鄱阳湖生态环境保护的法制构想 . 环境保护，408：48-50
朱海虹，张本 . 1997. 鄱阳湖 . 合肥：中国科学技术大学出版社
朱松泉，窦鸿身 . 1993. 洪泽湖 . 合肥：中国科学技术大学出版社

第二篇　热点与焦点

第四章 洞 庭 湖*

洞庭湖作为中国第二大淡水湖，其变迁历经沧桑。洞庭湖的变迁与长江的中游河道特别是荆江段变迁紧密相关。本章从洞庭湖区的江湖关系、洞庭湖湿地的主要特征和洞庭湖保护与管理等方面，对洞庭湖热点焦点问题进行研究和阐述。

第一节 洞庭湖区江湖关系

洞庭湖位居长江中游荆江段南岸，湖南省东北部，是目前长江出三峡进入中下游平原后，唯一与长江干流相连的吞吐型大湖，也是长江中游地区目前与长江干流直接相通联的、仅存的两个通江湖泊之一（另一个是鄱阳湖），维系着湖区及长江中下游沿江地区的防洪安全和江湖水域生态系统的总体平衡。现状湖泊面积 2625km^2，位居鄱阳湖之后，为我国第二大淡水湖（附图 1）。

一、干流区间

长江自湖北省枝城至湖南省城陵矶段，因流经古荆州之地，又名荆江。荆江地处长江冲积平原的上段，流经江汉平原和洞庭湖平原之间，其北面为地势低平的江汉平原，汛期全靠平均高 10 余米的荆江大堤抵御长江洪水；其南岸有松滋口、太平口、藕池口和调弦口（已于 1958 年冬堵闭）四口分流将长江水分流入洞庭湖。于是洞庭湖就汇集了湘、资、沅、澧“四水”和长江“四口”分流的来水，于城陵矶汇入长江，水情繁杂，形成了复杂的江湖关系。长期以来，受长江从上游和湖泊自身流域挟带来泥沙沉积的影响，河湖淤浅，荆江两岸地势南高北低，蜿蜒的荆江河床泄洪不畅，防洪形势非常严峻，故有“万里长江，险在荆江”之说（韩其为和周松鹤，1999）。

二、洞庭湖区

据 1995 年调查测量，当城陵矶水位 31.50m（黄海高程）时，洞庭湖总面积为 2625km^2、容积为 167 亿 m^3，在枯水期，湖水面仅 645km^2。洞庭湖区已形成了“洪水湖相、枯水河相”的格局。全湖区根据地理位置和形态特征又分为西洞庭湖、南洞庭湖和东洞庭湖三个相互连接的湖区。西洞庭湖是指赤山以西诸湖泊，澧水自西北流入，沅江横贯

---

* 本章由姜加虎（中国科学院南京地理与湖泊研究所），卢金友（长江科学院），黄群（中国科学院南京地理与湖泊研究所）撰写；高俊峰、窦鸿身统一定稿。

其中，西南与丘陵、山麓相接，东以赤山为屏障。区内现仅存目平湖与七里湖两大湖泊，主要水系为沅江、澧水，区内除以上两水相互顶托外，尚有松滋、太平等口的江流混杂灌注。南洞庭湖是指赤山以东与磊石山以南的诸湖泊，介于东、西洞庭湖之间，南接湘江和资水尾间，北与大通湖相接，高水时汪洋一片，中低水位则洲滩显露，汊港纷歧。南洞庭湖现存万子、横岭两个较大的湖泊，入流中最主要的为湘江、资水两水尾闾来水，以及长江经藕池口流入的部分来水和西洞庭湖的转泄洪水。东洞庭湖位于湖区东部，为四水（湘江、资水、沅江、澧水）和四口的总汇流场所，南受西、南洞庭湖的转泄，东有汨罗江等小支流汇入和经藕池口分流的部分水沙，这些洪水经调蓄后，再由城陵矶（七里山）向北流入长江。

三、分流河道

由长江分流形成的入湖河道有松滋河、虎渡河、藕池河和华容河等四河。松滋河系由松滋口分流形成的入湖洪道，是1870年长江大水冲击所形成的，又分为东西二支。东支自沙道观以下部分汇入西支，其后在中和口又与虎渡河连通；西支自狮子口以下有一部分分流入东支。东西二支汇合后又分为东、中、西三支，东支又称为大湖口河，全长42km；中支又名为自治局河，全长28.9km，其尾端又分为两支，一支经五里河连通七里湖，另一支与东支大湖口河汇合，流经安乡后，形成虎渡合流，最后进入目平湖；西支又叫官垸河，全长35.5km，在尾端分为两支，一支直入七里湖，另一支经五里河与自治局河汇合。当澧水涨水大于松滋河来水时，澧水直接经西支官垸河逆流而上流入中支自治局河。因此，西支官垸河与五里河的流向视不同来水，流向不定。虎渡河为太平口分泄江水入湖的河道，在弥陀寺以下有分支至中和口注入松滋东支；其余部分经南闸最后汇入松虎合流。藕池河系清咸丰二年（公元1852）溃口未加修复，至咸丰十年（公元1860）长江大水，溃口渐冲成大河，成为分泄长江水流入洞庭湖的水道，分东、中、西三支。东支为主流，自藕池口经管家铺入东洞庭湖，全长91km，称藕池东支；东支在黄金嘴处又分一支南下，称藕池中支；在梅田湖处又分一支，长26km。中支在陈家岭处又分为东西二支，西支称陈家岭小河，东支称哑巴渡小河，东西二支又汇合南下，与藕池西支相汇后入南洞庭湖。藕池西支，又称安乡河，全长86km。华容河为调弦口分泄江流水道，全长60km，于1958年冬封堵。长江正是由于四口分流及洞庭湖的调蓄，消减了其干流的洪峰，减轻了荆江河段及城陵矶以下地区的防洪压力，对长江中下游防洪起着十分重要的作用（韩其为和周松鹤，1999）。

因调弦口于1958年堵闭，在自然情况下经常分流的只有松滋口、太平口和藕池口三口。因此，更确切地说，三口洪道是联系荆江与洞庭湖的纽带。新江口、沙道观、弥陀寺、藕池（康）和藕池（管）等五个水文站是荆江经三口洪道进入洞庭湖的入口控制站，三口五河出口入湖控制站包括松滋河西、中、东三支的官垸、自治局、大湖口三站，松滋河和虎渡河合流的安乡站，安乡河和藕池河西支合流的三岔河（厂窑）站，沱江（藕池河中支）的茅草街站，藕池河北支的南县（北景港）站。五河分流流量（以进口五站为代表）的大小主要受长江干流季节性洪水涨落的影响：每年的1～3月河道基本断流，5～10

月径流量占全年水量的90%以上，各站分布规律基本相同。在自然条件下三口洪道逐步淤积，五站每年的通流历时也随之缩短，断流天数增多，水沙年内分配也更加集中在主汛期，且行洪能力减弱，在一定程度上对下荆江和洞庭湖地区的防洪产生不利影响：①使堤防长期暴露在空气中，增加了其不安全的因素；②断流时间长，进一步消减湖水位较低时的冲刷时间，使河道常年处于单纯的淤积状态，促使洪水水位不断提高；③长期断流不仅难以解决用水问题，而且干河中积水污染快，血吸虫感染加剧，水质低下，有时人畜均难饮用，带来不少弊端。

四、荆江河道的演变

枝城至城陵矶间的荆江河段位于长江中游自低山丘陵进入冲积平原后的首段。其中枝城至藕池口的上荆江，属弯曲河型，在自然条件下河道演变的特征是弯道凹岸崩塌、凸岸边滩淤长，可能被水流切割而成江心洲滩，以及有江心洲的弯道内主支汊的兴衰演替。经近40多年来新建和加固护岸工程，总体河势已基本稳定，河道演变主要表现为河床年内和年际的周期性的冲淤变化、洲滩冲淤、局部河势变化和汊道段主支汊的兴衰演替。藕池口至城陵矶的下荆江，属典型的蜿蜒河型，自然条件下河道演变的特征是弯道凹岸崩塌、凸岸边滩淤长以及弯曲半径逐步变小，在一定的水文和边界条件下可能发生撇弯切滩或自然裁弯。蜿蜒型河道的演变特性受到一定限制，河道演变主要表现为河床年内和年际间的冲淤变化，局部河岸崩塌，以及有江心洲的弯道内主支汊兴衰演替（方春明等，2002）。

荆江与洞庭湖关系的自然调整，对荆江河道演变起着重要作用。调弦口于1958年封堵，结束了历史上的自然分流状态；三口分流逐年减少，引起荆江过流能力及河床形态的相应调整。20世纪60年代后期下荆江系统裁弯工程的实施，除了直接引起荆江河道的剧烈调整外，还加速了上述江湖关系的调整进程。加上葛洲坝水利枢纽1981年第一期工程投入运用，使荆江河道的调整更为复杂。随着三峡工程的建成运用，荆江河段在较长的时间内将处于不断的调整变化中，江湖关系也将进一步改变（段光磊等，2007）。

五、洞庭湖的演变

历史上洞庭湖经历了由小变大又由大变小的反复过程，其大小与北部长江的荆江段河床变迁有直接关系。比较多的学者认为，洞庭湖的演变有三个转折点：从距今2000年以前的云梦泽调洪，演变至云梦泽解体消失，荆江南北两岸有诸多穴口南北分流是第一个转折点；以后演变到尽堵北岸穴口形成荆江大堤，再演变到四口向南分流是第二个转折点；1949年后围湖垦殖等人为因素的影响进一步加剧，导致江湖关系进而又发生一系列的变化是第三个转折点。

1860年和1870年藕池河、松滋河相继形成后，荆江四口入湖泥沙和四水来沙量分别为1.091万m^3/a和0.241万m^3/a；而从城陵矶输入长江的泥沙仅0.351万m^3/a，占入湖泥沙的26%，其余泥沙则沉积于洞庭湖内，致使各河入湖三角洲迅速扩展，从而为人类围湖垦殖提供了良好场所。而围垦又加剧了洞庭湖的萎缩，据调查，1935年冬湖区10个县仅剩堤垸814座；20世纪50年代初大量小垸又合并为大垸，至1955年湖区堤垸减至292座，60～70年代进行矮圩灭螺工作，使湖垸面积进一步扩大。泥沙淤积与人类围垦导致洞庭湖面日趋萎缩，如汛期湖面面积1825年有6000km²，至1949年时减少为4350km²，1958年为3141km²，1977年为2740km²，1983年为2691km²，目前为2625km²。洞庭湖逐趋萎缩的后果，必将导致湖区洪涝渍害更加频繁发生（刘璨，2006）。

长江与洞庭湖以四口分流和江湖汇流为纽带形成了一个庞大而复杂的系统，系统中的相互制约而影响全局。历史上自长江向洞庭湖分泄水沙以来，江湖关系就处于动态变化之中，目前江湖关系的自然调整仍在继续。正是由于吞吐长江，分泄洪水，承接长江上游的泥沙，导致湖区洪涝灾害频繁，严重影响了区域社会经济的可持续发展（王翠平和曾国林，1998）。

近现代的洞庭湖变化与目前的经济建设关系极为密切，尤其是湖泊的迅速淤浅所带来的生态环境问题更是引起了多方面的重视。洞庭湖的演变受到自然和人类的共同影响，其变化过程直接影响到湖区的资源开发与生态环境整治。

第二节　洞庭湖湿地与生态环境保护

洞庭湖湿地所具有的重要生态服务功能，对于保障区域国民经济持续发展意义深远。为实施可持续发展战略和保护洞庭湖作为长江流域极重要的生态功能区，国家和湖南省地方政府围绕洞庭湖区生态环境保护问题，通过强化管理和采取一系列措施，取得了初步成效。

一、洞庭湖是国际重要湿地

洞庭湖湿地是我国重要湿地之一。其中，东洞庭湖保护区、西洞庭湖保护区和南洞庭湖保护区均先后被列入“国际重要湿地名录”。洞庭湖湿地所在的长江淡水生态区是WWF全球200佳生态区之一。

（一）植被概况与群落类型

洞庭湖具有独特的地理环境，每年洪水季节大量泥沙入湖淤积，形成了我国以敞水带、季节性淹水带、滞水低地为主的最大湖泊湿地景观，湿地面积约85.78万hm²。湿地生态环境的区域差异性和生态过程的多变性，为洞庭湖发育多样的湿地植被类型提供了良好的自然条件（王文清，2000；袁正科和袁穗波，2004；彭友林等，2005；姚敏等，2005）。主要植被类型（群系）有：

1. 川三蕊柳群落（Form *Salix triandroides*）

群落优势种川三蕊柳，当地群众俗称鸡婆柳，为杨柳科落叶灌木或小乔木。主要分布在洞庭湖各垸堤外滩淤积地或河道、洪道两边的洲滩及其洲尾泥沙淤积地，常呈带状（少呈块状）分布。该种在浅水域和季节性淹水的生境中有较强的适应能力。一年中能忍受

2～5个月的季节性积水。生命力强，易无性繁殖。群落的伴生种主要有双穗雀稗、马兰、水芹、茵草、水蓼和弯囊薹草等。

2. 芦苇群落（Form *phragmites communis*）

芦苇是禾本科多年生高大竹状草本植物，具十分发达的地下根状茎，直径 2～3cm，每年冬季地上部分枯死，来年 3 月由根状茎萌发长出新株。芦苇群落是洞庭湖洲滩上分布面积最大的沼泽湿地植被类型，常数百公顷连片分布，构成以芦苇占绝对优势的植被景观。主要分布于河、湖洲滩上，在河、湖两岸滩地及一些内湖的湖缘也常有分布。芦苇有发达的地下根状茎，比荻更喜湿润，可以生长在常年积水的泛滥洼地，也可生长在湿生生境，形成单优势种群落或与南荻一起形成双优势种群落。常见的伴生种有南荻、虉草、紫芒、蒌蒿、弯囊、薹草和水蓼等，在边缘或较稀处有鸡矢藤、水芹和牛鞭草等。

3. 南荻群落（Form *Triarrhena lutarioriparia*）

南荻（俗称荻）亦是禾本科多年生高大的竹状草本植物，具十分发达的地下根状茎，秆高 5～7m，直径 2～4cm，每年冬季地上部分枯死，来年 3 月前后由根状茎萌发长出新株。南荻是洞庭湖洲滩上分布面积几乎和芦苇相当的沼泽化草甸湿地植被类型，常数百公顷连片分布，江洲及河、湖滩上构成以南荻占绝对优势的植被景观。南荻适宜于潮土和沼泽化草甸土壤上生长，洪水季节可耐水淹 1～2 个月，水深可达 1～3m，其耐水淹能力略较芦苇群落差。常见的伴生种有芦苇（有时与芦苇一起构成双优势种群落）、蒌蒿、虉草和水蓼等，在边缘或较稀处有鸡矢藤、盒子草和水芹等。

4. 灰化薹草群落（Form *Carex cinerascens*）

群落的优势种为灰化薹草，系莎草科多年生草本植物，地下根状茎短，具长的匍匐枝，秆丛生，高 25～60cm，三棱形，叶片宽 2～4mm。在没有洪水淹没的年份，植株四季常绿。1～2 月开花、3～4 月结果。该群落分布在低位湖滩或洲滩低洼地，常成片分布，形成大面积的群落背景，其群落总面积仅次于芦苇群落（含南荻群落）总面积。该群落因分布在低位洲滩或滩尾，春末至夏季被洪水淹没，秋季水退后，植被露出。在没有洪水的年份，群落春季为翠绿色，夏季为绿色，秋季为暗绿色。该群落常形成单种群落，伴生种较少，如蓼子草、弯囊薹草、虾须菊和灯心草等，在地势稍高的地方，常有芦苇、荻和水蓼等伴生。该群落汛期被水淹没后，是鱼类定居和产卵场所。洪水退后，灰化薹草于 10～11 月从地下根状茎上萌发出新株，长出幼嫩的叶，成为冬季候鸟的栖息与觅食（鸟类食其幼嫩的叶或群落浅水处的螺、蚌等）的场所。

5. 虉草群落（Form *phalaris arundinacea*）

群落优势种虉草，为禾本科多年生草本植物，秆高 0.6～1.4m。喜生于渍水区过渡到陆地之间的湿地地段，因此，多分布于低位洲滩、河滩等的一侧，常有一部分长到水中，面积较大，仅次于荻和芦苇群落及灰化薹草群落。土壤为淤积土，较湿润，pH 为 6.0～7.5。群落外貌春夏为绿色，秋后植株逐渐枯萎，群落外貌呈暗灰色。群落伴生种有弯囊薹草、灰化薹草、蒌蒿、水田碎米荠、牛鞭草、芦苇、南荻、虾须菊等。

6. 穗状狐尾藻群落（Form *Myriophyllum spicatum*）

穗状狐尾藻为小二仙草科多年生沉水草本植物。具根状茎，茎长 1m 左右，叶 4 枚轮生，丝状分裂；穗状花序长 5～10cm，挺出水面；4～7 月开花，生于水深在 0.4～1.5m 的池塘、沼泽或浅水湖泊中，且耐污染能力较强，为世界性广布种。伴生种常有菹草、茨藻、金鱼藻、黑藻、苦草等。

7. 水芹群落（Form *Oenanthe javanica*）

此群落主要分布于河、湖洲滩低湿的地方或水沟边，有时分布在芦苇群落的低洼湿地，分布的水平线大致与芦苇群落相似或低于芦苇群落。每年淹水时间为 20～50 天。土壤为沼泽化草甸土或潮土。主要伴生种有水蓼、蒌蒿、通泉草、羊蹄和芦苇（分布在芦苇群落中时）等。群落的优势种水芹，为伞形科多年生草本植物，高 15～70cm，茎基部匍匐，上部近直立。水芹一年可割刈一至数次，形成多次产量。

8. 菹草群落（Form *Potamogeton crispus*）

群落的优势种菹草，为眼子菜科多年生沉水草本植物。该群落是洞庭湖区，也是湖南省分布最广，最为常见的沉水植物群落类型之一，遍布于水深 0.5～1.5m 小型湖泊、湖洲洲浃、池塘、沟渠及富含腐殖质湖泥的大小浅水水体中。且生长茂盛。群落伴生种有黑藻、马来眼子菜、荇菜，野菱、金鱼藻、穗花孤尾藻及眼子菜属的其他种类等。

（二）洞庭湖湿地面积变化情况

1949 年以来，洞庭湖湿地在自然因素和人为因素的共同影响下发生了巨大变化。湖泊水面缩小了近 2/3，洲滩和围垦而成的耕地不断向湖心推进。根据遥感解译结果，对各种专题图件进行校正，同时查阅相关统计资料和文献，对数据进行对比验证。利用 Arc/Info 软件对各地类属性数据进行分析修改和合并，最终获得了 1989 年和 2001 年两个时段洞庭湖湿地的卫星遥感影像解译数据和分类结果（图 4-1、图 4-2）。

从湿地景观斑块数量变化（图 4-3）可以看出，除水体斑块数量增加较大外，其他湿地类型的斑块数量均有减少，其中湖草和薹草滩地的斑块数量减少幅度较大。整个地区湿地景观斑块总数从 21 333 个减少到 16 148 个，总体斑块数目减少近 1/4。从面积变化和斑块数目变化来看，斑块数目和面积并不存在正相关关系，如水体面积变化不大，而斑块数目大幅度增加；芦苇滩地和薹草滩地的面积都有所增加，而斑块数目反而减少；只有泥沙滩地和湖草斑块数目随着面积增加而增大。

研究表明，1989～2001 年，洞庭湖各类湿地景观面积和斑块数量发生了很大变化。芦苇滩地、薹草滩地的面积有较大增加，尤其是芦苇滩地增加了 1/5 之多。而泥沙滩地和防护林滩地的面积都在减少，泥沙滩地减少量较多，减少了将近 40%。从总体上来看，1989 年水体和泥沙滩地斑块面积总和为 1079.695km^2，而 2001 年则下降到 906.916 km^2，减少了近 16%。由于目视解译可能将芦苇和防护林滩地与湖草混淆，因此综合有植被滩地面积（防护林、湖草、芦苇和薹草滩地），其总面积在 1989 年为 1372.467 km^2，到了 2001 年则增加到 1546.275 km^2。这两者面积的此消彼长说明洞庭湖敞水区面积在 10 年内急剧减少，而湖内洲滩在不断发育。

（三）鸟类和水生动物

洞庭湖是我国长江以南地区重要的冬候鸟越冬场所之一，湖面宽阔，湖滩地面积达 10 万 hm^2，有着水鸟越冬得天独厚的自然条件。据统计，洞庭湖湿地有鸟类 305 种，鱼类 117 种。鱼类中，中华鲟与白鲟为国家一级重点保护物种，胭脂鱼为国家二级重点保护物种；鸟类中，白鹤、白头鹤、白鹳、黑鹳和中华秋沙鸭等物种为国家一级重点保护物种；小天鹅、鸳鸯、白枕鹤和灰鹤等 37 种为国家二级重点保护物种。

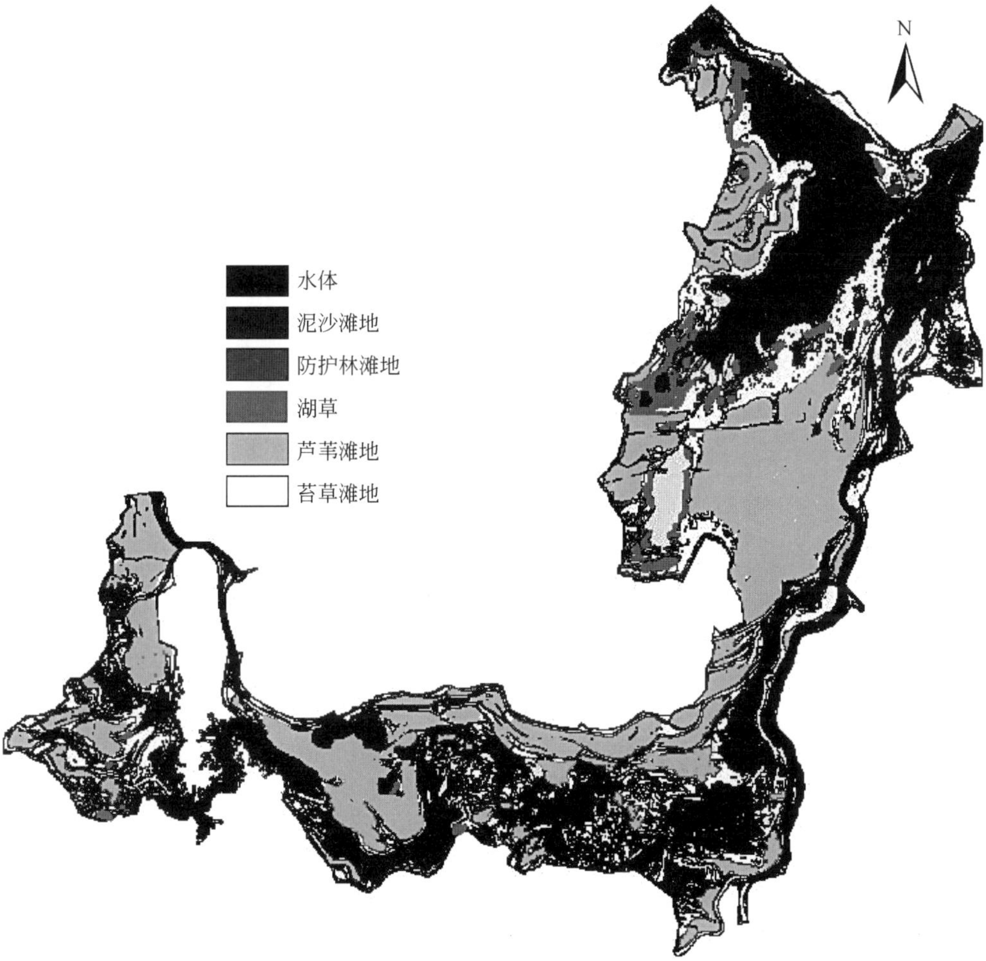

图 4-1　1989 年洞庭湖湿地类型分布

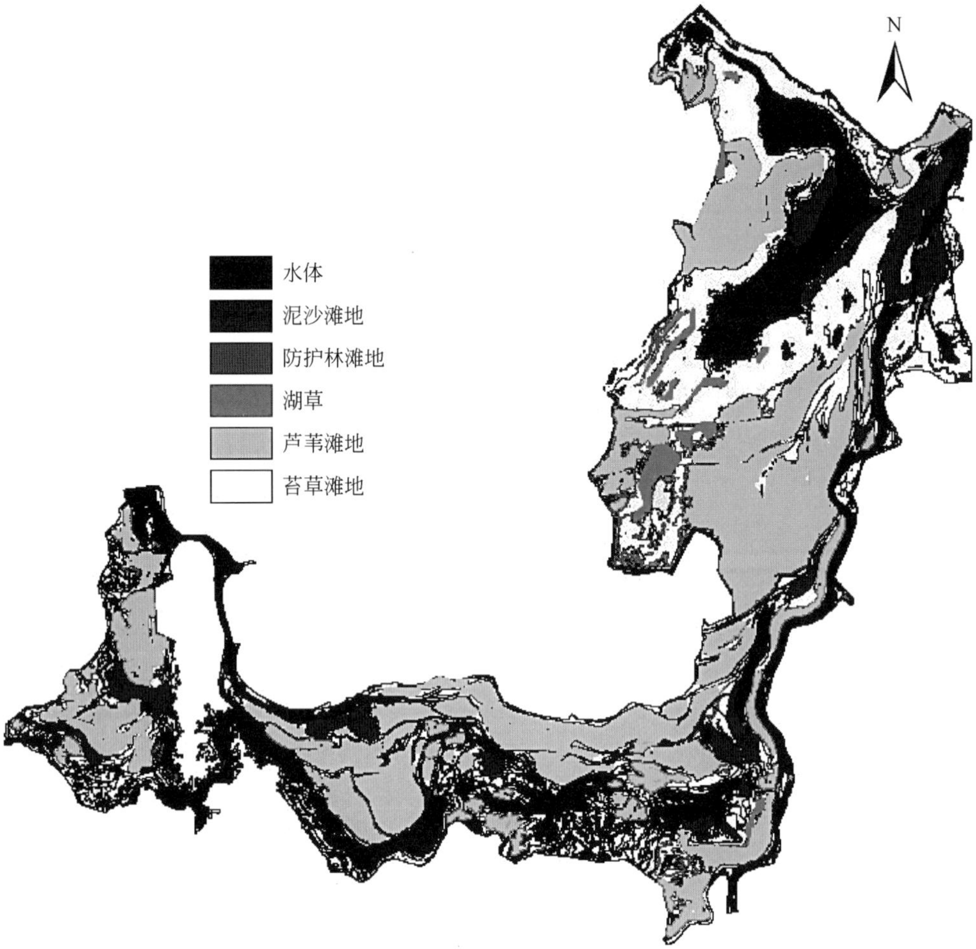

图 4-2　2001 年洞庭湖湿地类型分布

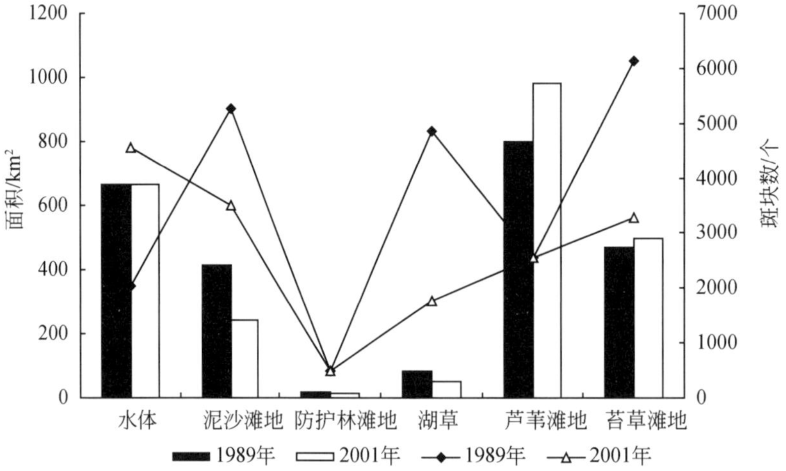

图 4-3　洞庭湖 1989 年、2001 年不同湿地类型总面积及斑块数目

但近几十年来，随着人口的不断增加，围湖造田以及泥沙淤积导致湖面锐减，生态环境有逐渐恶化的趋势，直接威胁着洞庭湖水鸟生栖。所以，要保护洞庭湖水鸟，必须首先保护好鸟类的栖息地，设立必要的保护区。目前在东洞庭湖设有一个国家级鸟类自然保护区，面积 19 万 hm^2，涉及五个县（市）和五个县级农场。区内水陆交错，地形复杂，有较高的环境多样性，一方面它为水鸟的繁殖栖息提供了适宜的条件；另一方面却带来了较大的管理难度，突出的存在以下问题。

1. 苇业、渔业及牧业生产与自然保护之间矛盾较突出

芦苇、荻是洞庭湖主要植物资源，仅在东洞庭湖的自然保护区内就有芦苇场 11 个，以芦苇、荻等挺水植物为主的湖滩地面积为 2.5 万 hm^2。由于芦苇的收割在冬季，和冬候鸟的越冬期相叠，人们的生产活动对越冬候鸟的栖息影响比较大。

酷捕滥捞造成洞庭湖水产品资源保护和可持续利用受到威胁。在每年的春、秋两季各有一次捕鱼汛期，分别和冬候鸟的离湖北移和入湖越冬期相交叉。春汛期，仅在东洞庭湖每天就有作业渔船 3000 多条，捕鱼人数达 10 000 多人，对鸟类的觅食、栖息活动有一定影响；秋汛期也面临同样问题。保护区湖滩地上每年有数万头牛放牧，也对水鸟的栖息形成威胁。

2. 旅游资源开发和自然保护未能进一步协调

岳阳是一个旅游城市，以岳阳楼、君山岛等为主的洞庭湖风景区的景点均在该保护区内，其中的君山岛处在核心保护区，每年来此观光的游客已达 80 万人次。随着旅游业的不断发展，一些新的游览线路、游览景点和游览设施正在不断地开发和建设，游客人数将会持续增加，因此如不加以很好的引导和协调，势必会对水鸟的栖息构成威胁。

二、洞庭湖湿地生态保护措施

针对洞庭湖湿地保护的重要性和当前存在的湿地内部的结构变化、景观破碎化，珍稀水生生物濒危，鱼类资源严重衰退，水鸟种群总量明显减少，部分濒危鸟类消失，以及水鸟栖息地丧失等问题，据此，已采取了以下积极的保护措施。

（一）自然保护区建设和管理

洞庭湖区现已建立了 6 处不同类型和级别的自然保护区，其中属国家级自然保护区 1 处，即东洞庭湖国家级自然保护区，并作为以保护具有全球意义的珍稀候鸟越冬栖息地为主要目标的湿地，已被列入《国际重要湿地名录》；省级自然保护区 5 处，即常德花岩溪自然保护区、西洞庭湖自然保护区、南洞庭湖湿地自然保护区、横岭湖湿地自然保护区和岳阳集成麋鹿自然保护区，其中南洞庭湖、西洞庭湖湿地也被列入了《国际重要湿地名录》。各自然保护区均已成立了相应的管理机构，配备了一定数量的工作人员，正不同程度地开展洞庭湖湿地的保护工作。

（二）开展国际交流与合作

自然保护区管理机构，先后同国际鹤类基金会、芬兰国家森林公园管理署、世界自然基金会（WWF）、全球环境基金（GEF）、联合国开发计划署（UNDP）和亚洲湿地局等国际组织，以及美国、日本、英国和新加坡等国专家和学者交流，并组织湿地科学考察。与香港野生生物基金会、全国鸟类环志中心，以及兄弟自然保护区开展经常性学术和管理经验交流。同时，积极组织国际会议和建立合作关系，1999 年与俄罗斯 Khingansky 自然保护区建立了长期合作关系；1994 年和 1998 年成功承办了两次国际性生态环境保护研究会。湖区各自然保护区成立至今，其管理机构开展了许多卓有成效的管理工作，如定权划界，开展普法宣传教育，建立联防群管体系，改善自然保护区管理条件和积极开展科学研究等，促进了自然保护区的建设与管理。

（三）建立了洞庭湖区环境保护监测机构

1979 年就成立湖南省洞庭湖环境保护监测站，主要从事洞庭湖水质、底质、水生生物、生物多样性和湿地监测工作。建站 20 多年来，积累了 20 多万个有关洞庭湖水质、底质、水生生物等监测数据，完成了 30 多项有关洞庭湖生态环境保护方面的研究课题，初步建立了洞庭湖湿地野生动物标本馆。另外，湖区内的岳阳、益阳、常德和长沙 4 个地市以及所属 19 个县（市或区）成立了环保局与监测站。这些机构在宣传和贯彻执行《中华人民共和国环境保护法》及相关法规方面，发挥了重要作用。

（四）实施了“平垸行洪、退田还湖”工程

1998 年长江流域发生了特大洪涝灾害，中央及时提出了长江流域洪水治理的 32 字指导原则。自 1998 年开始，洞庭湖区各地随即根据湖南省政府对洞庭湖区的洪水治理规划，积极实施退田还湖、平垸行洪和移民建镇等工程。国家分四期下达湖南省平垸行洪、退田还湖、移民建镇搬迁安置计划 15.83 万户、55 万人。其中第一期（1998 年度）5.13 万户，第二期 4.1 万户，第三期和第四期均为 3.3 万户。按照国家的要求，湖南省主要是安排长江干流、洞庭湖区，以及湘、资、沅和澧“四水”、新墙河和汨罗江尾闾地区，在 1996 年、1998 年大洪水中被冲溃或受淹堤垸和洲滩的“退田还湖”工程，涉及岳阳、常德、益阳、长沙和湘潭等 5 个市 31 个县（市、区、场）。一至四期共实施 333 处堤垸的退田还湖工程，其中 127 处实施退人不退耕（单退），206 处实施退人退耕（双退）。

另外，在推行国家政策的同时，湖南省根据洞庭湖区的特点，在调查摸底的基础上，于 2002 年 9 月实施了退田还湖的“4350 工程”规划，计划到 2010 年使湖面面积至少恢复到解放初的 4350km^2，涉及沿湖 10 个县市区的 12 个堤垸，拟退田还湖面积 1390.84km^2，总人口 81.77 万人，分别占洞庭湖区面积和人口的 4.5% 和 6.4%，工程分三阶段实施，目前正在实施第三期。工程的目标是使洞庭湖的面积接近 1949 年的 4350km^2，逐步恢复已被破坏的湿地生态与环境，其中，可恢复水面面积 334.84km^2，低洼地面积 1056km^2，分别用来进行水产养殖、经济作物种植、畜牧业养殖和林业生产等。

第三节　后三峡时代洞庭湖区江湖关系变化

三峡水利枢纽工程是世界上最大的水电工程，1992 年动工，2003 年 6 月开始围堰挡

水发电，汛期按 135m 水位运行，枯季按 139m 水位运行；2006 年 10 月蓄水位抬升至 156m 运用，汛期水位按 144m 运行；2008 年 11 月蓄水位抬升至 170m 运用。三峡水库蓄水运用后，下泄水流的含沙量明显减小，粒径变细，已引起大坝下游河道沿程发生不同程度的冲刷，进而可能对河势和江湖关系等产生影响（邹邵林等，2000）。

一、干流河道水沙特性

三峡水库蓄水运行前，长江中下游干流河道的多年平均径流量在荆江河段因三口分流的存在表现为沿程递减，至监利站，多年平均径流量为宜昌站的 0.82 倍。年均输沙量在荆江河段也表现为沿程递减，监利站为宜昌站的 0.73 倍。三峡水库蓄水运行以来（2003～2007 年），大坝下游干流河道各控制站年均径流量较蓄水前多年平均（2002 年以前）值有所偏枯，变化幅度为 0.5%～10%，但沿程变化与以往是基本一致的；年输沙量则大幅度减少，减小幅度为 63%～86%，沿程变化与以往相比呈现不同的特点，年输沙量总体上表现为沿程增加，主要是因为三峡水库蓄水运用后下泄的沙量大幅度减少，大坝下游河道发生沿程冲刷而逐步恢复（姜加虎和黄群，1996；2004a；2004b）。

三峡工程蓄水运行以来大坝下游干流河道各站年均含沙量明显小于蓄水以前的多年平均值，越往上游差值越大。三峡水库蓄水运行前沿程各站年均含沙量因三口分流分沙及洞庭湖入汇的存在而沿程递减，蓄水后宜昌至城陵矶河段表现为沿程增加，城陵矶以下河段含沙量沿程变化不大。三峡水库蓄水运行以来含沙量沿程变化幅度较蓄水前明显减小，说明大坝下游河道发生沿程冲刷，含沙量恢复较为明显。

三峡水库蓄水前长江中下游干流主要控制站悬移质泥沙中值粒径变化范围为 0.009～0.012mm，总体变幅不大，沿程也没有趋势性变化。三峡水库蓄水运行以来，由于河床冲刷，悬沙中粗颗粒与床面细颗粒泥沙的交换，大坝下游宜昌至螺山各站悬沙中值粒径均有所变粗，尤以监利站变粗最为明显，由蓄水前多年平均的 0.009mm 变为 2006 年的 0.150mm。从沿程变化来看，以监利站为界，宜昌—监利河段悬沙沿程变粗明显，粗颗粒泥沙含量沿程增加；监利以下河段悬沙则有所变细，粗颗粒泥沙含量也沿程减少（方春明等，2007）。

二、荆江三口分流分沙变化

三峡水库蓄水运用前，荆江三口分流分沙因江湖自然演变、人类活动的影响，分流分沙已大幅减少，其中藕池口减少最多，松滋口次之，太平口最少。1999～2002 年和 1956～1966年比较，三口分流比由 29%减至 14%，年均径流量减少了 706.3 亿 m^3，分沙比由 35%减为 16%，年均输沙量减少了 1.392 亿 t；三峡工程蓄水运用以来的 2003～2007 年与 1999～2002 年相比，三口分流比由 14%减为 12.1%，分沙比由 16%增为 18.1%，但因长江干流宜昌站沙量的大幅度减少，三口分沙量的绝对值也大幅度减少，仅为 1999～2002 年的 26.1%（渠更等，2007）。

三、洞庭湖区水沙变化

洞庭湖湖区水沙主要来自四水和荆江三口。多年（1951～2002 年）平均入湖年径流量为 2966 亿 m^3，年平均沙量约 1.65 亿 t。三峡工程蓄水运用以来，湖区多年（2003～2007 年）平均径流量与入湖平均沙量均减少，分别为 2303 亿 m^3、0.251 亿 t。其中荆江三口分流分沙均减少；四水来水来沙亦有所减少，三峡水库蓄水前年均径流量为 1696 亿 m^3，三峡水库蓄水运用以来年均径流量为 1545 亿 m^3，输沙量由 0.306 亿 t 减至 0.103 亿 t。

自 20 世纪 50 年代以来，洞庭湖一直处于淤积状态，其沉积率总体随入湖沙量的减少而呈减小趋势。三峡水库蓄水运用前，湖区泥沙沉积率减幅较小，由 1951～1958 年的 74.6%减为 1991～2002 年的 72.2%，但泥沙沉积量变化较大，由 1.97 亿 t 减为 0.632 亿 t。三峡水库蓄水运用以来，三口入湖沙量大幅度减少，湖区沉积量及沉积率均明显减小，由 1991～2002 年的 72.2%减为 2003～2007 年的 41.0%。与三峡水库蓄水前相比，洞庭湖区无论是泥沙沉积量还是沉积率均大幅下降（彭玉明等，2007），这有利于减缓洞庭湖的淤积萎缩，有效保护湖区的调蓄容积，也有利于减缓荆南河网的衰退。

同时，因荆江三口分流分沙量的持续减少，“四水”入湖的水沙量所占比例明显增加，其中径流量由 1951～1958 年的 52.7%增至 2003～2007 年的 75.8%，输沙量由 1951～1958 年的 16.6%增至 2003～2007 年的 41.0%。由此可看出，洞庭湖区的水沙组成发生了显著变化，这必将对洞庭湖区的防洪、湖区演变及综合治理产生影响（韩广和张桂芳，1998；庄大昌，2000；童潜明，2005）。

第四节　洞庭湖区发展与生态环境保护建议

洞庭湖区系指以洞庭湖为中心的广大河、湖冲积一淤积平原和环湖岗丘及外围低山区。地跨湘、鄂两省，土地总面积 37 360km^2，属于湖泊水网地带的纯湖区为 18 780km^2。其中，湖南省境内土地总面积 32 064km^2，纯湖区面积 15 200km^2（包括洞庭湖面积 2625km^2），环湖区 16 864km^2。行政区划上，纯湖区包括湖南省常德、益阳、岳阳和长沙 4 个地级市的 19 个县（县级市、区），6 个国有农场（管理区）。

湖区在长江流域地理区位上，上接“天府之国”川、渝，下联“金三角”沪、宁、杭，南濒港、澳，西临举世瞩目的三峡工程。湖区境内东有京广铁路和京珠高速公路，西有焦柳铁路南北纵贯，南有长常高速公路，北有长江干流东西横穿。籍长江水运之便利，湖区可从城陵矶上溯到鄂、川、云、黔等省区，下达至赣、苏、沪、浙等华东经济区，以水运为中心的湖区航道四通八达，在经济发展上具有东靠西移、连接南北的战略区位，地位十分重要。在全国区域发展布局中，尤其在国家中部崛起战略中占有重要地位。长期以来，受人口压力和经济利益驱动，湖区资源被过度开发利用，洞庭湖区生态环境形势越来越严峻。泥沙淤积、围湖垦殖和杨树栽植等造成湿地严重破坏和面积锐减；湖区生产废水和生活污水的无序排放和流域污染水体的汇集，使得水环境进一步恶化；过度捕捞及湿地的过度开发利用导致渔业资源几近枯竭，生物多样性受到严重威胁（黄金国，2005）。

一、湖区社会经济发展

洞庭湖区是我国著名的“鱼米之乡”和国家重要的商品粮、棉生产基地及渔业养殖基地，在湖南经济发展中具有举足轻重地位。2008 年，全区总人口 1342 万人，占湖南省全省总人口的 19.72%；全区 GDP 为 1694.6 亿元，人均 GDP 为 12 627.58 元。三大产业的比重为 24∶41∶35，一些主要经济要素在全省占有重要地位，经济整体水平较高。

（1）农业生产历史悠久。湖区农业发达，主要农产品在全省乃至全国均占有突出的地位。近几年，粮食产量约占全省的 24.4%、油料占 40.6%、水产品占 55.7%、棉花占 78.8%、苎麻占全省的近 80%，实现农业增加值占 32%。

（2）工业生产具有一定基础。以农产品为主要原料的食品、纺织、造纸、卷烟、酿酒和饲料等加工工业逐步发展成为支柱产业。石油、食品、轻纺和造纸等几大行业在湖南省占有重要地位，其中，石油化工产业产值占全省的 98%以上。

（3）服务业发展较快。基于区位优势和交通条件，商贸流通业等传统服务业稳步发展；依托水体资源和历史文化资源优势，旅游业发展较快。

通过构建核心城市群、城镇发展轴和区域城镇经济带，城镇空间结构不断优化。洞庭湖区已初步形成了以长沙、岳阳、常德和益阳四个城市为中心，以县或县级市为依托，以一大批建制镇为基础的城镇体系，基本形成了以中小城市和小城镇为主体的城镇网络。湖区交通便利，初步形成铁路、公路、水运和空运运输网络，东部有京广线、武广客运专线、107 国道和京珠高速公路，西侧有枝柳线穿越，石长铁路、长常高速、常张高速、319 国道由东南向西北斜贯湖区，是我国南方中部重要腹地枢纽。洞庭湖区横跨鄂中南和湘北，城市密集，是湖南省联通南北、纵贯东西的主要通道，在全国区域布局中占有重要地位。但长期以来，水患频繁阻碍了湖区经济社会发展，妨碍了高素质劳动力流入，外来生产要素难以大量聚集，经济发展后劲明显不足。

造成洞庭湖湿地生态服务功能弱化，特别是繁衍生物多样性的功能下降的主要原因：

（1）历史上湖泊湿地的大规模围垦，造成了多种生物栖息地和活动场所的严重破坏或丧失；

（2）在湖泊河流上筑堤建坝，改变了江湖和河湖的天然水情，割裂了水体的天然联系和生态联系，造成洄游性、半洄游性鱼类和珍稀水生动物的洄游通道被人为隔断，导致其濒危甚至是灭绝；

（3）有害的渔具、鱼法和过度捕捞，造成鱼类种群结构的严重失衡；

（4）不合理的大规模养鱼方式和工农业进入湿地的污染物质增加，天然鱼类或水生动物生存的环境基础遭受破坏；

（5）大量的外来物种入侵、蔓延或泛滥，造成湿地生态结构的完整性被破坏，如目前洞庭湖区大量地栽植意大利杨树，导致湖泊湿地景观生态结构严重破碎化；

（6）多头管理或管理机制、机构不完善，导致管理混乱，使得湖泊湿地保护和管理工作协调困难，湖泊湿地管理缺乏权威性和有效性。

二、洞庭湖保护、管理和治理的对策及建议

湿地保护工作，是一项利在当代、功及千秋的宏伟大业。健康的稳定湿地生态系统，是国家生态安全体系的重要组成部分和经济社会可持续发展的重要基础。保护湿地，对于维护生态平衡、改善生态状况、实现人与自然和谐，以及促进经济社会可持续发展，具有十分重要的意义。设置保护区是实施生态环境保护的一项重要措施和途径，加强保护区的建设和管理工作，是必要和重要的。

（一）彻底解决保护区内核心区土地权属问题

通过政府出面，各部门协调与相互支持，彻底解决保护区的土地权属问题，特别是将自然保护区的核心区土地所有权和使用权全部划归自然保护区所有，这是解决目前洞庭湖区面临的多种危机的根本所在。即将东洞庭湖国家级自然保护区的春风湖、红旗湖；将横岭湖省级自然保护区面积为 3400hm^2 的核心区、南洞庭湖省级自然保护区面积为 39 000hm^{2}的核心区（漉湖、卤马湖）和西洞庭湖省级自然保护区的面积为 7000hm^2 的核心区的土地所有权和使用权全部划归各保护区，以便自然保护区开展有效管理。

（二）尽快颁布和实施《洞庭湖湿地保护条例》，以便依法管理

目前，洞庭湖湿地区域因分属岳阳、益阳和常德市等行政区管辖，涉及林业、农业、渔政、水利、国土和农委等多个部门，因各自利益不同，在洞庭湖区内分别进行管理或经营活动，洞庭湖区因缺乏管理主体和有效的协调机制而造成生物多样性和水产资源下降，珍稀濒危动物数量和分布区锐减，亟需尽快颁布和实施《洞庭湖湿地保护条例》，对洞庭湖湿地进行统一规划和功能区整合和调整，从而提高洞庭湖湿地区生物多样性保护成效，使自然保护区的管理做到有法（管理条例）可依。

利用国外资金资助洞庭湖湿地生物多样性保护的契机，促进政府及其主管部门的重视与投入，完善有关法规、条例，加强保护宣传和严格执法，合理解决存在的问题，还洞庭湖以生态健康。

（三）设立洞庭湖区湿地保护管理省级协调机构，以便统一管理

鉴于洞庭湖为国际重要湿地，而湖南省的湿地保护管理工作起步较晚，加之洞庭湖湿地分属 3 个市级行政区划管理管辖，面积大，涉及的管理部门多，目前洞庭湖区正面临湿地面积减少、生态功能下降、生物资源数量和质量下降、环境恶化、水体污染和外来物种入侵等生态问题，为了认真贯彻《湖南省湿地保护条例》的精神，落实湿地保护管理“综合协调、分部门实施”的管理体制，科学保护和合理利用湿地资源，建议设立洞庭湖湿地保护管理省级协调机构——湖南省洞庭湖湿地保护管理委员会或管理局，由湖南省人民政府、省人大、省林业厅、省法制办、省财政厅、省发改委、省水利厅、省国土资源厅、省农业厅、省环保局、岳阳市人民政府、益阳市人民政府和常德市人民政府等部门分管领导和东洞庭湖国家级自然保护区、横岭湖省级自然保护区、南洞庭湖省级自然保护区和西洞

庭湖省级自然保护区的主管领导组成，共同来检查、督促和协调各有关部门做好洞庭湖湿地保护工作，讨论、研究、论证涉及洞庭湖湿地保护与利用的有关政策、重大项目的规划、对湿地有影响的重大工程建设项目，以及协调处理跨市的湿地破坏事件等，共同促进洞庭湖湿地资源的科学保护及合理利用与可持续发展。

（四）解决保护区编制及行政经费短缺问题，以便有效管理

自然保护区管理与建设是一项公益性事业，必须保证保护区和日常管理工作的正常开展。但目前与洞庭湖有关的 4 个湿地自然保护区均面临编制、工资及行政经费等问题，应增加财政投入，理顺资金渠道，切实解决工作人员工资和办公经费严重不足等问题。

（五）加强湿地保护宣传教育的力度，以便有效执法

各级政府要加强对湿地保护工作的领导，向全社会广泛宣传湿地保护工作的重大意义，提高公众的湿地保护意识，建立有效的协调机制，切实解决保护区和社区目前面临的困难和问题。在保护区增设公安派出机构，加强装备、通讯、交通工具等硬件建设，提高保护区执法力度。每年要组织 1～2 次声势浩大的宣传教育和统一打击行动，通过宣传教育提高全社会的湿地保护意识，运用法律和经济手段，制裁过度开发和不合理地利用湿地资源的行为，打击破坏湿地资源的违法、犯罪活动。

（六）重新规划整个洞庭湖湿地保护区，以便综合管理

按流域综合管理的理念，参考国外有关莱茵河等流域管理的先进经验，重新规划洞庭湖湿地保护区，整合现有几个保护区，打破行政区划的束缚，实行统一的多部门参与的协调管理。对有条件的地方实施抢救性保护措施，如建立保护小区或禁猎区、加强水体污染治理、保护或恢复湿地生态系统等。

（七）积极开展科学研究，提高科研能力和水平

增加人力、物力和财力的投入，搞好基础建设，添置先进的科研、监测设备，积极改善工作人员的生活福利和工作条件，积极创造条件引进专业技术和管理人才，开展现有职工的定期培训。开展生物多样性本底资源补充调查和对自然资源与自然环境的长期监测，使保护区在有效管理和科研监测方面起到示范作用，走在全国自然保护区建设和管理的前列。

（八）调整养殖结构，开展产品深加工和有机渔业认证

认真分析目前渔业存在的问题，鼓励发明有利于渔业可持续发展的渔具和养殖、收获方式，调整养殖结构，开展产品深加工和有机渔业认证，提高经济纯收入；加强执法检查，对使用迷魂阵、电捕鱼船、禁渔期间捕鱼以及严重干扰越冬水禽的渔业活动要严惩，同时实施替代生计项目，实现洞庭湖渔业资源的可持续发展。

（九）开发和完善洞庭湖湿地网络管理系统，加强信息交流和共享

建立洞庭湖流域湿地自然保护区网络管理系统，加强信息交流与共享，设立保护区小

额基金课题，促进保护区管理人能力的提高。走出去，请进来，加强与科研院所的科研合作与交流，整体提高环洞庭湖区生物多样性保护和自然保护区的管理水平。

（十）利用洞庭湖的知名度，合理开展生态旅游

自然保护是一项公益型事业，自然保护区的首要目标是保护野生动植物资源和生态系统，在保护区实验区内可合理开展生态旅游和适当开展经营活动。但当前该保护区因事业经费不足，导致有的保护措施难以实施；为增强自身造血功能，合理利用洞庭湖湿地的自然资源和文化资源，科学规划洞庭湖湿地区的生态旅游，如打造国际重要湿地品牌，开展国际观鸟活动等湿地生态旅游项目，实现生态保护与经济发展的良性循环。

参考文献

窦鸿身，姜加虎．2000. 洞庭湖．合肥：中国科学技术大学出版社
窦鸿身，姜加虎．2003. 中国五大淡水湖．合肥：中国科学技术大学出版社
杜耘，薛怀平，吴胜军，等．2003. 近代洞庭湖沉积与孕灾环境研究．武汉大学学报，49（6）：740-745
段光磊，彭严波，王强．2007. 近期长江荆江河段河道演变对防洪影响的研究．人民长江，2（2）：100-102
方春明，曹文洪，鲁文，等．2002. 荆江裁弯造成藕池口急剧淤积与分流分沙减少分析．泥沙研究，4（2）：40-45
方春明，毛继新，陈绪坚．2007. 三峡工程蓄水运用后荆江三口分流河道冲淤变化模拟．中国水利水电科学研究院学报，9（3）：118-185
韩广，张桂芳．1998. 洞庭湖区芦苇和荻的饲用潜力及开发利用．长江流域资源与环境，7（3）：232-236
韩其为，周松鹤．1999. 三口分流河道的特性及演变规律．长江科学院院报，10（5）：5-7
韩其为．1999. 三口分流河道的特性及演变规律．长江科学院院报，16（5）：5-8
黄金国．2005. 洞庭湖区湿地退化现状及保护对策．水土保持研究，12（4）：261-263
姜加虎，黄群．1996. 三峡工程对洞庭湖水位影响研究．长江流域资源与环境，15（2）：367-374
姜加虎，黄群．2004a. 洞庭湖近几十年来湖盆变化及冲淤特征．湖泊科学，16（3）：209-214
姜加虎，黄群．2004b. 洞庭湖区生态环境退化状况及其原因分析．生态环境，13（2）：277-280
刘璨．2006. 洞庭湖与荆江的历史渊源及其沧桑演变．岳阳职业技术学院学报，4（2）：32-35
彭友林，陈建忠，田宗城，等．2005. 洞庭湖湿地野生牧草资源的研究．草业科学，22（7）：34-36
彭玉明，段文忠，陈永华．2007. 荆江三口变化及治理设想．泥沙研究，12（6）：59-65
渠更，唐峰，刘小斌．2007. 荆江三口与洞庭湖水沙关系变化及影响．水资源与水工程学报，18（3）：95-97
童潜明．2005. 三峡水库运行后洞庭湖湿地的变化及合理利用建议．国土资源导刊，2（2）：12-16
王翠平，曾国林．1998. 正确认识和处理好江湖关系是治理洞庭湖的前提条件．水利水电快报，5（10）：9-10
王文清．2000. 洞庭湖水资源及其对湿地生态环境的影响．国土资源科技管理，17（6）：1-7
姚敏，袁穗波，袁正科，等．2005. 洞庭湖湿地天然植被生态特性及分布规律探析．湖南林业科技，32（5）：29-36
袁正科，袁穗波．2004. 洞庭湖湿地野生植物资源种类与开发利用．湖南林业科技，31（5）：43-46
庄大昌．2000. 洞庭湖区湿地生物资源特征及生态系统评价．热带地理，20（4）：261-264
邹邵林，刘晓清，刘新平，等．2000. 三峡工程对洞庭湖区滩地出露天数的影响．长江流域资源与环境，9（2）：254-259

第五章　鄱　阳　湖*

鄱阳湖是我国第一大淡水湖，在维护长江中下游水安全、生态安全、防御洪涝灾害等方面发挥着至关重要的作用。作为长江中下游为数不多的通江湖泊之一，鄱阳湖与长江的关系实际上影响到所有与水有关的方方面面，尤其是三峡工程建设的影响和近年来热议的鄱阳湖生态水利工程。作为世界重要湿地，鄱阳湖在保护物种、生物栖息地和生物多样性方面起着其他湿地不可替代的作用，如何在湿地保护与开发利用之间达到某种平衡，探索一条可持续发展的道路，是各界都关注的问题。鄱阳湖生态经济区建设是江西省探索人与自然和谐、可持续发展的尝试，将对鄱阳湖区和江西省今后几十年的社会经济发展产生深远影响。本章从鄱阳湖与长江的江湖关系、鄱阳湖湿地与生物多样性保护、鄱阳湖生态经济区建设与水环境保护等方面进行了专题研究和阐述。

第一节　江湖关系与鄱阳湖

一、鄱阳湖的形成和演变与长江的关系

（一）长江主泓道南迁是鄱阳湖形成的主导因素

鄱阳湖与长江之间，目前如此密切关系形成的时间并非十分久远，大约仅在公元1600年左右。汉、晋时代鄱阳湖并不存在，代之的是同样辽阔的赣江（古代又称为湖汉水和豫章江）下游平原。《汉书·地理志》云："鄱阳，鄱水西入湖汉；余汗，余水在北，至鄡阳入湖汉；艾，修水东北至彭泽入湖汉；赣，豫章水出西南，北入大江；南城，盱水，西北至南昌入湖汉；雩都，湖汉水东至彭泽入江，行千九百八十里"。这段记载可以说明两点：一是当时鄱阳湖盆地内并不存在大面积的水体，而是一个完整的湖汉水（今赣江）水系；二是当时的大江（今长江）不在湖口县附近，否则，湖汉水不必东行至彭泽入江。东晋末高僧释慧远所著的《庐山记》也告诉我们大江不在庐山—湖口一线。《庐山记》云："（庐山）南滨宫亭湖，北对小江，山去小江三十里。"小江距庐山尚有三十里，那大江距庐山就更远了。既然当时鄱阳湖盆地内没有大水体，大江又不在湖口附近，那么鄱阳湖与长江之间就不存在什么关系了（苏守德，1990）（图5-1）。

---

* 本章第一节由窦鸿身、苏守德、鄢帮有（江西省山江湖办公室）撰写；第二、三节由鄢帮有、姜鲁光（中国科学院地理科学与资源研究所）、周杨明（江西省山江湖办公室）、李鹏（江西省山江湖办公室）撰写；高俊峰、窦鸿身统一定稿。

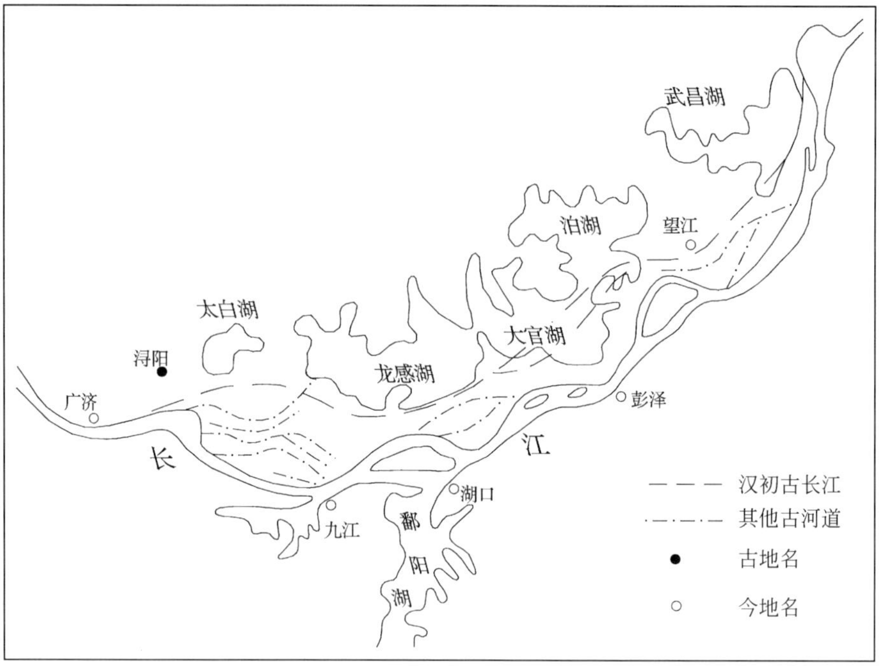

图 5-1　汉初长江主泓道（九江—望江段示意图）

大约到了公元 400 年前后，长江主泓道南移至庐山—湖口一线，江水在洪水季节开始顶托赣江等五河的泄水；梅家洲开始形成并逐步伸长，从而又缩小了五河的泄水断面。在二者共同作用下，五河之水不仅不能顺畅泄出，而且江水还倒灌入鄱阳湖盆地，于是鄱阳湖就此形成并逐步扩展而成为泱泱大湖。鄱阳湖水系也就取代了赣江水系。

（二）长江主泓道和支汊道的相互转化是鄱阳湖长周期变化的主导因素

长江出武穴后进入九江—黄梅洼地（即古彭蠡泽，有关彭蠡泽的形成与演化在第一章已提及，这里不再赘述），河谷展宽，形成众多的分支河道，俗称“九江”。《史记》中有司马迁“观禹疏九江”的记载。到东汉时，“九江……皆东汇大江”。长江主泓道虽已形成，但仍在进行着主、汊道交替的演变过程。主、汊道的交替是渐变的，可以在主、汊道间沙洲的变迁中得到反映。唐代胡玢在《桑落洲》一诗中写道，“莫问桑田事，但看桑落洲。数家新住处，昔日大江流。古岸崩欲尽，平沙长未休。想应百年后，人世更悠悠”。诗中的桑落洲即是后来的张家洲。河道的往复迁徙造成了“三十年河东，三十年河西”的现象，长江主干和汊道的兴衰交替和相互转化是长江中下游河道演化的重要特点。而湖口处长江水位的变化则决定着鄱阳湖水域扩展或缩小的长周期变化。

唐末、北宋初年，张家洲形成，长江主泓道移至洲北，远离湖口，从而减轻了江水对鄱阳湖水系泄水的顶托和倒灌。于是，湖水外泄通畅，湖泊水位下降，湖泊面积相应缩小至东部湖区（中国科学院地理研究所，1975）。

到了元末、明初，张家洲北侧的左汊道衰退，南侧的右汊道扩展，且水量渐丰，加上梅家洲的不断伸长，致使鄱阳湖泄水阻力又增大，江水倒灌水量增大，造成湖泊水位再度大幅度上升和水域面积再次扩展（图 5-2）。

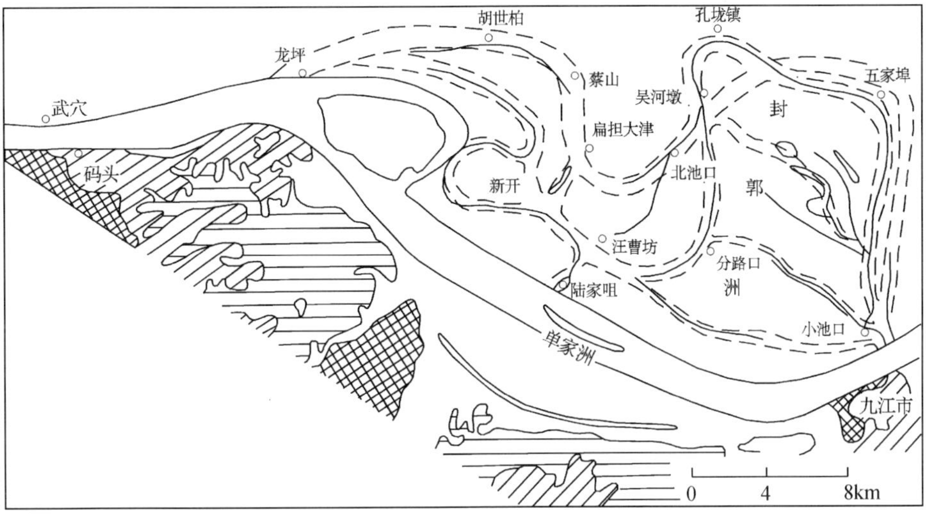

图 5-2 长江龙坪—小池口江段曲流演化图

二、鄱阳湖与长江关系现状

鄱阳湖位于长江中下游南岸、江西省北部，是我国最大的淡水湖泊。它南高、北低，在南纳赣江、抚河、信江、饶河和修河等五河，以及博阳河、漳田河和潼津河等区间来水后，通过罂子口水域，北经湖口注入长江，是一个典型的过水性、吞吐型湖泊。鄱阳湖还是一个季节性变化巨大的湖泊，具有“高水位是湖，低水位似河”的独特的自然地理特征。

鄱阳湖在湖口水文站水位为 21.69m（吴淞基面，下同）时，相应面积为 2933.0km^2，容积为 149.6 亿 m^3。根据 1960～2000 年资料统计，湖口水文站历年最高水位是 1998 年 7 月 31 日的 22.59m，相应湖泊面积为 4500km^2（圩堤溃决），容积为 340 亿 m^3；湖口水文站历年最低水位是 1963 年 2 月 6 日的 5.90m，相应湖泊面积仅为 146km^2，容积为 4.5 亿 m^3，高、低水位相比较，二者面积相差 30.8 倍，容积相差达 75.5 倍（鄱阳湖研究编委会，1988）（图 5-3）。

鄱阳湖水位季节性变化如此之大，除了气候因素外，主要是与长江湖口段水情、鄱阳湖水情以及二者相互作用情况的时空变化密切相关。它们之间相互作用、相互影响的密切关系，分以下几种情况。

（一）长江、鄱阳湖洪水遭遇

鄱阳湖的大洪水基本上是由五河洪水与长江洪水同时遭遇而形成的。五河主汛期为 4～6月，长江干流主汛期为 7～9 月。从历史资料来看，单一的五河洪水或长江洪水都不足以造成鄱阳湖严重的洪涝，只有在五河汛期推后或长江洪水提前的情况下，两者洪峰相遇，才会导致鄱阳湖区的严重洪灾。据汉口与五河历年最大洪峰出现时间和湖口水位超过

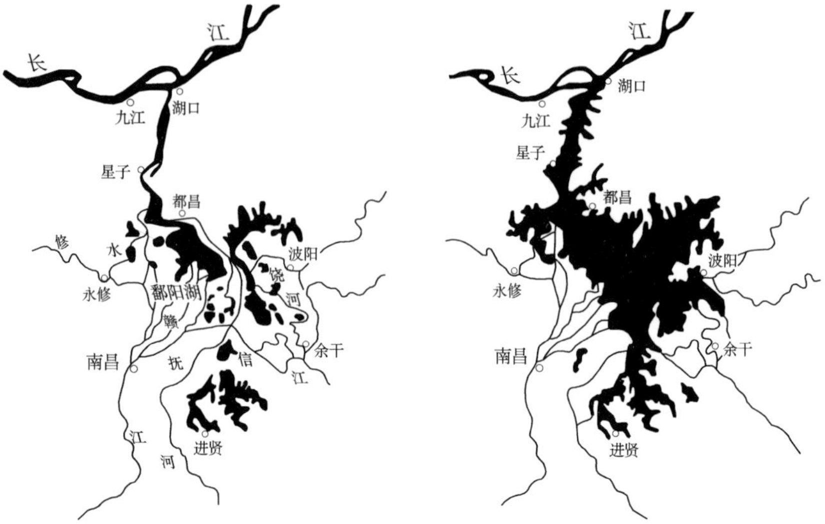

(a) 枯水期　　(b) 丰水期

图 5-3　枯、丰水期的鄱阳湖形态

20m 的 12 年统计资料分析，五河洪峰与长江最大 60 天、30 天、15 天洪量的遭遇分别为 7 次、4 次、2 次。受洪水影响，鄱阳湖水位升高，湖水漫滩，湖面宽阔，茫茫一片，面积增大。根据卫星遥感测算，湖区丰水期最大面积 5100km^2。

（二）鄱阳湖调蓄作用

鄱阳湖不仅能调蓄五河来水，而且对长江干流洪水也具有一定的调蓄作用。根据鄱阳湖调蓄过程的分析，鄱阳湖对长江的调蓄作用虽大，但调蓄作用主要发生在长江中、低水位时，在长江高水位时调蓄作用甚小，甚至将长江低水位时蓄纳的长江洪水在长江高水位时吐出来，起到负调蓄作用。对大通水位超过警戒水位的 12 个大水年统计资料分析，鄱阳湖与长江河槽消减洪峰平均值为 16 400m^3/s，约占消减总量的 18%，其中鄱阳湖调蓄量约占总调蓄量的 83%。

（三）长江、鄱阳湖洪水相互顶托

正常年份下，鄱阳湖水系汛期早，汛期湖水大量外泄，容易对长江干流湖口以上河段有明显的回水顶托影响；同时，在长江进入汛期后，干流来水量增大，也会对鄱阳湖出流有较大的顶托作用。根据统计资料分析，若鄱阳湖湖口出流增加 10 000m^3/s，同一武穴水位或九江水位情况下，武穴流量或九江流量要减少 9000m^3/s 左右。此外，在湖口水位不变情况下，武穴及九江下泄量之增加量与湖口出流量基本持平。

（四）长江洪水倒灌入湖

根据 1951～2007 年统计资料分析，有 46 年发生倒灌，倒灌 120 次共 735 天，平均每年倒灌水量约 25 亿 m^3。最大倒灌流量为 13 700 m^3/s（1991 年 7 月 12 日），最大年倒灌水量为 113.8 亿 m^3（1991 年）。倒灌期间，湖口水位一般在 19m 以下，星子水位高于

16m 的年份占 75%。倒灌时间均发生在每年 7～9 月。

(五) 鄱阳湖水外泄，水位下降

近年来，由于气候变化的影响，加之长江上中游来水偏少，拉动湖水大量外泄出湖，造成鄱阳湖枯水、干旱已成事实。如 2006 年、2007 年 10 月到次年 2 月长江九江站平均流量分别为 6989 m^3/s、8368 m^3/s，比多年均值分别减少 3.2%、1.9%；2008 年 1 月，鄱阳湖都昌水文站出现历史最低水位（8.15m），相对应的鄱阳湖湖面仅 $54km^2$，湖盆蓄水量 1.53 亿 m^3。尤其 2011 年 4 月份以来，长江中下游地区降水量异常偏少，导致江西、湖南、湖北、安徽和江苏五省出现严重旱情，鄱阳湖 5 月 18 日水域面积只有 $205km^2$（图 5-4），约相当于高水位时期面积的 7%，大片湖底干涸龟裂，鱼类干死湖床，水生植被遭受灭顶之灾，湖泊生态环境受到严重破坏，给湖区广大群众生产和生活饮用水带来巨大困难。随着三峡水库开始进入 175m 试验性蓄水阶段，三峡工程的蓄水是否也对鄱阳湖日益干枯、萎缩产生影响有待开展进一步深入的研究论证。

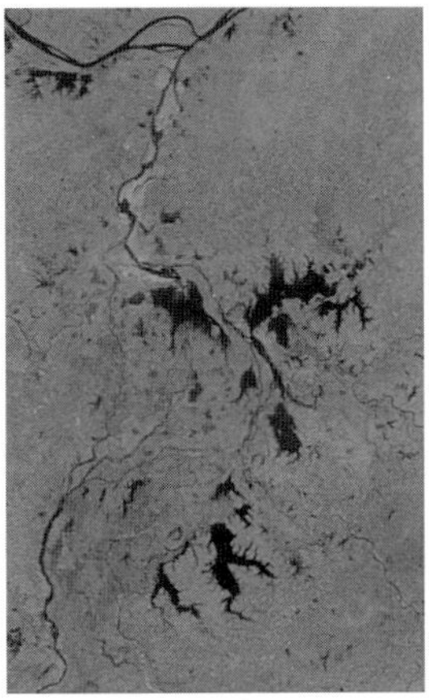

(a) 枯水期(2011年5月19日)

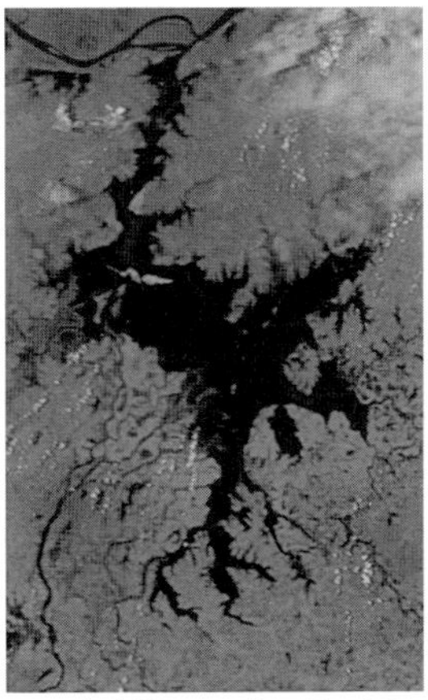

(b) 丰水期(2011年6月22日)

图 5-4 2011 年枯、丰水期鄱阳湖卫星影像

三、长江三峡工程对鄱阳湖的影响

三峡工程对鄱阳湖的影响，涉及水文情势、湿地生态等多个方面，利弊兼有。工程对改善湖区防洪形势是有利的，但在枯水期干流流量增加，可能造成湖区水位偏高而出现沼泽化和潜育化问题。

对鄱阳湖防洪，三峡工程“利弊参半”。上游如遇大洪水，三峡工程可拦蓄超额洪水，能有效缓解鄱阳湖防洪压力；但在丰水年份鄱阳湖水系五河的主汛期（5～6 月），三峡水库若增泄流量将增加湖区内涝概率，加重五河尾闾防洪压力。

对于湿地生态，三峡工程“弊大于利”。其最大的弊端是在枯水年份的 10～11 月间，三峡水库蓄水发电，减少下泄量。三峡水库 10～11 月下泄量比建库前平均减少约 $5500m^3/s$，从而引起鄱阳湖水位下降。水位下降将导致湖区不同高程薹草群落分布区下部的洲滩提前和加快出露水面，造成浮叶和沉水植物分布范围缩小，生物量下降，随着出露天数的增加，使湿地提前变干，导致人畜活动对候鸟觅食、栖息场所的干扰，进而导致候鸟栖息环境发生较大改变。

每年10月份后鄱阳湖开始稳定退水。一般在10月下旬后，湖中的鱼类将随出流进入长江或在深水港潭越冬。三峡水库下泄量减少，将导致鱼类提前进入长江，即使是在鄱阳湖里定居性的鱼类也可能随出流外逸，造成鱼类资源减少。

2004年三峡工程运行后，鄱阳湖与长江的江湖关系发生了重要变化，进而会对鄱阳湖湿地生态系统变化带来长期持续的影响。据《三峡工程运用后对鄱阳湖及江西“五河”的影响研究总报告》，三峡水库蓄水对鄱阳湖的影响时间为10月6日至11月15日，蓄水期间流量比三峡水库调度前流量减少5000～8000m^3/s，相应下游流量减小，水位下降。从水位最大变幅分析来看，三峡水库汛末蓄水对鄱阳湖水位影响非常明显，湖区各站水位最大降幅为1～2m。从水位平均变幅分析来看，各典型年在三峡水库蓄水调度计算条件下，鄱阳湖区各站水位均有不同程度下降，降幅为0.4～1.1m；从影响天数的时长来看，蓄水期湖区各站水位降低的天数为50～61天。按照三峡蓄水影响时段统计预测10年、预测20年、预测30年鄱阳湖年均多泄水量，分别为45亿m^3、42亿m^3和40亿m^3。

第二节　鄱阳湖湿地与生物多样性保护

湿地是介于陆地和水体之间，兼有水、陆特征的一种土地类型。它不但具有丰富的资源，而且还具有巨大的环境调节功能和环境效益，因而被誉为“自然之肾”。自然界的湿地虽有多种类型，但它们的共同特点是：在空间上往往分布在水、陆结合部的过渡带；在时间上，呈周期性干湿交替的动态变化；在生态上，表现为水、陆环境诸因子相互作用、相互影响和相互渗透，兼有水、陆特征的生态系统。鄱阳湖湿地是长江中下游最具典型性的湿地，湿地面积达2698km^2，占鄱阳湖总面积的82%，已超过我国第二大淡水湖洞庭湖的面积。其中珍稀候鸟的优良越冬栖息地面积达2588km^2，占鄱阳湖总面积的78%。越冬候鸟最为集中的赣江主支与修水的复合三角洲前缘，面积达224km^2的自然保护区已列入“国际重要湿地名录”。

一、湿地生态环境与生物多样性

由于湿地兼有水、陆两种生态环境，每当洪水退却时，天然堤逐渐露出水面，形成背向河岸缓缓倾斜的草滩，不同高程的滩地连续出水的时间一般长达180～300天。滩地上光热条件优越，富含有机质的草甸土，又加上年复一年的大量植物残体和鸟粪的积累，故土壤肥沃。在淹水时，水生植物占据着草滩，而湿生草本植物则处于休眠状态；退水时，处于休眠状态的湿生草本植物则随着退水而相继萌发和快速生长，而水生植物则退至地势较低的积水洼地。由天然堤顶至积水洼地，两者的高程相差12～18m。因不同高程处的滩地，有着不同的光热和水土条件，就形成了不同的生态环境，适合不同种类的生物生长和繁衍，从而也就造就了鄱阳湖湿地的生物多样性。20世纪80年代末采集到的植物标本有

102种，分属38科（王晓鸿，2004）。

根据湿地地面高程，由高到低分布着以下植物群落（朱海虹和张本，1997）（此处为黄海高程）：

（1）18.0～16.0m：位于天然堤高漫滩上部和中部，蚌湖断面宽达380～400m，平均每年显露天数为305.5～271.5天，为荻＋芦苇—薹草—菊叶委陵菜群落带。该带发育草甸土，枯水期地下水位1.5～1.7m以下，土壤呈氧化状态，Eh为600～700mV，pH为4.5～5.0，呈强酸性，土质疏松，表层（0～20cm，以下同）有机质高达7.2%～8.0%，剖面平均2.6%。表层总氮量0.30%～0.56%，平均0.18%；表层C/N7.5～15.5，平均7.3。该带退水早，连续显露时间长，光照充足，植物生长茂密，是草食性和草、昆虫杂食性候鸟觅食的场所，在断面各植被群落带中，因荻和芦苇植株最高，一般达1.5～2.5m，也有利候鸟荫避。在此觅食的候鸟主要有白额雁、大鸨、麦鸡、鹨、鸮和鹡鸰等。然而，该带因显露早、地势稍高，离居民点近，人类经济活动频繁，影响候鸟觅食和栖息。

（2）16.0～14.2m：位于天然堤高漫滩中、下部，平均每年显露271.5～169.5天，为薹草群落带，宽达290～360m，是湿地最主要天然草场，该带发育草甸沼泽土，枯水期地下水位浅，最低处仅10～20cm，土壤呈弱氧化状态，Eh为600mV左右，pH为5.0～6.0，表层有机质含量3%～4%，剖面平均2.92%，表层总氮量0.15%～0.24%，平均0.18%，表层C/N9.5～11.0，平均8.7%。该带植物群落为薹草优势种，生长茂密，单位面积生物量1716g/m^2，是当地牧草、柴薪和绿肥主要来源。每年3～5月涨水期间是本地主要经济鱼类鲤鱼的产卵场，退水后的秋冬期间也是植物性和杂食性候鸟栖息、觅食场所。在此分布的珍禽除了在高漫滩上部常见的一些物种外，在此栖息觅食的主要有白鹤、白枕鹤、白鹳、白头鹤、灰鹤、黑鹤、苍鹭、鸡鹬类、白琵鹭和野鸭等。

（3）14.2～13.8m：位于天然堤侧缘缓坡的低漫滩部位，地势低，平均每年淹没时间195.5～315天，为马来眼子菜一苦草沉水植物群落带，因地面坡度仅0°4′05″，故断面宽达600m，群落覆盖度一般为60%～80%，发育好的达90%以上，单位面积生物量为2010g/m^2。该带上部，高程14.2～14.0m处，短时间显露期间，有片状或斑块状分布的蓼子草介入。下部14.0～13.8m高程处，地势低，常受到枯水期低水位波动的影响，植被稀疏，泥质裸露，称为泥滩。该带地下水位靠近地表或连续降雨后暂时涨水，或在风涌水影响下为薄层水覆盖，因此该带发育的沼泽土，其土壤理化性质介于其上部断面草甸沼泽土和其下部水下沉积物之间的一种过渡土壤类型。该带为枯水期水位波动带，秋冬期间水浸部位一般不超过30cm，氧气充足，有丰富的螺、蚌等软体动物生长，退水后原沉水植物地面以上茎叶很快腐烂，但仍有很发达的地下根芽。以苦草和马来眼子菜为优势种的繁殖芽，埋深10～15cm，是草食性候鸟最喜掘食的对象。因此，本带既满足了食性以动物为主的候鸟需要，也满足了植物性和杂食性珍禽觅食的需要。此外，该带泥质松软呈泥泞状，又离人类频繁活动的草滩和居民点较远，珍禽越冬期间往往成为人、畜、船难以到达的“禁区”，对候鸟安全十分有利，是越冬珍禽最主要觅食、栖息场所。主要分布的珍禽除了鹤类、鹳类、鸡鹬类、白琵鹭等外，还有天鹅、鸿雁、鹈鹕和鸥类。

（4）13.8m以下水域，为常年淹水区，除13.8～13.6m高程有不到30天的时淹时显外，13.6m以下全处于水下，是本区最典型的沉水植物带，即马来眼子菜—苦草＋黑藻群落带。植被覆盖度一般为 80％，部分水域达 95％，单位面积生物量 2300g/m^2，因分布面积大，总生物量高。以蚌湖为例，其总生物量为 87 860t，占湿地植被总生物量的 47.1％。因全年淹水，植被水下立地条件仍基本保持原状沉积物特点，其理化性质为 pH6.2～7.4，呈中性，Eh 表层为 312mV，剖面平均 168mV，还原性物质总量平均是草甸沼泽土的 1.6 倍，草甸土的 4.9 倍。表层有机质含量 1.7％～1.9％，剖面平均 1.7％，总氮量表层 0.14％～0.16％，表层 C/N7.0，剖面平均 6.8。在该带觅食的珍禽主要有白鹤、白枕鹤、白鹳、天鹅、鸿雁、鹈鹕和鸥类。由于湖心深水区远离人类活动区，往往成为各种珍禽主要休息和夜宿的场所（图 5-5）。

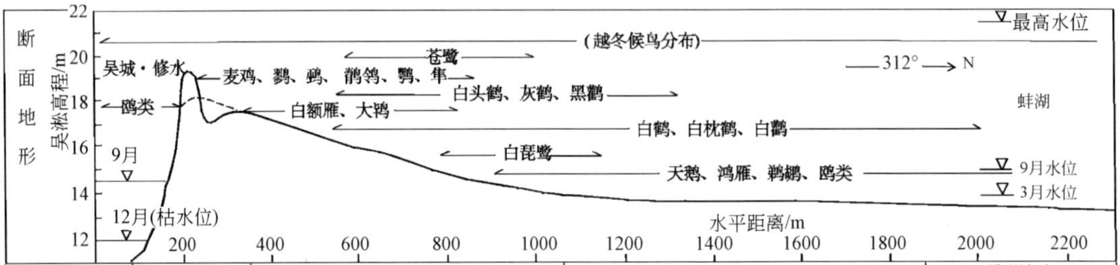

地貌单元	河道	天然堤		侧缘缓坡		蝶形洼地
底面坡度		0° 17′ 42″		0° 04′ 05″		<0° 04′ 05″
沉积单元	河床	高漫滩		低漫滩		积水洼地
		上部	下部	过渡带	泥滩	
地面物质 泥质含量/%		细粉砂，20.9	鸡西粉砂，34.2	细—极细粉砂，34.2	极细粉砂—黏土，37.9	
水情状况	水位动态	水位消落区			低水位波动区	常年积水区
	显露天数/天	305~271.5	271.5~187	187~143.5	143.5~0	0
	淹没天数/天	59.5~93.5	93.5~178	178~221.5	221.5~365	365
土壤状况	土壤类型	草甸土	草甸沼泽土	沼泽土(过渡带)	水下沉积物	
	Eh/mV，pH	600~700，4.5~5.5	470~600，5~6	理化性状介于草甸沼泽土与水下沉积物之间	168~312，6.2~7.4	
	表层，平均有机质/%	7.2~8.0，2.6	3~4，2.9		1.7~1.9，1.7	
	表层、平均总氮量/%	0.30~0.56，0.18	0.15~0.24，0.18		0.14~0.16，0.14	
植被类型	生态类型	挺水植物带	湿生植物带	沉水植物带		
	群落结构	荻+芦苇—薹草—菊叶委陵菜	薹草	马来眼子菜		马来眼子菜—黑藻—苦草
	主要伴生种	艾蒿、早熟禾、看麦娘、蓼	蒌蒿、委陵菜、蓼、牛毛毡	大茨藻、小茨藻、聚草、黑藻、荇菜		大茨藻、小茨藻、聚草

图 5-5　鄱阳湖蚌湖地区生态断面结构（朱海虹和张本，1997）

应该指出，上述由草滩-泥滩-积水洼地组成的湿地结构，不仅为鄱阳湖植物资源、鸟类资源及各种底栖动物的生物多样性，提供了优越条件，而且也是鱼类饵料基地和一些经济鱼类的产卵场。据调查，在鄱阳湖分属 21 科 122 种鱼类中，依靠草滩繁殖的本湖鱼占 70％～80％，其中鲤科鱼占 50％。每年 3 月春汛涨水，薹草等草甸植物分布区被浅水侵占，成为鱼类产卵、索饵和栖息的场所。这种被当地称为“堑湖”的碟形洼地，是鄱阳湖主要渔业区。在鄱阳湖湿地生态系统中，碟形洼地内不仅有鱼类，而且还有腹足类、瓣鳃类等各种软体动物，都是候鸟动物性食物的主要来源，鱼粪、鸟粪肥土又促使湿生和水生植物的生长，后者又是草食性和杂食性候鸟的食物，形成一个有利于各种珍禽栖息越冬的生态链。

二、湿地资源与湿地功能

鄱阳湖湿地的资源不仅在于它是湖区绿肥、牧草和柴薪的主要来源，而更重要的是它的功能所产生的巨大效益。湿地具有涵养水源、调蓄洪水和物质生产等多种生态服务功能。鄱阳湖湿地生态服务功能年均总价值约为 483.91 亿元，其中直接利用价值约为 104.46 亿元，间接利用价值为 379.45 亿元（王晓鸿，2004），而且鄱阳湖生态系统还有很大的开发潜力。湿地是鱼类的饵料基地和某些经济鱼类的产卵场。在鄱阳湖分属 21 科 122 种鱼类中，依靠草滩繁殖的本湖鱼类约占 70%～80%，其中鲤科鱼类占 50%。其产卵场主要分布在诸蝶形洼地，是鄱阳湖的主要渔业区。在鄱阳湖湿地生态系统中，积水洼地内的鱼类资源和各种软体动物是候鸟动物性食物的主要来源。鸟粪和鱼粪肥土，又促进水生植物生长，水生植物又是草食性候鸟的食物，形成一个有利于珍禽栖息越冬的生态链。

鄱阳湖是目前世界上最大的越冬白鹤群体所在地，白鹤种群数量占全球的 95%以上。鄱阳湖自然保护区也是迄今发现的世界上最大的鸣雁越冬群体所在地，数量达 6 万只以上。

据最近几年观察统计，仅在永修县吴城镇周围 224km^2 的保护区内，就观察记录到鸟类有 280 多种，分属 17 目 51 科，其中水禽 115 种，属国家一级保护的动物有白鹤、白头鹤、大鸨、白鹳、黑鹳、金雕、白肩雕、白尾海雕、丹顶鹤和中华秋沙鸭等，共 10 种；属国家二类保护的动物有天鹅、鹈鹕、加拿大鹤、白额雁和白琵鹭等，共 40 种。其中，曾列入世界严重濒危物种白鹤，1993 年 12 月 6～7 日在保护区内的大湖池，中外专家竟然观察到 2800 多只。因此，鄱阳湖湿地有“白鹤王国”和“鸟类乐园”之美誉。

应该指出，鄱阳湖湿地不仅在生物多样性及其丰富的生物资源和维系湖泊生态平衡中发挥了巨大作用，而且在调节洪水、减少灾害方面也发挥了巨大功能。据 1950～1985 年多年资料计算，鄱阳湖多年平均入江水量主要集中在五大入湖河流的汛期，即 4～7 月份，因此，3 月份之前枯水期所腾出的库容，实际上即为水位消落区湿地所腾出的湖泊容积，该容积为滞纳和调节汛期洪水提供了空间条件。若以湖口水位变化为例，汛前 3 月份多年月平均水位 12.17m，7 月份平均水位上升到 21.32m，湖水量也相应由 12.5 亿 m^3 增加到 273.9 亿 m^3，共调蓄水量 261 亿 m^3，占鄱阳湖多年平均入江水量的 18%。在多年平均情况下，经鄱阳湖调蓄后，平均可削减日平均洪峰 1000m^3/s，使出湖流量小于入湖流量，对长江洪水起到调节洪峰作用，当入湖河流洪峰与长江洪峰在时间上错开时，其调节功能更为明显。

由于鄱阳湖水位消落区主要分布在入湖三角洲前缘湿地，而湿地的地貌结构又由许多碟形洼地所组成。因此鄱阳湖的调蓄功能很大程度上有赖于这些洼地的调节功能。以典型洼地蚌湖为例，1993～1994 年实测水位资料统计，蚌湖汛期前 3 月份平均水位 13.75m，7 月份平均水位上升到 19.28m，湖水量也由汛期前 0.116 亿 m^3，相应增加到 4.57 亿 m^3，其调蓄水量 4.45 亿 m^3（表 5-1）。

表 5-1 典型湿地（蚌湖）不同水位下的面积和容积

水位/m	13	14	15	16	17	18	19	20	21	22
面积/km^2	0	57.88	73.28	82.21	88.55	89.44	89.74	90.02	90.40	90.71
容积/（亿 m^3）	0	0.28	0.90	1.68	2.53	3.42	4.32	5.22	6.12	7.03

三、湿地保护与开发利用

众所周知，影响和破坏湿地生态环境的最主要因素是人类活动。其中又以大规模围湖垦殖、严重污染水域环境、流域水土流失加剧湖区淤积、湿地生物资源过度开发和不合理利用，以及影响湖泊水情变化的大型水利工程等影响为最大。至于人类对湿地环境直接影响，则以大规模的围湖垦殖为最大。据统计，1950～1995 年，鄱阳湖天然水域因围垦而缩小了 1466.9km^2。这些被围垦的水域大部分位于三角洲前缘与河口尾闾地区，也是最适宜候鸟栖息地的湿地环境。它们主要分布在赣江三角洲中支和南支尾闾，如恒湖、成新、朱港、蒋巷、玉丰和鲤鱼洲等圩区；抚河下游青岚湖和军山湖湖汊筑坝控制区；信江尾闾河口区的康山大圩以及饶河三角前缘的珠湖圩区等。

围垦对湿地的影响主要表现在草滩面积减少，植被群落结构变化和生物量减少，鱼类产卵场和育肥场的破坏和渔业资源的衰减，湖泊库容减小水位抬高，调蓄功能降低，候鸟栖息地面积减小及越冬环境变差等，从而影响和改变了湿地生态系统的结构与功能。例如，20 世纪 60 年代初湖区植物有 119 种，至 80 年代仅采集到 102 种，减少 17 种。据 1965 和 1989 年实测数据对比，鄱阳湖草滩植被衰减明显（表 5-2）（王晓鸿，2004）。

表 5-2　鄱阳湖湿地植被生物量变化*

年份	薹草群落			芦苇+荻群落		
	面积/km^2	单位面积生物量/(g/m^2)	群落总生物量/t	面积/km^2	单位面积生物量/(g/m^2)	群落总生物量/t
1965	553.3	2 500.0	1 383 250	253.4	2 450.0	620 830
1989	485.0	2 416.8	1 106 963	175.3	2 249.0	394 500

* 薹草群落生物量是春秋各刈割一次合计量。

湿地植被面积减少，使湖区主要经济鱼类鲤鱼产卵场，由 1965 年的 55 处减少到 1983 ～ 1985 年复查后的 19 处。

此外，因围垦湿地损失库容约 45.52 亿 m^3，相应大大提高了水位，降低了调蓄功能，增加洪涝灾害。据星子站 1950～1983 年统计，前 18 年平均最高水位 18.40m，后 16 年为 19.38m，提高 1.08m。据计算，如果重现 1954 年洪水，若现有堤防不倒，湖口最高洪水位将比 1954 年最高洪水位高出 1.90～2.13m。

在湿地生态系统中，候鸟对人类活动最为敏感，他们之间的关系可从候鸟栖息地在鄱阳湖的分布状况得到启示和认识。从湿地的成因类型及其自然条件而言，赣江、信江、抚河、修水和饶河五大入湖河流三角洲前缘都具有相同或类似的湿地生态系统，越冬候鸟虽然在鄱阳湖各三角洲前缘湿地均有分布和出现，但主要集中分布在赣江主支（北支）与修水复合三角洲前缘，成为较稳定的栖息地。其主要原因即在于其他地区大规模围垦对栖息地的直接破坏，20 世纪 80 年代中期以来，虽然围湖垦殖基本得到遏制，但是围垦后人类社会经济活动日益频繁，使邻近围垦区的未围垦湿地难以形成良好的栖息地。而赣江北支与修河三角洲尾闾也有围湖垦殖，但规模较小，且距离保护区较远，对栖息地影响较小。另据人口调查资料，在鄱阳湖地区所有县市中，以吴城镇为中心的自然保护区的所在地永修县，人口密度最低，为 170～200 人/km^2。在鄱阳湖所有滨湖湿地中，也以保护区人口密度最低（图 5-6）。

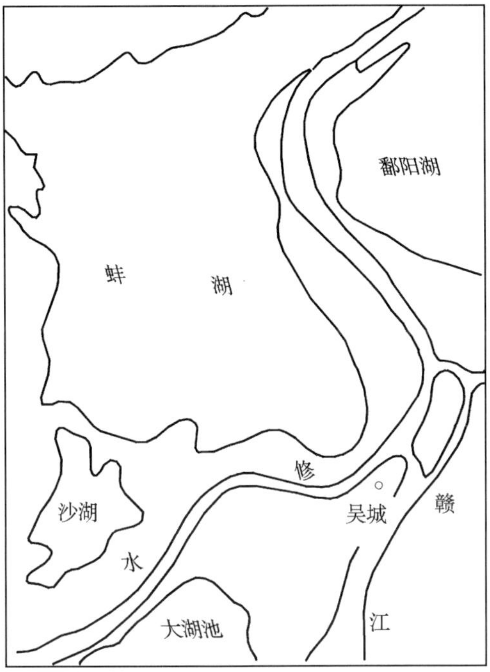

图 5-6 鄱阳湖鸟类自然保护区之核心地区

正是由于以上因素，使这里自然的湿地环境成为珍禽最集中分布的栖息地，并保持了湿地自然生态系统的结构与功能。近 10 年来，保护区栖息地候鸟种类和数量的不断增加，正好证实了人与自然之间的相互关系，同时也反映了自 1983 年建立自然保护区以来所产生的效益。但是这种生态平衡十分脆弱，因为随着区域经济的蓬勃发展，人类在栖息地的经济活动也日益频繁，特别是仍处于贫困状态的湖区人民为急于摆脱贫困、改善生活，一些不法分子为获取高利，往往采用诸如洼地排水疏干捕鱼、草滩过度放牧、用毒药投饵、抢杀、张网等手段，对包括国家一、二类保护的珍禽乱捕乱杀等，已成为当前破坏湿地生态平衡的最主要因素。

因此，应当对鄱阳湖地区加强保护，进行合理开发利用。

（一）保护和改善自然保护区内珍禽栖息地的生态环境和社会环境

位于修河尾闾处的自然保护区珍禽栖息地是在各种自然要素长期相互影响、相互制约和相互作用下形成的湿地生态系统。其中的水情动态，尤其是季节性的水位变化是维系该生态系统的主导因子，任何一个环境因子的变化，都将会改变湿地生态系统的结构和功能，“牵一发而动全身”。因此，在涉及开发或整治该地区的任何工程规划设计方案中，除考虑防洪、航运、灌溉、发电和山洪导流等因素外，还必须重视保护和改善本栖息地的生态环境，以达到最好的生态效益。

保护这一世界著名的珍禽栖息地已是刻不容缓。保护栖息地的措施固然重要，但改善保护区周边的社会环境更是当务之急。当前，在加强法制，严厉打击捕杀和贩卖珍禽的不法分子的同时，迅速改变当地民众贫困落后的现状，优化当地的社会环境，才是保护和改善湿地生态环境的根本和必由之路。

（二）在不影响湿地生态结构和功能的前提下，适当、合理和综合开发湿地资源

鄱阳湖地处亚热带季风区，气候温暖湿润，降雨充沛，日照充足，霜期较短。优越的自然条件形成了湿地丰富的生物资源。但鄱阳湖水位季节性高涨低落，严重限制了对湿地资源的开发利用，束缚了当地经济的发展。为改变当地群众“拿着金饭碗没饭吃”的矛盾和落后状况，以达到维持湿地生态平衡的目的，针对湿地生态断面的结构和特点，提出适当、综合开发湿地资源的方略，不仅合理而且可行。

（1）在高程17.5m以上的草甸土分布地区，选择株高至少5.0m以上的欧美杨作主要树种，同时也可选择杨、柳、池杉、水杉、泡桐、苦栋、合欢、乌柏、桑等树种成片发展。

（2）在离居民点较近，地面高程在16.5m以上，土质肥沃的草甸土分布区，以不围而垦的方式，适当种植农作物。可适当种植小麦、大麦、芝麻、油菜、萝卜、马铃薯、蒜头、榨菜和蚕豆等作物。但面积不宜过大，以补充当地部分渔民和邻近农民生活需要为原则。

（3）芦苇是一种经济价值较高的湿地植物资源，可供制浆造纸、简易建材、防汛器材、饲料和柴薪等综合用途。根据自然保护区芦坛（蚌湖）、朱市湖和令公洲人工植苇的经验，水情变化、社会环境干扰和经营管理状况是人工植苇成败的关键。因此，在规划人工植苇时，除考虑土质疏松，高程16～17m最适宜芦苇生长的地点外，还应在组织经营管理方面予以落实，明确经济效益合理分配，引进优良品种，以提高人工植苇的成活率。

（4）在湿地众多的野生食用植物中，蒌蒿（藜蒿）具有较高的经济价值，除了供应当地及邻近地区外，每年均有一定数量远销九江、南昌、南京、上海和北京等城市。藜蒿在17.5～14.5m高程、草甸土和草甸沼泽土上生长良好，其经济效益是投入成本的4～5倍。据此，可选择16m高程以上草滩，建立藜蒿栽培基地，既可避免群众无计划、低效率的乱采乱挖，又可大大增加草滩生物资源的经济效益。

（5）湿地草滩是季节性天然牧场，根据群众历史上的成功经验，可将围栏、放养结合，建立优良品种水牛繁殖基地，减少放养数量，适当发展黄牛、奶牛和养羊业。与此相配合通过免耕播撒高蛋白质草籽，如紫云英等豆科植物以改良牧草，增加土壤肥力，试验饲料青贮，以调剂旺、淡季节牧草的余、缺。此外，利用湿地草多、水面多和水生植物多的优势，发展鹅、鸭等家养水禽，以提高经济效益。

（6）鄱阳湖湿地上分布的大小碟形洼地是本地主要经济鱼类鲤鱼春夏期间的产卵场和觅食地，退水后又是一些经济鱼类的越冬场。因此，本地水产资源主要来自这些被当地称为“堑湖”的碟形洼地。为发展渔业，避免酷渔滥捕，保护资源和改善生态环境，除了加强、完善渔政管理政策和措施外，针对鄱阳湖水位变幅大的特点，可采用洼地水面放养、拦网养殖和网箱养殖等捕养结合方式，也可在17.5m高程以上的草滩上，试验类似于黄河泛滥洼地和洪泽湖滩地人工鱼塘——台田系统，结合围网养殖的方法，增加渔获量，防止资源衰减，保护生态环境，同时根据洼地水域和泥滩水生动物丰富的优势，适当发展虾、蟹、蚌等水产品的捕捞和养殖。

(7) 通过以上对不同高程的湿地进行全面规划，因地制宜，立体式的综合开发林、农、牧、禽和鱼类资源，针对保护区所在地吴城镇劳力资源优势，适当发展肉、奶、羽毛制品、蛋产品、水产、木材加工以及野生或人工栽培的食用水生植物，如蒌蒿、荸荠、菱等食品加工工业。不仅可以改善或根本改变目前吴城镇单一商业经济、市场趋萧条，以及居民人口大量外流的局面，也可大大减少人们对湿地无计划，甚至各种非法的生产活动。从此意义上说，也是珍禽栖息地保护的根本之路。

(三) 加强爱鸟、护鸟的宣传教育，健全和强化对珍禽栖息地的保护与管理措施

以鹤类为主的大型珍稀候鸟，长期以来被看做吉祥之物而受到人们的爱护，爱鸟、护鸟也成为当地群众的传统。但近几年来，伴随着商品经济大潮而来的偷猎者，或昼潜夜出，或在白天无人处，不择手段捕杀国家"珍宝"，并污染环境。对此，在依靠上级和当地政府领导支持下，成立由邻近各县林业、公安和乡镇领导参加的联合保护委员会。定期研讨、制定和通报有关保护、管理和执法事项，建立机动、快速行动的武装护鸟巡逻队和乡村群众护鸟保护网络，划定核心保护区，确定栖息地所有权，明确以护鸟为主结合生产的职责和任务。通过以上措施进行综合治理和强化管理外，还必须加强对人与环境之间关系的宣传教育，以保护我国甚至世界上这块独特的"风水宝地"。

(四) 加强科学与技术研究，为湿地保护提供科技支撑能力

提高科技支撑能力，是湿地保护的基础性工作。为此，要加强鄱阳湖湿地方面的基础性研究工作，主要包括鄱阳湖湿地生态系统与功能研究，动、植物方面的本底调查及湿地生态系统的发生、发展、分布和演替等方面的基本规律。在此基础上，开展湿地保护技术、退化湿地修复技术和湿地可持续利用技术等方面的研究，如在枯水年和特枯水年，利用闸坝控制大湖池水位，以改善候鸟觅食和栖息成效之研究和薹草再生能力与最佳刈割期之研究等，为鄱阳湖湿地保护提供雄厚的科技支撑能力。

依托科研院所和大专院校，建立培训基地，通过"请进来、送出去"的方式，或举办定期、不定期的专业技术培训班，对从事湿地保护的科技人员进行专业教育培训，提高广大科技人员的专业知识和技术水平是提高科技支撑能力的有效途径，应列入鄱阳湖湿地保护规划中并付诸实施。

(五) 健全管理制度，提高管理职能

国土、林业、农业、水利、环保和建设等部门互相协作，明确职责，共同建立湿地保护与合理利用的长效管理机制，组织实施相应的与湿地保护和合理利用有关工作，协调各部门的权益关系。健全鄱阳湖湿地保护的各种管理制度，制定相关的保护法规或条例，运用法律手段严禁在保护区内进行乱捕、滥猎或肆意垦殖洲滩等各种违法犯罪行为。

落实保护区各项管理责任制，确保管理资金、物资及时到位。建立保护区科技信息管理数据库，通过信息处理传输设备，迅速、准确地将有关湿地保护详情上报和下传，形成湿地保护的网络体系。

第三节　鄱阳湖生态经济区建设与水环境保护

一、鄱阳湖生态经济区建设的战略构想

（一）生态经济区建设的战略构想

鄱阳湖生态经济区规划范围包括：南昌、景德镇、鹰潭三市，以及九江、新余、抚州、宜春、上饶、吉安的部分县（市、区），共38县（市、区），国土面积51 200km^2，2008年末总人口1982万人，地区生产总值3730亿元。该区以江西省约30%的国土面积，承载了全省近50%的人口，创造了全省60%以上的经济总量。鄱阳湖生态经济区建设将坚持以科学发展观为指导，以促进生态与经济协调发展为主线，以体制创新和科技进步为动力，转变发展方式，创新发展途径，加快发展步伐，努力把鄱阳湖地区建设成为全国生态文明与经济社会发展协调统一、人与自然和谐相处的生态经济示范区①。

（二）生态经济区的功能定位与功能分区

鄱阳湖生态经济区的功能定位：一是打造成全国大湖流域综合开发示范区；二是打造成长江中下游水生态安全保障区；三是打造成加快中部崛起带动区；四是打造成国际生态经济合作平台。围绕这四个定位，着力建设“三大支撑体系”：安全可靠的生态环境保护体系、清洁安全的能源供应体系和高速便捷的综合交通运输体系。重点打造“十大产业基地”：优质农产品生产基地、光电产业基地、新能源材料及设备制造产业基地、生物高科技产业基地、铜冶炼及精深加工基地、优质钢材生产基地、炼油及化工产业基地、国内大飞机主力配套和国际航空工业转包生产基地、汽车及零部件生产基地和生态旅游基地。

根据自然生态系统的不同特征和经济地域的内在联系，在鄱阳湖生态经济区内可以进而划分为三个不同的功能区，各区的范围和功能定位如下：

1. 湖体核心保护区

指鄱阳湖水体和湿地。以1998年7月30日鄱阳湖水位（吴淞高程湖口水位22.48m）为界线，面积约5181km^2；区域功能是强化生态功能，禁止开发建设。

2. 滨湖控制开发带

指鄱阳湖沿湖岸线临水区域，以最高水位线为界，原则上向陆地延伸3km，核定面积约3746 km^2。区域功能是构建生态屏障，严格控制开发。

3. 重点发展区

指除上述区域外的其他地区，面积约4.22万km^2。区域功能是集聚经济和人口，重

① 国家发改委.2009.鄱阳湖生态经济区规划

点开发建设。

（三）生态经济区的发展目标

鄱阳湖生态经济区规划期为2009～2015年，远期展望到2020年。按照统筹规划、逐步实施的原则，分阶段推进鄱阳湖生态经济区建设：

2009～2015年，为先行先试、强基固本阶段，主要是创新体制机制，夯实发展基础，壮大生态经济实力，初步形成生态与经济协调发展的新模式；

2016～2020年，为深入推进、全面发展阶段，主要任务是构建保障有力的生态安全体系，形成先进高效的生态产业集群，打造宜居的新型城市群，在我国中部地区率先实现全面建设小康社会目标，为到21世纪中叶基本实现现代化打下良好基础。

表5-3是鄱阳湖生态经济区的主要指标及其各阶段的具体要求。

表5-3 鄱阳湖生态经济区的主要指标

指标	2008年	2015年	2020年
鄱阳湖天然湿地面积/km^2	2000	2000	2000
鄱阳湖水质	Ⅲ类左右	Ⅲ类以上	Ⅲ类以上
“五河”①省控断面Ⅲ类以上水质比重/%	78	85	90
森林覆盖率/%②	60.05	63	63
单位生产总值能耗（标准煤/（t/万元））	—	年均下降3.5%	年均下降2%
单位工业增加值水耗/（m^3/万元）	—	年均下降4%	年均下降3%
化学需氧量排放量/万t	—	年均下降1.5%	年均下降1%
二氧化硫排放量/万t	—	年均下降1.5%	年均下降1%
人均地区生产总值/元	18 815	43 000	80 000
城镇居民人均可支配收入/元	—	年均增长8.5%	年均增长8%
农民人均纯收入/元	—	年均增长8%	年均增长8%
居民期望寿命/岁	72	75	75
城镇化率/%	42.2	50	60

①“五河”指入鄱阳湖的五大河流，分别是赣江、抚河、信江、饶河和修河。

②考虑到鄱阳湖流域是个独立的生态系统，流域面积97%在江西省境内，且占江西省国土面积的94%以上，故此处森林覆盖率为江西全省的森林覆盖率。

二、鄱阳湖水环境的现状与存在问题

（一）鄱阳湖的水环境现状

鄱阳湖湖水的化学类型主要为重碳酸钾钠型和重碳酸钙型两种，总硬度年平均为13.6～23.0 mg/L，属于软水；pH年平均为7.0～7.6，属中性水（李博之，1996）。根据1991～1995年的水质监测资料（万金保和蒋胜韬，2005），湖水溶解氧年均值为6.9～8.3mg/L，化学耗氧量全湖平均值为1.1～1.8mg/L，生化需氧量全湖为0.1～6.2 mg/L。整体而言，鄱阳湖水质均能达到地表水Ⅱ类标准，水质良好。但是，自1996年后鄱阳湖水质略有下降，1996～2000年维持在Ⅱ～Ⅲ类水质之间，水质较好（万金保和蒋胜韬，2005）。

根据江西省环境状况公报和江西省水资源质量公报，1999 年以来鄱阳湖水质呈现恶化趋势，尤其是 2003 年后，劣于Ⅲ类水的比例大幅上升（图 5-7）。2007 年鄱阳湖 4 个监测点位的富营养化程度均为中营养，其中都昌和蛤蟆石水域水质为Ⅲ类，康山和莲湖水域水质为Ⅳ类，主要污染物为总磷和总氮。2008 年鄱阳湖共布设水质监测站点 19 个，评价面积为 2184 km^2，全年情况：Ⅱ～Ⅲ类水占 63.9%；劣于Ⅲ类水占 36.1%，其中Ⅳ类水占 35.6%、Ⅴ类水占 0.4%、劣Ⅴ类水占 0.1%，主要污染物为总磷和氨氮。根据历年水质监测数据可知，整体上总氮和总磷超标是造成鄱阳湖水质下降的主要原因①②。

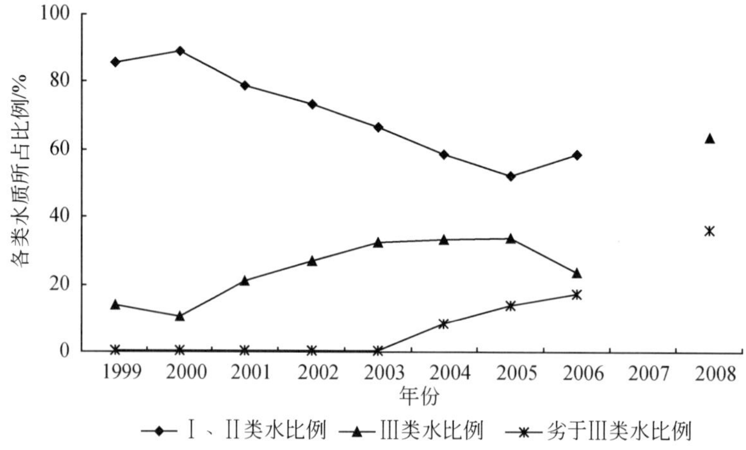

图 5-7　不同鄱阳湖各类水质所占比例变化

注：图上所示的 2008 年Ⅲ类水比例实际上是Ⅱ、Ⅲ类水之和

（二）鄱阳湖水环境存在的问题

造成鄱阳湖水质下降的原因很多，具体而言可以归纳为如下几个方面：

（1）快速的城市化使得城市人口激增，生活污水的排放量也相应剧增；

（2）工业的蓬勃发展，使得工业废水排放量激增；

（3）农业上化肥农药的大量使用，使得面源污染日益严重；

（4）矿产资源开发带来的重金属污染；

（5）湿地退化导致其功能下降；

（6）环境意识有待提高，环境执法力度有待加强；

要扭转鄱阳湖水环境恶化的趋势，保护鄱阳湖水环境，不能仅局限于湖泊及沿湖周边地区，还需要着眼全流域，将末端治理和源头控制有机结合起来。概略地讲，鄱阳湖水环境保护主要存在两个方面的挑战：

（1）从末端治理而言，需要处理生活污水日益增长而污水处理设施相对滞后的矛盾，工业废水日益增加而废水处理能力相对滞后的矛盾，农业面源污染日益严峻而治理措施相对乏力的矛盾；

① 江西省环境保护局 . 2003. 2002 年江西省环境状况公报

② 江西省水利厅 . 2007. 江西省水资源质量公报（1999～2006）

（2）从源头控制而言，需要转变生产方式和发展思路，减少污染物的排放量，降低工农业生产对环境的负面影响。

此外，从提高自然净化功能而言，进一步保护和恢复湿地，增强自然自净能力，也是鄱阳湖水环境保护面临的重要挑战。

三、鄱阳湖水环境的保护措施

（一）加强对鄱阳湖水环境的监测与研究

水环境的监测与研究是制定具体治理措施的基础。目前，江西省已经启动鄱阳湖水量、水质动态监测项目，鄱阳湖水质监测范围将由原来的湖面约5000 km^2，扩展到鄱阳湖水网区的25 000 km^2，监测站点由原来的21个增加到29个，同时对相关水域进行水环境质量专项调查，对突发性水污染事件进行应急监测。此外，江西省山江湖开发治理委员会办公室组织开展了“鄱阳湖水生态安全监测预警技术研究”，提出建立鄱阳湖区天地一体化动态监测网络体系。具体来说，就是综合运用卫星遥感技术、地面自动连续在线监测技术、无线传感器网络随机监测技术及各种常规监测技术，形成一整套程序化的天-地一体化立体监测体系，实现对生态经济区资源环境与生态经济的动态监测，获取实时或准实时的监测数据，为全面掌握区域内资源生态环境状况与变化趋势，了解各项生态治理工程的环境影响及效果提供科学依据，为鄱阳湖水环境监测和湖区生态经济社会可持续发展战略决策提供全面、系统、准确和动态的科学依据①。

同时，江西省联合省内外技术力量，先后成立了多个鄱阳湖研究机构，如江西省鄱阳湖综合治理与资源开发重点实验室等，对鄱阳湖开展了研究目标有所侧重、研究领域有所不同的长期研究，获得了大量的基础性数据和研究成果。为了加强鄱阳湖湿地的研究工作，在中国科学院和江西省人民政府的大力支持下，江西省山江湖开发治理委员会办公室与中国科学院南京地理与湖泊研究所合作，共同建立了“鄱阳湖湖泊湿地综合研究站”（简称“鄱阳湖站”）。目前已在鄱阳湖湖区及湿地布设多个水文、气象、水质与生物长期监测点，开展了鄱阳湖湖泊湿地连续的常规监测和调查研究工作。鄱阳湖站必将成为湖泊湿地生态结构和功能综合研究基地和湖泊湿地研究国际合作与学术交流基地。

概括起来，就是要在上述的长期观测和跟踪监测的数据基础上，将鄱阳湖生态环境保护和资源综合开发利用有机结合起来，形成良性的互动的关系。这里要特别强调的是，要把当地民众的长远利益和当前利益结合起来。在鄱阳湖生态环境保护和资源综合利用过程中，还要着力解决以下几个关键的问题：

（1）鄱阳湖水环境污染物的迁移和转化的机理；

（2）鄱阳湖水环境污染防治的新技术、新方法；

（3）建立鄱阳湖流域综合管理平台；

（4）鄱阳湖湿地生态系统服务功能的保护与恢复；

（5）鄱阳湖水资源配置与管理的优化模式。

---

① 江西省环境保护区．2003．2002年江西省环境状况公报．

（二）提高生活污水处理率，实现村镇垃圾无害化处理

针对鄱阳湖水环境污染亟需解决的三个问题：一是重点治理好现有企业的污染源，实现达标排放；二是加强县城污水处理厂和地下管网的规划建设；三是乡镇和村的垃圾要采取切实可行的措施，做到无害化处理。

为了推动县城污水处理设施的建设，提高生活污水处理率，2008 年 5 月，江西省全面启动“加快县（市）污水处理设施建设”工作，到 2009 年 9 月，已有 45 个县（市）完成污水处理厂厂区和配套管网工程建设，其余 39 个县（市）也将在年底建成。其中，新余、景德镇两个设区市所辖县（市）的污水处理设施已经全部建成。

实现乡村垃圾无害化处理是保护好鄱阳湖水环境的必由之路。按照实事求是、因地制宜，政府引导、群众自愿，综合规划、科技帮扶的原则，垃圾处理问题已经成为新农村建设的重要内容，与农村改水、改厕、沼气建设结合了起来。要坚持垃圾分类处理，视垃圾产生地距县城的距离，采取集中处理和分散处理相结合的办法。为了处理好乡村垃圾问题，江西省部分地区已经试行了一种新的乡村垃圾处理模式，即：农户垃圾入桶—村组收集—乡镇运转—县（市）集中无害化处理（填埋或焚烧）。

（三）转变生产方式和发展思路，减少工农业生产对环境的负面影响

为了切实减少工农业生产对环境的负面影响，江西省政府组织有关部门编制了《鄱阳湖生态经济区新型工业化发展规划》和《鄱阳湖生态经济区农业发展规划》。《鄱阳湖生态经济区新型工业化发展规划》强调按照各生态功能区特征，在科学发展观指导下，转变工业发展理念，建立新型生态工业，改造提升传统工业体系，从源头上控制工业污染，减少资源浪费，实现工业的可持续发展。《鄱阳湖生态经济区农业发展规划》以提高农业综合生产能力和促进农民增收为目标，以循环经济的理念谋划农业农村经济发展，走生态文明、生产发展、生活富裕、科技进步、管理科学和环境友好的现代农业发展道路。

（四）加强自然生态系统的恢复和保护，提高自然生态系统的净化功能

流域生态系统保护措施不仅可以实现水质保护目标，而且还会产生其他的生态效益。在鄱阳湖生态经济区建设中，为了实现水质保护目标，恢复和保护自然生态系统的水质净化功能已经成为重要措施之一。其重点体现在对森林生态系统和湿地生态系统的恢复与保护上。为此，江西省政府组织相关部门专门制定了《五河流域治理规划》、《生态林业发展规划》和《湿地保护规划》等专项规划。

在森林生态系统恢复与保护方面，着力强化林业作为生态建设的支撑作用，完善生态补偿机制和全社会参与机制，实施水源涵养林建设工程。规划到 2012 年，森林覆盖率达到并稳定在 63%，森林质量明显提高，鄱阳湖五大支流的水土流失得到有效治理，重点地区生态问题较好解决。规划到 2020 年，森林覆盖率达到并稳定在 65%，形成比较完备的流域生态保护体系和比较发达的林业生态产业体系，为鄱阳湖生态经济区生态安全提供可靠保障。

在湿地生态系统恢复与保护方面，以保护鄱阳湖湖体湿地生态环境为核心，以保护湿

地生态安全与越冬候鸟栖息安全为目的，重点实施湿地生态保护工程、湿地生态恢复工程、湿地资源合理利用及生态产业示范工程、湿地保护能力建设工程、湿地社区共管与建设示范工程等五大生态工程，发展生态渔业、高效农业、野生经济动物人工驯养繁殖业、水生经济植物种植业和生态旅游业等五大产业。规划到 2012 年，达到越冬候鸟不减少，湿地功能不衰退，湖区水质稳定在Ⅲ类以上，血吸虫防治取得明显成效，形成趋于合理的湿地保护和湿地产业体系。规划到 2020 年，湿地生态功能明显提升，越冬候鸟种群数量稳定增长，湖区水质保持在Ⅲ类以上，血吸虫基本消灭，湖区群众人均纯收入达到 12 000 元，形成比较完整的湿地生态保护体系和比较发达的湿地生态产业体系，为鄱阳湖生态安全提供可靠保障。

（五）建设鄱阳湖生态经济区国际合作基地

鄱阳湖生态经济区建设需要高层次的智力支持，为此，必须以开放的姿态来推动各项国际合作活动。贯彻实施“走出去，请进来”和“开放促开发”的方针，充分利用政府和民间两个渠道，积极参与国际科技计划和国际学术组织，广泛而有效地利用全球科技资源，参与或牵头组织国际和区域性科学工程，推进联合国开发计划署南南合作流域综合管理技术转移与培训中心的筹建工作，加大力度建设“中国生命湖泊网络”，积极申报国家级区域可持续发展国际科技合作基地，搭建一个多层次、多渠道、多形式和多方位的鄱阳湖生态经济区国际合作基地。

（六）建立鄱阳湖生态经济区试验示范网络体系

以江西山江湖工程现有十大类 31 个试验示范基地为基础、以 10 个江西山江湖可持续发展实验区和 5 个国家级可持续发展实验区为样板，以生态环境保护、生态农业和绿色食品、循环经济、节能减排、低碳经济和新能源与可再生能源开发为主要领域，通过引进国内外先进的技术、成功的运作模式和成熟的管理经验，结合鄱阳湖区的实际情况，集成国内有关高校、科研院所和民间团体的成熟技术，总结、巩固和提高现有山江湖试验示范的经验与模式，建设一批生态经济发展样板基地，形成集先导性、综合性、科学性、开放性和服务性于一体的鄱阳湖区环境保护与资源合理利用试验示范网络体系，为鄱阳湖水环境保护与生态建设提供发展模式和技术支撑（王晓鸿等，2006）。

（七）加强环境意识教育，构建生态文明社会

以培育良好环境意识和生态文明为先导，以打造绿色乡村、生态城镇为抓手、以改善民生为重点，努力构建生态文明社会。在绿色乡村建设中，加强乡村规划与城镇规划的衔接，优化村庄布局；同时结合社会主义新农村建设，改善农村生产生活条件，打造生态家园。在生态城镇建设中，一方面着力优化城镇空间结构，突出历史文化传承，提升城镇功能品味，打造富有特色魅力的宜居生态城镇；另一方面鼓励绿色消费，形成健康文明、节约资源的生产生活方式。

四、鄱阳湖生态功能分区的划分与管理对策

对鄱阳湖区进行生态功能区域划分，是制定区域生态环境保护与资源开发政策的科学基础。生态功能区域划分应注重类型的简明性和可操作性。

（一）生态功能分区

鄱阳湖区有湿地、平原和低山丘陵等地貌类型，有区域中心城市、小城镇和广大的乡村，自然景观、人口分布和经济发展存在明显的区域差异。不同区域具有不同的生态与环境问题，科学进行生态环境功能分区是因地制宜、有针对性的解决生态与环境问题的重要手段。根据鄱阳湖区生态系统格局特点，将湖区分为以下四个生态功能区（王晓鸿等，2006）：

1. 湖泊湿地保护区

湖泊湿地保护区的范围包括鄱阳湖天然湖泊、退田还湖圩区和蓄洪圩区，面积约5000km^2。在1998年洪水水位（22.59m）重现时，都将成为湖泊湿地。该区是国际重要湿地和具有世界意义的越冬候鸟栖息地，也是维系其生态服务功能的主体部分，具有维系生物多样性、调蓄长江中游洪水径流、实现长江中下游地区江湖水量交换和泥沙淤积平衡等诸多功能。

区内有江西省鄱阳湖自然保护区（国家级）、南矶山湿地自然保护区（国家级）、青岚湖自然保护区（省级）、鄱阳湖河蚌保护区（省级）、鄱阳湖银鱼自然保护区（省级）、鄱阳湖鲤鲫鱼产卵场自然保护区（省级）和鄱阳湖长江江豚自然保护区（省级）等多处自然保护区。鄱阳湖是亚洲最大的候鸟越冬地，目前已记录的鸟类有17目55科310种，其中候鸟108种，属于国家一级保护的鸟类有10种，世界濒危鸟类有13种。世界上近98%的白鹤、50%的白枕鹤和60%的鸿雁种群在此越冬。

该区也是长江流域重要的调蓄洪区，拥有康山、珠湖、黄湖、方洲斜塘等四处国家级蓄滞洪区，是长江中游实施退田还湖工程的范例地区。经由鄱阳湖入江的多年平均水量达1427亿m^3，入江水量超过黄河、淮河和海河三河水量的总和，对维系长江中下游区域的水安全及生态安全发挥着重要作用。

2. 环湖生态农业发展区

该区包括鄱阳湖区的重点圩堤与环湖农田，大部分地区海拔在50 m以下，面积约7000 km^2，水热条件优越，为我国重要的粮食和渔业生产基地。

3. 城镇人居产业集聚区

本区包括环鄱阳湖城市、乡镇等人口密集、二三产业集聚的地区，大部分地区海拔在50 m以下，面积约1500 km^2，是鄱阳湖区人口和产业密度最大的地区。

4. 山地丘陵水土保持区

本区包括湖区周边的各类高地和坡地，以及外围的山地丘陵，海拔50 m以上，面积

约 7000 km^2，是鄱阳湖生态经济区的生态屏障区。

（二）各分区的生态功能

根据联合国千年生态系统评估（millennium ecosystem assessment，MA）（千年生态系统评估委员会，2007）的评估思路，可以将鄱阳湖生态系统的服务功能分为四种形式：支持功能、供给功能、调节功能和文化功能。其中，支持功能是指生态系统生产和支撑其他服务功能的基础功能，如初级生产、涵养水源、制造氧气和形成土壤等；供给功能是指生态系统为人类提供各种产品如食物、燃料、纤维和洁净水，以及生物遗传资源等的效益；调节功能是指生态系统为人类提供诸如调蓄功能、维持空气质量、调节气候、控制侵蚀、控制人类疾病，以及净化水源等调节性效益；文化功能是指通过丰富精神生活、发展认知、休闲娱乐，以及美学欣赏等方式，使人类从生态系统获得的非物质效益。现将鄱阳湖生态功能分区及其主导生态功能与辅助生态功能排序列于表 5-4。

表 5-4 鄱阳湖区主导生态功能与辅助生态功能排序

生态功能区	主导功能	辅助功能 1	辅助功能 2	辅助功能 3
湖泊湿地保护区	支持	调节	供给	文化
环湖生态农业区	供给	调节	支持	文化
城镇人居产业集聚区	供给	文化	调节	支持
山地丘陵水土保持区	调节	支持	供给	文化

（三）各功能分区的管理目标与措施

对不同生态功能区设置不同的保护与发展目标，制定有区别的管理对策，使鄱阳湖区成为有国际影响的生态环境保护与资源合理开发利用的示范区。

1. 湖泊湿地保护区

本区的主导功能是维持生物多样性和调蓄洪水，应采取以保护为主的管理策略。自 1983 年以来，鄱阳湖区相继建立了各类保护区 19 个，包括国家级 2 个、省级 7 个、县级 10 个。其中以候鸟保护为主的保护区有 14 个，以水生动物保护为主的保护区有 5 个。2002 年开始，每年的 3 月 20 日至 6 月 20 日，被确定为鄱阳湖全水域春季禁渔期，开展禁港休渔和人工增殖放流活动，使鄱阳湖渔业资源逐步得到改善。

本区的工作重点是加强保护区管理和基础建设，全面提高保护区的管理水平，包括保护区的管理机构改革、基础设备改进、人员培训、宣教基地建设和生态系统恢复等。积极探索蓄滞洪区资源可持续利用模式，缓解环境和生态压力。确保洪水调蓄功能的充分发挥，严禁以任何方式削弱其调蓄洪水的生态服务功能。

2. 环湖生态农业区

本区应采取保护性开发策略，适度限制农用化肥和农药使用量，控制农业面源污染，严禁圩内湖泊的垦殖活动和破坏生态的生产方式。发展生态经济，保护水环境质量，控制湖泊富营养化和水质恶化，积极防治内涝。

3. 城镇人居产业集聚区

本区应采取以发展为主的策略，着力治理湖区及入湖河流流域内城市、乡镇及大型村庄的工业和生活污染。在治理技术、管理和政策等方面寻求突破。调整产业结构和生产方式，大力发展湖区生态经济，控制湖区污染，实现区域社会经济的可持续发展和社会的文明进步。

4. 山地丘陵水土保持区

本区应采取以保护为主的策略，其生态保护的主导方向是植树造林和促进森林生态系统的恢复与管理。工作重点是加强水土保持，促进林产品的可持续利用等。鄱阳湖区山地丘陵的植树造林需要着力改善森林树种结构，避免大面积的纯林。据遥感调查（2005）鄱阳湖区有沙化土地面积 3189 万 hm^2，其中固定沙丘 0.67 万 hm^2，半固定沙丘 1.36 万 hm^2，流动沙丘0.85 万 hm^2，沙改田 1.0 万 hm^2。鄱阳湖风化流沙以 3～5m/a 的速度向群众居住地和生产区推进，淹没大量农田，沙漠化面积不断扩大。更为严重的是流沙冲进鄱阳湖，淤塞水道，抬高河床，将严重影响鄱阳湖的泄洪和航道的畅通，应加大对沙化土地的治理力度。

参 考 文 献

李博之 . 1996. 鄱阳湖水体污染现状与水质预测、规划研究 . 长江流域资源与环境，5（1）：60-66

《鄱阳湖研究》编委会 . 1988. 鄱阳湖研究 . 上海：上海科学技术出版社

千年生态系统评估委员会 . 2007. 千年生态系统评估——生态系统与人类福祉评估框架 . 张永民译 . 北京：中国环境科学出版社

苏守德 . 1990. 鄱阳湖成因与演变的历史论证 . 湖泊科学，4（1）：44-45

万金保，蒋胜韬 . 2005. 鄱阳湖水质分析及保护对策 . 江西师范大学学报（自然科学版），29（3）：260-263

王晓鸿，樊哲文，鄢帮有，等 . 2004. 鄱阳湖湿地生态系统评估 . 北京：科学出版社

王晓鸿，鄢帮有，吴国琛 . 2006. 山江湖工程 . 北京：科学出版社

王晓鸿 . 2004. 鄱阳湖湿地生态系统评估 . 北京：科学出版社

中国科学院地理研究所 . 1975. 长江中下游河道特性及其演变 . 北京：科学出版社

朱海虹，张本 . 1997. 鄱阳湖 . 合肥：中国科学技术大学出版社

第六章　巢　　湖*

巢湖是长江中下游地区五大淡水湖之一，位于安徽省中部，湖面面积769.55 km^2，流域面积13 486km^2。流域范围内含合肥、巢湖①和六安三市的市辖区及8个县，分别为合肥市辖区、肥东县、肥西县、长丰县部分，巢湖市辖区、无为县、庐江县、和县、含山县和六安市金安区、舒城县（附图3）。2006年流域内总耕地面积44万hm^2，总人口943.5万人，其中城镇人口275.0万人；2006年流域国内生产总值为1420亿元。一方面，近10年来，环巢湖特别是东西滨岸区经济和城市建设的快速发展，已在空间上对巢湖水体形成了前所未有的环境压力；另一方面，巢湖是我国最早进入富营养程度的大型湖泊，夏季时常有藻类水华发生，东西半湖的水质污染程度已为Ⅴ类和劣Ⅴ类，环湖河流的Ⅴ类和劣Ⅴ类水质已占8%和43%。根据环巢湖经济发展状况和湖泊水质保护要求，以及环湖带开发存在的主要问题分析，本章列出了保护与开发相协调等发展原则，提出了巢湖流域可持续发展的污染控制策略，以及科学地协调巢湖周边快速发展与湖泊保护的关系。

第一节　湖泊水体富营养化

一、水质和富营养化现状

根据对巢湖沉积物钻孔柱状样品中的总有机碳和总氮的分析研究，早在20世纪70年代，巢湖水体富营养化已开始加剧，巢湖水面开始出现蓝藻水华污染现象。到80年代中后期，巢湖已全湖处于富营养化状态，其中73.3%左右的水域处于富营养化状态，26.4%的水域处于重营养化状态，还有0.3%的水域处于异常（极富）营养状态。到90年代，全湖已处于重富营养化状态。巢湖湖区水体污染程度在时间和空间上均有差异，从时间上看，枯水期水质最差，平水期次之，丰水期相对较好。从空间上看，巢湖西半湖污染程度明显重于东半湖。西半湖污染最严重的湖区为南淝河入湖区，该区以总氮和总磷污染为主；其次是巢湖塘西湖区；再依次为十五里河入湖区、派河入湖区、西半湖湖心区和新河入湖区，且均以总氮、总磷污染为主。自2003年起，巢湖营养状态指数有所下降，由重度富营养化状态转变为中度富营养化状态。

---

* 本章第一节由范成新（中国科学院南京地理与湖泊研究所）撰写；第二节由曹有挥（中国科学院南京地理与湖泊研究所）撰写；第三节由孙庆业（安徽大学）撰写。由高俊峰、窦鸿身统稿并定稿。

① 2011年8月国务院批复撤销地级巢湖市。撤销原地级巢湖市居巢区，设立县级巢湖市。以原居巢区的行政区域作为新设的县级巢湖市的行政区域。新设的县级巢湖市由安徽省直辖，合肥市代管。原地级巢湖市管辖的庐江县划归合肥市管辖，无为县划归芜湖市管辖，和县的沈巷镇划归芜湖市鸠江区管辖，含山县、和县（不含沈巷镇）划归马鞍山市管辖。本书仍按照撤销前的巢湖市行政范围统计。

二、富营养化的成因分析

（一）湖泊受人工控制，水体交换不畅，自净功能低

巢湖在东口门建闸之前属于过水性河流型浅水吞吐湖，水量吞吐能力较大。流域形成的径流量多年平均为30.3亿m^3，长江经裕溪河入巢湖的交换水量多年平均为13.6亿m^3，二者比值为1∶0.45。建闸后，巢湖变为人工控制水量的半封闭型水体，与长江的交换水量减少了88.24%，几乎丧失了原来的自然吞吐能力。流域形成的径流量与江水入湖交换水量的比值为1∶0.05。而且，巢湖通过裕溪河向长江输沙量减少了26.9%，由此导致湖内每年增加淤积量30万t左右。由于巢湖闸坝水利枢纽工程控制，巢湖水位常年维持在8.0 m左右，使占湖面积20%左右的湖滩失去晒滩条件，影响高等水生植物的生长，数百平方公里的湖面呈现明水状态，风大浪高，湖水混浊。特别是在湖的滨岸带，湖岸崩塌，岸线后移，生态退化非常严重。巢湖闸虽曾建有过鱼道水工建筑，但过鱼效果不佳，使巢湖鱼类种群缺少补充群体，造成鱼群结构的简单化。同时，巢湖的交换水量减少，换水周期延长，污染物质滞留湖内，水体环境容量降低，促进了湖泊富营养化污染程度。这些都导致湖泊生态失衡，降低水体的自净功能。

（二）天然径流中磷的自然背景值偏高

磷是重要的生源要素，同时也是湖泊富营养化发生和发展过程中的主要控制因子之一。巢湖流域范围内拥有大量磷矿资源和含磷地层（屠清瑛等，1990），含磷地层主要为早元古界横山组/双山组、震旦系灯影组、寒武纪黄栗树组、志留系坟山组/茅山组及二叠纪孤峰组。由于风化、剥蚀、淋溶和渗漏等作用，土壤中磷的自然背景值偏高，因雨水而流失的量也相当可观。巢湖周围的地质和矿产资料显示，巢湖北部柘皋河流域源头区，广泛分布着有元古界—古生界的含磷地层。在流域东部的公安山—碾盘山—凤凰山—龟山一带，以古生界志留系—二叠系的含磷地层分布为主，地层时有出露：在北部的八字口—龙口一带，主要是元古界震旦系和古生界寒武系含磷地层；而位于流域西部北山口—白马山一带的下元古界横山组和浮搓山组含磷地层，多出露在地表（王道轩，2005），因此，该区也成为不同规模磷矿的开采集中地。由于技术落后，在开采磷矿的过程中，有大量的尾矿粉与尾矿未及时填埋和处理，由降雨引起的水土流失现象严重。流域内随含磷地层的不同，P_2O_5含量一般为10%～30%，局部富磷地层中磷含量高达38%。这些含磷地层岩性往往比较松软，差异性风化剥蚀作用强烈，加之亚热带季风湿润气候影响，溶解性磷可以直接注入源头河流，并最终注入湖泊，使得磷在水体和沉积物中大量积蓄。

对沿湖地区地表水和地下水自然本底的调查表明，地表径流的总磷浓度为0.05mg/L，矿区及其周围地区的地下水中含磷浓度为0.04mg/L，如此高的自然本底磷浓度，使巢湖具备了富营养化的基础背景，更是污染的一个诱因。

（三）湖泊内源污染严重

土地利用和人类活动加剧所导致的营养元素输入增加是引起湖泊富营养化趋势增强的

重要原因。从巢湖沉积柱状样多环境指标分析结果得出，巢湖富营养化过程经历百年。巢湖富营养化趋势是附近流域内人类活动加剧造成的，水体初级生产力的升高可能受到了陆源物质输入增加的影响。陆源物质向湖泊的输入与湖泊流域内人类活动的强度密切相关。巢湖每年接纳工业废水及生活污水约 1.8 亿 t，其中 97%以上的污水未经处理直接排入湖内。在湖泊沉积的底泥中含有丰富的氮、磷营养盐，且逐年积累，成为内源污染的重要污染源。底泥在风浪等湖水动力作用下因受到扰动而悬浮，促使底泥中的氮和磷二次释放（范成新和王春霞，2007）。湖水中总氮、总磷年平均浓度分别为 2.30mg/L 和 0.204mg/L，这两项指标在我国五大淡水湖中分别居第一位和第二位。从 1907～1987 年，湖泊的平均沉积速率为 1.21～1.74mm/a。据研究分析，每年从巢湖沉积物中向湖泊水体释放的总磷约 228t，总氮约 2100t（屠清瑛等，1990）。

（四）对外源污染控制不力

外源污染是造成巢湖富营养化的主要原因之一。从点源污染看，2004 年，流域内工业污水排放量为 6893 万 t，工业化学需氧量和氨氮排放量分别为 8814.4t 和 1464.2t；生活污水排放量为 20 125 万 t，生活污水化学需氧量和氨氮排放量分别为 57 537t 和 6127.8t[①]。虽然工业废水排放量小于生活污水排放量，但工业废水的污染贡献和危害都比较大。从非点源来看，农田化肥施用量逐年增加，而化肥利用率很低。大量泥沙、土壤有机质、残留的化肥农药、人畜粪便、城市地面废弃物等污染物被暴雨径流冲入湖泊。初步估算，每年全流域农田流失的化肥为 27 万～30 万 t，按流域土壤背景下限值计算，至少携带氮 6000 t/a，磷 2800 t/a。可见，半封闭型的巢湖水域接纳了大量城市生活污染物和农业非点源污染物，由于受湖体水动力学条件的限制，其水体自净能力有限，外源污染又加剧了内源污染。

（五）入湖河流水质差

根据《地表水环境质量标准》（GB3838—2002）评价，2005 年巢湖全年水质状况是西半湖塘西湖区、十五里河湖区、施口湖区和派河湖区为劣 V 类水，主要为总磷、总氮超标。西半湖各监测点 4～9 月营养化评分均超过 60 分，呈中度富营养化状态，均值为 63.5。东半湖中庙湖区为 V 类水，总磷超过Ⅲ类水标准 1.4 倍，4～9 月营养化评分为 52.1，呈轻度富营养化状态。巢湖一水厂湖区为Ⅳ类水，总氮超标 0.4 倍。4～9 月营养化评分为 46.7 分，呈轻度富营养化状态。

主要入湖污染河道有南淝河、十五里河、派河、杭埠河和兆河等，它们中间虽有部分河道、河段水质有所好转，但水质总体状况令人堪忧。

十五里河、南淝河及其支流板桥河、廿埠河等污染严重，2005 年、2006 年均为劣Ⅴ类水，主要是氨氮、高锰酸盐指数和总磷等项目超标。派河 2005 年为劣Ⅴ类水，汛期为Ⅳ类水，2006 年有所好转，为Ⅴ类水，主要是氨氮超标。杭埠河水质较为稳定，2005 年、2006 年均为Ⅲ类水，水质较好。兆河 2005 年全年、汛期和非汛期均为Ⅲ类水，水质较好；2006 年

① 国家环保总局. 2005. 2004 年全国环境统计年报

水质稍有下降，为Ⅳ类水，主要是高锰酸盐指数超标，汛期为Ⅲ类水。裕溪河（巢湖市新桥段）2005年、2006年均为Ⅲ类水，水质较好，非汛期水质有所下降，为Ⅳ类水。

据1987年调查，入湖河道是巢湖营养盐的主要来源途径，全湖总磷的68.5%和总氮的76.9%都是来自入湖河道，其中又以南淝河和三河（十五里河、派河、兆河）携入的数量较大，分别占总入湖磷量的26.9%和18.9%，占总入湖氮量的36.4%和15.3%。

三、富营养化的危害

（一）水质明显恶化，饮用水水源功能退化

由于城市环境基础设施滞后于发展，污水与污物大量排放，湖周围湿地面积减少，水土流失，湖盆淤积速度加快，致使巢湖水污染不断加重。根据2005年巢湖12个国控监测点位监测结果表明，整体水质常年总体为劣Ⅴ类。其中，西半湖污染程度严重，为劣Ⅴ类水质，东半湖为Ⅴ类水质。环湖河流劣Ⅴ类水质占43%、Ⅴ类水质占8%、Ⅳ类水质占33%，Ⅱ类和Ⅲ类水质共占16%①。巢湖主要超标项目为总磷和总氮。水体富营养化的日益发展，导致巢湖频繁暴发大面积蓝藻水华，并从西半湖逐步蔓延至东半湖龟山一带。因合肥市巢湖水源地水质恶化，不得不放弃从巢湖水源地取水而另辟水源，给经济发展和人民生活带来极大损失。巢湖市水源水质及供水安全也面临着严峻威胁（图6-1、图6-2）。

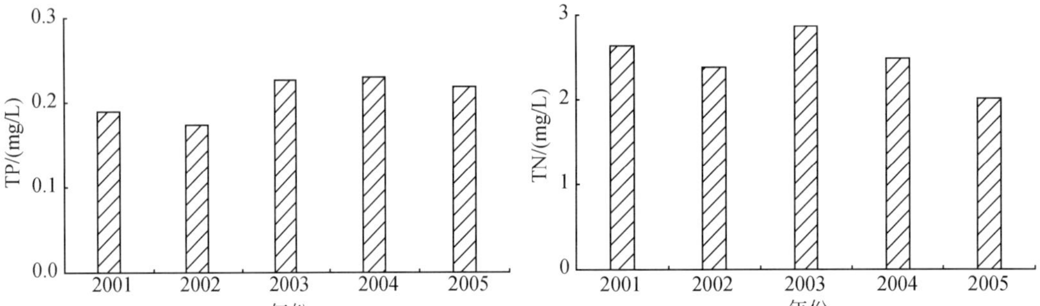

(a) 总磷　　(b) 总氮

图6-1　巢湖总氮、总磷的年际变化

① 国家环保总局.2006.2005年中国环境状况公报

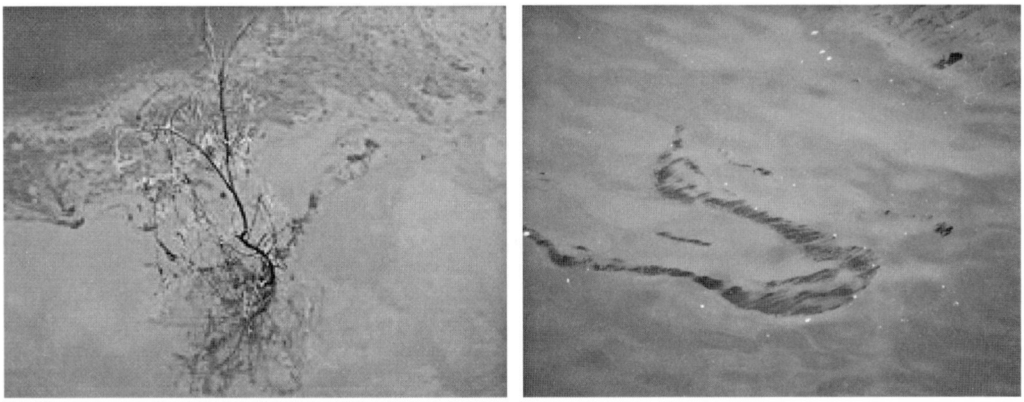

图 6-2 巢湖西半湖原合肥市水源取水口附近（2005 年 9 月 22 日）

（二）生物多样性减少

巢湖建闸堵塞了长江鱼类洄游通道，纳苗期失去长江水倒灌机会而不能“灌江纳苗”，使巢湖鱼类种群缺少补充群体，造成鱼类种群结构简单化，鱼类个体小型化与食性单一化。1993 年与 1979 年相比，湖内鲚鱼增加 234%，虾增加 184%，银鱼增加 93%，大型鱼下降 18%。1954 年大水前，巢湖有水生植物 29 科 44 属 54 种，大水后水生植物几乎濒临灭绝。建闸使水位增高，导致陆生、水生植被进一步遭到破坏，湿地范围缩小，到 20 世纪 80 年代初期虽逐渐恢复，之后由于污染和人工干扰又有下降趋势，植物群落出现斑块化和单一化现象。每年 8～9 月的温度和日照最适宜藻类生长，随着湖体内敏感生物物种的消亡和藻类的繁衍，湖区水华暴发。藻类的暴发消耗了水中大量的溶解氧，这造成藻类大量死亡及藻毒素释放，从而导致沉水植物等水生生物大量死亡而濒临灭绝，生物多样性急剧下降。巢湖中原有各种鱼类达 49 种，虾类 8 种，各种水鸟 44 种，由于生态系统破坏，部分名贵鱼种现已濒临绝迹，湖面水鸟也明显减少。

（三）观赏价值降低

湖泊是自然界中最主要的观赏资源之一，由于湖泊的富营养化，夏季往往会引发藻类水华。水华不仅使得巢湖原有的秀丽湖光黯然失色，而且因会散发藻腥味，使游人却步，极大地影响了巢湖的观光价值。此外，蓝藻水华及其腐烂过程中还会生成藻毒素，饮用这样的水体，必然会影响人、畜的饮水安全。

第二节 环湖带开发与环境治理

一、环湖带开发利用现状

近年来，巢湖环湖地区的经济进入了快速发展轨道。随着《环巢湖旅游开发规划与巢湖风景名胜区总体规划》、《合肥滨湖新区巢湖岸线、塘西河及十五里河综合治理规划》和

《巢湖市环湖生态经济带建设总体规划》等的实施，在保护、开发利用沿湖资源的基础上，环巢湖地区加快了旅游、房地产、滨湖新城和交通基础设施等的建设，已初步形成兼顾旅游休闲、景观房产、农业开发和城镇建设的环湖发展格局。

（一）土地开发利用强度不大

目前，环巢湖区域整体建设开发强度较低。环湖 5km 范围内建设用地面积 109.26km^2，占陆域总面积的 13%左右；水域面积 19.68km^2，占陆域总面积的 2.33%；居民点及工矿用地面积 47.24km^2，占陆域总面积的 5.59%。环湖 1km 范围内建设用地面积 26.65km^2，占陆域总面积的 15.7%；水域面积 10.27km^2，占陆域总面积的 6.05%；居民点及工矿用地面积 11.48km^2，占陆域总面积的 6.77%（表 6-1、图 6-3、图 6-4）。

比较环巢湖 5km 及 1km 范围地区的用地结构状况可以看出，越临近巢湖，水域面积比重越大，这主要是受环湖湿地距湖越近比重越大的影响；同时 1km 范围内的建设用地和居民点及工矿用地比重和 5km 内的相比，都有增大的趋势，这是因为近年来近湖区房地产的开发以及旅游度假区的兴建，同时近湖地区也是渔民及渔业设施的集中地，这也是导致 1km 范围内建设用地和居民点及工矿用地比重较大的原因之一。

表 6-1　环巢湖地区土地利用结构

土地利用类型	沿湖 5km 地区		沿湖 1km 地区	
	面积/km^2	比重/%	面积/km^2	比重/%
建设用地	109.26	13	26.65	15.7
居民点及工矿用地	47.24	5.59	11.48	6.77
水域	19.68	2.33	10.27	6.05

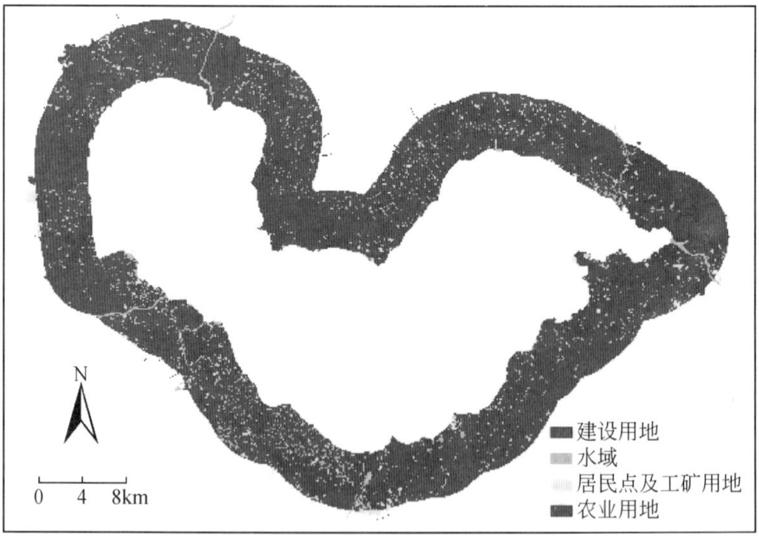

图 6-3　环巢湖 5km 地区土地利用结构图

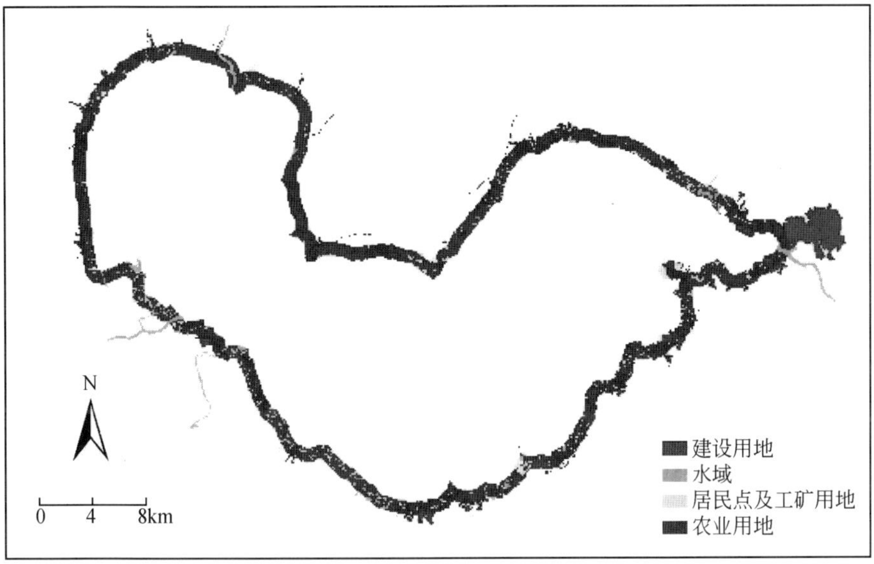

图 6-4　环巢湖 1km 地区土地利用结构图

（二）旅游休闲业初具规模

巢湖集长江天险、湖光山色、名泉名洞和奇石奇花于一身，湖光、温泉和山色构成“巢湖三绝”，2002 年巢湖被国务院批准为国家重点风景名胜区。环湖地区山地资源景观价值高，如姑姥二岛和龟蛇两山名闻遐迩，中庙和湖中姥山岛是远近闻名的佛教圣地（表 6-2），名山胜水古寺相得益彰，山水文化与历史文化相互融合。

表 6-2　巢湖环湖带旅游资源状况一览表

资源名称	位置	规模	特　色	开发现状
四顶山	肥东临湖	景域	山临巢湖，四峰凸起，有四顶朝霞	未开发，休闲观光
茶壶山	肥东六家畈	景段	临巢湖、靠四顶山	未开发，休闲观光
南淝河	在施口注入巢湖	景段	正在疏浚整治，水体污染严重	初步开发，局部观光
巢湖	合巢两市之间	景域	中国五大淡水湖之一，水体、湖岛	初步开发，观光
2814 渔场	肥东近六家畈	景段	联合国粮食计划署和中国政府合办的大型水产项目，休憩性渔猎场	初步开发，观光休闲
六家畈古民居	肥东城南	景段	存有多处古建筑以及古遗址	待开发
振湖塔	肥东巢湖边	景元	清代塔，省级文物保护单位	观光
三河古镇	肥西三河顺河至湖	景域	明清古建筑为主，有古庙宇、道观、街道、桥、河汊，古战场	已开发观光、休闲、度假、购物
长临镇古街	肥东	景段	古建筑形象	待开发
中庙镇	巢湖市临湖	景段	千年古镇、古庙与姥山相近	商贸、观光
中庙	中庙镇临水	景元	千年古庙	观光、朝圣
白衣庵	中庙镇临水	景元	千年尼姑庵	观光、朝圣
姥山岛	巢湖西北水中	景域	四面环水，人间盛境，留存千年古船塘	观光、休闲

续表

资源名称	位置	规模	特　色	开发现状
孤山	近肥西巢湖水中	景域	四面环水，与姥山相望	未开发
文峰塔	姥山岛上	景元	登塔望远，保存完整，内有真迹	观光、休闲
滨湖大道	巢湖北岸沿湖路	景段	延伸于湖光山色之中	初步开发，观光、体育
龟山	与巢湖市隔水相望	景段	形似龟体，近水	初步开发，休闲、水上活动
水上公园	巢湖市	景元	水上活动娱乐	健身
紫薇、王乔洞	巢湖近郊西北处	景域	天然溶洞，洞中有水、有船	探幽、观光
汉墓	巢湖市东郊	景元	千年古墓葬	考古、休闲
东庵森林公园	巢湖市南临湖	景域	湖滨最高的山体，绿树、小溪潺潺	休闲观光、度假
散兵	巢湖南临湖	景段	假山石，楚汉之争的古战场	休闲、访古
神墩文化遗址	巢湖南岸	景元		考古、休闲
半汤	巢湖市东北	景域	温泉沐浴、度假	养身、观光休闲度假
银屏山	巢湖东郊	景域	千年牡丹天下一绝	猎奇观光
隗林湿地	巢湖南岸	景域	未来的生态湿地旅游	未开发，休闲之旅
庐江湖滨段	巢湖南岸	景域	多低洼地，大面积生态林	生态湿地旅游
环湖圩地	巢湖四周	景段	江淮特有的圩区景观	未开发

资料来源：安徽省旅游局，2004. 安徽省环巢湖旅游开发规划。

围绕环巢湖旅游开发，目前环湖带休闲旅游开发已初具规模，如已拥有姥山岛和李克农故居两个2A级景区，银屏山牡丹每年吸引上万人前来观赏；中庙集巢湖风光、宗教朝圣、历史文化和乡村意境于一体，已经成为合肥省会都市圈重要的旅游休闲目的地。随着安徽旅游三大板块的提出及泛巢湖国家旅游区的建设，环巢湖各地政府旅游开发积极性高涨，一批旅游休闲项目正在兴起，同大、白山、黄麓、烔炀等地观光和休闲农业发展方兴未艾，一个“长三角地区休闲度假目的地”的区域旅游新形象正在形成。

（三）大农业发展基础较好且地位突出

环湖地区地处亚热带季风气候区，水、土、热等宜农的自然条件优越，农作物品种十分丰富，农作物以水稻、油菜、棉花、花生和瓜菜为主，畜禽主要有牛、羊、鹅和鸭，鱼类逾百种，其中银鱼、螃蟹和白虾均为水上佳品，素有“鱼米之乡”美称；近年环湖地区大农业得到大力发展，稻、油、棉、菜、禽及水产发展成为省市乃至全国的优势产业，沿湖平畈圩建立了优质水稻、油菜生产基地，水网地带建立了优质水产及水生蔬菜区，成为周围城市及长三角的主要粮食和果菜供应基地。

利用低洼易涝的湖沼湿地、圩田，重点发展莲藕、茭白和菱角等水生蔬菜。如烔墩镇蔬菜、优质瓜果等项目发展较快，名特优水产养殖规模进一步扩大，形成了以瓜果菜、经果林和水产养殖为主的三大生产基地，其中规划建设的烔墩水旱共生蔬菜基地面积6000亩，按照“水生（莲藕）—旱生（甘蓝、青花菜）”、“水生（莲藕）—水生（水芹、豆瓣菜）”的栽培模式进行水旱轮作；三河莲藕茭白基地规划建设面积15 000亩，以单季或双季莲藕、茭白生产为主；三河现代蔬菜产业基地到2012年规划建设面积3.6万亩，其中核心园区建设1.2万亩。严店乡则以万亩整村推进项目为契机，加大项目产业结构调整力度，着力推动合铜公路沿线万亩优质水稻种植基地和万亩无公害蔬菜生产基地建设。长临河镇则围绕农业产业结构的调整，经果林业和花木苗圃林业发展势头十分迅猛，其中经果林约800亩，主要分布在白马、茶山、虹光、长岗、迎霞等村，主要树种有油桃、李、杏、柿、枣、苹果、板栗、石榴、葡萄等；苗圃花卉基地共500亩，主要分布在湖滨、茶山、虹光、白马等村，主要树种有香樟、红叶李、广玉兰、加拿大合欢、垂柳、银杏、枫香、桂花等。

（四）特色产业板块逐步形成

近年来环湖地区工业化进程明显加快，其中巢湖市环湖地区2007年完成工业增加值32.92亿，在富煌钢构、金猴渔业、槐祥粮油、同大车身、中辰药业、湖滨机械和中埠锚链等龙头企业带动下，形成了建材、渔网、汽配、锚链、花炮、纺织和农副食品加工等特色产业板块，以及巢湖经济技术开发区、居巢民营经济园、富煌工业园和兆河工业园等产业集聚区。其中同大镇已引进江淮车身附件、同利汽车零部件、奥特玛汽车配件等汽车零部件制造企业，2007年工业产值近5亿元；白山镇形成了服装和渔网两大特色产业，两大产业年产值近亿元，服装产业拥有电动缝纫机650余台，年加工能力达200万套（件），主要以外贸出口为主；年产各种规格网丝1000t，渔网5000t。盛桥镇形成以粮油加工为代表的农副产品深加工业，槐林镇的渔网和粮油食品加工两个特色板块已经发展成为镇域经济的支柱，散兵镇形成了石料采选和花炮制作产业板块，银屏镇形成了水泥建材产业板块，黄麓镇形成了新型建材产业板块，中埠镇形成了船用锚链、矿山机械能为主的机械产业板块。

合肥义城镇全镇大小民营企业200多家，主要工业企业8家，初步形成了蔺草加工、建筑、建材、床垫生产、餐饮、家具、设施农业等支柱产业；严店乡粮油生产和羽绒加工两大产业发展，先后形成严店粮油有限责任公司、肥西荣信粮油有限公司两家合肥市龙头企业和严店粮油有限责任公司、肥西荣信粮油有限公司、肥西环球羽绒厂、合肥市映山红制衣有限责任公司、肥西东羽羽绒厂、肥西新兴羽毛有限公司等6家规模以上企业，特别围绕三河工业聚集区严店新区建设，以现有产业为基础，优先引入农产品深加工企业，积极发展规模大，技术含量高，环保无污染的新型工业企业。

（五）城镇建设及设施配套加速推进

自20世纪80年代以来，环湖带城镇化速度不断加快，巢湖市区80年代中期面积不足5km^2、人口不足6万，到21世纪初建成区已发展到23km^2、人口近24万人。近年来，巢湖城市北部以经济开发区、政务新区和半汤度假区为主体的新城区已经建成，南部滨湖新区建设如火如荼，城市框架已经拉开，建成区面积扩大到近 $30km^2$。同时环湖各镇基础设施日渐完善，其人口集聚开始加快。合肥围绕“141”城市空间发展战略（一个主城区，四个副中心，一个滨湖新区），积极规划建设滨湖新区，是合肥市未来通过巢湖走入长江、融入长三角的水上门户。

在城镇化快速推进下，以北岸的滨湖景观大道、城市主干道等为代表的临湖路网基本形成，环湖旅游景点景区建设初具规模，湖岸生态湿地逐步修复，以金码头城、秀庭景苑和四海花园为代表的一批高品位的现代山水人文生态居住小区相继开工建设。围绕合肥滨湖新区启动区建设，规划建设徽州大道、方兴大道、徽一路和紫云路四条交通干线，其中徽州大道南接滨湖大道，往北穿黄山路直通市区，15min 车程即可到达合肥市中心；方兴大道将建成为连接合肥经济开发区的大型双向 12 车道；而区域内的紫一路、紫二路、紫三路、紫四路和徽二路则通过强化与主干道的沟通，构成了整个区域内的便捷交通网络，所有这些大大提升了环湖地区的人居环境。

二、环湖带开发的主要问题

目前环巢湖带开发取得较大成绩，但也存在不可忽视的问题，特别是在保护与开发、近期与远期以及地区之间的协调方面仍存在较大矛盾。

（一）环湖产业发展拘泥于传统工业化路径

现阶段环巢湖地区仍以传统工业化的发展为主体，资源型产业占较大比重，工业污染防治措施落后，低效益、低附加值的企业较多，企业规模相对较小，传统产业多，技术含量不高，高新技术产业和高附加值、高成长性产业少，缺少国内、省内知名度高，支撑力强，市场占有率大的支柱型大集团和大企业。现有的工业集中区规模均较小，大多数尚处于建设初始阶段，产业定位比较混乱。

（二）环湖空间利用延续“摊大饼”模式

环湖地区有些度假区规划存在着较重的城市中心的规划痕迹，旅游区创新特色不明显，开发力度过大，高楼中心集聚，缺少生态和文化内涵；沿湖道路设计基本沿用了城市快速干道等汽车行驶的道路规划体系，过多地考虑了汽车道路与湖岸的直达，而较少考虑步行、非机动车行在生态休闲区的通达设计，这些都可能由于对生态资源直接开发而破坏原生态系统；有些新农村建设规划，也参照其他发达地区的做法，搞集中居住区，这样有可能破坏沿湖特有的乡村景观和生态风貌。

（三）旅游开发偏重物质化和刚性化

环巢湖地区目前仍以传统的观光型旅游产品为主，度假型、商务型和文化型旅游产品极少，这与沿湖旅游资源的特性以及开发要求不相适应，也不能适应我国旅游市场的需求。由于对旅游开发的认识不足以及受利益驱动，旅游开发缺乏合理规划，没有充分考虑巢湖生态特质和生态功能，对巢湖文化内涵的挖掘不够，明显地表现出重旅游物质环境开发，轻旅游文化内涵挖掘的问题，旅游活动的体验性和游客的参与性不足，使得环湖地区旅游开发水平较低，不能满足游客多层次、多样化的旅游需求。目前环湖旅游开发主要是兼有景观房产性质的度假村和面向大众的休闲度假产品如垂钓中心、农业园等，小、弱、散和产品的趋同化现象突出，缺乏具有带动性的核心大项目，尤其是针对中高端市场的国际化和高档次旅游休闲产品。

（四）资源开发利用强度大而失序

环湖地区矿山石材的开采量过大，尤其是小矿山开采规模小，开采秩序混乱，生产方式落后，资源优质劣用问题十分突出，山体过度开采不仅导致景观与生态破坏严重，而且易引发水土流失和次生地质灾害，进而加速湖泊淤积和水质富营养化演变进程。

三、环湖带开发的初步设想及环境治理

（一）环湖带开发的基本原则

1. 保护与开发相协调

沿湖地区是生态比较敏感的区域，其开发模式可以多样化。目前，国内外关于沿湖地区不外乎 3 种开发模式：临湖纯生态保护型、低密度的休闲开发型、临湖城市开发型等。对于生态敏感性极强、禁止进行建设活动的地区，如自然保护区、湿地、国家森林公园等生态功能极强、开发需求低的临湖地区，属于禁止开发区，应采用纯生态保护，以保护其生态价值；对于生态价值高、同时又具有一定开发条件的临湖地区，可采用低密度休闲开发型模式，以保障生态和经济效益的双重收益；对于生态敏感性不高，开发需求旺盛，特别是开发建设已形成规模的沿湖地区，结合发展条件和环境约束条件，在适当控制人口密度和开发强度的基础上，发展成为临湖城市区域。

从整体上看，环巢湖地区应以生态和文化优先，适度进行低密度休闲开发。巢湖是巢湖全市乃至合肥的重要生态屏障区，因此必须保护现有的自然保护区、山体、水源地以及湿地景观、森林公园、风景名胜区、沿湖防护林带。从整个环湖地区发展格局的动态趋势看，环湖地区开发应实行高层次的保护性开发理念。所有的开发活动必须围绕着保护巢湖水源地和沿湖生态景观来展开，以严格的生态容量为约束前提，妥善处理城镇建设、工业布局、旅游开发与生态敏感区保护之间的关系，使开发与保护相协调。

2. 环湖带与沿江、沿路工业带相协调

“环湖”、“沿江”、“沿路”产业（经济）带对巢湖市、合肥市的未来发展具有举足轻重的影响。沿江工业带是区域重化工业和港口物流载体和基础产业集中区，沿路产业带是先进制造业和加工业的载体，环湖经济带则是以旅游休闲为主的现代服务业集中区，其所承载的生态易损性更强，是环湖地区经济发展的最后一道生态屏障。因此，环湖带建设要把生态环境保护作为沿湖可持续发展的生命线乃至沿湖地区跨越工业化阶段、实现现代文明和生态文明相结合的最大资本，以不同于其他轴带的开发理念进行开发建设，以思路

"出新、出巧、出高"开发沿湖。

3. 开发内容和空间秩序相协调

内在产业链的构建和开发功能的空间协调，即条块协调，对一个地区的健康持续发展至关重要。首先，环湖资源丰富，不同类型的资源开发有不同开发能力要求，要选择充分发挥环湖地区良好的生态资源比较优势的产业，高起点、高效益地定位环湖开发的主导功能，可以考虑选择以旅游休闲功能和创新功能为主，进行产业布局和项目建设的整体运作，使环湖的旅游、会展、度假、生态农业等功能融为一体，和谐共生，支撑环湖生态型现代产业发展。其次，需要合理界定和划分需要保护和可以建设的空间。环湖地区不是一味地保持原有状态而不动，也不是到处可以开发，而是根据保护空间的自然生态和人文特质，确定保护重点和管制方向；根据环湖开发地位，明确可建设空间内的发展方向和功能定位，并逐一落实旅游、休闲、会展及城镇等空间布局。再次，要协调好短期与长期的关系，依据不同资源的开发需求与可能，有序的确定资源开发的先后及其空间的开发时序。

4. 资源开发的公平与效率相协调

环湖地区资源的开发（尤其是旅游资源的开发）在追求经济效益的同时更需要注重不同收入阶层人群的消费权利。环湖资源作为社会资源，应照顾不同层次人群的需求，以满足其不同需求的活动。环湖地区休闲娱乐空间的开发活动应面向不同的消费阶层，既要有满足高收入阶层需求的高端私密空间，也要满足普通大众休闲享受需求。

（二）环湖带开发的初步设想

1. 环湖带开发的功能定位

根据加快"环湖生态经济带建设"的战略构想，围绕滨湖新区开发和巢湖风景名胜区建设，环湖带将以滨湖旅游休闲业、生态化先进制造业和现代农业等为重点，以城镇开发、滨湖旅游观光为主要发展方向，以构建产业链为引导，以强化各类产业空间的集聚与管制为手段，形成产业结构先进、空间集聚明显和资源环境友好的新型滨湖经济带，逐步发展成全国著名的滨湖生态旅游休闲基地、长江下游重要的优质农产品集散中心和安徽省新兴的生态化先进制造业基地。

1）全国著名的滨湖生态旅游休闲基地

作为我国五大淡水湖之一，巢湖及其周边地区拥有名湖、秀山、珍禽、古镇等各种自然与人文旅游资源。充分发挥这些旅游资源优势，加大整合力度，挖掘绿色、红色、古色旅游资源，着眼于整体保护和提高整体功能，改造人文景观，开发自然景观，开展形式多样的名山、名水、名湖、名库、名人和名镇游，激发人们回归自然、认识自然、探索自然和热爱自然的休闲观念。对接长三角，呼应大合肥，定位于发达地区的生态旅游休闲"后花园"，改善交通条件，使环湖地区与发达地区的联系更加便捷。发展具有湖光山色、文化之邦、鱼米之乡、温和之韵等特色旅游项目，建设集度假休闲、游乐、考察及商贸为一体的旅游度假区和农业旅游观光区。

2）长江下游重要的优质农产品集散中心

巢湖及其周边地区自古以来就有“鱼米之乡”的美誉。目前环湖许多县乡已拥有多个省级农业龙头企业，形成了一批在市场上可以叫得响的产品，在江苏、浙江和上海市场上有一定的影响。以大物流为着力点，加强巢湖水产品批发、巢湖粮食批发等市场建设，环湖地区完全可以打造成长江下游重要的优质农产品集散地。

3）安徽省新兴的生态化先进制造业基地

对生态的高度重视是世界性的发展潮流，自然、健康、洁净并符合可持续发展原则的产品和产业具有广阔的发展前景。环湖地区优越的生态基础为生态化制造业的发展提供了独有的优势。环湖地区应优先发展机械装备制造（包括汽车零部件）、新型建材、农副产品深加工等低 COD 行业，促进高新技术产业和传统产业相得益彰，全面提升制造业档次。

为实现以上战略定位，主要应实施“营造大开放氛围、保育大生态环境、构筑大旅游产业、实施大项目带动、形成大集聚格局”的战略路径。

2. 环湖带开发的空间结构

突出开发理念创新和空间优化布局，依托沿湖地区资源状况和发展特点，从促进沿湖统筹与空间一体化出发，统筹考虑未来规划区人口分布、产业布局，确定研究区的开发强度和时序，进行环湖空间开发功能分区，以促进区域人口、经济和生态环境的协调发展，实现社会、经济和生态综合效益最大化（图 6-5）。

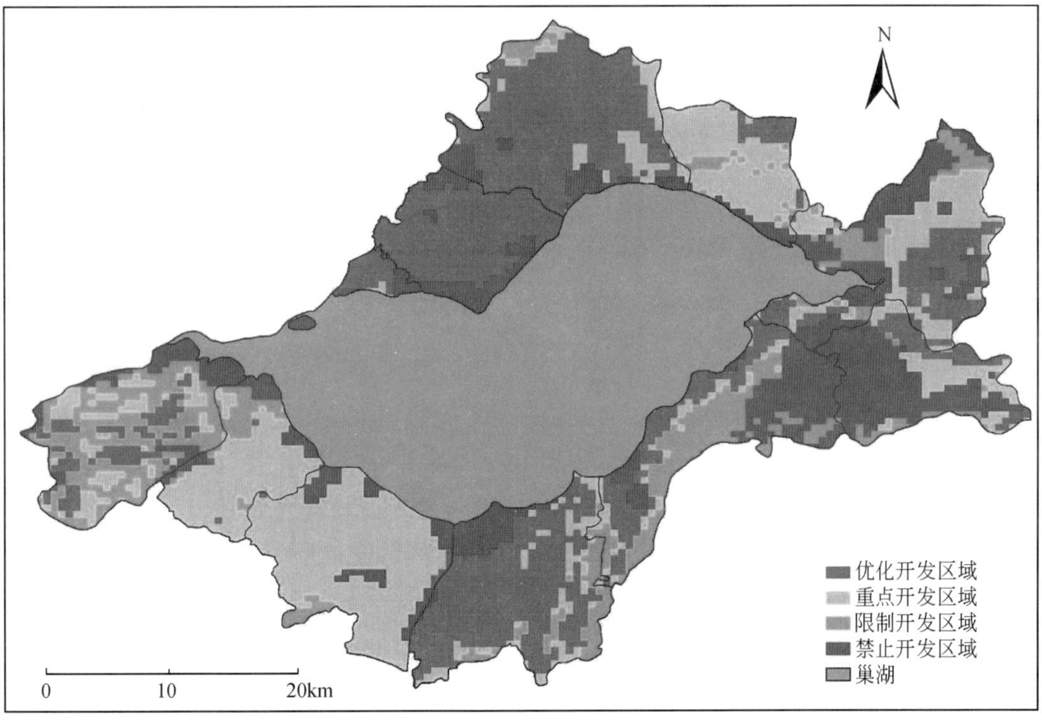

图 6-5　环巢湖空间功能开发分区

根据环湖开发的总体要求，未来巢湖环湖带将形成“一核两带多点”的空间开发总体架构（图 6-6）。其中：

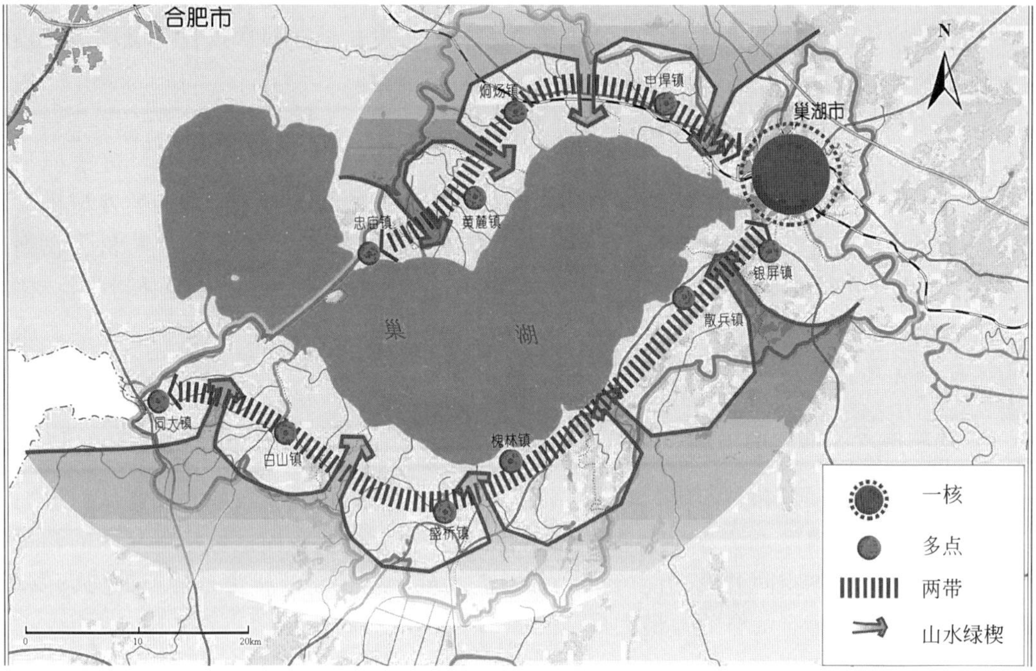

图 6-6　环巢湖“一核两带多点”的空间开发总体架构

1）“一核”

环湖开发的“引擎”，以巢湖城区为核心，加快人口、经济和科技等各类发展要素集聚，充分发挥聚集效益、规模效益和外部效益，并加强配套基础设施建设，全力打造巢湖环湖经济带的核心增长极。

2）“两带”

承传辐射的“纽带”，以巢湖环湖北岸和环湖南岸为两带，汇聚于巢湖市城区，大致构成“>”型结构。环湖北岸经济带依托省道 S105、合肥—巢湖铁路和滨湖大道，构筑环湖北岸经济带，重点发展锚链工业、钢材、化工、建材、食品等工业，以及大力开发以中庙为“龙头”的独特环湖旅游资源；环湖南岸经济带依托省道 S316、规划建设的滨湖大道以及庐江县县道，构筑环湖南岸经济带，重点发展建材、纺织服装、传统优势轻工业、农副产品深加工等，以及大力开发以银屏森林公园为主的环湖旅游资源，以巢湖市城区为旅游接待中心，结合北岸形成环巢湖滨湖旅游带。

3）“多点”

协调发展的“载体”，以巢湖环湖经济带上的各镇区为据点，通过环湖两岸经济带与核心城市相联系，并通过镇中心带动镇域经济，形成“以线串点，以点带面”的格局，促进环湖地区的协调发展。主要有以下几“点”：中垾镇、炯炀镇、黄麓镇、中庙街道、银屏镇、散兵镇、槐林镇、同大镇、白山镇和盛桥镇。

3. 环湖带产业发展方向与布局

环巢湖带产业发展应在优先保护生态环境、充分发挥地区比较优势和促进地区内产业关联与协调等基础上，以质量提升和规模扩张并重，形成“6＋5”的支柱产业体系，重点发展旅游（包括景观房产）、休闲、物流、机械装备制造（包括汽车零部件）、新型建材和农副产品深加工，提升产业竞争力。同时，积极拓展会展、文化、电子信息、新材料和生物医药等新型产业，扩张产业规模；稳定提升传统纺织服装、渔网渔具和现代农业等传统行业，提高产业质量。要重视合肥滨湖新区与合肥市的对接和互补，形成有机结合。在重点围绕滨湖新区建设及滨湖旅游开发的同时，规划建设的合肥滨湖新区主要分为三大片区。其中北片为老城居住功能外延；中片以包河产业园为主体，发展物流商贸功能；南片是滨湖新区的主体，将承接省级行政办公、大型商务文化、研发创意的高端功能，其核心区为塘西河口两岸，包括桥、绿、水、湖“四城”组团。以环湖大道景观带为主轴，积极开发四顶山旅游度假区、三河古镇、大圩观光农业区、三河湿地保护区、义城水上运动区等旅游资源，打造融休闲旅游、城镇开发和生态保育于一体的综合开发带。

4. 完善环湖开发配套政策保障

环湖带开发涉及方方面面的资源和不同的部门，其发展需要各级政府部门给予相关政策，共同营造促进环湖开发的良好环境。从环巢湖带的开发看，配套政策集中体现在要素政策和上级支持政策两大方面。如根据《巢湖市环湖生态经济带建设总体规划》①，巢湖环湖带开发的要素政策主要体现在投融资政策、产业准入和空间管制政策、人才和劳动力保障政策三个方面，如产业准入和空间管制政策主要是按照国家鼓励、允许、禁止和限制的产业政策要求，并结合环湖地区产业发展方向，从行业类别、投资强度、环保标准等制定环湖地区的产业准入政策，重点鼓励现代服务业和先进制造业的发展。按照空间开发总体格局，引导环境容量需求大的资源消耗性企业向重点开发区域和鼓励开发区域集中，在该区域分配更多的新增建设用地指标，调减基本农田保护面积；对禁止开发区域和限制开发区域的生态环境实施严格的保护，除生态友好型产业及无污染的绿色产业外，其余产业严格限制进入；在禁止开发区域和限制开发区域，要严格控制新增建设用地指标，保持或增加基本农田保护面积。

（三）环湖带开发的环境治理和生态保护

1. 环湖带的环境治理

环湖带环境治理主要包括“三废”排放总量控制、面源污染控制、农村生活污染源治理、农作物秸秆综合利用推广、污水处理力度及镇区排水管网建设等方面。

1）控制“三废”排放总量

控制工业废气、废水、固体废弃物的排放总量和排放强度。加强水污染物排放总量控

① 巢湖市发展和改革委员会、中国科学院南京地理与湖泊研究所，《巢湖市环湖生态经济带建设总体规划》，2008.9。

制，提高工业用水重复利用率，以确保污染物排放总量达到控制指标要求。工业园区内符合纳管标准的进区企业污水经管网送至园区污水处理装置进行集中处理达标后排放；污水未能达到纳管标准的进区企业执行一级污水排放标准。严格执行“环评”及“三同时”制度，控制新污染源的产生。

2）有效控制面源污染

控制农药、化肥的使用量及养殖污染。大力推广测土配方施肥，调整肥料品种结构，大力推广有机和无机复合肥、生物复合肥、缓释肥等新型肥料；禁止使用高毒、高残留农药，推广使用安全、高效、低毒、低残留农药；严格执行畜禽养殖污染物排放标准，综合防治畜禽养殖污染，采取将畜禽废渣还田、生产沼气、制造有机肥料、制造再生饲料等方法进行综合利用；加快控制水产养殖污染。

3）加快推进农村生活污染源的治理

结合社会主义新农村示范村建设，加快以村庄整治为切入点，以“三清（清垃圾、清污水泥、清杂物）：“三改”（改路、改水、改厕）为主要内容的环境整治工程建设。

4）大力推广农作物秸秆综合利用

通过签订责任状，划定禁烧区和强化宣传教育、监督检查等措施，做到禁烧区全面停止露天焚烧。加强户用田头窑建设，实行新鲜秸秆直接入窑，沤制有机肥。大力推广农作物留高茬收割、机械粉碎、秸秆堆制或过腹还田。

5）加大污水处理力度和加快镇区排水管网建设

环湖各镇均需建污水处理厂，实施雨污分流制。镇区所有的生活污水和工业废污水必须经污水管网排至污水处理厂，经过处理达标后，方可排入自然水体，使工业污水处理率达到95%以上，保证镇区内水系及周围相关水系的水质达到国家规定的水质标准。雨水则通过漫流进入自然水体。

2. 环湖带生态保护

1）巢湖水生态系统保护

主要包括巢湖水体的保护与治理以及滨河生态区恢复与建设两个方面。

巢湖水体的保护与治理，要加大农业面源污染治理力度，禁止对渔业资源的掠夺性开发，禁止围网养殖和围垦湖滩，严格把关，坚决控制新污染源，减少对湖泊的污染，消除蓝藻产生的诱因。

滨河生态区恢复与建设，主要是提高植被覆盖率，培育多样的动植物群落，增加生物多样性。通过建设便道和游憩设施，形成郊区游憩空间和镇公共绿地空间，使生态环境得到逐渐恢复和改善。

2）矿山治理与复绿

调整矿山开采规模结构，提高资源利用水平。鼓励发展规范的大型矿业公司或矿业集团，关闭长期停产和禁采区内的小型矿山，并通过联合、收购、兼并及股份合作等方式改组改造小型矿山企业，实现资源开发整合。加大矿山复垦治理力度，加快制定矿山环境保护和治理规划。坚持“谁开发谁保护、谁污染谁治理、谁破坏谁恢复”的原则，强化矿山生态环境保护和恢复治理，走“绿色矿业”之路，严格控制破坏地表植被的开发建设活动；封禁治理和造林种草相结合，提高林草覆盖率。

3）生态林建设

积极保护现有的宝贵植被，逐步改造优化林相，根据地带性植物群落的特征，对林地进行更新，形成植物多样性的保护体系。开展低效林改造工程、风景林建设工程和高效经济林建设工程。加强生态公益林的保护，加大东庵森林公园建设和开发力度，沿公路和主要道路两侧，保留50m的防护林地，培植地带性常绿阔叶林，建设绿色长廊景观带。建设湖滨观光林带，重点发展环境保护林、风景林，提高环湖区域的绿化覆盖率、档次和水平。环湖城镇建成区可结合城镇改造和文明单位建设，重点加强公共绿地建设和小区绿化，提高镇区绿化覆盖率。环湖村庄绿化应结合社会主义新农村建设，进一步提高村庄绿化覆盖率，通过“四旁”植树、建设环村林带和发展庭院林业等形式，重点发展用材林、经济林树种，注重乡土树种的栽培。

4）生态水网和湿地保护

完善河道、河口管理法规；统一规划，加强整治，稳定泄洪断面，保证水流自然畅通；以防洪堤顶内侧为起点，两侧各20～50m为禁止建设区；严禁向河道排放未经处理的废水；不得向河流及两岸倾倒生活垃圾、工业废渣等固体废物。对已围垦的湿地要逐步退耕还湖，保护现有的天然湿地资源。制定湖泊沼泽保护条例，保证沼泽的水体面积、水深、水质和生态系统的稳定。滨湖岸线是宝贵的旅游资源和景观资源，需要在生态环境培育和保护的原则下合理利用。有针对性地对滩涂进行改造，配置适宜的植被，改善滩涂的生态环境和景观条件，形成最具吸引力的旅游、休闲的场所。

5）基本农田保护与生态农业建设

依据《安徽省基本农田保护条例》，严禁乱占滥用土地，切实保护耕地。对占用基本农田保护区耕地要履行严格的审查、审批手续，并实行占一亩、补一亩的补偿措施，努力保持耕地面积的基本稳定。国家能源、交通、水利等重点建设项目选址确实无法避开基本农田保护区，需要占用基本农田保护区耕地的，必须按国家法律、法规和本条例规定的程序和权限报批。以“整体、协调、循环、再生”为目标，遵循“立足示范、着眼推广、注重基础、讲究效益”的原则，把发展环湖农业生产同保护改善环境有机结合起来，采用农林结合、种养结合、庭院经济和大田生产相结合，大力推广高效生态模式，发展无公害、绿色食品和有机食品。推进环湖区域生产布局、产业结构优化，促进生态与农业的良性互促和可持续发展。

第三节　流域发展与污染控制

一、水污染特征

巢湖流域是我国水污染较为严重的区域，流域内水污染特征表现为湖区主要是氮、磷污染，环湖河流主要为氨氮污染和有机质污染。2000年巢湖湖区COD、总磷、总氮年平均浓度分别为6.01 mg/L、0.18 mg/L、2.45mg/L，2005年巢湖湖区COD、总磷、总氮年平均浓度分别为4.84mg/L、0.22 mg/L、1.98mg/L。从2004年开始，巢湖湖区水质状况有所好转，其中西半湖较为明显，由 2003 年的重度富营养化状态转变为中度富营养化状态。2004 年巢湖湖区总氮浓度均值较 2003 年下降了 18.9%，营养状态指数下降了 8.2%；2005 年湖区总氮浓度均值较 2004 年下降了 19.9%；2006 年巢湖湖区总磷、总氮年均浓度较上年分别下降了 34.2%和 18.9%；2007 年巢湖湖区总氮年均浓度较上年下降了 12.7%，但总磷年均浓度上升了 8.8%；2008 年全湖整体水质状况均无明显变化，营养状态指数略有上升。总体而言，尽管巢湖湖区水质有所好转，但污染状态仍不容乐观，图 6-7～图 6-9 显示了 2001～2008 年巢湖湖体 COD_{Mn}、总氮和总磷变化情况。

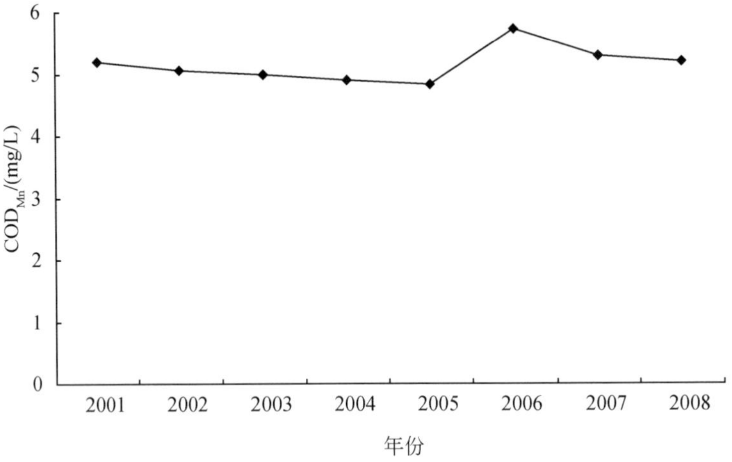

图 6-7　巢湖湖区 2001～2008 年 COD_{Mn}逐年变化

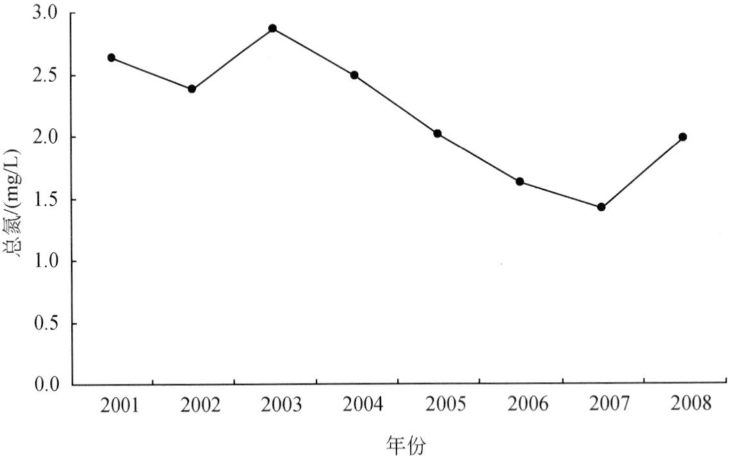

图 6-8　巢湖湖区 2001～2008 年总氮逐年变化

巢湖有大小入湖河流 30 余条，自 2003～2008 年，所监测的 9 条主要入湖河流多数为Ⅳ～劣Ⅴ类水质，不同年份间河流水质并无明显变化（表 6-3）。不同入湖河流因入湖水量及所处地理位置的差异，对巢湖湖体污染物的贡献率存在很大差异。据 2006 年统计，入

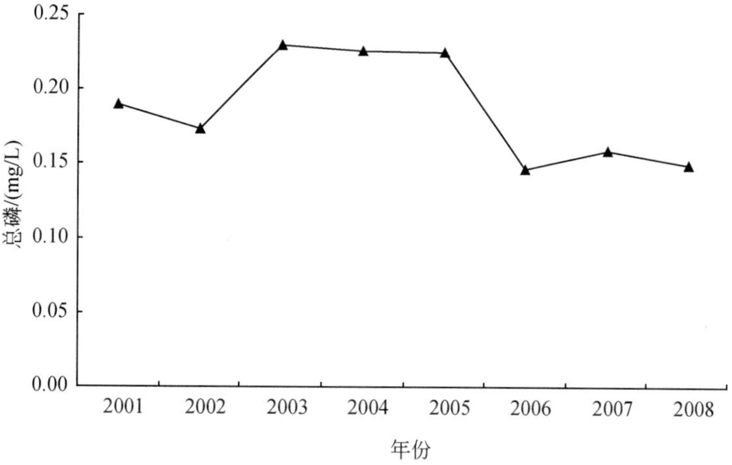

图 6-9 巢湖湖区 2001～2008 年总磷逐年变化

湖 COD 贡献率较高的河流是杭埠河、南淝河和派河，分别占 31.4%、21.3%和 14.6%；入湖氨氮贡献率较高的河流为派河、十五里河和南淝河，分别为 40.1%、29.0%和 16.0%；入湖总磷贡献率较高的河流为南淝河、十五里河和派河，分别是 24.7%、24.4%和 23.5%；入湖总氮贡献率较高的河流为派河、十五里河和杭埠河，分别为 40.9%、19.7%和 18.2%；入湖各河流对巢湖污染物的贡献率如图 6-10 所示。

表 6-3 巢湖水体及主要入湖河流 2003～2008 年水质状况及主要污染物类型

年份	巢湖水体			主要入湖河流		
	湖 区	营养状态	主要污染物	河 流	水质	主要污染物
2003	全 湖	中度富营养	总磷、总氮	十五里河、南淝河、派河、双桥河	劣Ⅴ类	氨氮 石油类
	东半湖	轻度富营养		裕溪河	Ⅳ类	
	西半湖	重度富营养		杭埠河、白石天河、兆河、柘皋河	Ⅲ类	
2004	全 湖	中度富营养	总磷、总氮	十五里河、南淝河、派河、双桥河	劣Ⅴ类	氨氮 石油类
	东半湖	轻度富营养		杭埠河、白石天河、兆河	Ⅳ类	
	西半湖	中度富营养		柘皋河	Ⅲ类	
				裕溪河	Ⅱ类	
2005	全 湖	中度富营养	总磷、总氮	十五里河、派河、双桥河	劣Ⅴ类	氨氮
	东半湖	轻度富营养		南淝河	Ⅴ类	氨氮
				杭埠河、兆河、柘皋河、裕溪河	Ⅳ类	石油类
	西半湖	中度富营养		白石天河	Ⅲ类	氨氮

续表

年份	巢湖水体			主要入湖河流		
	湖　区	营养状态	主要污染物	河　流	水质	主要污染物
2006	全　湖	中度富营养	总磷、总氮	十五里河、派河、双桥河	劣Ⅴ类	氨氮 生化需氧量
				南淝河	Ⅴ类	
	东半湖	轻度富营养		白石天河、兆河	Ⅳ类	
	西半湖	中度富营养		柘皋河、裕溪河	Ⅲ类	
				杭埠河	Ⅱ类	
2007	全　湖	轻度富营养	总磷、总氮	南淝河、十五里河、派河、双桥河	劣Ⅴ类	氨氮
	东半湖	轻度富营养		杭埠河、白石天河、兆河、裕溪河	Ⅳ类	
	西半湖	中度富营养		柘皋河	Ⅲ类	
2008	全　湖	轻度富营养	总磷、总氮	南淝河、十五里河、派河、双桥河	劣Ⅴ类	氨氮 石油类
	东半湖	轻度富营养		杭埠河、白石天河、裕溪河	Ⅳ类	
	西半湖	中度富营养		柘皋河、兆河	Ⅲ类	

资料来源：据安徽省环境监测中心站《巢湖流域水质公报》、《巢湖流域水污染防治“十一五”规划》和《巢湖流域水环境综合治理总体方案》提供数据整理。

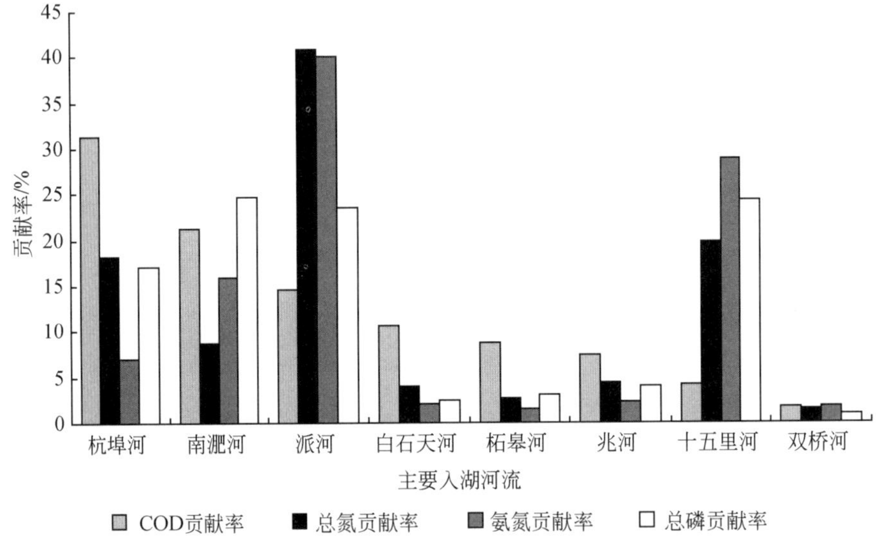

图 6-10　2006 年巢湖主要入湖河流 COD、总氮、总磷和氨氮贡献率比较

二、水污染原因分析

导致巢湖流域水质污染严重的主要原因与流域内大量污染源的存在密切相关。巢湖流域主要污染源可分为外源和内源两类。外源包括点源污染和非点源（面源）污染，点源污染包括工业废水、城镇生活污水；面源污染包括种植业污水、畜禽养殖污水和农村生活污水；内源污染为底泥氮磷释放和地下水交换等。

2006年巢湖流域主要污染物COD、氨氮、总磷和总氮等排放总量分别达到13.02万t、1.56万t、0.54万t和3.76万t，其中工业废水与城镇生活污水排放的COD、氨氮、总磷和总氮所占比例分别为55.7%、59.6%、27.0%和39.6%；农业生产与农村生活污水排放的COD、氨氮、总磷和总氮所占比例分别为40.4%、29.9%、65.3%和54.4%；内源排放的污染物约为污染物总量的5%～10%。目前，来自于流域内农业及农村的面源污染物对巢湖流域水污染的贡献率日趋增加，已成为流域内氮、磷污染物的主要来源。

（一）流域内工业和城镇生活的废、污水中，大量氮、磷和有机质等污染物质尚未得到彻底治理

目前，流域内绝大部分工业污水已实现达标排放，但仍有部分企业（尤其是小型企业）未实现达标排放，偷排现象时有发生。城镇居民生活污水处理率不高，污染物随径流排入自然水体。长期以来，由于环境治理方面投资不足也对巢湖流域水环境质量造成严重影响，但随着“十二五”期间经费投入的增加，流域内来自城镇生活污水的各类污染物质将能够得到有效控制。

专栏6-1 巢湖流域“九五”以来污水治理项目实施情况

《巢湖流域水污染防治“九五”计划》确定的水污染防治项目131个，计划总投资51.4亿元。截至2000年年底，实际完成项目110个，在建项目13个，未动工项目8个，累计投资23.45亿元，仅完成计划投资的45.62%。计划开展的113个工业污染源治理项目中，实际完成108个；计划实施的5个城市污水及生活垃圾、粪便处理工程中，实际完成仅两个；计划实施的9个农业面源治理项目和3个河道整治与湖区底泥疏浚工程仅部分实施，完成的投资额仅占计划投资额的30.28%。

《巢湖流域水污染防治“十五”计划》确定的水污染防治项目49个，计划总投资48.69亿元。截至2005年年底，建设完成项目26个，累计完成投资30.3亿元，占计划投资的62.2%。其中计划建立的17个城市环保基础设施建设项目仅完成7个。

《巢湖流域水污染防治规划（2006～2010年）》确定重点项目56个，计划总投资70.75亿元。截至2008年年底，完成投资58亿元，建成项目26个，在建项目26个，未开工项目4个。其中计划建设的11个城市污水处理项目7个已建成，4个已开工建设，新增日污水处理能力25万t。

（二）流域内种植业、养殖业污染严重，农村生活污水处理率低

巢湖流域是安徽省重要的粮、棉、油产区，也是安徽省重要的畜禽和水产养殖之乡，种植业和养殖业发达，农业生产及农村居民生活导致的面源污染问题十分严重（表6-4）。相对城镇生活污水和工业废水等点源污染治理而言，流域内农业及农村的面源污染物的治理将是流域内水环境整治的重点和难点。

表 6-4　2006 年巢湖流域农业面源中不同来源污染物排放总量* （单位：t/a）

区域	来源	污染物排放量及所占比例			
		COD	氨氮	总磷	总氮
六安市	种植业		134（2.9%）	12（0.3%）	746（3.7%）
	畜禽养殖业	1 715（3.3%）	244（5.3%）	105（3.0%）	483（2.4%）
	生活污水	5 596（10.7%）	42（0.9%）	364（10.4%）	959（4.7%）
合肥市	种植业		688（14.8%）	62（1.8%）	3 822（18.7%）
	畜禽养殖业	9 337（17.9%）	1 329（28.6%）	571（16.3%）	2 631（12.9%）
	生活污水	7 492（14.4%）	60（1.3%）	517（14.8%）	1 360（6.7%）
巢湖市	种植业		856（18.4%）	78（2.2%）	4 754（23.3%）
	畜禽养殖业	8 004（15.4%）	1 140（24.6%）	489（14.0%）	2 256（11.0%）
	生活污水	19 971（38.3%）	150（3.2%）	1 300（37.2%）	3 421（16.7%）
合　计	种植业		1678（36.1%）	152（4.3%）	9 322（45.7%）
	畜禽养殖业	19 056（36.6%）	2 713（58.5%）	1 165（33.3%）	5 370（26.3%）
	生活污水	33 059（63.4%）	252（5.4%）	2 181（28.1%）	5 740（28.1%）

*据《巢湖流域水环境综合治理总体方案》整理。

根据 2006 年统计，来自农业面源的 COD 和氨氮排放量仅占流域内总 COD 和总氨氮排放量的 40.4%和 29.9%，低于来自流域内工业废水与城镇生活污水排放的 COD 和氨氮所占百分比（分别为 55.7%和 59.6%）；但来自流域内农业面源的总磷和总氮所占流域内的总磷和总氮的百分比为 65.3%和 54.4%，超过来自流域内工业废水与城镇生活污水排放的总的总磷和总的总氮所占百分比（分别为 27.0%和 39.6%），表明了流域内农业面源所排放的总氮、总磷已经成为流域水体总氮、总磷的主要来源。2006 年，流域内来自畜禽养殖、农民生活和种植业等农业面源主要污染物 COD、氨氮、总磷和总氮的排放量分别达到 5.26 万 t、0.46 万 t、0.35 万 t 和 2.04 万 t，流域内 COD、氨氮、总磷和总氮排放总量存在明显的区域性差异，其中以农业为主，占面积较大的巢湖市农业面源排放的 COD、总氮和总磷占流域内农业面源 COD、总氮和总磷排放量的 50%以上（表 6-4）。

2006 年农业面源污染中，COD 主要来自于农村生活污水（63.4%）和畜禽养殖业（36.6%），氨氮主要来自于畜禽养殖业（58.5%）和种植业（36.1%），总磷主要来自于生活污水（62.4%）和畜禽养殖业（33.3%），而总氮则主要来自于种植业（45.7%）。结合农业面源在巢湖流域水体污染中所占比例，可以计算出农村生活污水和畜禽养殖业对流域内 COD 的贡献率分别占 25.6%和 14.8%，畜禽养殖业和种植业对流域内氨氮的贡献率分别占 17.5%和 10.8%，农村生活污水和畜禽养殖业对流域内总磷的贡献率分别达到 40.7%和 21.7%，而种植业、畜禽养殖业和农村生活污水对流域内总氮的贡献率分别达到 24.9%、14.3%和 15.1%。导致流域内农业面源污染严重的主要原因突出表现在：

1. 化肥使用量过大，施肥结构不合理，施肥方法不当

2004 年巢湖流域 9 县区平均每公顷耕地化肥施用量达到 547.5kg，最高达到 951kg，明显高于发达国家公认的安全水平 225kg。90%以上的农户施肥方法不当，主要以撒施为主，有的甚至在雨前撒施，很少采用深施、浇施等措施，加剧了肥料的流失，严重污染了地表和地下水体。

2. 农药使用强度高，施用量大，使用技术落后

大部分农户采用手动机械施药，跑、冒、滴、漏现象严重，导致大部分农药以大气沉降和雨水冲刷的形式进入水体、土壤和空气中，农药利用效率低。

3. 农作物秸秆利用率低，露天焚烧现象严重

流域内年农作物秸秆产量约 470 万 t，其中秸秆还田约占 16%，秸秆饲料占 8.9%，秸秆沼气仅占 3.8%，秸秆露天堆放和直接焚烧占全部秸秆量的 38.5%。

4. 畜禽粪便无害化处理率低、流失量大

目前，流域内经无害化处理的畜禽粪便量仅占畜禽粪便总量的不足 20%，大量畜禽粪便、污水尿液等直接流失进入周围的鱼塘或河流。

5. 水产养殖中存在着饵料投放量高，残留多的特点

近年来，巢湖流域渔业养殖快速发展，水产养殖面积不断扩大，流域内水产养殖总面积已达到 7.81 万 hm^2 以上，其中养鱼 5.39 万 hm^2、养虾 0.71 万 hm^2、养蟹 1.71 万 hm^2。水产养殖过程中，大量的饲料投入及较低的饲料利用率，导致残存于养殖水体中的饲料大量腐烂，引起水质恶化，而养殖鱼塘中的养殖废水未经任何处理，通过排水或地表径流直接进入河流，并最终流入巢湖。另外，鱼病防治过程中所使用的化学药剂，也会随鱼塘排水进入巢湖。

6. 农村居民的生活污水、垃圾和人粪尿无害化处理率低

截至目前，流域内农村居民生活过程中产生人粪尿及生活垃圾无害化处理率及作为肥料施入农田的比率仍然很低，农村区域一家一户分散的生活污水几乎未做处理。绝大部分生活污水、生活垃圾和部分人粪尿随雨水和地表径流进入池塘、沟渠等水体，最终进入巢湖，加重了巢湖水体富营养化程度。

（三）水土流失影响流域内地表水环境质量

巢湖流域的居巢、无为、庐江、和县、肥东和舒城等 6 个县区水土流失面积达 157 333 hm^2，占 6 县、区耕地面积的 39.67%，其中微度流失 93 257.13 hm^2，占耕地面积的 23.52%；轻度流失 38 791.14 hm^2，占耕地面积的 9.78%，中度流失 20 282.13 hm^2，占耕地面积的 5.11%；重度流失 5 002.53 hm^2，占耕地面积的 1.26%。除此之外，巢湖流域内富磷地质背景中岩源性磷随水土流失进入巢湖也是导致巢湖水体富营养化的重要因素。区域内广泛存在的矿业开采过程不仅导致山体破碎和景观破坏，同时开采过程中产生的大量富含磷的疏松表土或剥离土随雨水进入巢湖也加剧了巢湖水体的磷污染（图 6-11）。

图 6-11　巢湖周围农村社区的水环境状况

（四）农村居民点环境持续恶化

巢湖流域是安徽省的“鱼米之乡”，人口众多，其中 70%的人口生活于农村。在广大农村区域，村民的生活废弃物或随意弃置于村庄内之地面，或堆放于附近的水塘、沟渠旁；村民的生活污水多直接排放于居民区附近的水塘、沟渠，不仅导致农村居民生活区环境脏乱差现象十分严重，而且造成附近水塘、沟渠水体严重污染。

分布于农村的池塘作为巢湖流域水环境的重要组成部分，既是“汇”，又是“源”。大量未经处理的生活污水、农田退水进入池塘，使池塘成为接纳污染物的暂时性“汇”；而池塘的污染物最终经沟渠、河流进入巢湖，使得池塘成为释放污染物的“源”。对 140 口环巢湖分布的池塘调查表明，以总氮进行单因子评价时，140 口池塘中Ⅴ类水质所占比例超过 70%，Ⅲ、Ⅳ类水质所占比例低于 30%，无Ⅰ和Ⅱ类水；以氨氮进行单因子评价时，存在Ⅰ、Ⅱ、Ⅲ、Ⅳ、Ⅴ类水质，而Ⅰ、Ⅱ类水质所占比例超过 70%；以总磷进行单因子评价时，存在Ⅱ、Ⅲ、Ⅳ、Ⅴ类水质，其中Ⅴ类水质所占比例最大，超过 50%；以 COD 进行单因子评价时，存在Ⅰ、Ⅲ、Ⅳ、Ⅴ类水质，其中Ⅴ类水质所占比例最大，超过 70%；以阴离子表面活性剂进行单因子评价时，存在Ⅰ、Ⅳ、Ⅴ类水质，其中Ⅴ类水质所占比例最大，超过 50%，表明巢湖周围池塘水质已经严重恶化（图 6-12）。通过模糊评价，根据最大隶属原则，在 140 口研究池塘中，符合Ⅲ类水质的池塘仅 1 口，约占

0.71%；符合Ⅳ类水质的池塘 12 口，约占 8.57%；符合Ⅴ类水质的池塘共 127 口，占 90.71%；无Ⅰ、Ⅱ类水质池塘。

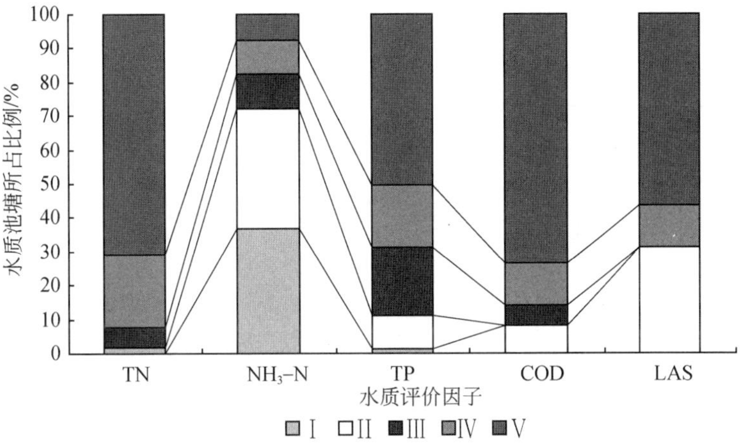

图 6-12 巢湖周边池塘水环境质量现状

（五）城镇景观水体污染严重

除农村区域的池塘严重富营养化外，位于城镇区域的景观水体亦表现为严重的水质恶化现象。巢湖流域范围内，主要的城市包括合肥市、巢湖市以及肥东、肥西、庐江、含山、无为、和县和舒城以及县辖诸多集镇。在这些城市、县城和集镇所在地规划范围内，分布着大小不一的城市景观水体，如合肥市的逍遥津公园、杏花公园、包河公园、雨花塘和黑龙池等，巢湖市区的洗耳池公园等。这些公园内的水体由于受城市地表径流、城市居民和游客的影响，水质普遍较差。位于农村的诸多集镇，人口相对集中，多数集镇缺乏相应的生活污水处理设施，或仅有简单的污水处理设施，绝大部分农村集镇所产生的生活污水一般直接排入周围河流（或溪流），并最终流入巢湖。与此同时，农村集镇还缺少必要的生活垃圾处理设施，垃圾随意弃置现象十分普遍，这些生活垃圾最终随地表径流直接进入周围水塘、农田、沟渠和河流，其中的水体污染物质最终随地表排水进入巢湖或随地表水下渗而进入地下水中。

（六）河道和巢湖湖滨带对污染物的净化功能下降

新中国成立初期，巢湖湖体有近 20 万亩的湿地，生长着大量的芦苇等挺水植被，在 20 世纪 50～60 年代，随着白湖、黄陂湖和沿湖支汊的大规模围垦，湖区湿地面积丧失 10 万亩之多。巢湖闸建成后导致的水位抬高，又致使许多挺水植被和沉水植被丧失。据 2009 年调查，目前巢湖湖体湿生和水生植被面积约为 800 万～1000 万 m^2，仅占巢湖湖体面积 1%～1.3%，主要分布于巢湖西半湖的北岸—西岸和东半湖的北岸，分布极不均匀，湖区内绝大部分浅水水域几无高等植物生长。分布于滩涂的主要植被以陌上菅-狗牙根植物群落为主；沉水植物群落主要分布于东半湖北岸，以马来眼子菜群落为主；挺水的芦苇植物群落面积很小，且零星分布；漂浮和浮叶植物群落（如菱群落）仅在局部区域可见。因人为围垦和闸坝修建而引起的湖区湿生、水生植物群落的严重退化，导致湖区生态系统氮、磷吸收能力降低，自净功能下降（图 6-13）。

图 6-13　巢湖湖滨带植被严重退化及入湖河流污染状况

总体而言，巢湖流域（尤其是巢湖湖体）严重的水环境污染主要归因于：①流域内点源和面源污染所产生的大量氮、磷、有机质等水体污染物长期集聚；②流域内池塘、河流等水体污染严重，沟、塘湿地生态系统功能退化对氮磷等营养盐的吸收能力降低，不能有效拦截入湖氮磷等营养盐；③湖区内大量水生、湿生植被的大量消失，导致湖区生态系统生态功能下降，湖泊水体自净能力降低。

三、流域可持续发展的污染控制策略

经过 10 余年来的不懈努力，巢湖流域水污染治理取得一定成效，但治理进程仍然远滞后于经济社会快速发展，水质污染状况仍未得到有效遏制。导致这一结果的原因是多方面的：

第一，对湖泊污染治理认识不足和治理过程分割。湖泊流域是一个自然的宏观生态系统，系统内不同部分之间通过物质循环、能量流动等相互联系、相互影响，传统的湖泊水资源管理主要是围绕着湖泊水体进行，未建立起水质与源、流、汇以及生态系统响应关系，仅针对湖泊水体污染特征采用物理、化学和生物的措施使之恢复目标水质，没有考虑污染物在流域内的产生与输移过程，难以使流域水质得到根本性改善。

第二，在流域污染治理上存在误区。和其他湖泊治理一样，巢湖流域的管理，长期以来多以末端治理为主，重视工业化治理水污染、轻视运用自然生态治理水污染，重视点源污水治理、轻视非点源污染治理，重视水景的打造、轻视水质的根本改善。尽管这种治理模式对控制流域水污染起到一定作用，但就目前的巢湖流域污染物来源而言，面源污染对流域内水质的影响越来越大，仅仅通过末端治理、工业化治理等方法和措施不可能实现巢湖流域内水质的根本好转。

第三，污染治理资金投入不足，缺乏公众参与。湖泊流域的管理特别是基础设施的建设需要大量的资金投入和公众的参与。相对于巢湖流域经济的快速发展而言，湖泊水污染治理的资金投入远远不够，如《巢湖流域水污染防治“九五”计划》和《巢湖流域水污染防治“十五”计划》项目完成的治理资金仅占计划总投资的53.7%，一批重要治理项目因资金缺乏而未能兴建，部分已建项目因缺乏污水收集等配套设施难以正常运行。

第四，多头管理、条块分割，未形成治污合力。由于巢湖地跨3市，事涉环保、水利、农业、城建、航运、水产、旅游等多部门，水事复杂、矛盾交织。目前在巢湖污染治理方面缺乏统一的综合治理管理机构和协调机制，综合规划和综合利用工程的建设难以有效对接，在一定程度上阻碍了流域水污染治理进程。

第五，监管不力，认识不到位。巢湖流域涉及合肥、巢湖和六安等不同行政区域，经济发展状况不平衡，某些地方领导对经济、社会发展和环境保护关系认识不到位，片面强调经济发展而忽视环境保护，在招商引资、小城镇建设等方面过于考虑经济利益，未能严格实行环保准入制度，新建的小城镇环保设施缺乏，导致经济快速发展的同时环境污染日趋严重。

自“九五”以来，国家将巢湖流域污染治理纳入全国“三河三湖”重点流域之一，做出了一系列重要部署，国务院先后批复了巢湖流域水污染防治的“九五”、“十五”和“十一五”规划，作为流域阶段性治理任务和目标的纲领。尽管这些阶段性任务和目标的实施在巢湖流域水污染治理方面起到了积极的作用，但要实现从根本上解决巢湖流域水污染问题，恢复流域山青水秀的自然风貌，达到流域生态良性循环、人与自然和谐相处的宜居环境的目标，必须在全面、系统规划的基础上，加大流域尺度的治理力度。为此，今后在污染控制策略上必须注意考虑如下几个方面：

（一）严格执行环境准入制度，强化对流域内工业企业生产污水的监督和管理

2009年1月，胡锦涛总书记视察安徽时做出重要指示，要求安徽省拓展对内对外开放广度和深度，充分发挥区位优势、自然资源优势和劳动力资源优势，积极参与泛长三角区域发展分工，主动承接沿海地区产业转移。2010年国务院批复安徽省政府编制的《皖江示范区承接产业转移示范区规划》（国函［2010］5号）。为了切实推进巢湖流域水环境的保护，各级政府在推进承接产业转移工作过程中必须要注重社会经济与环境保护之间的协调发展，严格执行产业准入政策，严格资源节约和环保准入门槛，转入项目必须符合《产业结构调整指导目录》（2007年）和其他的产业相关政策，避免在产业转移过程中引进资源浪费和污染严重的企业，严禁落后生产能力转入。

在承接产业转入过程中，对转入的所有企业必须实施严格的环境影响评价，确保“三同时”执行率达到100%，特别是冶金、化工等重点行业。另外，在承接产业转移的过程中，按照循环经济的理念以及各产业之间的相互联系，合理规划工业集中区和产业园区，建立切实可行的循环经济发展模式，选择在资源、能源、技术、市场等方面具有互补优势的项目进入园区，通过构建多层次产业链和延长产业链等措施，提高工业集中区和产业园区内部及各园区之间的资源综合利用率，降低废物的处理、处置量，对进入区内的企业提出具体的水资源利用及污水排放的控制、处理要求。

在严格执行环境准入的同时，加大对流域内矿业开采、冶炼、加工以及含铅蓄电池业、皮革及其制品业、化学原料及化学制品制造业等重点防控行业污水排放及处理的监督、管理力度，并制定配套的环境经济政策。

（二）调整流域内产业结构与布局，促进增长方式转变

在开展巢湖流域水环境质量改善过程中，污染物源头控制是治污工作的首要任务。因此，要转变发展方式，调整产业结构，大力发展循环经济和清洁生产，把统筹城乡发展作为促进流域社会经济可持续发展的重要途径。

巢湖流域是安徽省的鱼米之乡，农业耕作面积大，复种指数高，农业生产过程中产生大量的面源污染物质，且农业污染具有点多、面广和量大的特点，必须进行农业结构调整，减少农业生产过程中的污染物排放量。在种植业方面要减少化肥使用量，推广使用生物有机肥料及低毒、低残留和高效农药，大力发展无公害、绿色和有机农产品，提高农业规模化和产业化水平。在畜禽养殖业方面要提高规模化养殖水平，提高畜禽粪便资源化和无害化水平，减少畜禽粪便对周围沟渠、池塘等水体的污染。在水产养殖方面要开展生态养殖，推广池塘循环水养殖技术，提高饵料利用率，减少饵料投放。严格控制巢湖水体内的围网养殖规模，降低湖体内水产养殖对巢湖水质的影响。

目前，巢湖流域的工业以机械、电子、化工等为主，其中黑色金属冶炼、化学原料及制品业的化学需氧量和氨氮排放量占全流域工业污染负荷的78.1%和83.7%。未来必须通过调整工业结构，大力发展高新技术产业，促进工业污染减排；通过大力发展循环经济，实施工业污染集中治理；同时通过改造提升生产工艺水平，加快重污染工业企业整治。

（三）实行污染物总量控制，推行排污权交易

随着巢湖流域经济和城镇化率的发展，流域内水环境污染物排放量将逐步增加。据预测，至2012年，巢湖流域主要污染物COD、氨氮、总磷和总氮排放量分别为14.46万t、1.77万t、0.56万t和4.19万t，其中来自点源的COD、氨氮、总磷和总氮排放量分别为8.91万t、1.14万t、0.19万t和1.96万t；来自面源的COD、氨氮、总磷和总氮排放量分别为5.04万t、0.46万t、0.34万t和2.01万t；至2020年COD、氨氮、总磷和总氮排放量分别为17.26万t、2.20万t、0.62万t和5.13万t，其中来自点源的COD、氨氮、总磷和总氮排放量分别为12.15万t、1.58万t、0.27万t和2.97万t；来自面源的COD、氨氮、总磷和总氮排放量分别为4.59万t、0.46万t、0.31万t和1.93万t。要实现从根

本上解决巢湖流域水污染问题，恢复流域山青水秀的自然风貌，达到流域生态良性循环、人与自然和谐相处的宜居环境的目标，必须实行严格的污染物总量控制标准。同时，建立排污权交易制度，推行排污权交易，依靠市场手段提高排污者减少排污的积极性。

（四）加快污染源治理，减少污染物排放

加快各类污染源治理，最大程度地减少污染物产生与排放，是巢湖流域水环境综合治理中最为关键的措施。

1. 强化工业污染源治理

加大对造纸、酿造、印染、制革、医药、选矿以及各类化工等重点行业落后生产能力淘汰力度。关闭或迁移不能达标排放的工业企业，淘汰所有工艺落后、污染物排放量大的生产项目。新建项目要严格执行环境准入制度、环境影响评价和“三同时”制度，制定并实施比国家标准更为严格的化工、印染、食品、冶炼等行业水污染物排放标准。

2. 加强和完善城镇污水和生活垃圾处理设施建设

2008年年底，巢湖流域实现了县县建成污水处理厂的目标。截至2009年6月，巢湖流域共建成污水处理厂12座，日处理能力达76万t，污水处理厂集中处理率达到70%。但目前已建成的城镇污水处理厂基本为二级生化处理，缺少针对巢湖污染特征强化除磷脱氮工艺，要从根本上提高巢湖流域水环境质量，必须对已建和拟建的污水处理厂增加脱氮除磷设施。在生活垃圾处理方面，流域内的合肥市、巢湖市及各县城所在城区多采用集中收集和卫生填埋的生活垃圾处理方式，但这些垃圾填埋场对流域水环境质量的改善仍然是一个潜在的危害，必须进一步加强和完善城镇（尤其是小城镇）生活垃圾无害化处理的建设力度。

与市区及各县城城区相比，目前流域内绝大多数小城镇基本上缺乏生活污水和生活垃圾处理设施。巢湖流域人口众多、小城镇（尤其是毗邻合肥市和巢湖市周边的小城镇）发展迅速，因此流域内小城镇生活污水处理厂的建设更显迫切，特别是环巢湖的一些小城镇。

3. 加强农业面源污染治理

加快发展农业清洁生产，积极引导和鼓励农民使用测土配方施肥、生物防治和精准施药等技术。推广使用农家肥、发展秸秆还田和再利用技术，宣传和普及科学施用化学肥料技术，采取灌排分离等措施控制农田氮磷流失，推广使用农家肥、生物农药或高效、低毒、低残留农药。积极引进适合巢湖流域农村社区的污水、垃圾处理技术。科学规划畜禽养殖区域，大力推进生态养殖场和养殖小区建设，严格禁止畜禽养殖业废水和畜禽粪、尿的随意排放；积极推进农村厕所改造和沼气工程，提高人粪尿和畜禽粪便资源化利用率；大力开展农村区域池塘、沟渠的清淤、整治等综合治理工程，充分发挥巢湖流域池塘、沟渠对氮、磷和农村社区有机污染物的拦截作用，减少入湖氮、磷和有机质等污染物总量；鼓励生态水产养殖，减少饵料投放，提高饵料利用率，控制养殖废水的排放，提高养殖水

的循环使用效率。

4. 加快实施城市生活及工农业生产节水减排政策

在流域内全面推进节水型器具的使用，减少城市供水过程中的输水损失，完善雨污分流和污水收集系统，因地制宜建设污水再生利用和居民小区中水利用工程。推行工业行业用水限额和限排相结合的定额管理制度，鼓励企业进行节水技术改造，大力发展循环用水，推广废水处理回用。在农村区域实施种植结构调整、推广节水灌溉技术、发展生态水产养殖，以及提高养殖水的循环使用效率。

（五）加强巢湖水体及周边湿地的生态修复

清除巢湖湖体沉积物，开展入湖河流综合整治，修复湖体湖滨带生态系统、实施流域内水土流失控制工程以及流域内农村居民区和农田区域水塘、沟渠整治对于控制流域内水污染、改善水环境具有重要意义。

巢湖湖体沉积物面广、量大，是巢湖水体不可忽视的内污染源。“九五”和“十五”期间，结合生态林建设，对部分入湖河流和湖体沉积物实施了清淤、疏浚工程，并取得了一定的效果，未来应对主要河流和湖体沉积物继续实施清淤、疏浚工程，减少入湖河流对巢湖水体污染和控制内源性污染物总量。

湖滨带生态系统在保持湖泊生态系统平衡、维持生态系统多样性、吸收氮磷营养盐和净化湖体水质方面扮演着重要角色。目前，巢湖湖滨带生态系统退化严重，植被覆盖率和生物多样性低，植被主要分布于东半湖北岸和西半湖的北岸和西岸区域，主要植物群落类型为马来眼子菜群落、芦苇群落和陌上菅一狗牙根群落，其中具有明显净化效果的挺水植物群落如芦苇群落多呈零星、不连续分布状态。结合巢湖沉积物清淤、疏浚和吹填工程，对巢湖堤内的滩涂湿地、浅水区域的湖滨带实施生态修复工程，不仅能够美化巢湖湖滨带景观，同时在增加生物多样性、有效控制巢湖水体污染物等方面具有重要意义（图 6-14）。

巢湖流域水土流失较为严重，水土流失面积达到 1.57 万 hm^2，其中中度流失 2.03 万 hm^2、重度流失 0.5 万 hm^2。大量的水土流失不仅导致流域内水体中氮磷等营养盐含量的升高，同时引起水体透明度降低。结合饮用水源地保护及水源涵养林建设，以小流域为单元，通过生态防护林、矿业废弃地生态修复等生态工程措施，是有效控制流域内水土流失的重要手段。

巢湖流域是安徽省的重要农业区域，种植业和养殖业均较发达。区内星罗棋布的分布着大量的池塘、沟渠，这些池塘、沟渠不仅在农业灌溉、水产养殖和农村居民生活用水方面扮演着重要角色，同时也是流域内水体污染物暂时性的“汇”和“源”。应该结合新农村建设和农业产业结构调整对这些池塘、沟渠进行清淤、整合，增加池塘的蓄水能力和对农村村落和农田径流中污染物的拦截作用。

（六）加速巢湖水体的水循环

1962 年建成了巢湖闸和裕溪闸，使巢湖湖体每年与长江的水体交换量由建闸前的 13.6 亿 m^3 减少为目前的 1.7 亿 m^3 左右，减少约 88%，导致巢湖自净能力显著下降。与

图 6-14 实施人工生态修复的巢湖湖滨带

此同时，常年较高的湖水水位，使滩地晒滩和挺水植物生长失去了适宜的环境条件，导致大量植物群落消失，巢湖湖体作为一个完整的生态系统其结构和功能受到严重影响，生态系统自净功能降低。为加速巢湖湖体的水循环，改善湖泊生态系统自净功能，宜兴建“引江济巢”工程。通过实施“引江济巢”工程不仅可以有效促进巢湖湖体中的水循环、改善水质，而且能够降低巢湖水体中的营养盐负荷、减少蓝藻“水华”爆发的频率和强度。但“引江济巢”工程在实施过程中必须在考虑巢湖生态系统的生态安全问题的同时，也要考虑调水过程对其他湖泊和河流的生态安全的影响以及其他湖泊生态系统健康和可持续利用问题，且不能因“引江济巢”而使其他湖泊（尤其是大型湖泊，如菜子湖）变成“第二个巢湖”或使湖泊生态系统的结构、功能发生严重退化。

（七）加大科学研究和技术研发力度，强化水环境监管能力建设

“十一五”期间国家投入大量资金开展了“巢湖水污染治理与富营养化综合控制技术及工程示范”和“巢湖流域城市水污染控制及水环境治理技术研究与综合示范”研究工作，取得了大量研究成果。尽管这些研究将为巢湖全流域综合治理积累了宝贵的科技信息，但流域内的水环境污染仍有大量问题有待于深入研究，仍然需要研发一些适合于流域治理的关键技术。进一步增加科研投入，获取更多的研究成果和实用技术是改善巢湖流域

水环境质量的重要科技支撑。

除增加科研投入外，还应进一步增加投入，强化水质监管能力建设，其内容主要包括：①添置相应的监测设备和配备专业人员，建立覆盖全流域的水功能区监测与水环境监测体系；②建设巢湖流域水环境决策支持系统；③协调农业、环保、水产、水利、城建、交通等各相关职能部门，构建巢湖出入湖河流水质自动监测、农业面源污染监测和重点工业污染源在线监测体系，构建公共环境质量信息数据库及发布平台；④加强和完善环境监管执法体系，制定严格的污染物排放标准，从源头上不断减少污染物排放。

（八）成立统一管理机构

巢湖流域地跨合肥市、巢湖市和六安市 3 市，涉及环保、水利、农业、城建、航运、水产和旅游等多部门，流域水环境治理方面多头管理问题十分突出，缺乏统一的综合治理管理机构和协调机制，流域管理政策和法规体系不完善，综合规划和综合利用工程的建设难以有效对接，在一定程度上阻碍了流域水污染治理进程。现代湖泊环境治理的理论和实践都表明，实施全流域综合治理是确保湖泊水质改善的根本保障，因此推行新型的流域综合管理体制，组建由省级相关部门、流域内市级地方人民政府相关负责人等组成的流域管理委员会（或成立直接隶属省政府的巢湖管理局），将流域资源、生态与环境保护和维护湖泊生态健康纳入流域综合管理的目标，统一协调和决策流域范围内各项管理事务，统筹流域管理、区域管理和行业管理的矛盾和冲突，确保流域综合规划和综合利用工程的建设得到有效实施。

参考文献

范成新，王春霞．2007．长江中下游湖泊环境地球化学与富营养化．北京：科学出版社

金高洁，高超．2008．巢湖生态环境问题及治理措施研究．人民长江，39（6）：80-82

马秀玲，孙庆业，伍红琳，等．2010．巢湖周围池塘沉积物中磷的赋存形态及空间差异．安徽农业科学，38（2）：1075-1078

孙庆业，马秀玲，阳贵德，等．2010．巢湖周围池塘氮、磷和有机质研究．环境科学，31（7）：1510-1515

屠清瑛，顾丁锡，尹澄清，等．1990．巢湖富营养化研究．合肥：中国科学技术大学出版社

王道轩．2005．巢湖地学实习教程．合肥：合肥工业大学出版社

王振祥，朱晓东，孟平．2009．巢湖富营养化年度尺度变化分析及对策．环境监测，（416）：33-36

尹澄清，单保庆．2001．多水塘系统：控制面源磷污染的可持续方法．AMBIO，30（6）：369-375

张震，司友斌，谷勋刚，等．2009．巢湖流域规模化养殖场畜禽粪便污染负荷研究——以居巢区为例．安徽农业科学，37（15）：7159-7161

第七章　太　　湖*

太湖流域位于长江三角洲地区，地处长江下游尾闾与钱塘江、杭州湾之间。北抵长江，东临东海，南滨钱塘江，西以天目山、茅山等山丘为界，流域土地面积36 895km²，约占全国土地面积的0.4%（附图4）。太湖流域行政隶属于江苏、浙江、安徽和上海三省一市。其中，江苏省面积19 399.31km²，浙江省面积12 093.37km²，安徽省面积224.54km²，上海市面积5177.65km²。流域内有特大城市——上海市，大中型城市：苏州、无锡、常州、镇江、杭州、嘉兴、湖州等近30个县（市）。

水是太湖流域极其重要的战略资源，是维系太湖地区社会经济持续发展的命脉。但是近几十年来伴随太湖地区经济的高速发展，水资源和水环境问题日益突出。1998年国务院实施了太湖流域达标排放和2000年太湖水质变清计划，2007年国务院实施了太湖等“三湖”的综合治理方案，地方各级政府也实施了一系列的污染治理和湖泊生态环境保护工程等措施，然而，时至今日，太湖的富营养化水平仍居高不下，湖泊蓝藻水华频繁暴发；由蓝藻水华引发的“湖泛”等次生环境灾害不时出现，生态系统结构与功能遭到持续破坏，生态系统服务价值损失严重；而太湖流域工业的持续高速发展所引发的其他污染和蓝藻水华污染形成复合污染，将导致太湖环境和生态保护面临更加严峻的挑战。目前，困扰太湖流域经济社会发展和人民生活幸福、安定的两大生态环境问题，一是太湖的富营养化和水质性缺水；二是洪涝灾害频繁发生。

第一节　水质与水体富营养化

一、水质逐年下降，氮污染问题突出

按照地表水环境质量标准（GB3838—2002），太湖水质20世纪60年代属于Ⅰ～Ⅱ类水，70年代发展至Ⅱ类水，均属于清洁和较清洁水体。80年代末期，大部分开敞湖区属Ⅲ类水，符合饮用水标准。但间江口附近水域和五里湖东、西两端水域属Ⅴ类水，其余均属Ⅳ类水，Ⅰ～Ⅱ类清洁水体已不复存在。90年代中期，全湖水质已达Ⅳ类，其中符合饮用水标准的Ⅲ类水体面积1994年约占全湖面积的24.9%，1995年仅占全湖面积的3.1%，而Ⅴ类水体却占全湖面积的1/3。到2000年，全太湖仅6.7%的水体属Ⅲ类水、85%属Ⅳ类水、8.2%属Ⅴ类或劣Ⅴ类水。太湖平均每10年左右，水质下降一个等级（秦伯强等，2004），特别是20世纪90年代以后，水质下降速度明显加快。水质下降的主要

* 本章第一节由高俊峰、赵家虎（中国科学院南京地理与湖泊研究所）、吴庆龙（中国科学院南京地理与湖泊研究所）撰写；第二、三节由高俊峰撰写；由窦鸿身、苏守德、高俊峰统一定稿。

原因是氮、磷和 COD_{Mn} 等污染物入湖量逐年快速增加，导致湖泊富营养化水平提高。80 年代以前，入湖污染物以总氮和 COD_{Mn} 含量增加为主，这与太湖平原地区农业发达，大量施用氮肥有关；而八九十年代污染物以磷和叶绿素的显著增加为特征，这与该地区乡镇工业的迅速发展以及居民生活水平的大幅度提高相关。2000 年，太湖湖体总氮浓度为 3.2mg/L，2001～2009 年（图 7-1）总氮年均浓度均高于 2.0mg/L，处于劣Ⅴ类水质标准，2010 年下降到 1.9mg/L；总磷的年均浓度均高于 0.05mg/L，也超过Ⅲ类水质标准。

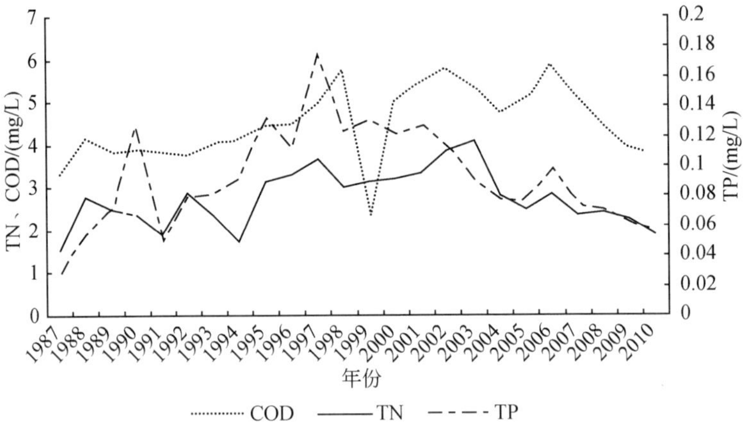

图 7-1　1987～2010 年太湖 TN、TP 和 COD 浓度变化

2010 年太湖受总氮污染影响，总体水质劣于Ⅴ类标准，空间分布略有变化，除湖心区水质为Ⅴ类外，其余湖区水质均劣于Ⅴ类。其中，西部沿岸区和梅梁湖水域污染最为严重。

总体来看，太湖的氮污染已经成为一个突出的环境问题，是导致太湖总体水质下降的主要因素，但从 2003 年以来，总氮一直呈现下降趋势；相反太湖磷的污染虽然也较为严重，但从 2001 年以来呈现下降趋势。导致这一现象的原因在于太湖流域实施的污染治理等措施较为有效地减少了进入太湖的总氮、总磷含量，特别是近年来，采取了许多控制措施和治理措施，取得了明显效果。相对来说，氮的去除效果较差，太湖的总氮污染仍维持较高水平，成为太湖富营养化和水质问题的突出原因之一。

二、水体富营养化加剧，蓝藻水华频繁暴发

（一）太湖水体富营养化

湖泊富营养化是由于营养物质在湖泊水体中积蓄过多造成水体生产力以低的贫营养状态逐步向生产力高的富营养状态过渡的一种现象（孔繁翔和高光，2005）。根据 1987 年 5 月至 1988 年 3 月实地调查，太湖全年 6 次营养程度综合评分仍属中-富营养类型，其中，富营养型水面占总湖面的 2/5、中-富营养型水面占总湖面的 3/5。1994 年、1995 年太湖共出现 5 种营养类型，即贫营养、中营养、中富营养、富营养和重富营养。其中，以中富营养型在时空上分布最广，其面积约占全湖面积的 70%，主要分布在湖心、南部沿岸区和

东部沿岸区；其次是中营养和富营养型，前者主要分布在东太湖及部分东部沿岸区，后者则出现在北部湖区（如梅梁湖和五里湖）和西部岸边带，夏季分布面积约占全湖面积的10%。2000年，太湖有83.5%的水域为富营养水平，仅16.5%为中营养水平。2007年，太湖全湖总体上处于富营养水平，除湖心区和东太湖外，其余湖区均呈中富营养化状态。

（二）蓝藻水华频繁暴发

1. 蓝藻水华暴发的初次时间提前、持续时间增加、暴发区域依然很大

水体富营养化的显著特征和导致水质恶化的最突出因素当属蓝藻水华的形成、发展和暴发。蓝藻水华是在一定的营养状况、气候、水文和生态环境下，藻类过度繁殖而使水体着色或在水体表面聚集形成条带或片状的藻类聚合体。自20世纪70年代初，太湖水域最早在无锡市五里湖出现蓝藻水华以来，其暴发的规模、频率、波及范围和持续时间均在不断增大（马荣华等，2008）。

太湖蓝藻水华暴发持续时间有增加的趋势。2004～2010年，太湖地区共暴发蓝藻水华539次，每次发生蓝藻水华面积平均140.4 km^2，占太湖总面积的5.94%。蓝藻水华年平均面积与最大面积都有逐年增大的趋势，最大面积出现时间有逐年提前的趋势；2008～2010年太湖蓝藻水华年平均面积与最大面积都有逐年减小的趋势；2010年太湖蓝藻水华年平均面积和最大面积与2009年相比有所增大，但仍没有达到2006年和2007年的程度；除2007年太湖蓝藻水华最大面积出现在6月份外，其他年份的蓝藻水华最大面积都出现在9月份，说明9月份为太湖蓝藻大面积暴发的高潮期（图7-2）。

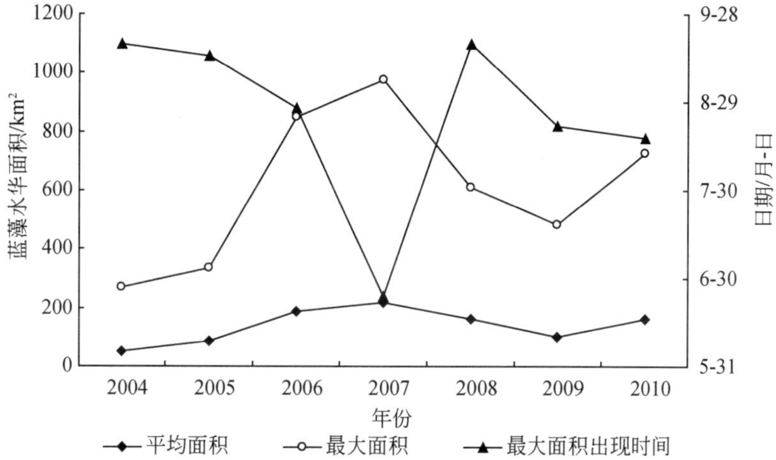

图7-2 2004～2010年太湖蓝藻水华面积特征

太湖蓝藻水华暴发的初始时间有在2007年前逐年提前，而在2007年后逐年推迟的趋势，从2004年的6月11日逐年提前至2007年的3月27日，而后又逐年推迟至2010年的6月6日。除竺山湖外，其他各个分湖区蓝藻水华暴发的初始时间与太湖整体趋势相同，都在2007年之前逐年提前，而在2007年之后逐年推迟（图7-3）。

太湖蓝藻水华暴发频次从2004年的53次逐年增加至2007年的112次，而后又逐年减少

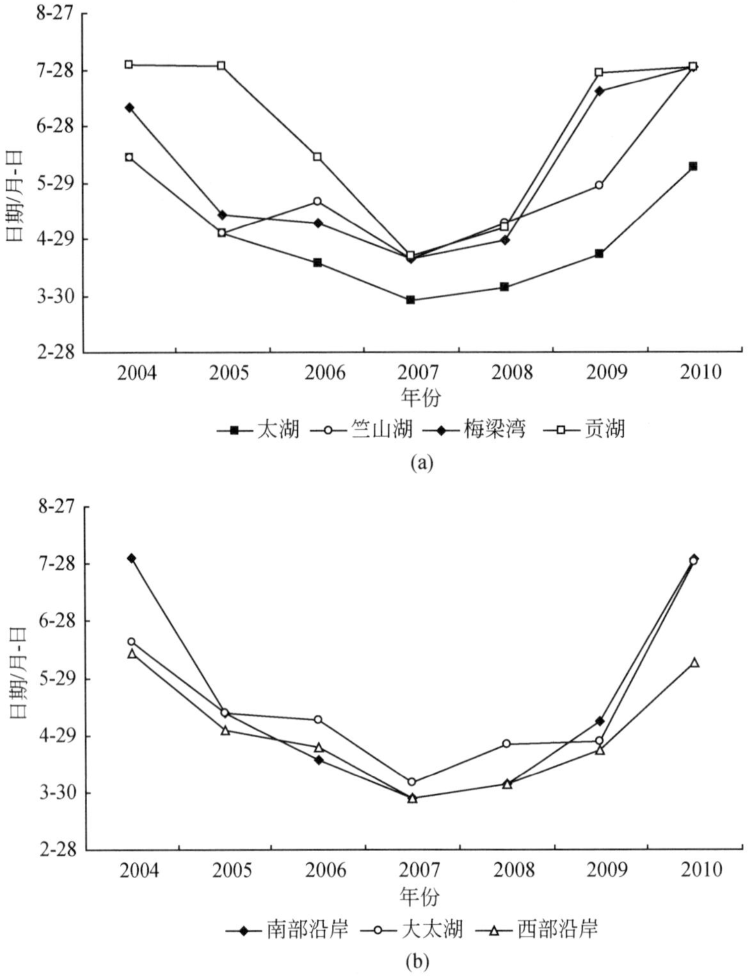

图 7-3　太湖及各分湖区 2004～2010 年蓝藻水华暴发初始时间

至 2010 年的 52 次。竺山湖、梅梁湾与西部沿岸蓝藻水华暴发的频次与太湖整体趋势相同，都在 2007 年之前逐年增加，而在 2007 年之后逐年减少。贡湖、南部沿岸与大太湖除 2009 年、2010 年外，其他年份蓝藻水华暴发频次的趋势也与太湖整体趋势相同（表 7-1）。

表 7-1　太湖及各分湖区 2004～2010 年蓝藻暴发水华发频次　　（单位：次）

年份	太湖	竺山湖	梅梁湾	贡湖	南部沿岸	大太湖	西部沿岸
2004	53	25	26	3	13	29	37
2005	71	32	34	15	27	47	43
2006	95	44	60	25	59	72	77
2007	112	37	64	47	85	85	93
2008	102	27	63	42	52	74	85
2009	54	20	31	10	29	42	44
2010	52	12	31	23	37	47	41

2004～2010 年 3～8 月蓝藻水华暴发次数有增加的趋势，8～12 月蓝藻水华暴发次数有减小的趋势。总体看来，太湖蓝藻水华主要集中在 5 月和 7～11 月，尤其是 8～10 月。8 月份蓝藻水华暴发次数最多，达 94 次，9 月、10 月次之，暴发次数分别达到 74 次与 84 次（图 7-4）。

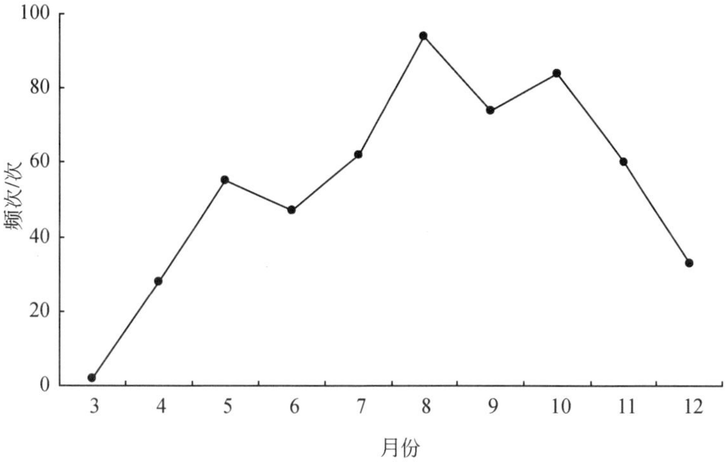

图 7-4　各月蓝藻水华暴发频次

2. 蓝藻水华引发的次生环境灾害严重，“湖泛”时有发生

蓝藻水华频繁且持续发生，改变了水体营养盐的形态与分布格局。作为初级生产者的藻类生物量增加，改变了食物网络乃至整个生态系统的结构和功能。大量蓝藻死亡及降解过程中产生的毒素和异味化合物引起水生动物中毒，导致生物多样性下降，严重影响水产品的品质，威胁饮用水安全，并可能最终危及人类健康。局部湖区甚至出现了“湖泛”现象，形成了“污水团”。许多证据表明，这极有可能与蓝藻水华在局部区域的堆积和分解有密切关系。

藻类水华积聚带来的大量有机物质，在微生物的分解作用下，消耗大量氧气，进而出现厌氧分解，在还原条件下巨量的藻类水华生物质在微生物的作用下，快速、巨量地释放出许多“黑臭”物质，进而影响水质和湖泊生态系统的结构与功能乃至引发环境或者生态灾难。因此，“藻源性湖泛”也可说是藻类水华尤其是蓝藻水华引起的次生环境灾害或者生态灾害之一。

根据我们在太湖跟踪调查湖泛期间对挥发性物质的检测，发现“湖泛”发生过程中产生的挥发性臭味物质是导致水体饮用等功能丧失的主要污染物。该污染物质是大量的含硫挥发性物质和蓝藻的次生代谢产物环柠檬醛和紫罗兰酮等（表 7-2）。进一步综合多方实验及调查结果，发现在蓝藻水华引发“湖泛”等环境灾害的过程中，导致水体发臭的异味物质主要可以分成 3 类 7 种。第一类是发生规律尚不明确，但是蓝藻水华可以增加其浓度的二甲基异莰醇和土臭素；第二类是在水体缺氧和厌氧的情况下，生成的含硫化合物，主要包括二甲基一硫、二甲基二硫和二甲基三硫等物质，蓝藻的分解是导致其大量生产的主要物质基础；第三类是 β-环柠檬醛和 β-紫罗兰酮，蓝藻可以大量生成这两种物质，但在自然状态下溶解态浓度均较低，似乎只有在藻类破裂时才会大量释放到水体中。此外，还有雪松醇、甲苯等一些含量较高的异味物质，它们的生成似乎和沉积物的结合分解有一定关系，表明富含有机质的沉积物对促进臭味物质的生成有重要影响。

表 7-2　太湖西部湖区的湖泛期间一次检测出的主要挥发性异味物质

保留时间/min	物质或化学式	CAS 号	中文名称
1.525	DMS	75-18-3	二甲基一硫
2.47	DMDS	624-92-0	二甲基二硫
2.625	C_7H_8	108-88-3	甲苯
5.241	$C_8H_{24}O_4Si_4$	556-67-2	八甲基环四硅氧烷
5.452	DMTS	3658-80-8	二甲基三硫
7.676	$C_{17}H_{34}O$	30689-78-2	十五烷基环氧乙烷
7.944	$C_{16}H_{16}N_2S$	70118-61-5	—
9.329	MIB	2371-42-8	二甲基异莰醇
9.519	$C_{14}H_{24}Br_2$	113281-38-2	—
9.624	$C_{10}H_{12}O_3$	66407-26-9	对羟基苯甲酸丙酯
9.939	$C_{10}H_{16}O$	432-25-7	β-环柠檬醛
10.882	$C_{20}H_{10}N_2S_2$	85703-93-1	—
13.232	GEO	53956-74-4	土臭素
13.578	$C_{19}H_{18}O_6$	1168-42-9	4、5、6、7-四甲氧基黄酮
14.293	$C_{13}H_{20}O$	14901-07-6	β-紫罗兰酮
17.224	$C_{12}H_{20}N_2$	4543-66-2	癸二腈
18.07	$C_{17}H_{32}O$	129436-95-9	—
19.492	$C_{18}H_{24}O_4$	84-64-0	邻苯二甲酸丁基环己酯
20.706	S_8	10544-50-0	—

“湖泛”的发生导致局部水域水质严重恶化，严重影响了区域供水安全和生态安全。例如，2007 年 5 月底因蓝藻水华暴发所引发的“湖泛”或“污水团”导致无锡市主要自来水厂停产，严重干扰居民的生产和生活，影响社会稳定，引起国内外的极大关注，对生态文明与和谐社会建设产生重大不利影响。2008 年和 2009 年监测到的“湖泛”各有 11 次和 13 次，并在太湖先后出现面积达 40km^2 以上的“湖泛”，虽然没有危及太湖的饮用水供给，但对湖泊生态系统的结构和其他生态功能产生了巨大破坏。2010 年监测到的大小“湖泛”有 9 起，面积均很小，持续时间在 1～2 天，也没有对主要的饮用水源地产生影响（陆桂华和马倩，2009；2010）。

3. 蓝藻水华污染与其他污染叠加导致太湖水环境面临复合污染风险

太湖蓝藻水华衍生的污染物质主要包括蓝藻毒素、氨氮、亚硝态氮和各种臭味物质。

根据杨华（2006）的调查研究发现，微囊藻毒素以梅梁湾最为严重，其次为湖心区和胥口湾。2005 年 8 月，在太湖梅梁湾，微囊藻毒素浓度为 1.18～9.28μg/L，最大值达到 15.2 μg/L。谢平等调查表明，太湖微囊藻毒素以夏季最为严重，水体中浓度往往达到 10μg/L，而冬季相对较轻。谢平等研究还进一步发现，微囊藻毒素在几乎所有的水产品体内均有不同程度的富集，尤其是在水产品的肌肉、肝脏、胰腺等组织或者器官中容易富集。WHO 及我国规定饮用水中的微囊藻毒素含量不能超过 1μg/L，加拿大卫生部提出 0.5μg/L 作为水体的微囊藻毒素限定标准。如果按照体重为 60kg 的成人每天摄取 300g 鱼肉计算，摄食太湖水生生物也会超过 WHO 推荐的 TDI（0.04 μg/kgBW）值。

三、饮用水源地安全保障程度有待提高

太湖是沿岸城市重要的饮用水水源地之一，目前在太湖湖区内取水作为饮用水水源的水厂共有 12 个，分别属于无锡和苏州两市。水厂主要位于梅梁湖、贡湖、胥湖和东太湖。无锡市的饮用水全部取自太湖，辖区内共有 6 个水厂，总取水量约占太湖取水总量的 60%，分别位于梅梁湖和贡湖。2007 年 5 月 29 日因蓝藻水华引发的无锡市饮用水危机就发生在贡湖。

2008 年采用水质常规监测 28 项指标进行评价（表 7-3）。无锡的饮用水源地小湾里水域水质在 3 月为劣Ⅴ类，超标项目为总氮。沙渚水域的水质在上半年的 3 月和 5 月均为劣Ⅴ类，超标项目为总氮；下半年的 7 月为Ⅴ类，超标项目为总磷；9 月也为Ⅴ类，超标项目为总氮和总磷。上半年苏州的水源地金墅港和渔洋山水域的水质均为劣Ⅴ类，主要超标项目为总磷和总氮两项。其中，3 月份，金墅港的生化需氧量也超标，超标 0.05 倍。下半年 7 月份，金墅港的水质为Ⅳ类，渔洋山的水质为Ⅴ类，超标项目均为总氮；9 月，金墅港和渔洋山水域的水质均为Ⅲ类。

表 7-3 2008 年太湖饮用水源地水质变化

地区	水源地	月份	水质	超标项目
无锡	沙渚	3	劣Ⅴ	总氮
		5	劣Ⅴ	总氮
		7	Ⅴ	总磷
		9	Ⅴ	总氮、总磷
	小湾里*	3	劣Ⅴ	总氮
苏州	金墅港	3	劣Ⅴ	生化需氧量、总磷、总氮
		5	劣Ⅴ	总磷、总氮
		7	Ⅳ	总氮
		9	Ⅲ	—
	渔洋山	3	劣Ⅴ	总磷、总氮
		5	劣Ⅴ	总磷、总氮
		7	Ⅴ	总氮
		9	Ⅲ	—

* 监测以后已不作为饮用水源地，故无 5 月份数据。

根据国家对饮用水源地的水质优于地表Ⅲ类水的要求，实际上目前太湖的这几个主要饮用水源地均不适合使用，因此亟待开展太湖饮用水源地的水质安全保障工作。蓝藻水华在太湖已持续发生了二十余年，鉴于其尚不能在短期内得到有效控制的情况下，蓝藻水华

造成的水质恶化，威胁饮用水安全的状况将长期存在。因此，如何有效预防、削减蓝藻水华对供水水质安全的危害显得尤为迫切。研究解决太湖蓝藻水华对饮用水源的威胁问题，既是太湖沿湖的无锡、苏州和湖州等城市的迫切需求，又对全国其他地区同样具有重要的借鉴和示范意义。

四、水质恶化的原因分析

上文已提及，20 世纪 60 年代，太湖水体属Ⅰ～Ⅱ类的清洁和较清洁水体；到 90 年代中期，平均已达Ⅳ类，符合饮用水标准的Ⅱ～Ⅲ类的水域到 1995 年仅占全湖总面积的 3.1%。造成太湖水质恶化的原因很多，主要是外源的大量污染物被带入湖内。在沿太湖的 5km 范围内就有 100 万亩的高产农田、近 100 家的工厂和矿山以及数十个中、小型城镇，它们每年都要产生大量的工农业废水和生活污水，其中有很大一部分进入太湖，从而导致太湖的水质恶化。

进入太湖的污染物的来源大致可分为三类：点源、面源和环湖河道带入的污染物质。据 1987～1988 年统计，由环湖河道带入湖中的 COD_{Cr} 为 106 300t、TP 为 1552.22t、TN 为 20241.2t；城乡居民生活污水入湖的 COD_{Cr} 为 51 513.83t、TP 为 677.8t、TN 为 5931.6t；农田产生的入湖 COD_{Cr} 为 16 922t、TP 为 84.34t、TN 为 41 079t。据环保系统调查统计，1998 年太湖流域内各种途径入湖污染物排放量分别为：COD709396t、TN103337.4t、TP15187.17t。其中，COD_{Cr} 主要为农田面源输入，占总来源量的 36.59%，其次为生活污染（26.47%）和工业排污（21.51%），以上三种来源占总来源量的 84.57%；TN 主要为农田面源输入，占总来源量的 49.54%，其次为生活污水（30.22%）和畜禽养殖（6.16%）带入，以上三种途径占总来源量的 85.92%；TP 主要由生活污水携入，占总来源的 49%，其次为农田面源（26%）和畜禽养殖（19%）带入，以上三种途径占总来源量的 91.51%（表 7-4）。

表 7-4　1998 年太湖地区污染物排放量（秦伯强等，2004；杨桂山和王德建，2003）

污染来源途径	COD_{Cr}		TN		TP	
	排放量/t	占比重/%	排放量/t	占比重/%	排放量/t	占比重/%
工业	160 478.2	23	4 041.8	4	264.74	2
生活	197 470.2	28	32 911.7	32	7 477.1	49
农田	272 805.7	38	53 970	52	3 990.41	26
畜禽	37 850	5	6 710	6	2 820	19
水产	40 791.9	6	5 703.9	6	634.92	4
合计	709 396	100	103 337.4	100	15 187.17	100

2008 年，太湖地区 COD 排放量达 642 980t，其中工业、生活、农田、畜禽养殖、水产养殖分别占 40%、21%、16%、21%和 3%；总氮排放量达 130 454t，其中工业、生

活、农田、畜禽养殖、水产养殖分别占 17%、17%、27%、30%和 9%；TP 排放量达 15 313t，其中工业、生活、农田、畜禽养殖、水产养殖分别占 7%、23%、19%、42%和 9%（表 7-5）。

表 7-5 2008 年太湖地区污染物排放量（王浩，2010）

污染来源途径	COD		TN		TP	
	排放量/t	占比重/%	排放量/t	占比重/%	排放量/t	占比重/%
工业	256 418	40	22 085	17	1 067	7
生活	132 564	21	22 077	17	3 529	23
农田	105 276	16	34 888	27	2 913	19
畜禽	131 922	21	39 143	30	6 500	42
水产	16 800	3	12 261	9	1 304	9
合计	642 980	100	130 454	100	15 313	100

与 1998 年相比，2008 年 COD 排放量有所减少，TN、TP 排放量略有增加，但排放结构发生了很大变化。COD 排放从以农田为主转向以工业为主，TN 从以农田和生活为主转为畜禽和农田为主，TP 从以农田和生活为主转为以畜禽、生活为主。污染物排放结构的变化预示着治理重点和方向的变化。

导致太湖水质恶化的原因具体归纳起来有以下几个方面。

（一）城市需水量和废、污水排放量均大幅度增加

随着工业化和农村城市化的快速发展，城市需水量大幅度增加，废、污水的排放量亦相应地增加，入湖的废、污水量也随之增加。人民生活水平的提高也会增加需水量和生活污水的排放量。例如，无锡市平均每人生活用水量从 1980 年的 105L 增加到 1990 年的 175L，1999 年已达 284L。由于城市化进程加快，城市人口从 1980 年的 76.49 万人增加到 1999 年的 111.69 万人，相应的生活用水总量从 8.03 万 t/d，提高到 31.7 万 t/d。如果按排放系数 0.8 计算，原来每月 6.4 万 t 的污水排放量，现增加到每月 25.4 万 t，平均每月就有近百吨的 COD_{Cr} 随污水进入河网。

工业快速发展，生产用水的需求量亦相应的增加。仅由城市供应的生产用水量就从 1980 年的 4116 万 t，增加到 1998 年的 12 246 万 t。

（二）农业生产方式和土地利用方式的变化对水环境的影响日益重要

长期以来，太湖平原地区是我国重要的商品粮基地，土地以种稻、种桑养蚕和养鱼为主。改革开放以来，随着工农业生产的发展，特别是乡镇工业的异军突起，本区土地利用方式发生了巨大的变化，大量农业用地转化为工业用地和城镇建设用地，人均耕地已降为 0.045hm^2。在大量耕地流失的同时，为保证粮食总产量的相对稳定，不得不增施化肥，致使其施用量逐年增加。有机肥与化肥使用的比例已由 20 世纪 80 年代中期的 3∶7，演化为 90 年代中期的 1∶9。现在每年每公顷土地使用的化肥总量（N、P、K 有效成分）已由

20 世纪 80 年代中后期的 25kg 增加到 45kg，其中氮素多于 30kg，占 70%以上。此外，在耕地非农化的过程中，太湖水系遭到破坏，部分河滨、水塘被填埋；一些河流虽未被填埋，但却被阻断了与其他水系之间的沟通，从而丧失或改变了原有的生态功能，影响了水系之间的水体流通和养分循环，降低了水体对污染物的吸纳和稀释能力（自净能力），间接地导致了水环境的恶化。

（三）太湖地区渔业养殖对湖泊水环境的影响日益严重

据统计，太湖流域内精养鱼塘面积有 53 704.49hm^2，水产养殖污染物排放量 COD_{Cr} 为 16 800t/a、TN 为 12 261t/a 和 TP 为 1304t/a。由于大量残饵和鱼类排泄物污染了湖泊的水环境，导致湖泊水质下降和富营养化。

此外还有湖面降水、降尘、航运以及沿湖岸的旅游景点、宾馆和疗养院等产生的污染物质，也直接排入太湖。

（四）入湖河道水质状况依然很差

入湖河流汇入大量污染物是导致太湖水质污染的主要因素。江苏省太湖流域共设 21 个主要出入湖河流监测断面，分布在无锡和常州境内的 14 条入湖河流，以及苏州境内的 7 条出湖河流。1998～2009 年，出入湖断面超Ⅲ类水质所占比例均超过 70%，1998～2003 年呈现上升趋势，2003 年开始，超Ⅲ类水质所占比例逐渐下降（表 7-6）。2007 年以前，入湖河流超Ⅴ类水质和劣Ⅴ类水质所占比例分别大于 50%和 40%，2008 年后分别降至 50%和 30%以下。说明入湖河流水质状况已经有所好转，但距离太湖变清的要求还有很大距离。氨氮是影响我省太湖出入湖河流水质的主要污染物，有效控制氨氮排放量是改善太湖出入湖河流水质的关键。

表 7-6　太湖入湖河道水质类别所占比例　（单位：%）

年份	水质类别						
	Ⅱ	Ⅲ	Ⅳ	Ⅴ	劣Ⅴ	超Ⅲ类	超Ⅴ类
1998	4.5	24.1	18.8	16.1	36.6	71.5	52.7
1999	3.0	13.3	28.1	11.1	44.4	83.6	55.5
2000	0.0	7.1	21.8	12.4	58.8	93.0	71.2
2001	0.7	11.5	20.3	11.5	56.1	87.9	67.6
2002	1.4	8.5	24.6	13.4	52.1	90.1	65.5
2003	0.0	4.7	13.2	12.4	69.7	95.3	82.1
2004	0.0	4.8	12.4	6.3	76.5	95.2	82.8
2005	1.2	7.0	14.5	8.1	69.2	91.8	77.3
2006	0.8	11.0	15.7	9.8	62.7	88.2	72.5
2007	1.8	12.8	21.9	5.0	58.5	85.4	63.5
2008	0.8	20.9	31.5	17.7	29.1	78.3	46.8
2009	3.5	22.0	28.3	20.1	26.0	74.5	46.1

数据来源：江苏省水文水资源勘测局，2011. 河道入湖污染物量监测与研究。

1998～2006 年入湖河流年均进入太湖的污染物：COD 18.7 万 t，TP 1600t，TN 3.93 万 t，而太湖湖体水功能区 COD、TP、TN 的纳污能力分别为 11.3 万 t/a、514t/a、0.85 万 t/a，入湖污染物量远超过太湖纳污能力。

第二节 流域水资源利用与水环境保护

一、水资源现状及其利用

（一）水资源数量与质量

1. 水资源数量

太湖流域多年平均（1956～2000 年）降水量为 1177mm，其中约 60%集中在 5～9 月的汛期，极值比为 2.4；多年平均水面蒸发量为 822mm；流域多年平均天然年径流量为 161.46 亿 m^3，折合年径流深 438mm；多年平均年径流系数为 0.37，变化幅度为 0.21～0.55。年径流主要由年内降水补给，与年降水的年内分配相似且更不均匀，呈现汛期集中，四季分配不均和最大与最小月径流相差悬殊等特点。流域多年平均水资源总量为 177.36 亿 m^3，其中地表水资源量为 161.46 亿 m^3，地下水资源量为 53.1 亿 m^3，地表水和地下水的重复计算量为 37.2 亿 m^3（表 7-7）。人均水资源占有量约 480m^3。

表 7-7 太湖流域水资源量

分区	计算面积 /km^2	降水量 /亿 m^3	河川径流量 /亿 m^3	地下水与河川径流不重复量/亿 m^3	水资源总量 /亿 m^3
湖西及湖区	16 672	206.27	78.25	3.27	81.52
武阳区	8 321	88.68	30.12	4.58	34.70
杭嘉湖区	7 436	90.28	36.09	5.72	41.81
黄浦江区	4 466	49.13	17.00	2.34	19.33
合 计	36 895	434.36	161.46	15.91	177.36

数据来源：水利部太湖流域管理局，2004. 太湖流域水资源及开发利用现状调查评价报告。

2. 水资源质量

太湖流域废污水排放总量以工业点源和生活污水排放为主，其中工业点源排放量占总量的 49%，城镇生活占 46%，面源占 5%。COD 主要来自工业点源和面源，分别占 50%和 40%。城镇生活、工业点源和农业面源的氨氮排放量相差不大，分别为 39%、31%和 30%。太湖流域污染总负荷的 60%～70%进入地表水体。

2010 年流域河流水质评价总河长 3535.4 km，全年期达到Ⅱ类水质标准的河长为 256.0 km、Ⅲ类 325.3 km、Ⅳ类 645.5 km、Ⅴ类 787.3 km、劣于Ⅴ类 1520.3 km。太湖、洮湖、滆湖、阳澄湖和淀山湖等主要湖泊的营养程度总体上为富营养化。流域内 7 座大型水库水质除青山水库为Ⅲ类外，基本处于Ⅱ类；除横山、青山水库为富营养化外，其余为中营养程度。

1）地下水水质

太湖流域除湖西和浙西山丘区的地下水未受污染外，平原区浅层地下水已基本被污染，主要超标项目为NH_3-N、高锰酸盐指数等，属有机污染类型。2000年末平原区浅层地下水Ⅰ～Ⅲ类水约占平原区面积的7%，Ⅳ类水约占69%，Ⅴ类水约占24%。

2）水功能区水质

2010年流域河流水质评价总河长3535.4km，全年期达到Ⅱ类水质标准的河长256.0km，Ⅲ类325.3km，Ⅳ类645.5km，Ⅴ类787.3km，劣于Ⅴ类1520.3km。太湖流域317个水功能区监测点中，有73个水质达标，达标率为23.0%。主要超标项目为NH_3-N、高锰酸盐指数（COD_{Mn}）、COD_{Cr}、五日生化需氧量（BOD_5）①。

3）重要水源地水质

2004年太湖流域47个集中式饮用水水源地总供水量54.8亿m^3，仅有30个饮用水水源地原水水质合格，合格供水量22.1亿m^3，供水合格率仅为40.3%。其中长江、钱塘江水源地原水水质全部合格，不合格的均为本地河网饮用水水源地。受污染的饮用水水源地主要为江苏无锡、常州，浙江嘉兴及上海。饮用水水源地常规污染指标主要为NH_3-N、高锰酸盐指数，部分水源地尚有铁、挥发酚、亚硝酸盐、总氮和总大肠菌群等项目超标。

3. 水资源利用

太湖流域供水主要以地表水源为主，除取用本地河网水量外，也直接取自长江和钱塘江。2004年太湖流域实际总供水量320.1亿m^3，其中地表水源供水量317.4亿m^3，地下水供水量为2.7亿m^3。工业用水为流域第一用水大户，总用水量为165.5亿m^3；其次为农业用水，总用水量为114.8亿m^3；生活用水量为39.7亿m^3。2004年流域内本地河网供水235.8亿m^3，沿长江、钱塘江的自来水厂、自备水源总供水量84.3亿m^3，其中自来水厂供水量15.4亿m^3，自备水源供水量68.9亿m^3（其中火（核）电自备水源供水量66.3亿m^3）。

1980年以来，太湖流域人均用水量先增后降，万元GDP用水量则大幅度下降，居民生活用水量增长较快，农田亩均灌溉用水量有所下降；流域用水水平和效率均有较大程度地提高，但与发达国家相比，仍存在较大差距（表7-8）。

表7-8　2004年太湖流域主要用水指标

行政分区	人均用水量/m^3	万元GDP用水量/m^3	人均城镇居民生活日用水量/L	人均城镇居民综合日用水量/L	人均农村居民生活日用水量/L	万元工业增加值用水量/m^3	农田亩均灌溉用水量/m^3
江苏	808	230	153	226	109	204	513
浙江	630	251	169	312	105	120	581
上海	674	152	153	319	111	229	563
安徽	290	1394	137	164	74	357	217
太湖流域	718	198	156	285	108	200	538

注：本表GDP采用2000年可比价。

① 水利部太湖流域管理局，江苏省水利厅，浙江省水利厅，等.2011.太湖健康状况报告2010

根据基准年多年平均水资源数量以及供用水量分析，现行状况下流域内地表水资源开发利用率（当地地表水供水量与地表水资源量的比值）约为89.2%。

根据太湖流域水资源公报资料统计，2001～2007年太湖流域生活用水量呈逐年增长趋势，流域生活用水量由2001年的38.6亿m^3增长至2007年的46.5亿m^3；工业用水量呈快速增长趋势，其用水量由2001年的158.3亿m^3增长至2007年的233.0亿m^3；农业用水量则由2001年的101.8亿m^3减少至2007年的93.2亿m^3。太湖流域2001～2007年用水量及其变化趋势详见表7-9。

表7-9 太湖流域2001～2007年用水量统计表 （单位：亿m^3）

分类	2001年	2002年	2003年	2004年	2005年	2006年	2007年
生活	38.6	33.3	44.1	47.8	49.7	49.4	46.5
工业	158.3	154.0	158.0	182.9	202.7	214.1	233.0
农业	101.8	94.8	104.3	113.7	102.1	97.5	93.2
合计	298.7	282.1	306.4	344.4	354.5	361.0	372.7

（二）水资源存在的主要问题

1. 流域本地水资源严重不足

太湖流域本地水资源严重不足，不能满足本区工农业和人民生活的需求。根据逐年水资源资料统计，截止到2001年，太湖流域水资源总量为177.4亿m^3。但这仅是理论上的，实际上本地可利用的水资源量仅为64.1亿m^3。2004年流域用水量就多达320.1亿m^3，远大于多年平均本地的水资源量和水资源可利用量，不足部分主要靠从长江引水和上、下游重复利用来弥补。

2. 水资源时空分配不均，造成水旱灾害

流域内地表水资源量分布南多北少，山区多而平原少，与区内人口和经济布局很不一致。北部地区和平原地区人口密集，工农业均较发达，需水量大，但供水量不足；而南部地区和山区人口少，需水量少，但可供水量大，造成水资源相对过剩而外流。

地表水资源量年内和年际变化大。丰水年月，大部分水量因不能及时存蓄和利用，而迅速外流；枯水年月又无水可用，从而导致旱涝灾害频繁发生。自1949年以来，本流域先后经历了1954年、1991年和1999年的三次大洪灾以及1978年和1994年两次严重干旱。三次大洪灾所造成的经济损失分别占当年GDP的10%、7%和3%。而1978年的大旱造成粮食减产0.44亿kg，而且干旱之年易发生湖泊水体突发性的污染和感潮河流污水上溯等重大环境问题。

3. 河湖水污染严重，常年水质型缺水，饮用水水源地安全问题突出

流域经济社会快速发展，而水污染防治却滞后，使得流域河网水质普遍超标、湖泊富营养化严重，流域常年水质型缺水，饮用水水源地安全受到严重威胁。2000年流域COD_{Cr}、NH_3-N入河量分别为84.85万t、6.31万t，远超过流域水域纳污能力54.70万t/a、

3.74 万 t/a；全年期 93.5%的评价河段水质劣于Ⅲ类，其中劣于Ⅴ类的达 64.2%，太湖等主要湖泊均为富营养化；流域本地河网供水量 235.8 亿 m^3，原水水质不合格水量为 62.1 亿 m^3，不合格率 35.8%，47 个地表集中式饮用水水源地原水水质合格率仅为 40.3%。无锡、上海、嘉兴等城市饮用水水源地安全得不到保障。2007 年 5 月，因太湖蓝藻暴发，引发了无锡市城市供水危机，造成较大社会影响。饮用水源污染问题已严重威胁到人民生命健康。

4. 流域水生态环境问题日益突出

流域水资源不足、水污染严重、水体流动缓慢，干旱期河网水位偏低，换水周期长，水体自净能力弱，致使生物多样性受到破坏和水生态环境受到严重威胁；多数地表水体丧失基本使用功能，导致长期超采深层承压水，形成大面积地下水降落漏斗，引发地质灾害；围湖填河、超规模养殖等诸多与水争地、无序养殖等，引发湖泊萎缩、水质恶化和湿地退化等一系列生态环境问题。

5. 流域水资源综合管理体系尚未形成

一是流域管理与行政区域管理相结合的水资源管理体制有待完善；二是流域对涉水事务社会管理能力、处理突发性水事纠纷及水污染事故等的应急能力有待进一步加强；三是流域性法规建设滞后，难以规范和管理水资源开发利用行为；四是市场在水资源配置中的基础性作用未得到充分发挥，公众未参与到水资源管理中。

（三）水资源供给

根据太湖流域水资源公报资料统计，2001～2007 年太湖流域供水量呈逐年增长趋势，2001 年太湖流域供水量为 300.5 亿 m^3，其中蓄水、引水和提水工程供水量分别为 85.4 亿 m^3、53.9 亿 m^3 和 156.6 亿 m^3；至 2007 年太湖流域供水量增长至 372.7 亿 m^3，其中蓄水、引水和提水工程供水量分别为 60.1 亿 m^3、177.4 亿 m^3 和 130.1 亿 m^3。太湖流域 2001～2007 年供水量及其变化趋势详见表 7-10。

表 7-10　太湖流域 2001～2007 年供水量统计表　（单位：亿 m^3）

年份	地表水工程					地下水工程	其他供水工程	合计
	蓄水	引水	提水	调水	合计			
2001	85.4	53.9	156.6	—	295.9	4.4	0.2	300.5
2002	75.1	54.1	158.4	—	287.6	3.9	0.3	291.8
2003	75.8	60.5	166.5	—	302.8	3.3	0.1	306.2
2004	69.3	99.3	173.0	—	341.6	2.7	0.0	344.3
2005	70.5	111.7	170.0	—	352.2	2.2	0.1	354.5
2006	103.8	123.2	129.1	3.1	359.2	1.8	0.0	361.0
2007	60.1	177.4	130.1	3.6	371.2	1.5	0.0	372.7

随着社会经济的高速发展、人口的增加以及人民生活水平的不断提高，流域用水需求

量逐步增加，流域加大了蓄、引、提及其他水源工程的建设投入，流域用、供水量呈现明显的增加趋势，其中生活用水量和工业用水量显著增加，农业用水量有所下降。

太湖流域供水主要以地表水源为主，除取用本地河网水量外，也直接取自长江和钱塘江。其中调水工程供水能力占流域地表水总供水能力的一定比例，对保障流域供水安全具有重要作用。

二、水资源与水环境保护

（一）太湖水环境保护与可持续发展对策

总体来看，太湖目前面临的主要生态环境问题是湖泊富营养化以及由此引起的蓝藻水华及其次生灾害，因此，现阶段太湖水环境保护的重点还是有效控制太湖的富营养化，同时对因工业高速发展带来的其他污染以及由此引发的复合污染给予足够的重视。鉴于太湖的富营养化治理和修复将是一个较为长期的过程，因此太湖水环境保护和可持续发展需要从宏观（长期和流域尺度）和微观（短期和局部范围）两个层面进行探讨。从宏观层面来看，太湖的水环境保护应该重点关注以下几个方面，力图达到太湖水环境的持久恢复与保护。

1. 建立统一和有序的管理机构，建立合理水资源价格政策

太湖流域隶属二省一市，具有多种资源和功能，其中涉及环保、城建、渔管、交通、水利和旅游等部门，它们在太湖管理和保护中起了很大作用。但是由于各个地方各个部门均有各自的利益目标，导致管理失调，引发了太湖水资源和水环境的诸多问题，若要协调发展、持续利用湖泊资源，促进流域经济的可持续发展，只有建立统一的管理执法部门，形成一个非常有效的协调、管理和执法机构。

长期以来，水价政策与太湖地区经济发展极不协调，主要表现在水价过低和无偿利用地下及地表水资源所导致的水资源利用率低、节约用水难于开展和污水处理厂运转困难等问题，制定太湖地区的水价政策和运转系统，利用价格杠杆作用，对水资源进行合理配置和优化管理，是协调太湖地区经济与水资源、水环境协调发展的重要策略。

2. 修订完善太湖流域水污染治理方案，制定太湖流域水污染防治总体规划，完善太湖流域综合管理方案

太湖水环境整治应该贯彻湖泊与流域综合治理的方针。太湖流域经济高速发展，产业结构发生了变化，对水环境的影响也在变化。在回顾和总结国务院制定的太湖地区达标排放和零点行动的基础上，根据新形势下的流域污染特点，并在对未来经济发展和环境污染作出准确预测的基础上，制定新的近期和中长期太湖流域水污染防治总体规划，并重视太湖流域经济结构调整和土地利用变化对减轻环境污染的作用，发展无污染的工业和金融、贸易等服务业。同时着手建立太湖流域水污染防治法规。从建设节水型社会着眼、从制定更加严格的排污标准、强化水污染防治、以流域纳污能力为基础来加强水资源保护、建立流域管理协调机制等几个方面入手，建立和完善太湖流域综合管理方案。

3. 制定实施总体规划的防治项目

主要的水污染防治项目应包括：重点地区污水处理厂的建设，强化污水处理厂尾水的氮磷等深度处理，提高污废水的排放标准；流域水土流失控制和水源涵养，有效开展农业面源污染的削减；局部湖区清淤；合理控制网围养殖渔业；湖滨湿地恢复和防污带建设；湖泊的生态恢复；引江济太工程等。

4. 调整产业结构，优化产业布局

调整流域产业结构，建设资源集约型、环境友好型社会；严格限制湖区周边地区高污染工业的发展；形成有利于水环境综合治理的土地利用方式和城乡布局；适当调整太湖周边的农业结构，建设环湖地区生态隔离带与缓冲区，提高入湖污染物净化能力，营造更大的湖泊生态空间。

5. 加强基础科学研究，解决重大科学问题，做好科学决策

针对太湖地区水资源和水环境面临的主要问题，抓住主要污染物质和污染源，有的放矢，综合整治，才有可能尽快取得较明显的效果。而目前迫切需要阐明以下几个问题。

1）太湖外源营养盐贡献

太湖地区是一个经济高速发展的地区。工业结构的调整、农业产业化的进程和城市化的发展都远远地走在全国的前列。相应地，不同产业部门的污染营养盐的贡献也随着经济的发展、经济结构的调整而发生变化。目前不同的污染物来源及其贡献究竟有多大，仍不清楚，使得太湖环境治理工作不能抓住重点，有的放矢。

2）底泥内源释放及其控制

浅水湖泊底泥营养物质释放是一个极其复杂的问题。深入揭示这一过程，有助于说明内源污染对浅水湖泊环境的影响机制，揭示大型浅水湖泊富营养化及蓝藻水华暴发的机理，指导治理工作的开展。

3）太湖生态环境保护与资源开发的多目标湖泊管理系统和水环境管理平台

由于太湖具有多种功能，因此，各种目标和功能不可能完全一致。因而，迫切需要建立一个太湖多目标协调的湖泊管理系统。按照不同时期的水量情况，在兼顾防洪、环保、航运、旅游和供水等要求的条件下进行湖泊资源优化管理，建立优化管理的模式，实现太湖环境管理及其美景的再现，为政府管理与决策提供支撑。

4）湖泊生态恢复理论和技术体系的建立与完善

太湖是一个复杂的生态系统，近 40 年来受污染等影响，其结构和功能受到了极大的破坏，随着太湖流域污染治理的开展，恢复和重建良好的湖泊生态系统，重现太湖的秀美风光将成为主要目标，探索、积累和建立生态恢复的新理论和技术方法，开展试验和示范研究是当前的重要课题。

蓝藻水华在太湖已持续发生二十余年，根据国内外的经验，太湖的富营养化和蓝藻水华尚不能在短期内得到有效控制，蓝藻水华造成的水质恶化，威胁饮用水安全的状况将长期存在。因此，如何有效预防、削减蓝藻水华产生的危害显得尤为迫切。从微观层面来

看，太湖的水环境保护则可以从以下几个方面着手。

(1) 加强蓝藻水华污染监控与预警。结合太湖环境管理工作实际情况，建立太湖环境监测监控信息数据库，监测点位的规划和站网布设优化，是构建监控系统的基础。监控内容主要包括：水质监测、蓝藻水华监测和湖泊水生生态观测。构建预警信息综合辨别及基于GIS的可视化动态综合评判、预警分级、信息快速分级发布系统，形成基于生态安全的太湖重大环境污染事件的预警技术平台。重点包括：太湖生态模拟模型库、预警模型及警情发布、太湖风险防范及应急体系等。

(2) 强化饮用水源地水质安全保障。重点加强水源地环境整治及水源储备体系建设，完善饮用水源地安全保障体系，建设饮用水源地安全预警体系。

(3) 提高太湖水华蓝藻去除效率和资源化利用能力，减轻水华生态灾害影响。提高蓝藻水华的机械打捞效率，提高蓝藻水华的藻-水分离效率，实现藻类的资源化。

（二）流域污染物控制

通过流域产业结构调整和转变流域社会经济发展方式，来优化经济发展空间布局、土地利用方式和城乡布局，建设强制性的环湖生态隔离带和缓冲区，形成有利于太湖水环境综合治理的社会经济空间布局，走可持续发展的道路，建成资源集约型、环境友好型社会，达到太湖水污染综合治理的目标。

1. 调整流域产业结构，建设资源集约型、环境友好型社会

坚持节约、清洁、安全和可持续的发展模式，改变流域粗放型增长方式，发展低能耗、低污染的产业和技术，改善和调整经济结构，减轻资源环境压力，降低水污染，使一、二、三产业健康协调发展，逐步形成以农业为基础，高新技术产业为先导，基础产业和制造业为支撑，以及服务业全面发展的产业格局。

通过提高农业规模化、产业化水平，大力发展高效、生态安全农业，重点发展无公害、绿色和有机农产品，推广使用生物有机肥料和低毒、低残留高效农药，控制农业面源污染；实行规模化畜禽清洁养殖，减少污水和粪便流失，妥善处理废弃物；合理布局，推广池塘循环水养殖技术，逐步取消太湖围网养殖；发展有序的生态养殖，不投或少投饵料，达到保护和净化水质的目的。

大力发展高新技术产业、先进的现代制造业和环保产业等，同时大幅度降低高污染行业企业的比重；重点发展电子信息、装备制造等现代工业，升级改造纺织服装、轻工建材等传统优势产业，提高产品竞争力和附加值。发展循环经济，提高资源综合利用率，减少污染物排放，加紧对重污染工业企业的专项整治：对规模以上的重点污染企业，要用高新技术改造提升生产工艺水平；对规模以下的重点污染企业，要采取“淘汰一部分、改造一部分、集中一部分”的方式进行综合整治。

大力发展第三产业，形成全流域服务内容丰富、服务对象配套和服务功能协调的现代服务业体系。发展以现代物流、金融服务、科技服务、信息服务、咨询服务和国际服务外包等为重点的生产性服务业。使生产性服务业占第三产业增加值的比重达到40%以上，逐步形成太湖流域经济社会又好又快发展的新格局，创建人与自然和谐相处、经济与环境协

调发展的新模式。

2. 优化经济发展空间布局，走可持续发展道路

优化农作物布局，大力削减流域农业面源污染；充分考虑农作物的适生性以合理调整农作物结构和空间布局，因地制宜地选择合理的种植布局模式；在第二、三产业布局方面，在转变经济增长方式、推进产业转型升级的同时，着力调整工业产业布局，将一批产品市场前景看好、布局分散的小企业，尽可能地引导进入经济开发区、工业园区内。延长产业链，发挥工业集群优势，提高资源利用效率。发展循环经济，减少污染物的排放，污水集中处理。发展高新技术产业和服务外包、城市休闲和文化旅游等现代服务业。

3. 优化土地利用方式和城乡布局，形成有利于水环境综合治理的空间格局

创新土地利用模式，形成工业集聚、居住集中和城乡协调的建设用地空间格局。控制建设用地总量，适度降低人均城镇工矿用地面积，提高集约用地水平，促进产业结构升级。统筹安排区域性基础设施用地，防止重复建设。严格保护水田等优质耕地，加强太湖流域地区污染土地的治理，加大湿地保护力度，使得流域土地得到合理利用和优化开发。优化太湖流域城乡布局，发展紧凑型都市圈，科学合理地确定村镇布局和规模，完善城乡功能网络，实现城市与区域的整体联动，人口向城镇集中，工业向园区集中，提高区域性治污设施共建共享度，形成有利于水环境综合治理的城乡布局。

4. 建设环湖地区的生态隔离带与缓冲区，提高入湖污染物的净化功能

要根据环太湖地区城镇化和城乡人口结构变化趋势，坚持“适度集聚、节约土地、有利生产、方便生活”的原则，将规模偏小、布局分散的村镇合理集中，共享城乡环境治理设施。在城市化进程中，要在环太湖 1～3km^2 建设生态隔离带或者缓冲区，人与湖泊之间要有一定的空间距离，给湖泊以足够的生态空间；湖泊周边 5km 范围内，应优先发展需肥量低、环境效益较高的经济作物，鼓励按照有机、绿色农产品技术规程进行生产。在低污染风险区优先发展集约化蔬菜种植业，减少农业面源污染产出。

（三）水功能区管理

1. 明确职责分工

县级以上人民政府发展改革、水利（水务）、环境保护、国土资源、卫生、建设、农业和渔业等部门以及流域管理机构，在各自的职责范围内，要加强对流域水功能区的监督、管理和保护。

发展改革部门在制定国民经济发展规划、组织开展流域水环境综合治理时，应综合考虑流域水功能区要求，调整完善产业政策，加强对重大项目建设、循环经济和清洁生产等方面的指导和监督。水利（水务）部门、流域管理机构应按照流域水功能区要求，加强对水资源开发、利用、节约和保护的指导与监督；在实施水工程建设项目流域规划审查、取水许可、河道管理范围内建设项目审查、入河排污口设置、建设项目水资源论证报告书审批等行政许可的过程中，应深入分析建设项目对流域水功能区水质、水量的影响。环保部门应按照水功能区水质目标要求，组织编制流域水污染防治规划，实施污染物限排总量控制，严格排污许可制度，加大环保监督执法力度；审批规划或建设项目的环境影响评价文件时，应加强对水功能区影响的分析论证。其他部门在实施行政管理过程中，应考虑避免对流域水功能区水量、水质造成的不利影响。

2. 加强水功能区水域管理和监督

任何单位和个人从事开发利用活动，不得影响水功能区确定的水质目标。在暂未划定水功能区的水域进行开发利用活动时，不得影响相邻水域已划定水功能区的水域使用功能。

直接在水功能区开展围网养殖、水上餐饮、旅游和水上运动等可能影响水域功能的开发利用活动，在依法履行有关审批前，应报有管辖权的水行政主管部门或者流域管理机构同意。

新建、改建和扩大水功能区入河排污口，应当在向环境保护主管部门申请建设项目环境影响评价之前，向有管辖权的水行政主管部门或者流域管理机构提出入河排污口设置申请，未经审查同意，环境保护主管部门不得批准该建设项目的环境影响评价。

加强水功能区水域交通运输管理，在保护区以及开发利用区中的饮用水保护区，禁止运输易燃易爆、剧毒腐蚀以及放射性物品。其他水域运输危险物品的，应严格执行《安全生产法》、《固体废物污染环境防治法》和《危险化学品安全管理条例》等有关法律、法规，确保运输安全。

当太湖入湖河道控制断面水质不符合水功能区水质目标时，入湖口门建筑物应当在不影响防洪安全的情况下实施关闭。

3. 加强省界、重要水源地和重点水功能区的监测与管理

流域管理机构应当加强对太湖流域水功能区一级区划中的保护区、缓冲区和二级区划中饮用水源区的监督检查，定期公布水功能区水资源状况。发现污染物排放总量超过控制指标的，或者水功能区的水质未达到水域使用功能对水质要求的，应当及时通报有关人民政府采取治理措施，并向有关环境保护主管部门及项目审批（核准、备案）部门通报。两省一市地方人民政府水行政主管部门按照职责，负责其他水功能区的监督检查。

流域管理机构应当组织相关省（市）水行政主管部门，对流域水功能区的水量、水质状况进行监测，编制流域水功能区水资源信息通报，及时报告有关省（市）人民政府及国务院水行政主管部门、环境保护行政主管部门和其他有关部门。流域水功能区监测信息应当纳入流域水环境综合治理信息共享平台。

（四）水源地安全保障

针对太湖流域河流湖泊水质受到严重污染，主要水源的饮用水水源地水质普遍较差的现状，本次评估建议采取加强水源地及水厂的安全建设、完善区域供水安全保障体系、建设饮用水安全监测系统和预警体系，保障太湖饮用水供给功能的安全和人民群众身体健康，促进社会稳定。这是全面建设小康社会，实现经济社会可持续发展、构建社会主义和谐社会的基础，也是贯彻落实《水法》、践行治水新思路的具体体现。切实做好水源的保障工作，需做好以下几个方面的工作。

1. 加强水源地环境整治及水源储备体系建设

合理配置太湖现有水源地，将水质污染严重地区的水源地逐步转移到水量充沛、水质相对较好的地区。在加大水污染治理和节约用水基础上，积极开辟第二水源，并实行战略调水的开源建设，做好多水源供水系统和区域应急水源工程建设。加强水质监测，依法强化饮用水水源地保护，保障饮用水安全。对现有水源地环境进行综合整治，新建和改造一批饮用水工程，扩大现有自来水厂的供水能力和供水范围，可解决水资源缺乏的矛盾，保障饮用水水源工程有计划地实施。

建设备用水源地，力求万无一失，这样可以在保护好主要水源地的同时，主水源地一旦发生突发事件，紧急启用备用水源。太湖地区要加强城乡饮用水储备体系建设。要合理选择部分大型水库和江河作为区域性战略储备水源，并制定特殊情况下的区域水资源配置和供水联合调度方案。上海、苏州、无锡目前水源地比较单一，对现有水源地的依赖性比较大，不利于应对突发事件。上海市、无锡市可考虑在长江建设备用水源，苏州市可考虑加强阳澄湖的保护，建设为备用水源，也可将长江作为备用水源。

2. 完善饮用水源地安全保障体系

抓紧编制城乡饮用水源地安全保障规划或实施方案，明确城乡饮用水源地安全保障的目标、任务和政策措施。

按照水环境功能区划和综合防治水污染所确立的目标，严格执行水污染防治法和关于加强城乡饮用水安全保障工作的有关规定，落实饮用水水源一级保护区、二级保护区的各项环境管理制度。加大饮用水水源保护区创建力度，定期开展对饮用水水源保护区的检查，对查出的问题要进行专项整治并挂牌督办。对违法违规建设的项目，要责令停建并限期治理整顿或拆除。对排污超标的企业和单位，要责令限期达标排放或搬迁。完善饮用水源地安全保障体系，加快建设城乡一体的区域集中供水工程，水量应满足城乡生活和生产需要，实现区域供水安全保障。

3. 建设饮用水源地安全预警体系

供水涉及人民的日常生活，水源地发生突发水污染事件，易造成较为严重的社会影响，故加强水源地保护，做好突发水污染事件的预防工作，减少甚至消除突发水污染事件，是搞好水源地保护的重要途径。

为此，环境保护主管部门可建立环境保护、水文水利和工程管理等方面的专家库，并将集中式饮用水源地的规划、保护、管理及应急技术研究纳入环保科技研究内容。在继续强化常规监测的基础上，不断加强预警监控和移动监测能力建设，并建立突发性水污染事件应急指挥决策支持系统，实现信息采集、预警预报、分析处理、决策支持和事件评估等工作的智能化，提高科学应对突发性水污染事件的水平。

发生风险事故时，应密切关注事故发展态势，强化水质监测，根据不同风险等级，采取相应的救援措施。低风险事故应密切观察，并采取相应的措施，减轻污染，确保供水安全；高风险事故应切断水源供给，采用备用水源，根据污染减轻情况，适时采取低风险事故救援方案，直至应急救援终止。

同时，需加强饮用水安全的宣传，普及保障饮用水安全方面的知识，提高公众的应对能力和风险意识。编制集中式饮用水源地突发性水污染事件应急预案汇编和教材。定期组织应急演习，并及时总结，不断完善应急预案。

建立水源地环境风险快速应急救援响应系统，可减少突发性水污染事件的影响程度，提高环保部门应急反应能力，保障集中式水源地安全，减少突发性水污染事件损失。

第三节 流域洪涝灾害

一、历史洪涝状况

20 世纪太湖流域发生较大的洪水年份有：1911 年、1921 年、1931 年、1949 年、1954 年、1957 年、1962 年、1963 年、1969 年、1983 年、1991 年、1995 年和 1999 年共 13 次，平均每 7.7 年一次。特别是其中 1931 年、1954 年、1991 年及 1999 年 4 次是 20 世纪大和特大洪水。这四次洪水都是梅雨造成的，特点是降雨总量大，洪水水位高，全流域受灾，洪灾损失严重。有关这 4 次洪水发生时太湖流域降雨量及频率、太湖的最高水位、雨情、水情和灾情的比较见表 7-11。因为 1999 年大水时，“治太”工程已经发生了效益，尽管 1999 年大水时降雨集中、洪峰流量大，但洪灾损失却相对较小，太湖流域的防洪工程起到了关键作用。

新中国成立以来，太湖最高水位超过 4m 的年份共 14 次。本地区最易成灾的地区为湖西的洮滆和宜溧地区、杭嘉湖区、阳澄淀泖区的苏昆地区和浙西的长兴东导流西部地区等。20 世纪以来，流域性的大洪水分别发生在：1931 年、1954 年、1991 年和 1999 年。

1931 年太湖流域发生了大范围的洪涝灾害，由于受西南气旋及东部气流的影响，6～7 月降雨多，梅雨期长，江湖水位并涨，流域排水困难，灾情严重，全流域 45 天降雨量在 600mm 左右。灾情以苏南最重，浙江次之。受灾面积 592 万亩，水稻减产约 5.1 亿 kg，棉花减产约 3850 万 kg，其他农作物、工商业及生命财产损失也十分巨大。

1954 年洪水为梅雨型水灾，梅雨带长期徘徊在江淮流域，入梅早、雨期长、雨量大、分布广，同期长江出现百年未遇的特大洪水。全流域 90 天降雨量达 890.5mm，7 月 28 日太湖达到最高水位 4.65m。由于长期降水，河湖水位并涨，高水位持久不退，全流域成灾面积 439 万亩，粮食损失约 5 亿 kg，当年经济损失达 10 亿元。

1991 年洪水属梅雨型，该年入梅早、梅雨期长、雨量大，太湖水位已达 4.79m，全流域发生了严重的洪涝灾害。汛前太湖底水位高，7 月 15 日达到最高水位 4.79m，全流域成灾面积 627 万亩，粮食损失 1.28 亿 kg，减产 8.12 亿 kg，受灾人口 1182 万人，死亡 127 人，倒塌房屋 10.7 万间，全流域当年直接经济损失达 113.9 亿元。

1999 年洪水也是梅雨型，雨期全流域平均降水量 617mm，7 月 8 日出现最高水位 5.08m，全流域受灾人口达 746 万人，倒塌房屋 3.8 万间；受淹农田 1031 万亩，粮食减产

表 7-11　太湖流域四次大洪水情况简表

年份	太湖最高水位/m	受灾面积/万 hm^2	降雨量频率	雨情	水情	灾情	暴雨总量（5～7月）大于800mm（700mm）的区域比重
1931	4.40	39.5	全流域90天最大降雨量834.2mm相当32年一遇。全流域45天最大降雨量600.1mm相当57年一遇	梅雨期降雨集中在6月14日至7月28日，5～6月降雨主要在南片，向北呈递减趋势，7月份全流域平均降雨达456mm	6月中旬湖水位上涨，环太湖各站7月下旬至8月上旬出现最高水位，水位过程线是宽广单峰	主要灾区在太湖北部，湖西、澄锡虞及阳澄淀泖区	雨量大于800mm的区域面积占流域总面积的43%，雨量大于700mm的区域面积占流域总面积的85%
1954	4.65	52.3	全流域90天最大降雨量890.5mm，相当60年一遇。杭嘉湖区90天最大降雨量985.2mm，相当184年一遇	梅雨期6月1日至8月2日共62天，全流域普遍连续、均匀大雨	太湖水位从5月20日3.48m起涨到7月31日出现最高水位，水位过程线是缓涨缓落型	主要灾区在杭嘉湖地区及苏州地区南部。直接经济损失占该年工农业生产总值的10%	雨量大于800mm的区域面积占流域总面积的59%，雨量大于700mm的区域面积占总面积的86%
1991	4.79	34.1	全流域90天最大降雨量828mm，相当30年一遇。湖西区45天最大降水量793.9mm，相当168年一遇	梅雨期5月19日至7月13日，两次大暴雨中心在湖西区、武澄锡区，第一场暴雨6月11日至17日平均降雨226m；第二场暴雨6月30日至7月14日，全流域降雨量300mm，8月7日又降雨83mm	第一场暴雨太湖水位由3.45m涨至4.27m；第二场暴雨太湖水位由4.09m涨至最高水位。8月7日因降大雨，水位又有上涨。水位过程线是两大峰一小峰	主要灾区在湖西、澄锡虞，阳澄等区，灾区呈小块状、条状。直接经济损失占该年工农业生产总值的6.7%	雨量大于800mm的区域面积占流域总面积的29%，雨量大于700mm的区域面积占流域总面积的42%
1999	5.08	30.4	全流域90天最大降雨量1017mm，相当100～150年一遇	梅雨期6月7日至7月20日有三次大暴雨过程，第一次6月7日～10日，降雨175mm；第二次6月15至17日，降雨62mm,；第三次6月23日至7月1日，降雨368mm	第一场暴雨太湖水位上涨至3.67m，第二场暴雨上涨至3.79m，第三场暴雨7月1日水位涨到4.79m。7月9日达最高峰。水位过程线总体上是一个单峰，但在第一、第二场暴雨间出现小起伏	主要灾区在杭嘉湖淀泖及浦西区。灾区为点状、条状，范围变小。直接经济损失占该年工农生产总值的1.3%	雨量大于800mm的区域面积占流域总面积的63%，雨量大于700mm的区域面积占流域总面积的72%

超过 9.1 亿 kg（不包括上海市），17 552 家工矿企业停产，公路中断 341 条次，损坏江堤圩堤 8133km，全流域当年直接经济损失达 141.25 亿元。

四次主要洪涝灾害在雨情、水情、灾情和水势方面有比较大的差别。

（1）雨情：四次洪灾都是梅雨型洪水，这四次洪水主雨期降雨总量大，洪水历时长，造成全流域洪涝灾害。其降雨分布范围有明显的差异，1931 年流域降雨以湖西和浙西的雨量最大；1954 年流域降雨以浙西和杭嘉湖区的雨量最大；1991 年流域降雨以湖西、澄锡虞和阳澄淀泖区雨量最大；1999 年流域降雨以浙西、杭嘉湖、太湖湖区和上海最大。

（2）水情：太湖水位的变化过程一般与汛期降雨过程一致，1931 年和 1954 年梅雨总量大，分布均匀，其水位过程线是宽广的单峰；1991 年梅雨期有三次大的降雨过程，太湖水位过程线有两个大峰和一个小峰；1999 年梅雨主雨期集中在 6 月下旬，相应于 7 月上旬太湖水位过程线出现一个单峰。

（3）灾情：由于新中国成立以来水利建设及治太工程，全流域抗灾能力大大提高，近 50 年来几次大洪水淹没面积在逐次减小，1954 年和 1991 年受淹范围多为块状和片状，而 1999 年受淹范围多为点状和条状，受淹范围明显减少。1999 年河湖水位普遍创历史最高纪录，但相对经济损失较小，约占该年工农业生产总值的 1.3%，远小于 1954 年的 10% 和 1991 年的 6.7%。

（4）水势：经汛期等水位分析结果可看出，20 世纪末期（1997 年 7 月），那时已由原来两向排水（入江、入浦）演变成三向排水，从此完善了东北、东、南三向排水格局（入江、入浦、入海）。

二、防洪抗涝现状及存在的问题

目前太湖流域防洪减灾能力依然偏低。由于受河道淤积、地面沉降、城镇及圩区面积扩大和河湖面积减少等因素影响，使治太骨干工程和城市防洪工程的防洪能力下降；已建堤防、海塘、水库和闸泵等还存在不达标、病险隐患多等问题，防洪工程的整体防洪能力尚未达到全面防御 50 年一遇洪水的标准。社会化防灾减灾体系尚未健全。在洪涝灾害的治理防护、预报预警和转移安置等方面也还存在一些薄弱环节。

（一）流域防洪除涝现状

1. 流域防洪体系的建设规模不能适应经济高速发展的需要

1991 年太湖流域大洪水后就开展了大规模的治太骨干工程建设，到 1999 年累计完成投资 48 亿元，约占骨干工程总投资的 50%，治太工程在 1999 年太湖流域洪涝过程中发挥了重要作用，治太建设成效斐然，但流域防洪体系仍不能满足经济高速发展的需要。据调查，1999 年洪灾直接经济损失约 132 亿元，为流域内当年国内生产总值的 1.6%，一次洪灾的直接经济损失就超过了治太工程建设的总投资。2010 年全流域国内生产总值达到 2.4 万亿元，届时，即使发生 GDP 经济损失小于 1%的洪灾，其经济损失将达 240 亿元。即使局部地区洪涝灾害，经济损失也是可观的。由此可以明显看出，当前防洪投资的强度还落后于经济发展的速度。

2. 有利于流域防洪和土地利用的空间格局尚未形成

太湖流域人口稠密、土地利用率高、固定资产多和道路河网密集，要开挖骨干排水河道难度较大。太湖洪水的安全蓄泄又是流域防洪安全的重要任务，如增大洪水入海泄量，需拓宽或重新开挖安排泄洪通道。而太湖流域下游是苏、浙、沪两省一市的宝地，经济密度明显高于上游，开挖排水河道工程土地征用难度较大，工程造价昂贵，要依靠扩大流域外排能力来降低太湖设计洪水位困难较大。

3. 洪水安全水位的设计和运行是太湖防洪排涝的难点和关键

若抬高太湖设计水位，太湖将成为“悬湖”，汛期将使环太湖周边的低洼地区险象环生、寝食难安环太湖周围有许多低洼地区，其西段北侧是宜兴圩区洼地，南侧是长兴平原圩区。宜兴圩区洼地的地面高程在 4.5m 左右，耕地面积约 3 万 hm^2，在太湖高水时，洼地排水出路不畅，易积涝成灾。长兴平原圩区在长兴县城东片和城南片耕地面积约 2.5 万 hm^2，一般地面高程 2.7～4.5m，在太湖高水时受太湖回水的影响，引起洪水倒灌（丁志雄等，2005）。太湖北岸经济发展最快的无锡市区低于 5.0m 的面积有 $17km^2$，约占全区总面积的一半，一旦太湖高水位时，对该区洪涝压力很大。

此外，太湖洪水位若提高也会增加环湖大堤险情，堤防“严防死守”任务加重。另据初步研究认为太湖水位若抬高，湖区水生植被将遭灭顶之灾，并导致蓝藻暴发，加剧湖泊富营养化程度。

4. 在经济富裕的地区，治水时要关注各方利益，难于实现“科学治水、团结治水”

太湖流域的水利分区，按经济富裕程度依次为浦东浦西、武澄锡虞、阳澄淀泖和杭嘉湖等区。在制定这些地区水利工程规划时，由于照顾不同政区和部门的利益，难于做到科学治水。上海是全国经济中心要确保，苏锡常是江苏钱庄淹不起，杭嘉湖又是浙江粮仓淹不得，使流域内许多工程难于确定，出现不少省际、市际间水利矛盾。若不能团结治水、科学治水，势必要使自己遭灾，既不能保住小我，也会祸害全区。

5. 流域内经济发展不平衡，导致经济条件较差的圩区受淹严重

从近年来几次大水来看，每次大水后，全区都要普遍开展一次圩区建设，一般富裕地区圩区建设标准很高，圩内抽排动力很大，汛期集中外排涝水，抬高外河水位，危及邻近圩区。例如，同属杭嘉湖区的运西片的相邻两区——吴江市的浦南区和浙江湖州市的南浔区，这两区面积相近，都有 13 个乡镇，虽都同属一水利分区，但两区的圩区建设标准不同，浦南要优于南浔。因此，在 1999 年大水期间，两区受灾情况大不相同，浦南区基本无灾，而南浔灾情较重。区内的南浔、东迁、旧馆、善琏和练市等乡镇被淹了 5～10 天，淹没水深在 0.5～1.0m，损失很大，全区有 1/3 的农田受淹。可见，当前应制定圩区规划，规定分片圩区建设标准，以防无序竞争。

太湖流域的现代化和经济可持续发展，水利建设是重要保证。为适应社会经济发展需要，应建立流域科学防洪体系，保证流域内重要堤防的安全，发展城市防洪体系及城市灾

害预测及预警，避免社会经济及人民生命财产受到重大损失，达到人与自然的和谐，保障流域社会经济的可持续发展。

（二）流域社会经济发展对防洪除涝的影响

1. 土地利用结构的变化对洪涝的影响

土地利用结构发生变化，各类建设用地增加，改变了洪涝形势。1986～1996 年 10 年间，太湖流域建设用地面积所占比例上升了 7%，年平均递增 256 km^2。建设用地主要是占有耕地，因此，全区耕地（水田为主）减少较快。耕地面积 1996 年比 1986 年净减少约 3390 km^2，年平均递减 339 km^2，占用的耕地除建设用地外还有水利和绿化等用地。建设用地的增加和水田面积的减少对流域产水量影响较大。建设用地增加，使相当一部分原透水性的农田变成不透水性的水泥或沥青等地面，增大了汛期的径流系数。例如，1991 年大水期间城镇用地较多的武澄锡虞地区径流系数为 0.64，高于农田占地较大的阳澄淀泖区（0.47）。建设用地的增加在汛期将增加产水量，其结果是洪峰流量增大、洪水过程缩短和洪水位增高。

2. 产业结构调整和城市化对洪涝的影响

随着太湖流域社会经济发展，产业结构有了明显的调整。许多原来种水稻的农田，现已改种苗木花卉、开挖成鱼塘或建成家禽饲养场等。这些改变可提高单位面积上的经济效益，但和以前水田相比其承淹能力较差。水田可受淹 2～3 天不至于使水稻减产，还可滞蓄部分涝水，而这些特色农业和水产养殖业承淹能力很差，受淹半天损失就很大。1999 年大水期间，吴江市、昆山市和嘉善县等特种水产养殖大户，因鱼塘漫淹，甲鱼、螃蟹逃逸，经济损失惨重。

太湖流域一些经济发达地区，如无锡市、江阴市、吴江市抗灾能力要高于相对低收入地区，如杭嘉湖地区。苏、锡两地区抗灾能力强，1999 年受淹时，3 天内涝水即被排出；而杭嘉湖地区许多城镇 10～25 天才排尽涝水。城市的新区、开发区和小城镇防洪设施薄弱，目前防洪能力仅 10～20 年一遇。城市新拓展地区往往没有充分考虑防洪要求，成为不设防城市，如杭嘉湖地区的菱湖、南浔、千金、善琏、练市和王江泾等小城镇，在 1999 年大水中都被淹了 5～10 天。

3. 地下水超采对洪涝灾害的影响

由于全区城镇化进程加快，工业及城镇生活用水迅速增加，地表水源不断受到污染，人们转向对地下水无控制的开采，导致地下水开采过量，流域内出现大面积的地下水漏斗，并相应出现地面沉降。上海、苏州、无锡、常州和嘉兴地面沉降严重。上海市地面沉降始于 1921 年（冯强等，1996），至新中国成立前夕，市区平均累计沉降量达 693mm；新中国成立后，以 1957～1961 年沉降最多，1921～1965 年市区平均下沉 1760mm，累积最大下沉量为 2630mm。苏州市区地面沉降始于 20 世纪 60 年代初，70 年代日趋严重，市区沉降速率达 40～45mm/a，目前市区的最大累计沉降量已达 1682mm。无锡市 1955～1964 年已产生地面沉降，但速率较小，仅 7mm/a，1964～1975 年沉降速率加快，高达

38mm/a，城区目前最大沉降量为1100mm。常州市地面沉降发生时间稍晚，但发展迅速，70年代仅发生沉降现象，而1984～1991年，地面沉降一直保持40～50mm/a的高速下沉，城区目前最大沉降量已达949mm（冯强等，1996）。嘉兴市地面也发生沉降，1973～1995沉降中心累积沉降量达740mm，现仍以每年20～30mm速度继续下沉。

城镇超采地下水导致地面沉降，后果是降低已建防洪工程的防洪效益，加剧洪涝期间的灾害程度。以常州市为例，1974年运河最高洪水位曾达到5.33m，市区并未出现大面积受淹；而1999年大水时运河水位达5.3m，由于市区地面下沉0.9m，市区大面积受淹，而95%的受淹灾区为地下水严重超采和一般超采区。同时，由于地面下沉，国家测量标志失真，流域内许多重要的水位站水准基面不准，地面沉降1m，等于水位上升1m，这样便导致水位资料失真，影响到望亭（太）、平望、琳桥等重要水位站水位资料的准确性。地面沉降除降低了原有的城市防洪标准外，也加大了流域防洪调度的难度。

4. 经济发展的差异导致防洪除涝期间采取的措施不同

流域内防洪除涝的观念也随着经济的发展发生了变化。1999年大水期间，湖州南浔镇积水1～2 m，当地群众不等、不靠、不要，主动集资购买水泵，较快地抽光镇内积水，许多群众不要国家救济钱粮，把这些财物用于防汛工程上，从而增强了全区抗洪实力。同时，经济的发展使富裕乡镇有能力建设高标准圩区，增加抽排水动力，结果在汛期涝水迅速被排到圩外，而相对贫穷的乡镇圩区建设较差，汛期涝水来不及排出，同时外河水位由于富裕地区排出的涝水而升高，内外交困，防洪形势十分危险，甚至倒圩，带来财产损失和人员的伤亡。

5. 圩区建设对洪涝的影响

目前太湖流域圩区面积占太湖平原面积的一半（高俊峰，1993；高俊峰和陆铭峰，2004）。其中杭嘉湖区圩区面积最大，占该区总面积的70%，阳澄淀泖区圩区面积占该区总面积的46%，湖西区圩区占该区总面积的31%，上海市已建大包围全面控制。圩区是治理洪涝，保护农田安全的一种有效措施，且众多圩区泵站在汛期集中外排涝水，使外河水位涨幅加大，水位抬高，不仅危及一些由于经济条件差，圩堤标准低的邻区，反过来也对本圩区造成威胁。

三、未来流域防洪除涝形势分析

太湖流域特殊的气候和地理特征导致流域洪涝灾害频繁发生。而当前和今后一段时期，是太湖流域加快经济结构调整，率先全面建成小康社会，率先基本实现现代化的关键时期。与流域经济社会快速发展的需要相比，太湖流域防汛抗旱工作还存在一些亟待解决的突出问题。

（一）流域社会经济发展带来的洪涝新问题

由于流域社会经济发展，也带来了洪涝防治的其他诸多新问题，需要寻求新的思路来解决。人类活动对流域自然属性的改造作用日趋显著，使流域洪涝灾害的发生机制和频率产生相应的变化。随着洪水灾害频率的增加，以及大型洪水和特大型洪水的发生，流域社会经济的发展受到洪涝灾害越来越强的制约。多年来，洪水灾害带来的地区经济损失一直呈上升趋势，给社会经济快速发展带来巨大的负面影响（虞孝感等，2000）。

单纯利用防洪能力的增强已无法有效降低洪水灾害损失，应结合管理等多层面寻求解决问题的最优方案。

（二）流域下垫面变化对洪涝形势的影响

流域下垫面是直接或间接影响水文过程的重要边界条件。作为下垫面的最重要的参数，土地利用变化（LUCC）作为人为扰动，直接影响了暴雨洪涝过程的发生和发展。近年，国外学者对 LUCC 状况与水文产汇流过程、要素，如蒸散、截留、填洼和下渗等之间的关系进行了研究（Dunn and Mackay，1995；Krause，2002；Naef et al.，2002），尽管结论仍存在争议，但均表明 LUCC 变化严重影响洪涝灾害的致灾过程（卢超，2009）。

太湖流域作为中国人口最为密集的地区之一，由于社会经济的快速发展，在最近数十年来 LUCC 经历了较为强烈的变化过程（杨桂山和王德建，2003）。湖区 LUCC 的变化对地表产流机制以及洪水发生的空间过程与趋势的影响，将对该区的防洪工作具有重要意义（高俊峰，1993；高俊峰和闻余华，2002；万荣荣和杨桂山，2004）。

以往研究表明，太湖流域在 1986～1996 年土地利用变化使流域产水量增加，洪涝过程缩短。武澄锡虞区内拥有无锡市和常州市城区，其建设用地的扩展速度和耕地的减少速度在全流域处于前列。以土地利用变化具有典型性的该区为例，在 1991 年降雨类型情形下，1996 年产水净雨深比 1986 年累计多 45mm，相当于多产水 1.62 亿 m^3（高俊峰，2002）。净雨深增加的直接后果是洪峰增大和洪涝过程缩短，加重了洪涝灾害。

洪涝灾害形势同样取决于产水量的空间分布，而土地利用变化对产水量空间分布也具有一定影响。如果产水量增加在上游区，则洪水经流域河网排出时与中下游的洪水产生叠加效应，影响整个流域防洪，给流域防洪造成极大压力。如果产水量增加在下游，则对流域洪涝的影响是局部的，只会加重所在区域的洪涝灾害，对其他区域的影响较小。而从太湖流域的产水量分布的分析看，1996 年太湖流域产水量增加主要分布于太湖流域的上游，加重了流域的洪涝灾害。

另外，湖泊流域产业结构的调整引起下垫面的参数变化，也是影响洪涝形势的一个因素。如太湖流域很多地区的农田改为经济作物种植地或鱼塘，成为洪涝期间脆弱敏感区，1999 年太湖大水，吴江、昆山等市的养殖大户便因此成为涝区损失惨重者（高俊峰和毛新伟，2002）。作为湖泊流域重要的下垫面特征，圩区面积和分布的变化对于洪涝形势影响也是十分显著的。圩区是治理洪涝，保护农田安全的一种有效措施，在汛期和洪涝发生期间，众多圩区泵站集中外排涝水，外河水位涨幅加大，水位抬高，危及一些由于经济条件差，圩堤标准低的邻区，反过来也对本圩区造成威胁。

（三）圩区建设对流域防洪除涝的影响

自 1950 年以来，太湖地区湖荡围垦面积过大，直接降低了湖泊滞洪调蓄能力。据

“六五”科技攻关课题中对太湖地区的调查研究，湖荡围垦共建圩 498 座，面积达 528.55km^2，占新中国成立初期原有湖泊面积的 13.6%。一般而言，围垦面积大的湖泊，洪水上涨速度快，这主要是由于湖泊围垦使蓄水面积减少所致。

目前，全区圩区总面积达 12 037km^2（其中耕地面积 6416km^2），占流域面积的 1/3①。根据 2006 年资料，全流域江苏省有万亩以上大圩 224 座，比 1985 年增加 137%；浙江省有万亩以上大圩 138 座，比 1988 年增加 184%。修建圩区是平原洼地重要的防洪除涝工程措施之一，目前太湖流域的圩区在一般年份对农业生产是有利的，但是由于圩区建设改变了下垫面属性，也改变了全区的洪涝防御形势，从而带来了新的问题。

圩区建设虽然保护了圩内乡镇企业和低洼田地，加快了圩区排涝速度，但也明显抬高了河网水位，增加了外河压力，加大了河网水位的涨幅。近年来，由于太湖地区经济高速发展，圩区建设标准不断提高，目前太湖流域排涝能力已超过 10 000m^3/s，大部分圩区已达到 200mm 日降水量 2 日排出的标准，使外河水位涨幅增大。因此，有了“20 年一遇的降雨，出现 50 年一遇的水位”之说，圩区建设与流域防洪存在一定矛盾，急待解决。

圈圩筑提，减少了流域调节水量的面积，一遇较大洪水，圩外河湖水位就急剧升高，持续时间增长，增加了河湖大水面的防洪压力。近几十年来通过联圩并圩发展成上万公顷的控制性大包围，使许多河网湖泊被圩堤封闭，成了内港、内湖，失去直接调节流域水量的作用。

截至 20 世纪 80 年代末，全区圩外水面积减少近 800km^2，其中一半以上是围湖的面积，占新中国成立初期总圩外水面积的 16%，也就是调蓄水面积减少 1/6，其中以湖西区减少的比重最大，使这里成了洪涝危险区，也成为 1991 年洪水时受灾最重的地区。此外太湖水面积也减少了近 140 km^2，减少了 2.8 亿 m^3 调蓄水量，削弱了其流域调节中枢功能。

围筑圩堤，除了侵占湖荡外，还要堵断或控制河道。仅从单个圩子看，堵断的并不一定是主要排水河道，但从全流域来看，却使流域排水条件恶化。例如，太湖下游的青松大包围、东太湖封闭（并港封堵和建闸控制）及太浦河沿线建圩，使本区在大洪水时发生严重阻水，抬高局部地区水位，在 1991 年大洪水期间已成为行洪障碍。

太湖平原由于兴建大量圩区，圩区水网成了太湖水系的基本单元，使太湖水系的结构成为“地区性河网依附骨干河网；地区性河网又包裹着圩区水网”。圩区水网受人为因素影响很大，圈圩建站将自然水系圈在圩内，除了侵占湖荡外，还要堵断或控制河道，使整体调蓄洪水能力降低、排水条件恶化。

苏、浙、沪两省一市交界的太湖东部地区的微水系结构变化最大，因为这里集中了多种隶属经济利益范畴的多种矛盾；同时，这个地区也是大肆联圩并圩的地区，把历史上形成的排水系统，层层堵塞，尤其是使杭嘉湖排水走廊和昆（山）青（浦）排水通道严重受阻。例如，由澜溪塘、頔塘、运河等河道组成的杭嘉湖排水走廊，由于 1958 年后在太浦河以南吴江县（苏、浙交界）境内联圩并圩，兴建万亩以上大圩 21 座，使頔塘、澜溪塘、运河等排水河道出现多处“卡脖子地段”，河道断面上游宽下游狭，排水不畅。据浙江水

① 高俊峰.2009. 太湖流域圩区现状调查。

利厅的资料，20世纪80年代调查时，杭嘉湖排水走廊的河道在吴溇—乌镇线堵塞原断面的71.3%；庙港—澜溪塘、严墓线已堵塞50.2%；乌镇至王江泾线已堵塞69.0%；頔塘南浔—章湾荡线已堵塞53.6%，现有断面难于达到“总体规划”中的排水标准。此外，自上海青松大包围实施以后，在昆山、青浦（苏、沪交界）边界原有25个向东的排水口仅剩2个，过水断面减少90%。当然，造成过水断面严重减少的原因，除联圩并圩外，还有拦河堵坝等其他方式，这样一来，一遇太湖洪水，下游地区阻水严重。

作为太湖排水通道的东太湖，因围垦和封闭淀泖洼地，将原有84条出水河道封堵了36条，建闸控制35条，仅留瓜泾口、大浦港、戗港和北七星岗等较大泄水口。在1991年大水时，苏南地区相继出现最高水位，该区出现排洪障碍。7月4日经国务院田纪云副总理命令，吴江县杨湾港、瓜泾港、新开河、柳胥港、西塘港、牛腰泾、三船路和大浦口8个口门才全部清障打开，7月5日大鲇鱼口出水口门坝被炸开，这样，东太湖的口门才畅通。接着又破除了太浦河下游河道内钱盛荡圩区的阻坝，打通太浦河至黄浦江的泄水通道，使太湖洪水顺利下泄。

综上所述，圩区建设有利有弊，应力求兴利避害。因此，要全面制订圩区规划方案，统筹制定圩区的防洪标准，防止任意提高圩区标准，危及邻区，并协调好流域防洪、地区排涝与圩区抽排的关系。

参考文献

丁志雄，胡亚林，李纪人．2005. 基于空间信息格网的洪灾损失评估模型及其应用．水利水电技术，36：93-101

冯强，王昂生，李吉顺．1996. 灰色拓扑预测理论在暴雨洪涝灾害预测中的应用．自然灾害学报，5（4）：98-103

高俊峰，陆铭峰．2004. 太湖下游边界圩区建设问题初探．湖泊科学，16（3）：203-208

高俊峰，毛新伟．2002. 太湖流域经济发展及其对洪涝的影响．湖泊科学，14（1）：46-51

高俊峰，闻余华．2002. 太湖流域土地利用变化对流域产水量的影响．地理学报，57（2）：194-200

高俊峰．1993. 太湖地区圩区分类及圩区洪涝分析．湖泊科学，5（4）：307-314

高俊峰．2002. 太湖流域土地利用变化及洪涝灾害响应．自然资源学报，17（2）：150-156

孔繁翔，高光．2005. 大型浅水富营养化湖泊中蓝藻水华形成机理的思考．生态学报，25：589-595

卢超．2009. 福州市主城区土地利用/覆被变化的洪涝响应．资源开发与市场，25（8）：728-731

陆桂华，马倩．2009. 太湖水域“湖泛”及其成因．水科学进展，20：438-442

陆桂华，马倩．2010. 2009年太湖水域“湖泛”监测与分析．湖泊科学，22：481-487

马荣华，孔繁翔，段洪涛，等．2008. 基于卫星遥感的太湖蓝藻水华时空分布规律认识．湖泊科学，20（6）：687-694

秦伯强，胡维平，陈伟民．2004. 太湖水环境演化过程与机理．北京：科学出版社

万荣荣，杨桂山．2004. 流域土地利用/覆被变化的水文效应及洪水响应．湖泊科学，16（3）：258-264

王浩．2010. 湖泊流域水环境污染治理的创新思路与关键对策．北京：科学出版社

杨桂山，王德建．2003. 太湖流域经济发展、水环境、水灾害．北京：科学出版社

杨华．2006. 巢湖和太湖微囊藻毒素的生态学研究．中国科学院研究生院博士论文

虞孝感，吴泰来，姜加虎，等．2000. 关于1999年太湖流域洪水灾情、成因及流域整治的若干认识和建议．湖泊科学，12（1）：1-5

Cao H S，Tao Y，Kong F X，et al. 2008. Relationship between temperature and cyanobacterial recruitment from sediments in laboratory and field studies. J Freshwater Ecol，23（3）：405-412

Chen Y，Fan C，Teubner K，et al. 2003. Changes of nutrients and phytoplankton chlorophyll-a in a large shallow lake，Taihu，China：an 8-year investigation. Hydrobiologia，506-509：273-279

Dunn S M，Mackay R. 1995. Spatial variation in vapor transpiration and the influence of land use on catchments hydrology. Journal of Hydrology，（171）：49-73

Krause P. 2002. Quantifying the impact of land use changes on the water balance of large catchments using the 2000 Model. Physics and Chemistry of the Earth，（27）：663-673

Naef F，Scherrer S，Weiler M. 2002. A process based assessment of the potential to reduce flood runoff by land use change. Journal of Hydrolody，（267）：74-79

第八章　洪　泽　湖*

洪泽湖流域地处长江与淮河之间，北抵黄河，东临东海，南滨长江，西以伏牛山、桐柏山、大别山为界，流域面积 15.8 万 km^2，补给系数 99。洪泽湖面积 1597 km^2（王苏民和窦鸿身，1998），流域行政上隶属于河南、安徽、湖北和江苏四省。流域内有郑州市、开封市、许昌市、漯河市、周口市、平顶山市、驻马店市、信阳市、商丘市、亳州市、淮北市、宿州市、阜阳市、蚌埠市、淮南市、六安市和徐州市等大中城市（附图 5）。

洪泽湖是中国第四大淡水湖，是淮河流域大型的水利、航运枢纽，具有调蓄洪水、灌溉、航运和水产养殖等多重作用。过去 50 年以来，局部气候不确定性的增加、高负荷营养盐的输入、人工水利设施的强烈干扰以及渔业活动等，使洪泽湖水生态环境发生了显著的变化。

第一节　入湖河道污染和上游污水

一、主要入湖河流

（一）淮河

古称淮水，发源于河南省桐柏县桐柏山太白顶西北侧山谷，大体自西向东流，干流经河南、湖北、安徽和江苏四省，于扬州市三江营入长江，全长约 1000km。由河源至洪河口为上游，洪河口至洪泽湖出口中渡为中游，中渡以下为下游。公元 12 世纪初黄河夺淮入海，以废黄河为界，将淮河流域分成淮河和沂沭泗河两大水系，流域面积分别为 19.0 万 km^2 和 8.0 万 km^2。淮河水系在洪泽湖以上流域面积为 15.8 万 km^2。

淮河是洪泽湖的最大入湖河流，其水系多年平均径流量为 452.0 亿 m^3。在洪泽湖以下，淮河之水分三路下泄。其中主流通过三河闸经高邮湖、邵伯湖于三江营入注长江，为入江水道；另一路在洪泽湖东岸出高良涧闸，经苏北灌溉总渠于扁担港入注黄海；第三路在洪泽湖东北岸出二河闸，经淮沭新河和淮河入海水道分注黄海。河流总落差约 200m，平均比降为 0.02%。

（二）新汴河

西起安徽省宿州市西北的戚岭子，上承沱河上游（包括新北沱河上游）来水，向东穿

---

* 本章由谷孝鸿（中国科学院南京分院）、曾庆飞（中国科学院南京地理与湖泊研究所）；刘茂松、黄成（南京大学）；刘伟龙（中国科学院成都山地灾害与环境研究所）；王欣、张胜宇（江苏省洪泽湖渔业管理委员会办公室）；马向东、李爱民（江苏泗洪洪泽湖湿地国家级自然保护区）共同撰写；由高俊峰、窦鸿身统一定稿。

过津浦铁路，经灵璧、泗县，穿越皖、苏交界处的岗岭——徐岗，下经江苏省泗洪县溧河洼注入洪泽湖，长达 127.1km，加上引河部分，共长达 135.8km。新汴河水系涉及豫、皖、苏 3 省 15 个县（市），截引濉河上游来水面积 2626 km^2，沱河及新北沱河上游来水 3936 km^2，合计流域面积 6562 km^2。

（三）老汴河

又称汴河，隋大业元年（公元 605 年）开凿，时称通济渠，唐称广济渠，又称汴渠。现指从青阳镇至临淮乡河段，从青阳镇西接濉河来水，流向东南，经石集、芦沟、城头、陈圩和临淮诸乡入洪泽湖，全长 34km，流域面积 374km^2。

（四）新濉河

自安徽宿县的张树闸起，向东流经灰古闸、草坝闸等进入灵璧县境，穿浍塘沟闸后进入江苏泗洪县境内，于江苏泗洪县城西部折向南流，注入洪泽湖的溧河洼，全长 140km。流域面积为 2882km^2，其中平原区占 70.3%，低山残丘区占 26.0%，洼地占 3.7%。

（五）老濉河

由安徽省灵璧县的浍塘沟起，向东流经大路集、沙滩，由中刘庄北出灵璧县境，沿皖苏边界，至郭集西进入江苏泗洪县境，后折向东南流，平行于新濉河左侧，注入洪泽湖的溧河洼。河道全长 90km，流域面积为 643km^2。另一支经过青阳西闸东流，途经泗洪县于穆墩北罗嘴湾进入洪泽湖，全长 38.42km，流域面积 398km^2。

（六）徐洪河（安河）

该河起源于房亭河的荆山引河口，至洪泽湖全长 187km，流域面积 12 400km^2，沿线兴建了沙集闸站、单集闸站和大庙站梯级工程，建成黄河北闸控制工程和穿房亭河的刘集地涵等工程，使徐洪河成为一条沟通洪泽湖、骆马湖和微山湖三大湖泊，能引水灌溉、排涝降渍、交通航运和泄洪保安等的骨干河流。

（七）怀洪新河

怀洪新河西起安徽省怀远县涡河左岸的何巷，东在江苏省泗洪县的双沟引河出口进入洪泽湖，干流全长 127km，流域面积为 12 024km^2。

（八）安东河

安东河位于江苏省泗洪县东北部，自西沙河地涵起，由安东河闸注入洪泽湖，全长 49km，流域面积 289 km^2。

二、主要入湖河流水质分析与评价

洪泽湖计有大小入湖河流 16 条之多，从水量和污染负荷贡献的角度综合考虑选取淮河、老濉河、新濉河、新汴河、老汴河、怀洪新河、徐洪河、安东河和溧河八条主要入湖河流的12个监测断面的环境数据开展评价。根据江苏省地表水水域功能类别的划分，安东河、徐洪河和怀洪新河所设置的断面，执行GB3838—2002《地面水环境质量标准》中的Ⅲ类标准，新濉河、溧河、新汴河、濉河和老汴河均执行Ⅳ类标准。

12个断面监测数据由泗洪县环保局提供。淮河的数据主要来源于《淮河片水资源公报》。

（一）濉河青阳西桥断面

青阳西桥断面2001～2008年（下同）8年间综合污染指数平均值为0.43，水环境质量属轻污染级。从历年变化可以看出，从2001～2008年水质污染逐年上升。该断面第一、第二位主要污染物为总氮、氨氮，污染分担率分别为36.99%、15.79%，其余主要污染物为化学需氧量和总磷，其分担率分别为14.40%和11.51%（表8-1）。

表8-1 濉河青阳西桥断面主要污染物年度污染指数及综合污染指数（P）

年份	TP	TN	COD_{Mn}	BOD_5	NH_3-N	COD_{Cr}	P	污染级别
2001	—	—	0.55	0.53	2.93	0.96	0.52	轻污染
2002	—	—	0.56	0.52	0.72	0.74	0.26	尚清洁
2003	1.89	1.24	0.49	0.60	1.61	0.98	0.47	轻污染
2004	—	—	0.58	—	0.60	—	0.62	轻污染
2005	0.50	7.6	0.72	0.38	1.71	1.78	0.72	中污染
2006	0.15	—	0.58	0.55	0.89	0.82	0.19	清洁
2007	0.77	—	0.73	0.45	0.79	0.88	0.22	尚清洁
2008	1.41	—	0.81	1.92	1.88	1.90	0.45	轻污染
多年平均	0.94	4.42	0.63	0.71	1.39	1.15	0.43	轻污染
分担率/%	11.51	36.99	8.20	9.09	15.79	14.4	—	—
排名次序	4	1	—	—	2	3	—	—

（二）濉河跃进桥断面

跃进桥断面8年间综合污染指数平均值为0.41，水环境质量属轻污染级。从历年变化可以看出，2003～2005年水质污染都属于轻污染级别，且有略微上升；2006～2008年水质则由清洁变为尚清洁再到轻污染。该断面第一位、第二位主要污染物为总氮、氨氮，污染分担率分别为41.29%、16.09%，其余主要污染物为化学需氧量和总磷，其分担率分别为14.22%和10.71%（表8-2）。

表8-2 濉河跃进桥断面主要污染物年度污染指数及综合污染指数（P）

年份	TP	TN	COD_{Mn}	BOD_5	NH_3-N	COD_{Cr}	P	污染级别
2001	—	—	0.68	0.68	2.53	1.30	0.52	轻污染
2002	—	—	0.50	0.51	1.09	0.71	0.27	尚清洁
2003	0.68	2.17	0.48	0.58	1.53	0.83	0.44	轻污染

续表

年份	TP	TN	COD_{Mn}	BOD_5	NH_3-N	COD_{Cr}	*P*	污染级别
2004	—	—	0.58	—	0.67	—	0.62	轻污染
2005	0.45	7.07	0.71	0.62	1.70	1.45	0.64	轻污染
2006	0.15	—	0.62	0.48	0.76	0.85	0.19	清洁
2007	0.83	—	0.65	0.43	0.79	0.83	0.22	尚清洁
2008	1.81	—	0.77	1.50	2.05	1.74	0.44	轻污染
多年平均	0.78	4.62	0.62	0.69	1.30	1.10	0.41	轻污染
分担率/%	10.71	41.29	8.30	6.89	16.09	14.22	—	—
排名次序	4	1	—	—	2	3	—	—

（三）潍河青阳东桥断面

青阳东桥断面8年间综合污染指数平均值为0.44，水环境质量属轻污染级。从历年变化可以看出，2002～2004年水质由清洁变为轻污染，并且逐渐恶化；2005～2006年有一个好转过程，但2006年以后水质再次逐年恶化，从清洁到尚清洁，最后变为轻污染。该断面第一、第二位主要污染物为氨氮、化学需氧量，污染分担率分别为19.39%、15.71%，其余主要污染物为总氮和总磷，其分担率分别为15.26%和12.03%（表8-3）。

表8-3　潍河青阳东桥断面主要污染物年度污染指数及综合污染指数（*P*）

年份	TP	TN	COD_{Mn}	BOD_5	NH_3-N	COD_{Cr}	*P*	污染级别
2001	—	—	0.58	0.60	2.33	1.04	0.47	轻污染
2002	—	—	0.53	0.52	1.29	0.78	0.29	尚清洁
2003	0.87	1.33	0.50	0.53	1.87	0.87	0.43	轻污染
2004	—	—	0.48	—	0.65	—	0.64	轻污染
2005	0.43	1.09	0.73	0.73	0.79	1.49	0.37	尚清洁
2006	0.14	—	0.61	0.55	0.77	0.78	0.19	清洁
2007	1.01	—	0.61	0.45	0.84	0.82	0.22	尚清洁
2008	1.50	—	0.74	1.44	2.46	1.55	0.44	轻污染
多年平均	0.79	1.21	0.60	0.69	1.38	1.05	0.44	轻污染
分担率/%	12.03	15.26	9.29	10.19	19.39	15.71	—	—
排名次序	4	3	—	—	1	2	—	—

（四）潍河洪农大桥断面

洪农大桥断面8年间综合污染指数平均值为0.27，水环境质量属尚清洁级。从历年变化可以看出，2002～2004年水质状况比较稳定，一直处于尚清洁级。2006年水质最好为清洁级，2006年以后虽然水质仍一直是尚清洁但是水质污染也在逐年加剧。该断面第一、第二位主要污染物为总氮、化学需氧量，污染分担率分别为24.35%、17.12%，其余主要污染物为氨氮和高锰酸盐指数，其分担率分别为13.55%和11.06%（表8-4）。

表8-4 濉河洪农大桥断面主要污染物年度污染指数及综合污染指数（*P*）

年份	TP	TN	COD_{Mn}	BOD_5	NH_3-N	COD_{Cr}	*P*	污染级别
2001	—	—	0.5	0.49	0.77	0.89	0.30	尚清洁
2002	—	—	0.49	0.30	0.50	0.79	0.25	尚清洁
2003	0.58	—	0.47	0.30	0.56	0.82	0.24	尚清洁
2004	0.56	—	0.47	0.43	0.78	0.70	0.24	尚清洁
2005	0.56	1.51	0.60	0.62	0.88	1.01	0.31	尚清洁
2006	0.14	—	0.51	0.59	0.45	0.77	0.16	清洁
2007	0.62	—	0.88	0.68	0.61	0.98	0.24	尚清洁
2008	1.06	—	1.04	0.70	1.97	1.90	0.39	尚清洁
多年平均	0.59	1.51	0.62	0.51	0.82	0.98	0.27	尚清洁
分担率/%	9.74	24.35	11.06	9.54	13.55	17.12	—	—
排名次序	—	1	4	—	3	2	—	—

（五）老汴河汴河大桥断面

汴河大桥断面8年间综合污染指数平均值为0.52，水环境质量属轻污染级。从历年变化可以看出，2001～2003年水质状况逐年改善，从轻污染变为尚清洁；2004～2005年水质不但恶化并且污染加剧，从轻污染变为中污染；2006年开始水质恶化逐年加剧。该断面第一、第二位主要污染物为总氮、氨氮，污染分担率分别为47.30%、17.55%，其余主要污染物为化学需氧量和总磷，其分担率分别为11.79%和11.47%（表8-5）。

表8-5 老汴河汴河大桥断面主要污染物年度污染指数及综合污染指数（*P*）

年份	TP	TN	COD_{Mn}	BOD_5	NH_3-N	COD_{Cr}	*P*	污染级别
2001	—	—	0.60	0.77	2.57	0.95	0.55	轻污染
2002	—	—	0.57	0.57	0.84	1.03	0.41	轻污染
2003	0.65	1.60	0.51	0.35	1.27	0.78	0.37	尚清洁
2004	—	—	0.50	—	0.79	—	0.67	轻污染
2005	0.55	11.53	0.64	0.43	2.16	1.51	0.89	中污染
2006	0.14	—	0.64	0.47	0.81	0.85	0.19	清洁
2007	1.12	—	0.60	0.47	0.85	0.81	0.22	尚清洁
2008	3.23	—	1.16	0.60	7.34	1.83	0.82	中污染
多年平均	1.14	6.57	0.65	0.52	2.08	1.11	0.52	轻污染
分担率/%	11.47	47.3	7.22	5.96	17.55	11.79	—	—
排名次序	4	1	—	—	2	3	—	—

（六）新濉河大屈断面

大屈断面8年间综合污染指数平均值为0.48，水环境质量属轻污染级。从历年变化可以看出，2001～2005年水质状况有比较大的波动，基本上呈降—升—降—升的变化过程；2006年以后水质逐年恶化，从清洁变为了轻污染。该断面第一、第二位主要污染物为化学需氧量、总氮，污染分担率分别为16.35%、11.58%，其余主要污染物为氨氮和生化需氧量，其分担率分别为11.39%和10.72%（表8-6）。

表8-6　新濉河大屈断面主要污染物年度污染指数及综合污染指数（*P*）

年份	TP	TN	COD_{Mn}	BOD_5	NH_3-N	COD_{Cr}	*P*	污染级别
2001	—	—	0.88	1.65	1.53	1.46	0.75	中污染
2002	—	—	0.70	0.45	0.23	0.75	0.27	尚清洁
2003	1.48	—	1.30	0.75	1.02	1.80	0.62	轻污染
2004	0.48	0.10	0.97	0.75	0.50	1.63	0.42	轻污染
2005	0.66	2.73	1.30	0.90	0.705	2.06	0.79	轻污染
2006	0.16	—	0.55	0.54	0.44	0.67	0.15	清洁
2007	0.94	—	1.20	0.85	1.59	1.76	0.37	尚清洁
2008	1.45	—	1.24	1.30	2.02	2.00	0.45	轻污染
多年平均	0.86	1.42	1.02	0.90	1.00	1.52	0.48	轻污染
分担率/%	9.25	11.58	8.30	10.72	11.39	16.35	—	—
排名次序	—	2	—	4	3	1	—	—

（七）新汴河二甲付断面

新汴河二甲付断面8年间综合污染指数平均值为0.22，水环境质量属尚清洁级。从历年变化可以看出，2001～2005年水质状况基本呈降—升—降—升的变化过程，但都处于尚清洁级；2006年以后水质情况一直处于清洁级。该断面第一、第二位主要污染物为化学需氧量、总氮，污染分担率分别为19.24%、17.53%，其余主要污染物为高锰酸盐指数和生化需氧量，其分担率分别为11.23%和10.13%（表8-7）。

表8-7　新汴河二甲付断面主要污染物年度污染指数及综合污染指数（*P*）

年份	TP	TN	COD_{Mn}	BOD_5	NH_3-N	COD_{Cr}	*P*	污染级别
2001	—	—	0.47	0.95	0.71	0.69	0.29	尚清洁
2002	—	—	0.45	0.30	0.33	0.76	0.18	尚清洁
2003	1.31	—	0.53	0.35	0.60	0.83	0.26	尚清洁
2004	0.23	—	0.43	0.48	0.25	0.88	0.21	尚清洁
2005	0.28	1.02	0.51	0.49	0.23	0.86	0.30	尚清洁
2006	0.14	—	0.45	0.48	0.36	0.72	0.14	清洁

续表

年份	TP	TN	COD_{Mn}	BOD_5	NH_3-N	COD_{Cr}	*P*	污染级别
2007	0.37	—	0.58	0.42	0.40	0.89	0.16	清洁
2008	0.46	—	0.60	0.28	0.44	1.28	0.20	清洁
多年平均	0.47	1.02	0.50	0.47	0.42	0.86	0.22	尚清洁
分担率/%	9.84	17.53	11.23	10.13	9.06	19.24	—	—
排名次序	—	2	3	4	—	1	—	—

（八）新沂河大任庄断面

新沂河大任庄断面 8 年间综合污染指数平均值为 0.24，水环境质量属尚清洁级。从历年变化可以看出，2001～2004 年水质处于逐渐改善的状态，并且都处于尚清洁级；2005 年水质污染达到轻污染级；2006 年后水质稳定并且一直处在清洁级。该断面第一、第二位主要污染物为化学需氧量、总磷，污染分担率分别为 20.27%、16.37%，其余主要污染物为总氮和生化需氧量，其分担率分别为 14.85%和 10.81%（表 8-8）。

表 8-8 新沂河大任庄断面主要污染物年度污染指数及综合污染指数（*P*）

年份	TP	TN	COD_{Mn}	BOD_5	NH_3-N	COD_{Cr}	*P*	污染级别
2001	—	—	0.56	1.14	0.40	1.06	0.26	尚清洁
2002	—	—	0.63	0.47	0.30	1.29	0.25	尚清洁
2003	0.84	—	0.48	0.38	0.35	0.88	0.21	尚清洁
2004	0.20	—	0.41	0.43	0.23	0.84	0.17	尚清洁
2005	3.79	1.02	0.51	0.50	0.19	1.20	0.50	轻污染
2006	0.15	—	0.45	0.54	0.30	0.92	0.16	清洁
2007	0.36	—	0.57	0.48	0.32	0.75	0.16	清洁
2008	0.42	—	0.56	0.32	0.28	1.18	0.18	清洁
多年平均	1.08	1.02	0.52	0.53	0.30	1.02	0.24	尚清洁
分担率/%	16.37	14.85	10.72	10.81	6.11	20.27	—	—
排名次序	2	3	—	4	—	1	—	—

（九）溧河砖瓦厂断面

溧河砖瓦厂断面 8 年间综合污染指数平均值为 0.77，水环境质量属中污染级。从历年变化可以看出，2002～2005 年水质持续恶化，从尚清洁最后变为严重污染；2006 年往后水质也在逐年恶化由尚清洁逐渐变为了轻污染。该断面第一、第二位主要污染物为总氮、氨氮，污染分担率分别为 28.10%、24.63%，其余主要污染物为化学需氧量和生化需氧量，其分担率分别为 11.31%和 8.61%（表 8-9）。

表 8-9　溧河砖瓦厂断面主要污染物年度污染指数及综合污染指数（*P*）

年份	TP	TN	COD_{Mn}	BOD_5	NH_3-N	COD_{Cr}	*P*	污染级别
2001	—	—	0.93	1.28	5.19	1.32	0.97	中污染
2002	—	—	0.83	0.70	2.20	1.23	0.37	尚清洁
2003	1.25	—	0.90	0.60	6.13	1.48	0.61	轻污染
2004	0.41	—	0.92	0.90	9.58	1.32	0.82	轻污染
2005	0.97	7.44	1.17	0.80	7.73	1.54	2.45	严重污染
2006	0.14	—	0.51	0.60	0.98	1.04	0.21	尚清洁
2007	0.27	—	0.59	0.35	0.78	0.76	0.17	清洁
2008	1.06	—	0.66	3.06	3.73	1.85	0.55	轻污染
多年平均	0.68	7.44	0.81	1.04	4.54	1.32	0.77	中污染
分担率/%	5.14	28.1	6.71	8.61	24.63	11.31	—	—
排名次序	—	1	—	4	2	3	—	—

（十）徐洪河顾勒大桥断面

徐洪河顾勒大桥断面 8 年间综合污染指数平均值为 0.30，水环境质量属尚清洁级。从历年变化可以看出，2001～2005 年水质从尚清洁最后变为严重污染，2006 年以后水质也在逐年恶化由尚清洁逐渐变为轻污染。该断面主要污染物为化学需氧量，分担率为 18.71%（缺总氮数据），其余主要污染物为高锰酸盐指数和生化需氧量，其分担率分别为 12.54%和 10.01%（表 8-10）。

表 8-10　徐洪河顾勒大桥断面主要污染物年度污染指数及综合污染指数（*P*）

年份	TP	TN	COD_{Mn}	BOD_5	NH_3-N	COD_{Cr}	*P*	污染级别
2001	—	—	0.38	1.28	0.18	0.72	0.19	清洁
2002	—	—	0.67	0.70	0.18	1.08	0.30	尚清洁
2003	1.30	—	0.80	0.60	0.83	1.04	0.53	轻污染
2004	0.36	—	0.67	0.90	0.43	1.40	0.36	尚清洁
2005	0.35	—	0.46	0.80	0.65	0.90	0.29	尚清洁
2006	0.23	—	0.80	0.81	0.68	1.19	0.24	尚清洁
2007	0.26	—	0.87	0.72	0.44	0.89	0.20	清洁
2008	0.76	—	1.03	0.49	0.89	1.55	0.28	尚清洁
多年平均	0.54	—	0.71	0.79	0.54	1.10	0.30	尚清洁
分担率/%	9.01	—	12.54	10.01	9.27	18.71	—	—
排名次序	—	—	2	3	4	1	—	—

(十一) 安东河安东大桥断面

安东河安东大桥断面8年间综合污染指数平均值为0.66，水环境质量属轻污染级。从历年变化看，2002～2005年水质逐年恶化，从尚清洁变为了严重污染；2006年以后水质基本好转处于尚清洁级。该断面第一、第二位主要污染物为总氮、化学需氧量，污染分担率分别为16.43%、13.82%，其余主要污染物为高锰酸盐指数和生化需氧量，其分担率分别为8.05%和6.89%（表8-11）。

表8-11 安东河安东大桥断面主要污染物年度污染指数及综合污染指数（*P*）

年份	TP	TN	COD_{Mn}	BOD_5	NH_3-N	COD_{Cr}	*P*	污染级别
2001	—	—	0.61	0.77	0.21	1.18	1.11	清洁
2002	—	—	0.65	0.40	0.15	1.24	0.29	尚清洁
2003	1.15	0.77	0.67	0.59	0.73	1.03	0.45	轻污染
2004	0.29	2.47	0.60	0.39	0.25	1.68	0.69	轻污染
2005	0.33	2.16	0.75	0.73	0.21	1.99	1.90	严重污染
2006	0.24	—	0.76	0.78	0.42	1.25	0.23	尚清洁
2007	0.87	2.44	0.87	0.62	0.44	0.90	0.33	尚清洁
2008	0.49	—	0.99	0.61	0.56	1.47	0.26	尚清洁
多年平均	0.56	1.96	0.74	0.61	0.37	1.34	0.66	轻污染
分担率/%	6.26	16.43	8.05	6.89	4.44	13.82	—	—
排名次序	—	1	3	4	—	2	—	—

(十二) 怀洪新河双沟大桥断面

怀洪新河双沟大桥断面8年间综合污染指数平均值为0.31，水环境质量属尚清洁级。从历年变化可以看出，水质只在2003年为轻污染级，其他年份都是尚清洁级，水质总体来说比较稳定。该断面第一、第二位主要污染物为化学需氧量、总氮，污染分担率分别为16.72%、14.50%，其余主要污染物为高锰酸盐指数和生化需氧量，其分担率分别为11.21%和10.53%（表8-12）。

表8-12 怀洪新河双沟大桥断面主要污染物年度污染指数及综合污染指数（*P*）

年份	TP	TN	COD_{Mn}	BOD_5	NH_3-N	COD_{Cr}	*P*	污染级别
2001	—	—	0.42	0.81	0.47	0.60	0.23	尚清洁
2002	—	—	0.82	0.75	1.11	1.05	0.34	尚清洁
2003	0.90	—	0.73	0.53	0.48	1.04	0.33	轻污染
2004	0.25	—	0.70	0.80	0.27	1.34	0.51	尚清洁
2005	0.38	1.14	0.49	0.49	0.44	0.90	0.32	尚清洁
2006	0.22	—	0.76	0.76	0.41	1.06	0.20	尚清洁
2007	0.48	—	0.80	0.65	0.60	0.88	0.27	尚清洁

续表

年份	TP	TN	COD_{Mn}	BOD_5	NH_3-N	COD_{Cr}	P	污染级别
2008	0.71	—	0.95	0.62	0.75	1.67	0.29	尚清洁
多年平均	0.49	1.14	0.71	0.68	0.57	1.07	0.31	尚清洁
分担率/%	7.65	14.50	11.21	10.53	8.65	16.72	—	—
排名次序	—	2	3	4	—	1	—	—

三、主要入湖河道污染及原因分析

淮河流域自20世纪80年代以来，水质呈逐年恶化趋势。淮河流域主要污染物为氨氮，化学需氧量和总磷。淮河流域自2001～2007年7年间的入河排污量和河流评价数据统计（表8-13）表明：城镇入河污、废水量呈不规则变化，平均约在43.5亿t/a的水平，2005年超过45亿t。结合洪泽湖地区其他入湖河流2005年的监测数据可以看出，2005年是洪泽湖地区污染较重的一年。从城镇入河COD来看，2001～2003年呈持续上升趋势，2003～2007年呈持续下降趋势。基本判断是2003年后的治理起到了显著的成效，COD目前已经维持在一个较低的水平。从城镇入河氨氮来看，自2002年以来就一直呈下降趋势，但氨氮仍是淮河流域的主要污染物之一。从全年期河流评价来看，在淮河流域评价河长中，Ⅰ类、Ⅱ类水河长在2001年、2005年、2006年所占比例最低，其他年份稍好。需要特别指出的是Ⅰ类水河长的比例基本是逐年降低，2006年以后已经无Ⅰ类水，Ⅲ类水的比例呈不规则变化。分析7年间的水质变化，总体水质有所改善但并不明显。在洪泽湖的入湖河流中，淮河年均流入量占总量的70%，对洪泽湖的污染负荷贡献率达80%，因此对淮河的治理应当是重中之重（李波和濮培民，2003）。

表8-13　淮河流域入河排污量及河流评价年度统计（2001～2007年）

年份	污废水量/亿t	COD/万t	氨氮/万t	Ⅰ类、Ⅱ类/%	Ⅲ类/%	Ⅳ类/%	Ⅴ类劣Ⅴ类/%
2001	—	106.76	—	5.8	24.3	21.3	48.6
2002	39.74	110.70	12.72	12.0	21.7	14.0	52.3
2003	43.69	123.20	12.16	11.4	17.4	16.7	54.5
2004	43.88	107.68	10.69	14.0	19.5	17.8	48.8
2005	45.32	97.73	10.57	8.0	24.0	21.9	46.1
2006	43.95	85.18	10.05	9.9	27.3	16.8	46.0
2007	44.47	73.75	7.97	13.7	24.0	20.0	42.3

根据对洪泽湖入河河流的评价，可以看出，2001～2008年的8年间，洪泽湖各主要入湖河道污染均呈现出化学性有机污染的共同特征。

（一）濉河

濉河累计污染分担率最高的污染物为总氮、氨氮和化学需氧量，化学性有机污染是濉河各河段的共同污染特征。从各断面看，以青阳西桥断面污染最重，洪农大桥断面污染最轻。青阳西桥承接上游老濉河、拦山河、濉北河等数条河流的水量，对这些河流造成的污染主要是秋季上游乡镇和沿老濉河数十公里的安徽省农户红薯制粉废水直接排入河道而引起的。

（二）老汴河

老汴河累计污染分担率较高的污染物为总氮、氨氮和化学需氧量，化学性有机污染同样是老汴河的污染特征。汴河大桥断面不但承接了流域大部分县城的生活污水和工业废水，还分流了青阳西桥承接的部分红薯制粉生产的废水。可见，大部分直排的生活污水和工业废水是该断面水质不断恶化的主要原因。

（三）新濉河

新濉河累计污染分担率较高的污染物为化学需氧量、总氮和氨氮，表明新濉河主要也是以化学性有机物污染为主。在 2005 年以前，新濉河污染物分担中石油占了相当比例，2006 年后，经过治理，石油的分担率已可忽略不计。新濉河主要污染来源于安徽省淮北市及江苏省徐州市的工业废水和部分生活污水。泗洪县的大屈断面上游受泗县八里桥闸控制，故污染强度呈无规则变化；但闸的下游秋季时要接纳沿河两岸数十公里的农户红薯制粉废水，其污染类型主要为有机污染。

（四）新汴河

新汴河二甲付断面平均累计污染分担率较高的污染物为化学需氧量、总氮和高锰酸盐指数，大仁庄断面则为化学需氧量、总磷和总氮，表明新汴河以物理性及化学性有机物污染为主。新汴河主要功能为泄洪排涝，主要接纳安徽省沿河几个县部分工业废水和生活污水以及泗洪县境内的农田回归水。受上游污水量的影响，该河污染呈不规则变化。

（五）溧河

溧河砖瓦厂断面平均累计污染分担率较高的污染物为总氮、氨氮和化学需氧量。2006 年前，溧河石油污染占相当比例，2006 年以后石油污染的分担率可忽略。溧河砖瓦厂下游断面为新濉河，在濉河改道交汇处下游，除受新濉河上述原因影响外，还受濉河改道的影响，特别是秋季受新、老濉河红薯制粉污水和泗洪化工有限公司大量的工业废水排入。目前溧河砖瓦厂断面逐步恢复原有的水体功能。

（六）徐洪河

徐洪河平均累计污染分担率较高的污染物为总氮、氨氮和化学需氧量，表明化学性有机污染特征显著。年际间水质变化较大，污染特异性明显。2006 年前石油污染严重，2006 年后石油污染影响较小。徐洪河在泗洪县境内无工业废水排入，其污染主要来源于铜山县和睢宁县的工业废水和城市生活污水。徐洪河的上游建有闸坝，河流污染呈特异性变化，汛期一旦开闸放水，污水即下泄到下游河段的泗洪县境内，上游污染的客水曾经造成泗洪县养殖业的巨大损失。

（七）安东河

安东河平均累计污染分担率较高的污染物为总氮、化学需氧量和高锰酸盐指数，表明化学性有机污染特征显著。2006年前石油污染严重，2006年后石油污染影响较小。河流年际水质变化较大，峰值出现在2005年，属重污染级，2001～2005年从重污染级降至清洁级又升至重污染级，污染强度变化明显。安东河从西沙地下涵洞进入泗洪县，至顾勒河口进入洪泽湖。该河的主要功能为农业灌溉和渔业用水，安东河在汛期受上游客水及农田回归水的污染，经常发生污染事故，对泗洪县养殖业影响较大。

（八）怀洪新河

怀洪新河平均累计污染分担率较高的污染物为化学需氧量、总氮和高锰酸盐指数，表明化学性有机污染特征显著。其主要污染来自安徽省数县的部分工业废水和泗洪县双沟镇的工业废水和生活污水。该河河道较长，水较深，其自净能力较强。

四、入湖污染物及其影响

（一）洪泽湖污染物按水系及来源地分析

根据2001年以来洪泽湖水质资料判断，洪泽湖的水质基本上取决于淮河入湖径流的污染状况，其污染物借助于水系通过淮河口与溧河洼输入，二者分别占总量的84.04%和14.39%，其他入湖河道仅占1.57%（表8-14）。洪泽湖入湖污染物以外来为主，占95%。按行政区贡献率，工业废水以安徽和河南二省为主，分别占到57.83%和35.80%，主要污染物排放量安徽、河南二省分别占到42.62%和43.30%，徐州市占10.02%，本地来源仅占5.06%（表8-15）。而本地入湖污染源中又以湖西的泗洪、盱眙和泗阳三县为主，废水排放分别占56.38%、32.49%和11%，湖东入湖污染物很少，所占份额小于0.1%（葛绪广和王国祥，2008）。

表8-14　洪泽湖污染物来源水系构成

水系	淮河口		溧河洼		其他
占全湖/%	84.04		14.39		1.57
水系	新濉河		新汴河		怀洪新河
占溧河洼/%	60.58		22.68		16.74
水系	淮河干流	沙颍河	涡河	淠河	池河
占淮河口/%	31.98	56.15	7.32	4.50	0.05

表8-15　洪泽湖污染物来源按行政区构成

行政单位	工业废水所占比率/%	主要污染物排放量所占比率/%
河南省	35.80	42.30
安徽省	57.83	42.62

续表

行政单位	工业废水所占比率/%	主要污染物排放量所占比率/%
徐州市	2.13	10.02
本地	4.24	5.06
总计	100%（6.86 亿 t/a）	100%（19.76 亿 t/a）

（二）洪泽湖入湖污染物组成及来源

洪泽湖水质自 20 世纪 70 年代开始，污染日趋严重。目前，洪泽湖水质为Ⅴ类，主要是总氮、总磷超标，水体已达富营养化。由于洪泽湖年进出水量很大，正常年份蓄水量 31 亿 m^3，正常年份出水量 330.4 亿 m^3，湖水年交换率高达 11 次，特别是夏季富营养化发生高峰正值洪泽湖雨季，湖体交换水量大，富营养化污染不明显。根据污染物输入输出动态分析，洪泽湖目前 TN、TP 输入总量已明显大于输出总量。洪泽湖营养盐的输入主要有三个途径，即入湖河道输入、面源输入及湖底沉积物的释放（表 8-16）。在入湖河流中氮和磷二者年输入量的比重，淮河、濉河、新汴河和老濉河分别占河道输入的 59.26%、24.12%、7.54%和 5.3%，可见淮河是洪泽湖水污染的重要来源（表 8-17）。洪泽湖作为一个过水性湖泊，其水质的变化主要受上游淮河来水控制，洪泽湖水质的变化过程也是淮河流域水污染形势的集中体现。外来水质污染使整个洪泽湖水域的生态环境极其脆弱，水质被污染，直接破坏了湖区水生生态系统和湿地生态系统的稳定性（韩爱民等，2002）。

表 8-16　洪泽湖氮磷的输入及输出

输入/（t/a）			输出（t/a）		
途径	TP	TN	途径	TP	TN
入湖河道	3 485.11	78 220.30	捕捞水产品	21.96	298.88
面源	992.94	15 957.05	收割水生植物	2.96	91.20
底部及其他	184.29	3 906.20	出湖水量	3 241.22	60 364.08
合计	4 662.34	98 083.55	合计	3 266.14	60 754.16

表 8-17　洪泽湖主要入湖河流的氮磷输入（平新华等，1999）

河流名称	水量/(m^3/s)	TN			TP		
		浓度/(mg/L)	输入量/(t/a)	所占比例/(%)	浓度/(mg/L)	输入量/(t/a)	所占比例/(%)
淮河	209	2.55	53 346.00	70.01	0.08	1 673.1	48.51
怀洪新河	6.3	0.41	258.30	0.34	0.024	15.00	0.43
濉河	42.2	1.01	16 922.20	22.21	0.213	898.00	26.04
老濉河	9.2	1.70	1 564.00	2.05	0.321	295.00	8.55
老汴河	1.4	0.86	120.40	0.16	0.036	5.00	0.14

续表

河流名称	水量/(m³/s)	TN			TP		
		浓度/(mg/L)	输入量/(t/a)	所占比例/(%)	浓度/(mg/L)	输入量/(t/a)	所占比例/(%)
新汴河	44.2	0.83	3 669.60	4.82	0.080	354.00	10.26
安东河	3.4	1.00	129.74	0.17	0.086	29.00	0.84
徐洪河	8.7	0.21	182.70	0.24	0.217	180.00	5.22
合计	324.4	—	76 192.94	100.00	—	3 449.1	100.00

（三）洪泽湖各类污染物分布格局

1. 氮素污染（亚硝酸盐、硝酸盐、总氮）

以淮河入湖口、成子湖和排水口附近为最高，敞水区都较低。总体上是入湖口及湖滨地带高，敞水区低，由入湖口向四周扩散，直接受主要污染源——淮河干流的控制。5月份为农用水高峰期，大量抽水灌溉，导致湖西河流河水倒流，高值中心向西北移动。

2. 富营养化指数（悬浮物、总磷、叶绿素）

西部最低，西南低东北高，成子湖最高。西部溧河洼附近水草丰盛，是湿地自然保护区核心部分，水生植物对富营养化的调控作用明显。敞水区域受到湖流、风浪的影响，作为浅水湖泊，悬浮物相应较高，富营养化指数较高。成子湖为相对封闭的湖湾，水面围网养殖，吞吐流弱，湖水交换慢，富营养化指数较高。

3. 重金属污染（铜、汞、锌和铅等）

呈西南区向东北增高的趋势，全湖都较低，只有位于淮安市附近的水域较高，主要来源于淮安市的重工业企业的未达标排放。同时与重金属的不能降解性有关，通过食物链富集，存在于生物体和通过沉积吸附作用积累于湖泊底泥中。

4. 生活污染（DO 和粪大肠菌群）

以入湖口及附近区域较高，其他区域都相对低。丰水期规律更明显。生活污水主要来自淮河干流、汴河和濉河，入湖后向四周扩散。

5. 工业污染（BOD_5、总镉、COD_{Mn}、总铅和悬浮物等）

在湖泊内的降解缓慢，空间变化梯度小，递减趋势缓和。高值中心在入湖口，向东北递减，递减梯度远远小于生活污水的梯度，说明湖体对工业污染的降解速度缓慢。

洪泽湖各主要点位环境指标的年际变化如图 8-1 所示。

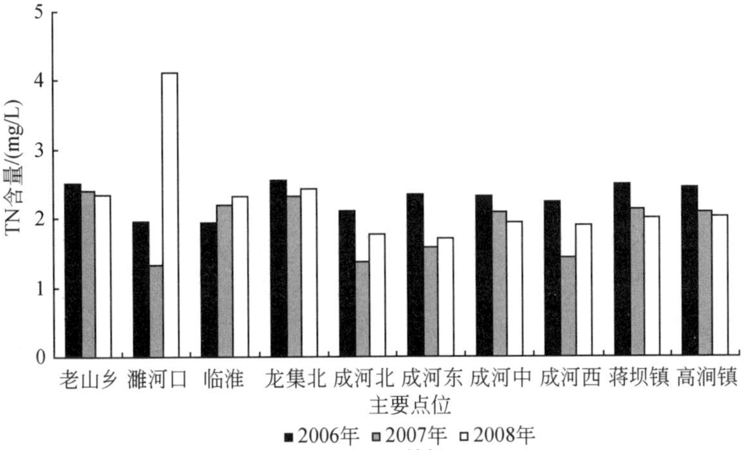

(a) 总氮

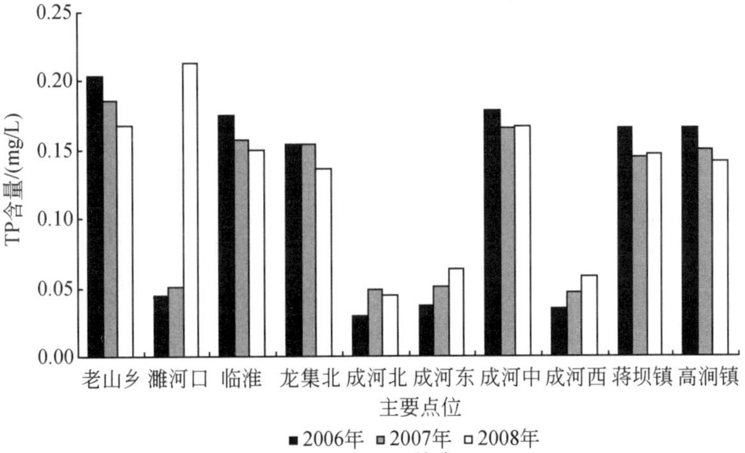

(b) 总磷

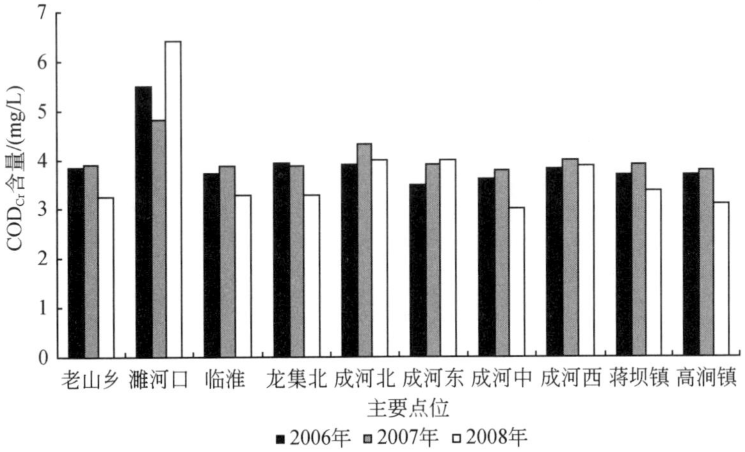

(c) 化学需氧量

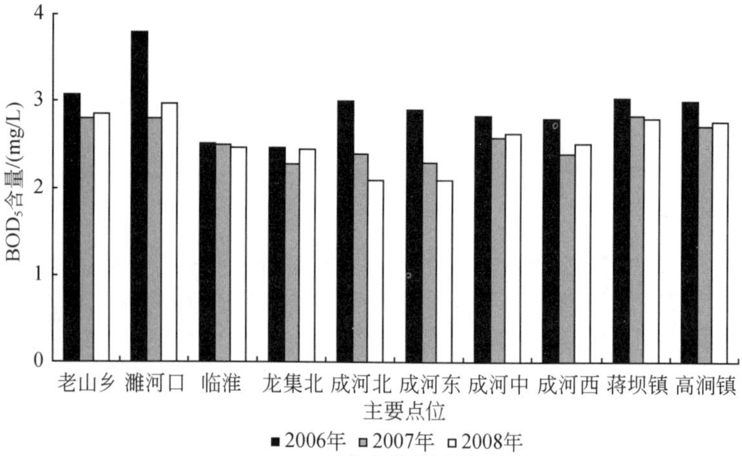

(d) 生化需氧量

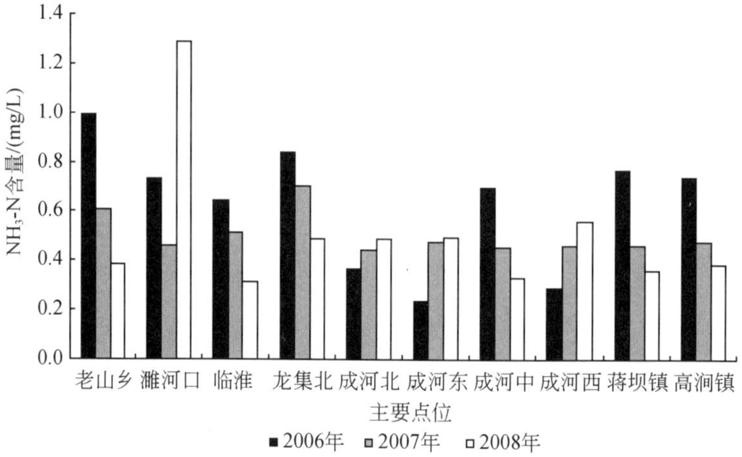

(e) 氨氮

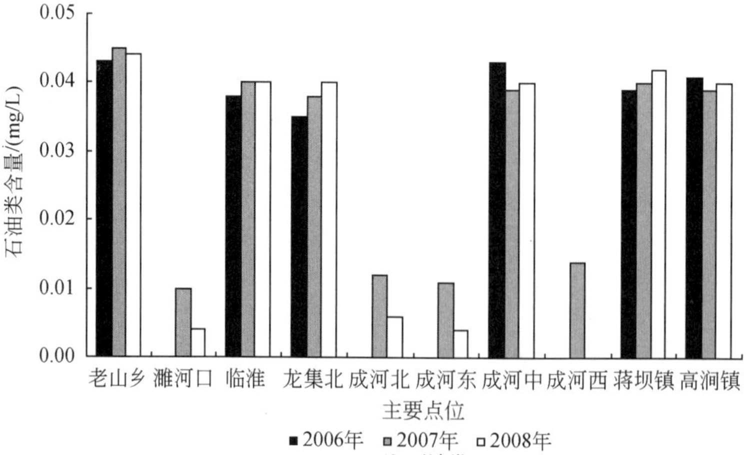

(f) 石油类

图 8-1 洪泽湖各主要点位环境指标的年际变化

五、入湖河流污染的管理对策

洪泽湖入湖河道污染严重，其面临的问题主要体现在：湖区径流偏少而引起的水资源不足；地表水污染严重，地下水总体质量较差，突发性污染时有发生；粗放式的管理和严重浪费，汛期大量洪水被弃用，水资源得不到充分利用；湖区垦殖过度，湖泊萎缩，对水资源的调节功能减弱。因此，要控制洪泽湖的入湖污染，一方面要控制污染物通过水系的排放，另一方面要加强对水体的调控和管理。

（一）控制废污水排放，进行截污和净污

1. 采用清洁生产技术，全过程控制废污水产生

积极引导企业采用清洁生产技术，使用先进工艺设备，开展生产过程中废物的回收和循环利用。严格控制高污染项目的建设，确保采用清洁生产技术。

2. 加强对过往船舶的管理

对过往船舶的生活污水、洗船水和垃圾要加强管理。对进入河道的船舶必须安装油水分离器，避免进一步造成水体石油类污染。加大对河道周边沿线生活污染的治理力度，杜绝沿河居民直接向水体排放生活污水。

3. 实施截污导流，建设大型城市污水处理厂

对污、废水实行集中处理后达标排放，对已经建成的污水处理厂要采取措施保证正常、高效运行，最终杜绝向水体直接排放工业废水和生活污水。

4. 实行污染物总量控制

通过分析计算水体最大纳污总量后，按比例分配给沿河各地区，各地区污染物排放不得超出此总量。

5. 防治洪泽湖富营养化

主要措施可以包括控制入湖河道中的氮磷总量，禁用含磷洗涤剂，合理使用化肥，控制湖区网箱养殖规模，做好水情调配与环境污染的协调工作等。

（二）加强对水系、航道的整治与管理

1. 充分发挥现有水利工程的作用，优化水资源调度

洪泽湖三条出水通道均有闸坝控制，完全可以人为调节运行。洪泽湖汇水范围内建有大、中、小型水库5300多座，水闸4200多座，湖泊洼地蓄水滞洪工程11处，总库容达520亿m^3，使得淮河的水量得以控制。洪泽湖水质优劣受闸坝启闭影响非常明显，因此通过水利工程对水量进行合理调度，提高水体自净能力，可以达到治水与治污相结合的

目的。

2. 对河道底泥实行清淤处理

对河道底泥实行清淤处理，避免水流及船舶行驶时造成的底泥翻转，产生二次污染；同时，亦可提高河道水体的自净能力。

3. 对河道周边进行整治，改善河道周边环境

改善河道周边环境，建设入湖河道内及入湖河口的污染防治缓冲区。

4. 加强河流生态建设，建立河流风光带

5. 完善管理机制和相应的政策法规，加大科研力度

第二节　水资源保护与南水北调工程

一、水资源现状及存在的问题

洪泽湖是淮河水系中重要的调蓄湖泊，承接淮河上中游15.8万km^2的来水，担负着拦蓄洪水、调节径流的作用。洪泽湖多年平均入湖水量342亿m^3，最大为780.6亿m^3（1963年）；多年平均出湖水量为300.5亿m^3，最小为44.05亿m^3（1978年），1991年入湖水量为668.53亿m^3。据1950～1993年统计资料分析，汛期（6～9月）多年平均入湖水量为210.5亿m^3，出湖水量为215.0亿m^3。而出湖水量中70%以上是从三河闸经入江水道流入长江而弃用。洪泽湖一般年份汛期弃水量在50亿～250亿m^3，冬春季弃水量在7亿～220亿m^3。

洪泽湖水资源的开发利用取得了巨大成就，但由于开发程度、利用方式，以及对环境后效的认识不足和管理不善等，致使洪泽湖生态环境出现不断恶化的局面（韩爱民等，2002）。

（一）湖泊萎缩，水资源调节功能减弱

人为的无序圈围开发，过度垦殖，湖泊萎缩，对水资源的调节功能削弱，是造成水资源匮乏的一个重要原因。自1960年开始，为了发展农副业，环湖地区对湖泊进行大量圈圩开发。据有关方面1989年测算，洪泽湖水位12.5 m时水域面积1597 km^2，比大量垦殖前的相应水域面积减少了200 km^2。1991年江淮大水后，洪泽湖周边再次出现圈圩热潮，湖泊面积锐减，调蓄能力降低。1992年洪泽湖水位同样为12.5 m时，水域面积比大量垦殖前缩小了494 km^2。目前洪泽湖滩地11.5～16.0m高程范围内已被围垦的面积达1018 km^2，湖区水域面积缩小了600 km^2，湖泊湿地减少，调蓄洪水的能力削弱（闻余华等，2006）。

湖区大量垦殖，使湖区植被破坏，水土流失严重，大量泥沙带入湖泊，加速了湖泊的

淤积和萎缩。圈圩开发和泥沙淤积对湖区生态环境和抗御水旱灾害能力造成了严重影响。湖泊围垦后，湖泊面积、容积缩小，使洪水高水位持续时间延长，洪水风险和防洪成本增加，对洪泽湖大堤的安全造成威胁，同时又使周边地区受涝范围增加，成为湖区经济发展的严重制约因素。

近年来，由于围网养殖技术的推广，沿湖各乡在湖边湿地大规模地进行围网及围栏养殖，湖滩湿地被分割承包，湖区水面进一步减小，湿地资源锐减。随着洪泽湖面积的急剧缩小及水质的恶化，湿地已发生了明显的退化，功能下降。

（二）人均水资源占有量低，湖区周边用水量增大

淮河流域人口稠密，人均水资源总量 516m^3，仅为全国平均水平的 1/5；1994～2004 年淮河流域经济增长了 1.35 倍，人口增加了 800 万，水资源开发利用率高达 60%，水资源现状与经济社会发展的矛盾十分突出。洪泽湖处于淮河中下游，多年平均湖区当地径流量只有 19 亿 m^3。湖区洪泽、盱眙、泗洪、泗阳和淮阴等县（区）人口近 420 万，耕地 31.89 万 hm^2，人均当地水资源量只有 452m^3，其他水量都依赖于过境水量的补充。

（三）水污染严重

洪泽湖每年入湖污染物的总量已大大超过了湖泊的自净功能。第一节分析表明，有机污染及 N、P 污染是洪泽湖水污染的主要问题。由于洪泽湖是过水性的浅水湖泊，悬浮物对水质的影响大，湖流特别是风浪搅动底泥，增大悬浮浓度，造成水质的较大变化。洪泽湖地区水资源污染的主要特点如下。

1. 地表水污染严重

随着工农业生产的发展和城市化进程的加快，湖区地表径流和入湖河流携带的面源污染和工业废弃物等排入湖体，使洪泽湖水质受到污染，局部水域污染严重。洪泽湖接纳的污水以入湖河道即外来污染源为主，沿湖周边厂矿直接排入的较少。入湖有机污染物以点源为主，占 85.6%，非点源只占到 14.4%。淮河干流中上游排污是洪泽湖水质变差的主要根源，约占入湖污水总量的 60%。淮河对洪泽湖以及下游的环境压力非常严峻。在丰水期，淮河下泄大量污染物，营养负荷升高，甚至发生灾害。污水团从上游向下游流动，所经之处水质突变，许多生物大量死亡，有的甚至绝迹；在平水期和枯水期，虽然外源营养负荷不大，但湖泊内部的营养盐浓度仍然较高。此外，围湖造田、围网养殖不仅直接破坏了湖区原有的生态系统结构，导致原生植被消失，而且，高密度养殖产生的养殖污染对湖水有着十分严重的影响，污染加剧，导致湿地生物群落结构演变，湿地生态系统退化。

2. 地下水总体质量较差

2000～2003 年地下水水质资料表明，淮河流域平原地区地下水水质综合评价超标率为 74.5%。其中，Ⅴ类水的测井占 41.6%、Ⅳ类水的测井占 32.9%、Ⅲ类水的测井占 22.9%。对 231 眼地下水测井的资料进行分析，轻度污染的测井 67 眼，重污染测井 34 眼，分别占测井总数的 29.0%、14.7%，而位于洪泽湖周边的淮安、宿迁是重污染测井的

主要分布地区。

3. 突发性污染时有发生

淮河中上游地区工农业生产快速发展，但污染治理滞后，致使水质恶化越来越严重。自20世纪90年代中期开始，淮河来水带给洪泽湖的污染事故频发，给湖区人民的生产和生活造成了巨大损失。1994年发生严重干旱，淮河流域上中游暴雨后污水团突然下泄洪泽湖，盱眙县城自来水厂被迫关闭，导致淮河中下游饮用水告急。2000年6月26日，安徽蚌埠闸下泄1.4亿 m^3 的污水，形成长度为50km的污水团，涌入的污水造成洪泽湖水体溶解氧含量剧降，老子山镇养殖业毁灭。2004年7月淮河总长度133km的污水团下泄，水质均降至劣Ⅴ类，氨氮含量超过6mg/L，污水导致盱眙县当年鱼、虾、蟹等水产品的经济损失总量超过3亿元，成为淮河污染史上最大的污染事故。

4. 水资源利用效率低

1）管理粗放，浪费严重

洪泽湖周边地区农业用水量较大，占总用水量的80%以上。由于管理粗放，一方面经常干旱缺水，另一方面用水浪费严重。农田大水漫灌、大排大灌；农田水利工程老化失修、渠系防渗措施缺乏，渠系水利用系数较低；工业用水设备陈旧、工艺落后，万元产值用水量较高，工业水重复利用率仅为30%左右；生活用水管网存在跑冒滴漏和长流水等现象。

2）汛期大量洪水被弃用

在防汛调度标准（如汛期限制水位、正常蓄水位等）的确定过程中过分强调水库的防洪功能，而拦蓄洪水，使之转化为水资源的调蓄功能发挥不充分，大量水资源不能利用或者利用不充分。据统计资料分析，洪泽湖一般年份汛期弃水在50亿～250亿 m^3，冬春季弃水在7亿～220亿 m^3，出湖水量70%以上是从三河闸经入江水道流入长江而弃用的（王苏民和窦鸿身，1998）。

二、水资源保护

2005年3月1日江苏省颁布施行了《江苏省湖泊保护条例》，为洪泽湖水资源保护提供了法律依据。2007年3月江苏省人民政府批准的《洪泽湖保护规划》，提出了洪泽湖保护的总体要求：①保护湖泊形态，防止侵占湖域，清除行水障碍，有计划推进退田（渔）还湖，保证通道畅通、有效调蓄；②加强污染防治，控制并减少外源污染，控制开发利用方式与模式，改善湖泊水质；优化调度，维持合理水位；加强生态保护，维护湖泊健康生命；③落实各级政府与部门的责任，推进湖泊保护进程。制定有关湖泊保护、开发利用等专项规划，完善各类调度预案；④加强政策研究，制定完善各类规章制度，健全湖泊管理机构，规范保护、开发、利用和管理行为；⑤加强湖泊保护宣传，鼓励公众参与，提高保护意识，建议对洪泽湖的水资源采取以下保护措施。

（一）建立和完善水资源管理体制，实现湖泊水资源统一管理

洪泽湖水资源问题是流域性的普遍问题。洪泽湖管理体制的完善，首先要加强管理机构建设，落实管理责任，制定管理办法，建立统一的以湖泊资源管理为基础的管理体制。确立水行政主管部门对洪泽湖管理和保护的主体地位，按照统一管理与分级管理相结合的原则建立湖泊管理专门机构，并明确湖泊管理内容，建立湖泊管理责任制。

（二）大力推广节水技术，切实落实节水措施

洪泽湖水资源利用中农业灌溉占相当大的比重，须抓住农业灌溉节水重点，提高水资源利用率。一方面要加强农田水利建设，进一步发展衬砌渠道输水，减少渗漏损失；另一方面要改变大水漫灌的灌溉方式，发展喷灌、滴灌等先进灌溉技术，减少植物棵间蒸发和土壤渗漏。对工业用水，强化一水多用和废水处理综合利用，不断提高工业用水的重复利用率。

（三）加强水污染防治

按《淮河流域水污染防治暂行条例》、《南水北调东线工程治污规划》的要求，加强水污染防治，保护和改善水质；与邻近省建立有效的协调机制，控制上游来水质量，加强对供水水源区水质状况的监测，制定减污调度办法，避免突发性水污染事故的发生。

加大治理工业污染源的力度，把环境保护作为产业结构调整的重要手段，推动结构型污染问题的解决，实施“污染者负担”的准则；实行雨污分流，提高生活污水的处理率，减少生活污染源；调整种植业、养殖业结构，发展生态农业，减少高耗水作物的种植面积，发展高效节水农业；使用高效、无污染的绿色肥料，推广生态农药，控制农药、有害化肥和地膜等农业生产资料的使用，减少农业污染源。

探索建立环境资源区域补偿机制，重点强调地方政府对辖区内水环境质量所负的法律责任，重点关注跨行政区域水环境保护与污染所引发的上、下游间的经济赔偿，实现“谁保护谁受益、谁破坏谁补偿”，促进跨行政区域河流的水质改善。

（四）加强洪水调度研究，提高过境洪水利用率

洪泽湖地理位置独特，3 条出水通道均有闸坝控制，完全可以人为调节运行。加上该湖汇水范围内各地政府和人民团结治淮兴建了大、中、小型水库 5300 多座，水闸 4200 多座，湖泊洼地蓄水滞洪工程 11 处，总库容逾 520 亿 m^3。水利工程使得淮河水量得以人为调控，因此要探索新的放水流量和放水方式，建立一套水量水质并重、综合效益较好的水利优化调度方案。通过水利工程对水量的合理调度，也可有效提高水体的自净功能，达到治水与治污相结合的目的。

（五）加强湖区生态保护，加快生态工程建设

在洪泽湖湖滨建立自然保护区是净化入湖水体的水质、保护湖区水体免受污水直接冲击的最有效的途径。洪泽湖自然保护区为国家级自然保护区，位于洪泽湖西岸泗洪县境

内，由于建设较晚，各项保护设施和基础设施尚未见效，须强化湖区生态保护对水环境及湖泊资源的综合效应。洪泽湖围垦较严重，要大力推进退耕还湖的工程建设，逐步减少距湖岸 2km 以内区域种植、养殖等生产活动，强力推行绿色农业，限制化肥使用量，积极应用生物技术防治病虫害，减少农药使用量；实施生态渔业工程，逐步拆除湖区围网，杜绝对渔业资源的酷鱼滥捕，实施生态养殖；进一步推进生态林业工程，建立湖滨生态屏障。

（六）完善法制建设

进一步健全湖泊保护的法律体系，根据洪泽湖水资源保护现状，兼顾湖泊防洪、水资源利用和生态与环境保护等，制定相关配套法律制度来予以支持；把湖泊水资源开发、保护和可持续利用紧密结合起来，明确管理范围和执法主体，规范各地、各方水事活动，为洪泽湖水资源管理提供法律保障。最终实现“维护湖泊健康生命，公益性功能不衰减；管理有秩序，开发利用有控制，湖泊形态稳定，面积不减少；蓄泄自如，与防洪、供水要求相适应；水质良好，生态健康，人湖和谐共处”的总体目标。

三、洪泽湖与南水北调工程

（一）南水北调工程概况

南水北调工程是为了缓解黄淮海平原东部缺水而实施的一项重要战略措施，也是一项跨流域、跨省市、综合治理和综合利用的大型水利工程，分东线、中线和西线三条调水线路。通过三条调水线路与长江、黄河、淮河和海河四大江河的联系，逐步构成以“四横三纵”为主体的总体布局，形成我国巨大的水网，基本可覆盖黄淮海流域、胶东地区和西北内陆河部分地区，有利于实现我国水资源南北调配、东西互济的合理配置格局（国务院南水北调建设办公室，2006）。

东线工程：东线工程从长江下游扬州江都抽引长江水，利用京杭大运河及与其平行的河道逐级提水北送，并连接起调蓄作用的洪泽湖、骆马湖、南四湖和东平湖。出东平湖后分两路输水：一路向北，在位山附近经隧洞穿过黄河；另一路向东，通过胶东地区输水干线经济南输水到烟台、威海。整个工程沟通长江、淮河、黄河和海河，目标是改变华北平原，特别是京、津、唐地区缺水状况。规划分三期实施（图 8-2）。

中线工程：从加坝扩容后的丹江口水库陶岔渠首闸引水，沿规划线路开挖渠道输水，沿唐白河流域西侧过长江流域与淮河流域的分水岭——方城垭口后，经黄淮海平原西部边缘在郑州以西孤柏嘴处穿过黄河，继续沿京广铁路西侧北上，可基本自流到北京、天津。规划分两期实施。

西线工程：在长江上游通天河、支流雅砻江和大渡河上游筑坝建库，开凿穿过长江与黄河的分水岭——巴颜喀拉的输水隧洞，调长江水入黄河上游。西线工程的供水目标主要是解决涉及青、甘、宁、内蒙古、陕和晋 6 省（自治区）黄河上中游地区和渭河关中平原的缺水问题。结合兴建黄河干流上的大柳树水利枢纽等工程，向邻近黄河流域的甘肃河西走廊地区供水，必要时也可相机向黄河下游补水。规划分三期实施。

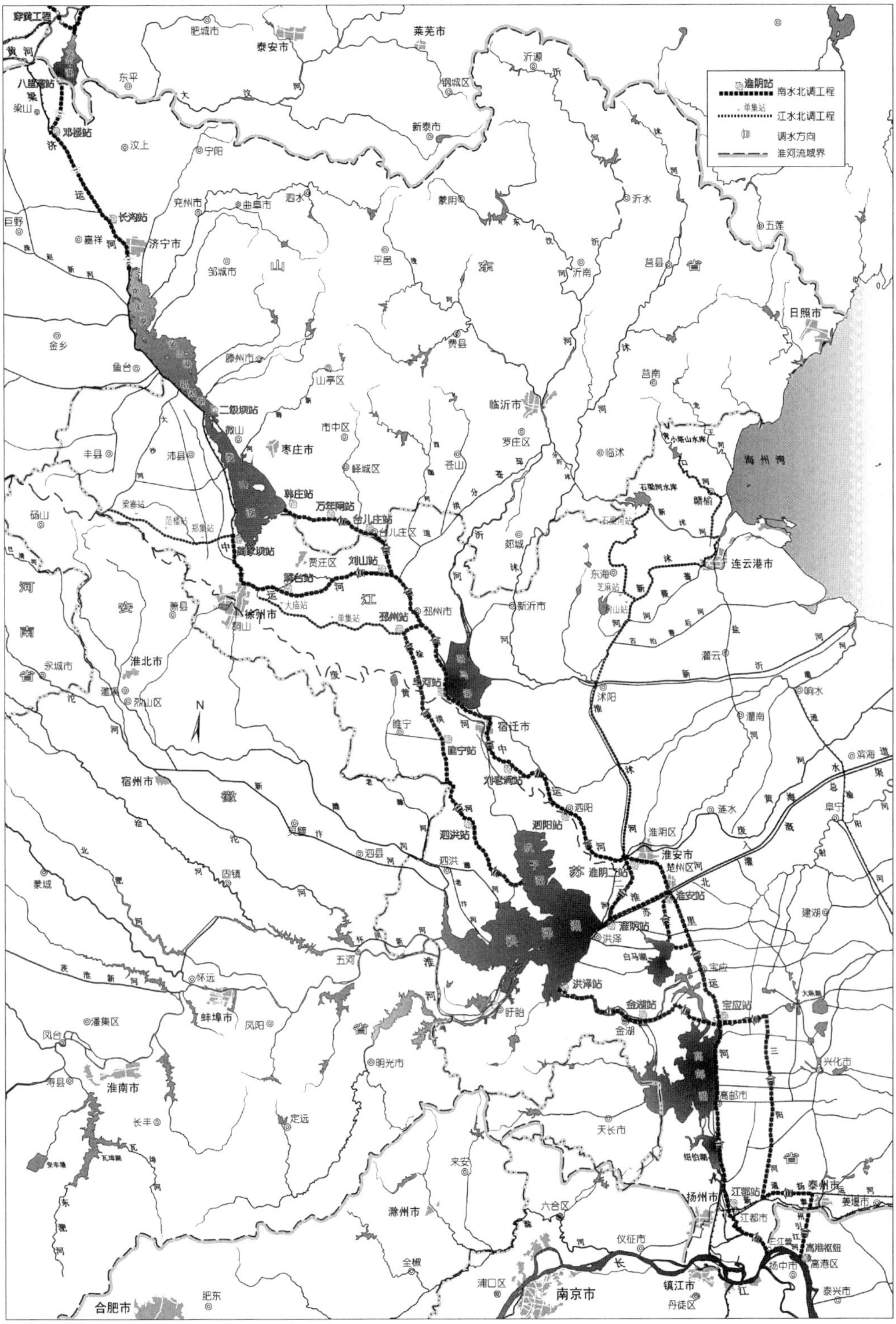

图 8-2 南水北调东线江苏段工程（中国科学院南京地理与湖泊研究所，2009）

规划的东线、中线和西线到2050年调水总规模为448亿m^3，总投资规模约为5000亿元。分期实施后可基本缓解黄淮海流域水资源严重短缺的状况，并逐步遏制因严重缺水而引发的生态环境日益恶化的局面。

（二）洪泽湖在南水北调东线工程中的作用及其重要意义

南水北调东线工程是我国南水北调总体布局中的重要组成部分。长江下游水量丰富，多年平均入海水量约9600亿m^3，即使在特枯年也有6000多亿m^3，东线工程从长江下游抽水，水源充沛，调水量取决于引水工程规模。而我国北方地区尤其是黄淮海地区长期受到干旱缺水的困扰，水资源短缺与经济社会发展及生态环境保护之间的矛盾越来越突出。京、津、冀、鲁地区及淮河流域日益恶化的生态环境和连年发生的严重干旱缺水，使南水北调东线工程的建设显得更为紧迫。

洪泽湖一方面作为输水线，连通长江与骆马湖（图8-2）。现状洪泽湖汛期限制水位12.5m，汛后蓄水位13.0m。洪泽湖非汛期月平均蓄水位在大部分年份均超过13.0m，非汛期最高水位多年均值为13.45m，由此表明洪泽湖抬高蓄水位是有水可蓄，而且是可行的。根据南水北调东线第一期工程水资源配置和调度的要求，为更大发挥洪泽湖的调节作用，一期工程设计抽江水量为600m^3/s，进入洪泽湖流量为525m^3/s，出洪泽湖的流量为450m^3/s。由于江水的出入，洪泽湖的年平均水位提高0.5m。洪泽湖非汛期正常蓄水位从目前的13.0m提高到13.5m后，可增加调蓄库容8.25亿m^3，进而相应减少泵站抽江水规模，增加淮河可利用水量，提高供水保证率，效益非常显著。抬高蓄水位也可以增加水域，促进水循环，改善小区域气象条件，缓解生态缺水。抬高蓄水位，对周边地区可增加灌溉水源，增加周边地区地表水补给和土壤含水量，形成局部湿地，有利于净化污水和空气，汇集、储存水分，补偿调节湖水量。调水灌溉可以减少地下水的开采，有利于地表水、土壤水和地下水的入渗、下渗和毛管上升、潜流排泄等循环，有利于水土保持和防止地面沉降，起到保水固土作用。

（三）南水北调东线工程对洪泽湖环境的影响

南水北调东线工程对洪泽湖的主要影响为洪泽湖蓄水位的抬高，此外水体的交换速度加快，按一期工程多年平均进入洪泽湖水量计算，其换水次数是调水前的1.29倍。洪泽湖抬高蓄水位必然会给滨湖圩区及低洼地区带来影响，如增加滨湖堤防出险概率、提高湖边圩区排涝降渍成本、农业种植结构与围栏养殖状况的相应改变等，同时对湖区生态环境和湖内水生生物也将带来重要影响。

南水北调工程的逐步实施，洪泽湖蓄水位的抬高，水域面积的扩大，导致沿岸带植被减少，水生植物群落结构也随之发生变化，沉水植物因得不到有效的光能而大量死亡。沉水植物的种子以及部分沉水植物的叶片是湿地部分鸟类主要食物来源之一，食物的减少使部分鸟类处于饥饿状态甚至死亡，一些鸟类不得不改变迁徙路线和地点，导致鸟类多样性的减少。

洪泽湖透明度的大小主要取决于湖水中泥沙的含量。调水后，水位的提高，水面进一步扩大，湖岸侵蚀在一段时期内有所增强，水生维管束植物分布和数量的减少，消浪固底作用削弱，加大了风浪的扰动作用，导致洪泽湖局部湖区的透明度下降，其中湖水透明度受影响较明显的水域为目前水生维管束植物生长较多的西部湖区。

调水后，由于湖水位提高而淹没低位滩地，也加剧对湖岸尤其是结构松散的湖岸土壤侵蚀，水生维管束植物总生物量的减少将会降低对营养盐类的吸收量，这些都是促使湖水中营养盐含量增高的条件。长期调水，江水中高浓度的无机氮含量也将使湖水中无机氮化合物含量增加。

调水工程运行后，水位升高，局部地区的透明度降低，植被区减少，藻类数量增多，浮游动物数量也会增多。在水生维管植物减少的湖区，虾类和螺类的数量会相应减少，同时将使草食性鱼类和以水生维管束植物为栖息场所或产卵基质的鱼类产量下降，但敞水性鱼类的产量有可能增加。调水后，由于该湖的环境因子及水生生物一般变化不大，故渔产潜力、种群结构将不会发生大的变动，但洪泽湖鱼类资源的“小型化”趋势将更加突出。

南水北调工程是解决北方缺水问题的一项重要的战略措施，也是一项大规模的系统工程，对生态环境的影响也是十分复杂和很难确切定量说明的。有的影响显而易见，有的则要长期才能显露出来，加上进入洪泽湖的各种污染源和外源性的物质较多，而江水、输水河道与湖水有关可比性的近期资料很少，以及人为因素的加强，均增加对该湖由于调水而引起生态环境及水生生物变化的预测难度。因此，南水北调工程实施，需对该湖进行长期的定位观测与研究，发现问题并及时解决，以达到兴利除弊和发挥工程的综合效益的目的。

第三节 生态农业与湖泊渔业

洪泽湖作为淮河流域最大湖泊，除了大面积的开阔水域，还有着水陆交错、河渠纵横的半人工半自然湿地，其防洪、灌溉、调水和水运等综合功能在江苏省乃至全国的湿地资源利用方面有着重要地位。洪泽湖湿地生境多样，有浅水湖泊湿地、浅滩沼泽湿地和河流湿地等多种湿地生态系统。其中，包括上游入湖的淮河、怀洪新河、池河、新汴河、濉河、徐洪河、老汴河、团结河、张福河，以及下游出湖的淮河入江水道、苏北灌溉总渠、淮沭新河和淮河入海水道等河流湿地。湖区湿润的气候和多样性的环境也为农业生产和渔业资源的开发利用提供了良好的条件。

一、区域生态农业

（一）生态农业现状

洪泽湖湖滨周边农业区属淮河平原的一部分，该地区四季分明，季风显著，雨水充沛，水资源和动植物资源丰富。目前土地利用方式主要以耕地为主，主产水稻、小麦、红薯、玉米、油菜、大豆及棉花等农产品，为江苏省粮油和棉花生产基地。

洪泽湖湿地地貌类型复杂多样且水域广阔，塘库密布，动植物种类众多，拥有丰富的多样性资源，适宜多种经营，然而以往的生产多是集中在平原地区的农业种植模式，对于地势低洼、水陆交错带的复合湿地资源的开发利用程度还不够，或者尚停留在散户式、粗放型的生产阶段。土地利用方式主要以传统的农耕地为主，桑、茶、果园等经济林比重低。由于湖区湿地的开发方式较为单一，农作物的病、虫、草灾害也严重制约着湖区农业的发展，给农业生产带来严重影响。

农业生产环境面临的问题也很严重，历史上洪泽湖地区一直遭受水、旱、蝗三大自然灾害，现在又新添污染这一灾害，给湖区农业生产的持续和稳定的发展带来了诸多问题。目前，化肥、农药是促产增收的主要途径。但由于施肥方式粗放，化肥的实际利用率只有40%～56%，农药的利用率只有20%～30%。农业生产中过量施用化肥、农药，致使大量的化肥、农药残留土壤并最终流失进入水体中，致使农产品品质和质量受到影响，市场竞争力弱，经济效益不显著。

发展生态农业已作为洪泽湖生态保护的主要内容，但生态农业建设的投入机制尚不完善。由于地方财力有限，生态农业建设多依赖上级拨款开展和实施，市场化投入机制没有形成。另外，生态农业技术推广和研究力度也不够，很多模式的推广试点分散、规模小，生态农业建设能力还需要大力推进。

（二）生态农业发展要略

针对目前洪泽湖流域农业上存在的问题，应当大力推广循环经济的发展模式，在洪泽湖地区建设复合型的生态农业，合理利用立体空间循环发展模式；强调通过立体种植来强化物质循环和能量转化，提高资源利用率，降低生产成本。在农业生产中要贯穿环保理念，正确处理生态保护与可持续发展间的关系，做到环境生态效益与社会经济效益的统一，不断提高村民的湿地环境保护意识，促进农业环境保护工作的开展。湖区湿地的利用方式以及水面和田地的合理配比与使用等成熟的技术和优化模式，将成为恢复湿地的重要基础。

此外，洪泽湖区滩地可建立立体植物栽培模式。湖区湿地有面积广大的宜林地区，湖区现已有林网3.27万hm^2，成片林0.45万hm^2，尚有宜林岗丘荒地0.3万hm^2，宜林荒滩0.13万hm^2，可充分利用这部分林地的生长空间，在用材林、果林和涵养林的林地间培育喜阴耐湿而经济效益高的食用菌类。在农业发展上将种植业、养殖业和农产品加工业连成一体，通过多层次产业间的物质和能量交换，提高资源和能源的利用率和农业有机物的再利用和再循环，降低能耗提高资源利用率，减少废弃物量和减轻环境污染压力。

洪泽湖周边地区具有发展高效生态农业的有利区位及自然条件，周边农业区虽然地势低洼，但土壤肥沃、气候湿润、环境多样，为发展生态农业提供了良好的条件，且长期以来，当地百姓以种田为生，兼营家禽和家畜养殖，农业耕作技术比较成熟，这些都为发展高效生态农业提供了基础和保障。

二、鱼类资源及渔业生产

（一）洪泽湖湖泊渔业现状及面临的问题

历史上洪泽湖湖区水生生物资源丰富，曾享有“日出斗金”之美誉，目前洪泽湖是我国主要的淡水渔业基地之一。洪泽湖的渔业管理权归属先后经过多次调整，1985年前由洪泽县人民政府统一管理，1986年划归淮阴市水产局管理，1996年由淮阴、宿迁两市水产局联合管理。2000年11月，江苏省人民政府成立洪泽湖渔业管理委员会，洪泽湖的渔业管理由江苏省海洋与渔业局直属单位洪泽湖渔业管理委员会管理。由于湖区水位不稳定，落差较大及湖域污染日趋严重，大面积围湖造田，捕捞过度和水工设施的建设等，影响湖区渔业生产，渔业产量很不稳定（洪泽湖渔业史编写组，1990）。

（二）鱼类组成及区系

对洪泽湖水产资源曾有过 4 次较为全面的调查。1960 年调查记录有鱼类 15 科 55 种①；1973 年记录有 15 科 81 种②；1981 年记录有鱼类 16 科 84 种；1989～1990 年记录有鱼类 16 科 67 种（洪泽湖渔业史编写组，1990）。根据近年来对洪泽湖鱼类的调查研究、资料整理、实物标本核实及分析结果，认为洪泽湖有鱼类共 83 种（10 目 18 科 59 属）。其中，鲤科鱼类最多，共 47 种，占 56.6%；其次为鲿科 9 种，占 10.8%；鳅科 6 种，占 7.2%；银鱼科 4 种，占 4.8%；塘鳢科、虾虎鱼科、鳗虾虎鱼科各 2 种，分别占 2.4%；其他 11 科各 1 种（朱松泉和窦鸿身，1993）。

洪泽湖的鱼类区系依淡水鱼类分布区划属华东区的江淮亚区。其组成上以鲤科鱼类为主，占鱼类总数的 56.6%，与长江中下游其他大中型湖泊大体一致，有湖泊定居型、江湖产卵及索饵洄游型和湖海洄游型等生态类型。洪泽湖自从三河闸建成以后，隔断了原有鱼类的洄游路线，鱼类种群结构发生了重大变化。

（三）洪泽湖鱼类资源及主要鱼类种群的年龄结构

由于洪泽湖水位极不稳定，落差较大及湖域污染事故时有发生，大面积围湖造田，捕捞强度过大和闸坝等一系列水利工程建设等因素的制约，洪泽湖的渔业资源受到不同程度的影响，湖区渔业捕捞产量波动较大。鱼类资源中性成熟年龄低的小型定居性及敞水性鱼类占优势，种群正向低龄化、小型化发展，资源发展态势不容乐观。

统计显示，洪泽湖 1956 年产量最高，达 21 650t；2001 年最低，仅 3272t。按照分时段统计，20 世纪 50 年代年平均产量为 11 623.7t，60 年代为 7934.6t，70 年代为 10 444.7t，80 年代为 13 092.9t；2000 年之后为 7505.2t。在洪泽湖渔业总捕捞产量中，鱼类产量占总捕捞产量的 73.5%～93.3%（表 8-18）。

表 8-18　洪泽湖历年渔获量统计

年份	总捕捞量/t	鱼类产量占总捕捞量/%	年份	总捕捞量/t	鱼类产量占总捕捞量/%
1949	5 460	93	1958	5 806	73.5
1954	6 650	—	1959	11 307	93.3
1955	13 500	—	1960	7 088	85.8
1956	21 650	—	1961	7 558	89
1957	15 365	—	1962	6 365	—

① 国家水产部长江水产研究所．1960．洪泽湖渔业自然资源综合调查报告

② 江苏省长江水产资源调查组．1975．江苏省长江水产资源调查报告汇编

续表

年份	总捕捞量/t	鱼类产量占总捕捞量/%	年份	总捕捞量/t	鱼类产量占总捕捞量/%
1963	6 860	—	1979	9 000	
1964	9 255	—	1980	10 844	—
1965	8 326	—	1981	11 465	—
1966	8 337	—	1982	11 569	
1967	5 500	87.6	1983	10 430	—
1968	10 787	79	1984	10 636	—
1969	8 853	83.8	1985	10 334	—
1970	7 505	88.8	1986	14 000	—
1971	9 225	88.5	1987	13 983	—
1972	9 000	88.8	1988	17 482	—
1973	9 148	—	1989	17 937	—
1974	9 470	—	2000	4 504	91.5
1975	11 482	—	2001	3 272	84.7
1976	12 888	—	2002	6 750	80.7
1977	11 820	—	2003	12 000	87.2
1978	11 570	—	2004	11 000	84.6

从湖区鱼类组成分析，湖区渔获物产量主要由四大家鱼、鲤、鲫和刀鲚等组成。其中，鲤、鲫产量总体呈下降趋势，1961 年产量最高达 3023.2t，2001 年最低仅 459t；四大家鱼在遭受闸坝的阻断及大量的捕杀后，湖区缺乏天然苗种入湖，产量曾经大幅下降，1982 年最低仅 266.1t，后经放流增殖，产量上升明显，2000 年、2002～2004 年产量在 1178～2750t，比 1982 年 1000t 以下的产量有较大提高；刀鲚在湖区的产量总体呈上升趋势，1949 年最低仅 54.6t，1982 年最高达 2348.5t，2000 年、2002～2004 年产量基本维持在 1200t 以上（表 8-19、表 8-20）。湖区鲤、鲫在总渔获物的比例波动较大，四大家鱼、鳊鲂的比例从 1950 初期的 15%下降至 20 世纪 80 年代初期的 3%～5%，后又回升至 2000 年后的 20%以上；鲌类比例下降明显；刀鲚、银鱼的比例总体上升明显，刀鲚从最低 1%上升到近年的 17%左右，最高达 28.2%，银鱼从 0.5%上升至 2%～3%，最高达 6.9%。

表 8-19　洪泽湖各年份部分经济鱼类分类产量　（单位：t）

年份	总捕捞量	鲤	鲫	鳊鲂	四大家鱼	鲌类	刀鲚	银鱼	杂鱼
1949	5 460	819	1 365	163.8	655.2	491.4	54.6	27.3	1 501.5
1958	5 806	812.8	638.7	—	522.5	348.4	—	—	1 945.0
1959	11 307	1 583.0	1 243.8	—	1 017.6	802.8	—	—	5 902.3
1960	7 088	1 389.2	241.0	—	552.9	744.2	—	—	3 154.2

续表

年份	总捕捞量	鲤	鲫	鳊鲂	四大家鱼	鲌类	刀鲚	银鱼	杂鱼
1961	7 558	1 133.7	1 889.5	—	453.5	604.6	—	—	2 645.3
1967	5 500	—	—	—	—	—	792	319	3 712.5
1968	10 787	647.2	—	—	906.1	53.9	819.8	53.9	6 040.7
1969	8 853	—	—	—	—	—	301.0	97.4	7 029.3
1970	7 505	—	—	—	—	—	579.4	90.1	6 004
1971	9 225	—	—	—	—	—	1 955.7	249.1	5 968.6
1972	9 000	—	—	—	—	—	682.2	234	7 074
1979	9 000	450	1 170	90	351	360	2 286	261	648
1982	11 569	578.5	1 619.7	150.4	266.1	127.3	2 348.5	312.4	2 094.0
2000	4 504	589		1 178		—	1 268	25	1 062
2001	3 272	459		755		—	560	225	772
2002	6 750	1 200		1 530		—	1 200	230	1 287
2003	12 000	1 350		2 750		—	2 100	260	4 000
2004	11 000	2 620		2 340		—	1 950	350	2 046

表 8-20 洪泽湖不同渔获物在总捕捞量中所占比例 （单位:%）

年份	鲤	鲫	鳊鲂	四大家鱼	鲌类	刀鲚	银鱼	杂鱼
1949	15	25	3	12	9	1	0.5	27.5
1958	14	11	—	9	6	—	—	33.5
1959	14	11	—	9	7.1	—	—	52.2
1960	19.6	3.4	—	7.8	10.5	—	—	44.5
1961	15	25	—	6	8	—	—	35
1967	—	—	—	—	—	14.4	5.8	67.5
1968	6	—	—	8.4	0.5	7.6	0.5	56
1969	—	—	—	—	—	3.4	1.1	79.4
1970	—	—	—	—	—	7.72	1.2	80.0
1971	—	—	—	—	—	21.2	2.7	64.7
1972	—	—	—	—	—	7.58	2.6	78.6
1979	5	13	1	3.9	4	25.4	2.9	7.2
1982	5	14	1.3	2.3	1.1	20.3	2.7	18.1
2000	13.1		26.2		—	28.2	0.6	23.6
2001	14.0		23.1		—	17.1	6.9	23.6
2002	17.8		22.7		—	17.8	3.4	19.1
2003	11.3		22.9		—	17.5	2.2	33.3
2004	23.8		21.3		—	17.7	3.2	18.6

从湖区渔获物主要鱼类种群年龄结构分析，鲤、鲫、鳊、翘嘴鲌的年龄组成正向低龄化发展。例如，1960 年渔获物中的鲤鱼以 3 龄为主，1982 年及 1990 年则以 2 龄以下为主；鲫鱼在 1960 年以 3 龄、4 龄为主，到了 1982 年和 1989 年则以 1 龄为主；鳊鱼从 1960 年 3 龄下降至 2～3 龄；翘嘴鲌从 1960 年的 3 龄为主，变化至 1973 年的 2 龄为主。湖区鱼类种群正向低龄化、小型化发展。与众多湖泊一样，湖区鱼类资源中性成熟年龄低的小型定居性及敞水性鱼类占优势的趋势越来越突出。

（四）湖泊渔业不利局面

湖泊渔业的发展与湖泊环境关系密切。洪泽湖渔业发展面临的关键问题是水利工程、水环境污染、围垦及围养和过度捕捞等对渔业的影响①。

1. 水利工程

洪泽湖作为治淮的枢纽地区，自 1953 年起，先后在湖区四周的出、入水河道修建了诸多控水工程，使洪泽湖从原来自然调蓄的天然浅水湖泊成为完全由人工调蓄的大型平原型水库。这些控水工程，阻隔了许多大型的湖—海洄游、河—湖洄游鱼类的通道，致使湖区中这部分鱼类的数量明显下降。由于湖区水位受人为控制影响，一改过去的自然涨落规律，由于大量湖水用于农田灌溉，5～7 月成为洪泽湖的减水期，此时正是定居性鱼类的产卵旺季，水位的下降使一些产卵场逐渐干涸，从而降低了资源的补充能力。湖区中该类鱼类数量减少，空余的生态位必然被一些生长周期短、性成熟年龄小、繁殖力高、适应能力强和捕捞制约力小的湖区小型鱼类（如刀鲚、银鱼及其他鱼类）所占领，使湖区的渔业资源小型化。再加之蓄水后，湖区的水面扩增，大量水生植物被淹没，使一个原来水草丛生的湖泊变为水草稀疏的敞水水域，进一步促进了刀鲚、银鱼等一些敞水性栖息鱼类的繁衍和生长。

2. 围垦和围养

20 世纪 50 年代末至 70 年代初，洪泽湖沿湖被围垦面积达 49 万亩，后来由于“退耕还鱼”，恢复了一部分较低洼的滩地用于养殖鱼类。进入 90 年代，由于水产养殖业的迅猛发展，洪泽湖围网养殖的面积高达 30 余万亩，沿湖周边的优势水面被围网分割得支离破碎，导致湖区湿地生物多样性锐减，生物资源物种结构发生改变，尤其是鱼类资源结构发生改变，定居性鱼类种群量减少，敞水性鱼类种群量增加，鱼类种群正向低龄化、小型化发展，资源发展态势不容乐观（王欣和张胜宇，2008）。湖区被围的滩地都是湖湾或浅水区，多数是定居鱼类的产卵场、摄食及栖息地，也是水生高等植物最适宜生长的区域，围垦、围养后，部分鱼类的产卵、摄食和栖息环境受到破坏，直接影响了部分鱼类繁殖、摄食等行为，影响了洪泽湖渔业资源的再生（王小林，2001）。

3. 水质污染

随河道大量流入的污水对洪泽湖渔业影响极大，它不仅直接毒死鱼类，而且还破坏渔

---

① 江苏省长江水产资源调查组．1975. 江苏省长江水产资源调查报告汇编。

场和产卵场，改变了鱼类的洄游路线，造成洪泽湖的水生生物亲体繁殖力和幼体存活力急剧下降，大量的水生生物资源得不到及时补充，使洪泽湖的水生生物资源日渐枯竭。同时由于一些污染物质在鱼体内富集，降低了湖区鱼类的品质，也严重影响了洪泽湖水产品的形象，制约了湖区渔业的发展。同时，渔业养殖无序发展导致的水体污染也不可忽视。目前，洪泽湖水体总磷、总氮严重超标，富营养化程度愈发严重，尤其是湖水在感官上混浊度较高，透明度低。渔业环境水质状况逐年下降，近年来以蓝藻为主的“水华”时有发生，发生面积越来越大，持续时间越来越长，给洪泽湖渔业造成了严重影响，也危及到现存湿地的保护及生态旅游业的发展。

4. 过度捕捞

湖区渔业人口的不断扩充，渔船数量、吨位和马力的不断增加，而湖中鱼类的资源量并没有相应地提高。相反，由于捕捞工具的不断改进，捕捞技术的提高，使得捕捞强度迅速增加，鱼类种群数量大量减少，繁殖能力和繁殖量降低，从而招致种群的不断减少甚至消亡。洪泽湖的鲤、鲫及其他鱼类所反映出来的小型化、低龄化的进程，都充分说明过度捕捞和滥捕对渔业资源的影响程度。

5. 渔业管理体制混乱

渔业管理是渔业发展的软环境，洪泽湖渔业管理体制近 20 年来频繁更迭，洪泽湖渔业管理主体多元化导致了湖区渔政管理缺乏统一的指导思想，而资源的公有性和管理效益的部门性矛盾最终导致湖区渔政管理无序，各项增殖保护措施难以推行。用湖过度，管湖不力，养湖不足，致使湖区水产资源量急骤下降。2000 年 11 月，江苏省洪泽湖渔业管理委员会成立后，全权管理洪泽湖渔业，湖区渔业管理才逐步走上正轨。

（五）洪泽湖渔业资源的保护和合理利用

洪泽湖渔业资源的保护与利用建立在对资源的长效、有序管理和湖区渔业优化模式的推广实施上和建立在水环境保护与渔业发展相互支撑的前提下。洪泽湖渔业的发展，首先要保障洪泽湖水域环境的改善。针对洪泽湖入湖河流持续污染的状况，需要切实做好源头污染的控制。入湖水质的控制需由国务院牵头，由河南、山东、安徽及江苏四省联合治理，重点是淮河上游各级人民政府和环境保护部门，一方面应严格控制新污染源的增加，另一方面应根据湖区的纳污总量，统筹安排，科学合理地调控和解决污染问题，改善湖区水质环境，避免重大污染事故的发生，同时为洪泽湖渔业发展创造更好的水生态条件。

做好渔业资源的保护利用，一方面要做好对资源及保护区的管理和保护，加强生态保护区建设的力度，另一方面要创新开展渔业资源及渔业灾害的预测预报，强化渔业发展与环境关系的综合研究。

1. 处理好渔业发展与水环境保护的关系

1）建立湖区最低水位保障机制

水体是湖泊渔业的命脉。《渔业法》第三十二条规定“用于渔业并兼有调蓄、灌溉等功能的水体，有关主管部门应当确定渔业生产所需的最低水位线。”近年来，随着入江、入海水道的相继建成，南水北调工程的全面实施，洪泽湖的蓄水能力得到大大加强，建立洪泽湖的最低水位保障体系已是水到渠成。根据洪泽湖因泥沙淤积导致湖床抬高的实际情况，现在的最低水位线应确定为12.5m，渔业主管部门应抓住机遇积极与水利部门沟通，研究制订洪泽湖蓄水方案，尽快确定洪泽湖最低水位控制线，报国务院批准执行。

2）建立资源及灾害预测、预报机制

由于渔业自然灾害的不可抗拒性，要求及时准确的灾害预报是减少灾害损失的一项重要举措。政府应支持并督促有关部门运用先进技术与科学手段，对渔业气象和渔业灾害进行科学、及时和准确的预报，使渔民能根据灾害发生的可能性和灾害可能造成的危害提前合理安排生产，以有效防止各种自然灾害，在一定程度上规避和防范渔业风险，通过人为的努力减轻灾害。

3）加强渔业资源保护区建设

加强渔业资源保护，首先，要强化对渔业湿地保护区的建设。湿地具有保持水源、净化水质、蓄洪防旱、调节气候和维护生物多样性等重要生态功能，目前，洪泽湖已先后建立起多个湿地保护区，渔业主管部门应与湿地保护区管理部门密切配合，确保湿地保护区取得成效，为洪泽湖的生态维护发挥重要作用。其次，要结合对水生植被的保护进一步明确鱼类繁殖保护区建设。洪泽湖水生植被资源变化较大，要根据洪泽湖的现有水草资源状况，选择水草品种较好，多样性程度较高，宜于水草生长繁衍的水域，设立保护区。在保护区内对水草的采集实行限时、限量和限特定采集方式，以确保水草资源的再生能力。要划定部分水域，鼓励广大渔民自觉种植和保护水生植被。要结合水生植被的分布等，确立定居型鱼类的繁殖保护区，区内严禁一切渔业活动，以确保鱼类正常繁衍生息，促进湖区渔业资源的恢复和增加。

2. 加强湖泊渔业增殖力度，做好养殖管理

1）做好湖泊渔业环境容量的评估

对洪泽湖渔业资源状况特别是渔业生产力进行科学评估是洪泽湖渔业有序发展的前提。一方面要在分析研究洪泽湖自然状况、资源总量和主要水产品种群数量和可能增殖量的基础上，确定合理的捕捞量、捕捞品种和捕捞规格以及开捕时间，从而确定洪泽湖捕捞工具的投放量，合理控制渔民数量。另一方面，要根据洪泽湖水域环境的承受能力和围网养殖自身造成的污染情况以及留有适当的捕捞水域等综合因素研究确定洪泽湖围网养殖的最适规模，以此为依据，控制洪泽湖围网养殖的无序发展。

2）开展洪泽湖渔业放流增殖研究

洪泽湖增殖放流始于1967年，至今已有40年的历史。通过人工放流水产苗种，有效地补充了洪泽湖的渔业资源，为洪泽湖资源增殖发挥了积极作用。人工放流投入小、见效快，是优化湖区渔业品种结构、增殖渔业资源和科学有效地转化、利用湖区渔产力的有效措施之一。增殖放流是科学，投放品种、规格、数量、放养和投放时间及投放方式等都必须在对洪泽湖水域的自然状况和生物资源量切实研究的基础上提出，指导洪泽湖渔业增殖放流的实践。

3）优化湖区渔业经济，推广新型养殖模式

洪泽湖历史文化积淀深厚，山水相依风光优美，自然和人文景观融为一体，渔业和“渔文化”特色经济发达。洪泽湖的渔业要嫁接于洪泽湖这一特殊的地理人文环境，弘扬洪泽湖文化传承。

对于湖区目前的渔业围养，要加强管理。对洪泽湖围网养殖的布局实行统一规划，确保湖泊网围养殖环境优化的“小区式、科技型、高效益、可持续”模式。现有网围养殖处于较低水平，绝大多数为粗放型养殖方式，要根据洪泽湖的围养潜力，推广鱼蟹轮作、蟹草轮作、鱼蟹混养等，确立“低密度、大水体、养大蟹、无公害”的养殖模式，实现由粗放型向集约精养型—生态健康型”的转变。

3. 加大湖区渔政管理力度，完善封湖禁渔制度

湖泊渔业资源的保护是渔业可持续发展的前提，在对湖区渔业资源种群变化状况和生长情况作充分调查研究的基础上，建议洪泽湖渔业管理机构进一步延长封湖禁渔期至120～150天，实施全年封湖禁渔与阶段性封湖禁渔相结合，有效保障渔业资源的恢复。湖泊渔业及有效的渔业资源管理，渔政是保障。一是要进一步加大宣传力度，大力开展“知法、懂法、依法”的宣传教育活动，让湖区渔民自觉守法；二是推行渔业许可证制度，确保渔民持证生产，严格控制湖区的捕捞强度，维护湖区的渔业生产秩序；三是逐步控制和淘汰对资源杀伤性强的渔具和渔法，提倡和推广保护型的先进渔具渔法；四是实行防治结合，在全湖形成监管平台，对违法违规行为予以有效打击。

参 考 文 献

葛绪广，王国祥．2008. 洪泽湖面临的生态环境问题及其成因．人民长江，（1）：28-30

国务院南水北调建设办公室．2006. 南水北调工程总体布局．http：//www.nsbd.gov.cn/zx/gczs/200603/t20060302_188126.html. 2006-03-02

韩爱民，杨广利，张书海，等．2002. 洪泽湖富营养化和生态状况调查与评价．环境监测管理与技术，14（6）：18-22

洪泽湖渔业史编写组．1990. 洪泽湖渔业史．南京：江苏科学技术出版社

李波，濮培民．2003. 淮河流域及洪泽湖水质的演变趋势分析．长江流域资源与环境，12（1）：67-72

平新华，朱萍，姚杏明．1999. 洪泽湖营养盐的调查研究．环境与开发，14（1）：36-37

王苏民，窦鸿身．1998. 中国湖泊志．北京：科学出版社

王小林．2001. 洪泽湖渔业现状及发展对策．现代渔业信息，16（8）：13-16

王欣，张胜宇．2008. 洪泽湖渔业发展与生态环境保护的基本途径．现代渔业信息，23（3）：19-21

闻余华，黄利亚，罗俐雅．2006. 洪泽湖水位变化特征分析．江苏水利，（3）：27-30

中国科学院南京地理与湖泊研究所．2009. 江苏省资源环境与发展地图集．北京：科学出版社

朱松泉，窦鸿身．1993. 洪泽湖．合肥：中国科学技术大学出版社

第三篇　战略与对策

第九章　国外湖泊及其流域保护与发展*

第一节　国外湖泊治理与保护

一、日本霞浦湖治理

第二次世界大战后，日本由于经济的快速发展，工厂排出的污水给渔业和公众的身体健康带来了影响，遂于1958年制定了《水质保护法》和《工厂排水水质管理法》，1970年又制定了《水质污染防治法》，强调制定并实施全国统一的环境水质标准和废水排放控制标准来防治水污染。为了解决湖泊水质污染问题，1984年制定了《湖泊水质保护特别措施法》；1989年对《水质污染防治法》进行了修改并增加了有关有害物质引起地下水污染及有关生活污水对策制度方面的内容。与此同时，政府也开始了大规模湖泊生态环境修复工程，最具有代表性的是日本最大的两个湖泊：琵琶湖和霞浦湖，目前已取得较为明显的成效。

日本自20世纪60年代就开始了不间断的湖泊治理工作，在成功借鉴欧美经验的同时，也不断进行着新的探索。日本是将疏浚工程用于湖泊环境改善最早和次数最多的国家之一。据2000年日本霞浦湖建设署统计，自1975年以来的25年间，霞浦湖已疏浚出800万 m^3 的底泥，平均疏浚深度0.3m。霞浦湖的疏浚效果在疏浚达到较大面积后已得到逐步显现。由数据分析表明，疏浚对底泥内源磷的控制效果非常明显。日本的湖滨带修复也非常有特点，不但着眼于人类利用亲水设施复原，还注重湖岸原生景观和生物相的复原。有的地方不仅完善了湖岸地形和景观，还尝试着恢复自然水位。生物修复方面也不仅仅停留在种植植物上，有的地方还通过利用种子库（seed bank）等，最大限度地发挥自然的力量。

霞浦湖位于利根川河下游河段的左岸，在茨城（Ibaraki）西南的低洼地区。霞浦湖水域面积大约 $220km^2$，与我国的滇池相当，是日本第二大湖。

霞浦湖从20世纪50年代后受到污染，到70年代初水质污染达到高峰，每年都暴发水华。为了治理霞浦湖，日本从70年代开始，停止了霞浦湖的对外开放。随即开展了对霞浦湖长达30多年的治理工作，先后投资折合人民币1300多亿元，相当于每平方公里水面投资5.8亿元人民币。如今治理工作仍在继续，治理投资仍在增加。

霞浦湖水质保护计划中的措施如下。

（1）生活污水措施：普及下水道系统、改善排水系统、建设蓄水池综合处理系统等。

（2）湖内净化措施：通过湖底疏浚（在西浦挖泥265万 m^3）、湖滨带改造等生态修复

---

* 本章由崔大树、金通、高令梅、王利芳、孙杨（浙江财经大学）共同撰写；由高俊峰统稿定稿。

工程、湿地维护（包括大円寺川和园部川）、沼泽恢复工程（土浦市田村地区）、湖内渔业资源管理、推进霞浦湖输水工程等少湖泊内源污染。

（3）河道直接净化措施：包括通过汇入河流直接净化、并行河道直接净化、农业水道的直接净化、生活污水污染水道的直接净化。

（4）其他措施包括：①工厂和商业点污水排放管理；②推进调查和研究：有效利用合作研究网和促进研究成果的现实应用；③建立霞浦湖环境科学中心作为一个水质改善研究综合基地等。

霞浦湖的生态恢复工程主要包括水生植物净化、自然岸带恢复、人工浮岛净化、水生植被恢复等（图 9-1）。经过多年的治理，霞浦湖水环境质量有所改善，特别是总氮含量下降较为明显。但近 10 年来，水质几乎保持在一定的水平上，目前仅恢复到相当于我国Ⅳ类水体的水平，没有达到其标准要求，主要原因是来自非点源和生活的负荷在 COD、总氮和总磷中占了很大的比例。

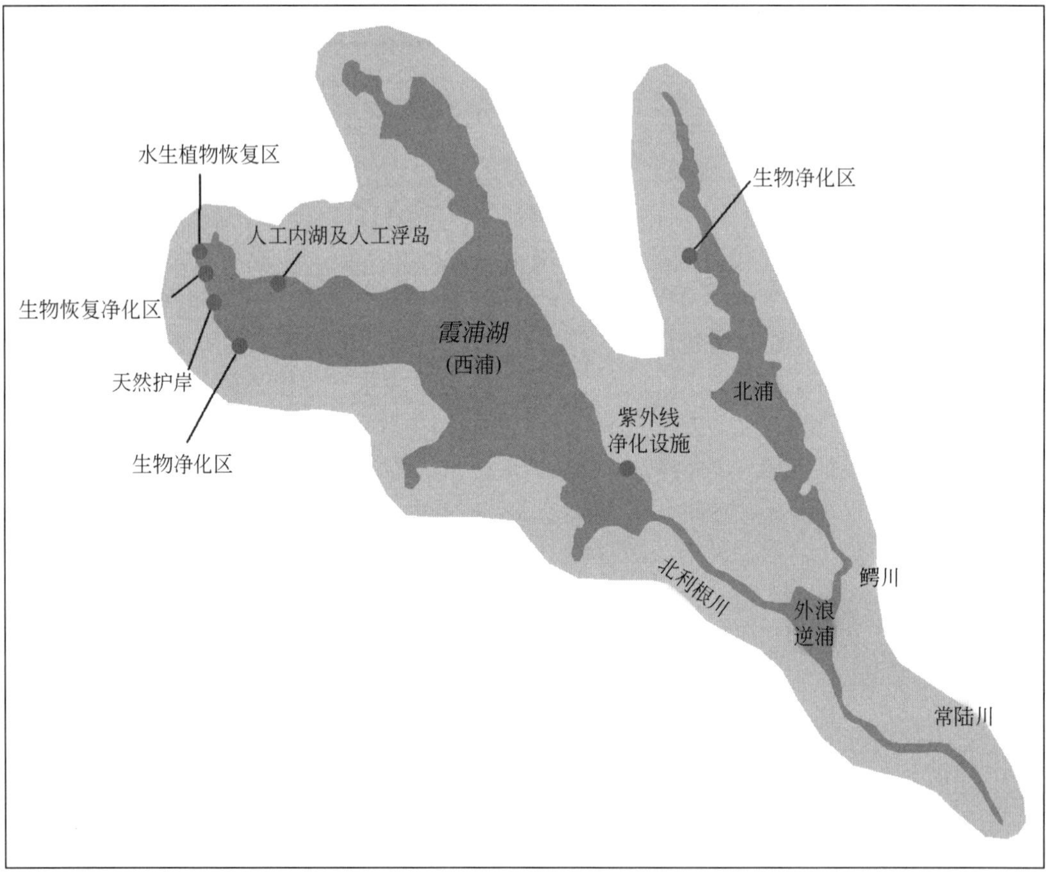

图 9-1　霞浦湖生态修复工程分布示意图

二、美国阿勃卡湖治理

阿勃卡湖（Lake Apopka）位于美国佛罗里达州中部，属亚热带气候，年平均水温

25℃，湖泊面积124 km^2，平均水深1.7m，主要水源是降雨，其次是农业排放水和地下泉水。2003年水体中平均总磷浓度为100μg/L，平均叶绿素a浓度为59μg/L，透明度为0.35m。

20世纪60～70年代，美国许多湖泊富营养化问题日趋严重。从1975年开始，美国由联邦政府环境保护局（US Environmental Protection Agency，EPA）组织实施了全国性的湖泊清洁计划。1975～1985年，清洁湖水计划（clean lake program，CLP）的313个研究项目得到政府资助，87%的资助直接用于湖泊的治理，相关的州或地方政府也为这些项目提供资助，一些湖泊较多的州还制订了自己的恢复计划。1989年水域生态系统恢复委员会开展水域生态系统恢复情况和形势的总体评价。到2002年，全国2/3的水资源达到了水质标准，相比1972年颁布《清洁水法案》时提高了一倍。目前，全国各主要湖泊都制订了较为完善的湖泊恢复、管理计划。

在多年湖沼学基础理论和应用技术研究的基础上，美国对伊利湖（Lake Erie）、密执安湖（Lake Michigan）等五大湖及许多富营养湖泊进行恢复与重建途径的探索。其中包括各种工程性措施、理化方法处理、生态性措施、土地利用与农业耕作革新和行政管理措施，取得了显著的成果。有关湖泊恢复的长期和大规模研究与实践经验是，一旦控制了湖泊的污染源后，长期富营养过程中积累在湖泊沉积物中的N、P营养物质的持续释放，能够导致湖泊恢复响应缓慢，采取湖内治理措施是必要的；生物方法适宜于大规模湖泊恢复与管理，以生物群落结构调整为手段的生物操纵及生物收获在改善湖泊水质方面是行之有效的；生态恢复需要国家、政府各部门与研究人员相互配合；建立水质预测模型评价恢复效果是必要的，可以为进一步调整措施提供依据。

阿勃卡湖属超富营养型，浮游蓝藻和滤食性鱼类砂囊鲥是该湖的优势种类。1947年阿勃卡湖首次发生藻类水华。由于水位降低，同时开垦种植和农业废水排放造成阿勃卡湖逐步富营养化。1985～1987年，佛罗里达州通过了阿勃卡湖法案和地表水改善和管理法案，要求圣约翰斯河水资源管理局（St. Johns River Water Management District）负责阿勃卡湖的整治工作。从而开始了阿勃卡湖的长期恢复计划，直至现在恢复计划依然在继续。到2004年美国联邦政府、佛罗里达州政府、阿勃卡湖所在县和圣约翰斯河水资源管理局总共为湖泊整治投入了1.46亿美元。

圣约翰斯河水资源管理局主要制定了5项阿勃卡湖恢复措施（图9-2），包括：①降低外源磷输入，如建造2km^2的试验湿地；②建造人工湿地，过滤湖水中的悬浮物；③捕获砂囊鲥和生物操纵，从湖中除去一部分有机磷；④选择性种植水生植物；⑤提高水位变动幅度，巩固沿岸带沉积物。

比较1987～1995年（恢复前）和1995～2003年（恢复期）两个阶段，总磷、叶绿素a浓度、总悬浮物等指标改善明显，鱼类结构趋向合理。另外，水生高等植物依然只在沿岸地带出现，覆盖量约占全湖的1%；蒲草是主要的水生高等植物，但有苦草出现，成为无脊椎动物和鱼类栖息的重要场所，标志着生态恢复取得有效进展。到2006年，较恢复前总磷下降62%，水体透明度提高68%，水质得到持续性的改善。

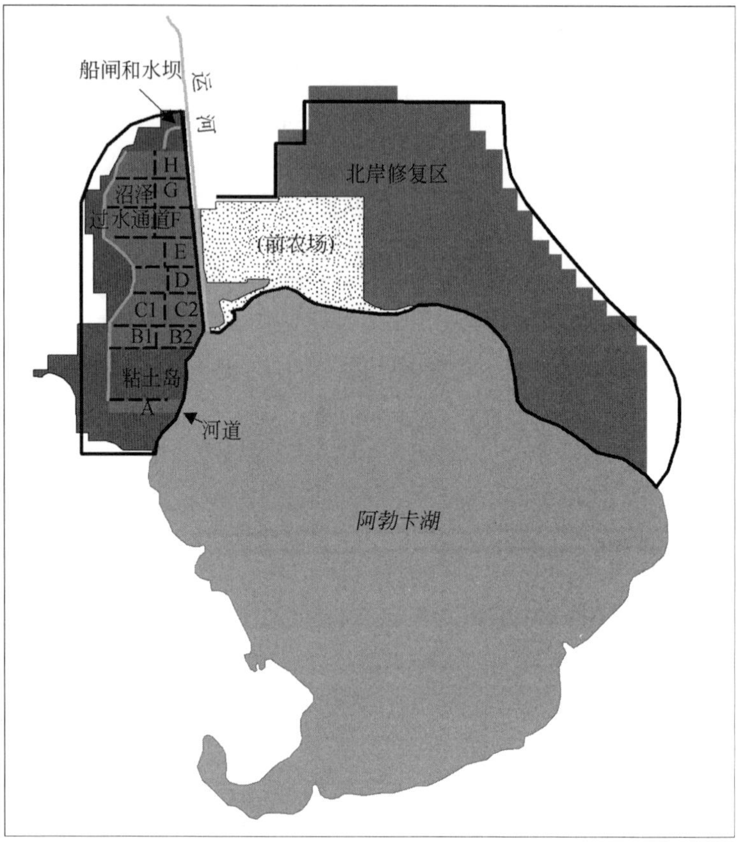

图 9-2　阿勃卡湖生态修复区示意图

三、欧洲康士坦茨湖治理与管理

欧洲国家众多，湖泊治理历程有所不同。大致经历了三个阶段。

20 世纪 50～70 年代：二战后，经济快速发展以及人口数量的膨胀所带来的湖泊生态问题也在不断加剧。在这一时段内，欧洲湖泊治理侧重于污水治理及面源污染的控制。各国也纷纷出台了相关政策，如 1962 年，芬兰第一部水法诞生，法国于 1964 年颁布了新水法、德国也在 1969 年颁布了水法，从法律上确定了水污染的治理目标。

20 世纪 70 年代至 2000 年：欧洲一些国家相继开展了大量的水域生态系统恢复工作，湖泊的生态环境明显好转，如瑞典的梅拉伦、哈马伦、韦特恩和维纳恩四个大湖；荷兰的纳尔登湖（Naardermeer）和费吕沃湖（VeluWenmeetr）；德国的康士坦茨湖等，丹麦 20 个浅水湖泊恢复计划也基本获得成功。欧洲各国在对湖泊、流域（特别是各国交界处的水体）的治理上也逐渐协调一致。

2000 年至今：欧盟水框架对各国水环境治理起到了重要的指导作用，它将河流和湖泊按照流域管理而不是根据行政界限进行管理，建立完整的“流域管理计划”，促进了流域综合管理向着科学化、规范化方向发展。

相对而言，欧洲湖泊是一些深水湖泊。欧洲国家开展的水域生态系统恢复工作主要集中在对生态系统结构的改变上。最常用的恢复措施包括：①改善肉食性鱼类的生长条件，削减浮游动物食性鱼类和底栖动物食性鱼类，为大型浮游动物、底栖藻类和大型沉水植物生长提供条件；放养凶猛肉食性鱼类控制幼鱼种群数量、抑制新增鱼类生物量，为去除污染物的补充手段；②利用氧气和硝酸盐对分层湖泊底部进行氧化，减少湖内污染沉积物磷的释放量；③在一些生物操纵湖泊中移栽沉水植物，增加大型水生植物丰富度和覆盖面积。欧洲湖泊恢复结果显示，外源营养负荷必须削减至 0.05～0.10mgP/L，才能维持好的水质；至少要削减 80%的鱼类现存量，从而有效影响次营养级，并避免新生鱼类的过快增殖；这一措施能够有效降低内源磷负荷；要防止水禽对沉水植物的破坏。

康士坦茨湖（Constance）是欧洲湖泊生态修复和湖泊管理方面的典型代表。康士坦茨湖位于欧洲中部，其流域横跨德国、瑞士、奥地利以及列支敦士登四个国家，流域总面积 11 487.0 km^2，其中水域面积 571.50km^2，湖泊平均深度为 85.0m。

从 20 世纪 50 年代初开始，由于大量生产、生活废弃物排入湖内，康士坦茨湖生态环境开始逐渐恶化。70 年代中期，康士坦茨湖生态环境破坏最为严重，湖泊濒临消亡。政府逐渐意识到湖泊保护的重要性，着手于湖泊生态环境建设，并建立了一套成熟的湖泊管理模式，具体措施如下。

（1）制定湖泊管理法律法规，成立湖泊管理机构，加强湖泊-流域综合监测以及湖泊-流域土地利用方式和湖岸带管理。1961～2001 年，先后制定了一些环境政策法案，为康士坦茨湖保护提供了有利的依据，促进了湖泊湿地以及湖岸带的重建。此外，2000 年出台的欧盟水框架指令为康士坦茨湖流域管理提供了综合管理的模式，促进了康士坦茨湖全流域生态环境管理和恢复。与此同时，还成立了许多管理机构和组织以加强对湖泊流域的监管，如由德国、奥地利和瑞士三国于 1959 年成立了保护康士坦茨湖国际委员会。

（2）减少点源污染，控制非点源污染。建立污水处理机构，减少了入湖污染物，确保了湖水的循环利用（图 9-3）。控制非点源污染，主要有两种途径：一是禁止生活污水的随意排放、限制含磷洗涤剂的使用、减少交通工具尾气排放等，有效控制城市非点源污染对湖泊的影响；二是限制含磷化肥的使用、改变农田耕作方式和管理措施、制定合理的政策法规、鼓励农场主采用先进、科学的管理方式等措施来控制农业非点源污染。

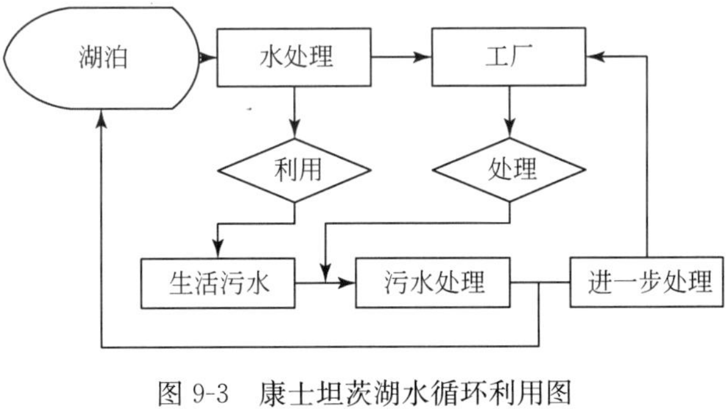

图 9-3　康士坦茨湖水循环利用图

（3）加强国际合作，采用综合的湖泊修复措施。康士坦茨湖生态修复主要采用的方法有物理法、化学法以及生物操纵法，三种方法的有机结合有力地促进了湖泊生态环境的全面修复。物理和化学方法主要有：废水除磷、磷沉降钝化、底泥疏浚、机械打捞、更改营养元素循环、生物收获等；生物操纵法主要是利用大型沉水植物，建立有效的浮游动物种群，从而控制浮游植物的过量生长，净化水体，它在康士坦茨湖生态修复过程中发挥了重要作用。

至21纪初，康士坦茨湖恢复到了20世纪30年代的水平，即湖泊生态恶化前水平，湖泊磷含量由87mg/L（1979年）下降到12.26mg/L（2003年）（图9-4）。到2002年，湖泊生态修复工程共花费40亿欧元。

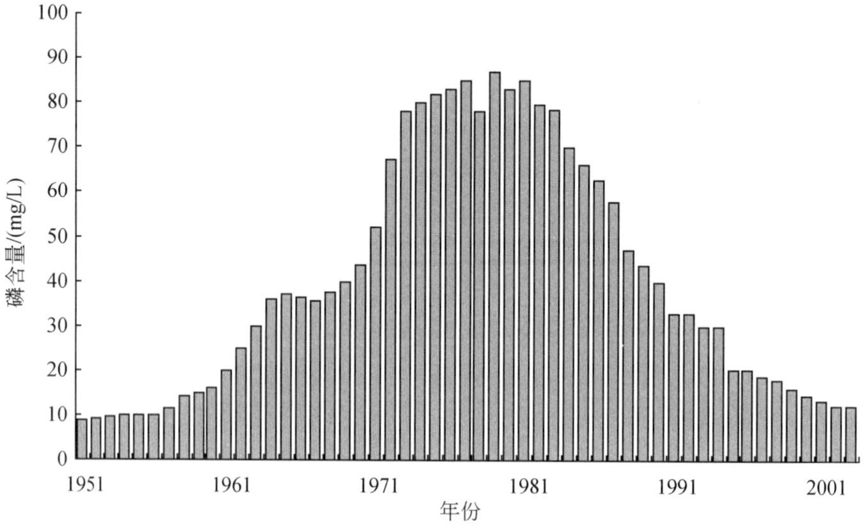

图9-4 康士坦茨湖磷含量变化（1950～2003年）

四、国外湖泊治理与保护的启示

湖泊富营养化既可以是一个自然演化的过程，也可以是人类活动影响下的快速发展过程。前者是在百年尺度上进行的，后者是在十年尺度上发生的，是叠加在前者基础上的。湖泊管理主要是以人与自然和谐为目标的全流域综合管理，针对我国湖泊管理存在的问题，本文从湖泊管理历程、法律支撑、管理原则以及管理模式四个方面总结欧洲湖泊管理的经验，为我国建立行之有效的湖泊管理机构、实施综合湖泊流域管理模式、进行湖泊综合治理提供借鉴和启示。

1. 欧洲湖泊管理历程

欧洲湖泊管理大致经历了四个阶段，即湖泊管理松懈阶段、发展阶段、成熟阶段和流域综合管理阶段。

第一阶段（20世纪50年代之前）：湖泊管理松懈阶段。20世纪50年代之前，大部分湖泊还处于贫营养和中营养状态，湖水清澈，水生植被生长良好。此时的欧洲湖泊管理只是停留在防洪、供水、航运等单一目标的管理，使用的技术手段也只是简单的物理器械。

第二阶段（20世纪50～70年代）：湖泊管理发展阶段。20世纪50年代开始世界经济从二战后的萎靡逐渐走向繁荣，经济快速发展以及人口数量的膨胀带来的湖泊生态问题也不断加剧，湖泊水华暴发频繁，富营养化日趋严重。此时，欧洲湖泊管理侧重于污水控制和治理，开始逐渐重视湖泊富营养化和饮用水质量等生态问题。

第三阶段（20 世纪 80 年代至 2000 年）：湖泊管理成熟阶段。随着科学技术的不断发展和人类对生态环境保护认识的不断深化，湖泊管理发展到以流域水土资源综合利用为主要目标的多目标管理阶段。

第四阶段（2000 年至今）：流域综合管理阶段。这期间，欧盟水框架指令对欧洲国家湖泊管理起到了重要的指导作用。

2. 欧洲湖泊管理框架

1）湖泊管理的法律支撑

实施流域综合管理的有效手段是加强立法，欧洲现存水资源管理法案中比较重要的有环境法律导则和欧盟水框架指令。

环境法律导则包括两个协定，即水资源协定和奥尔古斯协定。水资源协定于 1992 年 3 月 17 日由欧洲 26 个国家共同签署，旨在探索一个保护跨边界水道和国际湖泊的有效方式，着重强调水资源以及相关生态系统的综合管理，提倡流域协调有序地发展。奥尔古斯协定于 1998 年正式生效实施，由欧洲 41 个国家共同签署。它确定了三个基本的权利，即每一个签署国都必须保障其公民对生态环境的知情权、参与制定决策权以及参与审判权。

欧盟水框架指令于 2000 年 12 月正式宣布实施，是欧盟制定的水资源保护共同行动纲领。它对前欧盟水法进行补充和完善，提出了如何保护和持续利用欧洲范围内水资源的清晰理论框架和相互合作协议，以及以生态为导向的流域管理模式，提出了更为明确、全面的水环境保护和管理目标。

此外，欧洲各国也十分重视与湖泊流域综合管理有关的立法工作，并针对具体湖泊流域的管理制定了相关的法律法规，成立相关的组织机构。例如，针对莱茵河的保护和治理专门设立了莱茵河防治污染国际委员会，并制定了莱茵河国际委员会框架性协议、2000 年莱茵河行动计划和新莱茵河公约等。

2）湖泊管理原则

欧洲湖泊管理遵循的原则主要有以下 3 个方面：警惕和预防原则、整体性和协调性原则和价格补偿原则。这 3 个原则贯穿整个湖泊管理的全过程，在世界上也得到了公认。

3）湖泊管理模式

社会经济的可持续发展需要有良好的环境支撑，因此，每一个政府决策都必须考虑到其对环境的影响，生态环境管理作为一项重要的工作已提上日程。湖泊作为生态系统的重要组成部分，它的健康与否直接影响到一个地区或国家的发展。与传统的集中控制几类污染物质和污染源的“点状”湖泊管理模式不同，欧洲湖泊管理趋向于综合的湖泊-流域“面状”管理模式，其管理内容主要包括湖泊-流域综合监测、土地利用方式管理以及生态交错区管理。

第二节　欧洲典型流域治理与发展

一、莱茵河流域治理与发展

（一）莱茵河流域的背景

莱茵河发源于瑞士格劳邦顿州的阿尔卑斯山区，途经列支敦士登、奥地利、德国和法国，于荷兰注入北海，全长约 1320km，流域面积约 18.5 万 km^2，平均流量 $2200m^3/s$。莱茵河的长度在欧洲排名第四，同时也是世界上最繁忙的水道之一。莱茵河自瑞士巴塞尔起，通航里程达 886km，许多支流通过一系列运河与多瑙河、罗纳河等水系连接，构成了一个四通八达的水运网。在鲁尔河和利珀河之间，通过 4 条人工开凿的运河和 74 个河港与莱茵河连成一体，7000t 海轮可由此直达北海。莱茵河不仅保证了德国鲁尔区的工业用水，还为鲁尔区提供了重要的运输条件。正是依靠着这种便利的运输条件，大批铁矿砂和其他矿物原料才能源源不断地从国外运到这里。

莱茵河流域人口约 5800 万，人口密度为 270 人/km^2，其中约 2000 万人以莱茵河作为直接饮水来源。莱茵河流域的城市化特征较为明显，人口大都集聚于城市，不仅是欧洲的主要工业区，也是人口的聚集区。莱茵河沿岸分布有 6 个大的重要工业区，分别是：以化工、食品、纺织、金属加工为主的巴塞尔-牟罗兹-弗莱堡工业区；以纸浆、食品、纺织、金属加工为主的斯特拉斯堡工业区；化工基地莱茵-内卡地区；集聚了石油化工工业、精炼厂、金属加工、汽车制造、重要服务区、商业中心（科隆、杜塞尔多夫、杜伊斯堡）的科隆-鲁尔地区；聚集了造船业、精炼厂、化工、金属加工的鹿特丹-欧洲港地区。

由于莱茵河段上游水量急、洪峰大，且挟带着大量泥沙，而中游地势相对比较平缓，下游又多为低洼地，河床比降平稳，因此造成了中下游的泥沙沉积而使河床淤高，中下游沿岸极易遭受洪涝灾害侵袭。同时由于长时间以来对流域内土地开发利用以及水利和航运基础设施建设的发展，使天然洪泛区不断减少，沿河堤防和其他防洪工程不能提供完全的安全保证。此外，18 世纪德国水利工程师图拉提出的河流整治计划、19 世纪末为河段防洪而兴起的“莱茵河上游整治工程”、20 世纪初上游河道整治规划等，虽然这些整治工程的出发点是利民的，但均不同程度地对莱茵河进行了裁弯取直、束窄河道，造成洪泛区侵占与湿地排干以及其他水文地貌的变化。在 1993 年和 1995 年洪水泛滥期间，莱茵河、莫泽河和默兹河的许多沿河城市都遭到了洪涝，1995 年大水期间，荷兰境内还出现了溃堤现象。

沿莱茵河农业生产的发展与城市化进程的推进，逐步侵占了沿河两岸的洪泛平原区，影响了沿河地带的正常水循环，造成了莱茵河的污染，破坏了河流生态系统。水电站、水库大坝和洪泛区堤防的修筑使野生生物和农作物以及莱茵河生态系统受到巨大破坏。流域水生动物种类数量随之大幅减少。1965 年，上游的无脊椎动物已濒于绝迹，原有的 95 种鸟类中 12 种已消失，另外 12 种明显减少。由于水力发电、航运发展和河道渠化，再加上机械工具过度捕捞，鱼类大量减少。其中，最具代表性的是鲑鱼，因为河道渠化所形成的堰、坝使鲑鱼不可能到达其产卵区，堰、坝形成的高水位又改变了产卵区的流速和泥沙沉积条件，影响了鱼类的洄游和繁殖。后来，由于阿尔萨斯大运河的修建和莫赛河段的渠化，仅存的瑞士边界巴塞尔上游和莫赛的少数产卵区也都消失了。荷兰三角洲工程——封闭须德海的建设以及下莱茵河和马斯河的渠化，更阻止了鱼类的洄游，至1940年鲑鱼几乎从莱茵河流域绝迹。

莱茵河水体污染主要以工业污染为主，此外还有城市生活废水、农业使用的各种杀虫剂、除草剂和化肥污染，以及航运中发生的化学物质泄漏等。莱茵河沿岸化工厂的大量污水、重金属化合物、农药、碳氢化合物和有机氯化物被排放进河中，氮磷污染造成的富营养化问题非常突出。有机污染物使得水中的溶解氧急剧下降，科布伦茨市附近水域中的溶解氧几乎为零。

（二）莱茵河流域治理与发展的主要内容

1. 国际合作

莱茵河流域的治理开始于20世纪50年代。1950年7月，荷兰、瑞士、法国、卢森堡、德国等国家在瑞士巴塞尔成立了旨在全面处理莱茵河流域保护问题并寻求解决方案的保护莱茵河国际委员会，委员会主席轮流由各成员国部长担任。在保护莱茵河国际委员会推动下，莱茵河流域各国就共同治理莱茵河签署了一系列水环境管理协议，实施了若干行动计划，对莱茵河的环境改善和流域管理起到了巨大作用。在莱茵河流域的国际合作框架中，还有莱茵河流域水文委员会、摩泽尔和萨尔河保护国际委员会、莱茵河流域自来水厂国际协会、康斯坦斯湖保护国际委员会、莱茵河航运中央委员会等国际组织。这些组织虽然任务各不相同，但相互交流信息，保持固定的联络机制，共同为莱茵河的水资源开发利用和保护作出了贡献。

到20世纪60年代末，环境问题开始成为欧洲各国政治议事日程的一个重要问题，受到极大关注，莱茵河流域各国已经意识到需要通过国际合作来使被称为“欧洲的下水道”的莱茵河恢复到从前的面貌，为此他们制定了一系列的国际公约，采取措施来保护莱茵河。

（1）1976年签署控制化学污染公约，要求各成员国建立监测系统，制订监测计划，建立水质预警系统，公约还规定了某些化学物质的排放标准；

（2）1976年签署控制氯化物污染公约，确定的治理目标是减少德荷边界的水体盐含量，使河水盐浓度不超过200mg/L；

（3）1976年签署防治化学污染公约，要求各成员国建立监测系统，制订监测计划，建立水质预警系统，公约还规定了某些化学物质的排放标准；

（4）1985年签署防治热污染公约，要求莱茵河沿岸的电站和工厂必须修建冷却塔，确保排放水温低于规定值，1988年各国部长们公开宣布莱茵河必须防止热污染；

（5）1998年修订了新莱茵河保护公约，由法国、德国、卢森堡、荷兰、瑞士和欧盟共同签署的这一公约赋予了莱茵河委员会在监测和保护水质方面的实质性权力。公约涉及的范围包括莱茵河、与之相连的地下水、水生和陆地生态系统以及莱茵河集水区。新莱茵河保护公约通过以下措施促进莱茵河生态系统的可持续发展：避免、减少或消除点源（如来自工业和市政）和面源（如来自农业和交通）的排放以及预防工业事件和事故，以维护和改善莱茵河水质；保护、改善和恢复河流的自然生态功能以及野生动植物的自然栖息地；保证莱茵河作为饮用水源的安全性；改善水体沉降性质，确保疏浚物的安全处置；进行整体的防洪和保护，考虑生态要求。

1987 年 9 月 30 日，保护莱茵河国际委员会成员国部长级会议通过了莱茵河 2000 年行动计划，确定了 2000 年达到的目标。这个计划的特点是，从河流整体的生态系统出发来考虑莱茵河治理，把大马哈鱼回到莱茵河作为治理效果的标志。

2001 年 1 月，在法国斯特拉斯堡举行的莱茵河流域国家部长会议上，总结了莱茵河流域近 50 年水环境综合整治的经验，批准实施以莱茵河未来环境保护政策为核心的《莱茵河 2020—莱茵河流域可持续发展计划》。

2. 污染治理

为了恢复莱茵河流域的水质和生态系统，莱茵河沿线国家在完善法制的基础上，采取了一系列的措施，包括：防治污染源、加强水质监测与排污监督。

防治污染源主要包括三方面内容：①城市污水处理，1988 年莱茵河部长会议决定 2000 年前污水处理厂必须发挥更大作用，根据有关协议规定，到 20 世纪末，莱茵河 90% 的污水都要经过生物处理；②治理农业污染，农业生产需要的肥料和农药等化学物质最终会流到河中，并沿河扩散到北海。根据保护莱茵河国际委员会估测，莱茵河流域每年大约 1t 的含铜杀虫剂、除草剂（阿特拉津）等排入莱茵河，对流域造成了巨大危害，因而需要采取措施治理农业污染，控制农药的使用和改用低毒高效的农药；③治理航运业污染，莱茵河是欧洲重要的水运通道，货物运输极其繁忙，航运污染也随之增加，因而航运污染的治理也构成了莱茵河流域水污染治理的重要内容。莱茵河流域治理航运污染的措施有：采用双层船壁的特殊船只运输危险品，要求船上的废水、残油和垃圾必须经过处理等。

完善的监测系统是执法的依据和防污染措施实施的基础。莱茵河流域在从瑞士至北海入海口之间建立了 9 个国际水质监测站，采用先进的检测手段对河水进行监控。初期监测的重点是水中众多的化学物质，之后，监测对象逐渐扩展到悬移质、底质。每个检测站都有水质预警系统，通过连续生物监测和化学监测，对短期和突发性污染事故进行预警。

保护莱茵河国际委员会与莱茵河流域水文国际委员会等多家机构合作，开发了莱茵河警报模型。该模型在开发初期简单模拟污染物自然净化过程。在第一个警报模型中运用了一维对流扩散方程，该方程以水流状况和纵向扩散为基础描述了河道中污染物质的运动。之后在原模型中加入了停滞区域的影响，将一维模型转化为“准二维模型”。通过该模型，可以预测整条莱茵河污染物浓度以及在何时、何处污染物浓度最高。莱茵河警报模型是莱茵河监测系统的重要组成部分。

3. 防洪计划

第 12 届莱茵河流域部长级会议决定于 1998 年 1 月 22 日实施保护莱茵河国际委员会的防洪行动计划。该计划协调实现 4 项目标，即降低灾害风险、降低洪水位、增强洪水意识、改进洪水预报系统。行动计划将在 20 年内实施，三个规划目标年分别为 2000 年、

2005 年和 2020 年，预计执行费用将达到 120 亿欧元。该计划主要通过水资源管理、城镇规划、自然保护、农业和林业、预防等综合措施解决洪水问题，计划措施所要达到的指标、效果和投资费用（表 9-1）。

表 9-1　莱茵河流域洪水管理行动计划措施（1998～2020 年）（姜彤，2002）

分类	具体措施	防洪效果	其他结果和影响	预计投资/10^6 欧元
流域内蓄水措施	河流复原	对周围环境影响很小	恢复水生和陆生栖息地	1 160
	恢复洪泛区	当地影响，对莱茵河沿岸有很小的影响	丰富地下水，重新建立水陆生存空间	2 030
	扩大农业耕作	对周围环境影响很小	丰富地下水，新的生存空间	1 705
	恢复自然景观，造林	对周围环境影响很小	丰富地下水，新的生存空间	680
	撤销闭合区域	对周围环境影响很小	释放污水，建立污水处理厂	1 890
	工程措施蓄洪	局部影响，对莱茵河沿岸有很小影响	建立新的栖息地	935
沿岸的蓄水措施	恢复洪泛区	降低洪水水位 15～25cm	丰富地下水，重新建立水陆生存空间	385
	分蓄洪区工程建设	降低洪水水位 45～65cm	建立新栖息地	290
防洪工程	堤防的维修加固，以适应防洪标准	降低洪灾风险	提高堤防保护范围内的安全性	1 418
规划区的预防性措施	有利于降低洪灾风险的资源利用	洪灾风险不增加	避免土壤侵蚀	60
	绘制洪泛区和洪水风险图	100％的洪泛区和洪水风险区	增强洪水风险意识	
洪水的预警措施	改进预报系统	延长预见期：100％	加强流域内人员的安全	12
	提高合作水平	改进水情发布系统		
合计				12 300

（三）莱茵河流域治理的监督与管理

为了有效实施莱茵河流域治理的各项措施，实现行动计划的目标，除了法律制度外，还需要采取不同的手段，对项目进行风险控制。主要措施包括：①加强国际组织（保护莱茵河国际委员会、莱茵河流域水文委员会、摩泽尔和萨尔河保护国际委员会、莱茵河流域自来水厂国际协会、康斯坦斯湖保护国际委员会、莱茵河航运中央委员会等）之间的合作，相互交流信息，保持固定的联络机制，共同为莱茵河的水资源开发利用和保护作出贡献，其中，保护莱茵河国际委员会的任务中就包括提出各类项目建议书和措施规划，进行项目预算和资金筹措；②运用环境管理系统，比如根据 ISO14001 制定的环境认证、环境规划和环境报告来协调评估生态系统；③定期组织莱茵河各河段的利益相关者或感兴趣的团体进行讨论，对项目的开展交换意见，这对项目的实施起到积极的作用；④邀请沿莱茵河流域的居民、企业代表参加公开的规划程序和措施评估的听证会、技术讨论会，对其中产生争议的工程进行调解。

（四）莱茵河流域治理的绩效

1. 生态效益

从 20 世纪 70 年代中期起，莱茵河的工业和生活废水处理率达 97%，莱茵河和它的许多支流的水质已得到明显改善。保护莱茵河国际委员会报告显示，80 年代中期以来，重金属污染已逐步解决，水体中的重金属浓度保持在较低的水平，尽管莱茵河流域的某些重金属和农药含量仍处于警戒值，但 1985～2000 年莱茵河中的有毒物质减少了 90%。近几年在德荷国界断面所测得的溶解氧最低浓度都超过了规定的鱼类最小临界值 6mg/L（周刚炎，2007）。同时，易降解有机物明显减少，河流的自净容量增大。

随着河水污染程度减轻，大型底栖生物数量随之增加。例如，位于奥地利、瑞士和德国三国交界的博登湖，1960～1980 年，湖中磷（70%来自洗衣粉）浓度一直呈增长趋势，相应的藻类和浮游生物增加，但 1980 年以后，由于污水处理技术的改善和采取污水分流措施，湖中磷含量持续减少，基本恢复到 20 世纪 60 年代初的水平（图 9-5）。

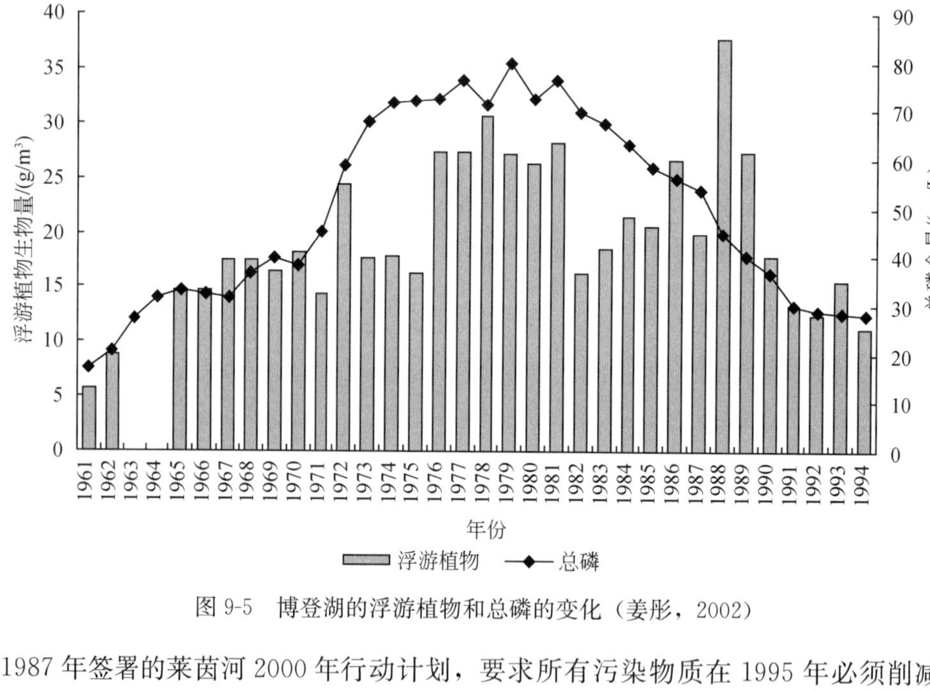

图 9-5　博登湖的浮游植物和总磷的变化（姜彤，2002）

1987 年签署的莱茵河 2000 年行动计划，要求所有污染物质在 1995 年必须削减 50%以上，而实际上，这一目标早已于 1992 年就全部实现。生态环境的改善增进了莱茵河流域的生物多样化。以大马哈鱼为例，1990 年，大马哈鱼从北海通过荷兰的三角洲到达了德国莱茵河的支流——北威州紫根河，1994 年发现在紫根河产卵繁殖，1995 年大马哈鱼上溯 700km 到达巴登符腾堡州的爱夫海姆闸，1996 年，在爱夫海姆闸下捕获 32 尾大马哈鱼的亲鱼和 63 尾鳟鱼，后放回更上游的地方产卵（杨桂山等，2003）。

2. 社会经济效益

自20世纪70年代加快了污染处理的进程以来，莱茵河流域的工业和生活污水处理率日益上升，至今莱茵河内的有毒物质减少90%。污染治理带来的最直接效果就是流域生态环境得到恢复，两岸的秀丽风光得以再现。2002年，中莱茵河河谷被列入世界遗产目录，世界遗产委员会的评价是“中莱茵河河谷和它沿途的古堡、历史小城、葡萄园生动地描述了一段同多变的自然环境相缠绕的漫长的人类历史。”目前，莱茵河中段接待的游客每年达到1000万人（其中多日往返的300万人），莱茵河旅游已享誉世界。

目前，莱茵河中生活着63种鱼类，曾经绝迹的鲑鱼又重新出现。莱茵河水质的改善促使莱茵河的渔业养殖功能进入了一个全新的阶段。

（五）莱茵河流域治理的启示

通过50年来对环境的有效治理和保护，莱茵河流域的生态环境得到显著改善，在莱茵河流域治理的很多经验值得我们重视和借鉴。

1. 法律是流域治理的基础

莱茵河流域的许多协定属于国际法范畴，各国在签署协定后有共同遵守的责任和义务，但同时要在国内的法律框架下通过相关的法律程序。例如，1999年新的莱茵河保护协定通过后，得到各国议会签署，成为指导莱茵河流域未来开发利用和保护的依据。政府通过严格的立法，促使企业更自觉地参与环保工作：企业的污染防治设施必须按照法律规定经政府环境保护行政主管部门的严格审批；企业按要求限定污染物排放量、循环用水量，并主动进行技术改造，降低平均废水排放量。例如，德国的巴斯夫化工企业从化工生产过程中的原料使用和能源消耗到产品使用后的处置，对每个产品的整个生产周期进行生态效益分析，使物质能被循环利用，最大限度地减少能耗物质，避免污染物产生。

2. 有效地推进公共参与

由于流域管理涉及不同的层面和部门，涉及多方利益，因此，利益相关方广泛参与有关政策、项目的制定和实施十分必要。公共参与可以促使政府与污染者履行其职责，有利于防止污染者和行政部门只追求短期经济利益的行为，有利于水资源管理兼顾各方利益，使得决策更具广泛的透明度和可操作性。德国在进行流域治理中重视发挥公众的作用，并出台了相应的政策，以促进公众参与环境的管理，把公众参与和咨询视为促使政府和污染者履行其职责的关键。

3. 广泛应用市场手段

德国政府在莱茵河流域管理中虽然较多地依靠行政手段，但是也尝试了采用经济手段。价格和税收被广泛应用于多个方面，包括水污染控制，工业、农业、生活用水供给以及污水处理等。采用市场手段进行的需求管理，更高效地利用和保护水资源。

4. 采取系统化的流域管理模式

莱茵河流域治理采取了从部门分割转向综合治理的模式。在部门分割的情况下，流域管理部门各自完全独立运行，并常会发生利益冲突，不利于流域治理的高效推进。莱茵河流域治理采取的是系统化的治理模式，通过管理规划对供水、污染控制、农业、水电、防洪和航运等统筹考虑，实施那些能解决多方面问题的措施，从而使得投入资金得到最大化的利用。

二、泰晤士河流域治理与发展

（一）泰晤士河流域的背景

1. 泰晤士河流域的社会经济概况

泰晤士河是英国的“母亲河”，也是英国最大的一条河流，发源于英格兰南部科茨沃尔德丘陵靠近塞伦塞斯特的地方，河流先由西向东流，至牛津转向东南方向，过雷丁后转向东北，至温莎再次转向东流经伦敦，最后在绍森德附近注入北海。泰晤士河水网复杂，支流众多，其主要支流有彻恩河、科恩河、科尔河、温德拉什河、埃文洛德河、查韦尔河、雷河、奥克河、肯尼特河、洛登河、韦河、利河、罗丁河以及达伦特河等。流域面积为 1.31 万 km^2，多年平均径流量为 18.9 亿 m^3。18 世纪之前，生活在泰晤士河流域的人民利用泰晤士河丰富的自然资源及两岸肥沃的土壤，以渔猎、耕种等自然经济作物为生计。

由于具有良好的自然条件，泰晤士河在英国工业化过程中逐渐成为了支持沿岸地区贸易、经济发展的“黄金水道”。目前，流域内人口稠密、工业发达，中部泰晤士河谷为高科技工业园区，东部为伦敦市。其中，流域一半以上的人生活在伦敦地区。泰晤士河流域面积不到英格兰和威尔士面积总和的 10%，却容纳了近 1/4 的人口，人口密度非常高（中国大百科全书出版社不列颠百科全书编辑部，1999）（表 9-2）。

表 9-2　泰晤士河流域与英格兰、威尔士面积、人口数的比较

项目	英格兰和威尔士	泰晤士河流域（占英格兰和威尔士面积总和的比例）
面积/km^2	150 000	13 000（8.6%）
人口/10^6 人（2005 年）	55.3	12.8（23.1%）
人口密度/（人/km^2）	368	984

2. 泰晤士河流域治理的动因分析

在 1800 年左右，泰晤士河河水清澈，水中鱼虾成群，河面飞鸟翱翔。有资料表明，当时龙虾、鲑鱼和三文鱼等品种繁多的鱼类捕获量很大。但随着经济的发展，伦敦人口在 1805 年增长到 100 万，生活用水需求逐渐扩张。在随后的十多年内，伦敦住户抽水马桶和污水池的污水大量溢流入泰晤士河，使得该河流开始变臭，环境急剧恶化（李芳和徐祖信，2003）。

18 世纪末期，英国爆发产业革命后，沿泰晤士河两岸工厂企业如雨后春笋般出现。由于人口集中，大量的城市生活污水和工业废水未经处理直接排入河内，加之沿岸又堆积

了大量垃圾污物，使该河成为伦敦的一条排污明沟。夏季泰晤士河臭气熏天，沿河的国外大厦、伦敦钟楼等不得不紧闭门窗。由于伦敦饮水遭受污染及清晨常有大雾弥漫与工业排放的二氧化硫、一氧化硫和氮氧化物等有毒气体混合，导致多次爆发令人震惊的霍乱瘟疫和伦敦烟雾事件，其中，仅霍乱一项就有 33 460 人丧生（Rona et al.，1999）。另外，该河还受潮汐的影响，由潮汐上涨引起的倒灌造成了污臭水满街流的情形。

泰晤士河流域是英国水资源最少，而人口最稠密的地方，人均水资源只有 $18m^3$，仅为英国人均水资源的 1/7。泰晤士河被严重污染显著减少了该地区的供水。水污染加上 1858 年夏天伦敦爆发的严重“大恶臭”事件后，为了保证水资源的有效供给，保护生态环境，同时也受到居民的压力，伦敦才被迫开始筹建下水道，拉开了治理泰晤士河的序幕。

（二）泰晤士河流域治理与发展的主要内容

1. 治理的四个阶段

从 1858 年开始，为拯救泰晤士河，英国历届政府推出了许多措施对泰晤士河流域进行治理。根据治理的主要内容不同，可以把泰晤士河流域治理的过程简单地区分为以下四个阶段。

（1）修建大型下水道：下水道系统于 1874 年全面投入使用，整个系统包括三条与泰晤士河平行的下水道。

（2）实施水质监控并加强污水处理：20 世纪初，伦敦建设了数百座污水处理厂，形成了完整的城市污水处理系统，开始进行污水氯化处理，极大地提高了饮用水供给质量。

（3）通过立法进行管理：20 世纪 50 年代末，政府通过立法对向泰晤士河排放工业废水和生活污水进行严格管理。英国政府于 1963 年颁布了《水资源法》，并依法成立了河流管理局，实施了地表水和地下水取用的许可证制度。逐步形成了一体化流域管理的模式。约 1600 个独立的与水资源有关的机构被划分为 10 个地区管理机构，此举被欧洲誉为“水业管理体制上的一次重大革命”（Wood，1982），地区水资源管理机构的职责是处理所有与水有关的事宜，包括供水、废水处理和河流整治等。

（4）英国对水的供给和管理行业实行私有化：20 世纪后期，伦敦水供给和污水处理全由泰晤士水务公司负责。水务私有化促进了流域内各个地区之间加强了管理，改善了以往水管理各环节之间相互牵制和重复投资的局面，形成相互协作的统一整体。

2. 泰晤士河流域治理项目

泰晤士河的开发主要是从水资源及泰晤士河航运两方面来开发的，其中，对于水资源的利用方面主要包括发电、水产养殖、灌溉、畜牧等。

在科学管理的同时，建立完善的城市污水和废水处理系统，也是 20 世纪 60 年代以后泰晤士河治理的有力举措。泰晤士河流域的污水处理设施始建于 19 世纪中期，至 1955 年共兴建了 190 多个小型污水处理厂（梅雪芹，2005）。20 世纪 60 年代起，全流域水环境整治力度加大，加之当时污水处理厂发展的主要趋势是大型化，对小型污水处理厂进行了技术改造与合并（汤建中，1998）。英国政府治理泰晤士河水污染非常重视法律建设，通过立法，对直接向泰晤士河排放工业废水和生活污水作出了严格的规定。有关当局还重建和延长了伦敦下水道，建设了450多座污水处理厂，形成了完整的城市污水处理系统，每天处理污水近43万 m^3（姜礼燔，1992）。目前，泰晤士河沿岸的生活污水都要先集中到污水处理厂，在那里经过沉淀、消毒等处理后才能排入泰晤士河。

（三）泰晤士河流域治理的监督与管理

为了对泰晤士河流域治理的资金进行风险控制，英国组建了多个管理机构和公司。

1. 政府层面的监督管理

英国没有专门管理水利的国家级行政部门，水利由环境、运输与区域部（department of the environment transport and the regions）等部门分管。环境、运输及区域部代表政府全面负责制定总的水利政策以及涉及有关水的法律等宏观管理方面事务，也包括监督按照1991年水法规定的取水许可制度的执行情况，并邀请包括水公司、水公司协会、水服务协会、水服务办公室在内的与水环境有关的百余个组织的代表参加共同审查取水许可制度（郭培章和宋群，2001）。

英国环境署（Environment Agency），1996年4月2日成立，与水有关的主要职责是代表政府制定和执行环境标准，批准取水许可及防洪。环境署是中央政府负责水资源管理的最主要机构，其职责涵盖与水资源相关的众多方面：防洪、水质保护、特定受控行业的废水减排、渔业和航运等。环境署的主要目标有三个：一是统一、集中治理污染，讲究治理环境目标的成本效益；二是解决统一治理经费问题，治理费用主要来自防洪保安税、城市居民生活和工厂的污水排放费和特殊工业污染费等，差额由政府拨款；三是罚款收费。1995年出台的水资源保护法规定了排污许可制度，污染水资源视为犯罪行为。1995年12月又作了进一步修订，规定一般排污项目申请费约530英镑，小型的排污项目申请费约77英镑。排污申请首先在报纸上登载，让广大民众提意见，如群众不满意，则可以直接向国务秘书提出疑义（许卓和刘剑，2008）。环境署对污染水资源的犯罪行为最高处罚为坐牢三个月或罚款2.5万英镑；特别严重的，由皇家法庭进行处罚，可处坐牢6个月，无上限的罚款。环境署主要依靠民众对污染进行监督，给有关民众发免费电话卡，给在河边钓鱼的人发联系卡，通过他们来举报水污染案件。近几年污染的情况是，28%来自生活污水排放，20%来自工厂排污，10%来自农业污染，9%来自交通污染，33%来自其他。水污染的监测范围包括地表、地下水源，进行24小时监测。每一个河段都有一个水质标准，要满足生物生存含氧等物质的要求。排放标准根据河流水量情况，通过计算机模型分析确定，同时需经国家有关部门批准。英国环境署每5年发布一次全面的污染监测报告。

水服务办公室（Office of Water Service）。水服务办公室是英格兰和威尔士的水工业私有化后，代表政府对水的价格进行宏观调控的最重要机构。水服务办公室主任由国务大臣任命，主任全权负责水服务办公室的工作，不受任何部长的支配，其主要职责是保证水公司履行1991年水法规定的法律职责。

区域级机构。自20世纪70年代开始，英格兰和威尔士水管理体制发生了两次较大的变革。第一次是根据1973年议会通过的水法，实行按流域（或联合附近几个小流域）分区管理，合并、整顿、改组了原来1000多个大小水管理机构，成立了10个水务局，包括西北水务局、北翁布里亚水务局、约克郡水务局、塞文-特伦特水务局、安格尔水务局、泰晤士水务局、西南部水务局、韦绥克斯水务局、南部水务局和威尔士水务局[①]。流域内不再按过去的行政划分和受其管辖权的限制，每个水务局对本流域与水有关的事务全面负责、统一管理。水务局不是政府机构，而是由法律授权的具有很大自主权、自负盈亏的公用事业单位。第二次大的变革是20世纪80年代中期，英国政府大力推行私有化政策。顺应这一形势的要求，1989年水务局实现私有化，改为水公司。英国的水工业私有化目前只限于英格兰和威尔士，而在苏格兰和北爱尔兰，至今供水管理部门仍为国有公共事业机构。苏格兰的给排水管理工作由9个水务局和3个岛屿委员会负责。北爱尔兰的给排水、水资源保护和开发等由其环境局管理中心负责。

地方级机构。郡、区、乡镇地方级不设水管理机构，只有地方议会负责管理排水及污水管道。为了防止水土流失，在英国农村地区成立内地排水区。该排水区由农业土地和建筑物使用者（交纳排水税者）成立用水户协会，选举一个董事会进行管理。

2. 企业层面的监督管理

1989年7月通过的水法，使水务局实现私有化，将原先10个水务局变为10个水公司，后又于1993年因削减经费，精简机构，将2个水公司合并撤销，现改为8个地区供水公司。泰晤士河水公司设在伦敦，是英国八大水公司之一，是唯一不靠海的公司，其职责是：供水、水处理、水质监督，现有120座水处理设施，30 901km长的地下供水管道，377座污水处理设施，83 791km长的城市污水收集管道。

1989年泰晤士河水公司实现私有化后影响最大的是政府职能和财政收入，私有化后对股东股员增加了义务。关于水价问题，考虑到用水户经济负担不能太大，国家对用水价格宏观调控，并进行适当补贴。另外，水的总监察员、政府的有关部门、广大民众等也对水价进行监督。还有些其他企业，如泰晤士河信托公司和泰晤士河资本（一家基金公司）也对泰晤士河的资本进行了有效的监督。

所有的这些管理机构和公司都对泰晤士河流域资金的运作起到了一个很好的监督和控制。目前，英国已完成了整个流域生态环境的大规模考察，首次对水资源的可靠性和再利用作出了综合评估。在反复试验论证的基础上，确定了污水处理厂为了达到泰晤士河规定的水质标准而允许的排放标准，指定排放地点和排放量，并对适应河流稀释、径向弥散、自然再氧化过程等诸多方面提出了具体要求和措施。

（四）泰晤士河流域治理的绩效

泰晤士河的严重污染曾使鱼类绝迹一百多年。经过多年的治理，河道的自然生态环境逐渐恢复，一个标志是从1960年起，在局部地区重新出现了鱼群；另一个标志是1974年秋季，从泰晤士河中捕捉到一条活鲑鱼，此后，科学家通过研究得出“泰晤士

---

① 中国华禹水务产业投资基金筹备工作组.2007.英国水务改革与发展研究报告。

河适合鱼类生存”的结论。20 世纪 70 年代中期以后，鱼群的种类及数目都在不断增加①。另外，各种大型无脊椎动物、水禽、水生植物也陆续出现在泰晤士河中，其中不乏某些珍稀种属。

如今的泰晤士河鱼虾成群，水鸟纷至沓来，每年冬季到泰晤士河越冬的水鸟超过 1 万只。国际水鸟研究局已把泰晤士河列为世界上重要的水鸟栖息地之一。目前的泰晤士河中鱼虾种类已近百种，甚至中国的螃蟹也在异国他乡的泰晤士河定居下来。泰晤士河南岸自然风光很美，政府专辟全长 1.6km 的临河小路，供游人散步健身。泰晤士河的生态环境在流域治理后有一个很大的改观，使流域上的居民生活质量有了很大提高②。

泰晤士河流域治理时在流域内建立了很多景观。治理成功后这些景观吸引了大量的游客，大量其他地方的人慕名都来到这个地方旅游，许多之前因为河流的污染而没来参观的人都聚集到这里。旅游业的发展总是伴随着相关行业的诞生。大量的餐饮和酒店的产生，给当地提供了很多就业岗位。如今，两岸酒家食肆林立，游客如云，给伦敦带来无限的风光。同时，由于治理泰晤士河的污水处理厂也给当地带来了就业机会。

随着旅游业、餐饮和酒店行业的增多，加快了流域内地区的经济发展，使得当地的 GDP 有了很大的提高。

（五）泰晤士河流域治理的启示

泰晤士河的治理成功，关键并不是采用了最先进的技术与工艺，而是在管理上进行了大胆的体制改革及创新。他们对河段实施了统一管理，成立了泰晤士河水务管理局。在水处理技术上运用传统的截流排污，生物氧化、曝气充氧及微生物活性污泥等常规措施。处理后的废水用于养鱼、栽培等，从而给水务工作带来活力。泰晤士河流域治理的成功给我们的启示有以下 9 点（郭培章和宋群，2001）。

（1）严格控制工业污染源的排放，流入到泰晤士河的污水都先经过了集中处理后才能排放到河流当中，对于难以自然降解的有毒有害污染物，必须先治理后排放；

（2）合理规划、建设城市污水处理厂，使排水达到可被水体的自净作用消纳的程度，在泰晤士河治理的过程当中建立了很多的污水处理厂，使得污水得到了极大的控制；

（3）集中统一管理，即全流域管理，全流域管理就是不能单独地去治理某段河段，应同时治理整条河流，换句话说，在治理某条河流时流域的整个河网及各个支流应同时治理，使水资源可按自然发展规律进行合理、有效地保护和开发利用，杜绝了水资源的浪费和破坏，提高了水的复用系数；

（4）建立严格的法规对污染源进行管理，同时加大执法力度，对恶意污染环境者处以重罚，泰晤士河治理成功的一个重要原因是在污染后制定了相关的法规，其中最重要的有《水资源法》和《水法》，这些法律和法规的颁布为泰晤士的治理提供了很好的前提和保障；

（5）建立了完整的水工体系，从水厂到废水处理以至养鱼、灌溉、防洪、水域生态保护等综合利用，均得到合理配合，充分调动各部门的积极性；

---

① UK Environment Agency. 2001. Fish Found in the Tidal Thames.

② UK Environment Agency. 2001. State of the Environment Report for Thames Region.

(6) 成立专门的河流（或大气）污染治理部门，并通过区域之间的合作制定相互协调的污染治理政策，制定统一的污染物排放标准。通过以上措施，保证达到全流域水质的整体改善；

(7) 相关领域专家的参与，借助现代化科学技术方法、设施实现污染治理过程的最优化；

(8) 多元化的融资机制，泰晤士河流域治理的资金之所以能够得到充分的保障，关键是采用了多元化的融资方式，从泰晤士河治理的资金渠道中可以看出其来源既有政府、企业和金融机构，还包括居民；

(9) 治标还是治本是政策选择的关键，泰晤士河治理就是标本兼治，而且是治本为主，因为河水由污浊变清后，河流的生态功能才能得到全面恢复，进而开阔了清洁和流动水体形成的自然风光，这无疑能给城市增添许多魅力，另外，在治理污染的同时，在资金够用的情况下可以适当建设景观。

第三节　美国典型流域治理与发展

一、田纳西河流域治理与发展

(一) 田纳西河流域的背景

1. 田纳西河流域的社会经济概况

田纳西河位于美国东南部，是密西西比河的二级支流，干流长 1050km，流域面积 10.6 万 km^2，发源于弗吉尼亚州，流经卡罗来纳、佐治亚、亚拉巴马、田纳西、肯塔基和密西西比六州，经俄亥俄河汇入密西西比河。流域上游地区为山区丘陵，中、下游地区为冲积平原，流域内雨量充沛，河流落差集中，蕴藏着丰富的水能资源和矿产资源。

1933 年，田纳西河流域经济结构极为落后，社会发展水平很低，全流域仅有 12%的劳动力从事工业生产，68%从事农业生产，工、农业生产水平十分低下。一半以上的土地由于水土流失而荒芜，洪水灾害频繁，年人均收入不足 100 美元，仅为全美平均的 44%。田纳西河流域蕴藏着丰富的水力资源，具有发展通航的有利条件，流域内矿产资源也十分丰富，特别是煤、铁、锌、铝钒土、云母等储量相当大，但由于缺乏资金和技术及经济基础薄弱而无力开发。

田纳西河流域管理局（TVA）成立后，致力于防洪、改善通航条件，最大限度地开发水电资源，同时注重肥料的研究生产以及新的农业生产方式的试验推广。到 20 世纪 50 年代，已在田纳西河及其支流上建设了一系列水利枢纽，水库总有效库容达 148 亿 m^3，相当于年径流量的 34%，每年 2 月可提供 148 亿 m^3 库容作防洪用，现已有效地控制住了洪水。在全河实现了通航，沟通了田纳西河和俄亥俄河、密西西比河的水运系统，水电开发任务基本完成。20 世纪 50 年代后，随着流域内经济的快速发展和用电量的增加，TVA 开始大规模兴建火电和核电站。目前，TVA 已成为全美最大的电力生产商，总装机 3200 万 kW。其中，水电站 30 座、火电站 11 座、核电站 3 座，拥有 2.8 万 km 长的输电线和 160

家一级电力批发商，1995年供电收入55亿美元。TVA共建成54座水坝，且每条支流至少都有一座多用途水库，使田纳西河的防洪能力达到百年一遇；建成10座船闸，极大地改善了田纳西河的通航条件。通过TVA提供的廉价电力和田纳西河便利的航运条件，吸引了大量的外部投资，促进了地区经济的发展，提供了大量的就业机会，彻底改变了这一地区贫困落后的面貌，人民生活水平有了很大提高，1994年人均收入达到18 400美元，为全美平均的84%。如今，田纳西河流域是全美发展最快、最富有的地区之一（尚宏琦等，2003）。

2. 田纳西河流域治理动因分析

洪涝灾害频繁。田纳西河流域多年平均降水量为1320mm，雨量充沛且年内分布比较均匀。夏季降雨被植被截留且水分蒸发量较大，在冬季和春季，降雨量丰富，常会发生洪水，有时会造成灾难性的后果，最大洪峰流量14 200m^3/s，洪水是该流域的主要灾害。1933年之前，田纳西河流域没有任何防洪工程。一些低洼地区，特别是查塔努加地区，经常小雨成灾，频繁遭淹，造成生命财产的巨大损失。因此，那时的田纳西河，简直成了一条“魔鬼之河”。

水土流失严重。田纳西河流域开发较早，18世纪下半叶就有较为发达的农业，流域内盛产棉花、马铃薯和蔬菜，并有大片牧场。当时河流两岸到处是茂盛的原始森林，田纳西河水量也较平稳，是一个山清水秀、土地较肥沃的地区。但是自从19世纪后期以来，尤其是到了20世纪初，由于不合理的资源开发利用、土地过度耕种和过度开垦、森林的过度砍伐，掠夺式的开采矿物资源等，造成流域土壤肥力下降，农作物产量降低，森林覆盖率下降，加之流域内冬季降水强度较大，引起了严重的水土流失。

生态环境恶化。一方面，在1933年以前，田纳西河沿岸的许多城市与工厂把大量污水与废弃物直接排放到河流里，使其成为废弃物的排放区。另一方面，严重的土壤侵蚀把大量的泥沙和沉积物冲进了河流，加之土壤的污染，使得水质下降。直到20世纪30年代后期至40年代初期，上述情况仍然没有得到根本改变。从40年代中期开始，虽然制定了一些控制河流污染的法律，在对老的污水处理厂进行改造的同时，又兴建了一些新的污水处理厂，但都没有从根本上解决问题，1941～1951年，排进河流的有机污染物还是上升了35%。

贫穷落后。19世纪晚期以来，田纳西河流域由于长期缺乏治理，对自然资源的掠夺性开发，导致森林遭破坏，水土流失严重，经常暴雨成灾，洪水为患，环境污染严重。到了20世纪30年代初期，美国出现了大规模的经济萧条。大批工人失业，农产品价格暴跌，工人、农民的收入锐减，生活极度困苦，而田纳西河流域的居民生活比其他地区的人们更加困苦。1933年以前的田纳西河流域是美国最贫穷落后的地区之一。据统计，当时该流域的居民的人均国民收入只有168美元，是全国人均国民收入的45%。

以上种种原因导致了政府出面对田纳西河进行大规模治理。1933年3月，富兰克林·罗斯福总统推行“新政”，加快了对田纳西河流域的治理与开发（王翠文和王兆刚，2006）。

（二）田纳西河流域治理与发展的主要内容

田纳西河流域的开发治理大体上可分为四个阶段。

第一阶段（1933～1950年）：这个阶段主要是进行水利水电工程建设，TVA称其为

"水利化"年代。干流上游及支流兴建防洪、发电水库10座，购入其他单位已建成的水库11座；在主干流上兴建渠化航道的发电梯级8座大坝，购进1座。另外，在瓦茨巴兴建一座当时世界上最大的火电厂，装机容量为6万kW。通过这些建设，TVA取得了如下的成就：电站装机容量从18.93万kW增加到299.4万kW，提高15.8倍；渠化航道1046km，航运量300万t，提高18倍；基本控制住了洪水危害，并经受住了三年大洪水的考验，同时建立了90个径流预报站、150处降雨预报站，实现了降雨和洪水的电传预报；通过大坝水面骤升、骤降，杀死幼蚊虫，控制住了疟疾危害；使80%的居民用上了电，居民收入提高500%，恢复耕地776.7km^2，建立了15000处农业示范站；广泛地建立起农产品加工工业，基本上解决了失业和贫困问题。

第二阶段（1950～1960年）：发展内河运输，1950年河道运输达300万t，到1959年已达到了1200万t；控制区域性的洪水，使大面积的洪水灾害得到控制；为发展农业提供化肥；旅游业发展迅速，到1960年的旅游收入达1亿美元；在宜林区通过自身的代理机构营造林木，得到很好保护和管理的森林面积增加了8%，木材蓄积量比1950年增加16%，间伐年产值达5亿美元；电力负荷要求持续增长，大量地购进和新建燃煤的火电厂，在赫莱斯顿支流上兴建了两座大坝，同时对已建的大坝由于战时设备材料短缺，未装或末装足发电机组的，进行了补装和扩装。为了充分利用水能，在赫瓦斯大坝处，建设了抽水蓄能电站。

第三阶段（1960～1970年）：由于第二阶段大量发展火电，造成电力发展严重地影响生态环境的局面。TVA对火电厂的环保问题给予了充分的注意：火电建设方面，主要发展大容量机组，单机容量分别为55万kW、95万kW和115万kW；进行输电线路的建设，以减少损失；继续兴建大坝和扩建原有水电站，并改善航运条件，新建了克林奇河上的麦拉顿赫尔大坝，重建了尼卡亚克大坝，在威尔逊和惠勒大坝扩装发电机组。对区域性的支流河道，同当地居民合作，进行多目标的防洪治理开发：与当地居民合作，1961年完成了毕迟支流治理规划，兴建了7座水库，用于防洪和调节地表径流，并为市政、工业、疗养提供水源；同样与当地居民合作，建立艾尔克支流开发协会，修建的第一座蒂姆斯弗德大坝，用于商业养鱼、城市供水、防洪和发电，并建立了休养所；在比尔溪交流，兴建4座水坝，渠化航道129km，增加了蓄水、防洪、工业和市政供水、休养等效益。

第四阶段（1970年以后）：在进行上述建设的同时，TVA通过示范、方法和效果三者集合，使流域内的农业、林业得到高速度的发展。通过这些工程建设，TVA逐步建立了一支高速度、高质量的设计施工队伍，同时管理工作不断完善，使其自身成为一个拥有设备生产能力强大的企业实体。20世纪90年代随着电力产业的重组，TVA开始准备面对竞争。TVA每年削减成本近8亿美元，裁减雇员过半，增加电厂发电能力，停止建造核电站，并制订了满足田纳西河流域直到2020年的电力需求计划。

（三）田纳西河流域治理中的监督与管理

电力是田纳西河流域管理局的重要产品，同时也是美国人民生活的必需品，受到了联邦和州两级管制。州际交易置于联邦能源管制委员会（The Federal Energy Regulatory Commission，FERC）及其前身联邦电力委员会（the Federal Power Commission，FPC）的管制之下，州内管制由州公用事业委员会负责。

美国国会通过立法管理 TVA。TVA 法授权 TVA 比传统法人更多的自由，使 TVA 从管制其他法人的法律中解脱出来，如与员工雇佣有关的法律、供给和服务合同、土地的取得和处置。自 1933 年起，国会使 TVA 免受管辖其他法人的法律约束，承认 TVA 的特殊地位。但 TVA 要遵守国会通过的另外一些法律，如与环境、文化资源和民权保护相关的法律。

不过，联邦电力法（the Federal Power Act，FPA）并没有将 TVA 确定为公用事业。因此，根据 FPA 的规定，TVA 不完全处于 FERC 的管辖之下。但是，FPA 将 TVA 定义为电力事业，在某些方面受 FERC 的管辖。近年来，美国已经有呼声赋予 FERC 更多的管制 TVA 的职责。建议授权 FERC 审查 TVA 的输电费率和服务期限、服务条款，以确定其是否与对自己收取的费率和确定的服务期限、服务条款相似，是否有不适当的价格差别。如果 TVA 收取的费率存在上述不当，授权 FERC 向 TVA 颁布退款命令。

此外，TVA 的活动和报告受多个政府机构，包括 TVA 总检查办公室（TVA' s Office of Inspector General）、总会计办公室（the General Accounting Office）、国会预算办公室（the Congressional Budget Office）、OMB 以及国会委员会（congressional committees）的管辖。在州层次，美国宪法禁止州未经国会授权管制联邦政府的活动，TVA 作为联邦机构免受州的管制、控制和征税。但根据国会的有限授权，州在一定区域可以管理联邦活动对水质的影响（李连仲，2005）。

（四）田纳西河流域治理的绩效

1. 经济效益

20 世纪 30 年代以前，田纳西河流域是美国最贫穷落后的地区之一，由于大量砍伐森林，引起水土流失，导致洪旱灾害频发，土地贫瘠，收入水平低下。1933 年美国国会通过《田纳西河流域管理局法案》成立 TVA 后，以流域综合开发为目标，制定统一开发规划。经过 70 余年的治理开发，田纳西河流域已经实现了在防洪、发电、航运、水质控制、土地利用和娱乐等方面的统一开发和管理，彻底改变了昔日贫穷落后的面貌。截至 1983 年，田纳西河流域统一开发的 4 个主要目标——防洪、航运、发电及旅游的收益总和达到 269.715 亿美元。1983 年，流域内人均收入为 7378 美元，与开发初的 1933 年相比，增加了 44 倍，增长速度约为全国平均水平的 1.8 倍。1960 年后，TVA 由于投入的增加和经营有方，1991 年总资产（293.14 亿美元）比 1960 年的总资产（21.9 亿美元）增长了近 14 倍。

田纳西河流域的治理还带动了地区经济社会的快速发展。TVA 对流域水资源和其他自然资源的开发和管理，除了水资源综合开发带来的各方面的效益外，电力系统为流域内 800 万居民提供了廉价电力；在农业方面，TVA 建有全国最大的肥料研究中心，引导农民因地制宜合理利用土地；TVA 设立经济开发贷款基金促进了地区经济发展，1995 年以来，共提供 1.1 亿美元，创造新的投资额达 30 亿美元。TVA 还提出“优质社区计划”，帮助流域内社区制定长期发展目标和行动计划，并提供技术和资金，促进其持续发展，增强长期经济竞争能力（程邦谊，2007）。

2. 社会效益

防洪能力有了较大提高。干支流上共建成 54 座水库，总库容 290 亿 m^3，其中防洪库容194亿m^3。结合疏浚河道，扩大泄洪能力，有效降低了该河中游、俄亥俄河下游和密西西比河中游的洪水位，减少了洪灾损失。TVA成立以来建成的工程体系共获得防洪减灾效益达50亿美元，防洪投入与效益比为1∶6。

航运能力显著增强。干流建成9级水利枢纽，完成了航道渠化整治，通航里程1050km，支流还有210km的水道通航。目前，该河经俄亥俄河和密西西比河，可以与全美22个州和5大湖相通，每年平均通航船只34 000艘，通航效益约4亿美元，航运能力的提高促进了沿河两岸工业的发展。

电力开发有了长足进步。电力是TVA经营的最大产业，固定资产占总资产的93%，拥有水电、核电、火电等多种供电设施，还包括一部分风力发电，总装机容量3100万kW。其中，水电装机占11%，火电装机占61%，核电装机占28%。通过提供低廉的电力，吸引投资，从而促进当地的经济发展。

就业岗位有了较大增长。TVA的综合开发和经营，以及对自然资源的保护，在发展经济的同时，为田纳西河流域提供了大量的就业机会，极大地促进了流域整体的经济发展和社会稳定。TVA通过提供的廉价电力和田纳西河便利的航运条件，吸引了大量的外部投资，促进了地区经济的发展，提供了大量的就业机会。

3. 环境效益

TVA主要通过监测流域各水库的水质，发布水质公告，防止水电站尾水排放对生物产生有害影响。同时，与流域内各机构、社区共同致力于改善水质的活动。20世纪90年代，TVA在田纳西河流域进一步实施“净水计划”，旨在为流域内社区和水生生物提供洁净的水。1970年，TVA制定了严格矿山开采标准，并要求在废土堆上重新垦殖，显著地降低了矿山开采对生态环境的负面影响。

（五）田纳西河流域治理的启示

TVA的产生及其对田纳西河流域的开发，有其特殊的历史背景，治理模式的形成和特定历史时期的经济发展水平、社会环境、历史人物紧密相连。虽然TVA模式一直难以在其他国家简单效法，美国其他流域的管理也无法追随TVA模式，但建立这种模式的指导思想和运作实践，还是给我们很多有益的启示。

1. 从法律上保证TVA的特定权威

《田纳西河流域管理局法案》规定了TVA是一个统一管理流域内所有资源的政府机构，明确了TVA机构的性质。田纳西河流域管理局一方面是总统领导下的政府职能机构，董事会直接向总统和国会负责；另一方面，田纳西河流域管理局又是一个独立核算的大企业，具有独立法人资格，独立行使人事权，直接从事全流域各种开发项目的营运。这种双重职能的政策，使管理局既能作为联邦政府机构行使流域内经济发展及综合治理和管理的职能，同时又使管理局能够利用市场机制，充分发挥流域内各种生产要素的作用，促进全流域经济的发展。田纳西河流域开发的实践证明，双重职能政策的执行，不仅保证了管理局各项开发工作和移民的顺利进行，还使田纳西河流域的开发成了流域开发中计划手段与市场手段有机结合的典范。

2. 政府和领导人强有力的推动

罗斯福总统批准成立了TVA，并将TVA定位为“政企合一”的机构，亲自指定董事会主席并任命董事会成员，在当时历史条件下对TVA有效行使权力发挥了重要作用。政府对具有综合效益的水资源开发工程在投资安排上给予了很多优惠政策。TVA的启动资金，来源于总统的直接拨款，联邦政府对TVA开发项目给予拨款，按要求限额偿还，根据联邦税收法，TVA作为联邦机构，可享有免税待遇，以后改为低税征收。政府的扶持政策对TVA的早期发展起到了至关重要的作用。

3. 建立精干高效的治理开发管理机构

TVA的管理由具有政府权力的机构——TVA董事会和具有咨询性质的机构——地区资源管理理事会实现。董事会下设一个由15名高级管理人员组成的“执行委员会”，各成员分别主管某一方面的工作。理事会成员包括流域内7个州的州长指派的代表，TVA电力系统配电商的代表，防洪、航运、游览和环境等受益方的代表，地方社区的代表。理事会每届任期两年，每年至少举行两次会议。对TVA的建议，理事会通过投票获多数予以确认。理事会构成的权威性和代表性，以及严谨的工作制度，充分体现了现代流域管理的公众参与和协商的发展趋势。

4. 对流域内自然资源进行统一管理

这种管理经历了一个不断发展和完善的过程。TVA成立后的一个时期，主要是根据河流梯级开发和综合利用的原则，制定规划，对田纳西河流域水资源集中进行开发。至20世纪50年代，基本完成田纳西河流域传统意义上水资源的开发利用，同时对森林资源、鱼类资源和野生动物开展保护工作。20世纪60年代以后，随着对环境问题的重视，TVA在继续进行综合开发的同时，加强了对流域内自然资源的管理和保护，提高了居民的生活质量服务。

5. 不断创新建管方式

TVA有自己的设计和施工队伍。最初，工程建设由自身承担，基本没有社会的参与，后来演变为自行建设与承包建设相结合。从1988年起，TVA不再自行建设工程，全部委托承包给社会。在融资方式上，主要由政府投资转为社会融资。在建设内容上，由主体工程建设转为配套工程建设和综合开发，由硬件建设转为软件建设。

二、密西西比河流域治理与发展

（一）密西西比河流域的背景

1. 密西西比河流域的社会经济概况

美国的密西西比河是世界上最长的河流之一，位于北美大陆中南部，是北美大陆上最长的河流，长度为3705 km。密西西比河流域包含美国31个州及加拿大2个省的部分或全部，总面积达322万 km^2，占美国面积的40%，北美面积的1/8。密西西比河流域包括六大支流流域，分别是：密苏里流域、上密西西比流域、俄亥俄流域、田纳西河流域、阿肯色-雷德-怀特流域以及下密西西比流域。

1997年，密西西比河干流流经各州的地区生产总值占全美GDP的16.4%；俄亥俄河和密苏里河流经各州分别占11.9%和4.4%，三者合计共占32.7%。密西西比河流域在美国经济版图中具有重要的经济地位，一方面体现在其显著的资源优势，包括丰富的矿产资源，便捷航运条件和廉价航运资源以及得天独厚的农业资源，另一方面，还体现在其丰富的生态环境和物种资源优势（夏骥和肖永芹，2006）。

2. 密西西比河流域治理动因分析

密西西比河流域由于其丰富的资源优势及生态多样性成为美国最重要的农业生产和工业生产区。然而，随之而来的农业污染和工业污染也严重影响着这一流域的发展，同时，密西西比流域也深受洪水困扰（表9-3）。

表9-3　密西西比河流域的污染状况

主要影响区域	时间	污染因素	后果
干流两岸	1727年	河道梯级化和两岸石化等防洪堤岸	自然的洪泛平原减少约90%的面积，鱼类数量急剧减少
河谷平原	1890～1990年	农业发展及都市开发	森林覆盖率下降严重
三角洲与海洋交汇地带		地面沉降、飓风破坏、盐度增加以及河湾出口水道建设	植被破坏，德拉克洛瓦沼泽地的水鸟生产力下降
上游密苏里河	1870～1954年	河道整治、人类活动和自然变化	河道缩短、小岛数量减少、水文循环发生变化，洪水频发
整个流域	二战以后	人口急剧膨胀、农业化学物质的大量使用以及工业点源污染物排放量大量增多	水质迅速恶化，有机污染严重，有毒有害物质浓度高，大量鱼类及野生动物死亡，群落数量减少；水质污染还导致河口之外大陆架水域的环境恶化

密西西比河流域的污染对生态环境产生了许多负面影响，生态的恶化反过来又制约了这一流域健康稳定地发展。因此需要对其进行合理有效地保护，防止生态进一步恶化并对已破坏的生态进行必要的修复。

密西西比河是美国最主要的航运通道，每年都有7000万～8500万t货物被运送到密西西比河上游，所运送产品包括农业产品、石油产品、煤炭等都是较为适宜水运的大宗货物。其中，农产品占货运总吨数的50%以上。因此，保持航运畅通是有效降低货物运输成本，合理利用密西西比河航运资源，带动当地经济发展的重要基础。

密西西比河流域一直深受洪水困扰，洪涝灾害给流域内的居民造成了巨大的生命财产损失，严重危害了当地经济发展，因而，洪水治理的需要也是密西西比河流域治理的重要驱动力量。

（二）密西西比河流域治理与发展的主要内容

1. 密西西比河流域治理的四个阶段

第一阶段（1879～1928年）：避洪、防洪、治洪及简单开发。1879年，密西西比河委员会成立，其主要目的是研究密西西比河的开发治理规划、制定防洪措施、解决河道修整计划、保护堤岸和改善航运等问题。

第二阶段（1928～1970年）：综合开发和治理。1927年的大洪水发生后，1928年制定了《防洪法》。该法规定，由陆军工程兵师团（US Army Corps of Engineers，USACE或COE）负责全国的防洪和航道整治管理。全国江河的防洪计划，大部分防洪工程的设计兴建，河道和航道的整治，防洪的调度指挥等由COE统一负责。即使不是COE设计和兴建的水库，只要有防洪任务，也是由COE确定其防洪库容和泄洪标准，并由COE统一调度。COE总部隶属于五角大楼的陆军部。实施综合的管理和开发政策，统筹规划长期治理，非常有利于对密西西比河进行统一的管理和调度，有利于制定目标的落实和实现。

第三阶段（1970～1998年）：全面整治与开发。随着公众对环境的逐步关注，联邦政府于1970年成立了环境保护署，并颁布了《环境保护法》，使得流域治理措施本身是否会危及环境成为必须考虑的问题。

第四阶段（1998至今）：重视治理中的环境与生态问题，融入当代流域治理理念。1998年，由美国许多私人组织和社会团体组成的密西西比河下游自然保护委员会成立，旨在促进密西西比河下游自然环境资源保护、加强、恢复、增强公众参与意识及促进其可持续利用。

2. 密西西比河流域治理的主要工程

密西西比河流域的治理措施包括工程措施及非工程措施。工程措施包括：梯级闸坝与水库、护岸工程、丁坝工程、疏浚工程、裁弯取直、堤防工程、分洪工程、河口导流堤和河床垫层（表9-4），非工程措施有：设置集中统一的防洪管理机构，重视依法治水、依法防洪，多渠道筹集资金，开展防洪保险，以及重视科技手段（表9-5）。

表9-4　密西西比河流域治理的工程措施（后立胜和许学工，2001）

措施	描述
梯级闸坝与水库	1930～1940年，密西西比河上修建了一系列梯级闸坝，使洪水期流速不致过高，枯水期仍能保持2.7m水深。干流上游和主要支流采用连续渠化的方法，修建了一系列梯级闸坝；由于没有控制性很好的水库，所以已建和计划修建的水库以防洪为主的不多。俄亥俄河流域只在支流田纳西河上有以防洪为主的水库，且控制面积不大。密苏里河上建有7座大水库，大都以发电为主
护岸工程	在许多不稳定的河岸采取了护岸工程
丁坝工程	至1973年，几乎整个中游河段都修建了堤防，有196km的河段铺筑了护坡，有800多个总长达146km的丁坝工程。据1974年统计，从圣路易斯至老河口下游共修丁坝1445座，累计长457km。丁坝的主要结构为桩式埂及堆石坝。1961年以后大量修筑堆石丁坝，由块石堆筑，顶宽1.5～3.0m，坝顶高程在中水位以下；坝坡一般为1∶1.25～1∶1.5，呈下挑形式，角度15°～45°；丁坝间距与坝长之比采用1.5～2.5。密西西比河F游治导弯道曲率半径一般采用3～4km，最大的10km

续表

措施	描述
疏浚工程	密西西比河的疏浚始于1895年，为了维护内河航道及港口航道，密西西比河的上中下游都进行过疏浚。圣路易斯以上193km至墨西哥湾2093km，年疏浚量0.76亿～0.92亿m^3，占全美疏浚量的40%～50%
裁弯取直	密西西比河下游实施系统人工裁弯始于20世纪30～40年代。1929～1942年下游孟菲斯至安哥拉缩裁16处，弯道长度由321km减至76km。1932～1955年进行陡槽裁弯40处，缩短流程37km。由于裁弯加上其他措施，初期效果很显著，河湾归顺，缩短了航程，降低了洪水位
堤防工程	堤防是中下游主要防洪措施之一。中游以下至河口，1928年以后即逐渐建成完整的堤防体系。主要堤防总长约3350km，其中干堤总长约2590km，阿肯色河及红河下游段的南岸以及阿特察法拉亚分洪区干堤共长约960km，堤防大部分为土堤，城镇及其附近处为混凝土防洪墙
分洪工程	密西西比河的洪水主要来源于上游及支流，俄亥俄河和密苏里河，而洪灾主要发生在下游。由于流域不具备修建大水库的条件，目前虽在密苏里河上游干流和俄亥俄河支流上修建了一些水库，但对密西西比河下游的防洪作用并不大；下游防洪主要依靠堤防和分洪工程
河口导流堤	密西西比河每年向墨西哥湾推进150m，为防止水势分散和泥沙堵口门，在河口修建了导流堤，使其定向深入海湾，将泥沙搬运进深水区。在治理拦门沙时，采用的是双导堤工程束流，结合疏浚，以取得所需水深。并将拦门沙航道轴线作适当的偏转，以避开墨西哥湾由东而西的沿岸流所造成的严重淤积的部位
河床垫层	从1890年起开始实施，利用石头沉入河底来抵御湍急的水流以稳定河床。混凝土垫层系统是1917年开始应用的，至1998年，在河床垫层方面的预算达3000万美元

表9-5　密西西比河流域治理非工程措施（后立胜和许学工，2001）

措施	描述
设置集中统一的防洪管理机构	1879年美国国会决定设立密西西比河委员会，该委员会由7个委员组成：陆军工程师团3人，海岸和大地测量局1人，地方官员3人（其中2人须是土木工程师）。其主要任务是研究密西西比河的开发治理规划，包括防洪和通航问题。1928年制定的防洪法规定，由陆军部工程师团（简称COE）负责全国的防洪和航道整治管理。全国江河的防洪计划、大部分防洪工程的设计和兴建、河道和航道的整治以及防洪的调度指挥统一由COE负责。即使不是COE设计和兴建的水库，只要有防洪任务的，也是由COE确定其防洪库容和泄洪标准，并由COE统一调度其防洪库容。COE总部隶属陆军部领导。COE全国分设7个大区，大区的一二把手是军人，三把手以下和职员是工程师，通过实施综合的管理和开发策略，并统筹规划长期治理，有利于对密西西比河进行统一的管理和调度，有利于所制定目标的落实和实现
重视依法治水，依法防洪	早在1928年，美国就制定了《防洪法》，并在以后作过多次的修改和补充。1936年国会通过了防洪总法案，20世纪60年代至80年代初期，又先后制定了《全国洪水保险法》、《水资源规划法》、《洪水灾害防御法》、《灾害救济法》、《美国洪水及减灾研究规划》等全国性法规。所有这些及其他一些与江河治理相关的法律法规的制定，使得各工程措施的开展既有法可依，又有法律的保障

续表

措施	描述
多渠道筹集资金	由联邦政府与地方政府共同分担有关费用。巨大的工程及其管理投资仅由联邦政府承担，负担显然过重，因此必须加强地方政府在管理及费用分担方面的作用。例如，防洪堤的建造在早期完全由联邦政府出资，但后来就改由联邦政府和州政府共同出资。1986 年国会通过的水资源开发法案规定，州政府分担 25%～50%的费用。用于建设堤防的取土或退建占地的费用，由地方政府解决，联邦政府不出资。防洪堤的管理和维护费用从地方政府的税收和征收防洪费中解决
开展防洪保险	防洪保险措施是美国采取的一项重要的非工程措施之一。1968 年，国会通过的《国家防洪保险计划》包含两个原则：① 鼓励州和地方政府在规划未来的经济发展区时避开洪水灾害区，从“抗拒洪水”的方针，改为“给洪水让路”的方针；②使公众能以承担得起的保险费参加保险。1973 年，又通过立法将自愿保险改为强制保险。联邦防洪保险单由联邦救灾总署发行，但保险单的销售、保险联营、理赔等均由私人保险公司经营。到 20 世纪 80 年代，共有 3 万个保险公司经售 190 万个保险单，保险总额达 1100 多亿美元。住房及城市建设部建立了 2 亿美元的保险基金，主要用来支付实际保险费率低于估算保险费率的差额部分和保险联营组织向国家再保险后提供的再保险赔偿。但随着保险事业的发展，保险公司均有盈利而无需国家的补贴，这笔资金也只动用了一小部分
重视科技手段	美国政府十分重视治理中的科学试验，并在应用中不断探索。美国陆军工程兵团设有健全的科研队伍和试验设施，各种重要的工程都要经过模型试验。设置在维克斯堡的水道试验站建有世界最大的内河模型——密西西比河水系整体模型，占地 4000hm^2，以模拟方式研究防洪方案和河势规划。模型能复演历史上的大洪水，预演可能发生的更大洪水，优化防洪堤的顶高，确定全流域的防洪方案。同时，在各项工程的规划和设计中，注重将最新的科学技术成果运用于治理的实践之中，以最大限度地优化开发方案

（三）密西西比河流域治理的监督与管理

1. 分类治理的措施及手段

1954 年国会通过了《流域防洪与保护条例》，明确规定流域面积小于 1000km^2、以防洪为目标、单个水库库容小于 0.15 亿 m^3 和库容小于 0.3 亿 m^3 的流域治理，由农业部在技术上和财政上协助州政府组织规划和实施。流域面积大于 1000km^2 的流域，由陆军工程师兵团和大流域管理局负责治理。在工程管理方面，美国十分重视分目标实施的水土保持计划，重视按规划开展治理。小流域的规划要经国会批准，才能立项拨经费。对于农地的水土保持通常带有政府行为，如果农地的土壤流失超过了允许的土壤流失量，则必须采取相应的水土保持措施。此外规定在 1000km^2 以下的小流域开展多目标综合治理，兴建堤、坝、堰、涵管、小渠道、梯田、泥沙控制工程，护岸工程，上、中、下游综合治理，既减少土壤侵蚀、淤积和洪灾，又改善生态环境，增加当地农业产量，保护下游城镇安全。《流域防洪与保护条例》还规定采煤后，必须复垦，治理费用从吨煤中收取一定比例的资金解决。

2. 流域管理的监督

美国、日本、原苏联、南斯拉夫、澳大利亚等国都实行谁造成水土流失谁治理的原则，规定凡是新建工程、修路、采石、森林采伐、开垦荒地等都要求在建设项目的同时，采取水土保持措施，并须经过水土保持部门的审查、同意，否则不予立项。美国水土流失的预防监督工作是通过多方面开展的，一是联邦政府派往各州县的职员承担预防监督的职责；二是通过州县和社区及各类民间协会或组织来完成；三是广泛依靠各类民间组织及公众的自觉保护和相互监督；四是通过广泛的法律宣传，先进的水土保持技术的推广，有一定规模的试验、示范等来实施监督。其中，公众舆论和公民的道德观念、文明意识在水土流失预防监督中起了不可忽视的作用（肖斌等，2000）。

（四）密西西比河流域治理的绩效

1. 生态效益

自 1972 年开始，全流域水质恶化趋势受到遏止，除水体中的营养盐没有显著减少外，其他污染物的含量均有所下降。通过实施城镇污水处理厂的建设以及工业企业污染物的达标排放等管理措施，促使河湖水系的有机污染成分显著减少。由于城市污水处理设施、农村化粪池系统以及动物污染管理系统的改进与建设，使得流域水体中大肠杆菌的数量自 20 世纪 70 年代中期以来显著减少。工业点源排放的控制使水体及鱼类组织中痕量金属的含量没有超出 EPA 以及 FDA 的标准。以汞为例，密西西比河鱼体中的平均累积含量远远低于国家的建议水平 0.5ppm① 以及 FDA 的警戒水平 1.0ppm。河流系统的水生及湿地生态环境也得到明显改善，与 30 年前相比，密西西比河的水更加清洁，生态系统更加健康。然而，有关水质及生态的问题还有许多地方值得关注。营养盐问题、除草剂问题以及新建分洪工程的盐水入侵问题需要继续进行调查、研究以及管理（杨桂山等，2003）。

2. 社会效益

到 1975 年，密西西比河全流域用于防洪的投资累计约 80 亿美元，而累计减少的洪灾损失在当年就已达 480 亿美元，到 1985 年时，更是达到了 1000 亿美元。同时，流域治理使得全流域灌溉面积快速增加，1985 年，密西西比流域拥有灌溉面积 1.38 亿亩，其中喷灌面积 3170 万亩，显著地支持了流域农业发展。在防洪方面，通过水库、堤防、分蓄洪以及河道裁弯取直等工程的建设，提高河道防洪标准，目前，流域中下游河流的防洪标准普遍达到百年一遇。

密西西比流域也直接或间接地提供了就业机会。仅旅游、捕鱼和休闲娱乐产业每年产值就达到 214 亿美元，为流域各地提供了 351 000 个工作岗位，密西西比河同时也支撑着价值 126 亿美元的航运业，提供相关工作岗位 35 300 个。

3. 经济效益

各梯级电站的建设，不仅控制了洪水，增加了廉价的电力，而且大大提高了密西西比河的通航标准。在发电方面，全流域已建成较大水电站共 36 座，装机总容量 727.6 万 kW。其中 8 座在支流密苏里流域，16 座在田纳西河流域，最大的为田纳西河的威尔逊水

---

① 1ppm=0.001‰，下同。

电站，装机容量63万kW。

在航运方面，建成了9700km四通八达的深水内河运输网，全水系已构成为江河湖海相连、航道四通八达的现代化水运网，1981年时年货运量就高达5.86亿t。从密西西比河干流经伊利诺斯水道，可达五大湖，使河口城新奥尔良到湖边城市可直接通航。至1985年，干流航深普遍达2.74m，巴吞鲁日以下航深达3.66m；下游可以通航由15～25艘千吨级驳船组成的顶推船队，上游和主要支流可以通航由8～15艘千吨级驳船组成的顶推船队。同时，流域经济的发展增加了航运的价值，提高了三角洲港口的吞吐量。总之，经过数十年的综合开发与管理，密西西比河的水资源得以利用，经济状况得以改善，流域的某些地区甚至成为较为发达的地区，如河口三角洲地区已由美国经济较落后的地区一跃成为美国南部比较发达的地区。

（五）密西西比河流域治理的启示

1. 重视立法、有序开发

美国是一个特别重视立法的国家，通过立法，未雨绸缪的对未来的工程建设计划进行规划，使水利水电水运工程建设有法可依。

2. “一龙治水”保证了水资源综合利用效果

陆军工程兵团负责美国主要河流的防洪、航道治理、水力发电、城市和工业用水、农田灌溉和环境保护等事项。由于国会通过的有关法律要求陆军工程兵团严格遵循水资源综合利用原则，同时，其直属国防部，不存在利益驱动，在规划制定及河流开发时，能按既定目标和原则，兼顾多方利益，力求水资源综合利用效益最优，又保证了密西西比河的高效、合理开发。

3. 重视科技在河流治理和工程建设中的应用

美国政府每年都将大量经费投入维克斯堡水道实验站，进行相关研究和成果转化以及进行数学模型、物理模型、数学生态模型实验等，优化方案，为工程设计、施工和维护等提供保障。密西西比河目前已经形成了较为系统、完整、科学和快速的航道治理反应机制，航道测量结果每天都能通过GPS与陆军工程兵团各分部和总部相连，决策人员能及时了解航道的变化情况，一旦发现存在不能满足通航标准的区域（水深9英尺①，保证率100%），能在3～4天内制订疏浚、整治方案，并动用国会批复给工程兵的年度航道维护资金实施工程招标，保证在一个星期内开工治理。

4. 倡导公众参与，增强河流意识

在密西西比河下游的图尼卡县建立了密西西比河流博物馆，将河流变迁、河流贡献、人河相处、生态环境、善待河流等知识，以图文并茂或实物模型直观明了地向公众宣传。

① 1英尺=0.3048m，下同。

公众参与河流意识的增强不仅能够有效地降低项目实施的科学性，同时也显著降低了流域治理的阻力，提高了治理效率。

第四节 国外流域治理的经验总结

世界各国尤其是欧美发达国家除了加强湖泊治理外，也在较早时期针对大河大江流域的水患、污染等方面开展了大规模的治理工作，流域治理尽管与湖泊治理有一定的差异，但从治理动机、治理模式、资金筹集、协调机制等方面具有共性。莱茵河流域、泰晤士河流域、田纳西河流域与密西西比河流域在经济、社会、文化以及流域的水文地理等方面存在着较大差异，因而在流域治理的动机、手段和取得的成效等方面均存在不同。然而，尽管如此，四大流域的治理过程还是在投融资、政府行为、开发项目选择等方面存在一定的共性规律，在我国流域治理中值得借鉴。

一、政府在流域治理中扮演着重要角色

毫无疑问，流域治理是一项系统工程，涉及方方面面的利益调整，加之流域治理工程具有明显的公共产品（或者准公共产品）属性，因而政府在流域治理中的主导作用不可或缺，从某种意义上讲，流域治理是政府职能的一个重要方面。前述的四大河流域治理中，中央和地方两级政府都发挥了极其重要的作用，主要表现在以下四个方面。

（一）制定和完善高效、科学的法律、法规体系

流域治理既然涉及各方利益的调整，必须有相应的法律、法规作为具体行动的保证，尤其是在各级政府之间、政府与企业之间以及政府、企业、居民责权利的界定上，都需要相应的法律支持。四大流域治理过程从一开始就制定较为完善的法律体系，为流域治理的具体操作提供了保障，降低了项目推进的风险。

（二）提供部分治理项目的资金支持

流域治理中的项目工程有不同的种类，其属性有较大差异，比如说，水利工程项目（尤其是以防洪抗灾为单一目的的项目）往往具有公共产品性质。对于这些项目，四大流域所在地的中央和地方政府都成为了项目建设资金的主要供给者，利用财政资金和国有企业两大融资渠道，为项目的推进提供坚实保障。

（三）建立和规范污水处理费、垃圾处理费以及资源开采费等环境导向的税费征收体系

四大流域治理，尤其是流域内环境治理过程也伴随着治污理念的变化，切实推进从“事后治理”向“预防污染”的转变，建立和完善污水处理费、垃圾处理费、资源开采费以及供水费用等环境导向的税费征收体系。从上述四大流域的环境治理中可以发现，环境导向的税费征收体系的建立对于流域治理具有重大作用：一是改变了企业、居民使用水资源和排放废

弃物的决策，引导人们建立“少使用、少排放”的环境友好型资源使用理念；二是为流域治理中环保项目的建设和维护提供了间接的资金支持，为环保项目构建了盈利核，促进了具有更高效率的民营化经营方式在环保治理项目建设和维护中的引进工作；三是拓宽了流域治理的市场化融资渠道，显著增强流域治理的融资能力，加快了流域治理的总体进程。

（四）加强区域协调和国际协调

流域治理的一个难点在于河流往往跨越多个国家和地区，存在治理过程中责权利的协调问题。从四大流域治理的经验看，中央政府在协调、推进地方政府合作以及流域所覆盖国家之间的国际合作是无法替代的，也是不可或缺的。

（五）加强政府投入资金的风险控制和管理

上述四大流域的政府都对流域治理的投入资金建立管理机构和控制体系，提高资金投向的科学性和使用的高效性。同时，建立一定的风险评估机制进行风险控制。

二、水患治理和污染治理有序推进，治理和开发并举

上述四大流域均存在严重的洪涝水患，严重影响沿岸居民的生产生活，并随着沿岸工业的发展，废弃物排放日益严重而造成了严峻的污染形势，导致生态恶化，生物多样性遭到破坏，因而逐步把环境治理引入原有的水患治理并成为流域治理的主要内容。同时，由于河流在生产、生活中扮演着重要的资源角色，是当地经济发展的重要支撑要素，流域治理往往和河流经济功能的深度开发并举，在兴建防洪抗涝、水资源调度工程时充分考虑水力发电、航运开发、旅游开发、淡水养殖等流域开发，不仅充分利用了丰富的水资源，实现当地经济的发展，而且也通过一系列的开发活动为流域治理提供资金。

三、充分发挥银行在流域治理投融资中的作用

从实践经验看，流域治理过程必须采取多元化的投融资结构才能满足其巨额的治理资金投入。总体上看，中央政府和地方政府的财政拨款、企业（包括国有企业和民营企业）的资本投入是流域治理资金的主要来源，前者主要用于具有公用事业性质的工程项目，而后者更多地用于已经具备或者可以构建明确“投入—产出”的具有营利能力的治理项目，比如说田纳西河流域中的电力项目、供水项目等。然而，不管是政府拨款还是企业自行筹资，银行都在其中扮演了重要的角色。政府财政资金除了日常的税费外，还需要依赖于银行贷款，尤其是向世界银行等国际合作银行争取融资支持是其重要内容；银行购买发行流域治理的政府债券为财政资金的筹集提供了重大支持；市场化运营主体建设资金的筹集，也在很大程度上需要银行，尤其是商业银行的鼎力支持。

因此，从上述四大流域治理过程中的银行作用看，我国的银行机构显然可以在我国流域治理进程中发挥重要的资金融通作用，可以采取向政府、企业发放贷款，购买政府债券或者企业债券，直接入股具有明确营利能力治理项目等方式为流域治理的顺利进行提供资

金支持。同时，也应该看到，随着时代的变化，流域治理内容和相应的流域治理经费筹集的方式已经获得较大拓展，银行也应在金融工具创新上有较大作为，如可以在排污权交易市场、碳债券发行等最新流域治理领域中发挥资金融通作用。

四、流域治理过程中注重市场手段的利用

流域治理投入巨大，需要大量的投资，完全依赖于政府投入，显然很难快速推进，因此，国外流域治理一开始就非常重视市场化运作模式，尽可能地吸引社会资本的进入，尽可能地采取民营化经营模式。首先，流域治理项目按照发挥功能的不同进行一定程度的分类，以明确投资的主体和资金来源，总的来看，包括三类项目：一是公共产品性质的项目，主要指以防洪抗涝为导向的大型水利设施以及植被恢复等工程项目；二是准公共产品性质的项目，政府主导下的具有一定营利能力的工程项目；三是具有明显营利核的工程项目，如航运、港口、发电等项目。其次，通过不同途径尽可能地挖掘流域治理项目的经济价值以实现市场化运作，只有明确的投入—产出模式和明显营利能力治理项目才能吸引社会资本的进入。最后，针对不同阶段、不同类型的项目设计不同的融资渠道和经营模式，充分利用股权融资和债券融资吸引社会资金。

参考文献

程邦谊．2007．美国田纳西河流域治理的成功经验对湖北汉江流域中下游现代水利建设的启示．南水北调与水利科技，5（1）：99-102

丛澜，陈祥彬．2003．借鉴莱茵河污染治理经验加强我省流域水环境管理．福州环境，20（1）：20-23

董哲仁．2005．莱茵河：治理保护与国际合作．济南：黄河水利出版社

郭培章，宋群．2001．中外流域综合治理开发案例分析．北京：中国计划出版社

郭艳玲，曾建军．2006．英国自来水价格机制的启示．中国经贸导刊，2006（11）：43-44

韩振中．1999．莱茵河流域的防洪措施与管理．中国水利，（5）：43-44

洪宇．2008．国际跨界水环境管理经验探析——以莱茵河为例．科技情报开发与经济，18（26）：74-76

后立胜，许学工．2001．密西西比河流域治理的措施及启示．人民黄河，23（1）：39-42

黄德春，陈思萌．2007．国外流域可持续发展的实践与启示．水利经济，25（6）：10-13

姜礼燔．1992．英国治理泰晤士河污染的基本经验．中国渔业经济研究，（2）：40

姜彤．2002．莱茵河流域水环境管理的经验对长江中下游综合治理的启示．水资源保护，（3）：45-50

矫勇，陈明忠．2001．英国法国水资源管理制度的考察．中国水利，（3）：43-46

鞠美庭，任泓．2008．密西西比河上游盆地河流恢复工程的启示．环境保护，（8）：29-31

李芳，徐祖信．2003．苏州河与世界著名河流的治理比较分析．环境科学，22（增刊）：28-31

李连仲．2005．国有资产监管与经营．北京：中国经济出版社

李永强，陈红中．2007．莱茵河荷兰段河道整治工程建设的启示．人民长江，38（11）：32-33

刘健．1998．莱茵河流域的开发建设及成功经验．世界农业，（12）：3-5

柳向阳．2005．美国密西西比河航运开发的启示．中国三峡建设，（1）：47-49

梅雪芹．2005．老父亲泰晤士——一条河流的污染与治理．经济—社会史评论．第一辑．北京：三联书店出版社

人民网．2004．美国十大濒危河流第十位：密西西比河．http：//www.people.com.cn/GB/huanbao/1072/

2932227. html. 2009-10-20
尚宏琦，鲁小新，高航．2003. 国内外典型江河治理经验及水利发展理论研究．郑州：黄河水利出版社
汤建中．1998. 城市河流污染治理的国际经验．世界地理研究，7（2）：114-119
王翠文，王兆刚．2006. 密西西比河解读美利坚．济南：黄河水利出版社
王国基，彭东方．2003. 从密西西比河看长江．中国水运，（7）：50-51
王玲，吴道喜．2001. 从莱茵河管理看西方河流管理理念的转变．水利水电快报，22（18）：27-28
王同生．2004. 莱茵河的水资源保护和流域治理．水资源保护，（1）：60-62
夏骥，肖永芹．2006. 密西西比河开发经验及对长江流域发展的启示．重庆社会科学，（5）：22-26
肖斌，高甲荣，刘国强，等．2000. 国外流域管理机构与法规述评．西北林学院学报，15（3）：112-117
徐敏．2007. 论欧盟区域经济发展对淮海经济区的启示．经济论坛，（3）：12-14
许卓，刘剑，朱光灿，等．2008. 国外典型水环境综合治理整治案例分析与启示．环境与科技，21（2）：71-74
杨桂山，于兴修，李恒鹏，等．2004. 流域综合管理发展的历程、经验启示与展望．湖泊科学，16（增刊）：1-12
杨桂山，于秀波，李恒鹏，等．2003. 流域综合管理导论．北京：科学出版社
杨正波．2008. 莱茵河保护的国际合作机制．水利水电快报，29（1）：5-7
中国大百科全书出版社不列颠百科全书编辑部．1999. 大不列颠百科全书．北京：中国大百科全书出版社
周刚炎．2007. 莱茵河流域管理的经验与启示．水利水电快报，（5）：28-31
Rona V，Horst B，Wim S. 1999. Development of the heavy metal pollution trends in several European rivers：an analysis of point and difuse sources. Water Science and Technology，39（12）：215-223
Wood L B. 1982. The restoration of the tidal Thames. Bristol：Hilger

第十章　五大淡水湖保护与发展战略与行动*

五大淡水湖及其流域面积巨大、自然状况多样、人类活动影响复杂，其保护与发展是非常复杂的系统工程。本章在五大淡水湖保护与发展战略的基础上，从流域产业结构调整、水污染控制、水土资源合理利用、生态保护等方面，提出保护的优先行动计划。

五大淡水湖的保护首先需要制定保护的总体框架，明确各湖区的功能定位，分区、分级、分期进行保护，在此基础上实施湖泊流域综合管理，合理进行湖泊开发，保障湖泊可持续利用；控制入湖污染物总量和湖泊内源污染，把治理重点从末端治理转向源头控制；优化流域河湖格局和功能，实施河湖连通，恢复湖泊多样化的重要服务功能，维护湖泊健康生命。同时要加强湖泊变化监测、预警与生态风险的防范，加强生态保护，进行生态修复，促进湖泊生态系统的良性循环。建立流域综合性管理机构，进行长效综合性管理，是加强湖泊保护的重要手段。

第一节　五大淡水湖保护与发展战略

一、制定五大淡水湖保护的总体框架

湖泊作为与人类生存和发展密切相关的重要自然资源，具有调蓄洪水、提供水资源、净化水质、维护生态多样性、提供生物栖息地、提供物质生产、调节气候、航运、教育、休闲旅游等多方面的、巨大的服务功能，对人类的服务价值要比相同面积的陆地高，在整个自然界和经济社会持续发展中起着重要作用（王洪道等，1987；窦鸿身和姜加虎，2003；姜加虎等，2009）。而且即使在同一湖泊，不同湖区承担的主导功能以及各主导功能的重要性位序也会有较大差异，如有些湖区第一主导功能是供水，而另外一些第一主导功能是休闲旅游，有些第一主导功能则是生物多样性保护等。采取相同的管理思路和管理模式，将难以适应不同湖区不同的特点和开发保护需求（姜加虎等，2005；杨桂山等，2007；杨桂山等，2010）。

五大淡水湖对区域影响大、范围广、敏感度高，在区域生态环境安全中占有极为重要的地位，其影响的地理范围和社会经济巨大，在湖泊发展和演化过程中处于比较敏感时期，状态的转换处于临界状态（王洪道等，1987；王苏民和苏守德，1997；王苏民和窦鸿身，1998；窦鸿身和姜加虎，2000）。首先需要明确面临的资源利用、生态环境保护、发展问题、潜在影响因素和发展趋势，提出预警。以预防为主，不能重复先污染、破坏，再治理、修复的老路。通过对问题的分析，明确各湖泊的生态环境状况、存在的问题和治理

* 本章由高俊峰、许妍（中国科学院南京地理与湖泊研究所）撰写，由窦鸿身、高俊峰定稿。

保护对策。在此基础上提出五大淡水湖的功能定位、分类保护和治理总体框架，并撰写湖泊评估报告，面向国家需求，为可持续利用湖泊资源，为指导湖泊水污染治理和水生态恢复服务。

五大淡水湖的保护应该以湖泊为核心，按照湖体、湖滨带和集水区三个层次，根据不同层次所面临的不同问题，分区进行保护。同时，根据问题的轻重缓急，设置不同时期的保护对象和保护目标，根据目标—方案—实施—监测—评估—调整方案的程序进行分期保护（图 10-1）。

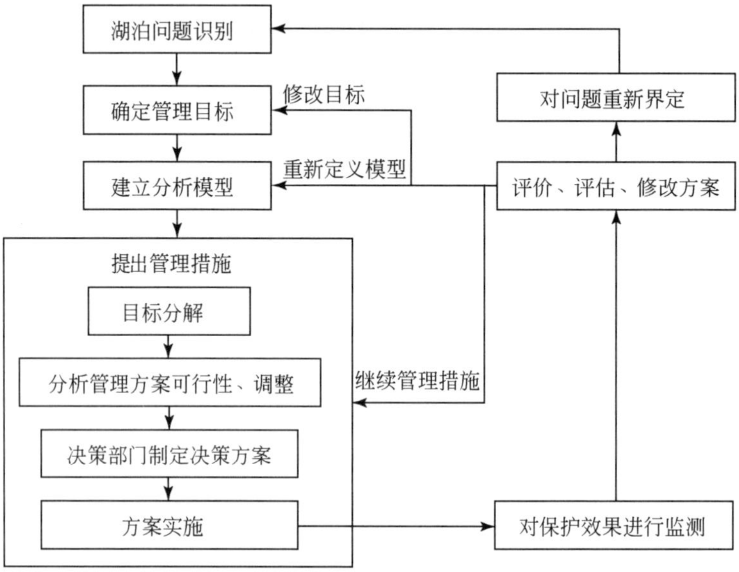

图 10-1　湖泊保护过程框架

二、实施湖泊流域综合管理

湖泊及其流域是不可分割的有机整体。湖泊与其流域之间在物质和能量上的联系，则主要是通过流域内的河流来实现的。流域是湖泊的“源”，湖泊是流域的“汇”，湖泊水、沙及各种营养物和污染物均来源于流域，保持湖泊正常水量平衡、减缓湖泊淤积萎缩、控制入湖污染物总量和维持湖泊健康生态系统等均离不开流域的有序和合理开发。湖泊内所蓄存的水量、泥沙和营养盐等主要是通过流域内的河川径流输入的，因此，湖泊与入湖河流始终保持着水体的连续性以及生态系统和环境的关联性。

由于湖泊通常是处于流域内地势最低处，以及水体的流动性和循环性的特性，决定了湖泊内所发生的各种物理、化学和生物过程具有流域的一些自然特征；而且湖泊内所赋存的水资源等各类资源的时空动态变化也无不打上流域特征的烙印。由此可见，河流与湖泊是一个统一的有机整体，湖泊可视为河流的膨大或加宽段；河流也可视为湖泊的延伸段。因此，只强调湖泊的保护、发展及治理，显然是不完整的，只有把湖泊及其流域作为不可分割的有机整体，把对湖泊的保护、发展及治理置于流域的这个大环境之内，才能确保和推进流域内的湖泊和河流共同协调发展，方能保持其青春活力。

鉴于上述的湖泊与流域内河流是不可分割的有机整体，所以，湖泊的一切生命活动，生态健康，首先取决于流域内河流的生命活动和生态健康。河流昌则湖泊盛，河流衰则湖泊败。例如，2004 年 7 月下旬，淮河干流长达 133km 的污水团下泄，导致淮河入洪泽湖处 70km 水域内的鱼、虾和蟹全部死亡。又如，根据对鄱阳湖等 35 个主要湖泊纳污量的统计，每天入湖泊的废污水量约 564.6 万 t，其中来自湖泊河流的废污水量就多达 507.2 万 t，占入湖废污水总量的 89%。由此可见，要保护湖泊的生态健康，首先必须要使入湖的河流保持生态健康，要治湖就必须先治河。

湖泊开发容量和环境承载能力十分有限，从湖泊中过度取水、湖泊水面过度养殖、湖滨湿地盲目围垦、湖岸线大量占用、湖泊周边地带开发强度过大等，均是造成湖泊出现不同程度生态与环境问题的直接原因（高俊峰等，2002；高俊峰和毛新伟，2002）。根据湖泊生态健康的要求，科学确定湖泊生态需水、合理控制湖泊养殖规模，切实保护湖滨湿地，限制湖泊渔业资源滥捕滥捞，并采取必要的退渔还湖、退田还湖措施，将湖泊开发利用强度限制或恢复到湖泊可承载的范围之内；依据湖泊生态环境状况和承载能力，合理划定环湖岸带生态保护区和缓冲区范围，规范环湖生态保护和缓冲区开发方向和强度，使不同湖泊（湖区）在提供其资源功能满足人类生产生活需求的同时，能维持自身生态系统的良性循环，保障可持续利用。

三、控制入湖污染物和湖泊内源污染

湖泊富营养化和水质污染的日益发展，现已成为五大淡水湖所面临的生态与环境的一大突出问题，同时也是制约广大湖区社会经济可持续发展的一大瓶颈。大量的调查研究成果表明，湖泊发生富营养化和水质污染的机理，在于 N、P 等营养盐的输入与支出失衡。大量营养物质积累于湖体内，过量的营养负荷使湖泊的自净功能不能与之相适应。流域内的化肥、农药等农业面源污染物质的输入、工业和城镇生活污水的大量排放则是引起湖泊富营养化迅速发展和水质污染的主要原因。因此，保护湖泊水体的质量，维护湖泊的生态健康，必须从源头抓起。对于湖泊富营养化和水质污染的治理，首先应转变治理的理念，即应从末端治理转向源头控制，就湖治湖、就湖论湖不是湖泊富营养化和水质污染治理的治本之道。一旦入湖 N、P 等营养盐负荷得以控制，湖泊的自净功能和生态自我修复功能必将因之兴盛，湖泊的生态健康也将因之增强。

来自农业面源污染是导致湖泊富营养化和水质污染的主要贡献者之一。农业面源污染具有分散性和难以直接控制的特点，是流域污染控制的难点。以 2010 年巢湖流域为例，因农业生产活动所排放的 COD、TP 分别占流域总输出的 35.6%和 62.8%。因此，大力发展生态农业，提高资源利用率无疑是今后减少 N、P 排放的首选和有效途径，应作为长远的发展方向。在当前，首先应从改进农业生产方式中的耕作方式入手，实施测土配方施肥，节水灌溉，以减少化肥的施用量，杜绝水资源的大量浪费，有效降低农业面源污染负荷量。

随着工业化、城市化的发展，城镇居民大幅度增加，人民生活水平的提高，需水量和废污水的排放量亦大幅增加，相应地增加了入河（湖）的污染物量，生活污水逐步成为湖泊污染物主要来源之一。例如，巢湖流域2010年流域生活污染物排放的COD、氨氮和TP分别占流域总排放量的59.8%、91.6%、30.4%。再如无锡市平均每人生活用水量由1980年的105L/d，增加到1990年的175 L/d，1999年已达到284 L/d，最高日供应水量年平均递增11%。与此同时，城市人口也从1980年的76.49万人增加到1999年的111.69万人，相应地生活用水总量从8.03万t/d增加到31.7万t/d。如果按排放系数0.8计算，原来每日6.4万t的污水排放量现增加到每日的25.4万t（秦伯强等，2004）。

因此，控制点源N、P等营养盐向湖中排放，一方面要大力推进流域治污设施基本建设，并在政策、经济、市场、技术等方面予以倾斜和扶植；另一方面对工业和城镇生活污水的排放要加强监管力度，严格执行国家规定的有关各项排放标准，对未经污水处理厂处理达标的废水严禁排放，一经发现违规排放，要运用有关法律和法规予以严厉制裁，同时广大媒体应予以广泛宣传报道。

四、优化流域河湖格局，并恢复湖泊多样化的服务功能

河湖水系通过水系分叉、河流分级、河网密度、河流频度、河流数目、河流长度、湖荡密度、湖荡面积等自然因素，影响着流域水系结构、调蓄能力、水循环过程以及区域景观特征，具有鲜明的地域特点（杨凯，2006）。河湖水系是生态环境的重要组成部分，是经济社会发展的重要支撑，人类发展和文明与河湖水系密不可分。河湖水系及其连通格局会影响水土资源配置格局与能力，同时对生态环境质量和演变，以及抗御水旱灾害的能力和风险状况产生重要的影响（李原园等，2011）。

河流生态系统是地球上受人类影响最为深刻的生态系统之一，千万年来，按照自然规律形成的水系自有一定的规律形态。随着人类活动影响的加剧，五大淡水湖的河湖水系连通格局与状况已经发生了重大变化，部分河流水系的自然形态及结构已受到影响乃至被破坏，一定程度上河网水系在人为影响下已偏离了自然发育规律，这也是导致水灾加剧和水环境恶化的重要原因。兴修防洪、水资源利用工程和湖滩湿地大面积围垦等人为造成了河湖格局改变和水流阻隔，虽为局部地域的水位控制、滩地利用和湖泊养殖提供了条件，但在整体上改变了河湖系统的结构，对湖泊生态系统健康和服务功能造成的负面影响日益显现。例如，太湖平原河网地区在城市化以及社会经济发展进程中，将河道排水改为管道排水，河流水面被人为侵占、河网末端大量村镇级小河流被填埋，河网水系自然的调蓄功能萎缩，高度城市化地区的非主干河道不断减少，河网结构趋于简单，河网有单一化以及主干化的趋势，从而出现水资源与水环境承载能力不足、洪水宣泄不畅和水安全风险加大等问题，已成为人水关系不和谐的重要表现，成为影响经济社会可持续发展、水生态系统健康的关键因素（高俊峰和李昌峰，2002）。

河湖水系连通有利于实现水资源的可持续利用，促进经济社会发展目标和生态保护目标与水资源条件之间的协调（李原园等，2011），促进近期和远期经济社会发展目标与水资源需求之间的协调，促进流域之间和流域内部不同地区之间水资源利用的协调，促进不同类型水源之间开发利用程度的协调，促进生活、生产与生态用水之间的协调，促进经济

社会格局与河湖水系格局之间的协调。

良好的河湖格局以及适度的水面率是缓和城市调蓄能力硬化，实施自然排水与内河调蓄相结合的生态型区域排水模式的重要基础条件。研究表明（杨凯，2006），河湖调蓄能力受到水面数量和水系结构的共同影响；河网调蓄能力与末端低等级河流的数量和长度发育密切相关，显示低等级河道具有更强的潜在调蓄能力。

五大淡水湖的平原区城市化水平较高，河道作为连接城市人工环境与自然环境的重要纽带，已经逐渐成为平原河网地区城市发展的廊道。通过修建鱼类洄游通道、水闸生态调度和恢复自由连通等多种形式实施河湖连通，对提高湖泊调蓄洪水能力、减轻湖泊富营养化和蓝藻水华暴发危害、减缓湖泊萎缩消亡趋势、孕育和保护物种多样性，维护湖泊生态健康具有重要作用。

五、加强湖泊变化的监测与预警

由于近年来人类活动对湖泊的影响加剧，五大淡水湖的资源、生态与环境状况已经发生了很大变化。需要建立湖泊资源数据库和生态系统信息网络，通过监测网络的运行和有选择的调查，掌握湖泊生态与环境动态变化和发展趋势，定期提供监测数据与监测报告，分析变化的原因，随时提出保护与合理利用对策，为五大淡水湖生态保护提供决策依据。要动员和吸引各方面的力量，从事湖泊生态方面的研究工作，开展生态系统结构、生态过程、保护措施、湖泊生态工程与生态经济研究，为湖泊生态保护的顺利实施提供科技支撑。

建设五大淡水湖生态环境监控体系。生态环境监控需从点上监测向面上监测发展，从静态监测向动态监测发展，从定时监测向连续监测发展。结合五大淡水湖保护与发展实际情况，建立数据库，实现基于生态安全的现场动态监控及危机防范管理。而监测点位的规划和布设优化，是构建监控体系的基础，主要包括水质监测、蓝藻水华监测和水生生态系统观测三部分。

建立五大淡水湖生态环境预警方案。鉴于突发性环境污染事故发生的突然性和危害的严重性，必须设立五大淡水湖生态环境预警方案，开发相应的预警装置，以便在某些环境指标刚刚接近警戒线时预报可能出现的危机，并预测各种指标的时空变化趋势，为突发性事故管理决策提供信息。因此，要集成预警模型、信息采集处理传输与数据可视化技术，并利用遥感等其他手段获取的多源信息，实时获取多时空尺度的浓度、毒性等信息，耦合环境模拟、评估和预警等系列模型，构建预警信息综合辨别及基于 GIS 的可视化动态综合评判、预警分级、信息快速分级发布系统，形成基于生态安全的五大淡水湖重大环境污染事件的预警技术平台。

建立五大淡水湖风险防范及应急体系。包含两个方面，一是长期的、潜在的生态安全风险事件；二是紧急的、突发性生态安全风险事件。对于长期预警（预测），在分析预测的基础上，应当保证一定精度：并且考虑未来多种不确定性因素的影响。对于紧急事件，预警系统必须能够在规定的时间内及时提供预警信息。此时既要考虑不同子系统之间的相互耦合作用，以满足预警的精度，同时又要对于复杂环境过程进行合理的简化，以满足预警时效。

六、修复湖泊生态以促进生态系统的良性循环

造成五大淡水湖生态系统退化的主要原因是不合理的人为活动，因此保护湖泊生态首先应当控制人类的不良活动，逐步恢复湖泊生态系统的良性循环。国际上的实践经验表明，对生态的恢复和保护，必须实施污染源控制和生态修复相结合的办法。生态系统是生物与环境的综合体，一个良好的水生态系统是由完整的水生植物群落与水体中的浮游、底栖生物和鱼类组成一个相互依存的生物链。

针对不同湖泊污染程度和生态系统受损状况，采取自然保育和人工干预相结合，以改善生境条件为前提，以恢复挺水、浮叶和沉水植物为切入点，以调整受损生态系统结构为手段，以生态系统健康为目标，大力实施湖泊生态修复，还湖泊洁净的水质和优良的生态。

湖滨带具有对水陆生态系统间的物流、能流、信息流和生物流发挥过滤器和屏障的作用，保持生物多样性，提供野生动植物栖息地（生境）以及其他特殊地的保护，稳定湖岸、控制土壤侵蚀，提供丰富的资源、多用途的娱乐场所和舒适的环境等生态系统服务功能。湖滨带生态恢复的基本思路是通过对一定生境条件下湖滨带生态系统退化原因及其机理的诊断，运用生物、生态工程的技术与方法，依据设定的目标，选择适宜的先锋植物，构造种群和生态系统，实行土壤、植被与生物同步分级恢复，以逐步使生态系统的结构、功能尽可能地恢复到原有的或更高的水平，最终达到生态系统的自我维持和良性循环状态。显然，湖滨带恢复和重建过程是人为或自然因素破坏过程的逆向演替，人工干预的目的，一是要确保生境条件的恢复，二是要加速演替的自然过程。湖滨带的生态恢复包括湖滨带生境恢复、湖滨带生物恢复和湖滨带生态系统结构与功能恢复三个部分。

沉水植物在水生生态系统中有着不可替代的作用。研究表明，沉水植被修复后，水质明显改善，透明度大大提高，生物多样性增加。但在水生植被的修复中，沉水植物的重建和修复较挺水、浮水和浮叶植物难。因此沉水植物的重建和修复应作为湖泊治理和生态修复的关键技术进行研究。

底栖生物是水生生态系统中的重要组成部分，在水生生态系统中占有十分重要的地位，是湖泊水生野生动物以及重要水产生物的优质饵料，在湖泊生产力、水生态系统和底栖系统耦合、水体能量通量以及水体食物网中均起重要作用。滤食性底栖动物对水体中的净化作用更为重要，特别是在封闭和半封闭的水体中更是如此。可以在水体中因地制宜地投放鱼虫、红蚯蚓等水中微生物和河蚌、黄蚬、螺丝等底栖动物并促使其生长繁殖；同时，放养河鲫鱼、旁皮鱼、穿条鱼等野生鱼类，逐步建设和修补水中生物链，形成生物的多样性。

人工湿地的原理是利用自然生态系统中物理、化学和生物的三重共同作用来实现对污水的净化。这种湿地系统是在一定长宽比及底面有坡度的洼地中，由土壤和填料（如卵石等）混合组成填料床，污染水可以在床体的填料缝隙中曲折地流动或在床体表面流动。在床体的表面种植具有处理性能好、成活率高的水生植物（如芦苇等），形成一个独特的动

植物生态环境，对污染水进行处理。利用湿地中基质、水生植物和微生物之间的三重协同作用，通过过滤、吸附、沉淀、离子交换、植物吸收和微生物分解来实现对污水的高效净化。根据流态的不同可分为表流湿地和淹没流湿地。

七、建立流域综合性管理机构

湖泊流域是一个充满生命活力的自然综合体或完整的有机体。流域的开发和治理，是区域可持续发展的重要组成部分，同时也是事关湖泊与生态环境发展及其生态健康的重要因素。因此，建立湖泊流域的综合治理机构，强化管理机制，进行长效综合性管理，是基于湖泊及其资源发生学的基本原理，在流域层面上落实科学发展观，营造山、江（河）、湖和谐发展及促进湖泊生态健康的一项根本性战略措施和有效途径。但是，目前流域管理的现状与湖泊综合开发以及生态与环境保护的客观要求尚不适应。建立流域综合管理机构，强化管理机制势在必行。

加强湖泊的综合性治理，首先应当以流域为单位，即在流域尺度上建立多目标、涵盖社会、经济、人文、水资源、防洪、环保和自然等多方面内容的综合性管理机构，通过跨地区、跨部门的协调管理与合作，把流域内的山江湖等自然实体作为不可分割的有机整体，统筹流域内的水、土、生物等诸类型资源的开发与管理保护，充分利用生态系统功能实现流域在经济、社会和自然诸方面的最优化，确保流域可持续发展，促进流域内山江湖的生态健康，为人与自然、人与湖泊的和谐相处创造良好的条件。

对五大淡水湖这样的大型湖泊，必须实行湖泊-流域综合管理，将湖泊、湖滨带和湖岸线、入湖河流及其流域作为不可分割的有机整体，成立跨部门、跨行政区的流域综合管理机构，制订流域统一规划和保护行动计划，强化流域开发战略环境影响评价和管理法规条例的制定与完善，统筹流域生产生活用水、河道与湖泊生态需水。同时，根据湖泊生态功能定位和分区，结合自然环境特点和开发利用需求，进一步划定重要湖泊流域的生态与经济功能分区，有效协调各利益相关方，提出不同生态与经济分区开发管制方向和强度要求，实施生态补偿制度，实行有效的空间开发管制，确保湖泊功能定位和分区保护目标的实现。

第二节　五大淡水湖优先行动计划

一、洞庭湖优先行动计划

洞庭湖区保护目标是以人与自然协调发展为准则，以实现经济、社会、自然环境的可持续发展为目标，以 20 世纪 80 年代洞庭湖生态环境水平为治理方向，通过水资源调控、产业结构调整，控制工业污染、城镇居民生活污染和农业面源污染，调整流域管理机制，扭转富营养化和生态环境恶化趋势，维护生物多样性和栖息地稳定，实现湖区域“生态文明”。

根据洞庭湖区的特点，将洞庭湖区分为平原及湖区生态保护恢复区、中心城市污染控制区、丘陵山区水土流失控制与水源涵养区三个治理区（图 10-2）。

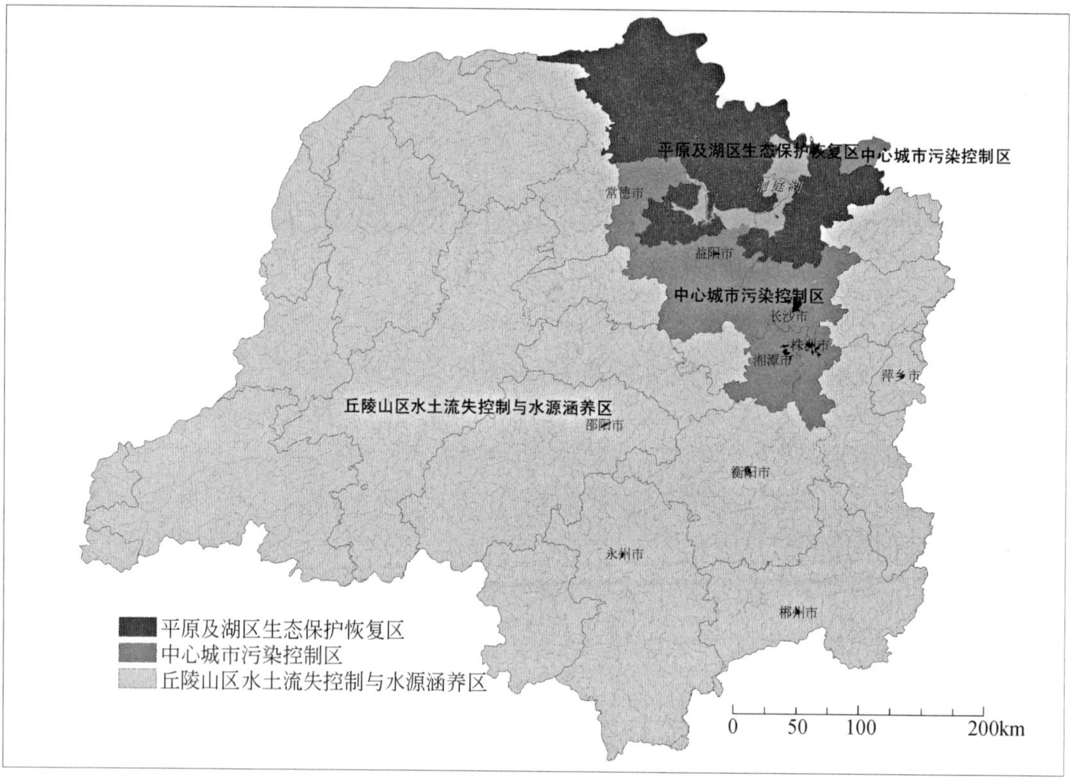

图 10-2　洞庭湖保护与治理分区

1. 平原及湖区生态保护恢复区

保障水生态系统的生物多样性，加大现有湿地保护区保护力度，规划新增湿地保护区，保护原生林湖洲和湿地野生动植物资源，增加水面面积。禁止任何新的内湖垦殖活动，限期实行退田还湖或退渔还湖；加强湖区农田防护林网和防浪护堤林建设。建立统一的洞庭湖湿地自然保护区，以生态保育区为重点，加强矿区土地复垦与综合整治，防治地质灾害。重点针对沅江、华容、湘阴、南县、常德等滨湖水产养殖区，建设养殖场污水净化及废水农灌设施，实现废水资源化，建立健全水产养殖管理条例和许可证制度，促进水产养殖向规模化和技术化发展①。

进行产业结构调整。现代农业相对于传统农业，可实现化肥农药施用量大幅削减。平原湖区应该大力发展现代农业，通过对现代农业总产值占总体农业总产值比重的监控，可间接实现控制农业面源污染。在该区重点发展规模化现代农业，使 2012 年现代农业比重达 15%，2015 年达 30%，2020 年达 60%。

加强水资源调控力度，合理进行水资源利用。本区主要由于四口淤积，虎渡河、藕池河、松滋河常断流，使湖南省南县、华容县、安乡县常现春旱。水资源调控以防洪排涝为主，保障湖区安全生产，降低地下水位，退田还湖。保障水资源供给，首先是饮用水的供

① 湖南省环境科学研究院．2010．洞庭湖生态安全保障方案研究。

给；农业供水方面，整顿现有灌区，有计划地发展提灌和利用地下水，发展井灌；兴建必要的涵闸及引水工程，计划新增灌溉面积。到2020年，湿地生态保水和农业灌溉用水保证率达到90%。

大力整治水产养殖与规模化畜禽养殖业污染，实现COD_{Cr}、总磷和总氮入湖总量依次削减12%、25%、25%，扭转洞庭湖水质恶化的趋势。

积极实施《洞庭湖区退田还湖4350规划》和湖南省环洞庭湖基本农田建设重大工程，继续巩固洞庭湖平垸行洪、退田还湖成果，维护国家粮食安全，禁止新的内湖垦殖，缓解湖区人地关系紧张局面。到2012年，湖区退田还湖面积达到1912.41km^2，耕地面积不低于105.40万hm^2，受保护地区面积比例不低于15.6%，森林覆盖率不低于49.4%，内湖占堤垸面积的比例不低于9%，矿山生态环境恢复与治理率不低于50%。

完善防洪减灾体系，并实现水资源统一管理及四个自然保护区的统一管理。完成管理部门环境监管能力建设及公众参与、信息公开机制建设。完善湿地生态系统保护机制，完善耕地保护机制，保障粮食生产。实现农业生态化和现代化，农业面源污染得到全面控制和规范，在平原生态保护区内，完善人水和谐的现代化生态管理方式，保障湖区“休养生息”。

2. 中心城市污染控制区

本区含长沙、常德、益阳、岳阳四个中心城市。以中心城市点源污染控制为主，实现工业污染达标排放，强化生活污染综合治理，缓解底泥重金属污染，实现COD_{Cr}、总磷和总氮入湖总量依次削减8%、10%、15%，初步遏制洞庭湖水质恶化的趋势。

完善长沙—岳阳—益阳—常德中心城市圈污染控制区的污染治理基础设施建设，建立完备的污染源管理条例和相应的清洁生产产业政策，同时实现人口的有效控制和产业布局的合理规划。在中心城市污染控制区内完成河流水系污染治理项目规划，使污染源得到合理管理与控制。中心城市污染控制区内搭建岳阳—益阳—常德中心城市圈污染控制信息平台和实时追踪管理系统。

进行产业结构调整，近期推动造纸、制纱、化肥、农药等重点优势行业的技术改造，落实减排指标；中远期引导企业发展技术含量高、产业链长、带动性强的产业，着重发展高技术，环保型产业，至2015年，此类企业所占比重提高至30%，至2020年提高至50%。调控规模以上企业产值占工业生产总值的比例，落实工业集约化发展。2008年湖南省规模以上企业生产规模占总体生产规模的49.19%，到2015年提高至55%，到2020年提高至70%。

加强水资源调控力度。随着城市化进程的加快，城镇工业和生活需水量速增，城镇缺水问题日益严重。应建设一批工程，分阶段解决水量水质问题，到2020年，城镇生产生活用水保证率达95%。

中心城市区的湖滨带以生态修复为主，在湖滨带生态修复基本完成的基础上，着力于湿地面积的扩大，优化生态调度方案，结合自然水情特征的恢复，进一步提升水生态系统的生物多样性。

3. 丘陵山区水土流失控制与水源涵养区

本区主要为丘陵山区。以丘陵山地生态保育为重点，贯彻主体功能区思路，调控人口布局，保育山区生态，实施坡耕地综合治理与退耕还林工程。

本区部分地区农村人畜饮水还十分困难，水资源调控主要以水源涵养和水土保持为主，结合实施部分农村安全饮水工程，解决农村人畜饮水安全问题。建立人与自然和谐的湖区水资源保障体系，为湖区经济社会发展提供安全稳定水源，到2020年，基本解决湖区农村人畜饮水安全问题。

人口和城镇化调控。通过监控城镇化率等人口聚集度指标，保护生态脆弱地区。2008年这一地区城镇化水平为29.5%。在近期，逐步实现农村人口聚集，生活污水逐步集中处理；中期，实现生态脆弱地区人口转移，生态功能区逐步建立；远期，全区逐步实现人口、社会与生态的良性发展。城镇化水平在2012年达33%，2015年达36%，2020年达45%。

进行水源涵养，控制山区的水土流失。建立人与自然和谐相处的“人地关系”。到2020年，受保护地区面积比例不低于17.0%，森林覆盖率不低于50.5%，矿山生态环境恢复与治理率不低于80%。优化林相结构，增加其水源涵养功能。

加强农业面源污染综合整治，推动工业生态化转型、加强农业生态化建设、培育绿色生态文明，实现COD_{Cr}、总磷和总氮依次削减15%、30%、35%，显著减少上游污染负荷。

二、鄱阳湖优先行动计划

1. 产业结构调整

按照生态与经济协调发展的要求，改造提升传统产业，发展生态经济，努力构建以生态农业、新型工业和现代服务业为支撑的环境友好型经济体系①。

发展高效生态农业。提高优质粮食生产能力，加强农业基础设施建设，提高优质稻谷综合生产能力；大力推进农业综合开发、基本农田整治和农田水利设施建设，增加土地复垦和中低产田改造的投入，实施土地整治重大工程、沃土工程和测土配方施肥工程。开发绿色有机农产品。依托山水资源条件和生态环境优势，大力推广“猪（牛）—沼—果（粮、鱼、油、菜）”生态农业发展模式，重点开发特种水产、有机绿茶、特色果业、无公害蔬菜、食用菌、优质生猪和水禽等一批各具地方特色的绿色、无公害、有机农产品，实现区域农产品无公害生产。

创建新型工业体系。大力发展循环经济，淘汰高耗能落后装备，大力推广清洁生产，着力推进废旧资源及工业废渣、废水、废气再利用，提高矿产的采选率、冶炼回收率。推进重点行业、重点企业循环经济发展，以及钢铁、化工和有色金属等行业改造生产流程、优化生产工艺、延伸产业链，提高单个企业生产全过程的资源能源循环利用程度，实现企

① 国家发展与改革委员会.2009. 鄱阳湖生态经济区规划。

业间副产物和废物交换、能量和废水梯级利用，实现资源利用最大化和废物排放最小化。改造提升传统优势产业。加快运用高技术和先进适用技术改造传统产业，实施传统产业信息化工程，促进工业结构调整和节能减排。大力发展先进制造业。加强信息技术、生物技术、现代管理技术与制造业的融合，按照环境友好、集群发展的要求，重点在特种车船、装备制造、高精铜材、光伏产业等领域实现突破。加快现有整车生产能力配套，重点发展新型环保汽车、特种专用车、大中型内河船舶、海运支线船舶，积极开发高精度船用导航系统、船用机电一体化设备，建设汽车及零部件产业基地和九江船舶制造基地。着力发展环保机械、工程矿山机械、港口搬运机械、大功率装载机等制造业，重点开发中小型发电成套设备和特殊用途的专用电机以及高效、节能、大容量输变电设备，推动循环流化床系列锅炉大型化。加快发展高技术产业，重点发展电子信息、生物、航空、新能源和新材料等高技术产业。大力发展新能源产品，加快高纯硅材料、薄膜太阳能电池、光伏电池及组件等产业技术的升级，建设全球重要的光伏产业基地。

加快发展现代服务业，改造提升传统服务业。发挥鄱阳湖地区生态资源优势和交通区位优势，依托中心城市，重点发展节能环保、生态旅游、特色文化、商贸物流、金融保险等服务业，不断提高服务业的比重，充分发挥服务业配套、支撑和引领作用。积极培育节能环保服务业，着力发展旅游业，努力打造特色文化产业，大力发展商贸物流业，拓展金融服务。

2. 污染控制

严格控制污染物排放总量。推行排污许可证制度，依法按流域总量控制要求。发放排污许可证，把总量控制指标分解落实到污染源，实行持证排污[①]。

加强五河一湖源头的水环境保护。对五河一湖源头实施严格保护，科学划定赣江、抚河、信江、修河、饶河和环鄱阳湖区等五河一湖源头生态功能保护区，取缔源头保护区内的排污口和近岸污染源，实现污染物零排放。建立农村饮用水水源地保护区，实施饮用水水源地污染源治理、排污口拆迁、地下饮用水净化处理等村庄饮用水安全措施。

进行农村面源污染治理，从源头上削减农业面源的排放量，推动农业废弃物的回收利用，遏制农业面源污染进一步恶化的趋势，针对全省面源污染现状主要采取测土配方施肥技术，减少化肥的使用量和流失。

加大工业污染控制力度。结合经济结构调整，进一步完善强制淘汰制度，按期淘汰不符合产业政策的水污染严重企业和落后的生产能力、工艺、设备与产品，严格控制限制类工业和产品，禁止转移或引进重污染项目，鼓励发展低污染、无污染、节水和资源综合利用的项目，鼓励企业集中建设污水深度处理设施；积极推进清洁生产，大力发展循环经济，提高工业用水重复利用率，降低单位能耗与污染物排放强度，推进工业园区污水处理厂建设和管网建设，实现工业园工业废水的集中处理与循环利用，确保工业园区企业实现稳定达标排放；严格环保准入，对新建污染源实施严格的审批制度，在生产源头上削减污染物的产生，有效控制流域污染物排放总量；加强重点工业污染物的监管，重点监测和检

① 鄱阳湖流域污染防治规划. http://wenku.baidu.com/view/d1db198fcc22bcd126ff0c34.html. 2011-05-08。

查有毒污染物排放和应急处置设施情况。

村庄生活污水的治理。选择处理效率高、投资低、运行费用低廉、维持技术水平低和能耗低的生物及生态处理工艺技术处理村庄生活污水。对农村垃圾采取分类收集、“村收集、镇运输、市（县）处理”的运作模式和因地制宜，“就地消纳”与“集中处理”相结合的原则，以好氧堆肥和填埋技术为主进行处理，经济发达地区可以发展垃圾焚烧技术。散养畜禽污染治理，采取“资源化、无害化、减量化”原则，通过推广沼气发酵技术，利用畜禽粪便进行沼气和沼肥生产，合理循环地利用可利用的物质和能量来生产燃料、肥料和饲料，借以改善和保护生态环境，促进养殖业和种植业的良性循环。

加快县城污水处理管网配套设施建设。加强鄱阳湖流域内县城污水处理厂配套工程建设，大力推进雨污合流管网系统改造，提高城镇污水收集的能力和效率，促进改善城市水域的环境质量；合理确定污水处理厂设计标准及处理工艺，排入湖库等封闭水体的现有污水处理厂，应配套建设除磷、脱氮设施；加强污水处理费征收。

加强饮用水水源地保护。严格划定饮用水水源地保护区，实行严格保护，不准有任何污水排放口，实现保护区内污水零排放；健全饮用水水源水环境监控制度，定期发布饮用水水源地水质监测信息；制订饮用水水源地水质达标实施方案，严格依法执行排污口关停、垃圾清理、水产与畜禽养殖控制等各项环境管理措施，坚决取缔水源保护区内的直接排污口，严防养殖业污染水源，禁止有毒有害物质进入饮用水水源保护区，水源地上游流入保护区的支流水质达到功能要求；建立集中式饮用水源污染应急预案和安全保障体系，对威胁饮用水水源地安全的重点排污企业要逐一建立应急预案，加强对饮用水源地水质和污染突发事件的监控；建设备用水源地和制订备用水源方案，形成饮用水源的污染来源预警、水质安全预警和水厂处理预警三位一体的饮用水源安全保障体系。

开展流域水环境综合整治。以水环境功能区划和水环境容量为依据，以改善水环境质量为目标，确定主要污染物排放总量，优化产业布局，编制流域环境综合整治规划，实施重点污染治理工程。实施重点流域、区域水环境综合整治，集中解决重点水域水污染问题。重点实施赣江流域（以赣州市、南昌市城市河段和袁河流域、章江（大余段）和贡江（会昌段）为重点）、抚河流域（以抚州市城市河段为重点）、饶河流域（以乐安河乐平市城市河段、德兴市城市河段、昌江景德镇市城市河段为重点）等水污染综合防治工程。加快推进五河干流污染综合整治区（沿线陆域 1km 范围）和鄱阳湖平原生态保护与污染控制区等重点区域的环境综合整治。建立水环境保护生态屏障，以五河沿岸 1km 为界划定保护线。综合整治保护线内的污染企业，坚决取缔国家明令禁止和淘汰的小造纸、小皮革、小化工和没有无害化处理设施的畜禽养殖场。

3. 水土资源利用

充分考虑水资源的承载能力，坚持开发与节约并举，把节约利用放在优先位置，努力提高水资源的综合利用率，并与产业结构调整相结合，促进耗水型产业与水资源产业的合理布局，实现区域资源的可持续利用。基本遏制鄱阳湖湖区水污染问题与水质逐渐变差的趋势，保障区域水生态安全、供水安全、粮食安全；维护湖泊河流健康，促进人水和谐，实现水资源的合理开发利用和有效保护，保持鄱阳湖一湖清水下泄，保证水资源的永续利用，实现水资源和水生态系统的良性循环，以水环境的持久良好来维系区域水生态安全，以水资源的可持续利用支撑经济社会的可持续开发。

对现有灌区的灌排工程进行续建配套完善，按建设标准扩大过水断面，除险加固渠系建筑物，渠道防渗处理等；发展喷滴灌、微灌、低压管道等节水灌溉；对新建工程按节水标准设计与施工。通过节水改造与建设，可使流域灌区的灌溉水利用系数大为提高，可由现在的0.45左右提升到0.50以上，可节水约6.7亿m^3，灌溉保证率在现有基础上提高10%左右；使灌区内人民生活、生产条件得到改善，节水减污能力大为增强，明显提高社会、经济、生态效益。

进行水资源的优化配置。随着城市快速发展、人口不断增加和城市水域景观的增多，今后居民生活用水和生态用水量将不断增大；同时考虑到湖区纳污能力的下降，为此在水资源分配时，应减少工业用水，以缓解缺水问题。对于企业，湖区应该合理布局高耗水企业，推进企业的提高重复用水率，减少企业新鲜用水量，加快企业的清洁生产建设。

优化流域水资源生态调度。考虑到鄱阳湖五河支流水资源丰富，尤其是洪水资源利用潜力巨大，应继续按照规划在五河支流兴建蓄水水库，或对现有水库实行科学调度等工程和非工程措施，在保障防洪安全的前提下，适当提高该地区的洪水资源利用率。加强生态缺水对鄱阳湖生态系统影响的研究，以及鄱阳湖枯水季节生态缺水及水环境容量的研究，建立包括鄱阳湖水系在内的三峡水库水情预报和调度系统。另外，在适宜条件下，改变汛后蓄水方案，蓄水时机可提前至9月中下旬，分阶段蓄水。在9月末先期由145m蓄水至155m，然后在10月初逐步蓄水至195m，以避免出现过大的减泄效应①。

强化水土保持。以小流域为单元，综合治理水土流失。加大工程治理力度，加强坡耕地、崩岗、荒山、荒坡、残次林、沿湖沙山、沿河沙地及交通沿线侧坡等水土流失易发区的治理。大力推进水土保持和生态修复工程，加大封育保护力度，促进水土流失轻微地区的植被恢复。加强对开发建设项目水土保持的监督管理，做好城镇化过程中的水土保持工作。

优化城镇空间结构，合理布局城市工业区、生活休闲区、商业服务区。加强绿地建设，依托城镇公园、广场、社区、道路、湖泊和湿地，实施绿化净化美化工程，提高城镇绿化率，扩大城镇绿地空间。大力开展农村土地整治，加大空心村整治力度，逐步取消零星分散的农村居住地，加强乡村规划与城镇规划的衔接，形成布局合理、节约用地、城乡贯通的村镇建设格局。实行土地置换制度，有序实施城镇建设增加与农村建设用地减少挂钩制度。积极开展环鄱阳湖城市群城镇建设用地增加与农村建设用地相应减少的试点。结合新农村建设，大力实施旧村改造，加强农村居民点用地整理和农村工矿废弃地整理。建立耕地在环鄱阳湖城市群内异地置换、耕地指标异地置换转让等相关制度。在实现耕地数量和质量相对稳定的前提下，解决或缓解环鄱阳湖城市群的城市化进程与土地供应不足之间的现实矛盾。

保护湖体核心区，限制进行开发。包括鄱阳湖水域和湿地，面积为0.80万km^2，占全区土地总面积的10.15%。以保护鄱阳湖水域和湿地为重点，按照越冬候鸟不减少、湖

① 中国环境科学研究院.2010.鄱阳湖生态安全保障方案研究。

区水质不下降、血防疫情不扩散、湿地功能不衰退的要求，统筹安排，合理要求。进行防洪、治涝、灌溉、航运和血防等湖区综合治理，禁止不合理的围湖垦荒，保证洪水调蓄能力，清除坝坡、堤坡、渠坡上丛生的杂草，以消灭钉螺孳生场所，控制血吸虫病的流行。加强生态水利建设，兴建分洪蓄水工程，实现排洪与蓄水相结合，保证充足的水量与水质来维持湿地的存在和湿地的环境功能。加强渔政管理，实行休养生息，扩大禁渔区，延长禁渔期，保护渔业资源，统筹安排采砂、捕鱼、养殖、种植、航运、旅游等经济活动，禁止工业化、城镇化开发。

平原区可优先进行开发。按照生态文明与经济文明高度统一的要求，构建生态文明示范区、新型产业集聚区、改革开放前沿区、城乡协调先行区、江西崛起带动区。加强土地管理，合理控制非农建设用地规模，特别应控制占用耕地规模；强化农田基本设施建设，改造中低产田，增加土地投入，用养结合，保证农田正常的生态环境，努力建设高产稳产农田；以产业集聚为依托，以交通干线为纽带，着力增强中心城市辐射带动作用，重点建设环湖城市群和南昌一小时经济圈；发展具有区内特色的工业企业和乡镇企业，以九江市、景德镇市、南昌市、鹰潭市城市建设为核心，发挥各城市不同特征的功能作用，形成产业互补发展模式，充分发挥其作为环鄱阳湖城市群区域纽带作用；进一步发挥交通优势，加快交通建设①。

鼓励丘陵低山的开发。因势利导地发展畜牧业和林业生产，在现有茶叶生产的基础上，进一步挖掘潜力，发展茶叶生产及加工业，立足本地资源，加快乡镇企业发展步伐。以旅游业为先导，积极发展第三产业、交通运输业。改造中低产田，增加土地投入，增施有机肥和注意 N、P、K 肥料的配合使用，以提高地力，维持农田正常的生态环境；加强水土保持工作，防止水土流失，同时加强防洪、排涝、灌溉等水利设施建设，以提高抵御自然灾害的能力；增强生态保护意识，防止土地“三废”污染，改善土地生态环境；加强对非农建设用地的内部挖潜，特别是对旧城区的改造利用，保护风景旅游区的自然景观。

4. 生态恢复与保护

以湖体保护、滨湖控制、生态廊道建设为重点，建立流域综合管理体制，强化宏观管理和综合协调，统筹湖区及流域上下游、干支流的生态建设和环境保护，推进流域综合治理，提高环境容量和生态功能，增强可持续发展能力②。

采取工程治理与自然修复相结合的方式，加大湿地恢复治理力度，增强净化水质、涵养水源、休养生息的能力。加强湿地保护与恢复。巩固退田还湖、还泽、还滩成果，实施鄱阳湖湿地生态恢复工程，建立湿地自然恢复区，完善引水设施体系，实施水位和水文周期调节，恢复湿地植被；治理乱堵堰、乱栽树、乱排污，严禁一切破坏湿地的行为。加强柘林湖、仙女湖等库区湿地保护，实施小型湖泊、山塘、港汊、农田和溪流等湿地保护工程，禁止非法侵占。加强人工湿地建设，加快湿地动态监测体系和基础数据平台建设，合理建设城市河段、湖泊湿地，提升国家级湿地公园建设管理水平。

---

① 国家发展与改革委员会 . 2009. 鄱阳湖生态经济圈规划。

② 鄱阳湖流域污染防治规划 . http：//wenku. baidu. com/view/d1db198fcc22bcd126ff0c34. html. 2011-05-08。

加强野生动植物保护。加强候鸟保护，严厉打击非法捕猎、贩运、销售候鸟行为，加快完善候鸟疫病监测防治体系。实施鱼类资源保护工程，落实休渔措施，妥善安排因实施渔业资源养护措施造成生活困难的部分渔民生活；加强鄱阳湖鳜鱼、翘嘴红鲌等国家级水产种质资源保护区的建设与管理，为鱼类洄游、繁殖、生息提供优良场所。严格保护和封育湖区沙洲天然植被，禁止垦荒放牧。加强珍稀濒危野生动物保护，建设鄱阳湖珍稀濒危野生动物救护与繁育中心，重点加强白鹤、江豚、鲥鱼等濒危物种保护，维护种群数量。加强鄱阳湖国家级自然保护区、南矶山国家级湿地自然保护区建设和管理，完善国家、省、县三级自然保护区体系，形成生物多样性保护网络。围绕全省森林覆盖率达到63%的目标，加强林、草业生态体系建设，形成密布城乡、点线面结合的绿色屏障，进一步增强生态系统功能。

构建生态廊道。坚持宜林则林、宜草则草原则，积极建设沿湖、沿河、沿路生态保护带。在滨湖控制开发带建设鄱阳湖防护林，在“五河”沿岸积极开展绿化带建设，大力实施道路沿线绿色通道工程，推进实施农田林网工程，合理布局城镇和产业密集区周边的开敞式绿色生态空间。

加强植树造林。重点加强“五河”及一、二级支流源头保护区的水源涵养林、水土保持林以及森林公园建设，积极实施造林绿化工程，加大造林补植、低效林改造、阔叶树补植力度。加快建设油茶林，因地制宜发展工业原料林、能源原料林、药用林等经济林。加强森林防火和病虫害防治，在生态比较脆弱、水土流失比较严重的区域和森林公园等地区实行封山育林、禁伐天然阔叶林。巩固林业产权制度改革成果，落实退耕还林后期扶持政策。扩大生态公益林补偿范围，提高补偿标准。

强化对资源开发利用活动的生态环境监管。严把对资源开发利用规划和资源开发项目的前期审批关，禁止围湖造田和占填河道等改变生态功能的开发建设活动。强化对生态环境的全过程监管。加大执法力度，推行生态监理，建立有效的资源开发利用活动生态环境监管体系。严格控制破坏地表植被的开发建设活动，防止水土流失，针对矿山、取土采石场等资源开发区全面开展生态恢复，编制矿山生态环境保护与综合治理方案，推进生态环境修复治理。规范水资源开发行为，水利工程建设及调度运行要充分考虑生态用水需要，协调好生活、生产、生态用水，维持健康的水生态系统，维护流域生态环境安全。

三、巢湖优先行动计划

通过巢湖流域产业结构调整，建设资源集约型、环境友好型社会。优化流域经济发展空间布局，走可持续发展的道路；优化流域土地利用方式和城乡布局，形成有利于水环境综合治理的空间格局；控制工业点源污染，强化农村生活污水和垃圾处理；实施绿色农业工程，控制畜禽养殖污染，优化水产养殖模式；建设环湖地区的生态隔离带与缓冲区，提高其对入湖污染物的净化能力；提高污水处理厂运行效率和脱氮除磷的能力，减少尾水排放对巢湖水体富营养化的影响①。

① 中国科学院南京地理与湖泊研究所．2010．巢湖生态安全保障方案研究。

根据巢湖流域的特点，将其分为上游水源涵养区、水土流失控制区，平原西北区、西南区、东部区，湖体西半湖、东半湖等几个治理保护区（图 10-3）。

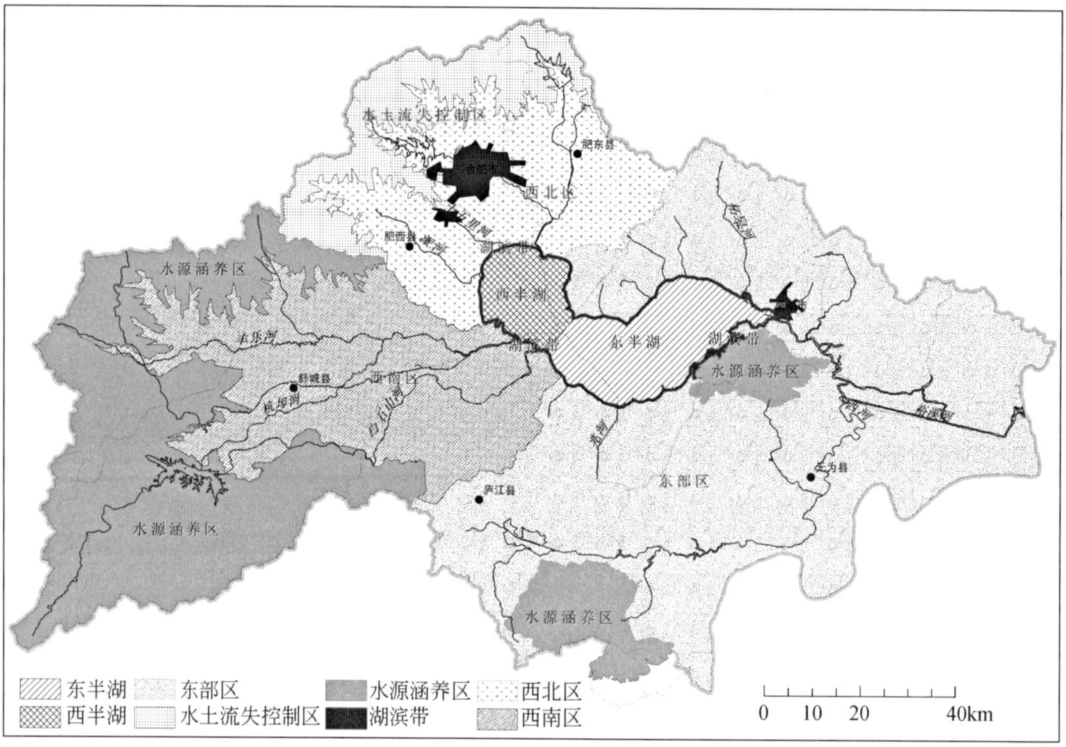

图 10-3　巢湖流域保护与治理分区

1. 产业结构调整

经济和产业调控的根本目标是：通过产业结构调整和产业效率的提高，使得在同样的人均 GDP 水平下污染物排放减少；降低污染物随经济发展上升的速率，从而减少经济发展造成的环境代价。

进一步降低农业在国民经济中的比重，提高工业和服务业的比重。尤其要降低污染性产业的比重，提高环境友好型产业比重。例如，黑色金属冶炼，它的 GDP 贡献为 4.7%，但是它对 COD 的贡献是 54.3%、氨氮的贡献率 55.2%。对经济贡献很小，但是污染严重的企业，必须要加大调控的力度。

从区域分布的角度，主要思路是因地制宜，大力推动产业升级，提高产业的技术水平、管理水平和人力资本水平，摆脱低端生产经营模式，既保护环境，又促进发展。在西北区，主要进行重污染产业结构的调整，城镇生活污水处理，重点发展第三产业，控制城市新区向工业发展。西南区发展农业生态旅游休闲业，产出清水，增加水林涵养与水土保持的植被面积，清水产流量增加 5%。东部湖区，调整种植结构、减少农村面源污染，适度发展制造业，加快城市化进程。

1）加快东部农业区发展

在庐江、无为、和县、居巢[①]、含山5个县（区），建设优质水稻主产区；在无为、含山等地建设沿江高档棉主产区；在肥东、肥西、庐江、居巢区、含山、舒城县，建设“双低”油菜主产区；在舒城县，建设高山反季节蔬菜主产区；在肥西县（区），建设优质蚕茧主产区；在肥东北部，建设低油花生主产区；在肥东、肥西县，建设出口及棚室反季节蔬菜主产区；在肥西、肥东、、舒城、居巢区、无为、庐江等地，建设优质安全猪禽肉主产区；在沿江、沿淮区域，建设优质水产品主产区。结合城市总体规划、生态功能区划要求，合理确定产业发展布局，促进产业集群，重点推进汽车产业、化工产业、材料产业、家电产业、高新技术产业和农副产品加工产业集群；推动中小企业集聚，引导关联企业向各类工业园区聚集，促进污染物集中治理和废物综合利用。

2）优化西北区省会经济圈区工业布局

在合巢芜经济密集带和巢湖临江工业带、滨湖综合开发带，依托重点镇、交通干道，布局建设一批优势产业基地和产业集聚区。支持合肥江汽等龙头企业加快发展乘用车、商用车，积极开发节能环保和新型燃料汽车。

严格执行强制淘汰制度。对与环境保护要求不相适应的高污染、高能耗产业实行关、停、并、转、迁，加强对污染严重企业的环境监管，对规模不大、污染严重的造纸、电镀、化工、冶炼、制革、建材等企业和落后的生产能力、工艺、设备和产品，实行强制淘汰，通过“以大带小”，实现污染集中控制；防止和杜绝在招商引资和沿海地区产业梯度转移过程中引入污染严重、能耗物耗高的企业。

3）增强西南区服务业活力

积极发展现代服务业，依托高速公路和铁路尽快形成六安—合肥—滁州旅游发展轴。发挥区域历史文化遗产丰富、重点文物景点众多的文化资源优势，建设“以合肥为中心，以巢湖、大别山为两翼”的泛巢湖国家级旅游区，着力发展旅游业，延伸产业链，以绿色生态旅游为主线，休闲度假和健身游为主题，红色旅游为映衬，重点开发建设具有大别山特色的旅游基地和旅游观光带。以天堂寨为龙头，带动周围资源开发，加快发展大别山生态观光旅游；以万佛湖为重点开发六安水系休闲度假旅游。

优化区域空间布局。按照强化核心、发展两翼、带动纵深的思路，以城镇密集区、城镇密集带和城镇组团作为主体形态，构建省会经济圈“一核、两翼、七带、多组团”的区域空间总体布局。形成城镇密集区。建设以合肥为核心，六安、巢湖为两翼的城镇密集区，使之成为经济圈城镇化的重点区域和一体化建设的先行区域。加强城镇密集区重大基础设施的统筹规划与共建，加快区内重点城镇和产业园区建设，实现区域空间一体化发展。拓展城镇产业密集带。以合巢芜生态经济带为主，以交通干线为依托，加强沿线城镇的基础设施建设，推进人口向城镇集聚、产业向园区集聚。以合淮蚌、合宁辅轴为纽带，联系、辐射沿线地区，形成产业密集带和集聚区。

中心城市——合肥城区——建成全国重要的科研教育基地、创新基地、先进制造业基地，全国性综合交通枢纽、区域性公共服务中心。加快推进现代化生态滨湖新区建设，打

① 巢湖市行政范围已经调整，具体见第一章所述。本章按照调整前行政区划阐述。

造省会经济圈的中央商务区。联手巢湖共同开发和保护滨湖地区。继续强化中心城区与肥东城区、肥西城区、长丰双墩地区以及周边其他乡镇的联系和分工协作，优化用地布局，加强基础设施的共享和衔接，引导合肥各项功能向周边地区扩散和辐射。

副中心城市巢湖城区。作为省会经济圈与皖江城镇带联系的重要节点，巢湖市建成省会经济圈的化学工业、建材及新材料、农副产品加工供应、旅游休闲度假、劳务输出基地及合肥东向发展、水上交通的门户。按照滨湖山水城市的基本定位和“一腹两翼、拥湖发展”的思路，建成现代中等城市，积极跨越合巢芜高速公路向东向北发展，建设巢湖新城。加强滨湖组团建设，打造巢湖新的城市亮点，建成知名的旅游度假中心。

2. 水土资源利用

西北区是合肥市所在的区域，作为全国发展最快的省会城市，随之而来的是污染排放和用地规模的扩张。入湖营养负荷70%左右来自于西北区，是巢湖富营养化最重要的污染来源。同时，滨湖新区等城市建设也给巢湖生态环境带来了更大的压力。西北区定位污染减排区，即通过大力实施以工业、生活为主的城市污染减排，显著削减入湖污染负荷。

（1）深入推进节水与废水资源化。经济结构调整是从根本上减缓西北区水资源和水环境压力的长效之路，而产业布局优化有助于提高对水资源和水环境的利用效率，在资源环境承载能力的范围之内，最大限度地为经济发展提高容量。探索城市污水资源化的有效途径，利用城市污水厂再生尾水实施水系生态补水、城市园林绿化及市政景观等用水，逐步实施分质供水，满足不同用水要求。积极研究开发和推广中水道技术，在公寓、宾馆、学校和居民住宅小区等建设中水道工程，回收部分生活污水用于冲厕、园林绿化及锅炉采暖用水，提高生活用水的重复利用率。加强对生活用水的管理，制定住宅和公共用水器具的用水标准，大力推广使用节水型器具。规划至2015工业重复用水率≥50%，市政重复用水率≥30%；2020工业重复用水率≥75%，市政重复用水率≥50%。

（2）严格控制建设用地。在保障经济平稳较快发展的前提下，合理控制建设用地总量。至2020年，建设用地总规模将控制在13.9万hm^2以内，建设用地净增规模将控制在2.4万hm^2以内。至2020年，农村居民点用地减少量控制在2.2万hm^2以内，城镇用地增量将控制在2.1万hm^2公顷以内，工矿用地净增量将控制在1.6万hm^2以内。

西南区是以低山丘陵为主的水源涵养区，以17.7%的水资源量贡献了全湖56.3%的入湖水量，是巢湖湖体最重要的清洁水源。目前，区内入湖水质、植被覆盖、土壤侵蚀等情况较好。西南区定位清水产流区，在保证巢湖湖体生态需水量的同时，提供清洁水源减轻湖泊富营养化。本区应加强水土保持，植树造林，鼓励种草，增加植被，规划至2015年森林覆盖率提高到20%，2020年森林覆盖率提高到30%；禁止在20°以上陡坡地开垦种植农作物。

（1）加强对各类资源开发和开发建设项目的监督管理，严格依法行政，强化监管力度，认真落实水土保持方案申报审批制度，新开发建设项目的水土保持工程要与主体工程同时设计、同时施工、同时投入使用。水土保持规划应与综合农业区划相协调，结合当地生产和发展方向，统筹研究农、林、牧、副、渔各业的用地比例及布局，做到工程措施、生物措施和耕作措施相结合，治理保护和开发利用相结合，经济效益、社会效益和生态效益相结合。加强宣传教育，增强开发建设单位和施工单位人员的水土保持意识，落实水土保持设施的施工管理、监理、监测工作，有效保护生态环境，建立一批开发建设项目恢复治理示范工程。

（2）切实保护生态用地，主要包括湖滨带、水库及周边、河流及周边、有林地、草地、风景区、部分交通结点或干线周边。禁止一切破坏水环境生态平衡的活动以及破坏水源林、护岸林、与水源保护相关植被的活动；严禁乱砍滥伐生态建设区内的森林和过度利用矿产资源；积极鼓励大力发展植树造林和人工草地、改良草地；加强对采矿、取土、挖砂、采石等生产活动的管理；加快产业结构调整，鼓励退耕还林还草。规划至 2015 年生态用地比重提高到 30％；2020 年生态用地比重提高到 40％。

东部区是以农业基质为主的区域，水资源与土地资源供需矛盾相对缓和，但由于被规划作为引江济巢等大型调水工程的输水通道，其污染防治及土地利用事关输水安全。东部区定位为输水通道，即保证引江济巢等大型调水工程的输水安全。

（1）系统实施面源污染防治：优化农业灌溉方式，规划到 2020 年，农业灌溉水的利用系数达到 0.8。农业部门对农田施用化肥农药提出限值标准，指导农民科学施肥，对不同作物、不同土壤土质给出合理科学的施用范围。结合新农村建设，着力提升农村生活污水的治理力度和水平，是巢湖流域污染减排的另一个重点。从巢湖流域农村地区社会经济发展的实际出发，参考目前较为成熟的生态处理技术，推广建设低耗高效的生活污水生态工程。深入发展生态农业，控制规模化畜禽养殖污染，大力发展农村沼气，走种—养—（沼）肥—种良性循环的生态农业之路。建设生态农业示范区，发展无公害农产品基地，提高农产品品质。

（2）着力提高土地集约化利用。统筹城乡、共同发展，把土地整理、宅基地整理与新农村建设结合起来，完善农村基础设施，改善农村生产生活环境，推动农村产业结构调整，促进农业集约发展和农民增收，建设特色更为突出，村容村貌、生产生活条件大为改善，节约集约用地的社会主义新农村。按照“农民自愿、依法有偿、政府引导、市场调节”的原则，积极探索农村土地承包经营权流转的新机制和新模式。深化土地整理与土地复垦，到 2020 年，人均城镇工矿用地控制在 $100m^2$，单位公顷建设用地 GDP 达到 120 万元。

3. 污染调控

根据对巢湖流域水环境的基本认识，从巢湖流域社会经济的实际出发，着眼于污染物迁移转化的全过程，本着“源头控制、过程削减、末端强化”的原则，提出“减排、修复、调水”三位一体的巢湖水环境综合治理的总体策略。

污染减排是一切环境治理的首要任务，也是根本措施。经济发展与环境污染水平有着很强的相关性。污染排放会随着人均收入的增加而趋于严重，当收入达到一定程度时，污染排放反而会随着收入的增加而减少，拐点出现在人均收入达到 3000～5000 美元时。2006 年巢湖流域人均 GDP 为 19 984 元，因此在未来相对长的一段时间内，巢湖流域的污染排放将继续保持增加的态势。根据预测，随着巢湖流域社会经济的快速发展和城市化进程的加速，在未来 10 年巢湖流域主要污染物 COD_{Mn}、TP、TN 的排放量将分别上升到

9.1万 t/a、0.37万 t/a、3.5万 t/a，如不能从源头上削减污染排放，巢湖水环境将难负其重。

流域生态系统是污染负荷主要的缓冲区和拦截地，突出表现在入湖河流、湖泊湖滨带以及农田土壤等3个方面。

（1）入湖河流：河流既是流域污染负荷的“汇”，又是湖体富营养化的“源”，河流是巢湖流域的主要污染途径。巢湖流域主要污染物 COD_{Mn}、TP、TN 排放量的 63.6%、81.2%、74.6%最终进入巢湖湖体之前在入湖河流中得到拦截和降解，入湖河流是巢湖湖区重要的污染缓冲区和拦截地。因此，对入湖河流实施生态修复，增强河道的污染净化能力，对流域污染排放在入湖前最大限度地实施削减，是减缓巢湖富营养化的有效途径。

（2）湖滨带：湖泊的湖滨带既是维持生物多样性的场所，又是有效的污染物消纳场所。缓和的水力条件、良好的复氧条件以及充足的光照为水生植物的生长创造了良好的环境，尤其对营养盐污染物而言，湖滨带以生物质的形式，能从湖体中移出大量的营养负荷。根据相关的研究和工程实施经验，每公顷芦苇湖滨带每年可移出生物质 3t，移出总氮 0.5t，移出总磷 0.08t。巢湖湖盆岸线长度 188.66km，如果都能恢复纵深 200m 的芦苇湖滨湿地，则每年可移出生物质 11 319.6t，移出总氮 1886.6t，移出总磷 301.9t，相当于目前 TN、TP 入湖量的 13.7%、29.9%。对于巢湖首要污染物 TP 的去除效果非常明显，以生物质的形式移出也是净化水体 TP 的唯一途径。因此，实施湖滨带生态修复是减缓巢湖富营养化的有效措施。

（3）土壤：巢湖流域是长江中下游地区著名的鱼米之乡，农业面源负荷较重。2004 年巢湖流域化肥平均每公顷施用量为 547.5kg，明显高于发达国家公认的 $225kg/hm^2$ 的安全指标。巢湖流域耕地面积有 109 万 hm^2，按此测算，每年的化肥施用量为 60 万 t。相关研究显示这其中只有 30%～40%被农作物有效吸收，剩余大量的化肥蓄积在土壤中或被流水冲走，这不仅造成土壤退化，而且还影响区域地下水的水质，孕育着潜在的污染，因此，必须实施有效的农田减氮降磷和土壤生态修复。

随着巢湖污染负荷的日趋加重，江湖水量交换不足和水体流动不畅与巢湖水污染防治要求不相适应。应加强引江济巢工程的论证。

（1）引江济巢有利于减缓巢湖富营养化。根据预测，白荡湖线路在 1.3 亿 m^3/月、1.0 亿 m^3/月、0.5 亿 m^3/月引江规模下，至 2030 年西半湖 TLI 分别下降 11.7%、8.4%、7.7%，均可由目前的重度富营养化降至中度富营养化；至 2030 年东半湖 TLI 分别下降 8.2%、6.4%、2.2%，均可由目前的轻度富营养化降至中营养化。莱子湖线路在 1.5 亿 m^3/月、1.0 亿 m^3/月、0.5 亿 m^3/月引江规模下，至 2030 年西半湖 TLI 分别下降 15.4%、11.8%、4.3%，均可由目前的重度富营养化降至中度富营养化；至 2030 年东半湖 TLI 分别下降 14.4%、10.8%、5.0%，均可由目前的轻度富营养化降至中营养化。由此可见，白荡湖和莱子湖两条引江线路均能较明显地缓解目前巢湖的富营养化现状，东、西半湖的 TLI 均能降低一个富营养化等级。

（2）有利于生物多样性的恢复。巢湖生态系统在建闸前生物多样性保存较好、群落结构也较复杂，建闸后湖泊水文、水质、生物均发生巨大变化，尤其是生物多样性减少。引江济巢工程的实施对于生物物种的迁移、尤其是鱼类洄游、迁徙进入巢湖，重新构建水生生态系统、恢复生物多样性具有直接的、良好的生态效应。

（3）改善与提高湖泊的生态服务功能。引江济巢工程实施后对巢湖水质的改善，不仅可以使合肥市原有的制水设备发挥正常作用、每年可节约大量的购水费用，而且可缓解流域水安全形势的生态压力。另外巢湖水生生态系统的重建与完善，可以提供的生物资源量也将大量增加；自引水、排水的调水路线可以使湖泊的湿地得到很好的恢复，既可为水禽、水生生物等提供合适的生境，也可为旅游等相关产业的发展提供良好的产业资源和支撑。

4. 生态恢复与保护

目前，国家和地方已经将大量工程和科技投入到巢湖流域水环境治理工作中，但水环境问题仍未得到根本性改观，局部区域的水污染问题依然严重，生态系统健康不同程度受损，氮磷浓度居高不下、水华频繁发生、饮用水源水质受到严重威胁，生物多样性显著下降、水生植被退化、食物链简单化；受水利工程影响，巢湖由原来的过水河道性湖泊转变为半封闭性的人工控制湖泊，湖滨湿地萎缩大，部分湖区的水质仍远远达不到功能区划的要求，尤为严重的是，主要饮用水源区的水质仍处于劣Ⅴ类的重污染水平，水华干扰正常取水的问题尚未得到有效解决。

根据巢湖湖区功能划分以及污染程度，巢湖各部分所面临的主要环境问题有所不同，而要通过水生态调控和安全生态系统构建实现巢湖水环境的生态安全就必须对不同区域区别对待，采取不同的方案。巢湖面临突出的环境问题主要包含以下几个方面：全湖层次上的湖泊生态系统结构失衡和湖滨带生态功能的退化；西湖区的重度污染和水华频发；东湖区的集中式饮用水源地的水质安全。

全湖范围内应实施水生态调控技术方案，注重生态结构调整和湖滨带的修复；西湖区入湖污染严重，蓝藻水华频发，应该以控制污染输入、降低内源污染负荷以及预测和防治蓝藻水华产生的生态灾害为重点；而东湖区是巢湖市的集中式水源地，应以控制有毒有害污染输入，预防生态灾害发生，保证巢湖市饮用水安全为重点。

根据巢湖不同湖区生态功能的差异，需有针对性的采取不同的整治调控方案。针对全湖生态系统结构失衡的现状，主要应建立严格控制的渔业保护区，通过放养鱼类的种群结构调整和优化，促进生态结构向健康合理的结构发展。针对湖滨带生态功能退化的现状，尤其是崩岸现状，主要应通过重点岸段的湖滨带生态修复工程，重建湖滨湿地生态系统，增加湖滨带对入湖污染的净化能力，减少泥沙入湖量。针对西湖区污染严重的现状，应明确污染来源，加强入湖河流的污染治理和生态修复工作。入湖河口往往是污染物大量淤积的重要区域，所以应在入湖河口和西部湖区沿岸采用清淤疏浚工程，有效削减内源污染的释放，同时结合清淤工作，在湖滨带利用底泥吹填，建立湿地，形成入湖污染隔离带。针对西湖区蓝藻水华频发的问题，应通过多层次监测技术以及蓝藻水华预测预警技术，预测蓝藻水华的发生发展，同时利用仿生式机械捞藻船对蓝藻进行打捞，捞取的蓝藻通过发酵等方式进行资源再利用。针对东部湖区饮用水水源地的水质安全保障工作，应控制主要污染河流双桥河的入湖污染，同时采用西湖区三条河流的河口疏浚和湿地重建方案，去除内源污染。针对东部湖区自来水取水口附近经常受外来蓝藻水华污染的现状，主要采取微暴气的气幕拦截技术对其进行有效拦截，必要时通过生态调水达到减灾的目的。

5. 湖泊管理

巢湖流域是我国中部欠发达地区，鉴于社会经济发展水平所限，实施巢湖水污染综合治理需要从相对较高污染产业结构和有限投入能力等区位实际出发，因地制宜地制定综合治理方案。一方面，巢湖流域是“长三角”发达地区产业优化调整的转移地区，产业结构在“十一五”期间将处于重化工业阶段的加速期，高耗能、高污染的产业还将占相当的比重，巢湖水环境污染将面临进一步加重的严峻形势，水污染治理需要制定有效的管理对策，对社会经济的发展实施调控，从源头上减缓污染的产生，减轻生态环境的压力。另一方面，巢湖水污染治理的投入能力有限，持续、大规模地建设治理工程缺乏强有力的财政支撑，这就需要通过科学管理，加强对有限的人、财、物力资源进行合理使用和优化调度，以期以较少的投入获得水环境的明显改善。因此，从初步发展地区的实际出发，环境管理必须在巢湖水污染控制工作中发挥更大的作用。

尽管国家和地方已经进行了大量工程和科技投入，但目前巢湖的水环境问题仍未得到根本性改观，局部区域的水污染问题依然严重，波及全湖的富营养化问题尚未得到解决，大湖体及其流域水体中的营养元素含量仍呈升高趋势，大部分湖区的水质仍远远达不到功能区划的要求，尤为严重的是，主要饮用水源区的水质仍处于劣Ⅴ类的重污染水平，水华干扰正常取水的问题尚未得到有效解决。究其原因，是巢湖治理工作中还存在大量“非工程技术”的盲区。包括面源污染的源头控制、突发水环境事故与水环境风险的防范、乃至对整个流域环境资源和技术资源的科学统筹等问题，都需要采用管理措施进行补充、甚至主要通过管理手段加以解决。特别是在巢湖当前的治理工作中，面对工程技术投入持续增加而水环境改善又难有新突破的窘境，通过环境管理填补“非工程技术”盲区，将成为巢湖水环境改善新的突破口。

长期以来，巢湖流域的环境管理工作在很大程度上还停留于经验管理，缺乏足够的科技支撑，突出表现在对生态环境资源的使用效率低下和大量工程技术资源闲置浪费现象。首先，巢湖出现的波及全流域的水污染问题是由局部区域对水环境容量的超负荷使用引发的，其中一个深层次原因是对生态环境资源的不当占用，正是由于环境管理缺乏基础的调控手段，致使巢湖有限的水环境容量和生态承载力在空间布局上难以实现优化配置。其次，“六五”以来，巢湖业已在水质强化净化、污染水体修复、农田节氮控磷等方面进行了持续的探索和投入，但由于未能在流域大尺度上对它们进行合理的配置，在近、中、远期的时间尺度上进行有序的安排，才造成在当前的巢湖水污染治理工作中，技术、工程乃至资金的浪费，治理工作经常陷入头痛医头、脚痛医脚的窘境，环境保护甚至成为社会经济的包袱。因此，加强科学管理是巢湖水污染控制突出的现实需求。

四、太湖优先行动计划

根据太湖流域的特点，将其分为城市污染控制区、平原河网生态环境恢复区，丘陵山区水源涵养区等几个治理保护区（图 10-4）。

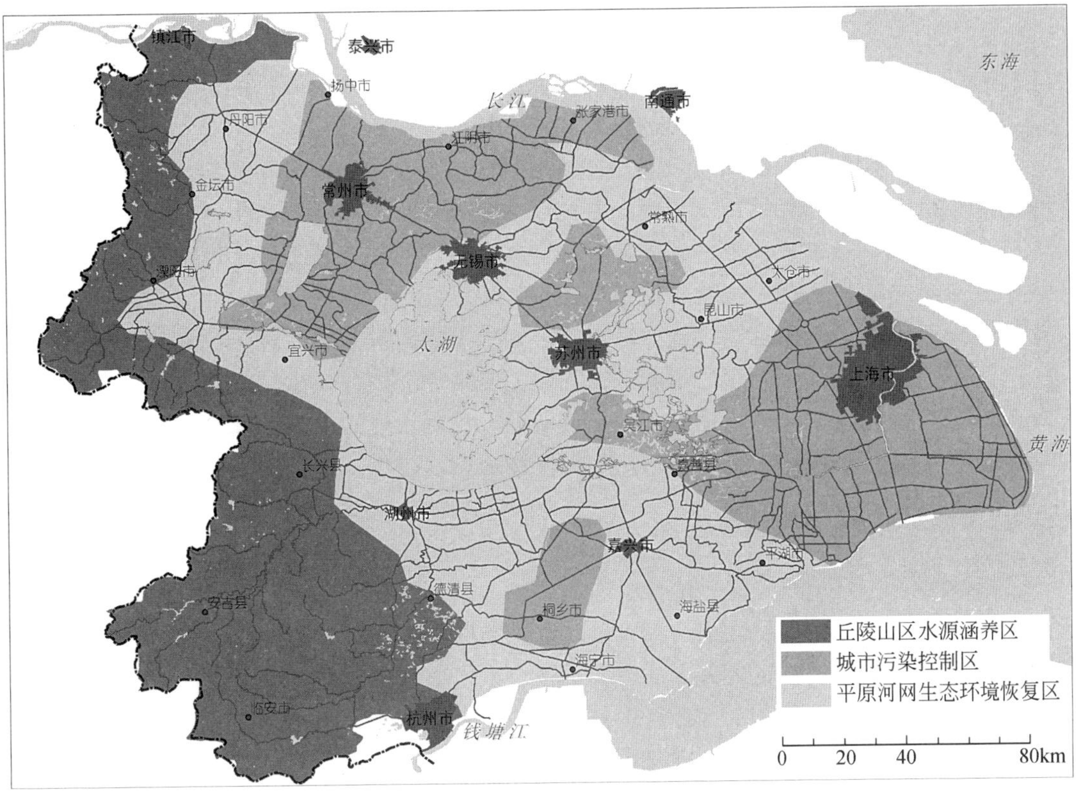

图 10-4　太湖流域保护与治理分区

1. 城市污染控制区

太湖流域城市污染控制区离长江、太湖支流水系及太湖湖体较近，主要位于太湖北部和东部经济发达地区，是流域重污染区。其中，约有 29.02％的区域属于高污染控制区域，这一区域主要位于江阴市的西北部及中部地区，张家港北部靠近长江一带及常州市区、无锡市区西部、苏州市区东北部、上海市区及东太湖周边的吴江市、湖州市区，这一带是太湖流域工业经济发达地区，同时也是流域内化工企业及重要制造业的集聚地，突出特点是小规模企业数量众多，平均密度达 6.5 家/km^2，加之现有的污水处理厂及配套管网等基础设施建设不到位，导致这一地区工业废水排放强度明显高于其他地区。“苏锡常”市区人口稠密，人口密度达 2000 人/km^2，城市化水平高居流域之首，生活污水排放强度明显高于其他地区，其次为江阴市、常熟市、宜兴市等地。此外，该区农业发达，耕地面积比重大，大量化肥农药的施用及农用塑料薄膜的使用引起水源地、地下水污染严重。这一区域的污染排放风险源强度及发生概率高是城市高污染控制区面临的主要问题。由污染排放导致的水体污染是高生态风险的主要来源，因此，如何降低污染排放强度，减少污染发生概率是降低该区生态风险的主要途径（许妍等，2010a；许妍等，2010b；许妍等，2011）。

城市污染控制区的主要问题为污染排放，因此，对本区主要采取的风险管理对策归纳如下：加强对太湖沿岸已有污染企业的管制，制定高水平的环境准入门槛，严格按照水污染防治法和水污染防治条例，控制工业废水和生活污水的排放量，加强监督管理，依法治污，对于那些污染严重、高能耗、粗放型的企业，应采取“关、转、停、迁”；同时，加强污染企业生态产业链的建设和循环经济的实施，实现产业空间布局的最优配置，进而降低污染给生态环境带来的风险（秦伯强，1998；马倩等，2010）。

此外，在控制风险源的同时，应在道路两侧增加绿化带，积极在荒坡、未利用地上进行植树造林、种草以增加植被覆盖度，并按照国家政策积极实施“退耕还林、还草”、“退田还湖”等措施，通过优化土地利用方式和城乡布局，形成有利于水环境综合治理的空间格局；控制工业点源污染，强化农村生活污水和垃圾处理；实施绿色农业工程，控制畜禽养殖污染，优化水产养殖模式；建设环湖地区的生态隔离带与缓冲区，提高其对入湖污染物的净化能力；提高污水处理厂运行效率和脱氮除磷的能力，减少尾水排放对太湖水体富营养化的影响。该区的优先行动为产业结构调整，控制工业污染、城镇乡村生活污染和农业面源污染，提高水网的水环境质量，有效削减入湖污染物。

2. 平原河网生态环境恢复区

平原河网生态环境恢复区是流域分布最广的区域，该区有近32%的区域属于生态环境亟需恢复的区域，集中在吴江市、嘉善县、嘉兴市区及湖西平原的丹阳市和金坛市的部分地区。该区域生态系统稳定性差，环境容量很小；组织结构不合理，弹性度弱，对外界干扰敏感性强，遭遇破坏后其生态环境恢复力差，生态环境较为脆弱，因此，区内生态系统遭受外界胁迫而导致不利生态效应的可能性较高，但由于该区社会经济发展水平相对不发达，其危害程度相对较低。但随着经济的发展，如不及时降低风险源、改善生态环境，这一区域生态风险水平将不断升高；该区域约36.75%属于中危险度-高脆弱度区，主要分布在杭嘉湖平原一带，集中在海宁市与平湖市交界处，随着城市化进程的加快，该区人类活动干扰日益频繁，开发区建设、城市防洪、旧城改造、道路建设等土建工程急剧增加，使得大量耕地、林地成为了建设用地，不合理的土地利用改变了原有的自然地貌，破坏了土地植被，致使生态环境急剧下降（李昌峰等，2002；高俊峰和毛新伟，2002；勒晓莉等，2006）。尤其是流域东南一侧的杭嘉湖平原地处江、海、湖、河交会处，受海洋陆地双重影响，该区发生冰雹、台风、低温冻害等极端气象灾害的概率明显高于其他区域，由此引发的滑坡、泥石流、山洪、生物灾害等次生灾害也相当严重，对经济社会发展、人民群众生活以及生态环境造成了较大影响。太湖东北一侧的常熟、太仓一带的生态环境相对较稳定，但由于该区是流域内经济较发达的区域，风险一旦发生，其潜在的损失不容忽视，因此，在降低风险源，维持良好生态环境同时也要重视社会保障体系的构建。

平原河网生态环境恢复区主要管理对策为：调整产业政策，转变经济增长方式，优化土地利用结构。目前，流域内经济较发达地区的产业一般处于“二、三、一”阶段，未来产业结构的调整方向应是由资源密集型的产业向资源集约型的产业转化，大力发展第三产业，最终形成土地利用集约度和效益较高的“三、二、一”产业结构。对于农业用地，也应该向土地集约利用性的农业耕作方式和种植方式转化，鼓励发展各种土地节约型技术和项目，高度重视农村集体建设用地的规划管理，要按照统筹城乡发展、集约用地的原则，指导、督促编制好乡（镇）土地利用总体规划和镇乡规划、村庄规划，划定村镇发展和撤并复垦范围。利用农民集体所有土地进行非农建设，必须符合规划，纳入年度计划，并依法审批。严格禁止擅自将农用地转为建设用地，严格禁止“以租代征”将农用地转为非农业用地。鼓励提高农村建设用地的利用效率，严格执行农村一户一宅政策。此外，应将水土流失区内耕地转换为林地、草地或休耕，以便更好的涵养水源，防止水土流失。综上所述，该区的优先行动为调整产业结构，优化土地利用方式和城乡布局，形成有利于水环境综合治理的空间格局。

3. 丘陵山区水源涵养区

丘陵山区水源涵养区主要分布于西部的低山丘陵区和植被覆盖度高的浙西山区，为太湖流域清水产出地区。其中，西部低山丘陵区约有 15.68％属低危险度-高脆弱度区，14.83％为中危险度-高脆弱度区，因此，这一区域由水土流失引发的生态环境自然脆弱性是该区所面临的重要问题。通过之前的分析得知，该区较大规模的、不合理的土地利用与开发活动导致了该区生态脆弱，因此，如何合理地进行土地开发活动、协调好人地关系是降低该区生态风险、解决问题的关键。浙西山区一带约有 32.29％为低危险度-中脆弱度区，主要分布在安吉县的西侧、长兴县西部及德清县大部分地区；约有 23.91％为低危险度-高脆弱度区，集中于安吉县和长兴县的中部地区，这一带综合风险源危险度较低，主要生态风险源为水土流失、极端气象；区内还分布有龙王山自然保护区、大汉七十二峰等，植被覆盖度高，生态环境整体良好，但这一区域山势陡峭，地表起伏相对较大，进而造成物质、能力分配的不平衡，特别是水热状况的明显差异，是生态脆弱性形成的地质地貌背景。此外，该区以红壤、黄壤等地带性土壤以及紫色土等非地带性土壤为主，保水性差、抗蚀能力低，容易退化，部分紫土区域植被破坏严重，对外界的风蚀、水蚀抵抗能力较差，加之东临杭州湾，降水较为丰富，因此，一旦植被破坏、土壤退化，极易造成严重的水土流失，形成裸岩，难以恢复。

随着人口的不断增加和土地利用强度的加剧，陡坡开荒、道路交通设施的修建、滥垦乱伐、开垦扩种等人类活动日益增强，破坏了原有的地形，植被覆盖度下降，从而降低了地表抗蚀能力，加剧了水土流失。因此，改善这一区域的水土流失状况及完善社会保障制度、提高医疗教育水平是降低该区生态脆弱度，减小生态风险的有效途径；此外，杭州市区、德清县的东部片区也存在一定的高脆弱带，原因与西部低山丘陵区相似。

综上所述，丘陵山区水源涵养区的主要管理对策为：在保护现有森林植被，巩固和提高已有水土流失治理成果的基础上，对水土流失易发区的坡耕地实施退耕还林还草政策，在宜林荒山荒地进行植树造林，进而改善生态环境，降低生态脆弱度，减少水土流失程度。此外，加强水土保持工程的建设，建立以水土保持执法机构为主体的健全的水土保持制度和执法体系，完善监管制度，加强水土保持的宣传，也是遏制人为水土流失的重要措施之一。由于这一区域社会经济发展水平相对较低，社会健康程度较发达地区落后，因此，要加大水土保持重要性的宣传力度，增强人们的忧患意识，同时，重视和加强科研与生产相结合，采取优惠政策，将防治水土流失与人民群众脱贫致富紧密相连。总体来说，这一区域的优先行动计划为加强水源涵养和水土保持，进行生态建设。

4. 湖区

进行湖滨带修复和湖体底泥疏浚、水华蓝藻的打捞与预警，重点保证饮用水水质，提高湖体水质。

五、洪泽湖优先行动计划

1. 产业结构调整

产业结构的调整直接影响流域污染排放水平，同时也是政府部门能够有所作为的领域。洪泽湖区万元产值排污水平以第一产业为最高，因此适当增加第三产业，调减第一产业，优化第二产业的比重，可大幅度降低污染物排放总量，促进经济保持平稳快速增长的幅度。

第一产业中畜禽养殖业的万元产值排污水平最高，水产养殖次之，通过削减两者比例，提高其污染治理能力，以降低污染物排放。稳定流域粮食生产，确保商品粮产量稳定，积极发展以有机农业、绿色农业等为主的生态农业；控制畜禽养殖、水产养殖规模，优化畜禽养殖和水产养殖的结构，削减污染物排放总量，提高其污染控制水平。

第二产业在流域经济中处于主导地位，支柱产业还是以传统制造业、农副产品加工、化工等高污染行业为主，产污量也较大，且排污量主要集中在化工等几个重污染行业。应积极推动产业转型升级，削减化工、食品加工等高污染行业，发展现代制造业、电子信息等高新技术产业，严格限制化工、纺织等行业小型企业的规模，以大大降低污染物排放量。

大力发展旅游、服务业等现代服务业。

2. 水污染控制

基于容量总量控制的污染物减排，制订洪泽湖区水污染防治方案。通过小流域环境综合整治带动全流域整治。洪泽湖流域水污染物削减必须通过工业点源、农业面源、城镇生活污染源治理，以及产业结构调整、生态修复、强化监控等综合治理才能实现。

农村面源污染对氮、磷的贡献很大，特别是围网养殖对湖泊水环境造成的直接性污染是污染控制的重点。控制湖区养殖面积，对现有养殖池塘进行合理布局，在同一区域内划分为主养区、混养区、湿地净化区和水源区四个功能区，构建养殖池塘-湿地系统，实现养殖小区内水的循环利用。大力发展有机农业，调整优化种植结构。严格控制红薯加工季节性污染。对流域内畜禽生产进行科学规划、合理布局、分区管理，划定畜禽禁止养殖区、限制养殖区和适度养殖区。推广采用生态田埂、生态沟渠、旱地系统生态隔离带、生态型湿地处理以及农区自然塘池缓冲与截留等技术。推进城镇污水管网延伸覆盖以及乡村生活污水生态净化处理。深入开展点源污染的治理，进一步加强点源排放浓度的控制，确保稳定达标排放。开展重污染企业专项整治，对污染严重、不能稳定达标的企业立即停产并限期整改。提升污水处理能力，加强集中式污水处理厂与管网建设，实施现有污水处理厂提标改造。实施重点行业污水处理提标改造和深度处理，配套建设除磷脱氮设施。

对流域内污染物排放不能稳定达标或污染物排放总量超过核定指标的，以及使用有毒有害原材料、排放有毒有害物质的企业，全面实行强制性清洁生产审核。加强对点源非正常工况与事故排放管理，杜绝点源超标排放，加快上游地区尾水导流工程建设。一是加快实施南水北调尾水导流工程，加快实施南水北调东线淮安段和宿迁段截污导流工程，减少洪泽湖的污染负荷；二是扩大尾水导流工程设计能力，根据经济发展和实际尾水排放需要扩大宿迁市尾水导流工程设计能力，以满足实际需要开展小流域环境综合整治，控制入湖河流污染。

将洪泽湖作为淮河流域下游重要控制单元开展污染控制工作，编制与实施徐洪河、濉河、老汴河等主要入湖河流环境综合整治规划与淮河重点断面达标方案，进一步削减入湖污染物总量，提高控源截污水平。

加强沿岸地区环境管理与引导。严格执行江苏省关于苏北地区产业准入要求，制定洪泽湖沿湖地区产业发展的环境准入门槛，实行项目限批和区域限批制度。完善沿岸开发区及工业园区基础设施建设，严格实行雨污分流，建设完备的污水收集和雨水排放系统，按照《城镇污水处理厂污染物排放标准》一级 A 标准建设集中污水处理设施。工业废水须经预处理达标后方可接入集中污水处理设施。积极实施节水减排。大力推进节水型工业、农业、社区建设。开展节水型示范工业园区建设试点，加强开发区、工业园区循环用水。加快发展循环经济，培育一批符合循环经济发展要求的示范企业、工业（农业）示范园区和示范地区。推进废水、废液、废渣的资源化和循环利用，大力削减 COD 排放。

3. 水土资源利用

洪泽湖区 1988～2008 年，耕地呈现减少的趋势，所占比例由 1988 年的 56.15%减少至 2008 年的 54.82%；建设用地则呈现明显的增加趋势，所占比例由 1988 年的 15.47%增加至 2008 年的 16.84%；林地与草地面积略有增加，趋势较缓。

提高土地利用效率，保证耕地面积不减少。加强自然保护区湿地建设与保护，提高土地利用效益，集约利用土地资源，实施可持续开发利用。严格控制占用耕地，调整优化城乡建设用地结构，发挥土地资源集聚利用的效应。加快中低产田的改造，以及黄河故道滩地、煤炭塌陷地的开发利用；合理调整农业生产布局，建立拥有地区优势的农业商品生产基地。强化规划管理，提高土地利用效率。建立基本农田保护制度。确保耕地比重保持在区域面积的 50%以上，城市建设用地比重控制在 20%以内。

加强自然保护区的建设与保护，划定流域生态功能分区并实施相应的保护性开发利用。加强对现有的洪泽湖湿地国家级自然保护区和北岸、东部、大堤三个市级湿地自然保护区的建设与保护，同时划定渔业资源繁殖区、洄游通道或资源保留区，为各种生物资源生长繁衍提供适宜的环境。对洪泽湖流域进行生态功能和生态敏感性分区，建立湖滨禁止开发区、上游丘陵水源涵养区、河荡限制开发区、下游优化开发区四种不同的土地资源开发利用区，并根据四区特点进行分区调控，根据划定的功能区划进行湖泊保护与开发利用；严格制止任何形式的过度开发利用。

保证洪泽湖洪水调度以及蓄水水位的合理与安全，同时保障流域水资源利用、下游供水以及南水北调东线工程水质安全。

开展水源地上游环境综合整治，确保水质达标。水源地一级保护区和二级保护区分别设置明显的警示标志和严禁事项的告示牌。并严格遵守和落实一级、二级保护区的相关规定。合理调控水利闸坝，采用分级调控的措施，调节二河闸流量。洪泽湖蓄水供水安全保障按照《南水北调东线工程治污规划》和江苏省《治污方案》要求，全面完成治污项目建设任务，保证出湖水质。同时采用分级调控的措施，调节二河闸流量。

采取退田还湖、退田还渔等措施，确保湖泊的蓄洪、分洪功能。洪泽湖冬春现状蓄水位为13.0m，汛限水位12.5m。根据南水北调东线第一期工程水资源配置和调度的要求，洪泽湖非汛期正常蓄水位从目前的13.0m提高到13.5m（废黄基面）。洪泽湖抬高蓄水位可增加淮河弃水的利用量，减少抽江水量，但势必带来很多不利影响。增加滨湖堤防出险概率，湖边圩区排涝降渍困难，现有湖滨带面积大幅减少，对淮河和怀洪新河形成回水顶托，洼地失去自排机会，部分土地淹没，水产养殖、围网等也将受影响。应安排影响区的处理工程，合理分配洪泽湖增蓄水量水权，建立保障影响处理工程能正常运行的专项基金，按照南水北调东线工程总体调度运行要求，严格按规定调度洪泽湖水资源。

4. 生态恢复与保护

控制或降低营养物质和污染物质的输入（重点是淮河）是洪泽湖修复生境的先决条件。应强化洪泽湖水生态系统的调控，采取人工辅助措施增强水生态系统的稳定性和自调节能力。通过优化水文调控模式，恢复湿地面积，恢复湖滨带生境条件，蓝藻应急控制，修复湖滨湿地、滩地植被，泗洪湿地保育，调控成子湖沉水植物群落结构等洪泽湖生态保护与恢复措施，针对洪泽湖水生态系统健康的关键影响因子和重点区域，通过人工辅助调控，修复水生态系统结构和功能，使洪泽湖水生态系统达到健康状态，提高洪泽湖生态安全保障程度。

恢复湿地面积，自然保护区面积不小于1678.5km^2。在保证防洪要求的前提下，恢复湖滨带基底，将汛限水位12.5m以上200m的湖滨带区域划归湖泊保护范围。控制成子湖水华，减少水体藻密度和蓝藻影响范围。

优化水文调控模式。根据水位变化对洪泽湖的综合影响，考虑水环境的承载能力，科学调控洪泽湖的水位，优化水文调控模式。根据洪泽湖最小生态水位，考虑保护洪泽湖核心区的水位，防止生态系统进一步衰退。保证枯水期有相对稳定的水位和水面，以维护湖体生态的平衡和发展，减少水位调控对水生植物生长的影响。

调控生态系统。确保南水北调的水质在洪泽湖不下降。恢复湖滨带生态系统，使植被覆盖率不低于30%，调控成子湖沉水植物群落结构，使水生植物、生物多样性达中度，调控泗洪湿地，建立泗洪湿地的保育方案。

湖岸稳定与岸坡修复。洪泽湖大堤背水坡土地资源丰富，应根据其土质、降水、温度等特点选择种植树木及草坪，作为生物防护。在水流急、风浪大，或岸边空间资源紧缺的场所，应利用石块、砌块或生态混凝土等材料，稳定堤岸。恢复岸带湿生或挺水植物。

泗洪湿地自然保护区保育。与渔业发展相协调，合理规划围捕区，提高养殖业的技术含量，采用应对高水位的水生植物培育技术，提高水生植物覆盖率，构建合理结构。

成子湖生态系统恢复与蓝藻应急控制方案。在水草腐烂之前进行水草打捞，引种其他水草，改善沉水植物群落结构，保证挺水植物、浮叶植物、沉水植物的合理比例。考虑食草鱼类与河蟹按比例搭配放养，进行生态食物链的调控。

通过以上措施，最终使洪泽湖及其湖滨带生态系统逐步达到自维持状态，生态状况得到明显改善，洪泽湖生态系统趋于健康，南水北调的水质得以改善，湖泊生态服务功能满足规划要求。

5. 湖泊管理

严格环境准入门槛，严防产业转移带入污染项目。参照太湖流域，制定洪泽湖流域环境准入门槛，严防太湖流域淘汰项目进入洪泽湖流域。

合理调度水利设施，减少水污染事故发生。一是合理控制上下游闸坝运行，在上游有污水团下泻时，一方面使蚌埠闸开闸放水时尽量以小流量的方式进行，污水在由淮河主干道流向洪泽湖的过程中，充分利用河流的自净能力，减少对洪泽湖的污染负荷；另一方面三河闸及时开闸使淮河下泄的污水尽快导向下游，减少在湖区的滞留时间，以减轻对洪泽湖的污染。二是合理控制蓄水位及汛限水位，避免因湖泊干枯或死水位以下运行造成的生态灾害及渔业损失。洪泽湖蓄水量不足或水位低于 11.5m 时，视气象、雨情、水情，采取“引沂济淮”或“江水北调”等调度措施补充湖泊水量。

合理控制湖区水产养殖面积与布局。联合渔业部门，进一步完善湖区水产养殖管理，明确控制面积与养殖布局，将水产养殖污染降至最低，同时避免水体污染造成的养殖损失。

建立行政交界断面水质交接责任制。一是省级层面，由国家协调跨省水污染责任纠纷，促成跨省区域补偿机制；二是市县级层面，建立市县级区域环境补偿制度，市级及以下交界断面水质达标作为考核当地政府工作业绩的重要内容，制定水质改善的总体和年度计划目标，落实到行政首长的年度考核和任期考核。

建立完善的流域水环境监测系统。整合河流、湖泊水体的监测监控体系，进行洪泽湖蓝藻水华预警和应急监测，建设洪泽湖野外水质与蓝藻综合观测站，建设洪泽湖流域遥感监测系统。

参 考 文 献

窦鸿身，姜加虎．2000. 洞庭湖．合肥：中国科学技术大学出版社

窦鸿身，姜加虎．2003. 中国五大淡水湖．合肥：中国科学技术大学出版社

窦鸿身，史复祥，闵骞．1999. 从鄱阳湖区的洪涝灾害看围垦对洪水位的影响．见：许厚泽，赵其国．长江流域洪涝灾害与科技对策．北京：科学出版社

高俊峰，李昌峰．2002. 太湖流域水资源开发现状分析．水资源保护，(3)：51-52

高俊峰，毛新伟，颜志俊，等．2002. 太湖流域经济发展与水资源需求．科技导报，(4)：62-64

高俊峰，毛新伟．2002. 太湖流域社会经济高速发展对洪涝的影响．湖泊科学，14 (1)：47-52

姜昊，程磊磊，尹昌斌．2008. 洪泽湖湿地生态系统服务功能价值评估研究．农业现代化研究，29 (3)：331-334

姜加虎，窦鸿身，苏守德．2009. 江淮中下游淡水湖群．武汉：长江出版社

姜加虎，黄群，孙占东．2005. 长江中下游湖泊保护和管理的若干建议．长江流域资源与环境，14 (1)：

40-43
姜加虎，黄群，孙占东 . 2006. 长江流域湖泊湿地生态环境状况分析 . 生态环境，15（2）：424-429
姜加虎，王苏民 . 2004. 长江流域水资源、灾害及水环境状况初步分析 . 第四纪研究，24（5）：512-517
靳晓莉，高俊峰，赵广举 . 2006. 太湖流域近 20 年社会经济发展对水环境的影响及未来发展趋势 . 长江流域资源与环境，15（3）：298-302
李昌峰，高俊峰，曹慧 . 2002. 土地利用变化对水资源影响研究现状和发展趋势 . 土壤，34（4）：191-196
李景保，常疆，李杨，等 . 2007. 洞庭湖流域水生态系统服务功能经济价值研究 . 热带地理，27（4）：311-316
李原园，郦建强，李宗礼，等 . 2011. 河湖水系连通研究的若干问题与挑战 . 资源科学，33（3）：386-391
马倩，刘俊杰，高明远 . 2010. 江苏省入太湖污染量分析（1998～2007 年）. 湖泊科学，22（1）：29-34
秦伯强，胡维平，陈伟民 . 2004. 太湖水环境演化过程与机理 . 北京：科学出版社
秦伯强 . 1998. 太湖水环境面临的问题、研究动态和初步成果 . 湖泊科学，10（4）：19
施成熙，汪宪栕，窦鸿身，等 . 1989. 中国湖泊概论 . 北京：科学出版社
王洪道，顾丁锡，刘雪芬，等 . 1987. 中国湖泊水资源 . 北京：农业出版社
王苏民，窦鸿身 . 1998. 中国湖泊志 . 北京：科学出版社
王苏民，苏守德 . 1997. 合理开发利用湖泊资源 . 中国科学院院刊，（1）：41-44
许妍，高俊峰，黄佳聪 . 2010a. 太湖湿地生态系统服务功能价值评估 . 长江流域资源与环境，19（6）：646-652
许妍，高俊峰，张宁红 . 2010b. 太湖流域景观生态风险评价 . 环境监控与预警，2（6）：1-4
许妍，高俊峰，刘聚涛 . 2011. 太湖流域生态系统健康的空间分异及其动态转移 . 资源科学，33（2）：201-209
杨桂山，李立锋，翁立达 . 2007. 长江保护与发展报告 2007. 武汉：长江出版社
杨桂山，马荣华，张路，等 . 2010. 中国湖泊现状及面临的重大问题与保护策略 . 湖泊科学，22（6）：799-810
杨凯 . 2006. 平原河网地区水系结构特征及城市化响应研究 . 上海：华东师范大学

第十一章　五大淡水湖流域治理的投融资*

五大淡水湖流域治理涉及流域内各个行政区域之间、中央到地方的各级政府之间责权利的分割和协调，涉及企业、政府和居民之间的利益调整，是一个非常复杂的系统工程。五大淡水湖流域治理又是一个需要大量资金投入的长期性工程，投、融资战略是流域治理能否进行，能否可持续的关键要素。如何有效地提高包括政府在内的资金提供主体出资的积极性，为五大淡水湖流域治理提供充足的资金，如何提高所投入资金的使用效率和配置效率，如何实现流域治理投、融资的可持续性等问题都是五大淡水湖流域治理过程中所不能回避而且必须高效解决的问题。本章在五大淡水湖重点治理领域与主要领域投资预测的基础上，提出治理的资金来源和融资模式，评价投资项目的绩效，提出控制风险方式；从推进五大淡水湖流域治理中投、融资战略的有效实施为目的，提出推进的相关工作。

第一节　重点治理领域与主要领域投资预测

一、重点治理领域分析

（一）洞庭湖流域治理重点领域

未来十年洞庭湖治理的重点将是生态湿地的保护。为了有效解决洞庭湖存在的问题，自 2000 年以来，实施了“长江防护林工程”、“生态公益林保护工程”和“退耕还林工程”等重点林业生态工程。同时，在洞庭湖区实施了“洞庭湖生态造林德国政府援助项目”和“野生动植物保护与自然保护区建设工程”，工程涉及洞庭湖上游的湘、资、沅、澧四水流域。2009～2013 年，将继续加大洞庭湖区蓄洪垸和荆南四河堤防的建设力度，开展湖区重要蓄滞洪区的安全建设以及部分河道的整治，进一步完善洞庭湖区以堤防、蓄滞洪区、河道整治和水库等工程措施和防洪非工程措施组成的综合防洪体系。用 5 年左右时间实施属于城陵矶附近 100 亿 m^3 项目的钱粮湖垸、共双茶垸、大通湖东垸 3 个蓄洪区及西官垸等 5 个重要蓄洪区围堤的安全建设；实施洞庭湖区其他蓄洪垸围堤加固工程、湖北省荆南四河堤防加固工程；实施华容河治理工程及“四水”尾闾等疏浚工程（蔡其华，2007）。

1. 堤防建设

洞庭湖各级大堤共长 5812km。长江干堤应按照《长江流域防洪规划》批准的堤防补充标准设防，加高加固，并做好防渗处理，同时抓好长江崩岸治理和河势控制。湖区一线

---

* 本章由崔大树、金通、曲宪硕、江忠兰、高令梅、王利芳、孙杨共同撰写；由高俊峰统稿并定稿。

防洪大堤3471km，二线防洪大堤1509km，主要间堤832km，其中各类险堤长达1457km；1998年发生重大险情达1760多处，都需实施除险加固。

2. 退田还湖，平垸行洪

洞庭湖区的退田还湖，必须与长江及“四水”上游的水土流失综合治理相结合，否则退田还湖的作用就难于充分发挥出来。因为退田还湖后，芦苇生长迅速，如上游泥沙不减，则还湖面积越淤越高，最终会出现“田虽退，而湖却终未能还”的尴尬局面。

3. 水土保持

加强水土保持，把改善生态环境作为治理洪水的根本措施。加强湘、资、沅、澧四水上游的封山植树、退耕还林和水土保持工作，治理病险水库，完善灌区配套，从根本上缓解湖南省的北涝南旱问题。水土保持工作要区分不同地区、不同自然社会条件，结合农田基本建设，开展水土保持，进行小流域治理。

4. 建设蓄滞洪区

长江流域原来规划确定的分蓄洪区，有些由于人口稠密，农业（包括乡镇企业等）较发达，而且分蓄洪区安全建设不足，实际上已无法主动分蓄洪。如果从时间和空间上科学调度，牺牲局部小垸，减少大垸的溃决是有可能的。从目前各地蓄滞洪区的情况看，有关安全设施和补偿制度还不到位。尽管国家投入不少资金修了圩堤，而到急用时却不完全具备使用条件。洞庭湖区综合治理中分蓄洪区建设仍然是重要的组成部分。

5. 建立功能分区

实施功能区划分是目前对洞庭湖这样具有重要生态价值地区，在更大空间尺度上进行强制性管理和湖区资源的合理利用较为有效的途径和手段。按照不同功能区的特点和要求，实施洞庭湖的保护和管理，保障洞庭湖不因人为影响而萎缩变化。根据实际情况，洞庭湖区可划分为三个功能区。

1）湖泊湿地调洪功能保护区

该区是目前洞庭湖2625km^{2}天然湖泊范围，是维系其生态服务功能的主体部分。依保护对象的类别，建立各种类型的保护区，形成保护区系统，严禁以任何方式和借口再行破坏湖泊湿地的行为。

2）湖泊湿地调洪功能恢复区

该区以调整产业结构，恢复和重建湖泊湿地生态系统，巩固江湖“退田还湖、平垸行洪和移民建镇”的洪水治理成果。区内严禁污染企业或其他不利于生态功能保护的建设项目和设施建设。

3）环湖生态经济区

该区是洞庭湖区除去洞庭湖本身和湖区退田还湖区以外的广大区域。区内应发展生态经济，严格控制污染企业的发展，限制农用化肥和农药的使用，加强城镇的环境治理和规划。同时，对垸内调蓄内涝洪水的湖泊进行保护，严禁以任何借口和方式进行垸内湖泊的垦殖活动等，保护垸内湖泊调蓄内涝洪水的生态功能。

（二）鄱阳湖流域治理重点领域

1. 组织实施生态环境保护与建设工程

为减缓进而遏制流域生态环境的退化趋势，使赣江、抚河、信江、饶河和修水等河流的上游山区、鄱阳湖区、主要交通干线、大中型水库区和矿山开采区等生态环境脆弱地区的生态环境得到保护与恢复，计划、组织和推进生态保护与建设工程（胡振鹏，2006）。

1）天然林保护与人工防护林建设工程

鄱阳湖流域的天然林主要分布在5河及其支流的上游源头地区，是5河水源生态环境的天然屏障，要着手实施湖区防护林工程，并做好长江中下游防护林和珠江源头防护林建设的规划与实施工作。

2）在湖区实施以“平垸行洪，退田还湖”为主要内容的湿地保护和恢复工程

鄱阳湖已列入世界重要湿地名录，应履行《国际湿地保护公约》，做好退田还湖，移民建镇工作。恢复鄱阳湖湿地生态功能的关键在于退田还湖，解决的途径在于发展替代产业，这样才能达到“迁得出，安得稳，能致富”的要求。

3）环境污染治理工程

随着经济的快速发展，鄱阳湖流域废污水排放总量将有较大幅度的增长，建设必要的污染治理工程将是流域治理的重要领域。近期，要继续开展乐安河、萍水河、袁河和耶溪河的“一控双达标”活动，使上述“四河”沿岸工业污染源达标排放，使水质得到明显改善；重点整治沿岸矿山开采区的“三废”污染，推广矿山少污染工艺和资源回收工艺，推广矿山复垦技术，利用生物和工程措施，在已封闭的矿区内植树种草，发展生态农业，开展矿山环境建设；城市要综合治理生活污水、生活垃圾，推广使用易降解包装材料。

4）人居环境建设工程

生态环境建设要贯彻“以人为本”的原则，为此，要把人居环境的改善作为生态环境建设的重要内容。要选择有条件的地方，在城镇推行生态住宅小区建设，在农村推行生态村庄建设，要制定生态住宅区和村庄的生态环境标准，进行科学规划，重点示范和逐步推广。

2. 鄱阳湖水系骨干工程设计与建设

实施鄱阳湖水系的整治与开发，其目的在于充分发挥水系的防洪、灌溉、发电、航运、供水、水产与旅游等项功能，取得经济、社会和生态的综合效益（吴敦银，2003）。

1）赣江梯级开发工程

赣江干流纵贯江西全省，水量为黄河的1.19倍，赣江干流分为九个梯级，进行梯级开发，发挥防洪、灌溉、航运、发电和水土保持等作用，具有明显的经济效益、社会效益和生态效益。

2）鄱阳湖水利枢纽工程

鄱阳湖水利枢纽工程是一项以综合开发利用湖区水资源、保护湖区人民生命财产安全、保护鄱阳湖生态环境等为开发目标的大型水利枢纽。坝址位于鄱阳湖入长江水道的咽

喉部位，上距星子县城约12km，下距鄱阳湖与长江汇流处约27km。汛期，联合运用拦、排、蓄等方法，使江、湖水位保持在限制水位内。非汛期，通过拦、蓄措施的联合运用，控制湖水水位，减小其变幅，获取供水、发电、航运、血防、灌溉和水产开发等综合效益。由于鄱阳湖水利枢纽工程对于长江流域的水文、生态造成的影响还存在争议，目前该枢纽工程还处于论证阶段。

3. 鄱阳湖湿地公园

鄱阳湖是我国最大的淡水湖，也是国际性的重要湿地，建设中的国家湿地公园规划总面积为3.6万hm^2，项目总投资逾100亿元（罗先诚等，2001）。

4. 生态经济区建设

鄱阳湖是全球七大湿地之一，蕴藏着丰富的水资源、湿地资源和生物资源等自然资源。2008年“两会”期间，江西省提出了建设鄱阳湖生态经济区的战略构想，并于2008年9月编制完成了《鄱阳湖生态经济区规划》和18个专项规划。根据初步规划，鄱阳湖生态经济区包括鄱阳湖平原及周边38个县（市、区），涉及南昌、九江、新余、鹰潭、抚州和景德镇等6个设区市，国土面积5.12万km^2。全区功能划分为湖体核心保护区、滨湖控制开发区和重点发展区。鄱阳湖生态经济区的建设定位主要表现为“三区一平台”，即把鄱阳湖生态经济区打造成全国乃至世界大湖流域综合开发的示范区、中部地区崛起的带动区、长江下游水生态安全的保障区及我国在国际上开展生态经济交流的重要平台。

（三）巢湖流域治理的重点领域

巢湖流域水环境综合治理的直接目标是遏制水环境持续恶化的趋势，促进社会经济与生态环境协调发展。按照巢湖流域水污染防治规划，巢湖流域治理的重点领域主要有：饮用水水源地保护、工业污染防治、城镇污水处理设施建设、非点源控制和生态修复等。

1. 巢湖流域水污染防治“十五”计划项目

《巢湖流域水污染防治“十五”计划》① 中，共安排了49个项目（表11-1）。从表11-1中可以看出“十五”期间巢湖流域治理投资并没有很好地完成，尤其是湖区综合整治和城市环保基础设施建设投资完成比例处于较低水平。

表11-1　巢湖流域水污染防治“十五”计划项目

项目类型	个数	投资/亿元	期末投资完成比例/%
城市环保基础设施建设	17	13.47	61.8
湖区综合整治	6	13.29	35.4
工业治理	9	5.65	65.3
生态林业建设	5	5.67	98.6

① 国家环保总局，国家计划委员会.2002.巢湖流域水污染防治“十五”计划。

续表

项目类型	个数	投资/亿元	期末投资完成比例/%
生态农业建设	5	2.34	83.4
生态水利建设	4	7.62	74.1
能力建设及富营养化研究	3	0.65	58.7
合计	49	48.69	62.2

资料来源：表中数据来自《巢湖流域水污染防治“十五”计划》。

2. 巢湖流域水污染防治“十一五”规划项目

巢湖流域“十一五”规划项目总数 56 个，总投资 70.75 亿元（表 11-2）。

表 11-2　巢湖流域水污染防治投资项目

项目类别		合肥市	巢湖市	六安市	合计
工业治理项目	个数	4	10	5	19
	投资/亿元	20.61	8.42	0.65	29.68
污水处理设施建设项目	个数	6	5	1	12
	投资/亿元	6.5	3.73	0.5	10.73
重点区域污染防治项目	个数	7	14	4	25
	投资/亿元	19.62	7.62	3.1	30.34

资料来源：国家环保总局，国家发展和改革委员会．2008.《巢湖流域水污染防治规划（2006～2010）》。

注：2011 年 8 月国务院批复撤销地级巢湖市。撤销原地级巢湖市居巢区，设立县级巢湖市。以原居巢区的行政区域作为新设的县级巢湖市的行政区域。新设的县级巢湖市由安徽省直辖，合肥市代管。原地级巢湖市管辖的庐江县划归合肥市管辖。无为县划归芜湖市管辖；和县的沈巷镇划归芜湖市鸠江区管辖。含山县、和县（不含沈巷镇）划归马鞍山市管辖。本书仍按照撤销前的巢湖市行政范围统计。

3. 《巢湖流域水环境综合治理总体方案》规划项目

2009 年 6 月，安徽省发改委牵头制定的《巢湖流域水环境综合治理总体方案》① （以下简称《方案》）已经完成预评估。《方案》共提出 8 大类 337 个项目，总投资 502 亿元，其中 2012 年前投资 217 亿元。根据《方案》的规划，巢湖的综合治理，将通过八大工程来具体实施，这八大工程将达到环境效益显著、生态效益明显、社会效益巨大和投资效果良好的良性循环。根据该方案，巢湖综合治理的八大主要工程分别为：城镇生活污水处理与垃圾处置、农业面源污染防治、工业污染源治理工程、生态修复与保护工程、湖泊污染应急处置工程、节水减排建设工程、引江济巢生态调水工程和科技支撑与监管体系建设工程。

通过这八大工程的实施，在生态环境效益上，将减轻农业面源污染、减少内源污染释放、提高污染处理能力、扩大湖泊环境容量和增强生态系统功能。其中，仅节水减排工

① 安徽省发展和改革委员会．2008. 巢湖流域水环境综合治理总体方案。

程，就将为巢湖流域节约大量宝贵的水资源。目前巢湖流域有 44 万 hm^2 灌溉面积，长期以来，由于灌溉渠系不配套和灌溉方式粗放，导致了宝贵水资源的浪费，通过全面进行节水改造，将提高灌溉水利用系数，每年实现农业节水 5 亿 m^3。引江济巢工程实施后，年均新增引江水量约 10 亿 m^3，约占巢湖正常库容的 60%，水体自然更新周期将明显缩短，可有效改善巢湖水质和抑制蓝藻暴发，有利于促进巢湖生态系统休养生息。

（四）太湖流域治理重点领域

针对太湖流域污染源区域分布不均和对太湖水环境影响的程度不同，将污染源相对集中，对环境影响大和生态敏感的区域作为重点治理区，重点治理区以外的其他治理区域为一般治理区。根据前述章节关于太湖流域治理目标和领域，结合《太湖流域水环境综合治理总体方案》①，今后太湖流域重点治理区及一般治理区的治理工程包括以下十项内容（表 11-3）。

表 11-3　太湖流域综合治理工程和项目

类别	项目
饮用水安全	水源地改造和水源地保护区建设；应急备用水源地建设；区域联合供水工程；供水设施深度处理改造
点源污染治理	工业企业治污工作，进行深度治理和清洁生产
城镇污水处理及垃圾处置	改造、扩建和新建污水处理设施；建设和完善污水收集管网；改造、扩建和新建生活垃圾处理设施
面源污染治理	化肥、农药减施；农田氮磷流失生态拦截；农药替代；畜禽养殖废弃物处理利用；水产养殖清洁工程；乡村清洁工程
水环境容量改善	提高水环境容量（纳污能力）引排工程
生态修复	湿地保护、修复与重建；生态保护带建设；水体生态修复
河网综合整治	环太湖河道整治工程；河网清淤；船舶污染控制
节水减排	农业节水试点工程；工业节水试点工程；城镇生活节水重点工程
监管体系建设	国家级监测站网建设；水环境监测信息共享平台；农业面源污染监测体系建设；湿地监测能力建设
科技研究项目	在太湖水环境综合治理中具有重要支撑作用的科学研究

注：表中资料根据 2008 年 4 月编制的《太湖流域水环境综合治理总体方案》中相关计划整理。

从表 11-3 可以看出，今后太湖流域治理的工程项目涉及面非常广泛，不仅有大量的污染物处理设施工程建设，也有预防污染物产生的工程项目，还有包括监管体系和科技研究等软环境建设。这些工程项目的设置充分反映了我国流域治理的理念已经产生了深刻变化，治理手段逐步多样化，已经初步建立了太湖流域的综合治理体系。

（五）洪泽湖流域治理重点领域

《淮河流域水污染防治规划（2006～2010 年）》② 和《江苏洪泽湖保护规划》中指出，

① 国家发展和改革委员会．2008．太湖流域水环境综合治理总体方案。

② 环境保护部，国家发展和改革委员会，水利部，等．2008．淮河流域水污染防治规划（2006～2010 年）

洪泽湖流域治理工程包括淮安、宿迁两市和淮河流域“十一五”环境保护重点工程项目。淮安、宿迁是洪泽湖流域两个最主要的城市，“十一五”期间洪泽湖流域环境保护重点工程中投资额最大的均为污水处理厂和配套管网的建设，淮安、宿迁两市污水处理占所有环境治理项目投资总额的比例分别为49％和73％。

1. 淮安、宿迁两市洪泽湖保护治理的重点领域

“十一五”期间，淮安和宿迁两市关于洪泽湖治理的重点领域见表11-4。

表11-4　淮安市、宿迁市“十一五”环境保护重点工程项目

项目分类	项目主要内容	淮安市项目投资/万元	宿迁市项目投资/万元
重要生态功能保护区建设工程	湿地自然保护区的规范化建设	21 000	15 180
循环经济建设与工业污染治理工程	采用新技术淘汰落后设备，减少污水排放量，实施清洁生产，提高综合效益；厂区搬迁	83 216	12 270
城市人居环境建设工程	河道疏浚、清淤、块石护坡、绿化、排污口整治；淮安市里运河截流导污	33 800	2 699
农村环境综合整治工程	生活污水生态化处理	0	2 250
流域环境综合整治工程	调整产业结构；污水处理厂和配套管网建设	171 750	194 844.4
二氧化硫和酸雨污染控制工程	企业的热电机组配套建设脱硫设施；锅炉脱硫	19 000	9 445
固体废弃物处理工程	生活垃圾处理厂建设	15 500	27 500
核与辐射安全监控工程	重点辐射源安全监控及突发性辐射事件应急能力	1 000	500
环保监管能力建设工程	建设水质自动监测站	2 660	1 000

注：数据来自《淮河流域水污染防治规划（2006～2010年）》之淮安市、宿迁市“十一五”环境保护重点工程项目一览表。

淮安市为实现“十一五”环境保护目标，全市“十一五”期间环境保护投资共需130.32亿元①，占该市同期国内生产总值的3％以上。其中政府公共财政用于环保的投资需19亿元左右，占全社会环保投资的15％以上。重点支持综合性、公益性强的重要生态功能保护区建设、自然保护区建设、生物多样性保护、重大环境建设项目、重点流域区域环境综合整治项目、重点行业环保工程项目以及环境监督管理能力建设。工业污染、农村环境治理项目，非公益性生态保护与建设项目主要由社会资本投入。城市污水和垃圾处理等项目，政府将提供引导资金和污水管网配套资金，主体工程由社会资金来承担，主要通过市场化机制来筹集资金，需筹集的社会资金总额达到111亿元②。2008年淮安市26家限期治理企业中的24家完成了治理任务并通过了验收。各地建成了一批城镇生活污水处理工程并加强配套管网建设，新增污水处理能力9万m^3，减排COD 0.1411万t；实施12

① 淮安市环境保护“十一五”规划中期评估报告。
② 淮安市“十一五”环境保护规划.2010。

项企业污染治理设施改造工程，减排 COD 0.032 万 t。2008 年，全市 COD 排放量削减 2.2%。全市推进管理减排，32 家国家控制污染源安装了在线自动监控装置，市、县两级污染源自动监控中心基本建成。

“十一五”期间，宿迁市共规划建设重点工程项目 18 项，总投资 128 453 万元①。其中污水处理厂项目 11 项，总规模 26.3 万 t，涉及投资 108 119 万元；垃圾处理厂项目 1 项，投资 2000 万元；截污导流项目 1 项，投资 11 666 万元；水环境综合整治项目 4 项，投资 6588 万元；环境管理能力建设 1 项，投资 80 万元。“十一五”水污染防治项目的实施主要以地方投入和国家资金为主，污水处理等项目发挥市场化的作用，采用 BOT、TOT 等运作方式，解决地方治污启动资金不足的难题。2008 年宿迁市环境污染治理投资总额达 177 161.9 万元②，占该市国内生产总值的 2.7%，其中城市环境基础设施建设投资 146 203.8 万元，工业污染防治投资 30 958.1 万元。完成了主要污染物的减排任务，并通过国家考核。全市共实施减排项目 30 个，削减 COD 3070t，削减 SO_2 355t，扣除 2008 年新增量后，实现 COD 减排 654 t，SO_2 减排 633t，累计 COD 和 SO_2 削减比例分别为 6.4%和 6.7%③。进一步加快污水处理厂及配套管网建设，不断提高环境污染防治能力，全市城镇生活污水处理率达 25.8%，同比增长 9.3%。

2. 淮河流域江苏段治理的重点领域分析

淮河流域已于 2006 年制定并实施了《淮河流域水污染防治规划（2006～2010 年）》，方案中对于洪泽湖流域水环境治理项目已有规划，构成了淮河流域新增项目投资概算的估算基础。规划中江苏省共有 59 个项目，估算投资 11.70 亿元，项目完成后可新增 COD 削减能力 1.6 万 t/a，氨氮削减能力 0.2 万 t/a（表 11-5）。

表 11-5　淮河流域水污染防治江苏省内投资项目

项目	个数	投资/亿元
工业治理	59	11.7
城镇污水处理及再生利用	79	63.82
重点区域污染防治	8	15.8
合计	146	91.32

注：数据来自《淮河流域水污染防治规划（2006～2010 年）》。

截至 2008 年年底，列入《淮河流域水污染防治规划（2006～2010 年）》的 656 个治污工程项目，已完成 347 个，占 53%；调试 51 个，占 8%；在建 170 个，占 26%；前期准备 53 个，占 8%。淮河流域共建成 230 座城镇污水处理厂，处理能力约每日 918 万 t，较 2007 年增加 39 座，新增处理能力约每日 171 万 t。江苏、河南、山东和安徽四省的淮河流域辖区均实现县级以上城市建成 1 座或 1 座以上的污水处理厂。从水质状况看，流域内 24 个跨省界断面化学需氧量评价全部达标，综合达标率 100%，氨氮评价综合达标率 83%，

① 宿迁市“十一五”环境保护规划 . 2010。
② 2008 年宿迁市环境质量状况公报。
③ 2008 年淮安市国民经济和社会发展统计公报。

流域水质有所改善。

二、主要领域的投资需求预测

流域治理工程的建设必然涉及建设资金的投、融资，而投、融资方式的选择是建立在资金需求规模的估计基础上的。由于五大淡水湖流域治理工程涉及水利工程、生态林建设、湿地保护、生物多样性保护和污染物治理等诸多方面，每一种工程的投资额大小取决于当地的水文地理、工程大小和标准规格等各种因素，因而在投资需求估计上存在困难，需要针对具体项目工程进行估算。然而尽管如此，我们发现，对于污水处理、垃圾处理以及自来水供给等公用事业领域，投资额的估算还是存在一定的规律，鉴于此，这一部分仅以垃圾处理、饮用水安全和污水处理三个领域为分析样本，采用统计推断方法、计量分析方法对于这些环境治理项目投资额进行估算。

（一）洞庭湖流域治理的投资需求预测

1. 城市饮用水源投资预测

根据2008年湖南省环境状况报告显示，湖南省大多数城市集中式饮用水源水质有所改善，14个城市饮用水源水质达标率在93.9%～100%，其中洞庭湖流域中的岳阳市达标率为100%，常德和益阳两市达标率均在95%左右。根据湖南省统计年鉴中的统计数据，截至2006年，洞庭湖流域城市公共供水设施综合能力达到116万m^3/d，供水管道总长1015km，供水总量达到2.21亿m^3。至2006年年底，洞庭湖饮用水源地保护完成投资1.40亿元；2006年洞庭湖流域的人口为1491.57万人，由此可得每个人供水投资需9.39元。通过线性回归估算2020年流域内的人口为1805.58万人，则供水总投资需求为1.73亿元，需要增加投资0.33亿元（余元君，2008）。

2. 污水处理投资预测

污水处理是未来洞庭湖流域水环境治理的最重要方面。污水排放包括生活污水和生产污水两个部分。虽然生活污水与生产污水在污染物含量上有较大差异，但污水数量与经济总量（GDP）有高度相关性，因为：①生产污水排放强度和内含的污染物结构与当地产业结构是息息相关的；②人均生活污水产量具有一定的稳定性和规律性，但地区产业结构决定了当地人口总量（包括常住人口和流动人口），因而排放总量与区域经济总量有很大关系。基于以上考虑，与垃圾处理投资估算不同，污水处理设施的估算起点为经济总量指标GDP。

根据2008年洞庭湖环境状况公报显示，洞庭湖湖区现有工业排污口82个，其中位于湖边，污水直接排入湖体的排污口有27个，日排污总量达129万t。入湖水系的排污口55个，日排污水量达20万t，共计日排入污水总量达149万t；其中日排污总量中BOD、COD、酚、石油类和氰化物等污染物总量分别为38.35t、22.38t、0.04t、0.01t和0.08t。局部污染严重的地区和污染源是：①东洞庭湖区的纺织化工业，日排污水量占东洞庭湖直排污水量的77.7%；②西、南洞庭湖区的造纸业，日排污水量分别占西、南洞庭湖直排污水量的 45%和 95%。

根据湖南省统计年鉴和湖南省环境状况公报的数据，可预测出 2020 年洞庭湖流域污水排放、治理和新增投资额的情况（表 11-6）。

表 11-6　2020 年洞庭湖流域污水处理情况预测

GDP 总量/亿元	单位 GDP 污水排放量/万 t	污水年排放量/万 t	污水日排放量/万 t	已有污水处理能力/（万 t/d）	需新增污水处理能力/（万 t/d）	新增投资额/万元
4573.95	8	36 591.63	100.25	43.18	57.07	134 114.5

表 11-6 新增投资估算的假设条件及说明如下：①各城市 GDP 总量的增长率为 8%，以 2008 年为基准年来估算 2020 年的 GDP 总量；②污水的排放量与 GDP 总量呈现线性关系，废水排放总量包括工业废水排放量和生活污水排放量，根据湖南省统计年鉴分析，工业废水约占废水排放总量的 50%，另根据 2006～2008 年这三年废水排放量的数据分析，每单位 GDP 工业废水的排放量每年呈现递减的趋势，平均递减率约为 20%，而生活污水排放量基本持平，根据 2008 年污水排放量的数据，预测到 2020 年这几个城市单位 GDP 污水排放量＝2008 年污水排放总量×50%×（1－24%）^{12}＋2008 年污水排放总量×50%，综合考虑几方面的因素和数据的收集情况，将洞庭湖流域几个城市的单位污水排放量统一定为 8t/万元；③预计 2020 年各城市污水的处理率达到 80%，新增污水处理能力根据 2020 年需处理的污水量与 2008 年已有的污水处理能力的差额进行估算；④根据有关研究数据，要形成 1 万 t/d 的污水处理能力，需要的平均投资额是 2350 万元。

3. 垃圾处理投资预测

根据湖南省环境状况公报的数据显示，2008 年湖南省工业固体废物产生量为 3366.44 万 t，比上年增长 3.0%；其中危险废物产生量为 34.65 万 t，比上年增加 14.2%；全省综合利用工业固体废物为 2384.95 万 t，综合利用率为 69.99%，比上年增加 3.54 百分点；全省外排工业固体废物量 56.7 万 t，比上年减少 36.8%。其中，洞庭湖流域的固体废弃物是 55.36 万 t，已有的垃圾处理能力为 31.47 万 t/a，当年总的投资额为 865.42 万元。未来十年洞庭湖垃圾处理情况可参照表 11-7。

表 11-7　2020 年洞庭湖流域垃圾处理新增投资估算

2020 年人口/万人	垃圾产量/万 t	城镇/万 t	农村/万 t	2020 年垃圾处理量		已有处理能力/万 t	新增处理能力/万 t	新增投资额/万元
				城镇 100%	农村 80%			
1285.89	55.36	28.74	26.62	28.74	21.30	31.47	23.89	656.98

对表 11-7 的说明如下：①根据 2008 年湖南省统计年鉴的数据，湖南人均日产生垃圾量约为 1.2kg，将常住人口数乘以人均每日产生的垃圾量可得垃圾产量，预计到 2020 年洞庭湖流域的常住人口为 1285.89 万人，则年垃圾产量为 55.36 万 t；②目前，垃圾焚烧厂每万吨单位处理垃圾的投资额较为稳定，估计在 25 万～30 万元；③《洞庭湖综合治理规

划》方案中预测，到2020年洞庭湖区城市的垃圾处理率基本能够达到100%；农村、乡镇的垃圾集中处理率为80%。

（二）鄱阳湖流域治理投资需求预测

1. 饮用水安全治理投资预测

根据江西省统计年鉴显示，截至2006年，鄱阳湖流域城市公共供水设施综合能力达到467万m^3/d，供水管管道总长4058km，供水总量达到8.83亿m^3。“十五”期间，至2006年年底，鄱阳湖饮用水源地保护投资已完成5.62亿元。根据2006年鄱阳湖流域的统计人口为2859万人，可得每个人供水投资需19.65元。通过线性回归可估算2020年流域内的人口为3158万人，则供水总投资需求为62.05亿元，需要增加投资42.4亿元。

2. 城镇污水处理投资预测

截至2006年，鄱阳湖流域污水排放量为5.51亿m^3，人均污水排放量为19.27 m^3。排污和排水管道总长度为2686km，其中污水管道348km；污水处理厂6座，污水处理能力62.0万m^3/d，2006年污水处理总量达2.08亿m^3；其他污水处理装置处理能力为72.0万m^3/d，年处理总量为1.69亿m^3。总的污水年处理量为3.77亿m^3，污水处理率为68.4%。预计2020年污水排放量为6.04亿m^3，按照100%的污水处理率，需新增污水处理能力93.48万m^3/d；需要新建的污水处理厂3座；按照每天1万m^3污水处理成本2350元的价格计算，需要新增投资额为219 678元。

3. 垃圾处理投资预测

与前文一致，在估算每个城市新增的垃圾处理厂时，我们假定焚烧方式占50%，填埋方式占50%。垃圾填埋场建设资金基本是由政府投入，垃圾焚烧厂大多采用BOT等方式，吸引社会资金投资兴建（金通，2008）。

根据2007年江西省统计年鉴的数据，江西省人均日产生垃圾量约为0.9kg，将常住人口数乘以人均每天产生垃圾量可得垃圾产量。预计到2020年鄱阳湖流域的常住人口为2192万人，则年垃圾产量为720.08万t。目前，垃圾焚烧厂日处理垃圾的投资额也是较为稳定的，估计在25万～30万元。根据《鄱阳湖综合治理专项规划》，到2020年鄱阳湖流域内各城市的垃圾处理率基本能够达到100%；乡镇和农村的垃圾集中处理率为80%（表11-8）。

表11-8　2020年鄱阳湖流域垃圾处理新增投资估计

2020年人口/万人	垃圾产量/（万t/a）	城镇/（万t/a）	农村/（万t/a）	2020年垃圾处理量		已有垃圾处理能力/（万t/a）	新增垃圾处理能力/万t	新增投资额/万元
				城镇 100%	农村 80%			
2192.05	720.08	373.89	346.19	373.89	276.95	197.60	522.48	14 368.2

（三）巢湖流域治理投资需求预测

1. 垃圾处理设施新增投资概算

巢湖流域新增的垃圾处理厂基本上以卫生填埋方式为主。随着城市垃圾成分构成的改善，焚烧技术将得到广泛的应用，焚烧处理比例将迅速提高。预计到2020年巢湖流域生活垃圾处理中焚烧的比例将达到30%左右。垃圾填埋场建设资金基本依靠政府投入，垃圾焚烧厂大多采用BOT等方式，吸引社会资金投资兴建。

2010年我国城市人均生活垃圾产生量达到1.06kg/（d·人）；参考国外人均生活垃圾产生量数据，预测至2020年我国城市人均生活垃圾日产量约为1.2kg。垃圾焚烧厂形成一定的日处理垃圾能力的投资额较为稳定，投资费用系数约为40万元/t；垃圾焚烧厂占垃圾处理厂的30%。城市生活垃圾产生量等于城市人口与人均生活垃圾产生量的乘积。考虑到《安徽省人口发展“十一五”规划和2020年远景目标》的规划内容，并结合合肥、巢湖和六安三市人口实际情况，预计2008～2020年人口自然增长率为5‰，人口城镇化率分别为60%、50%和50%。根据合肥、巢湖和六安三市的环境保护“十一五”规划，预计到2020年巢湖流域城镇生活垃圾无害化处理率，合肥将达到100%，巢湖和六安达到90%以上（表11-9）。

表11-9　2020年巢湖流域垃圾处理设施新增投资概算

项目	合肥	巢湖	六安
2020年城市人口数量/万人	319.14	218.7	323.3
2020年垃圾日产量/t	3 829.68	2 624.4	3 879.6
2020年垃圾应处理量/t	3 829.68	2 361.96	3 491.64
已有垃圾处理能力/（t/d）	1 467	1 200	1 577
需新增的垃圾处理能力/t	2 362.68	1 161.96	1 914.64
新增投资额/万人	28 352	13 944	22 976

2. 污水处理厂的投资需求

根据巢湖流域的合肥、巢湖和六安三个地区2020年的经济社会总量和现有污水处理设施的建设情况，2020年巢湖流域污水处理设施新增投资估算见表11-10。

表11-10　合肥、巢湖和六安污水处理设施新增投资估算

项目	合肥	巢湖	六安
2020年GDP总量/亿元	3 910.04	1 125.75	1 254.15
单位GDP污水排放量/（t/万元）	8	12	12
污水年排放量/万t	31 283.2	11 257.5	12 541.5
污水日排放量/万t	85.7	30.83	34.36
已有污水处理能力/（万t/d）	61	20.5	8
需新增污水处理能力/（万t/t）	16.13	1.08	16.05
新增投资额/万元	41 534.75	2 777.76	41 280.6

表 11-10 中的新增投资估算的假设条件及说明如下：①《中国环境经济计量模型》测算表明，“十一五”期间我国经济增长率为 8%左右，“十二五”为 7.5%左右，“十三五”为 7%左右。②污水的排放量与 GDP 总量呈现线性关系。废水排放总量包括工业废水排放量和生活污水排放量。工业废水随着 GDP 的增加呈缓慢下降的趋势，原因在于：环保投资与治理力度的不断加大、循环经济和清洁生产理念的不断推广、工业生产工艺的改进和水循环利用率的不断提高。生活污水排放量每年相对稳定，根据 2008 年污水排放量数据，预测 2020 年这三个城市单位 GDP 污水排放量。结合各市的环境保护“十一五”规划，合肥市单位 GDP 废水排放量为 6t/万元。巢湖、六安市单位 GDP 废水排放量为 10t/万元。③综合各城市的污水处理能力，2008 年合肥市全市总处理能力已达 58.5 万 t/d，污水处理率为 60%，预计 2020 年巢湖流域各城市污水的处理率将有区别，合肥市将达到 90%以上，巢湖、六安两市将达到 70%。新增污水处理能力根据 2020 年污水需处理的污水量与“十一五”期间已有的污水处理能力的差额进行估算。④为了达到所需要的实际处理能力，在测算设计能力时考虑一般的运行安全系数为 75%，即已有的污水处理能力＝污水处理厂的设计能力×75%。⑤通过安徽省在“十一五”期间污水处理厂的投资额和日处理污水能力的统计结果，计算出要形成万吨污水处理能力的平均建设造价是 2572 万元。

（四）太湖流域治理投资需求预测

1. 垃圾处理设施新增投资估算

垃圾处理的无害化方式主要有三种：垃圾卫生填埋、焚烧发电和综合处理。我国 90%以上的垃圾都是通过卫生填埋的方式解决。这种方法处理量大，工艺简单，节省投资，但是它的缺点是占地面积太大，对于土地资源的侵占和破坏相当严重。相对填埋处理方式而言，垃圾焚烧发电可节省 70%的土地，同时能够产生新的能源，因此在土地资源高度紧缺的太湖流域，焚烧处理垃圾的方式日益受到欢迎，垃圾焚烧比例日渐提高。为了简化分析，在估算每个城市新增的垃圾处理厂时假定焚烧方式占 50%，填埋方式占 50%（表 11-11）。

表 11-11　太湖流域垃圾处理设施新增投资概算

地市	2020 年人口/万人	垃圾产量/（万 t/a）	城镇/（万 t/a）	农村/（万 t/a）	2020 年垃圾处理量		已有垃圾处理能力/（万 t/a）	新增垃圾处理能力/（万 t/a）	新增投资额/万元
					城镇 100%	农村 80%			
苏州	2 298.18	992.81	516.26	476.55	516.26	381.24	245.00	652.50	223 458.90
常州	555.44	239.95	124.77	115.18	124.77	92.14	118.00	98.91	33 873.57
无锡	767.25	331.45	172.36	159.10	172.36	127.28	163.00	136.64	46 793.69
镇江	341.43	147.50	76.70	70.80	76.70	56.64	82.00	51.34	17 581.90
杭州	1 003.69	433.59	302.63	130.96	302.63	104.77	232.00	175.40	60 068.93
湖州	317.20	137.03	82.22	54.81	82.22	43.85	83.00	43.07	14 749.42
嘉兴	533.80	230.60	138.36	92.24	138.36	73.79	124.00	88.15	30 189.48
青浦	211.27	91.27	77.58	13.69	77.58	10.95	25.00	63.53	21 757.16
合计	6 028.26	2 604.20	1 490.88	1 113.33	1 490.88	890.66	1 072.00	1 309.54	448 473.10

对表 11-11 中数据说明如下：①国内外的实践显示，进入一定的发展阶段后，一个地区的人均垃圾产量是比较稳定的（金通，2008）。根据已有的统计数据，江浙地区人均日产生的垃圾量约为 1.2kg，将常住人口数乘以人均每天产生垃圾量可得垃圾产量。②目前垃圾焚烧厂日单位处理垃圾的投资额也是较为稳定的，估计在 25 万～30 万元。③根据《太湖流域综合治理规划》方案，到 2020 年太湖流域各城市的垃圾处理率基本能够达到 100%，乡镇和农村的垃圾集中处理率为 80%。

2. 污水处理设施投资估算

污水处理是未来太湖流域水环境治理的最重要方面。污水排放包括生活污水和生产污水两个部分，目前在太湖流域前者已经在比例上超过了后者。虽然生活污水与生产污水在污染物含量上有较大差异，但污水数量与经济总量（GDP）有高度相关性，因为：①生产污水排放强度和内含的污染物结构与当地产业结构息息相关；②人均生活污水产量具有一定的稳定性和规律性，排放总量与区域经济总量有很大关系。基于以上考虑，与垃圾处理投资估算不同，污水处理设施的估算起点为经济总量指标（GDP）（表 11-12）。

表 11-12 污水处理设施新增投资估算

项目	苏州	常州	无锡	镇江	杭州	湖州	嘉兴	青浦区
GDP /亿元	16 874	5 546	11 129	3 546	12 040	2 606	4 571	1 204
单位 GDP 排放量/t	8	8	8	8	8	8	8	8
年排放量/万 t	13 499	44 368	89 032	28 368	96 320	20 848	36 568	9 632
日排放量/t	369.8	121.56	243.92	77.72	263.89	57.12	100.19	26.39
已有处理能力/（万 t/d）	160	53.5	151	33	275.5	51.2	69	17.4
需新增处理能力/（万 t/d）	135.87	43.74	44.14	29.18	0	0	11.15	3.71
新增投资额/万元	319 30	102 80	103 726	68 565	0	0	26 200	8 721

对表 11-12 中数据及推导过程说明如下：①假设各城市 GDP 总量的增长率为 8%，以 2008 年为基准年，估算 2020 年的 GDP 总量。②污水的排放量与 GDP 总量呈现线性关系。废水排放总量包括工业废水排放量和生活污水排放量，根据苏州、常州、无锡、镇江、杭州、湖州、嘉兴和上海青浦这几个地区的统计分析，工业废水约占废水排放量的 50%。另根据 2006～2008 年废水排放量的数据分析，每单位 GDP 工业废水的排放量每年呈现递减的趋势，平均递减率约为 20%；而生活污水排放量基本持平。根据 2008 年污水排放量的数据，预测到 2020 年这几个城市单位 GDP 污水排放量＝2008 年污水排放总量×50%（1－24%）^{12}＋2008 年污水排放总量×50%。考虑到这八个地区处在太湖流域，经济发展水平有地区性差别，但差距并不大，在估算投融资分析时将这些城市作为一个整体，测算总的投资额。综合考虑几方面的因素和数据的收集情况，将这几个城市的单位 GDP 污水排放量统一定为 8t/万元。③预计 2020 年各城市污水的处理率达到 80%，新增污水处理能力根据 2020 年需处理的污水量与 2008 年已有的污水处理能力的差额进行估算。④根据湖州、杭州两市在营运的污水处理厂的投资额和日处理污水能力的统计结

果，计算出要形成 1 万 t/d 的污水处理能力，需要的平均投资额是 2350 万元。⑤杭州、湖州两市环境基础设施投入较大，已形成了较大的污水处理能力，提前完成了《太湖流域水环境综合治理总体方案》中规定的污水处理厂的建设任务，在投资的理论估算中，不需要新增投资额。

（五）洪泽湖流域治理投资需求预测

1. 淮安、宿迁两市垃圾处理厂的投资需求

预计到 2020 年，洪泽湖流域生活垃圾处理中焚烧的比例将达到 30%。垃圾填埋场建设资金基本是由政府投入，垃圾焚烧厂也大多采用 BOT 等方式，以吸引社会资金的投入。

表 11-13 中新增投资估算的假设条件及说明如下：①考虑到《江苏省人口和计划生育事业“十一五”发展规划》中规定的人口自然增长率，并结合淮安、宿迁两市人口实际情况，预计 2008～2020 年人口自然增长率为 5‰，人口城镇化率为 50%；②根据淮安、宿迁两市的环境保护“十一五”规划，预计到 2020 年洪泽湖流域城镇生活垃圾无害化处理率将达到 90%以上，由于洪泽湖流域经济相对于太湖流域不发达，暂不考虑农村的生活垃圾处理；③已有的垃圾处理能力包括已建成的垃圾处理厂和“十一五”规划中在建的垃圾处理厂。

表 11-13　淮安、宿迁垃圾处理设施新增投资概算

项目	淮安	宿迁
2020 年城市人口数量/人	285.01	283.78
垃圾日产量/t	3 420.12	3 405.16
2020 年垃圾应处理量/t	3 078.11	3 064.82
已有垃圾处理能力/(t/d)	1 690	2 300
需新增的垃圾处理能力/t	1 388.11	764.82
新增投资额/万元	16 657.31	9 177.84

2. 淮安、宿迁两市污水处理厂的投资需求

2008 年淮安市废水排放总量 24 088.84 万 t，其中工业废水排放量为 9512.93 万 t，占废水排放总量的 39.49%；生活污水排放量 14 575.91 万 t，占废水排放总量为 60.51%；2008 年宿迁市全市废水排放总量 14 447.88 万 t，其中工业废水排放量 4640.51 万 t，生活污水排放量 9807.37 万 t；废水中 COD 排放总量 42 859.61t，其中工业废水排放 7683.56t，生活废水排放 35 176.05t。根据洪泽湖流域内淮安、宿迁 2020 年的经济总量预测以及现有污水处理情况，估算 2020 年前两地所需新增的污水处理设施投资额见表 11-14。

表 11-14　淮安、宿迁污水处理设施新增投资估算

项目	淮安	宿迁
2020 年 GDP 总量/亿元	2 150.92	1 538.47
单位 GDP 污水排放量/(t/万元)	16.8	16.4
污水年排放量/万 t	36 135.46	25 230.95
污水日排放量/万 t	99	69.1
已有污水处理能力/(万 t/d)	29.1	31.125
需新增污水处理能力/(万 t/d)	20.4	3.425
新增投资额/万元	52 468.8	8 809.1

表 11-14 中新增投资估算的假设条件及说明如下：①根据《宿迁市环境保护“十一五”规划》，在“十一五”期间，万元工业产值工业废水排放强度控制目标为 36t/万元，预测到 2020 年，万元工业产值工业废水排放强度为 30t/万元。预测到 2020 年工业产值占 GDP 总量的 1/3，即单位 GDP 工业废水排放量为 10t/万元。生活污水排放量每年相对比较稳定。根据 2008 年污水排放量的数据，预测到 2020 年这两个城市单位 GDP 污水排放量。②综合考虑市、县二级的生活污水处理能力，预计 2020 年洪泽湖流域污水的处理率将达到 50%，新增污水处理能力根据 2020 年污水需处理的污水量与“十一五”期间已有的污水处理能力的差额进行估算。③为了达到所需要的实际处理能力，在测算设计能力时要考虑一般的运行安全系数为 75%。即已有的污水处理能力＝污水处理厂的设计能力×75%。④根据淮安、宿迁两市在“十一五”期间污水处理厂的投资额和日处理污水能力的统计结果，计算出要形成万吨污水处理能力的平均建设造价是 2572 万元。

3. 淮河流域江苏段污水处理厂投资估算

淮河流域江苏段的投资估算主要通过 COD 排放量的削减量来预测。根据《淮河流域水污染防治规划（2006～2010 年）》中规定的 COD 排放量控制目标，预测到 2020 年江苏省 COD 的排放量控制在 24 万 t 以内（表 11-15）。

表 11-15　淮河流域江苏段投资估算

项目	数量
2010 年 COD 排放量控制目标/万 t	34
2020 年 COD 排放量控制目标/万 t	24
10 年间需削减 COD 排放量/万 t	10
每年需新增 COD 削减量/万 t	1
每年 COD 减少 1t 的平均建设造价/万元	5
新增投资额/万元	50 000

表 11-15 中新增投资估算的假设条件及说明如下：①考虑到洪泽湖流域已于 2006 年制定实施《淮河流域水污染防治规划（2006～2010 年）》，方案中对于淮河流域江苏段的

水环境治理项目已有规划，这就构成了洪泽湖流域新增项目投资概算的估算基础；②2020年淮河流域江苏段的COD排放量控制目标以2010年规划为基础，并以2005～2010年COD削减量的递减速度进行估算；③通过对江苏省流域环境综合整治工程项目计划表的统计分析并考虑通货膨胀的因素，得出每吨污水处理的平均建设造价约为5万元。

第二节　五大淡水湖流域治理的资金来源和融资模式

一、流域治理的投资收益与资金来源

流域环境治理项目可以按照项目产品消费的“排他性”区分为三类，即企业内部治理项目、公用事业项目和公共设施项目。

（一）流域治理的投资收益分析

流域治理项目具有双重性质，既有为社会公众服务的公益性成分，也有可以通过运营获得经济收益，甚至可以进行竞争的一面。因此对治理项目的营利模式要分别从环境收益、社会收益和经济收益三个方面进行衡量（表11-16）。

表11-16　五大淡水湖流域治理项目投资收益分析

项目类别	收益来源
公共设施项目	为社会提供环境领域公共产品，包括生物多样性、环境容量的提升和保护，环境改善带来的疾病减少
公用事业项目	废弃物处理等，通过向消费者、生产者收取处理费、销售产品、获得政府补贴弥补投资成本并获得收益
企业内部治理项目	减少排污量，节约排污费；降低资源消耗，减少成本；回收可用资源，节约成本

1. 公共设施项目的投资收益

公共设施项目是具有公共产品属性的治理项目，包括水利工程、生物多样性保护工程、湿地保护、岸线治理和生态林建设等。这类项目多由国家投资建设，收益主要表现在为社会提供环境领域的公共产品，包括生物多样性、环境质量的提高、环境容量的提升以及由于环境的改善带来的疾病减少、社会经济的可持续发展等。

2. 公用事业项目的投资收益

公用事业项目是指具有公用事业属性的垃圾处理、污水处理和自来水等治理项目，具有一定的营利能力。这类环境治理项目具有双重的性质，既有为社会公众服务的公益性成分，也可以通过运营获得经济收益。因此，其收益表现在为人们提供治理污染服务的收入。公用事业项目的投资除了具有环境收益和社会收益的同时，由于其营利性，它还具有一定的经济收益，企业可以通过收取处理费、政府补贴等获得经济收益。

3. 企业内部治理项目的投资收益

企业内部治理项目包括单个企业独立建设的污水、三废处理设施，具有自建、自营和自利的特点。随着我国对环境问题的越来越重视，以及污染收费制度的建立，企业有了建立内部治理项目节约生产成本的激励。这类项目的收益主要表现在减少排污量，节约排污费；降低资源消耗，减少成本；回收可用资源，节约成本等方面。

（二）流域治理项目的资金来源分析

根据流域治理项目的三种类型各自收益的属性，按照“谁受益、谁支付”的现代环境治理基本原则，结合不同项目营利模式的构建条件，三大类流域治理项目的投资来源结构为：企业内部治理项目出资人以企业为主；公用事业项目的投资来源为财政资金和社会资金；公共设施项目由政府出资兴建。不管是哪种类型项目，流域治理项目的资金来源无非是两种：财政资金和社会资金。

1. 财政资金

财政资金作为流域治理项目资金来源体现了项目投资收益的公益性和享用的“非排他性”。根据我国五级行政管理体制，中央、省、市、县（区）和镇政府均有义务出资建设流域治理项目。在同一项目中，各级政府的出资比例取决于该项目的受益群体和受益区域划分，受益面越是广泛的项目更高级别政府就应该出更高比例的资金。当然，在我国当前经济、社会条件下，也应该安排部分财政资金用于企业内部治理项目和公用事业项目，以发挥其引导作用。另外，考虑到我国地区经济发展的巨大差异决定了各地财政资金供给的非平衡性，而流域治理项目又往往具有区域共享性，所以财政资金的使用也牵涉到中央向地方，富裕地区向欠发达地区的转移支付。就某一地区而言，财政资金又来源于各种税收、土地出让或者国有资产收益等诸多方面。

2. 社会资金

这里的社会资金泛指财政资金以外的社会资源。整体来看，社会资金主要包括民营企业所拥有的资金、居民上缴的相关费用和信贷资金。

民营企业所拥有的资金。随着我国市场化、民营化程度的提高，用于流域治理的资金将会是越来越多的，这对于项目运行效率的提高具有较大作用。尤其是用于诸如中水回用系统等企业内环境治理项目将日益增加，同时，随着公用事业项目民营化程度的提高和进入壁垒的拆除，将会有更多的民营资本控股、参股建设流域治理领域中的项目。例如，截至2009年年底，浙江省投入运营的20多个垃圾焚烧发电项目基本都是由民营资本出资兴建。

居民上缴的相关费用。目前居民户都要上缴垃圾处理费、污水处理费、自来水费和电费等费用，这些费用间接地构成了社会资金的重大组成部分。还应该看到的是，这些费用的征收形成了相应流域治理项目盈利核，为这些项目的民营化进而吸引更多社会建设资金提供了基本保证。另外，从国外流域治理的实践经验看，收取环境项目服务费用同样是它们筹集流域治理项目建设资金的重要来源。

信贷资金。流域治理项目具有“投资大、回收期长、高风险”的基本特征，尤其是对于我国流域治理中地方经济发展不平衡导致部分地区财政资金缺口较大，以及历史欠账过多导致项目先天不足，在今后相当长的一段时间内，都需要通过债权融资等各种方式筹集借贷资金补充流域治理项目建设资金。随着金融创新快速推进以及金融市场的发展，借贷资金不仅包括传统意义上的银行贷款，还包括信托投资、私募基金和债券资金等。

二、流域治理项目的融资模式

从财政资金、社会资金到流域治理项目投资的渠道和方式构成了融资模式。总的来说，任何建设项目的融资模式都可归结为权益融资和债权融资，即用“入股”还是“借债”的方式融资。流域治理项目具有自身的特点，加之随着金融市场的发展和政府职能的转变，在基本权益融资和债权融资形式上又延伸出了其他的融资模式，主要包括政府融资平台、项目融资等形式。

（一）权益融资

权益融资是指投资方用出资入股形成权益资本的形式获得资金的模式，出资人将通过分红（股息）获得投资回报。这种融资方式具有资金风险低的特征，适合于投资回收期长、回报不稳定、投资额大的流域治理项目。但是为了吸引投资人入股的积极性，这些项目应该具有较为明确的盈利核以及一定水平的回报预期。

（二）债权融资

债权融资是指出资者用借贷手段形成债权的方式筹集项目建设资金的模式，具有速度快、额度大、使用方便的特征。债权融资又可以分为银行贷款、发行债券等方式。在我国现有经济、社会、法律条件下，银行贷款不仅是债权融资的重要方式，也是整个流域治理项目融资的重要手段。债券发行包括政府发行国债向社会筹集资金后转移支付给具体流域治理项目。

（三）项目融资

项目融资的主要方式有 BOT 融资和资产证券化融资两种方式。

1. BOT 融资

BOT（build-operate-transfer）是英文“建设－运营－移交”的缩写，含义是指由一国财团或投资人作为项目的发起人从一个国家的政府或所属机构获得某些基础设施建设的特许权，然后由其独立或联合其他方组建项目公司，负责项目的融资、设计、建设和运营，整个特许期内项目公司获利，并用此利润偿还债务。期满时无偿或以极少的名义价格转交给东道国政府。政府与项目公司的特许协议是整个 BOT 项目的核心，其他合同和协议的内容必须符合特许协议的规定。BOT 投、融资方式在实际运作中，由于基础设施种类、投融资回报方式等差异，出现了不少变异，主要有：①BOOT（建设、拥有、经营、移交），它与 BOT 的主要区别是在特许权内不仅有经营权，而且也有所有权，在时间上，一般从项目建成到移交给政府，BOOT 要比 BOT 时间长；②BLT（建设、租赁、移交），政府在运营期将项目租回，支付租赁费，到期投资人无偿交给政府；③TOT（移交、经营、移交），指东道国政府把已经投产运行的基础设施项目移交给私人企业经营，一次性从私人企业手中融得一笔资金用于建设新的基础设施项目。特许经营期满后，私人企业再无偿移交给东道国政府，虽然衍生的种类较多，但万变不离其宗，BOT 融资方式的核心内容在于项目公司对特定基础设施项目特许经营权的获得，以及特许经营权具体内容的确定。

2. 资产证券化融资

资产证券化（asset-build-security）简称 ABS，即资产支持发行的证券。它运行的理论基础是由一个核心原理和三个基本原理构成。资产证券化是以基础资产可预见的未来现金流为支撑在金融市场上发行证券的过程。被证券化的资产可以采取多种形式，但这些资产必须具备一个先决条件——能产生可预见的未来现金流。换句话说，资产证券化之所证券化的不是资产本身，而是资产所产生的现金流。现金流分析就成为了资产证券化的核心原理。资产证券化融资模式是介于传统的直接融资和间接融资之间的一种创新模式。信贷资产证券化是银行向借款人发放贷款，再将这部分贷款转化为资产支持证券出售给投资者。在这种模式下，银行不承担贷款的信用风险，而是由投资者承担，银行负责贷款的评审和贷后管理，这样就能将银行的信贷管理能力和市场的风险承担能力充分结合起来，提高融资的效率。

（四）地方政府融资平台模式

地方政府融资平台（local government-backed investment units），是指地方政府发起设立的融资工具，以土地等国有资源和资产作为抵押，以地方政府隐性担保的方式，达到向银行借贷实现融资的目的。2010 年 6 月 13 日，国务院下发了《关于加强地方政府融资平台公司管理有关问题的通知》（以简称《通知》），从实际效果看，《通知》的重点是承认了地方融资平台的积极作用，确立了地方融资平台的合法地位，并对地方融资平台的后续发展进行了清理规范。按照《通知》的定义，地方政府融资平台公司是指由地方政府及其部门和机构等通过财政拨款或注入土地、股权等资产设立，承担政府投资项目融资功能。我国的地方政府融资平台可以追溯到 20 世纪 80～90 年代的负债经营城市的“投资公司”、“信托公司”、“市政公司”等，后因滥借款、滥集资问题被叫停。2006 年后，地方政府再度开展地方融资平台创新，2008 年年末为应对金融危机“4 万亿”投资计划使得地方融资平台爆发式增长，发挥了承接中央财政资金转移支付、贷款、发行地方债权的融资职能。2008 年年底的“4 万亿”投资计划中安排了 7.5％用于节能减排和生态建设，这些资金很大一部分是通过地方融资平台进入流域治理项目的建设的。同时，地方融资平台吸引了大量的银行贷款进入流域治理领域。截至 2009 年 6 月，各级政府共建立了 8221 个政府融资平台，占用贷款余额5.56万亿，占2009年全部贷款的50%以上。

由于先天不足、管理不到位等主客观原因，地方融资平台还存在诸多问题，反过来增加了流域治理项目的资金风险。根据《通知》清理、整顿、规范后，地方政府融资平台还将会在流域治理项目的融资过程中发挥其应有的作用。

第三节　投资项目的绩效评价和风险控制

一、投资项目的绩效评价

流域治理项目具有投资额大、投资期长的特点，项目的建设和运营将对当地的水文地理、气候环境、产业经济和就业税收等诸多方面造成一定影响，投资项目本身也存在成本-收益的经济考量。另外，流域治理手段往往有多种路径和方案，每种路径和方案对地区的影响亦存在差异，成本-收益比例也有不同。因此，不论是哪种类型的流域治理项目，都应该从经济收益、社会收益和环境收益三个方面进行全方位的综合性绩效评价。由于不同流域治理项目所发挥的功能和受益面存在较大差异，因而针对不同类型项目的绩效评价的重点应该不同。

流域综合治理项目的特殊性决定了投、融资绩效评估要更多地考虑到环境收益和社会收益，应适当弱化经济收益方面的评价。流域综合治理项目的产出多为非私有产品，决定了流域治理项目非营利性的性质。在市场经济体制下，一般经济组织的投资活动是追求自身利益的最大化，其产出的产品是实现收益的载体，是私有产品。而流域综合治理项目绝大部分是非营利和难以营利的项目，其根本目的是改善人民生活环境、保持生物多样性和增加环境容量等，这些项目的产出大多是为满足公共需要的公共产品或准公共物品。流域治理项目也存在一定的营利性项目，但大部分是投资周期长、风险大的项目。针对五大淡水湖流域综合治理项目的投、融资特点，从三个基本指标对投资绩效进行概括性评估，然后根据具体指标进一步细化。

（一）环境绩效评价

环境绩效是指评价对象对生态环境保护的影响。进行环境绩效评估时，最重要的即为选择适当的环境绩效指标。根据ISO14031所规定的环境指标，依其评估对象和目的选择两类指标：环境状态指标和环境绩效指标。

1. 环境状态指标

1）水质指标

根据五大淡水湖流域的污染特点，设计以下水质指标：①COD浓度；②NH_3—N浓度；③TP浓度；④TN浓度。五大淡水湖流域污染主要是水体污染和富营养化。对于消除河道水体黑臭，COD和氨氮是主要控制对象；对于消除五大淡水湖富营养化，总磷和总氮是主要治理对象，也是关键的控制指标。

2）生物多样性指标

环境污染与破坏会对该地区的生物生存环境造成影响，甚至导致某个物种的灭绝。为了保持生物多样性和社会的可持续发展，对生物多样性的保护也至关重要。物种多样性的测量有以下三个指标：①物种总数变化率，即特定区域内所拥有的特定类群的物种数目的变化率；②物种密度变化率，指单位面积内的特定类群的物种数目的变化率；③特有物种比例，指在一定区域内某个特定类群特有种占该地区物种总数的比例。

3）环境容量指标

环境容量指某一环境对污染物最大承受限度，在这一限度内，环境质量不致降低到有害于人类生活、生产与生存的水平，环境具有自我修复外界污染物所致损伤的能力。研究环境容量对控制环境污染很有用处。由于环境有一定自净能力，经过严格测算，可允许一部分污染物稍加处理后排入环境，让环境将这些污染物消化掉。流域环境容量指标有以下四个指标：COD、氨氮、总磷和总氮。

2. 环境绩效指标

1）污染物处理能力指标

对流域综合治理项目进行投资，其环境效益最直接的体现就是污染物处理能力的增加。根据流域污染的特点和投资治理方向，设计以下指标：①新增污水处理能力（万 t/d）；②所在地区污水处理率（%）；③新增固体废物处理能力（万 t/a）；④所在地区固体废弃物处理率（%）；⑤新增 COD 削减量（t/a）；⑥新增氨氮削减量（t/a）；⑦新增总磷削减量（t/a）；⑧新增总氮削减量（t/a）。

2）污染物处理经济性指标

流域综合治理项目绩效不仅体现在处理能力上，而且还体现在处理的效率上。将环境业绩与财务业绩结合起来，设计以下效率性指标：①单位污水处理费用（元/t）；②单位固体废弃物处理费用（元/t）；③中水回收利用率。

（二）社会绩效评价

社会绩效是指评价对象对社会发展的影响，主要包括流域治理项目的投资建设对创造就业机会的影响、对地区产业结构的影响、对区域经济增长的贡献、对财政税收的贡献和对公共卫生保障的影响等。可以用指标来具体评价流域治理项目的社会绩效。

1. 社会就业指标

环境保护行业属于服务性行业，对于环境保护行业的投资会创造更多的就业机会。随着竞争的加剧，就业已成为社会的一个很严重的问题。社会就业率的提高更有利于社会的稳定与发展。我们对于社会就业设计以下指标：①项目新创造的就业岗位数量；②项目单位投资新创造的就业岗位数量（个/百万元）。

2. 产业结构升级指标

如何破解资源瓶颈、提升产业竞争力、促进经济持续快速发展，是今后五大淡水湖流域内各个地区的中心工作，而要达到上述目标，惟有高效推进产业转型升级。转型升级实质上是要把国民经济的结构状态从“高投入、高排放、低附加值”转向“低投入、低排放、高附加值”，以提高人民收入，实现人与自然的和谐。

流域治理项目的投资建设与区域产业结构升级是息息相关的，项目的运行不仅直接减少了污染物的排放量，而且也改进了当地投资环境，为引进高科技企业创造条件。产业结构升级指标可以用以下指标加以评价：①万元 GDP 能耗和水耗的下降率；②万元 GDP 的 COD、氨氮、总磷和总氮等污染物排放量下降率；③万元 GDP 的固体废物产生量下降率；④万元 GDP 的主要污染物排放下降率；⑤全要素生产率（TFP）的增长率；⑥各层次高科技企业所占比例。

3. 对区域经济增长的贡献指标

流域治理项目本身是一种生产行为，也是一个投入产出过程，必将显著地创造社会价值，带动当地有关产业发展，直接或间接地增加当地的 GDP，为当地政府提供更多的财政收入；同时，环境质量的改善会对投资环境和生活环境造成影响，间接影响该地区经济的增长。对区域经济增长贡献可以设置如下指标：①项目创造的 GDP；②项目创造的财政收入。

4. 对社会福利影响的指标

流域治理项目对社会福利的影响主要体现在社会节约、综合发展、污染防治、生态环境保护以及对人们健康的影响等方面。具体指标如下：①居民幸福指数名次；②居住环境排名；③环境导向型疾病发病率变动；④洪涝灾害损失下降率。

（三）经济绩效评价

1. 营利能力指标

有两个方面的原因决定了流域治理项目的营利能力评价的重要性：一是项目建设运营本身也是一个生产过程，有其投入产出效率的问题，也事关资源的节约利用；二是在市场经济条件下，项目的营利能力直接关系到投资主体投资运营的积极性，影响社会资本进入流域治理领域的积极性。对于项目营利能力的评价已经比较成熟，根据一般项目营利能力评价体系选择三个指标来评价营利能力：①总资产报酬率；②内部收益率；③项目净现值。但需要指出的是，流域治理项目的公益性和长期性决定了这些指标具体评判时与一般商业项目有较大差异，应该制定更加长期的评价期限，同时营利指标的临界值也应该适当调低。

2. 营运能力指标

流域综合治理项目投资规模巨大，而且投资回收期较长，对其投资往往也面临更大的风险。营运能力指标可更好地反映项目的经营水平以及管理水平。项目营运能力指标的主要选择是：①总资产周转率；②投资回收期；③应收账款周转率。

综上所述，现将流域治理项目的投融资综合绩效评估指标汇总于表 11-17。

表 11-17　五大淡水湖流域治理项目绩效评价体系

类别	分项指标	具体指标
环境绩效	水质指标	COD 浓度
		NH_3—N 浓度
		TP 浓度
		TN 浓度
	生物多样性指标	物种总数变化率
		物种密度变化率
		特有物种比例
	环境容量指标	地区环境 COD 容量
		氨氮容量
		总磷容量
		总氮容量
	污染物处理能力指标	新增污水处理能力
		污水处理率
		新增固体废物处理能力
		固体废弃物处理率
		新增 COD 削减量
		新增氨氮削减量
		新增总磷削减量
		新增总氮削减量
	污染物处理经济性指标	单位污水处理费用
		单位固体废弃物处理费用
		中水回收利用率
社会绩效	社会就业指标	项目新创造的就业岗位数量
		项目单位投资新创造的就业岗位数量
	产业结构升级指标	万元 GDP 能耗和水耗的下降率
		万元 GDP 产值 COD、氨氮、总磷、总氮等污染物排放量下降率
		万元 GDP 产值的固体废物产生量下降率
		万元 GDP 产值的主要污染物排放下降率
		全要素生产率（TFP）的增长率
		各层次高科技企业所占比例
	区域经济增长贡献指标	项目创造的 GDP
		项目创造的财政收入
	对社会福利的影响指标	居民幸福指数名次
		居住环境排名
		环境导向型疾病发病率变动
		洪涝灾害损失下降率

续表

类别	分项指标	具体指标
经济绩效	营利能力指标	总资产报酬率
		内部收益率
		项目净现值
	营运能力指标	总资产周转率
		投资回收期
		应收账款周转率

二、投资项目的风险评估与控制

流域治理投资的风险主要体现为项目建设和特许经营方面。因此，银行在审查此类项目时，必须重点关注现阶段的行业及产业政策，立项审批是否合法、合规，土地以及配套措施的保证是否到位，项目本身是否经过招投标方式取得，项目建设资金是否落实，资本金是否足额到位，项目建设能否按期完工，污水收集和排放的条件是否落实，政府的财政实力是否具备，政府的信用及履约记录是否良好，付费安排是否合理稳定，有无合理的补偿机制等。同时，还要对以下不同融资方式的特殊风险，予以高度重视。

（一）政策性风险

流域治理项目属于社会效益较高而经济效益较差的项目，项目顺利运行须得到政府政策的支持，尤其是税收优惠政策和政府补贴等。环境综合治理项目建设投资较大，投资回收期一般较长，如污水处理成本与收取的污水处理费倒挂，要依赖政府的补贴与信用。同时长达 20 年或更长的运营期间如出现政治、经济政策等重大变化，可能会对项目的正常还款产生影响。对环境保护投资有影响的政府政策主要包括：价格政策、信贷政策、市场准入政策、税收优惠政策和政府补贴政策等。

1. 价格政策

我国环境治理行业已经初步实现了市场化运营的方式，环境治理企业的收益受到其提供产品价格的影响，如污水处理费、垃圾处理费等。政府对这些商品的管制价格的高低决定了环保企业的营利性。随着垃圾处理收费制度的建立，垃圾处理费已经成为垃圾处理企业重要的收入来源。污水处理、垃圾处理等领域的定价是否合理，直接关系到项目的贷款偿还能力。

2. 信贷政策

信贷政策的制定体现着国家的政策方向，随着政策扶持力度的不断提升，未来几年信贷部门将会加大对环境综合行业的信贷投放力度。这类贷款主要靠水价偿还贷款本息，而在目前我国水价水平整体偏低，有的污水处理行业还不能以水价弥补其生产成本的情况下，贷款银行无法控制其建设和经营过程，使得项目面临较大风险。

3. 税收优惠政策和补贴政策

环境保护行业是政府政策鼓励发展的行业，由于其具有公益性，其投资收益很少能引起投资者的注意，这就需要政府政策的倾斜。其中最直接的莫过于税收优惠政策和补贴政策。现阶段，由于我国环境治理市场还不够完善，处理价格普遍较低，不能补偿处理成本，需要国家的财政给予支持。税收优惠和补贴也成为污染处理企业很重要的一部分收入。

4. 政府的信誉风险

流域治理项目主要为国家地方区县的环境基础设施，这些贷款项目的社会效益较高，但投资规模大、周期长、资金回收慢、经济效益低，一般贷款偿还均由地方政府财政兜底担保。因此，政府信誉和财政实力对贷款的偿还有极大的影响。现阶段，我国的垃圾处理费、污水处理费都是采用行政代收的方式进行缴纳的，政府的信誉关系到垃圾处理和污水处理费的及时支付。而且在对项目审批、工程建设的土地等配套服务方面，政府信誉也有着很重要的作用。政府对环保企业承诺的优惠政策和补贴政策的兑现也关系到环保项目的营利性。

5. 环境治理市场不完善造成的风险

（1）污水处理费、垃圾处理费的收取还不是完全的市场化运作模式，属于政府定价范畴。其价格高低完全由政府决定，不能体现市场对资源的配置作用。而且政府的定价行为为企业的寻租提供了条件，不合理的定价机制也会阻碍环保产业的发展。

（2）污水处理费、垃圾处理费的征收率不高。由于我国对污染治理的市场化改革还不够彻底，加之人们对于污染不用付费的错误认识，污染费的征收率不高，这对环境治理企业的收益有着严重影响。

（3）污水处理费、垃圾处理费的征收、支付都需要通过政府部门，这为环境治理企业带来风险。政府代收的污染处理费的支付是否及时严重影响企业的运营，且可能存在被挪用的风险。

（4）污染物收集的配套设施建设。污水的处理量关系到污水治理企业的收益。因此污水收集的配套管网建设就至关重要。在垃圾的收集处理领域，垃圾的收集在垃圾处理成本中占有很大比重。

（二）项目建设运营风险

1. 完工风险

项目投资在完成有关手续、正式签署有关文件并经政府批准后便进入工程营建阶段。对项目公司来说，在这一阶段面临的最大风险是工程顺利完工的风险。工程能否顺利完工，决定着项目能否顺利启动运营，项目投资能否得到回报，债权人的本息能否按期收回。因此，识别这类风险并进行有效管理，是保证项目工程顺利建成并交付运营商使用的重要手段。完工风险包括工程不能完工风险、完工迟延风险和成本超支风险。

2. 运营风险

污染治理行业投资是一种稳定的低回报的长期投资，高效稳定的运营成为赢利的关键。此类项目的运营很多采用特许经营的模式，特许经营期一般比较长，通常为20～30年，因此在整个特许权协议期限内存在着较高的经济风险。风险的主要来源于社会经济的发展水平、经济管理政策和经济稳定程度等因素。在环境综合治理设施建成后，项目进入试运营期，业主或项目公司一般都要求承包商对该项目提供一个保证期限，比如在设施建成后一年内，主要对设备的技术指标、水处理产品的质量达标情况以及设施、设备的损耗情况进行检查，在协议中，承包商必须对维修工作提供资金来源方面的保证。私营机构对于成本的预测是建立在详尽的前期调研基础之上的，但是再详尽的调研也可能与实际情况不相符合，而成本超支可能是多种因素造成的，这就需要对成本超支风险因素区别对待。因经营者自身技术上或管理方面的问题造成的成本费用超出预算的风险，应该由项目经营者承担，政府可以在特许权协议中规定，由政府或政府委托机构对项目行使监督的职责，监督项目的日常运营情况。根据监督结果，采取一定的奖惩措施，比如增加补贴或对项目公司进行罚款等。

3. 环境标准变化的风险

随着国民经济的持续发展和人民生活水平的不断提高，对水环境质量标准的要求也会不断地提高。因此，在特许经营期内，会不断提高出水标准和增加污水监控指标。应新标准的需要，污水处理厂就必须增加处理设施，以达到新的标准。由于增加了有关处理设施，因此也相应增加了建筑、设备及安装和工艺管道等工程建设费用及相关费用，而且特许经营期内的修理、电、人工、药剂等运营费用也相应增加。

（三）流域综合治理项目特有风险

1. 替代性风险

污水处理和垃圾处理行业属于资金密集型行业，具有显著的规模经济效益，据测算，垃圾处理厂的最优规模处理量为1000t/d。这种特征导致了一个区域内往往只有一家处理厂才是最有效率的。在对流域环境综合治理项目进行投资的时候，要考虑到污水处理企业之间和垃圾处理企业之间这种替代性的关系。新建项目不仅要满足当地人们对环境的需求，同时也要保证项目高效率的运行。

2. 项目的非完全竞争性风险

由于污染处理项目具有显著的规模经济效益，在一个区域内，项目公司往往处于垄断地位，与当地政府处于一对一的状态，属于双边垄断的市场状态。在制定处理价格时，政府和企业都具有谈判能力。因此在定价时就存在政府与企业之间讨价还价的问题。

3. “邻避”风险

邻避现象的英文涵义是“Not in my back yard”，简称为“NIMBY”，即一般所谓的

“不要在我家后院”，指的是当国家推行某些对社会整体而言是必要的政策时，政策的目标地区却强烈反对把当地作为政策目标的草根运动。流域涉及多个省市县，在项目投资的分派上，各地政府为了当地的经济考虑，不愿投资一些效益差的项目。还有，邻近的居民对垃圾处理等项目会有抵触的心理。一旦邻近居民协调不了，会引起群众反对，危害到社会的稳定，其直接带来的后果就是项目无法正常进行。所以国家开发银行在投资前，必须考虑到“邻避”风险。

专栏 11-1　广州番禺垃圾焚烧处理项目所遭遇的“邻避风险”

面对垃圾围城的困境，广州番禺区生活垃圾处理系统十年前即已启动，2002 年由区人大常委会审批通过，2006 年 8 月初步确定建设番禺区生活垃圾综合处理场，选址为番禺区大石会江村与钟村镇谢村，规划占地 365 亩。而由于当地土地资源短缺，已经无法找到可以建设大型卫生填埋场的地方，只能选择垃圾焚烧发电处理方式，因此将大石简易垃圾处理厂升级为垃圾焚烧发电厂。该焚烧厂周边，坐落着祈福新村、华南碧桂园、丽江花园等十余个超大型居民社区，常住人口突破 30 万。因担心垃圾焚烧可能导致的污染，2010 年 10 月 25 日下午，番禺数百名业主发起了一轮签名反对建设垃圾焚烧厂的抗议活动。11 月 5 日，广东省情调中心对垃圾焚烧厂 8km 内的 12 个小区展开调研，在回收的 1550 份有效调查问卷中，97. 1%的受访居民反对建设垃圾焚烧厂。11 月 23 日针对广州垃圾处理方式和番禺拟建垃圾焚烧厂广泛征集民意，当日 8 时，数名番禺区会江村的村民赶至市城管委门口，9 时 30 分，陆续赶来的上访居民逾千人。接访中，广州市城管委副主任孙金龙表示：“垃圾焚烧厂铁定要建，不但要建，而且要多建。”如此强硬表态激怒了等候已久的民众，在高呼“领导下来”无果后，众人移至百米外的广州市政府门口静坐，要求与主管官员对话。这被视为广州近年来最大规模的一次群访。11 月 23 日群访当天，近百名业主代表受邀与番禺区区长楼旭奎对话，楼承诺：“环评不通过绝不开工，我再补充一句，绝大多数群众反映强烈也绝不开工。”次日，番禺区官方网站发布消息称，“不排除全区群众投票”。

注：本专栏内容参考了贺卫方发表于《财经》2009 年第 25 期的文章《一桩难题 一个机遇》中的相关内容。

4. 企业寻租的风险

目前而言，流域大多数的污水和垃圾处理收费难以满足运营成本，尚需大量不同形式的财政补贴。同时由于地方财政支出面宽，政府对污水和垃圾处理的补助不足。运营企业的污水和垃圾处理服务费收入根本达不到既能正常纳税，又能实现投资回报的水平。所以这些企业只能发挥各自优势，想尽一切办法同政府协商，争取优惠政策。这就导致了企业寻租行为的存在。

5. 公益性风险

流域环境综合治理项目在市场化运作的同时仍然改变不了其公益性的特征，这是由其提供的产品（环境服务）的特性所决定的。因此在市场化运作的同时不能过度地强调项目的经济收益，而更应该重视其社会收益和环境收益。环境治理项目的投资面临更高的风险。

6. 资金被挪用的风险

对流域综合治理项目进行投资的大部分将通过政府投资平台，贷款投向由政府指定的投融资主体。资金从财政部门、银行等拨出到所投资的项目，需要经过较多环节，在此过程中可能存在管理漏洞导致资金被挪用的可能。

（四）投资风险的跟踪与控制

根据投资项目三个不同的发展时期，即投资前时期、投资执行时期和生产运行时期，要对投资的风险进行跟踪与控制。同时环境治理项目多与当地政府存在关系，为了对投资风险进行跟踪与控制，中央政府、贷款银行等出资者应同当地政府进行协调。尤其是对于项目贷款，环境治理项目贷后风险是动态风险，贷后风险管理的重点是严格执行贷款程序，加强贷后监督，降低或减少贷款风险。对动态风险，一要及时掌握信息，了解风险的变化状况；二是要采取防范措施，及时化解风险，即在项目实施过程中采取有效手段，尽力消除各种风险，或者把风险降到最低限度。

1. 投资前时期的风险跟踪与控制

银行要求借款单位必须进行该项目的可行性研究，并通过成本、效益分析，确定该工程项目的技术可行性及经济合理性，将项目的建设列为优先地位。银行贷款机构只有对上述资料进行确认后，才会将其列入初步贷款计划中。当初步贷款计划确定后，银行和借款单位一般要签订初步的贷款协议书，并阐明以下问题：工程项目的建设目的、工程的主要内容、工程实施的方案比较、工程投资的安排和下一步需要进行的工作。项目借款单位需要进行该项目的详细设计工作，从技术、经济、造价等诸方面进一步论证研究，从而确定该项目的具体规模、成本、经济效益和社会效益等指标。在完成上述工作的基础上，贷款机构才能承诺予以贷款。项目借款单位还需进一步论证项目的合理性，并对其实施准备程序进行检查；对每一项目的可行性研究报告及施工准备报告，银行均制定了检查条目由借款单位逐项填写并报银行；另外，银行还会对每个主要的工程项目派出评估团，对其进行全面的分析评估，最后提出评估报告；只有在评估报告获得肯定的结论后，该项目才能开始贷款谈判与签约。

2. 投资执行时期的风险跟踪与控制

一旦项目实施，贷款发生后，信贷活动就进入动态过程，贷款风险随时会发生。不仅要采取项目评审时所提出的风险防范措施，而且要根据项目建设中出现的新风险，采取新的防范和化解措施。项目建设期的风险防范主要是工程概算、建设工期、工程质量和不可抗力 4 个方面。

专栏 11-2　国家开发银行的"预评审"授信模式

2009 年 5 月深圳市水务投资有限公司（简称"深水投资"）向国家开发银行就其正在实施和未来 3 年拟实施的涉及 12 个省 18 个城市的 23 个污水处理设施项目提出贷款申请。开发银行于 7 月通过总行贷委会审议，同意为深水投资城市污水处理项目总体承诺贷款 24.9 亿元，各子项贷款期限不超过 15 年（其中宽限期不超过两年），由深圳水务投资有限公司和项目公司作为共同借款人。

城市水务行业是国家开发银行重点支持的业务领域，但该行主要是通过政府融资平台对水务行业项目提供贷款支持，缺乏有效的专业水务公司操作模式。近期，开行以城市水务项目为试点，积极探索了支持专业水务公司的授信模式。通过对深水投资采用"预评审"授信模式，不仅高效满足了企业正在实施和未来规划实施的一揽子城市水务项目融资需求，提升了客户关系，而且有效规避了与商业银行逐一项目竞争时的机构及人员相对缺少的劣势，增强了市场竞争力。

目前，我国各水务公司间的市场竞争较激烈，各水务公司均需按照招投标程序，逐一争取分散在全国各地的水务项目。因此，水务公司一般都采取每一项目设立一个项目公司，公司总部对项目公司提供注册资金，项目公司作为独立借款人向银行申请贷款的运作模式。在国家开发银行目前的机构设置和人力资源情况下，如采取"成熟一个、评审一个"的传统模式，将面临与商业银行逐一项目竞争的环境，且相比商业银行网点多、人员多的特点我行处于劣势地位，不利于在该领域的业务拓展和客户培育。为了应对激烈的同业竞争，抢先锁定优质客户和优质项目，国家开发银行总行评审二局在对深水投资进行开发评审时，采用了在现行评审管理制度上，着重客户评审，初步商定对其未来三年内中长期融资进行安排的预评审模式。通过对深水投资采用预评审模式，不但高效解决了客户对正在实施和未来规划实施的多个项目的大额长期融资需求，提升了客户满意度，同时有效避免与商业银行的竞争劣势，增强了该行在水务领域贷款业务的竞争力。

1）控制总概算

项目一旦超概算，对项目的投资效益和还款能力都会发生重大影响。在项目建设过程中，要把好工程概算、预算和决算的审查关。严格按照批准的工程概算、预算执行，根据合同严格审查每一笔支出，力求控制在原概算以内。对确实因设计变更、漏项、利率和汇率变动等原因发生的超概算要在适当时机调整概算，落实超概算资金来源。要避免因为超概算资金未落实而影响工程进度。另外，还要监督贷款的使用，一经发现贷款使用不当，要依法收回贷款。

2）控制建设期

首先要抓好工程设计，编制好工程网络计划，选好施工队伍。其次要按照资金需求计划，保证各种资金按比例及时到位，满足工程建设的需要。在工程建设中，严格按照工程网络计划的要求，按时完成每一项任务。特别是在工程建设的后期，要按日或周安排施工计划，检查工程进度，切不可掉以轻心。在大量资金投入的情况下，工程延误一天，仅贷款利息一项每天就会增加几万元，甚至几十万元，很容易造成投资超预算。在工期拖后的情况下，要采取必要的赶工措施，组织在建工程和安装工程合理交叉施工，把延误的工期抢回来。

3）工程质量

工程质量是百年大计。它不仅关系到一个建设项目能否按期建成投产，而且还影响到项目投产后的经济效益。在项目建设中，必须按国家有关规定对项目实行工程监理，确保工程质量。建设单位要有专人负责工程质量，责任落实到人，配合工程监理单位把好质量关。决不能因为施工质量问题发生返工，延误工期。要杜绝人为的工程质量事故所造成的损失。

4）不可抗力

不可抗力的出现将会对贷款安全造成相当大的威胁。为了避免不可抗力造成的损失，对在建工程和工艺设备都要向保险公司投保。对大件设备的运输也要向保险公司投保，避免意外损失。即使项目投产后，仍然要对厂房和设备投保，减少不可抗力的损失。

3. 生产运行时期的风险跟踪与控制

项目建成投产后，既承担了已发生的全部贷款风险，又面对着生产经营期间的各种新风险，直到贷款本息全部收回为止。对已投产项目的风险管理，应作为银行信贷管理工作的重点来抓。要花大力气做好各种动态风险的防范和化解，实现贷款本息的按期回收。

1）生产管理

项目投产后，企业首先面临的难题是生产管理。在项目投产初期，必须帮助企业建立、健全各种规章制度，搞好生产管理，掌握生产工艺技术，使产量尽快达到设计能力，使产品达到质量标准。在贷款期内，要使企业保持连续生产、稳定生产状态，争取各项生产指标都达到预期水平。

2）产品销售

产品的销售关系到企业的生存。项目投产后，首先要使自己的产品打开市场，把产品销售出去，使产、供、销进入良性循环。其次，企业要建立自己的销售渠道，必须与用户建立长期的关系，产品的长期固定用户必须占有相当的份额，减少市场变化所带来的风险。

3）企业法人

建立了良好的企业法人制度，企业有一个好的领导，有一个精干的领导班子，就能保证企业的正常运转，实现企业的经济效益。企业的领导班子应保持相对稳定，以便有利于企业的生产经营。当企业的法人代表更换时，有可能引起企业生产经营的波动，此时，应特别注意企业的生产经营情况，要注意因企业的法人代表更换所带来的经营风险。当企业的领导班子出现问题时，应及时向有关部门通报信息，妥善解决存在的问题。

4）还款能力

项目投产后，要按照项目评审时测算的还款能力，与企业的实际还款能力进行比较。通过分析企业的资产负债表、损益表等财务报表，了解企业的生产经营情况，对企业进行监督。要根据市场变化的情况，对企业的经营状况和企业的还款能力进行分析预测。对已投产企业至少一年一次派人去企业了解生产经营情况，至少每季度分析一次企业的财务报表。对潜在风险大、但目前效益尚好的项目，应鼓励项目提前还款，化解潜在的风险。

4. 建立合适的风险控制奖惩制度

该奖惩制度主要针对项目执行方及政府，对如何在约束政府、企业行为及促进项目顺利完成二者之间找到平衡点至关重要。目前信用风险制度建设环节较为薄弱，应从国家总行到地方财政各级部门建立起项目偿债约束制度，对于如期偿债者给予利息及下阶段贷款总额、利率和偿债期限等方面的优惠；对于恶意行为以及政策不连续性造成的逃债、延期还债的，将从财政拨款、下期贷款等方面给予惩罚，并在日后的信用评级中降低评分。

第四节　五大淡水湖流域治理投融资战略

一、理顺流域治理相关的产品与服务价格体系

价格体系是市场经济的核心，顺畅运转的价格体系是实现资源有效配置的基本保证。价格的资源配置功能是通过影响市场经济主体的成本、收益，进而改变生产、消费决策而实现的。主流经济学认为，人们的任何行为都是“成本-收益”权衡的结果，只有收益大于或等于成本，其行为才是理性的，是符合“经济人”假设的。对于商品生产者来说，价格是其出售单位产品的收益，市场价格越高，出售相同数量产品的收益越多，反之亦然。此时，如果单位生产成本不变，则生产者就能够获得更多的利润，其投资回报率就越高。

理顺产品及服务的价格体系与流域治理的投、融资息息相关，而当前与流域治理项目融资有关的垃圾处理费、污水处理费和自来水费等价格都是在政府直接管制下制定的，能否反映成本状况以及相应的征收方式、收缴速度、支付方式和速度都与项目的建设、运营存在重大关系。

（一）收费标准过低

目前，城市供水、污水处理、垃圾处理和资源补偿等资源与环境领域的公用事业价格和收费标准过低，至少造成以下两个后果。

1. 不能弥补生产的全成本

以污水处理费为例，从国际标准看，污水处理费是供水价格的1.5～2倍。中国污水处理费长期偏低，36个大中型城市的平均污水处理费为0.67元/m^3，仅相当于实际处理成本的2/3，目前有一半的县级市未开征污水处理费（陈燕，2010）。有的城市供水企业尚未达到保本水平，企业难以实现扩大再生产。此外，由于水资源费普遍低于自来水价格，企业通过自备井过量抽取地下水的现象也比较严重。例如，杭州市人均每年产生的垃圾超过400kg，按每户年产垃圾1.3t计算，杭州市物价局核定的生活垃圾处理收费标准（含楼道清扫、垃圾运输、处理）为每户每年40元（其中20元交给负责小区清扫保洁的单位或

个人，环卫部门实际拿到的只有 20 元），而仅垃圾中转运输、填埋处理二项费用就超过 120 元/t，按 100%收缴率计算，杭州市政府每年为每户承担 130 元垃圾处理费。

2. 市场主体对价格的敏感度不高

消费者对于消费敏感性取决于某一项消费额度对于其总收入的比例，如果这个比例很小，消费者对消费数量和价格的注意力将会非常小，也就是说对这一项消费敏感度不够。例如，目前杭州市的水价 1.85 元/t，杭州市人均日生活用水量大约为 336L，每月支出 18.6 元左右。2009 年，杭州市区城镇居民人均可支配收入为 26 864 元，水费支出占 0.83%。如果按照家庭为考察单位，人均水费支出将会更少，也就是说，水费支出比例将会更低。由于用水支出比例偏低，用户体验不到水资源的紧缺，用水量极有可能超过有效需水量。有关资料显示，我国工业用水的重复利用率约 67%，显著低于发达国家 75%～80%的水平，而城市人均日综合用水量却高于欧洲国家，存在着水资源短缺和水资源浪费严重并存的局面。

（二）固定费率制度限制了价格功能的发挥

发挥价格功能的一个基本条件是价格要有足够的弹性，买方支付数额要与所获得的产品或服务的数量直接挂钩。另外，对于资源、环境领域的产品和服务，作为激励型管制措施，体现国家的产业政策取向，应该实行差别费率。目前，我国污水处理、城市供水和电力等诸多领域已经实施了差别定价或单位收费制度，并取得了良好的效果。但垃圾处理费还是采取固定费率的计价收费方式。这种按照每人（每户）每月收取固定额度垃圾处理费的计费方法，切断了居民支付与所获服务数量之间的直接联系，不仅不能影响居民垃圾产生、处理的决策，而且在成本承担上表现出了严重的不公平。

（三）价格的制定缺乏科学依据

环境、资源领域的定价基本实行的是政府定价或政府指导定价，与市场定价不同的是，这样的价格制定需要以科学合理的定价依据为基础。目前电力、供水和污水处理等领域价格制定的基本依据是生产成本，也就是用成本来倒推价格。成本定价的弊端有两个：一是生产企业降低成本的激励不足；二是由于信息不对称，使得政府相关职能部门事实上很难得到企业确切的成本资料。

充分发挥价格机制的资源配置功能是市场经济条件下推进循环经济的基本路径。由于主客观原因的存在，现有的价格机制还存在许多瑕疵，并不能完全适应循环经济建设的需要，应构建和完善资源与环境领域的价格机制，使之在流域治理中发挥基础性作用。通过对现有的资源与环境领域的价格机制取得绩效、存在问题及其原因的分析，理顺流域治理领域产品和服务价格体系的对策思路是实现价格的弹性化、价格形成机制的科学化、价格机制的系统化以及价格机制的全面化的重要前提。

1. 价格的弹性化

价格机制发挥作用的前提是相同质量同一单位的产品或服务的价格具有足够的弹性，

体现为差别定价或单位收费制度。我国现有的垃圾处理费、资源补偿费和城市供水等领域的价格制定缺乏足够的弹性。增强资源、环境领域价格的弹性的主要措施包括以下几个方面。

1）改善计费收费的基本环境和手段

众所周知，城市供水的"阶梯式定价"不仅能够照顾到低收入家庭的基本生活用水，也能够通过价格杠杆激励用水大户的节约用水，理论上是一项极好的有利于推进循环经济的价格制度。但是，推行这项制度的困难在于现有的自来水计价收费系统与"阶梯式定价"是不兼容的。垃圾处理单位收费制度的推行同样受到垃圾计量技术、垃圾管理政策、垃圾收集手段以及垃圾再循环设施的制约。

2）加大调研力度，了解掌握消费者的支付意愿

实施差别定价政策（也称为价格歧视）的一个前提条件是定价者准确地掌握购买者对于所购产品或服务的支付意愿。一些企业进行的市场营销调查的主要用意就在于了解和掌握消费者的支付意愿，以便于进行差别定价。另外，上文已经提及某些价格由于标准过低，支付能力提高的民众已经对价格抱有"不在乎"的心态，如果这样的群体比例过大，价格的杠杆作用将会被大大弱化。因此，物价部门和其他相关职能部门应该积极开展资源与环境领域产品和服务的调查研究，获得消费者支付意愿等方面的第一手材料，为制定更加弹性化的价格政策奠定基础。

2. 价格形成机制的科学化

为了实现价格形成机制的科学化，必须做好以下几个方面的工作。

1）积极开展价格听证制度，改善听证效果

价格听证制度是价格决策部门与消费者沟通的有效途径，是反映民众心声的渠道，是政府部门获得消费者支付意愿信息的重要方法。因此，开展价格听证制度是保证政府定价或指导定价科学合理的基本制度安排。必须完善听证代表筛选制度和听政程序，改善听证效果。

2）积极促进公用事业的市场化改革

计划经济条件下的公用事业是作为社会福利事业而存在的，其建设、维护、运营均依赖于政府财政拨款，只是象征性地收取很低的费用。改革开放后，公用事业逐步实施"产业化运作、企业化管理"的发展模式，在价格制定上，基本转向采取成本加利润的定价方式。但是，目前的公用事业运营模式并没有有效地解决价格制定上的问题，价格形成还缺乏科学的形成机制。因此，必须积极促进公用事业的市场化改革，建立市场准入制度，引进社会资本和竞争机制，建立符合现代企业制度要求的企业经营机制。在价格形成中引入竞价制度。

3）价格制定依据应科学合理

与市场供求形成价格不同，政府定价或政府的指导定价表现为决策性特征，需要建立在科学合理的定价依据基础上。应该积极完善价格制定依据，并采取如下措施：开展生产成本的核算；探索环境价值的评估方法；实行全成本的核算方法；价格制定能够激励企业节约资源、提高效率和降低成本；开展同一产业不同地区之间的产品价格和成本的比较

研究。

3. 价格机制的一体化

资源的流动性（尤其是生产资源）与污染物的流动性将会弱化价格杠杆的作用。以污水处理费为例说明，如果某一地区没有征收污水处理费，在其他条件不变的情况下，纺织、印染、化工等污水处理量大的企业将会从收取污水处理费的地区搬迁到没有收取污水处理费的地区。虽然从一个较小的区域看，收费区域的环境得到保护，但无疑它的污染物只是被转移而不是被消除，整体上看，污染程度并没有被降低，反而会由于污染物在某地的集中而增加对生态环境的破坏强度。为了避免价格机制的分裂而导致的资源、环境产品消耗的差别，面向循环经济的价格机制必须实现一体化，主要包括以下两个方面。

1）城乡一体化

当前，自来水、污水处理、垃圾处理等公用事业的价格机制并没有完全覆盖农村。为了避免污染物的转移（如城市垃圾在农村倾倒）以及向农村索取更多的资源，应该建立城乡一体化的环境、资源领域产品价格机制。城乡一体化的价格机制表现为：定价客体的范围应该城乡一致；价格（费率）高低允许存在差别，但应该协调一致。

2）区域一体化

目前有相当的地区把环境、资源领域产品的低价格作为改善投资环境的一个工具，比如征收较低的污水处理费等。由于存在激烈的区域竞争，地方政府的这种行为必然导致整个区域的产品低价，不利于总体上资源的节约与环境治理。因此，面向循环经济的价格机制同样应该实现价格机制的区域一体化，具体表现为范围和（价格）费率在各个地区的协调一致。

二、积极开展主要污染物排污权交易制度建设

排污权交易（emission trading）又称可交易的许可证、可交易的排污权、排污许可交易、可交易的许可证与排放证等，是人们试图通过明确污染权或环境使用权等产权结构，并允许这些产权证在特别建立的市场上进行交易，以达到有效分配稀缺的环境容量之目的的一种环境经济手段（王小龙，2008）。其实质是通过建立合法的污染物排放权利，并允许这种权利像商品那样被买入和卖出来进行排放控制。在排污权市场上，排污者从其利益出发，自主决定买入或卖出排污权的数量。因为总的权利是以满足环境要求为限度的，不管这些权利是如何分配的，环境质量不会违反环境标准。

排污权交易最早起源于美国，由美国经济学家戴尔斯于1968年在《污染、财富和价格》中首次提出。它是科斯理论在环境问题上的典型利用，但今天的排污权交易实践已经超越了科斯原来的理论，吸收应用了庇古理论关于政府干预的部分思想。因此，我们现在所说的排污权交易机制，是科斯理论与庇古理论的有机结合物。之后，排污权交易在美国、欧盟、日本等投入实践，并取得了积极而显著的效果。自20世纪80年代中期以来，排污权交易已经在我国许多地区有了实践（张安华，2005）。1987年，上海市闵行区环保局开始进行排污权交易试点，并就排污权的确认、交易程序和交易费用的使用等制定了相

应管理办法；1991年开始，包头、柳州、太原、平顶山和贵阳等城市尝试大气污染排污权交易；2001年，南通天生港发电有限公司出售二氧化硫排污权，标志着我国“运用市场机制控制二氧化硫排放取得开拓性成果”。特别是近几年来，我国的排污权交易较过去又有了新的发展。

排污权交易是运用市场经济价值规律，使排污权资源化，并使资源配置最优化的环保经济措施，是我们环保系统探索多年的一项课题，也是难题。推行排污权交易对于提高全社会对环境资源的认识，控制主要污染物排放总量，充分调动社会和企业推进减排工作的积极性、合理配置区域公共环境资源具有重大意义。

（一）有利于实施总量控制，推进节能减排

实行排污权交易是在总量控制的前提下，在环境容量必须有偿的基础上，引入市场机制。排污者要获得排污权（一定数量的环境容量），必须通过排污权交易平台交易获得。排污权交易可以对环境保护及可持续发展产生以下三点作用：一是优化配置环境资源，提高有限的环境资源的利用效率；二是优胜劣汰，通过把资源配置给更有效率的受让人，不断地促进社会、市场和技术的向前发展；三是降低社会和环保部门的管理成本，使企业更加珍惜环境资源，降低经营成本。排污权的有偿使用无疑有利于提高排污者推进减排工作的积极性，有利于加快产业结构调整和转变经济发展方式，有利于推动经济与环境的协调和可持续发展，有利于实现主要污染物排放总量削减的约束性指标，最终实现区域环境状况的根本改善。

（二）有利于企业强化管理，积极治理污染

目前，五大淡水湖流域的环境容量已经趋于饱和状态，且经济社会又处于快速发展阶段，两者之间的矛盾十分突出，环境资源显得更加稀缺，而缺乏环境容量已经成为流域经济可持续发展的主要障碍之一。排污企业通过主动技术改造，采用新的生产工艺在生产过程中减排，或通过中水回用等手段减少排入环境的污染物总量，腾出的污染指标既可用于自身发展，又可通过排污权交易转让，获得经济收益。在提高企业治污积极性的同时，也增强经济社会发展对环境资源的承载力。

专栏 11-3　嘉兴市南湖区积极推进排污权交易制度建设

南湖区从2007年3月份就对开展排污权交易进行了积极探索。2007年12月制定出台了《嘉兴市南湖区污染物排污权交易办法（试行）》，并经区政府常务会议研究通过正式实行，随后又制定了《嘉兴市南湖区污染物排污权资金管理办法》，确保交易正常运作。2008年3月下旬嘉兴市南湖区排污权储备交易中心正式挂牌，排污权交易各项工作进入实质性操作阶段。排污权储备交易中心通过交易后资金纳入区财政统一排污权交易账号，全部用于污染物减排项目建设。2008年6月在充分调研的基础上又及时制定了《嘉兴市南湖区污染物排污权交易办法（试行）补充规定》，给予企业更多自主选择权。

《补充规定》极大丰富排污权交易和减排手段，缓解了阻力。全面推动了由于排污量较大、资金不足，一次性购买难而对此保持观望态度的部分企业进行交易，增加排污权交易的可操作性，全面推动交易深入进行，形成政企合作，共促减排的良好局面。

自2008年3月19日排污权交易中心成立以来，截至2010年7月，南湖区已有670多家企业参与了初始排污权交易，回笼资金6100多万元。交易的化学需氧量占应交量的97.3%，二氧化硫占应交易量的99%，已基本完成全区范围的初始排污权有偿分配。2008年7月29日，嘉兴市南湖区余新振涛五金喷塑厂和嘉兴市旭马五金喷涂厂在南湖区排污权储备交易中心签署排污权转让协议，嘉兴市南湖区余新振涛五金喷塑厂向嘉兴市旭马五金喷涂厂转让化学需氧量（COD）0.3t，转让金额1.44万元。2008年8月，嘉兴运通印染有限公司在南湖区排污权储备交易中心完成了临时排污权申报购买手续。嘉兴运通印染有限公司在一次性拿出大量资金购买排污权比较困难的情况下，经交易中心核定排污量后，花5.7余万元购买了23.77t化学需氧量排污指标，使用期限为今年9月1日（2008年9月1日——编者注）至2009年8月31日。2008年10月19日，由嘉兴市南湖区人民政府主办，嘉兴市南湖区环境保护局、嘉兴市物资拍卖有限公司承办的南湖区首届排污权指标拍卖会。拍卖会上，共有10家企业参与竞拍，总标的为6.5t/a化学需氧量（COD）和1.5t/a二氧化硫（SO_2）的排污权指标。最终化学需氧量（COD）全部竞拍成交，总金额为59.9万元，其中，最后一个1t/a标的，经过43轮激烈竞拍，以全场最高价10.35万元/t成交，超过起拍价2.35万元/t；二氧化硫（SO_2）成交总额1.67万元，最高成交价为2.16万元/t。2009年9月23日，南湖区排污权储备交易中心举行第二次排污权指标拍卖会，拍卖的排污权指标由嘉兴市中法金属表面有限公司通过技术改造提高废水回用率调剂而来。会上共有12家企业参与竞拍，总标的额为30.21t/a化学需氧量，最终以283.4713万元竞拍成交，其中最高一个标的以全场最高价11万元/t成交，超过起拍价3万元/t，超出首届拍卖会的最高价0.75万元/t。2010年7月，嘉兴爱真塑料有限公司因企业注销而向南湖区排污权储备交易中心提出排污权指标回购。

2009年12月28日，南湖区财政局、南湖区环保局与嘉兴市银行股份有限公司（原嘉兴商业银行）签署了排污权抵押贷款银政协议，旨在缓解企业融资压力，促进节能减排。这是一种既可顺利推进排污权交易，又能促进企业优化资源配置的绿色信贷，也是金融与环境保护相互促进的创新之举。

（三）有利于统筹污染治理，节约治理成本

实行排污权交易，为实现污染治理提供了更节约成本的方法。由于排污企业在治理污染方面成本相差很大，排污权交易制度为排污企业实现污染治理方式提供了新的选择。污染治理或减排成本高于排污权购买成本的企业，可以选择购买排污权来达到环境要求，并不再承担减排硬性任务。社会以更低的成本实现了污染物的削减和环境资源的优化配置。

（四）有利于实现环境容量的价值化，有助于扩展流域治理项目融资渠道

排污权交易制度改变了传统经济发展模式对于环境容量的价值观念，有助于树立“环境容量有价”的经营理念，也就是说，要排污（也就是要使用环境容量）就必须付费。另外，排污权交易制度实现了排污权的资本化和证券化，可以通过购买、交易和转让排污许可证获得收益，也可以作为一项资产进行银行抵押贷款，目前在浙江嘉兴、绍兴等地已经开始了排污权许可证为抵押品的银行贷款服务，为贷款企业获得节能减排项目建设资金提供了新的融资渠道。

环境经济政策体系是解决环境问题最有效、最能形成长效机制的办法，是宏观经济手段的重要组成部分，更是落实科学发展观的制度支撑。排污权交易作为一种以市场为基础的环境经济政策，对促进环境管理的创新，推进环境保护的历史性转变具有深远的意义。从理论到实践，我国各地已做了有益的探索。针对在实际操作中碰到的问题，对完善我国排污权交易提出如下构想。

1. 尽快完善各级立法，推进排污权交易的法制建设

目前我国缺乏排污权交易制度的配套法规、规章。现行环保立法的指导思想仍受计划经济体制观念的影响，缺乏广泛的合理利用市场机制的经验。所以，可以先制定地方性法规和规章，为排污权交易提供法律依据，为全国性立法进行探索。通过浙江省嘉兴市南湖区等地的践行，积累实践经验、发现问题，以部门规章来及时调整和完善不利于排污权交易的有关政策。在地方立法上，从总量控制执行办法、排污许可证管理办法和排污权交易监测办法等方面制定法律规范。

2. 构建完备的交易市场和完善的交易平台

排污权交易是基于市场，依赖于市场的经济手段。与其他交易一样，完备的市场是排污权交易体系的核心。作为完备的市场，必须有独立的市场主体、客体、中介机构以及公开、公平和公正的交易规则。只有在完备的市场上，才有充分的竞争性，有众多的卖者和买者，排污权才能像其他商品那样被买入和卖出。企业能自由进入市场进行交易，排污权的价格由市场决定，才会有合理的价格形成机制。这也是排污权交易能否顺利进行的前提。同时，需要统一各地排污权交易的各种相关配套制度和交易规则，加强各地排污权交易中心之间的交易平台建设，构建交易信息公共服务网络，确保各级排污权交易工作同步推进。

3. 完善环保部门对排污权交易的监督和自律

环保部门在排污权交易中担负着重要的监管职能，离开了环保部门的监管，排污权交易就无法实施。一是各排污单位实际排污量的监测，二是对排污权交易过程中、过程后的监督与管理。不能准确反映排污的实际情况，即使排污权交易制度是一种相当有效的环境政策，也不可能显示出其优势。排污权交易不可能完全由市场力量来达到，必须由环保部门做出公正的裁决。排污权交易制度能否取得成功，关键在于环保部门对排污权交易后的双方排污行为的监控监督，必须充分保障环保部门的权威性才能保证排污权交易的顺利实施。

4. 建立、健全排污权交易的宏观政策调控体系

为了进一步规范排污权交易市场的运行和加强对排污企业的政策引导，需要政府健全和完善排污权交易政策调控体系。宏观调控首先是利用税收、信贷等手段对排污权市场进行必要的宏观调控，用经济手段引导排污企业的交易行为，鼓励排污企业更多的参与排污权交易。通过这样的方式，保证排污权交易市场的稳定运行。对于污染减排的企业，应该给予一定的税收优惠政策，以鼓励企业有富余的排污权参与排污权交易。除了上述财政支出、税收优惠等扶持方式以外，政府还可以通过灵活运用其他一些宏观政策手段来进一步完善排污权交易制度。这些措施主要有：允许将排污权作为资产列入企业的资产负债表中，即将排污权纳入企业的财务核算体系之内，使企业从排污权交易中取得的收益与其他一般性资产一样成为企业资本的一部分；纳入资产负债表中的排污权在企业发生破产或被兼并时，政府应该允许企业把排污权作为资产进入破产或兼并程序，从而在确保企业的资产完整性的同时促进排污权交易事业的发展；政府可以利用信贷政策对排污权市场进行必要的宏观调节，从而完善排污权交易的宏观环境，确立健全的排污权交易体系。

5. 积极引导公众参与

政府制定的政策如果要得到社会的广泛认同，离不开公众的支持和参与。通过公众参与和对环境政策目标主体的及时有效宣传，有助于增强人们对政策的理解和接受程度，促进政策目标的实现。积极开展对公众的宣传和教育，充分认识到环境污染的危害，增强环境保护意识，改变只注重经济发展不重视环境保护的观念和行为方式，树立经济长期健康发展的正确观念。通过对可持续发展思想的宣传教育，使人们对于目前我国紧迫的环境危机、污染物减排和排污权交易有更深的了解，使这项制度在社会上广泛深入人心。国内外开展环境保护工作的经验已经表明，公众的参与对于真正持续有效地保护环境和实行环境政策将起到非常重要的作用。

三、在流域治理领域积极发展开发性金融

开发性金融是以服务国家发展战略为宗旨，以中长期投、融资为手段，把国家信用与市场化运作相结合，促进市场建设、制度建设和信用建设，为缓解经济社会发展瓶颈制约，维护国家金融稳定、增强经济竞争力而出现的一种金融形态和金融方法。无论发达国家还是发展中国家，开发性金融都是金融体系不可或缺的组成部分。对于中国这样的发展中国家来说，存在着大量符合经济社会发展需要，但没人做、不愿做的开发性业务，表现为发展中的瓶颈领域、薄弱环节，以及国家战略性、政策导向性的业务。这些业务往往需要集中大额、长期的资金支持，具有建设周期长、风险控制难等特征，为财政力所不及、商业性金融普遍不做或不愿做、资本市场也无法覆盖，这就需要发挥开发性金融的独特作用，一方面提供有力的资金支持，另一方面用开发性方法弥补信用和市场的空白缺损。流域治理领域具有自身显著的特点：一是投资额巨大，一个项目就需要动则几亿甚至上百亿元资金投入；二是投资期长，往往需要若干年建设期，投资回收期更长；三是公益性特征

决定了政府投入的必然性；四是流域治理是一项系统工程，往往由多个项目系统集成。这些特征决定了流域治理项目投、融资有别于一般的商业项目，应该针对这种流域治理项目的特殊性量身定做金融产品，发展开发性金融。

大力发展开发性金融是解决经济建设中的无序竞争和重复建设的必要举措。长期以来，我国不少地区和部门为争取发展机会，不顾客观条件，不惜耗费资源，盲目上马建设项目，导致无序竞争、重复建设以及“大而全”、“小而全”现象的发生，降低了资源配置效率，造成了极大浪费。实践证明，在工业化和城镇化快速发展阶段，要实现经济社会科学发展，必须加快转变发展方式，做好体现国家整体发展目标的科学规划，进一步增强工作的全局性、前瞻性和主动性。开发性金融特别强调规划先行。多年来，我国开发性金融始终坚持规划先行，以资源、技术和制度为重点，努力使开发性金融支持的项目符合国家经济社会发展方向、有融资规划保证，从而减少了盲目投资和重复建设，促进了经济社会的科学发展。

开发性金融是适应我国经济社会发展阶段要求的金融形态。经济社会发展的不同阶段，需要不同的金融形态。从发达国家的情况看，各国经济发展一般要经历建设、产业、消费三个阶段。由于三个阶段的主要矛盾和发展特征各不相同，对金融形态的要求也不同。准确把握不同发展阶段的特征，有利于以合理的金融形态提高资源配置效率，解决面临的主要矛盾，实现发展目标。在建设阶段，开发性金融大有用武之地；在产业阶段，资本市场作用显著；在消费阶段，消费金融不可或缺。在我国社会主义初级阶段，经济发展将长期处于以工业化和城镇化为主要特征的建设阶段。建设阶段是经济发展的起步阶段，其主要特征是以建设为主，产业和消费从属于建设。当前，广大中西部地区和农村的基础设施还比较落后，基础设施建设任务艰巨；产业发展处在上升期和转型期，还不够成熟；消费处于初级阶段，还没有成为拉动经济的主要动力。在这个阶段，开发性金融大有可为。例如，在基础设施、基础产业和支柱产业领域，在“三农”、中小企业、文教卫生领域，都需要投入大量资金，以加快建设和发展。而对于这些领域，传统财政融资作用有限；同时，由于前期市场和信用建设不完善，一般商业金融也不愿涉足。在这种情况下，开发性金融就成为连接政府和市场的桥梁，成为促进经济社会科学发展的有效金融形式。它不仅能够以其独特、高效的金融服务，为推动工业化和城镇化的快速发展、为缓解经济社会发展的瓶颈制约提供长期、大额和稳定的融资支持，而且可以通过融资手段，促使政府、市场和金融等形成合力，共同推动市场建设和制度建设，从而促进经济平稳较快发展。

专栏 11-4　国家开发银行积极发展开发性金融

2008 年，国家开发银行发挥总分行联动机制，以省级集中运作融资模式实现了江西、广西壮族自治区和湖南三个省（自治区）污水处理设施建设项目的贷款承诺，三个项目基本情况如下：1. 江西省污水处理设施项目：该项目总投资 67 亿元，我行承诺贷款 53 亿元。项目的建设内容是全省 80 座污水处理厂及 3310km 配套污水收集管网，项目总建设规模为日处理污水 190 万 t；2. 广西壮族自治区全区城镇污水处理设施建设项目：该项目总投资 109 亿元，我行承诺贷款 50 亿元。项目的建设内容是全区 97 座污水处理厂及 2720km 配套污水收集管网，项目总建设规模为日处理污水 370 万 t；3. 湖南省"十一五"城镇污水管网工程项目：该项目总投资 77 亿元，我行承诺贷款 58 亿元。项目的建设内容是全省污水处理配套污水管网 4066km，工程对 BOD_5、TSS 和总氮的平均去除率可达 77. 1%、82. 5%和 85. 9%。

水环境治理具有区域化和流域化特点，需要对污水处理设施建设进行系统性规划。同时，我国主要城市的大型污水处理设施建设相对完善，但因为县级的中小规模污水处理设施建设严重不足，2007 年江西、广西和湖南三省（自治区）的污水处理率仅为 36%、49%和 46%，远低于 60%的全国平均水平，为实现国家"十一五"规划对污水处理设施的建设要求和污染减排目标，三省均不约而同选择了统一规划、统一投融资主体、统一项目审批、统一资本金和还款资金来源、统一构建信用结构的"五统一"融资建设模式。

在国家"节能减排"和"扩大内需促进经济增长"的宏观经济政策下，未来几年，我国各省市均将加快污水处理厂等环保设施建设。本案例总结的三个项目，均是在充分利用省级政府对污水处理设施建设的统一规划基础上，采取一次性大额评审承诺的方式，解决了困扰政府的污水处理设施项目融资难问题，为我行与地方政府在环保基础设施建设领域的合作提供了有益的经验和承诺的模式。

中国的开发性金融起步较晚，但发展很快，国家开发银行是这一探索实践的先行者。该行通过把国情与国际先进金融原理相结合，把政府的组织协调优势与金融的融资优势相结合，把服务国家战略与市场化运作相结合，探索了以开发性金融服务经济社会发展的有效方式。主要有以下几方面。

一是政府热点，雪中送炭。这是开发性金融实践的重要出发点。与西方国家不同，我国发展具有中国特色的社会主义市场经济，有党的领导优势、社会主义制度优势、政府组织优势和传统文化优势，集中各方资源形成合力，就能够提高经济运行的整体效率和协调性，使制约各地发展的热点和难点问题迎刃而解。例如，开发银行融资支持和配合辽宁省委、省政府，解决了困扰辽宁几十年的棚户区难题，不仅使上百万人改善了居住条件，而且拆除棚户区释放出的大量土地，建成了巨大的工业园区，成为当地经济新的增长点。

二是市场建设。这是开发性金融实践的关键环节。西方经济学认为，投资、消费和出口是拉动经济增长的三大动力，但这是建立在市场发育成熟的基础上的。在我国市场空白、制度缺损的情况下，必须主动建设市场，使市场建设跨越投资、消费和出口，成为拉动经济增长的第四动力。开发银行对每一笔融资都注入市场建设的要求，把完善制度和信用作为贷款发放的条件，积极推进企业完善治理结构、法人、现金流和信用四项建设，使借款主体最终成为健康合格的市场主体。

三是规划先行。这是开发性金融实践的重要方法。科学的规划可以大大增强发展的全局性、前瞻性和主动性，最大限度地减少直至消除盲目投资和重复建设。在实践中，开发银行把规划作为与各方合作的切入点，推动各方做好区域、社会、产业、市场发展以及富民的长远规划，使开发性金融合作建立在符合经济社会发展方向和财力增长趋势、有融资规划保证的基础之上，促进各地经济社会的科学发展。

四是融资推动。这是开发性金融实践的重要载体。融资推动的传统概念是指资金支持下的一种信贷活动，但开发银行在实践中丰富和发展了融资推动的内涵。该行通过发行金融债券，高效率地筹集和集中了大额长期资金，投向国家急需发展的薄弱环节和重点领域，避免了一般商业金融“短借长贷”的期限错配风险。同时，在融资推动中融入了市场建设的理念和要求，既促进形成健康市场主体，有效降低风险，也在一定程度上培育了金融的理念和文化。

五是社会共建。这是开发性金融实践的组织基础。社会化、组织化程度高是中国历史文化传统和社会主义国家的重要特点，能够形成推动发展的巨大力量。在实践中，开发银行提出金融社会化和社会金融化的理念，一方面，主动帮助解决政府、社会和企业的热点、难点问题，使金融服务成为人人平等的、社会化的发展工具；另一方面，把政府的组织协调增信、群众组织增信、群众道德观念和社会平辈压力等整合为一个社会体系，构建公众受益、公众参与和公众监督的社会化机制，形成“支持发展、防范风险”的系统合力。

参考文献

蔡其华．2007. 健康长江与洞庭湖治理．水利水电快报，28（9）：1-3

曹东，於方，高树婷，等．2005. 经济与环境：中国 2020. 北京：中国环境科学出版社

陈燕．2010. 水价“晒成本”难题．财经，http：//magazine. caijing. com. cn/chargeFullNews. jsp? id=110472698&time=2010-07-04&cl=106. 2010-07-05

陈元．2004. 发挥开发性金融的先锋作用．http：//www. cdb. com. cn/web/newsinfo. asp? newsid=193. 2004-12-30

贺卫方．2009. 一桩难事、一个机遇，财经，http：//magazine. caijing. com. cn/2009-12-06/110329705. html. 2009-12-07

胡振鹏．2006. 鄱阳湖流域综合管理的探索．气象与减灾研究，29（2）：1-7

黄秋萍，黄国勤，刘隆旺．2006. 鄱阳湖生态环境现状、问题及可持续发展对策．江西科学，24（6）：517-521

金通．2008. 垃圾焚烧产业：市场结构与价格机制．北京：经济管理出版社

罗先诚，郑林，钟业喜．2001. 鄱阳湖湿地资源及保护利用．江西师范大学学报，25（4）：369-373

王小龙．2008. 排污权交易研究——一个环境法学的角度．北京：法律出版社

吴敦银．2003. 鄱阳湖控制工程防洪作用的探讨．江西科学，21（9）：241-242

余元君．2008. 洞庭湖流域水资源综合管理构想．湖南水利水电，（5）：36-38

张安华．2005. 排污权交易的可持续发展潜力分析——以中国电力工业 SO_2 排污权交易为例．北京：经济科学出版社

附　　图

附图1　洞庭湖流域图

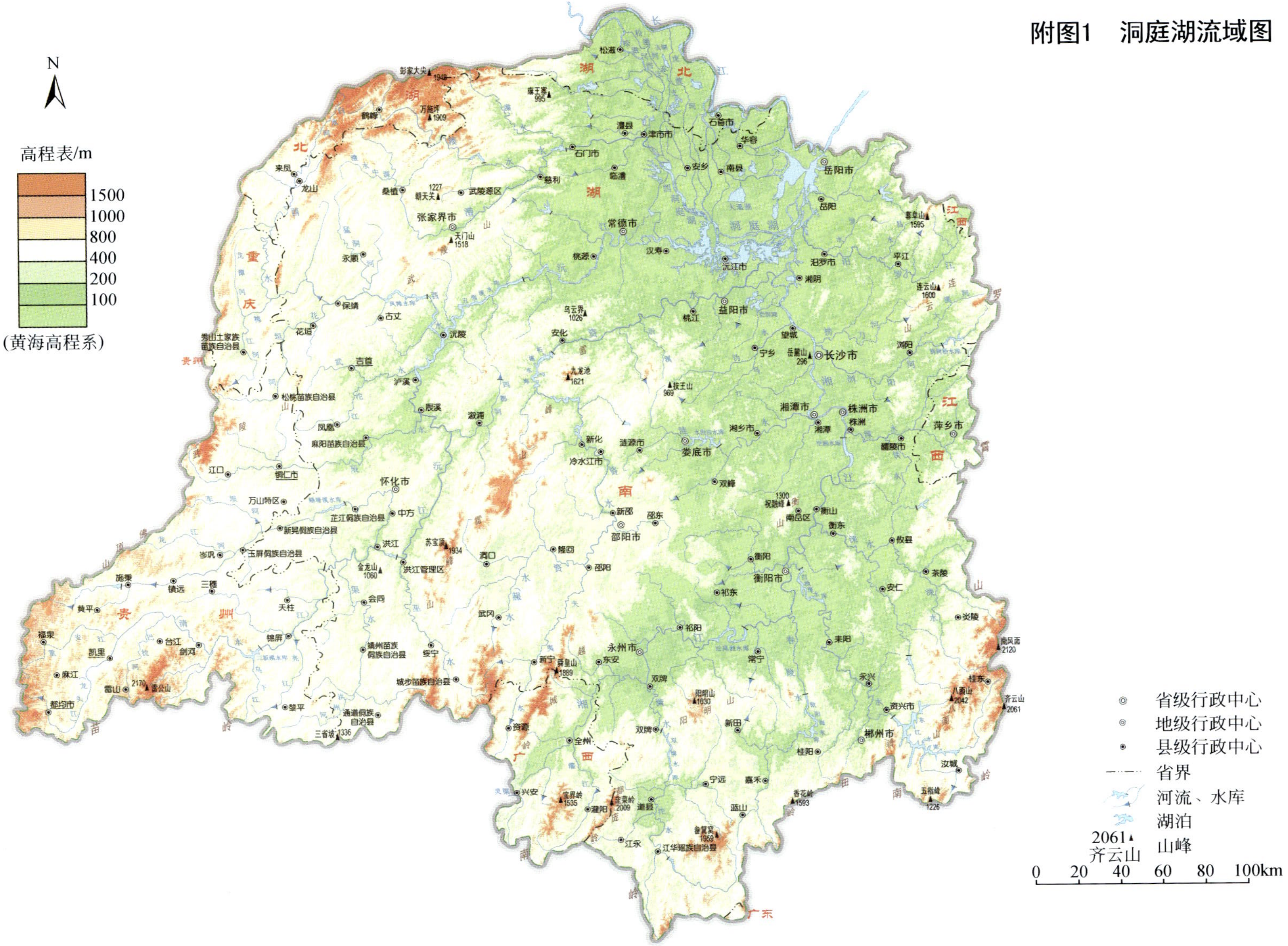
N
高程表/m
1500
1000
800
400
200
100
(黄海高程系)
省级行政中心
地级行政中心
县级行政中心
省界
河流、水库
湖泊
2061 齐云山 山峰
0 20 40 60 80 100km
长沙市
岳阳市
常德市
益阳市
张家界市
湘潭市
株洲市
娄底市
邵阳市
衡阳市
永州市
郴州市
怀化市
萍乡市
沅江市
石首市
津市市
铜仁市
天门山 1518
彭家大尖 1949
壶瓶山 1909
幕阜山 1595
连云山 1600
岳麓山 296
南岳区
八面山 2042
齐云山 2061
南风面 2120
雷公山 2170
苏宝顶 1934
韭菜岭 2009
阳明山 1630
湖
北
湖
南
江
西
重
庆
贵
州
广
西
广东

附图2　鄱阳湖流域图

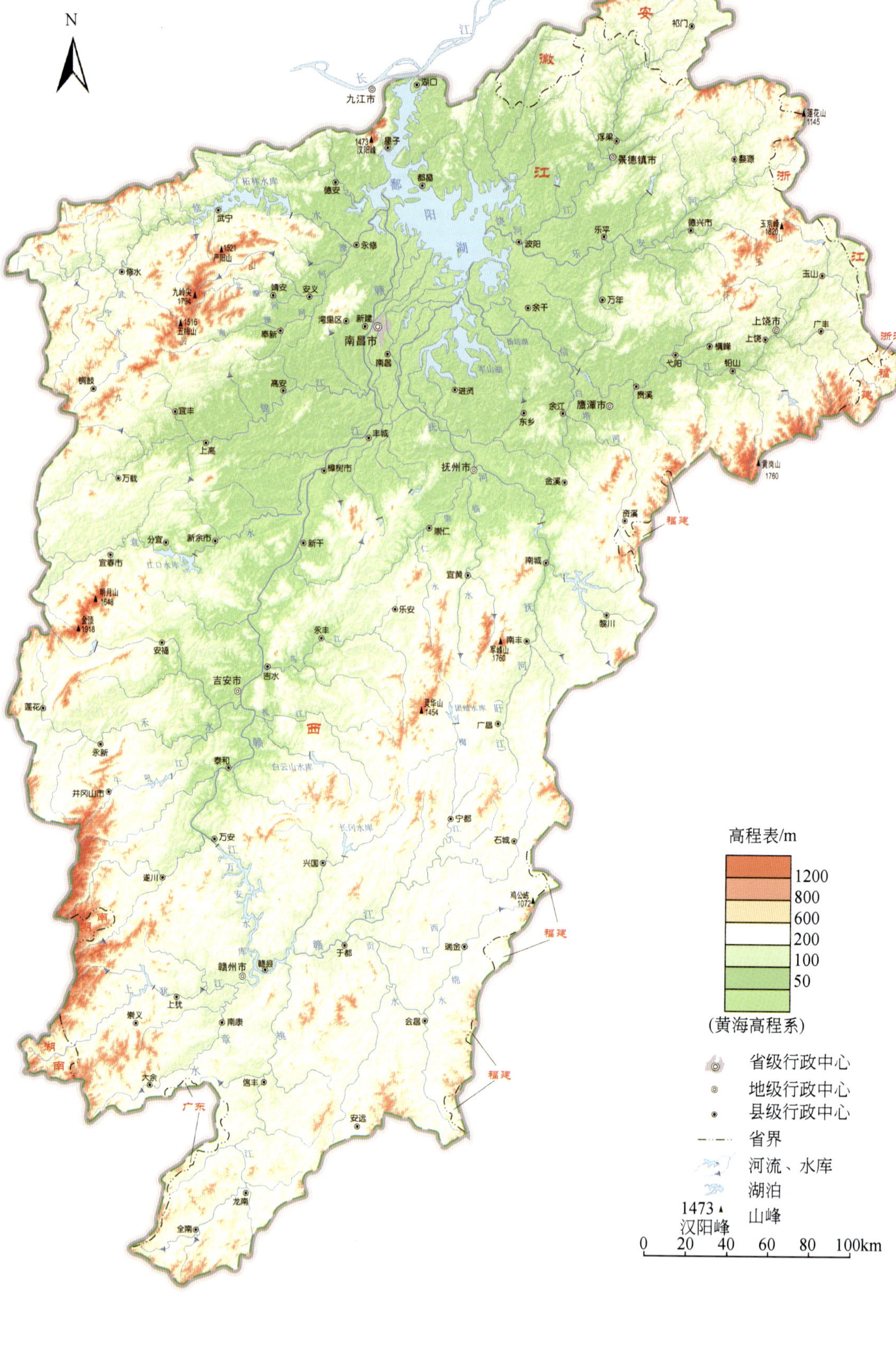

N
长
江
九江市
湖口
1473
汉阳峰
星子
柘林水库
德安
都昌
鄱
阳
湖
景德镇市
祁门
婺源
浮梁
安
徽
江
浙
浙
江
1145
莲花山
1820
玉京峰
德兴市
乐平
波阳
武宁
永修
1521
庐山
修水
1794
九岭尖
靖安
安义
1516
五梅山
湾里区
新建
南昌市
奉新
南昌
余干
万年
玉山
上饶市
上饶
广丰
横峰
弋阳
铅山
浙江
福
建
铜鼓
高安
进贤
余江
鹰潭市
贵溪
东乡
宜丰
丰城
上高
抚州市
万载
樟树市
金溪
黄岗山
1760
资溪
福建
崇仁
分宜
新余市
新干
宜春市
江口水库
南城
宜黄
明月山
1648
乐安
黎川
金顶
1918
永丰
南丰
军峰山
1760
安福
吉水
吉安市
灵华山
1454
莲花
广昌
西
永新
泰和
白云山水库
井冈山市
宁都
万安
石城
兴国
遂川
1072
鸡公嵊
湖
南
福建
于都
瑞金
赣州市
赣县
上犹
崇义
南康
会昌
湖
南
大余
信丰
福建
广东
安远
龙南
全南
高程表/m
1200
800
600
200
100
50
(黄海高程系)
省级行政中心
地级行政中心
县级行政中心
省界
河流、水库
湖泊
1473
汉阳峰
山峰
0
20
40
60
80
100km

附图3 巢湖流域图

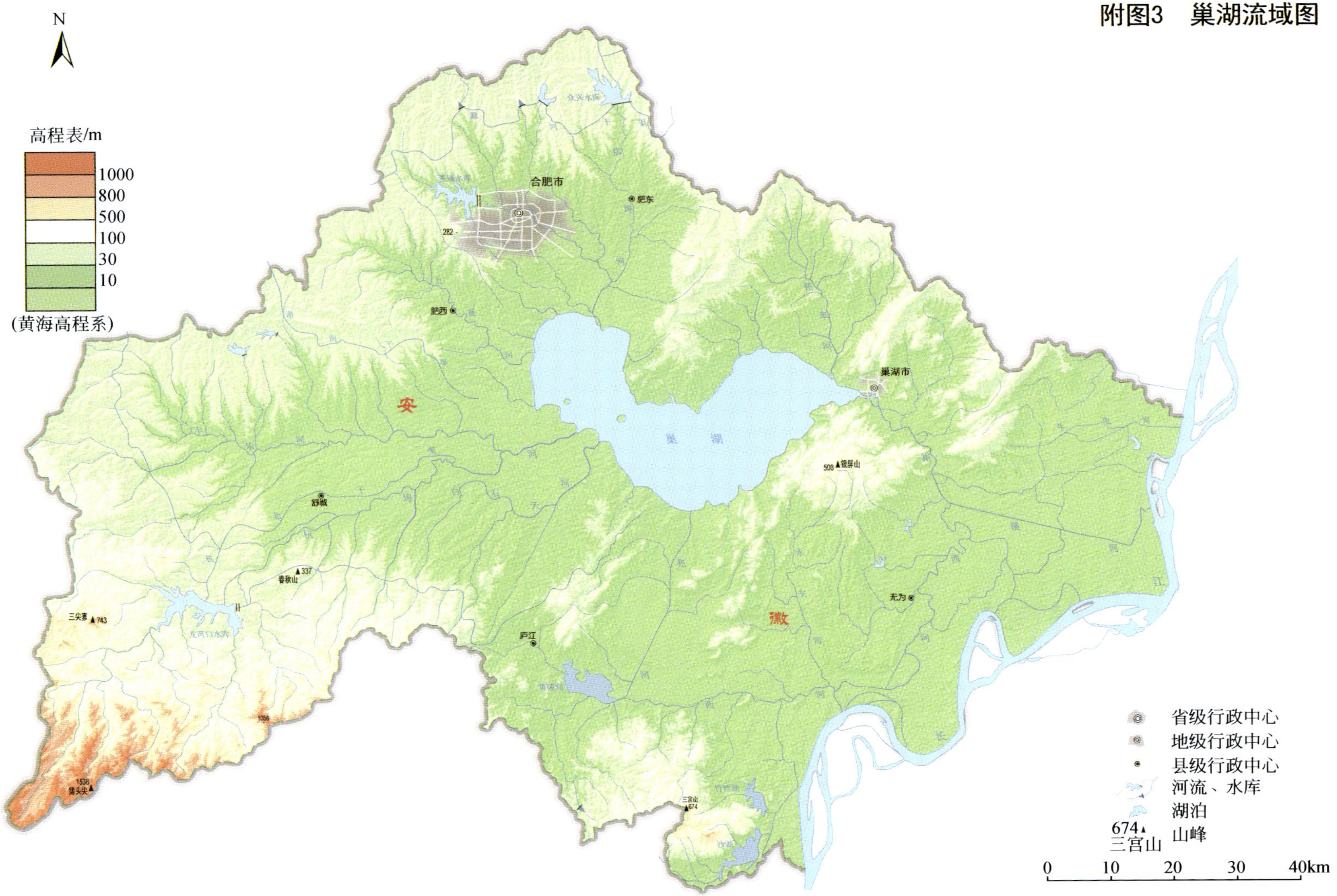
N
高程表/m
1000
800
500
100
30
10
(黄海高程系)
合肥市
肥东
肥西
282
巢湖市
巢
湖
508▲银屏山
安
徽
舒城
337
春秋山
三尖寨▲743
庐江
无为
1056
1538
猪头尖
三宫山
674
省级行政中心
地级行政中心
县级行政中心
河流、水库
湖泊
674▲
三宫山
山峰
0
10
20
30
40km

附图4　太湖流域图

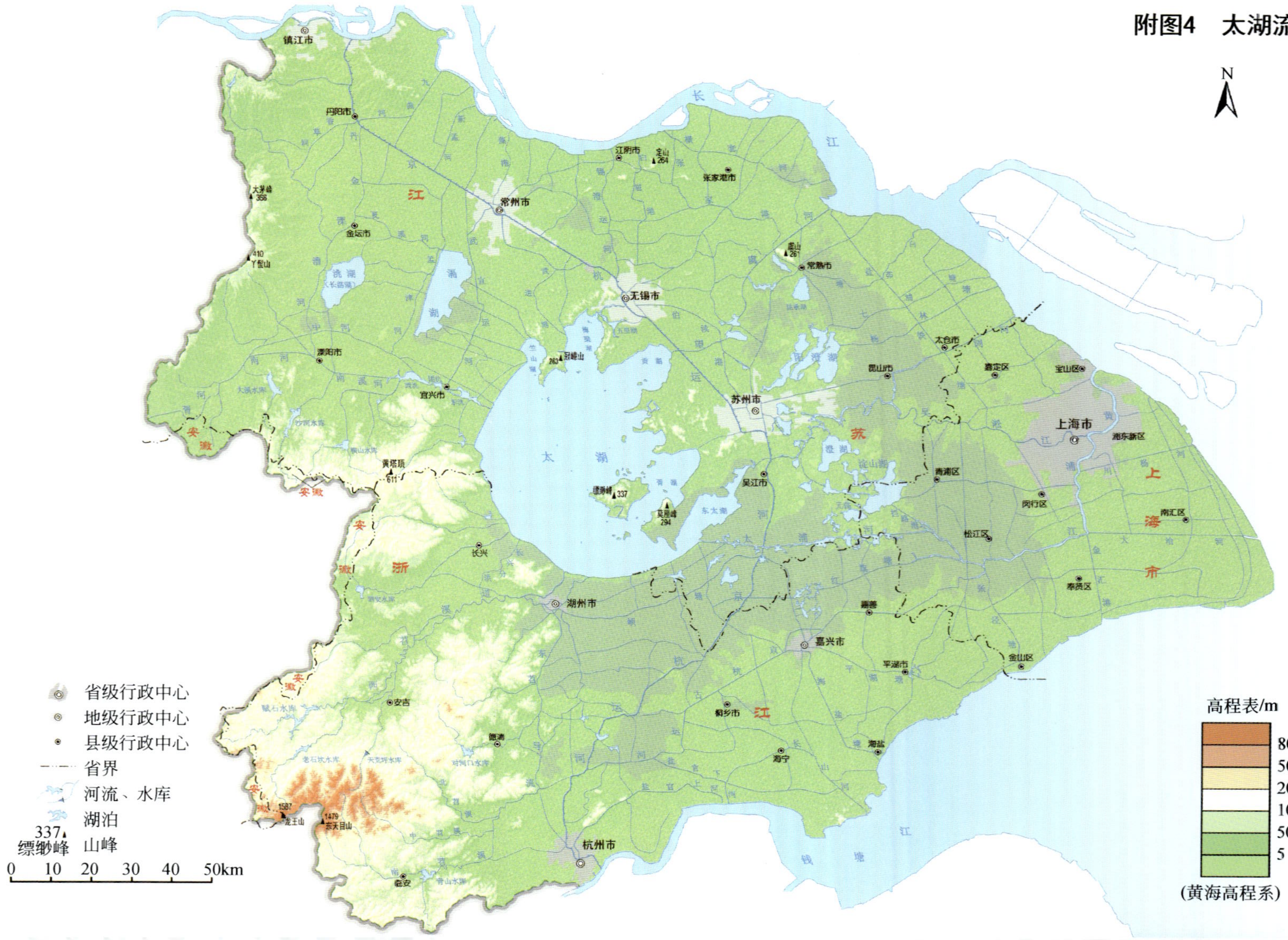

N
镇江市
丹阳市
常州市
金坛市
溧阳市
宜兴市
无锡市
江阴市
张家港市
常熟市
苏州市
吴江市
昆山市
太仓市
嘉定区
宝山区
上海市
浦东新区
闵行区
青浦区
松江区
南汇区
奉贤区
金山区
嘉兴市
嘉善
平湖市
海盐
海宁
桐乡市
湖州市
长兴
安吉
德清
杭州市
临安
太湖
江
苏
浙
安徽
上
海
市
长
钱
塘
黄塔顶
611
缥缈峰
337
莫厘峰
294
天目山
1587
龙王山
1479
仙天目山
高程表/m
800
500
200
100
50
5
(黄海高程系)
省级行政中心
地级行政中心
县级行政中心
省界
河流、水库
湖泊
337
缥缈峰
山峰
0
10
20
30
40
50km

附图5　洪泽湖流域图

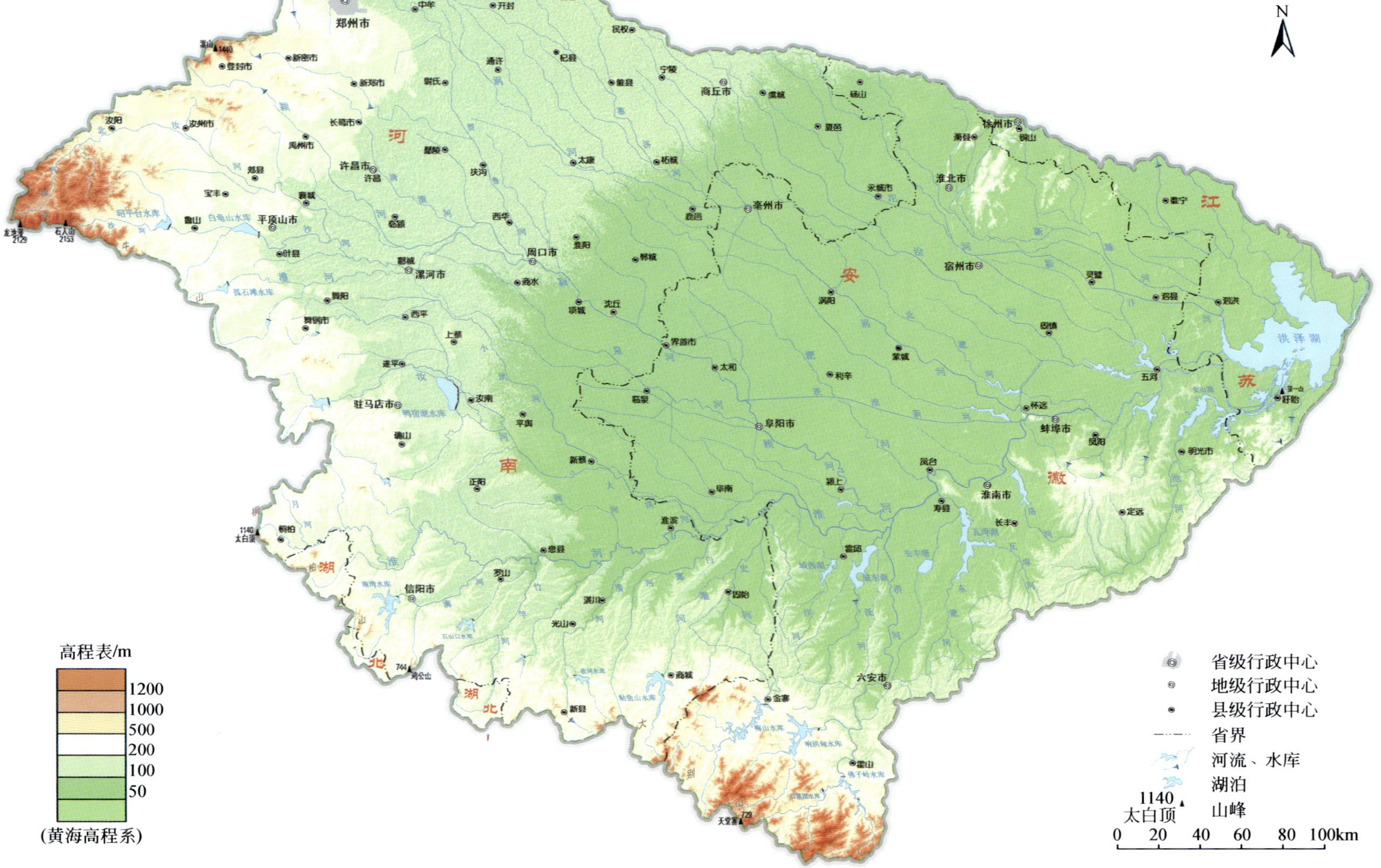
N
郑州市
开封市
商丘市
徐州市
淮北市
宿州市
亳州市
周口市
许昌市
平顶山市
漯河市
驻马店市
信阳市
阜阳市
蚌埠市
淮南市
六安市
洪泽湖
河
南
安
徽
江
苏
湖
北
高程表/m
1200
1000
500
200
100
50
(黄海高程系)
省级行政中心
地级行政中心
县级行政中心
省界
河流、水库
湖泊
1140
太白顶
山峰
0
20
40
60
80
100km